卓越工程师教育培养计划配套教材

工程基础系列

电子技术

汪敬华 主 编

章 伟 陈国明 副主编

清华大学出版社

北 京

内 容 简 介

本书是根据2011年教育部高等学校电子电气基础课程教学指导分委员会颁布的"电工学"课程教学基本要求中的电子技术部分编写而成，是为提高工程教育质量，更好服务于卓越工程师教育培养计划的配套教材。本书共8章，内容包括半导体器件、基本放大电路、集成运算放大器、放大电路中的负反馈、直流稳压电源、基本逻辑门电路和组合逻辑电路、触发器和时序逻辑电路、模拟量和数字量的转换。本书内容简明，概念清楚，图文并茂，图形符号规范，例题习题丰富，各章节均有案例解析、思考题和小结。

本书可作为高等学校工科非电类专业的电子技术课程的教材或参考书，也可供其他工科专业选用和广大工程技术人员自学使用。

图书在版编目(CIP)数据

电子技术/汪敬华主编. —北京：清华大学出版社，2014(2023.1 重印)
卓越工程师教育培养计划配套教材. 工程基础系列
ISBN 978-7-302-35736-0

Ⅰ. ①电… Ⅱ. ①汪… Ⅲ. ①电子技术—高等学校—教材 Ⅳ. ①TN

中国版本图书馆 CIP 数据核字(2014)第 060821 号

责任编辑：庄红权
封面设计：常雪影
责任校对：赵丽敏
责任印制：丛怀宇

出版发行：清华大学出版社
网　　址：http://www.tup.com.cn，http://www.wqbook.com
地　　址：北京清华大学学研大厦 A 座　　**邮　　编**：100084
社 总 机：010-83470000　　**邮　　购**：010-62786544
投稿与读者服务：010-62776969，c-service@tup.tsinghua.edu.cn
质量反馈：010-62772015，zhiliang@tup.tsinghua.edu.cn
印 装 者：三河市龙大印装有限公司
经　　销：全国新华书店
开　　本：185mm×260mm　　**印　　张**：21.5　　**字　　数**：522 千字
版　　次：2014 年 5 月第 1 版　　**印　　次**：2023 年 1 月第 6 次印刷
定　　价：55.00 元

产品编号：049130-03

卓越工程师教育培养计划配套教材

总编委会名单

卓越工程师教育培养计划配套教材

——工程基础系列编委会名单

《国家中长期教育改革和发展规划纲要(2010—2020)》明确指出"提高人才培养质量,牢固确立人才培养在高校工作中的中心地位,着力培养信念执著、品德优良、知识丰富、本领过硬的高素质专门人才和拔尖创新人才。……支持学生参与科学研究,强化实践教学环节。……创立高校与科研院所、行业、企业联合培养人才的新机制。全面实施'高等学校本科教学质量与教学改革工程'。"教育部"卓越工程师教育培养计划"(简称"卓越计划")是为贯彻落实党的"十七大"提出的走中国特色新型工业化道路、建设创新型国家、建设人力资源强国等战略部署,贯彻落实《国家中长期教育改革和发展规划纲要(2010—2020)》实施的高等教育重大计划。"卓越计划"对高等教育面向社会需求培养人才,调整人才培养结构,提高人才培养质量,推动教育教学改革,增强毕业生就业能力具有十分重要的示范和引导作用。

上海工程技术大学是一所具有鲜明办学特色的地方工科大学。长期以来,学校始终坚持培养应用型创新人才的办学定位,以现代产业发展对人才需求为导向,努力打造培养优秀工程师的摇篮。学校构建了以产学研战略联盟为平台,学科链、专业链对接产业链的办学模式,实施产学合作教育人才培养模式,造就了"产学合作、工学交替"的真实育人环境,培养有较强分析问题和解决问题能力,具有国际视野、创新意识和奉献精神的高素质应用型人才。

上海工程技术大学与上海汽车集团公司、上海航空公司、东方航空公司、上海地铁运营有限公司等大型企业集团联合创建了"汽车工程学院"、"航空运输学院"、"城市轨道交通学院"、"飞行学院",校企联合成立了校务委员会和院务委员会,企业全过程参与学校相关专业的人才培养方案、课程体系和实践教学体系的建设,学校与企业实现了零距离的对接。产学合作教育使学生每年都能够到企业"顶岗工作",学生对企业生产第一线有了深刻的了解,学生的实践能力和社会适应能力不断增强。这一系列举措都为"卓越工程师教育培养计划"的实施打下了扎实基础。

自2010年教育部"卓越工程师教育培养计划"实施以来,上海工程技术大学先后获批了第一批和第二批5个专业8个方向的试点专业。为此,学校组成了由企业领导、业务主管与学院主要领导组成的试点专业指导委员会,根据各专业工程实践能力形成的不同阶段的特点,围绕课内、课外培养和学校、企业培养两条互相交叉、互为支撑的培养主线,校企双方共同优化了试点专业的人才培养方案。试点专业指导委员会聘请了部分企业高级工程师、技术骨干和高层管理人员担任试点专业的教学工作,参与课程建设、教材建设、实验教学建设等教学改革工作。

“卓越工程师教育培养计划配套教材——工程基础系列”是根据培养卓越工程师“具备扎实的工程基础理论、比较系统的专业知识、较强的工程实践能力、良好的工程素质和团队合作能力”的目标进行编写的。本系列教材由公共基础类、计算机应用基础类、机械工程专业基础类和工程能力训练类组成，共24册，涵盖了“卓越计划”各试点专业公共基础及专业基础课程。

该系列教材以理论和实践相结合作为编写的理念和原则，具有基础性、系统性、应用性等特点。在借鉴国内外相关文献资料的基础上，加强基础理论，对基本概念、基础知识和基本技能进行清晰阐述，同时对实践训练和能力培养方面作了积极的探索，以满足卓越工程师各试点专业的教学目标和要求。如《高等数学》适当融入“卓越工程师教育培养计划”相关专业（车辆工程、飞行技术）的背景知识并进行应用案例的介绍。《大学物理学》注意处理物理理论的学习和技术应用介绍之间的关系，根据交通（车辆和飞行）专业特点，增加了流体力学简介等，设置了物理工程的实际应用案例。《C语言程序设计》以编程应用为驱动，重点训练学生的编程思想，提高学生的编程能力，鼓励学生利用所学知识解决工程和专业问题。《现代工程图学》等7本机械工程专业基础类教材在介绍基础理论和知识的同时紧密结合各专业内容，开拓学生视野，提高学生实际应用能力。《现代制造技术实训习题集》是针对现代化制造加工技术——数控车床、数控铣床、数控雕刻、电火花线切割、现代测量等技术进行编写。该系列教材强调理论联系实际，体现“面向工业界、面向世界、面向未来”的工程教育理念，努力实践上海工程技术大学建设现代化特色大学的办学思想和特色。

这种把传统理论教学与行业实践相结合的教学理念和模式对培养学生的创新思维，增强学生的实践能力和就业能力会产生积极的影响。以实施卓越计划为突破口，一定能促进工程教育改革和创新，全面提高工程教育人才培养质量，对我国从工程教育大国走向工程教育强国起到积极的作用。

陈关龙

上海交通大学机械与动力工程学院教授、博士生导师、副院长

教育部高等学校机械设计制造及自动化教学指导委员会副主任

中国机械工业教育协会机械工程及自动化教学委员会副主任

FOREWORD

前言

本书是根据教育部最新颁布的高等学校工科“电工学”课程教学基本要求，为进一步提高工程教育的质量，更好服务于我校卓越工程师教育培养计划，在上海工程技术大学电工教研室范小兰主编《电工电子技术——电子技术与计算机仿真》的基础上总结提高，重新修订编写而成。

本书编写的指导思想是：根据教学基本要求，在教学内容上力求透彻，并适当加以扩充，尝试在每章增加一些案例解析，加深学生对相关电子技术及其具体应用的理解。根据学生的学习和认识规律，在阐述上尽量由浅入深、循序渐进，对知识重点和难点，借助大量的图表，尽量详细讲解和推导，避免大的跳跃，便于学生课后自学和阅读。根据编者的教学实践和经验，对部分传统章节作了重新编写(如 2.2 节和 3.1.2 节等)，希望有助于教师的课堂教学，也有利于学生对基本概念、基本原理和基本分析方法的理解和掌握。

本书共 8 章，各章的参考学时见下表。

章号	1	2	3	4	5	6	7	8	总计
学时	6	10	6	4	6	12	10	4	58

本书由上海工程技术大学电工教研室组织编写，汪敬华主编和统稿。其中：第 1 章由章伟编写；第 2 章由李毅和陈国明编写；第 3 章由王佳和陈国明编写；第 4 章由王艳新编写；第 5 章由梁艳编写；第 6、7、8 章由汪敬华编写。

本书由上海工程技术大学电工教研室范小兰老师审阅，并提出了宝贵意见和修改建议。在编写过程中，也得到了电工教研室其他老师的鼓励和帮助，以及工程实训中心相关领导的关心和支持，在此，一并表示衷心的感谢。

由于编者水平所限，书中难免有疏漏和不妥之处，恳请各兄弟院校的老师和广大读者批评指正，多提宝贵意见。

编　者

2014 年 3 月

CONTENTS

目录

第1章

半导体器件

半导体器件是电子技术的基础。各种各样的电子线路的研发与设计总是离不开半导体器件的运用。电子技术发展到今天的水平，首先应该归功于半导体器件的发展。本章首先介绍了半导体的基本性能和特点，然后讨论了PN结的结构和特性，最后介绍了半导体二极管、晶体管、场效应管及光电器件，为后续章节的学习打下基础。

1.1 半导体基础知识

在相同条件下，物质的导电特性主要取决于其原子结构。铜、铁等金属为导体，其原子最外层电子受原子核的束缚力很小，极易挣脱原子核的束缚成为自由电子，呈现较好的导电特性。橡胶、塑料等材料为绝缘体，其最外层电子受原子核的束缚力很强，极不易摆脱原子核的束缚成为自由电子，因此其导电性很差。除导体和绝缘体外，还有一类物质，它的原子最外层电子受原子核束缚的程度介于导体和绝缘体之间，因此其导电能力也介于两者之间，这就是所谓半导体。通常，半导体的电阻率为$10^{-4} \sim 10^{9}\Omega \cdot m$。在自然界中，属于半导体的材料很多，常用的有硅(Si)、锗(Ge)、硒(Se)、砷化镓(GaAs)等。硅和锗都是4价元素，其中以硅用得最广泛，在以后的讨论中，常以硅为例。

半导体材料的导电能力在不同条件下差异很大。有些半导体对外界温度的变化特别灵敏，温度升高，其导电能力增强。例如纯锗，温度每升高10℃，其电阻率就减少到原来的一半。利用这种特性可生产各种热敏元件。有些半导体受到光照和不受光照，其导电能力差别很大。例如常用的硫化镉半导体光敏电阻，在无光照时电阻高达几十兆欧，受到光照时电阻减少到几十千欧。利用这种特性可生产各种光敏元件。如果在纯净的半导体中掺入某些微量杂质可使其导电能力增加几十万至几百万倍。例如在纯硅中掺入百万分之一的硼元素，电阻率大约减小到原来的百万分之一。利用这种特性可做成各种实用的半导体器件，如二极管、晶体管和场效应管等。

为了揭示半导体导电能力变化显著的原因，有必要简单介绍一下半导体物质的内部结构和导电机理。

1.1.1 本征半导体

常用的半导体材料为硅和锗，其原子结构如图1.1.1(a)、(b)所示。硅和锗的最外层有

4 个价电子，是 4 价元素。为便于讨论，采用图 1.1.1(c)所示的简化原子结构模型。

硅和锗材料经过高纯度的提炼后，形成不含杂质的单晶体，所有原子整齐排列，其空间排列结构如图 1.1.2 所示。通常，半导体都具有这种晶体结构，所以，半导体也称为晶体，这就是晶体管名称的由来。本征半导体就是这种完全纯净、具有晶体结构的半导体。在本征半导体的晶体结构中，每一个原子与相邻的 4 个原子结合，每一个原子的一个价电子与另一原子的一个价电子组成一个电子对，形成晶体中的共价键结构，其平面示意图如图 1.1.3 所示。

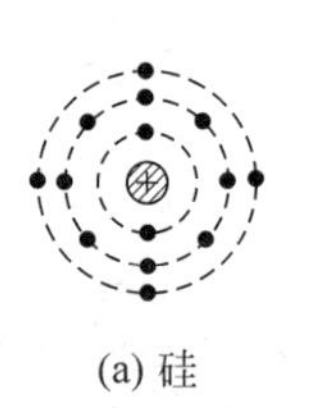

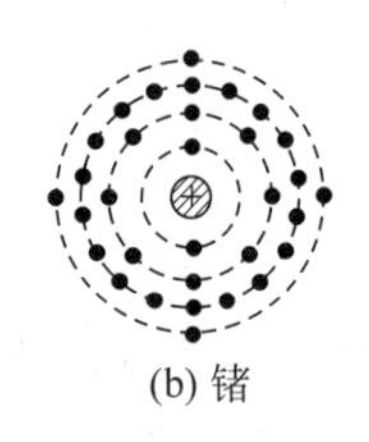

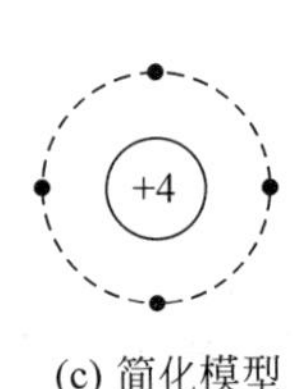

图 1.1.1　硅和锗的原子结构及其简化模型

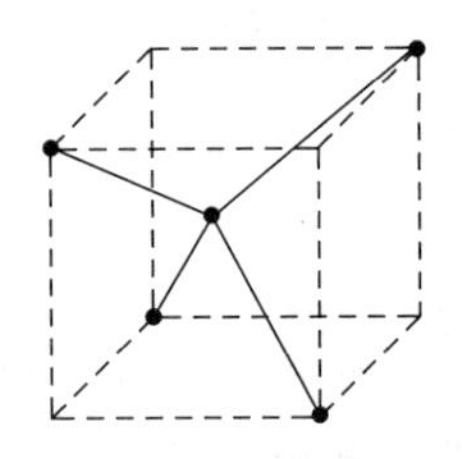

图 1.1.2　硅晶体的原子空间排列

在热力学温度 $T=0\mathrm{K}$ 和无外界能量激发的条件下，每个价电子没有能力脱离共价键的束缚而成为自由电子，这时半导体不能导电，如同绝缘体。但如果温度升高或受到光照时，某些共价键中的价电子从外界获得足够的能量，摆脱共价键束缚而成为自由电子，同时在共价键中留下空位，称为空穴。当共价键中出现了空穴后，邻近共价键中的价电子就填补到这个空位上，而在该价电子的原来位置上出现了新的空穴，接着其他价电子又可能来到这个新的空穴，这种过程持续，就相当于一个空穴在晶体中移动，如图 1.1.4 所示。原子本来是电中性的，自由电子负电荷离开后，空穴可看成带正电荷的载流子。

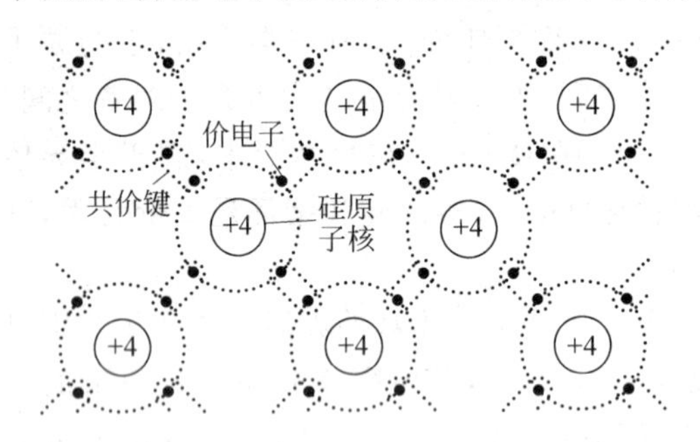

图 1.1.3　硅的共价键结构示意图

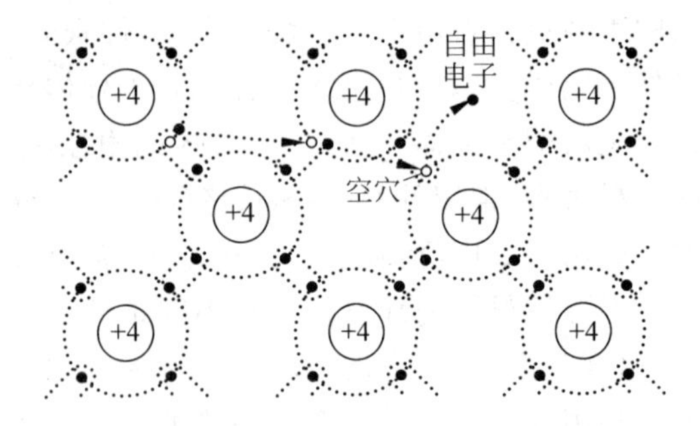

图 1.1.4　硅晶体中的两种载流子

在外电场作用下，带负电荷的自由电子产生定向移动，形成电子电流；另一方面，价电子也按一定方向依次填补空穴，相当于空穴产生了定向移动，形成空穴电流。

由此可见，半导体中存在两种载流子：自由电子和空穴。在本征半导体中，自由电子和空穴成对出现，同时又不断复合。在一定温度下，载流子的产生和复合达到动态平衡，使载流子的浓度一定。随着温度升高，载流子的浓度按指数规律增加。因此，半导体的导电性能受温度影响很大。

1.1.2　杂质半导体

本征半导体中载流子的浓度很低，因此其导电能力很差。但如果在本征半导体中掺入某些微量元素后，它们的导电性能将发生显著的变化。掺入杂质的半导体，称为杂质半导体。根据掺入的杂质不同，杂质半导体可分为 N 型半导体和 P 型半导体。

1. N 型半导体

如果在硅（或锗）的晶体中，采用扩散等工艺，掺入微量 5 价元素，如磷、砷等，则原来晶体中的某些硅（或锗）原子被杂质原子代替。杂质原子的最外层有 5 个价电子，因此它与周围 4 个硅原子组成共价键时，还多余 1 个价电子。这个电子不受共价键的束缚，而只受自身原子核的吸引，这种束缚力比较微弱，在室温下很容易成为自由电子，如图 1.1.5 所示。在室温下，提供自由电子的杂质原子，就成为带一个单位电荷的正离子。在这种半导体中，自由电子的浓度大大高于空穴的浓度，主要依靠自由电子导电，称为 N 型半导体，自由电子是多数载流子（简称多子），而空穴是少数载流子（简称少子）。

2. P 型半导体

如果在本征半导体中，掺入微量 3 价元素，如硼、镓等，则原来晶体中的某些硅（或锗）原子被杂质原子代替。由于杂质原子的最外层只有 3 个价电子，当它和周围的硅（或锗）原子组成共价键时，因缺少一个价电子而形成一个空穴，如图 1.1.6 所示。在室温下，这些空穴很容易接受邻近共价键中的价电子，而使得杂质原子称为带一个单位电荷的负离子。在这种杂质半导体中，空穴的浓度大大高于自由电子的浓度，主要依靠空穴导电，所以称为 P 型半导体。在 P 型半导体中，空穴是多数载流子，自由电子是少数载流子。

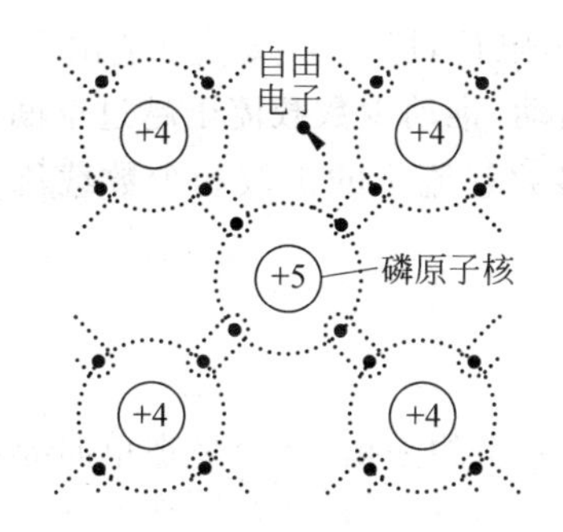

图 1.1.5　N 型半导体的结构示意图

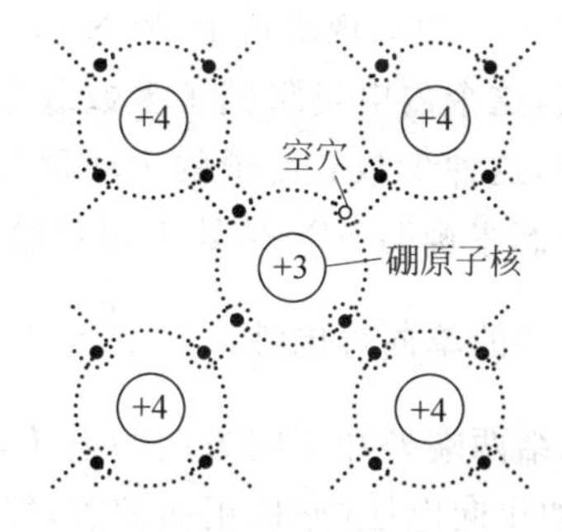

图 1.1.6　P 型半导体的结构示意图

在杂质半导体中，多数载流子的浓度主要取决于掺入的杂质浓度；而少数载流子的浓度主要取决于温度。特别需要注意的是，不论 N 型半导体还是 P 型半导体，虽然它们都有一种载流子占多数，但对外仍呈现电中性，整个晶体仍然是不带电的。

1.1.3　PN 结

1. PN 结的形成

如果在 N 型（或 P 型）半导体的基片上，采用平面扩散法等工艺，掺入 3 价（或 5 价）元素作为补偿杂质，使之形成 P 型（或 N 型）区，则在 P 区和 N 区之间的交界面附近，将形成一个很薄的空间电荷区，称为 PN 结，如图 1.1.7(a)所示。

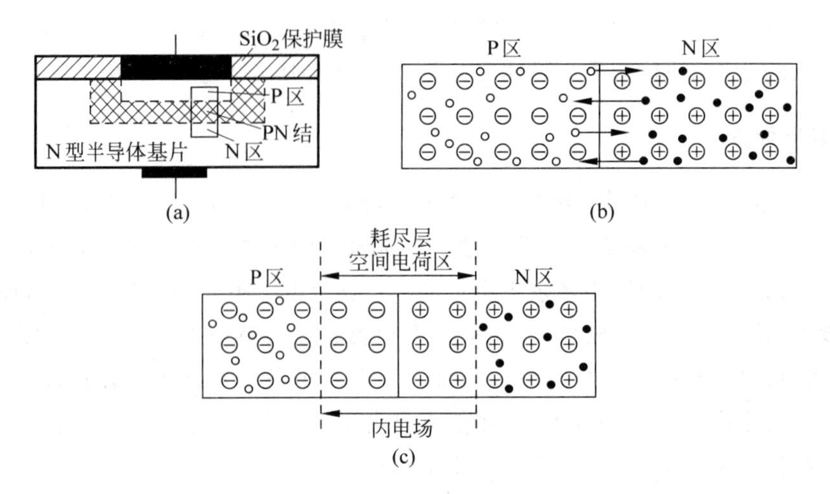

图 1.1.7　PN 结的形成

为了方便说明 PN 结的形成过程，我们将 PN 结附近的区域扩展为 1.1.7(b)所示的形式，即将一块半导体基片的一侧掺杂成为 P 型半导体，另一侧掺杂成为 N 型半导体，则在两者的交界面两侧，由于自由电子和空穴浓度相差悬殊，因而产生扩散运动。自由电子由 N 区向 P 区扩散，空穴由 P 区向 N 区扩散。自由电子和空穴都是带电粒子，因而自由电子由 N 区向 P 区扩散的同时，在交界面 N 区剩下不能移动的带正电的杂质离子；空穴由 P 区向 N 区扩散的同时，在交界面 P 区剩下不能移动的带负电的杂质离子。于是，在交界面形成一个由电荷量相等的正、负离子组成的空间电荷区(也称耗尽层)，如图 1.1.7(c)所示。在交界面的 P 区一侧呈现出负电荷，N 区一侧呈现出正电荷，所以形成了一个由 N 区指向 P 区的内电场，这个内电场阻挡了多数载流子的扩散运动，推动少数载流子越过空间电荷区进入对方区域，这种少数载流子的运动称为漂移。当多数载流子的扩散和少数载流子的漂移运动达到动态平衡时，PN 结处于相对稳定状态。

2. PN 结的单向导电性

在 PN 结两端外加不同方向的电压，就可以破坏原来的平衡，从而呈现单向导电性。

1) 外加正向电压(亦称正向偏置，简称正偏)

将电源 E 的正极接 P 区，负极接 N 区，如图 1.1.8 所示，此接法称为正向接法或正向偏置。此时，外电场方向与 PN 结中内电场方向相反，削弱了内电场，使空间电荷区变窄，扩散运动增强，漂移运动减弱。因此，电路中形成一个较大的正向电流 I，PN 结处于导通状态。图中 R 的作用是限制正向电流 I 的大小。

2) 外加反向电压(亦称反向偏置，简称反偏)

将电源的正极接 N 区，负极接 P 区，如图 1.1.9 所示，此接法称为反向接法或反向偏置。此时，外电场与内电场方向一致，增强了内电场的作用，使空间电荷区变宽，扩散运动减弱，漂移运动增强，在电路中形成一个反向电流 I，因为少子浓度低，所以反向电流很小，PN 结处于截止状态。在一定温度下，当外加反向电压超过某个值(约零点几伏)后，反向电流不再随着反向电压的增加而增大，所以又称为反向饱和电流。正因为反向饱和电流是由少子产生的，所以对温度十分敏感，随温度升高反向饱和电流急剧增大。

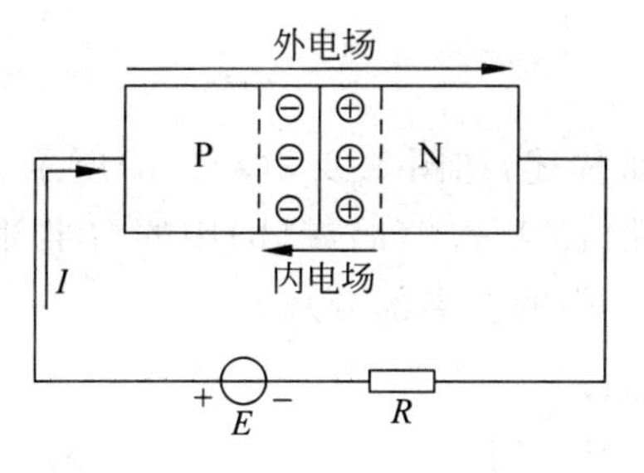

图 1.1.8 外加正向电压

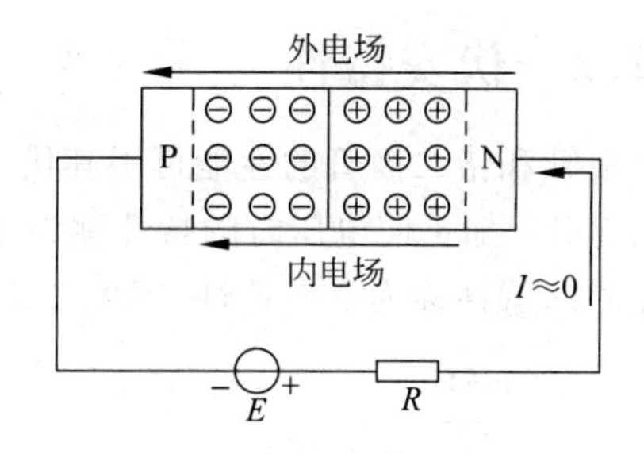

图 1.1.9 外加反向电压

【思考题】

1. 半导体导电机理与金属导体的导电机理有何不同？

2. 空穴电流是不是由自由电子递补空穴所形成的？

3. 既然 N 型半导体中的自由电子多于空穴，而 P 型半导体中的空穴多于自由电子，那么我们是否可以认为 N 型半导体带负电，而 P 型半导体带正电？

4. 什么是本征半导体？本征半导体升温后，两种载流子浓度仍然相等，这种说法是否正确？

5. 未加外部电压时，PN 结中电流从 P 区流向 N 区，这种说法对吗？为什么？

1.2 半导体二极管

1.2.1 基本结构

半导体二极管本质上仍是一个 PN 结，因而具有 PN 结的一些基本特性，其基本结构是由一个 PN 结加上引线和管壳构成。图 1.2.1(a)为普通二极管的图形符号。

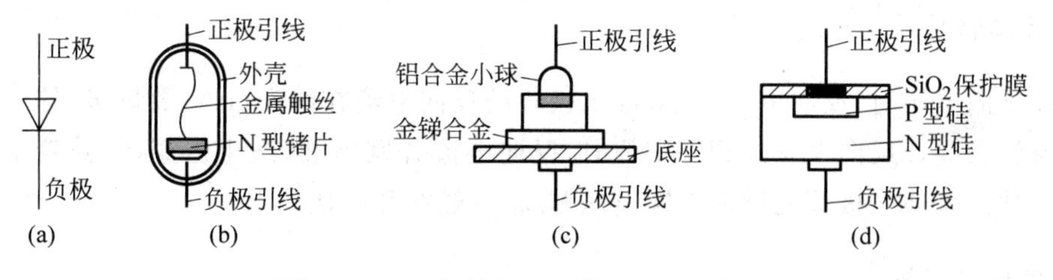

图 1.2.1 二极管的图形符号及三种结构

二极管的类型很多，从制造二极管的材料来分，有硅二极管和锗二极管。从管子的结构来分，主要有点接触型、面接触型和平面型三类，如图 1.2.1(b)、(c)、(d)所示。点接触型二极管的特点是 PN 结的面积小，结电容小，适用于高频下工作，但不能通过很大的电流，主要用于小电流的整流和高频检波、混频等。面接触型二极管 PN 结的面积大，允许通过较大电流，但只能在较低频率下工作，可用于整流电路。平面型二极管，结面积较大时，可作大功率整流；结面积较小时，结电容也小，适合数字电路作开关二极管用。

1.2.2　伏安特性

硅二极管和锗二极管的性能可用其伏安特性来描述，如图 1.2.2(a)、(b)所示。特性曲线分为两部分：加正向电压时的特性称为正向特性(图 1.2.2(a)或(b)中的右半部分)；加反向电压时的特性称为反向特性(图 1.2.2(a)或(b)中的左半部分)。

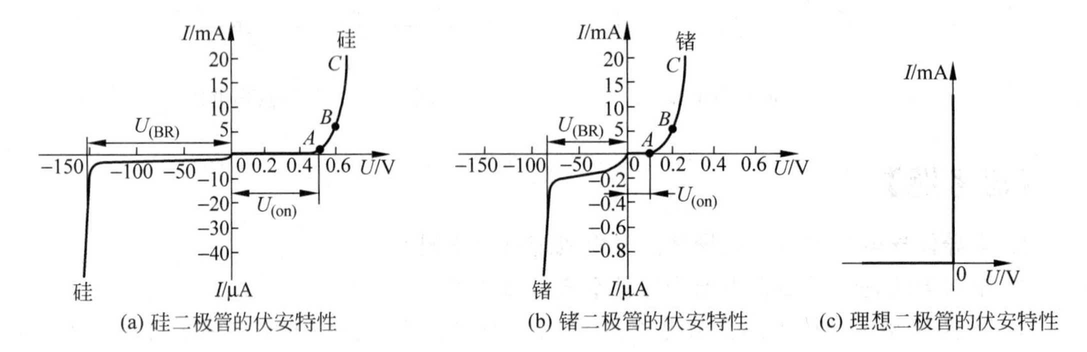

(a) 硅二极管的伏安特性　　(b) 锗二极管的伏安特性　　(c) 理想二极管的伏安特性

图 1.2.2　二极管的伏安特性

1. 正向特性

外加正向电压较小时，正向电流很小。只有当正向电压超过某一数值时(如图 1.2.2 中的 A 点)，才有明显的正向电流。该电压称为死区电压(或称导通电压)，用 $U_{(on)}$ 表示，其大小与材料及环境温度有关。通常，硅管的死区电压 $U_{(on)}$ 约 0.5V，锗管约 0.1V。当正向电压超过死区电压后，随着电压升高，正向电流迅速增大，即二极管处于导通状态。其中图中 AB 段的伏安特性曲线，电压增加，电流也按指数规律增加。而 BC 段的伏安特性曲线，电流迅速增加时，电压却变化很小，近似恒压源的特性，此时，二极管的正向压降基本为一常数，硅管为 0.6～0.7V，锗管为 0.2～0.3V。

2. 反向特性

外加反向电压时，反向电流很小，硅二极管的反向电流在纳安(nA)数量级，锗二极管的反向电流较大些。反向电压加到一定值时，反向电流急剧增加，产生击穿，二极管不再具有单向导电性。普通二极管的反向击穿电压 $U_{(BR)}$ 一般在几十伏以上。

3. 理想二极管

由于二极管是一种非线性器件，为了分析由二极管所组成的各种电路，常需要将二极管的伏安特性曲线进行线性化处理。理想二极管，就是忽略二极管正向压降，将二极管的伏安特性曲线进行理想化处理后得到一种简单的等效模型，即用图 1.2.2(c)所示的两段折线近似二极管的伏安特性曲线。由图 1.2.2(c)可知，当外加正向电压时，二极管导通，其压降为零；而外加反向电压时，二极管截止，电流为零，这相当于把二极管看作一个理想开关。

理想二极管与实际二极管的特性虽有较大的差异，但在实用的二极管电路中，由于外部电源电压往往远大于二极管的正向压降，所以在工程上，常可忽略二极管的正向压降。具体情况可详见例 1.2.1。

1.2.3　主要参数

为了简单明了地描述半导体器件性能和极限运用条件，每一种半导体器件都有一套相应的参数。生产厂家将其汇编成手册，供用户使用。半导体二极管的主要参数有以下几个。

1. 最大整流电流 I_{OM}

最大整流电流是指二极管允许通过的最大正向平均电流，工作时应使平均工作电流小于 I_{OM}，如超过 I_{OM}，二极管将过热而烧毁。此值取决于 PN 结的面积、材料和散热情况。

2. 最大反向工作电压 U_{BRM}

最大反向工作电压是二极管允许的最大工作电压。当反向电压超过此值时，二极管可能被击穿。为保证二极管安全工作，通常取击穿电压 $U_{(BR)}$ 的一半作为最大反向工作电压 U_{BRM}。

3. 反向峰值电流 I_{RM}

反向峰值电流是指在二极管上加最大反向工作电压时的反向电流值。此值越小，二极管的单向导电性越好。由于反向电流是由少数载流子形成的，所以它受温度的影响很大。

此外，二极管还有最高工作频率等参数，表 1.2.1 中列举了两种国产整流二极管的参数，可供参考。

表 1.2.1　两种国产整流二极管的参数

参数 型号	最大整流电流 /mA	最大反向工作电压 /V	反向峰值电流 /μA	最高工作频率 /kHZ	主要用途
2AP6	12	100	≤250	1.5×10^5	为点接触型锗二极管，用作检波和小电流整流
2CP16	300	300	≤5	50	为面接触型硅二极管，用作整流

1.2.4　应用

利用二极管的单向导电性，可以进行整流、检波、限幅、元件保护以及在数字电路中作为开关元件等。

分析二极管应用电路时，关键是判断二极管是导通还是截止，其方法是先将二极管拆去，然后观察二极管是加正向电压还是反向电压，加正向电压时二极管导通，加反向电压时二极管截止。二极管导通时，其两端的正向压降，可用电压源 $U_D=0.7V$（硅管，如果锗管用 0.3V）代替，对理想二极管可用短路线代替；二极管截止时，一般将二极管断开，即认为二极管反向电阻无穷大。

例 1.2.1　图 1.2.3(a)为由硅二极管构成的限幅电路，输出电压 u_o 被限制在一定范围内。当输入电压 u_i 为正弦交流电压时，取 $u_i=20\sin\omega t$ V，如图 1.2.2(b)中所示，直流电压源 $E=10V$，试画出当二极管忽略正向压降和不忽略正向压降两种情况下，输出电压 u_o 的波形。

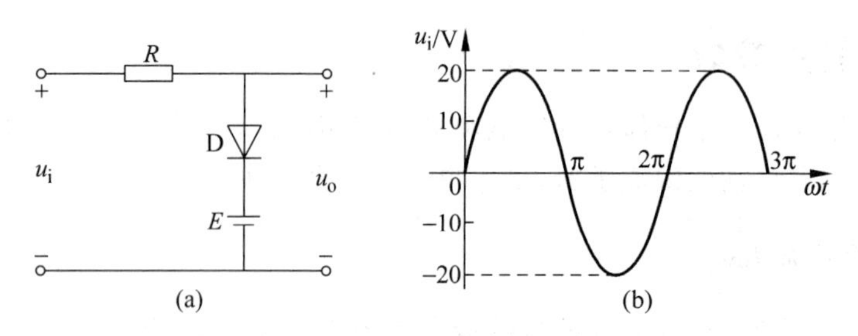

图 1.2.3　二极管的限幅电路

解：当忽略硅二极管的正向压降时，在输入电压 u_i 处于正半周且大于 10V 时，即 $u_i>10V$，二极管导通，$u_o=E=10V$。当 u_i 处于负半周或虽处于正半周但其数值小于 10V 时，即 $u_i<10V$，二极管截止，则 $u_o=u_i$。输出电压 u_o 的波形如图 1.2.4(a)所示。

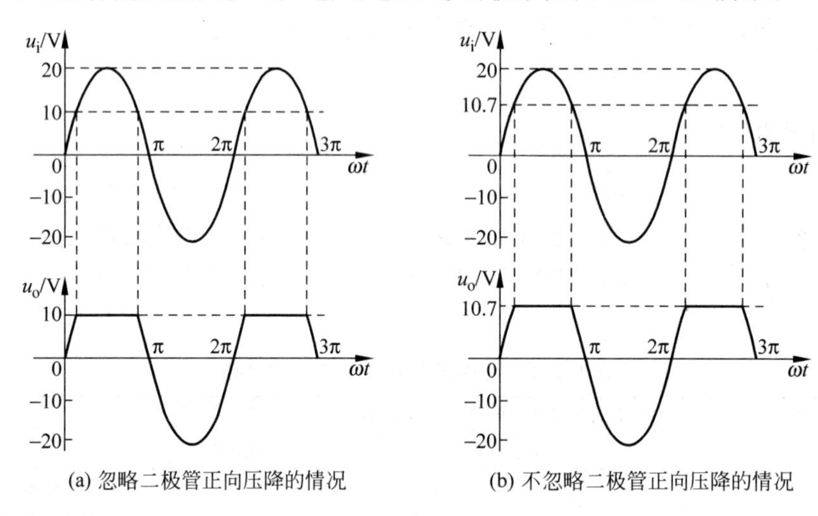

图 1.2.4　输出电压 u_o 的波形

当不忽略硅二极管的正向压降时，在输入电压 u_i 处于正半周且大于 10.7V 时，即 $u_i>10.7V$，二极管导通，$u_o=E+0.7=10.7V$。当 u_i 处于负半周或虽处于正半周但其数值小于 10.7V 时，即 $u_i<10.7V$，二极管截止，则 $u_o=u_i$。输出电压 u_o 的波形如图 1.2.4(b)所示。

比较两种情况下，可见输出电压 u_o 的波形很近似。因此，在通常情况下，我们将二极管当作理想二极管来近似处理，可方便计算。

【思考题】

1. 二极管的伏安特性曲线上有一个死区电压，什么是死区电压？硅管和锗管的死区电压的典型值约为多少？外加正向电压导通后，硅管和锗管的正向压降的值分别约为多少？

2. 为什么二极管的反向饱和电流和外加反向电压基本无关，而当环境温度升高时，又明显增大？

3. 把一个 1.5V 的干电池直接接到(正向接法)二极管的两端，会不会发生什么问题？

4. 在二极管上加反向电压时，会形成很小的反向电流。反向电流的主要特点有哪些？

5. 二极管实质上就是一个 PN 结，其最基本的特性是什么？

1.3 稳压二极管

1.3.1 稳压管的伏安特性

稳压二极管是一种特殊的二极管，它采用硅材料（简称硅稳压管），掺杂浓度高，通常工作在反向击穿区。稳压管的伏安特性如图 1.3.1(a)所示，与普通二极管基本相同，但其可以工作在反向击穿状态，由图可见，当反向电压超过击穿电压 U_Z 时，反向电流急剧增大，但 PN 结两端的电压几乎不变，其大小接近击穿电压 U_Z，表现出恒压源特性。利用这一特性，在不同的工艺条件下，可制成具有不同稳定电压的稳压管。稳压二极管的图形符号如图 1.3.1(b)所示。

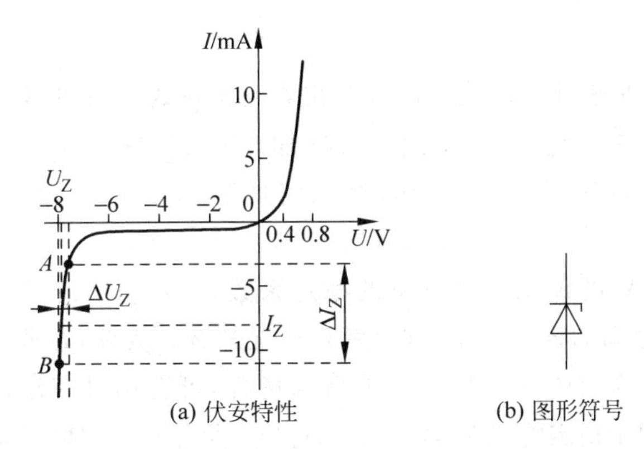

图 1.3.1 稳压管的伏安特性和图形符号

1.3.2 稳压二极管的主要参数

1. 稳定电压 U_Z

稳定电压 U_Z 是稳压管工作在反向击穿区时的稳定工作电压。由于稳定电压随工作电流的不同而略有变化，所以测试 U_Z 时应使稳压管的电流为规定值。稳定电压 U_Z 是挑选稳压管的主要依据之一。不同型号的稳压管，其稳定电压的值不同。对于同一型号的稳压管，由于制造工艺的不同，各个稳压管的稳定电压 U_Z 值也有差别，因而在选用稳压管时需注意。例如，型号为 2CW14 的稳压管，在稳定电流 $I_Z=10$mA 时，U_Z 的允许值在 6～7.5V 之间。

2. 稳定电流 I_Z

稳定电流 I_Z 是使稳压管正常工作时的参考电流。如果工作电流低于 I_Z，则管子的稳压性能变差；如果工作电流高于 I_Z，只要不超过额定功耗，稳压管可以正常工作。每一种型号的稳压二极管，都规定有一个最大稳定电流 I_{ZM}。因而，稳压管稳压时的工作电流应介于稳定电流 I_Z 和最大稳定电流 I_{ZM}之间。

3. 动态电阻 r_Z

在图 1.3.1(a)中，当稳压二极管工作在反向击穿区时，如果稳定电流 I_Z 的变化由 A 点变化到 B 点，其变化量为 ΔI_Z，则稳定电压对应的变化量为 ΔU_Z，则动态电阻 r_Z 就取两者的比值，即

$$r_Z = \frac{\Delta U_Z}{\Delta I_Z} \tag{1.3.1}$$

稳压管的 r_Z 越小，说明反向击穿特性越陡，稳压特性越好。r_Z 的数值通常为几欧至几十欧，且随着 I_Z 的增大，该值减小。在各种稳压管中，以稳定电压为 7V 左右的稳压管的动态电阻最小。

4. 电压温度系数 α_U

电压温度系数 α_U 是表征稳压值受温度变化影响的系数。例如 2CW14 稳压二极管的电压温度系数是 0.06%/℃，就是说如果温度每增加 1℃，它的稳压值将升高 0.06%，假设在 25℃时的稳压值为 6V，那么在 45℃时的稳压值将是

$$6 \times [1 + \alpha_U(45 - 25)] \approx 6.1\text{V}$$

一般来说，$U_Z > 6$V 的稳压管具有正的稳定系数；$U_Z < 4$V 的稳压管具有负的温度系数；而 U_Z 在 4～6V 之间的稳压管中，则是两种情况都有。为此，在要求稳压性能较好的情况下，常选用 6V 左右的稳压管。在要求更高的场合，可选用具有温度补偿的稳压管。如 2DW7 型稳压管是由两个稳定电压在 6V 左右的稳压二极管反相串联后制成的，如图 1.3.2(a)所示。当使用 1、2 端引线时，总有一只稳压管处于反向工作，它具有正温度系数；另一只处于正向工作，具有负温度系数，两者可以相互补偿。因此，在实际应用中，有时可将同型号的稳压管反相串联使用，获得具有双向稳压作用的双向稳压管，如图 1.3.2(b)所示，其图形符号如图 1.3.2(c)所示。

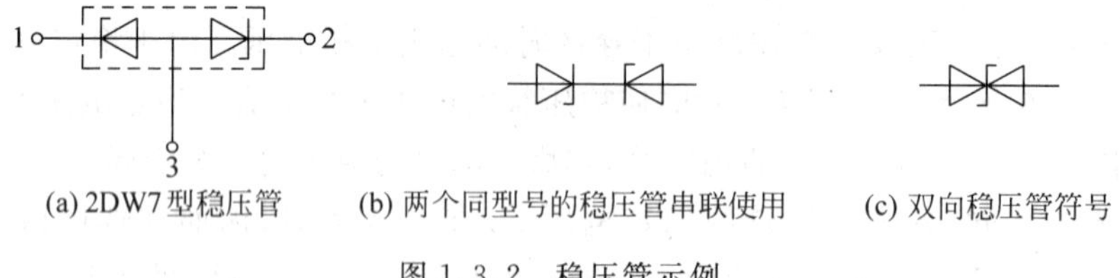

(a) 2DW7 型稳压管　(b) 两个同型号的稳压管串联使用　(c) 双向稳压管符号

图 1.3.2　稳压管示例

5. 最大允许耗散功率 P_{ZM}

由于稳压管两端加有电压 U_Z，管子中就有电流 I_Z 流过，因此 PN 结上就要产生功率损耗，即 $P_Z = U_Z I_Z$。这部分功耗转化为热能，使得 PN 结的温度升高，管子发热。当稳压管的 PN 结温度超过允许值时，稳压管将不能正常工作，以致烧坏。为此，在技术手册中，常对稳压管的最大允许耗散功率 P_{ZM} 作出规定，即 $P_{ZM} = U_Z I_{ZM}$。为限制流过稳压管的电流 I_Z，使其不超过最大稳定电流 I_{ZM}，通常要接限流电阻，以免过热而烧毁管子。

表 1.3.1 列出了几种常见稳压管的参数。

表 1.3.1 几种常见稳压管的参数

参数 型号	稳定电压 /V	稳定电流 /mA	电压温度系数 /(%/℃)	动态电阻 /Ω	最大稳定电流 /mA	耗散功率 /W
2CW14	6～7.5	10	0.06	≤15	33	0.25
2CW20	13.5～17	5	0.095	≤50	15	0.25
2DW7C	6.1～6.5	10	0.005	≤10	30	0.20

1.3.3 稳压管的应用

稳压二极管在电路中的主要作用是稳压和限幅，也可以和其他电路配合构成欠压或过压保护、报警环节等。图 1.3.3 所示为由稳压二极管构成的稳压电路，当稳压二极管 D_Z 正常工作时，负载 R_L 上的电压 $U_o=U_Z$。下面通过例 1.3.1 来了解稳压管的稳压应用。

例 1.3.1 在图 1.3.3 所示的稳压电路中，已知稳压管 D_Z 为 2CW14 型号的稳压二极管，其参数 $U_Z=6V$，$I_Z=10mA$，$I_{ZM}=33mA$，限流电阻 $R=1k\Omega$，负载电阻 $R_L=2k\Omega$，试判断当输入电压 U_i 分别为 15V、30V 和 45V 时，稳压二极管是否正常工作？

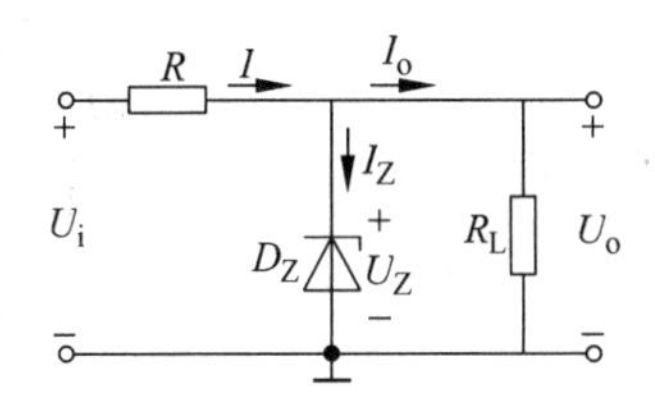

图 1.3.3 稳压电路

解：如果稳压二极管能正常工作，稳定电压 $U_Z=U_o=6V$，稳定电流 I_Z 介于 10mA 和 33mA 之间。

$$U_i=(I_Z+I_o)R+U_Z=\left(I_Z+\frac{U_Z}{R_L}\right)R+U_Z$$

又 $10mA\leqslant I_Z\leqslant 33mA$，代入上式可得

$$19V\leqslant U_I\leqslant 42V$$

可见，该电路中稳压管正常工作的最小输入电压 $U_{i(min)}=19V$，最大输入电压 $U_{i(max)}=42V$，故当输入电压 U_i 为 30V 能正常工作，而 U_i 为 15V 和 45V 时，稳压管都不能正常工作。

【思考题】

1. 为什么稳压二极管的动态电阻越小，则稳压效果越好？
2. 利用稳压二极管或者普通二极管的正向压降，是否也可以稳压？
3. 稳压二极管的主要参数有哪些？
4. 将两个稳压值相等的稳压管反向串联使用，可获得较好的温度稳定性，为什么？
5. 已知两个稳压管，它们的稳压值分别为 3V 和 6V，若将它们串联使用，可获得几组不同的稳定电压值？

1.4 双极型晶体管

双极型晶体管，习惯上也称为晶体三极管，简称晶体管(或三极管)。由于在晶体管中参与导电的有电子和空穴两种载流子，因此称为“双极型”晶体管(bipolar junction transistor)。晶体管是组成各种电子电路的核心器件。它的电流放大作用和开关作用促使

电子技术有了日新月异的发展。晶体管的特性是通过特性曲线和工作参数来分析研究。本小节首先简单介绍管子的内部结构和载流子的运动规律，这有助于更好地理解和熟悉晶体管的外部特性。

1.4.1 基本结构

晶体管的结构有硅平面管和锗合金管两种，如图 1.4.1(a)和图 1.4.2(a)所示。

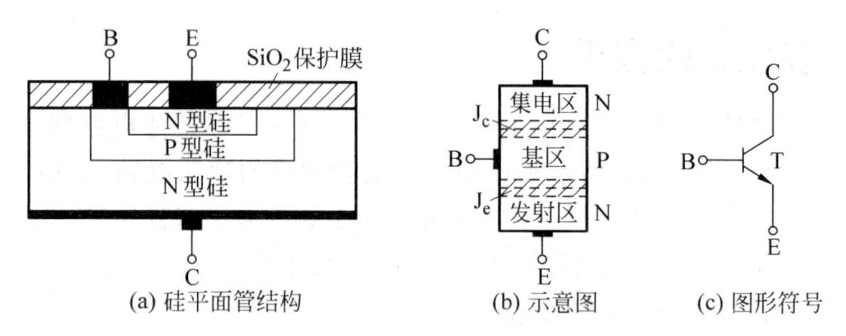

图 1.4.1 NPN 型晶体管的结构、示意图和图形符号

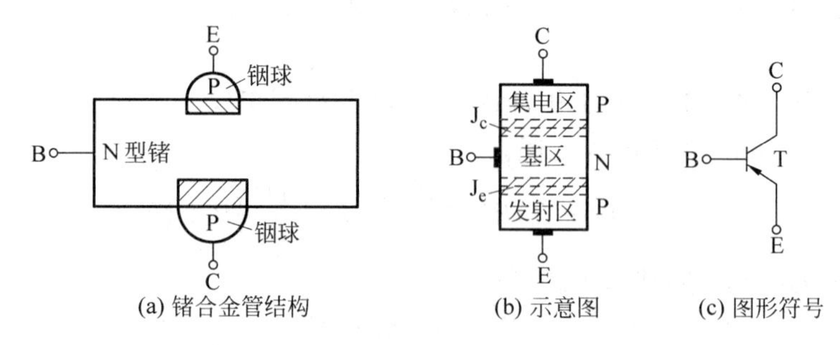

图 1.4.2 PNP 型晶体管的结构、示意图和图形符号

不论是平面型还是合金型，都可分成 NPN 和 PNP 三层，如图 1.4.1(b)和图 1.4.2(b)所示，因此又把晶体管分为 NPN 型和 PNP 型两类，它们的图形符号如图 1.4.1(c)和图 1.4.2(c)所示。每一类都分成基区、发射区和集电区，分别引出基极(B)、发射极(E)和集电极(C)。(注意：虽然发射区和集电区为相同类型的杂质半导体，但是发射区的掺杂浓度远大于集电区的掺杂浓度。)每一类都有两个 PN 结：基区和发射区之间的 PN 结，称为发射结 J_e；基区和集电区之间的 PN 结，称为集电结 J_c。(注意：集电结 J_c 的面积远大于发射结 J_e。)

制造晶体管的材料有硅和锗两种，分别称为硅管和锗管，它们又可分别构成 NPN 和 PNP 两种类型的晶体管。通常，国内生产的硅管多为 NPN 型，锗管多为 PNP 型。NPN 型管和 PNP 型管的工作原理类似，只是电源极性连接不同而已。

1.4.2 电流放大原理

下面以 NPN 型晶体管为例来分析晶体管的电流放大原理。

晶体管具有放大电流作用。为使晶体管实现放大，必须由晶体管的内部结构和外部条件来保证。

从晶体管的内部结构来看，应具有以下 3 点：

(1) 发射区进行高掺杂，其中的多数载流子浓度很高；

(2) 基区做得很薄，而且掺杂较小，多数载流子浓度最低；

(3) 集电区与基区接触面积大，可保证尽可能多地收集到发射区发射的电子。

从外部条件看，外加电源的极性应使发射结处于正向偏置状态(即 $U_{BE}>0$)，集电结应处于反向偏置状态(即 $U_{CB}>0$)。

在满足上述内部和外部条件的情况下，我们来分析晶体管内部载流子的运动。

1. 发射区向基区发射自由电子

由于发射结正偏，外加电场使发射区自由电子(多数载流子)向基区的扩散运动增强。同时，基区的空穴也向发射区扩散。由于发射区高掺杂，注入到基区的电子浓度远大于基区向发射区扩散的空穴数，因此空穴扩散形成的空穴电流可忽略，发射极电流 I_E 主要由发射区发射的电子电流所产生。

2. 载流子在基区扩散和复合

自由电子到达基区后，与基区中多子空穴复合而形成基极电流 I_{BE}，基区被复合掉的空穴由外电源不断进行补充。但由于基区空穴浓度较低，而且基区很薄，所以大大减少了电子与基区空穴复合的机会，绝大部分自由电子都能扩散到集电结边缘。

3. 集电极收集自由电子

由于集电结反向偏置，外电场的方向将阻止集电区的多子自由电子向基区运动，但可将从发射区扩散到基区并到达集电区边缘的自由电子拉入集电区，从而形成电流 I_{CE}。

以上分析了晶体管中内部载流子运动的主要过程。除此以外，由于集电结反向偏置，集电区的少数载流子(空穴)和基区的少数载流子(电子)将向对方区域运动，形成漂移电流，称为集电极和基极间的反向饱和电流，用 I_{CBO} 表示。这些电流数值很小，可近似认为 $I_C \approx I_{CE}$，$I_B \approx I_{BE}$。

上述的晶体管中的载流子运动和电流分配描绘在图 1.4.3 中。根据基尔霍夫电流定律，$I_E = I_C + I_B$，通常将 I_{CE} 与 I_{BE} 之比称为直流放大系数 $\bar{\beta}$，即

$$\bar{\beta} = \frac{I_{CE}}{I_{BE}} = \frac{I_C - I_{CBO}}{I_B + I_{CBO}} \approx \frac{I_C}{I_B} \tag{1.4.1}$$

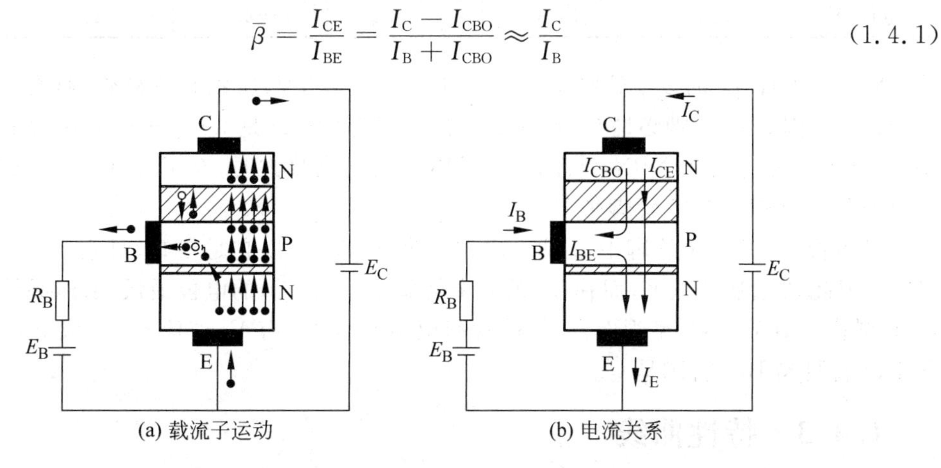

图 1.4.3　晶体管中的载流子运动和电流关系

一般 $\bar{\beta}$ 可达几十至几百。

通常将集电极电流与基极电流变化量之比定义为晶体管的电流放大系数，用 β 表示，即

$$\beta=\frac{\Delta I_C}{\Delta I_B} \tag{1.4.2}$$

直流参数 $\bar{\beta}$ 与交流参数 β 含义不同，但数值相差不大，在今后的计算中常不作严格区分。

通过分析晶体管内部载流子的运动规律，也就理解了要使得晶体管起电流放大作用的外部条件。图 1.4.4 所示的是晶体管起放大作用时，NPN 型管和 PNP 型管中电流的实际方向和发射结 J_e 与集电结 J_c 的实际极性。由此可见，要使晶体管起电流放大作用，发射结 J_e 必须加的是正向电压，集电结 J_c 加反向电压，即对 NPN 型管而言，必须 $U_{CE}>U_{BE}>0$（或 $V_C>V_B>V_E$）；对 PNP 型管而言，必须 $U_{CE}<U_{BE}<0$（或 $V_C<V_B<V_E$）。其中 V_C、V_B 和 V_E 指晶体管的管脚对参考点的电位。

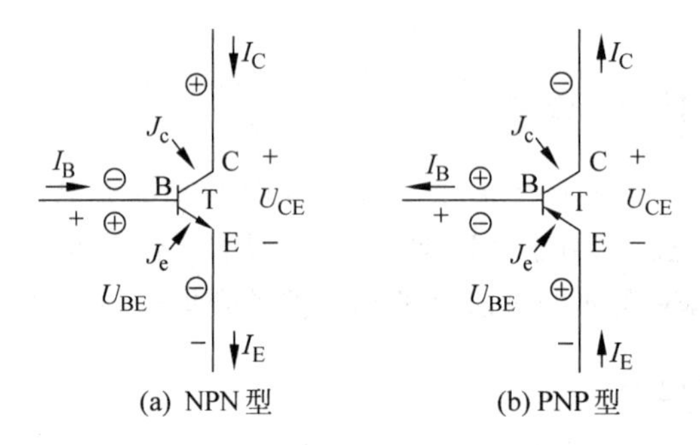

图 1.4.4　晶体管的电流方向和发射结、集电结的极性

例 1.4.1　有两个晶体管分别接在放大电路中都正常工作，起电流放大作用，今测得 3 个管脚对参考点的电位，如表 1.4.1 所示。试判断：①是硅管还是锗管；②是 NPN 型还是 PNP 型；③管子的 3 个电极（B、C、E）。

表　1.4.1

晶体管	T_1			T_2		
管脚编号	1	2	3	1	2	3
电位/V	5.1	10.8	4.4	−2.1	−2.4	−7.3

解：晶体管 T_1 的 3 个管脚中，1 和 3 电位差为 0.7V，所以它是硅管，且它们一个是 B，一个是 E。因此，2 管脚必是 C，而在 T_1 的 3 个管脚中，2（是 C）的电位最高，所以晶体管 T_1 必是 NPN 型管。对于 NPN 型管而言，晶体管起电流放大时，有 $V_C>V_B>V_E$ 成立，所以 1 管脚是 B，2 管脚是 C，3 管脚是 E。

晶体管 T_2 的 3 个管脚中，1 和 2 电位差为 0.3V，所以它是锗管，且它们一个是 B，一个是 E。因此，3 管脚必是 C，而在 T_2 的 3 个管脚中，3（是 C）的电位最低，所以晶体管 T_2 必是 PNP 型管。对于 PNP 型管而言，晶体管起电流放大时，有 $V_C<V_B<V_E$ 成立，所以 1 管脚是 E，2 管脚是 B，3 管脚是 C。

1.4.3　特性曲线

晶体管外部各极电压电流的相互关系，当用图形描述时称为晶体管的特性曲线。特性

曲线与参数是选用晶体管的主要依据。下面主要介绍 NPN 型晶体管的共射极特性曲线，测试电路如图 1.4.5(a)所示。晶体管共射极接法是将基极与发射极作为输入回路，集电极与发射极作为输出回路。

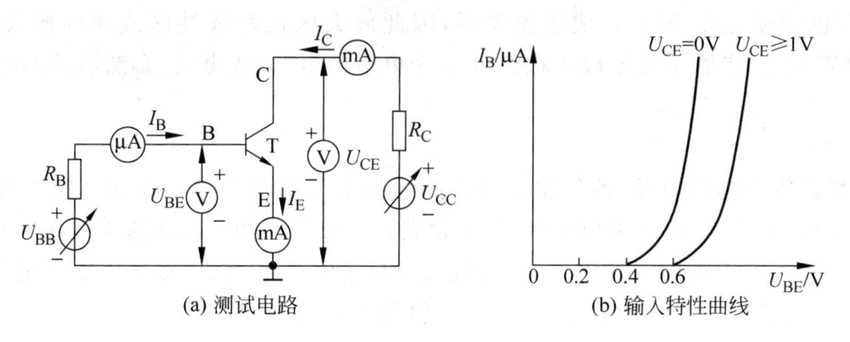

图 1.4.5 晶体管共发射极特性曲线测试电路及输入特性曲线

1. 输入特性曲线

当 U_{CE}不变时，输入回路中的电流 I_B 与电压 U_{BE}之间的关系曲线称为输入特性曲线，即 $I_B = f(U_{BE})|_{U_{CE}=常数}$，输入特性曲线如图 1.4.5(b)所示。

从图 1.4.5(b)看出，随 U_{CE}增大，集电结反偏，空间电荷区变宽，基区变窄，基区复合减少，故基极电流 I_B 下降，输入特性曲线右移。但 U_{CE}继续增大时，集电结的反向偏置电压已足以将进入基区的电子基本上都收集到集电极，U_{CE}对 I_B 不再有时显的影响。因此 $U_{CE}>$ 1V 以后，不同 U_{CE}值的各条输入特性曲线几乎重叠在一起，所以常采用 $U_{CE} \geqslant 1$V 的一条输入特性曲线来代表 U_{CE}更高的情况。

2. 输出特性曲线

当 I_B 不变时，输出回路中的电流 I_C 与电压 U_{CE}之间的关系曲线称为输出特性，即 $I_C = f(U_{CE})|_{I_B=常数}$。在不同的 I_B 下，可得出不同的曲线，所以晶体管的输出特性曲线是一组曲线，如图 1.4.6 所示。在输出特性曲线上可以划分为三个区域：截止区、放大区和饱和区。

1） 截止区

将 $I_B=0$ 的曲线以下的区域称为截止区。当 $I_B=0$ 时，$I_C \leqslant I_{CEO}$，晶体管处于截止状态，没有放大作用。其中 I_{CEO}是指基极开路时，集电极和发射极之间的穿透电流，在后述的主要参数中将说明。对于 NPN 型硅管而言，为了确保管子处于截止状态，常使 $U_{BE} \leqslant 0$，此时，发射结和集电结都处于反向偏置，晶体管处于截止状态。而 $U_{CE} \approx U_{CC}$，$I_C \approx 0$，因此处于截止状态的晶体管，发射极和集电极间相当于一个开关的断开状态。

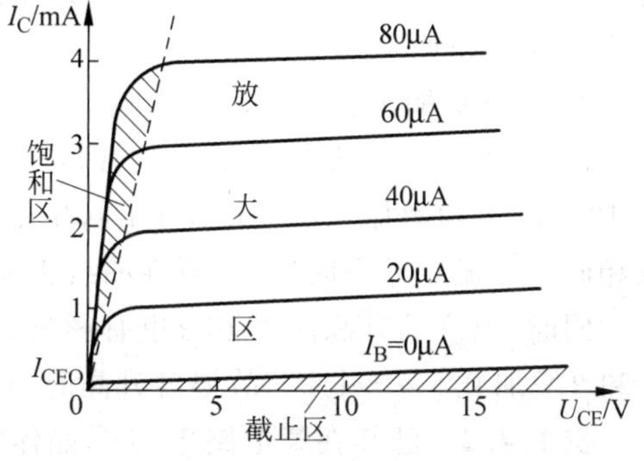

图 1.4.6 晶体管的输出特性曲线

2） 放大区

发射结正向偏置、集电结反向偏置时晶体

管处于放大状态，相应的区域就是放大区。在放大区，输出特性是一组以 I_B 为参变量的几乎平行于横轴的曲线族。在放大区，当基极电流有一个微小的变化量 ΔI_B 时，相应的集电极电流将产生较大的变化量 ΔI_C，此时二者的关系为 $\Delta I_C=\beta\Delta I_B$，该式体现了晶体管的电流放大作用，也表明 ΔI_B 和 ΔI_C 成正比关系，因此放大区也称线性区或线性放大区。对于 NPN 型硅管而言，当管子处于放大状态时，3 个电极的电压（或电位）必然满足不等式 $U_{CE}>U_{BE}>0$（或 $V_C>V_B>V_E$）。

3）饱和区

曲线靠近纵坐标的附近，各条输出特性曲线的上升部分属于饱和区。在饱和区，I_B 的变化对 I_C 的影响较小，两者不成比例，晶体管失去了放大作用。晶体管工作在饱和区时，发射结和集电结都处于正向偏置状态。晶体管饱和，集电极电流 I_C 称为集电极饱和电流，用 I_{CS}表示，集电极发射极间的电压 U_{CE}，称为集射极饱和电压，用 U_{CES}表示。对于 NPN 型硅管而言，U_{CES}值很小，约为 0.3V，一般认为 $U_{CES}\approx 0$，因此处于饱和状态的晶体管，发射极和集电极间相当于一个开关的闭合状态。

表 1.4.2 列出了 NPN 型晶体管的三种工作状态对应的外部条件及典型数值。

表 1.4.2　NPN 型晶体管的三种工作状态

工作状态	截　止	放　大	饱　和
外部条件	发射结反偏，集电结反偏	发射结正偏，集电结反偏	发射结正偏，集电结正偏
典型数据特征	$U_{BE}\leqslant 0$ $U_{CE}\approx U_{CC}$ $I_C=I_{CEO}\approx 0, I_B=0$	$U_{BE}=0.6\sim 0.7V$ $U_{CE}>U_{BE}$ $I_C=\bar{\beta} I_B$	$U_{BE}=0.6\sim 0.7V$ $U_{CE}=U_{CES}\approx 0.3V$ $I_C=I_{CS}, I_C<\bar{\beta} I_B$

在放大电路中，晶体管工作在放大区，以实现放大作用。而在开关电路中，晶体管则工作在截止区和饱和区，相当于一个开关的断开和闭合。

3. 温度对晶体管特性曲线的影响

温度对晶体管的工作和特性曲线有很大的影响。在温度变化较大时，晶体管的工作不够稳定，须采取必要的措施。

1）温度对输入特性曲线的影响

当温度升高时，输入特性曲线将向左移动，如图 1.4.7(a)所示。也就是说，在同样的电流作用下，当温度升高后，对应的发射结正向压降 U_{BE}的数值将下降，大约每升高 1℃，U_{BE}就下降 2～2.5mV。

2）温度对输出特性曲线的影响

I_{CBO}是集电区和基区中的少数载流子漂移造成的，因而必然受温度的影响。温度每升高 10℃，I_{CBO}约增加一倍。I_{CEO}与 I_{CBO}存在一定的数量关系，因此它随温度变化的规律也大致相同。故温度升高时，输出特性曲线将向上移动，如图 1.4.7(b)所示。

同时，温度的升高对 $\bar{\beta}$ 和 β 也有影响。当温度升高时，$\bar{\beta}$ 和 β 将增大。温度每升高 1℃，$\bar{\beta}$ 和 β 增加 0.5%～1%。故温度升高时，输出特性曲线不仅上移，而且其间距也将增大。

例 1.4.2　已知在某电路中，3 个晶体管的 3 个电极的电位分别如图 1.4.8(a)、(b)、(c)所示，试判断它们分别处于什么工作状态？

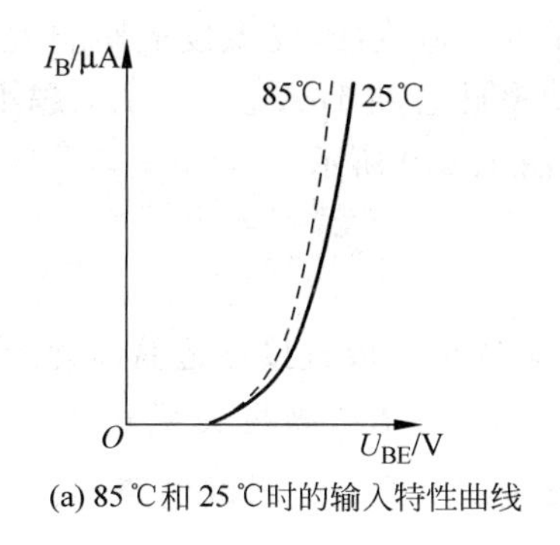

(a) 85 ℃和 25 ℃时的输入特性曲线

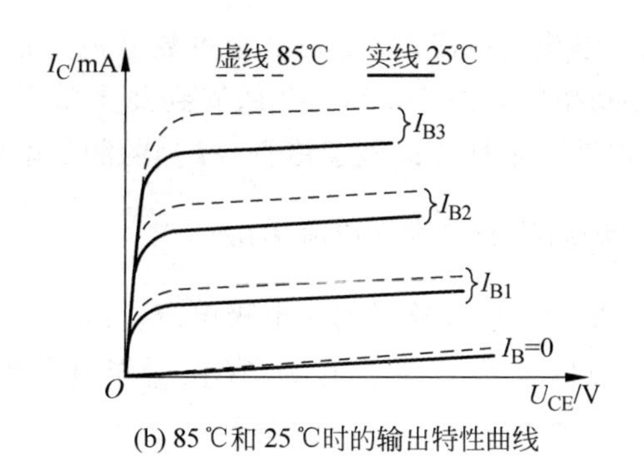

(b) 85 ℃和 25 ℃时的输出特性曲线

图 1.4.7　温度对晶体管特性曲线的影响

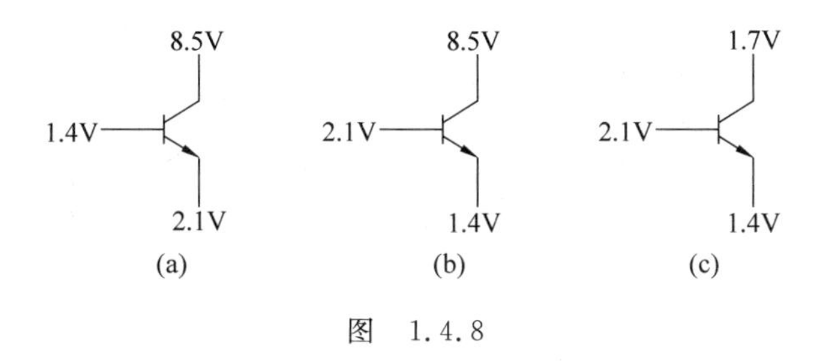

图　1.4.8

解：图 1.4.8(a)中，$U_{BE}=1.4-2.1=-0.7V<0$，发射结反偏，因此晶体管处于截止状态；

图 1.4.8(b)中，$U_{BE}=2.1-1.4=0.7V$，$U_{CE}=8.5-1.4=7.1V>U_{BE}$，发射结正偏，集电结反偏，因此晶体管处于放大状态；

图 1.4.8(c)中，$U_{BE}=2.1-1.4=0.7V$，$U_{CE}=1.7-1.4=0.3V<U_{BE}$，发射结和集电结都正偏，因此晶体管处于饱和状态。

1.4.4　主要参数

晶体管的参数是设计电路、选用晶体管的依据。

1. 电流放大系数$\bar{\beta}$，β

当晶体管接成共发射极电路时，在某一确定的 U_{CE} 条件下，集电极电流 I_C 与基极电流 I_B 的比值称为共发射极静态电流(直流)放大系数，即

$$\bar{\beta}=\frac{I_C}{I_B}$$

当晶体管接成共发射极电路时，如果保持输出端电压 U_{CE} 不变(即 $\Delta U_{CE}=0$)，其对应集电极电流变化量 ΔI_C 与基极电流变化量 ΔI_B 的比值称为动态电流(交流)放大系数，即

$$\beta=\left.\frac{\Delta I_C}{\Delta I_B}\right|_{\Delta U_{CE}=0}$$

常用的小功率晶体管的 β 值为 20～150。β 值随温度升高而增大。

2. 集-基极反向饱和电流 I_{CBO}

I_{CBO} 是当发射极开路时由于集电结处于反向偏置，集电区和基区中的少数载流子向对

方运动所形成的电流。I_{CBO}是由于少数载流子的漂移运动造成的，受温度的影响大。在室温下，小功率锗管的 I_{CBO}约为几微安到几十微安，小功率硅管在 $1\mu A$ 以下。I_{CBO}越小越好。硅管在温度稳定性方面胜于锗管。I_{CBO}的测试电路如图 1.4.9 所示。

3. 集-射极反向饱和电流 I_{CEO}

I_{CEO}是当基极开路时的集电极电流。因为它好像是从集电极直接穿透晶体管而到达发射极的，所以又称为穿透电流。I_{CEO}受温度的影响很大，与 I_{CBO}满足关系式 $I_{CEO}=(1+\bar{\beta})I_{CBO}$。一般硅管的 I_{CEO}比锗管的 I_{CEO}小 2～3 个数量级。I_{CEO}的测试电路如图 1.4.10 所示。

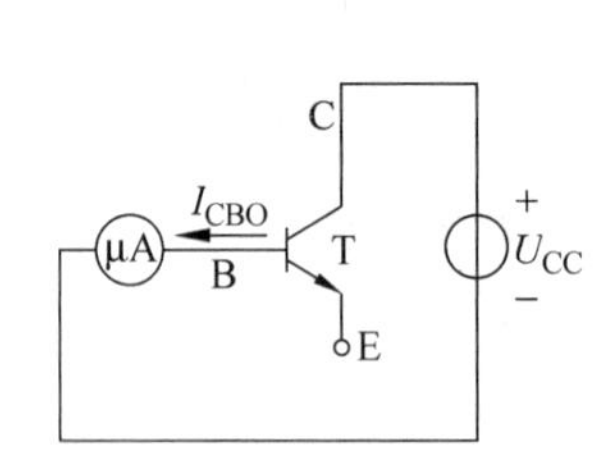

图 1.4.9 I_{CBO}的测试电路

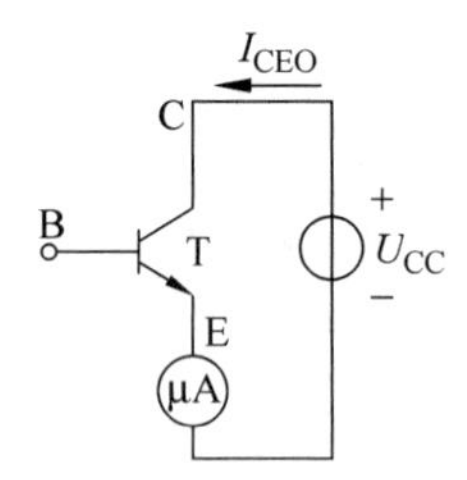

图 1.4.10 I_{CEO}的测试电路

4. 集电极最大允许电流 I_{CM}

集电极电流 I_C 超过一定值时，晶体管的 β 要下降。当 β 值下降到正常值的 2/3 时的集电极电流，称为集电极最大允许电流 I_{CM}。因此，在使用晶体管时，I_C 超过 I_{CM}并不一定会使晶体管损坏，但以降低 β 值为代价。

5. 集-射极反向击穿电压 $U_{(BR)CEO}$

基极开路时，加在集电极和发射极之间的最大允许电压，称为集-射极反向击穿电压 $U_{(BR)CEO}$。当晶体管的集-射极电压 U_{CE}大于 $U_{(BR)CEO}$时，I_{CEO}突然大幅度上升，说明晶体管已被击穿。手册中给出的 $U_{(BR)CEO}$一般是常温（25℃）时的值，晶体管在高温下，其 $U_{(BR)CEO}$值要降低，使用时应特别注意。$U_{(BR)CEO}$的测试电路如图 1.4.11 所示。

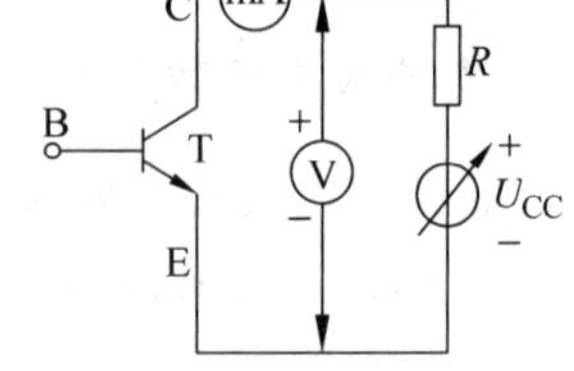

图 1.4.11 $U_{(BR)CEO}$的测试电路

6. 集电极最大允许耗散功率 P_{CM}

由于集电极电流在流经集电结时将产生热量，使结温升高，从而会引起晶体管的参数变化。当晶体管因受热而引起的参数变化不超过允许值时，集电极所消耗的最大功率，称为集电极最大允许耗散功率 P_{CM}。P_{CM}主要受结温限制，一般来说，锗管允许结温为 70～90℃，硅管约为 150℃。

根据晶体管的 P_{CM}值，可在晶体管输出特性曲线上作出 P_{CM}曲线，它是一条双曲线。由 I_{CM}、$U_{(BR)CEO}$、P_{CM}三个极限参数共同界定了晶体管的安全工作区，如图 1.4.12 所示。

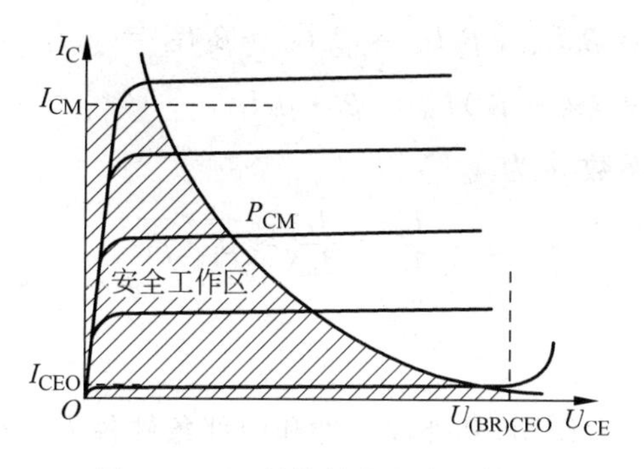

图 1.4.12 晶体管的安全工作区

1.4.5 复合晶体管

复合晶体管,是把两只或两只以上的晶体管适当地连接起来等效成一只晶体管,一般用在要求电路输出功率较大的场合。在连接时,应保证每个管子的电流方向正确。注意对NPN型管子而言,是 I_B 和 I_C 流入管子;I_E 流出管子;而对PNP型管子而言,是 I_B 和 I_C 流出管子,I_E 流入管子。因此,对于复合管而言,若有两个电流流入管子,一个电流流出管子,则复合管等效为NPN型;若有两个电流流出管子,一个电流流入管子,则复合管等效为PNP型。

NPN和PNP管连成复合管,共有4种可能的组合,如图1.4.13所示。T_1 一般为小功率管,称为推动管;T_2 为大功率管,称为输出管。

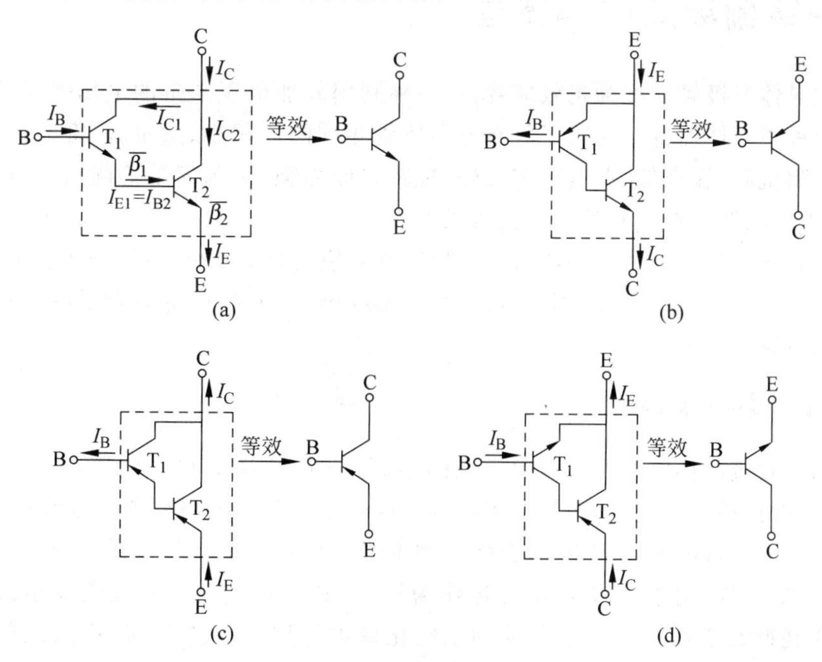

图 1.4.13 复合管的4种形式

复合管的电流放大系数 $\overline{\beta}$ 近似等于两个管子电流放大系数的乘积。下面以图1.4.13(a)为例分析如下:

$$I_C = I_{C1} + I_{C2} = \overline{\beta_1} I_{B1} + \overline{\beta_2} I_{B2} = \overline{\beta_1} I_{B1} + \overline{\beta_2} I_{E1} = \overline{\beta_1} I_{B1} + \overline{\beta_2}(\overline{\beta_1} + 1) I_{B1}$$
$$= \overline{\beta_1} \cdot \overline{\beta_2} I_{B1} + (\beta_1 + \beta_2) I_{B1} \approx \overline{\beta_1} \cdot \overline{\beta_2} I_{B1}$$

所以,复合管的电流放大系数 $\bar{\beta}$ 为

$$\bar{\beta} = \frac{I_C}{I_B} = \frac{I_C}{I_{B1}} \approx \overline{\beta_1} \cdot \overline{\beta_2} \tag{1.4.3}$$

【思考题】

1. 晶体管具有电流放大作用,其外部条件和内部条件各为什么?

2. 晶体管的发射极和集电极是否可以调换使用,为什么?

3. 晶体管在输出特性曲线的饱和区工作时,其电流放大系数和在放大区工作时相比,是增大、减小还是没有变化?为什么?

4. 为什么晶体管基区掺杂浓度低而且做得很薄?

5. 将一个 PNP 型晶体管接成共发射极电路,要使它具有电流放大作用,E_C 和 E_B 的正负极应该如何连接,为什么?画出该电路图。

6. 有两个晶体管,一个管子 $\bar{\beta}=50$,$I_{CBO}=0.5\mu A$;另一个管子 $\bar{\beta}=150$,$I_{CBO}=2\mu A$。如果其他参数一样,选用那个管子较好?为什么?

7. 现测得某一晶体管的 $I_B=30\mu A$,$I_C=1.5mA$,能否确定它的电流放大系数?什么情况下可以,什么情况下不可以?为什么?

1.5 绝缘栅场效应晶体管

场效应晶体三极管简称为场效应管,是一种利用外加电压产生的电场强度来控制其导电能力的一种半导体器件。它除了具有与晶体管相同的体积小、重量轻、寿命长等特点外,还具有输入阻抗高、噪声低、温度稳定性好、抗辐射能力强、工艺简单等优点,因而被广泛应用,特别适用于制造大规模和超大规模集成电路。

场效应管按照其结构可分为两大类:结型场效应管(junction field effect transistor)和绝缘栅场效应管(insulated gate field effect transistor)。本章只简单介绍应用更为广泛的后一种场效应管。

1.5.1 基本结构

绝缘栅场效应晶体管按照其导电类型的不同,分为 N 沟道和 P 沟道,它们的工作原理相同,只是电源极性相反而已,每种结构的场效应管又可分为增强型和耗尽型两种。

图 1.5.1(a)和(b)所示是 N 沟道增强型绝缘栅场效应晶体管的结构示意图和图形符号。用一块掺杂浓度较低的 P 型半导体作为衬底,其上扩散两个相互距离很近的高掺杂 N^+ 型区,并在硅片表面生成一层薄薄的二氧化硅绝缘层。在两个 N^+ 型区之间的二氧化硅的表面以及两个 N^+ 型区的表面分别安置 3 个电极,分别为栅极 G、源极 S 和漏极 D。因栅极和其他电极是绝缘的,故称为绝缘栅场效应晶体管。金属栅极和半导体之间的绝缘层用二氧化硅构成,故又称为金属-氧化物-半导体场效应晶体管,简称 MOS 管(MOS 是 metal oxide semiconductor 的缩写)。如果在制造绝缘栅场效应晶体管子时,在二氧化

硅绝缘层中掺入大量的正离子，则可以制成耗尽型场效应管。两者的主要区别在于：当栅-源电压 $U_{GS}=0$ 时，增强型场效应管的漏极电流为零，而耗尽型场效应管的漏极电流不为零。

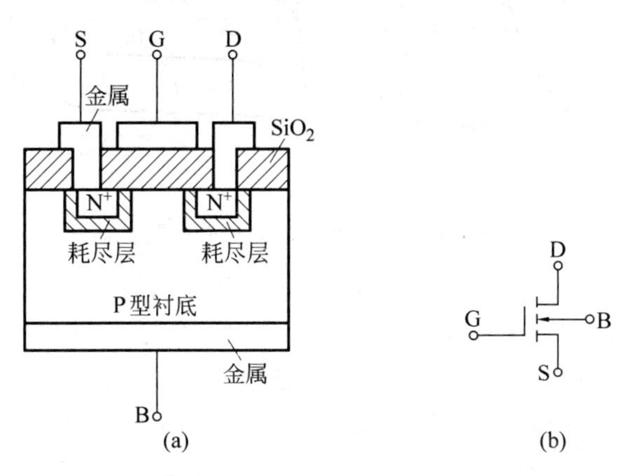

图 1.5.1 N沟道增强型 MOS 管结构及图形符号

1.5.2 工作原理

1. 增强型场效应晶体管工作原理

如图 1.5.2 所示，当栅-源电压 $U_{GS}=0$ 时，在漏极和源极的两个 N^+ 型区之间是 P 型衬底，因此漏、源之间相当于两个背靠背的 PN 结。所以无论漏、源之间加上何种极性的电压，漏极电流 I_D 总是近似为零。

当 $U_{GS}>0$ 时，则在二氧化硅的绝缘层中，产生一个垂直于衬底表面，由栅极指向 P 型衬底的电场。这个电场排斥空穴吸引电子。当 U_{GS}大于一定值时，在绝缘栅下的 P 型区中形成了一层以电子为主的 N 型层。由于漏极和源极均为 N^+ 型，故此 N 型层在漏、源极间形成了电子导电的沟道，称为 N 型沟道。U_{GS} 正值越高，导电沟道越宽。形成导电沟道后，在漏、源极电压 U_{DS} 的作用下，则形成源极电流 I_D。

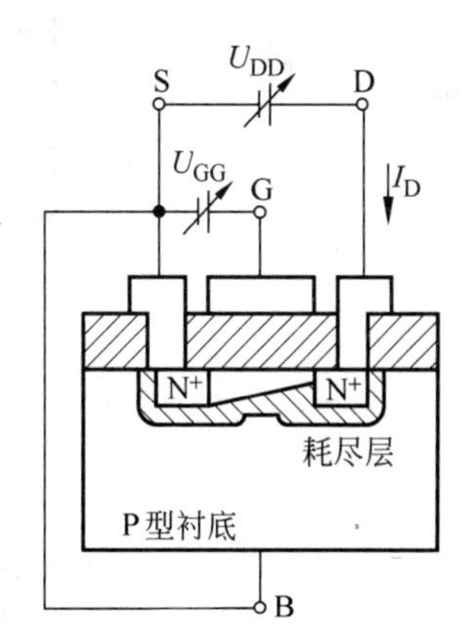

图 1.5.2 N沟道增强型场效应管的工作过程

在一定的漏、源电压 U_{DS} 下，使管子由不导通变为导通的临界栅-源电压称为开启电压，用 $U_{GS(th)}$ 表示。由于这类场效应管在 $U_{GS}=0$ 时，$I_D=0$；只有在 $U_{GS}>U_{GS(th)}$ 时，才会出现沟道，形成电流，故称为增强型。

图 1.5.2 显示了 N 沟道增强型场效应管的工作过程。图 1.5.3(a)和(b)是 N 沟道增强型场效应管的转移特性和输出特性曲线，它表示了 I_D、U_{GS}、U_{DS}之间的关系。

2. 耗尽型场效应管工作原理

N 沟道耗尽型绝缘栅场效应管工作原理如图 1.5.4 所示。由前面介绍知道，N 沟道增

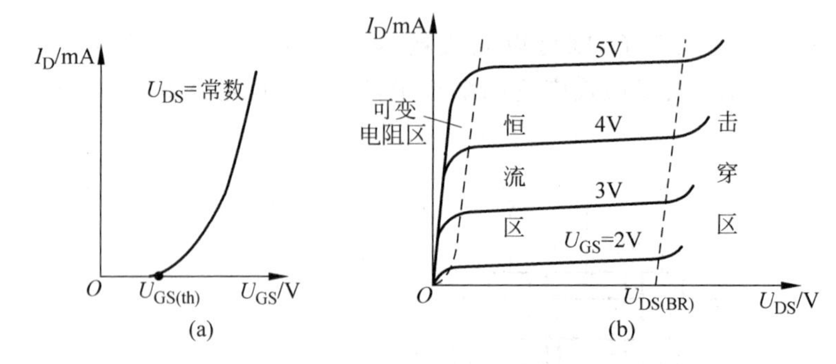

图 1.5.3 N 沟道增强型场效应管的特性曲线

强型绝缘栅场效应管必须在 U_{GS} 大于开启电压时才有导电沟道产生。如果在制造管子时，在二氧化硅绝缘层中掺入大量的正离子，如图 1.5.4(a)所示。当 $U_{GS}=0$ 时，在这些正离子产生的电场作用下，漏、源极间 P 型衬底表面也能感应出 N 沟道，只要加上正电压 U_{DS}，就能产生电流 I_D。当 $U_{GS}>0$ 时，在 N 沟道内感应出更多的电子，使沟道变宽，I_D 增大。当 $U_{GS}<0$ 时，在 N 沟道内感应的电子减少，使沟道变窄，I_D 减小。当 U_{GS} 负向增加到某一数值时，导电沟道消失，I_D 趋于零，管子截止，故称为耗尽型。沟道消失时的栅、漏电压称为夹断电压 $U_{GS(off)}$。N 沟道耗尽型 MOS 管的电路符号如图 1.5.4(b)所示。图 1.5.5(a)和(b)分别是其转移特性曲线和输出特性曲线。从特性曲线中可看出，耗尽型场效应管在 $U_{GS}<0$、$U_{GS}=0$、$U_{GS}>0$ 的情况下都可能工作，这是耗尽型场效应管的一个重要特点。

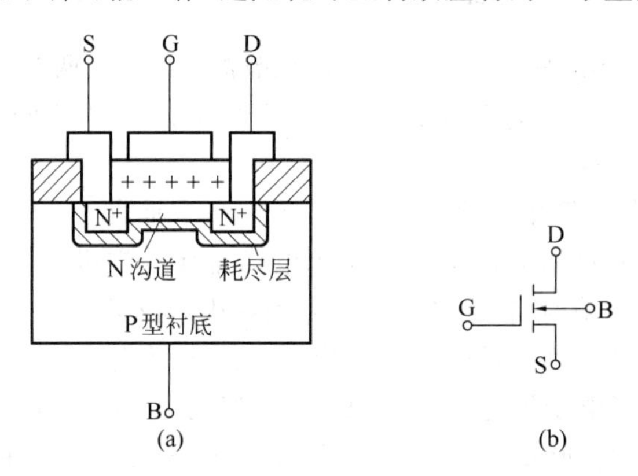

图 1.5.4 N 沟道耗尽型绝缘栅场效应管工作原理和图形符号

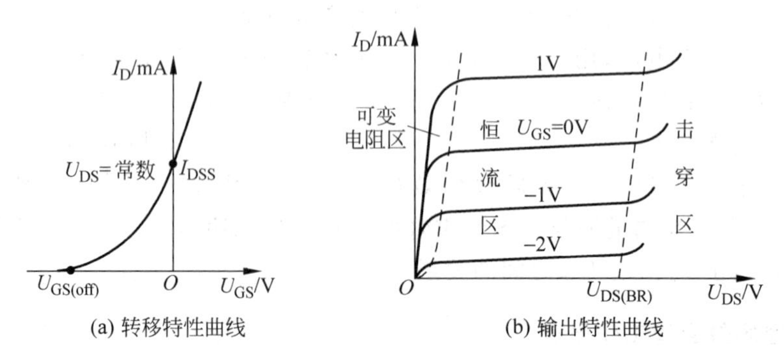

图 1.5.5 N 沟道耗尽型场效应管转移特性曲线和输出特性曲线

P沟道绝缘栅场效应管的结构和工作原理与N沟道绝缘栅场效应管相似，它是因在N型衬底中生成P型反型层而得名。它使用的栅-源和漏-源电压的极性与N沟道绝缘栅场效应管的相反。图1.5.6为P沟道绝缘栅场效应管的图形符号。

1.5.3 主要参数

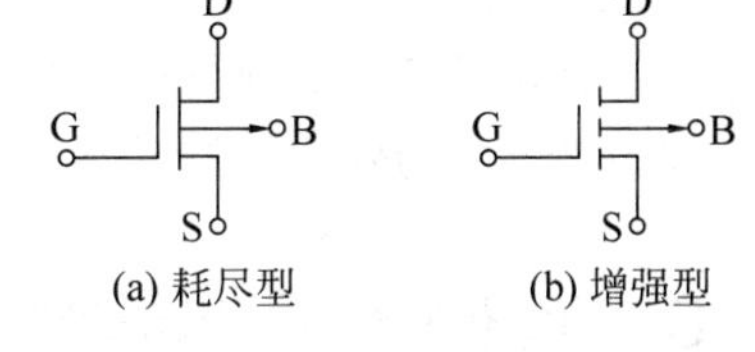

(a) 耗尽型　　(b) 增强型

图1.5.6 P沟道绝缘栅场效应管的图形符号

(1) 夹断电压 $U_{GS(off)}$。夹断电压是当 U_{DS} 一定时，使 I_D 减小到某一微小电流时所需要的夹断电压 U_{GS} 值。

(2) 开启电压 $U_{GS(th)}$。开启电压是当 U_{DS} 一定时，使 I_D 达到某一数值时所需要的夹断电压 U_{GS} 值。

(3) 饱和漏极电流 I_{DSS}。饱和漏极电流是在夹断电压 $U_{GS}=0$ 的条件下，场效应管发生预夹断时的漏极电流。

(4) 栅-源直流输入电阻 R_{GS}。栅-源直流输入电阻是在漏、源两极短路的情况下，外加栅-源直流电压与栅极直流电流的比值，一般不大于$10^9\Omega$。

(5) 栅-源击穿电压 $U_{GS(BR)}$。栅-源击穿电压是指栅源极间的PN结发生反向击穿时的夹断电压 U_{GS} 值，这时栅极电流由零急剧上升。

(6) 漏-源击穿电压 $U_{DS(BR)}$。漏-源击穿电压是指管子沟道发生雪崩击穿引起 I_D 急剧上升时的 U_{DS} 值。对N沟道而言，U_{GS} 的负值越大，则 $U_{DS(BR)}$ 越小。

(7) 最大漏极电流 I_{DM} 和最大耗散功率 P_{DM}。

最大漏极电流 I_{DM} 是指管子工作时允许的最大漏极电流。由于沟道的截面积有限，而沟道的电流密度又不可能过大，故漏极电流不可能大于 I_{DM}。

场效应管的漏极耗散功率 $P_D=I_DU_{DS}$，这一耗散功率变为热能，使场效应管的结温升高。为限制结温，需要限制 $P_D<P_{DM}$。P_{DM} 的大小与环境温度有关。

(8) 低频跨导 g_m。

当 U_{DS} 为常数时，漏极电流的微小变化量与栅源电压 U_{GS} 的微小变化之比为低频跨导，即

$$g_m=\frac{\Delta I_D}{\Delta U_{GS}}\bigg|_{U_{DS}}$$

g_m 反映了栅源电压对漏极电流的控制能力，它的单位是西门子(S)，常用毫西(mS)表示。

1.5.4 场效应管与晶体管的区别

场效应管与晶体管的区别主要体现在以下5个方面：

(1) 场效应管是电压控制器件，而双极型晶体管是电流控制器件。

(2) 场效应管输入端几乎没有电流，所以其输入电阻高。而晶体管的发射结始终处于正向偏置，总存在输入电流，故其输入电阻小。

(3) 场效应管具有较好的温度稳定性、抗辐射性和低噪声性能。晶体管参与导电的载流子既有空穴又有电子，其中的少数载流子受温度和辐射的影响较大，造成管子工作的不稳定。结型场效应管中只是多数载流子导电，所以工作稳定性高。

(4) 场效应管制造工艺简单，且占用芯片的面积小，比晶体管适合于大规模集成。

(5) 场效应管的跨导较小，当组成放大电路时，在相同的负载电阻下，电压放大倍数比

晶体管低。

【思考题】

1. 绝缘栅场效应晶体管可以分为N沟道和P沟道两种结构,它们的工作原理相同吗?
2. 场效应管与晶体管的区别主要体现在哪几个方面?
3. 增强型场效应管和耗尽型场效应管的主要区别在哪里?

1.6 其他半导体器件

除了前几节介绍的几种主要的半导体器件外,在不少场合需要用到一些其他的半导体器件。本节简要介绍以下几种光电器件,它们主要用于显示、报警、耦合和控制等场合。

1.6.1 发光二极管

半导体显示器件主要有发光二极管,它是一种将电能直接转换成光能的固体器件,简称LED。和普通二极管相似,也是由一个PN结构成。当在发光二极管上加正向电压并有足够大的正向电流时,就能发出清晰的光。这是由于电子与空穴复合而释放能量的结果。光的颜色与做成PN结的材料和发光的波长有关,而波长与材料的浓度有关。如采用磷砷化镓,则可发出红光或黄光;采用磷化镓,则发出绿光。发光二极管的PN结封装在透明塑料管壳内,外形有方形、矩形和圆形等。

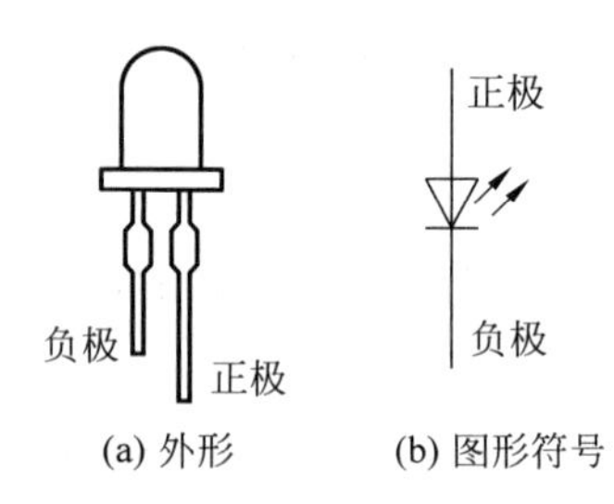

图 1.6.1 发光二极管的外形和图形符号

发光二极管的工作电压为1.5~3V,工作电流为几毫安到十几毫安,反向击穿电压较低,一般小于10V,寿命较长,通常作显示用。图1.6.1是它的外形和图形符号。

1.6.2 光敏二极管

光敏二极管又称光电二极管,它是利用PN结的光敏特性,将接收到的光的变化转换为电流的变化。图1.6.2是它的外形、图形符号、等效电路和特性曲线。

光敏二极管是在反向电压作用下工作的。当无光照时,和普通二极管一样,其反向电流很小(通常小于0.2μA),称为暗电流。当有光照时,产生的反向电流称为光电流。照度E越强,光电流I也越大,如图1.6.2(d)所示。

光电流很小,一般只有几十微安,应用时需进行放大。

1.6.3 光电晶体管

光电晶体管,亦称光敏晶体管。普通晶体管是用基极电流I_B的大小来控制集电极电流,而光电晶体管是用入射光照度E的强弱来控制集电极电流的。因此两者的输出特性曲线相似,只是用E来代替I_B。当无光照时,集电极的电流I_{CEO}很小,称为暗电流。有光照时的集电极电流称为光电流,一般约为零点几毫安到几毫安。图1.6.3所示是它的实物外形、图形符号、等效电路、测试电路及其输出特性曲线。

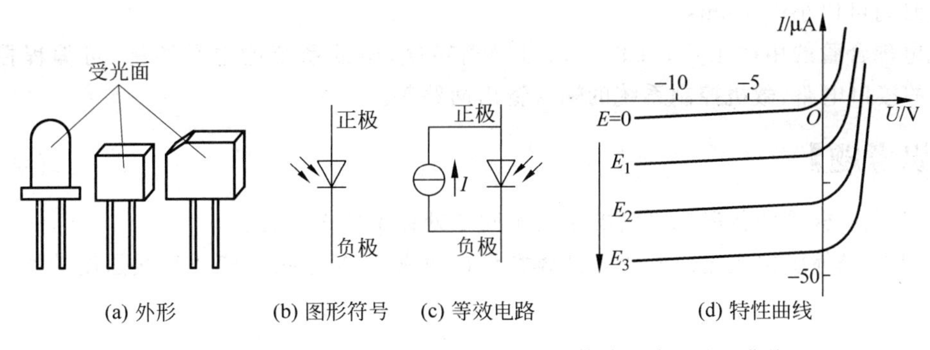

(a) 外形 (b) 图形符号 (c) 等效电路 (d) 特性曲线

图 1.6.2 发光二极管的外形、图形符号、等效电路及特性曲线

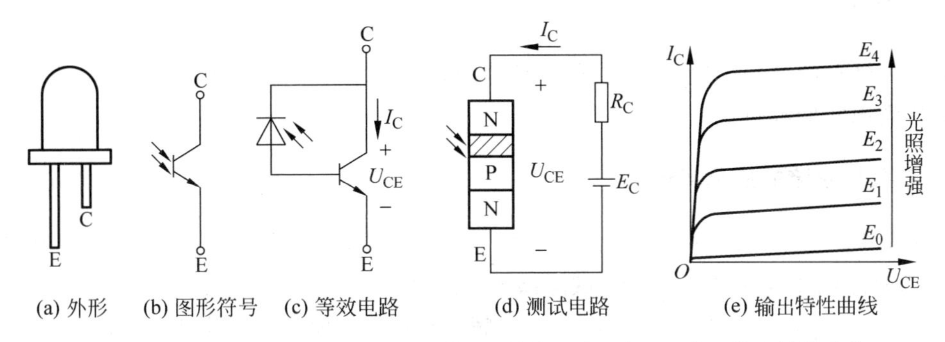

(a) 外形 (b) 图形符号 (c) 等效电路 (d) 测试电路 (e) 输出特性曲线

图 1.6.3 光电晶体管的外形、图形符号、等效电路、测试电路及输出特性曲线

1.6.4 光电耦合管

光电耦合管(亦称光电耦合器)是由发光二极管和光敏二极管或者由发光二极管和光敏晶体管组装而成,如图 1.6.4(a)、(b)所示。由于输入和输出之间没有电的直接联系的特点,信号传输是通过光耦合的,因而被称为光电耦合器,也叫光电隔离器。

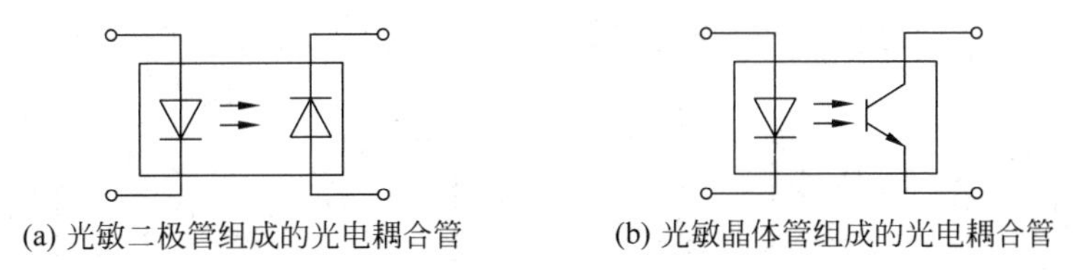

(a) 光敏二极管组成的光电耦合管 (b) 光敏晶体管组成的光电耦合管

图 1.6.4 光电耦合管

光电耦合器的发光器件和受光器件封装在同一不透明的管壳内,由透明、绝缘的树脂隔开。发光器件常用发光二极管,受光器件则根据输出电路的不同要求有光敏二极管、光电晶体管、光电晶闸管和光电集成电路等。

光电耦合器具有以下特点:

(1) 光电耦合器的发光器件与受光器件互不接触,绝缘电阻很高,可达 $10^{10}\Omega$ 以上,并能承受 2000V 以上的高压,因此经常用来隔离强电和弱电系统。

(2) 光电耦合器的发光二极管是电流驱动器件,输入电阻很小,而干扰源一般内阻较大,且能量很小,很难使发光二极管误动作,所以光电耦合器有极强的抗干扰能力。

(3) 光电耦合器具有较高的信号传递速度,响应时间一般为几微秒,高速型光电耦合器的响应时间可以小于100ns。

光电耦合管的用途很广，如作为信号隔离转换、脉冲系统的电平匹配、可编程控制器(PLC)的接口电路、微机控制系统的输入输出回路等。

【思考题】

1. 发光二极管和普遍二极管的主要不同之处在于什么地方？

2. 光电晶体管由光电二极管和晶体管组合而成，其集电极电流随光线强度的增加而增加还是减少？

1.7 案例解析

利用二极管的单向导电性，在实际电路中可起到整流、限幅、钳位、检波和保护等作用，下面结合应用实例解析之。

1. 二极管整流的应用实例

例 1.7.1 如图1.7.1所示，已知二极管 D_1、D_2、D_3 和 D_4 为理想二极管，电阻 $R=1\text{k}\Omega$，正弦交流电压 $u_i=10\sin\omega t$ V，试画出 u_o 的波形。

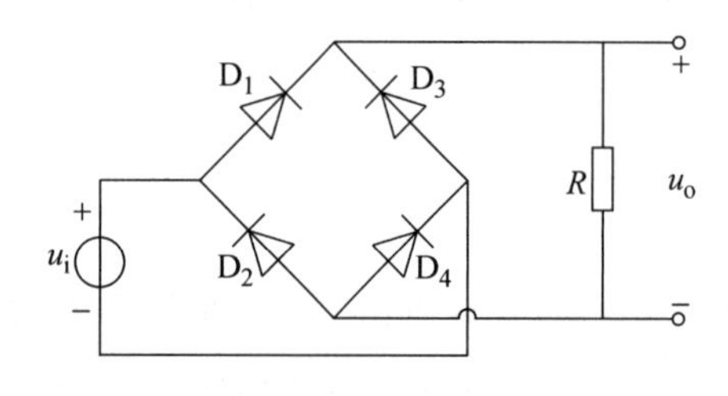

图1.7.1 例1.7.1电路

解：当 $u_i>0$，即处于正半周期，此时二极管 D_1、D_4 处于导通状态，D_2、D_3 处于截止状态，其电路等效成图1.7.2(a)所示，此时 $u_o=u_i$；当 $u_i<0$，即处于负半周期，此时二极管 D_1、D_4 处于截止状态，D_2、D_3 处于导通状态，其电路等效成图1.7.2(b)所示，此时 $u_o=-u_i$。

输出电压 u_o 的波形如图1.7.3所示。

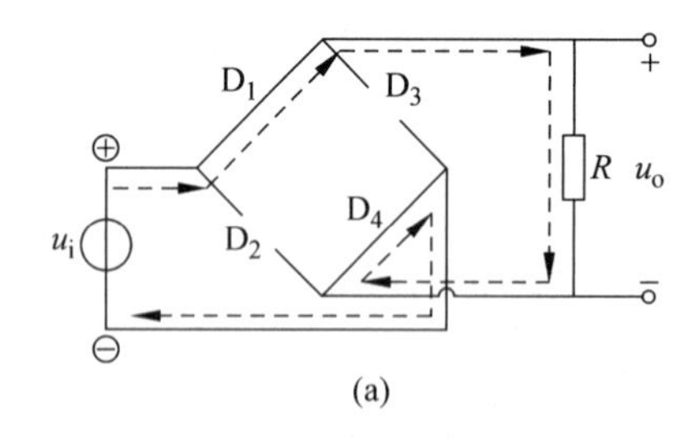

(a)

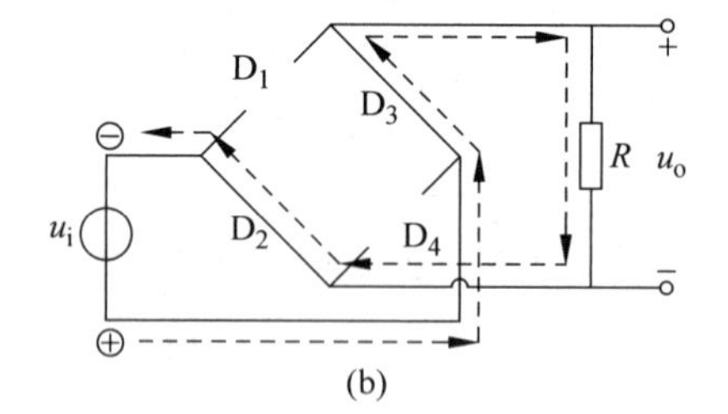

(b)

图1.7.2 等效电路

2. 二极管限幅的应用实例

例 1.7.2 如图1.7.4所示，已知二极管 D_1 和 D_2 为理想二极管，直流电压源 $E_1=2$V，$E_2=6$V，电阻 $R_1=R_2=2\text{k}\Omega$，试求：

(1) 当电压源 u_i 从 -10V 变到 $+10$V 时，画出该电路的电压传输特性曲线(u_o-u_i 曲线)；

(2) 若电压源为正弦交流电压 $u_i=10\sin\omega t$ V，试画出 u_o 的波形。

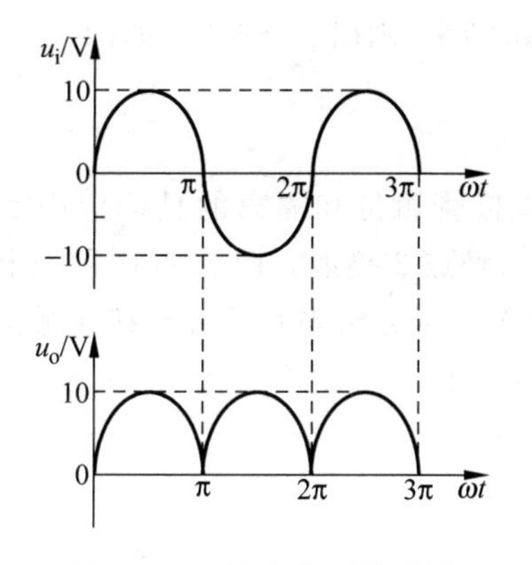

图 1.7.3 输出电压波形图

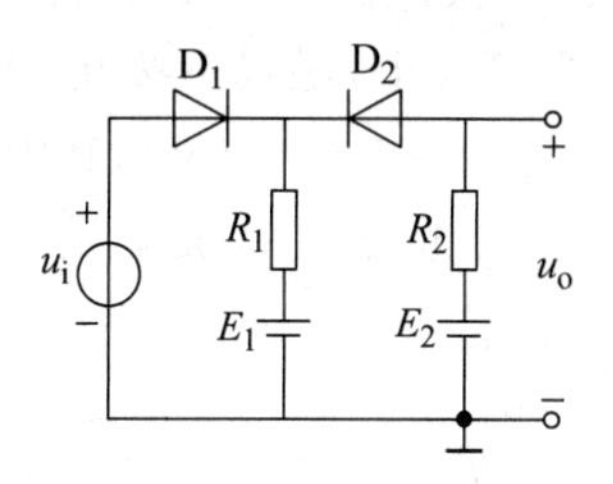

图 1.7.4 例 1.7.2 电路

解：(1) 根据电路结构，当电压源 u_i 从 $-10V$ 变到 $+10V$ 时，分析理想二极管 D_1 和 D_2 各自的导通截止状态：

假设二极管 D_1 刚刚导通，求出关键临界电压 $u_i = E_2 - \frac{E_2 - E_1}{R_1 + R_2} \times R_2$，解得 $u_i = 4V$。

当 $-10V < u_i < 4V$ 时，二极管 D_1 截止，D_2 导通，其电路图结构如图 1.7.5(a)所示，此时 $u_o = 4V$；

当 $4V < u_i < 6V$ 时，二极管 D_1 和 D_2 都导通，其电路图结构如图 1.7.5(b)所示，此时 $u_o = u_i$；

当 $6V < u_i < 10V$ 时，二极管 D_1 导通，D_2 截止，其电路图结构如图 1.7.5(c)所示，此时 $u_o = 6V$。

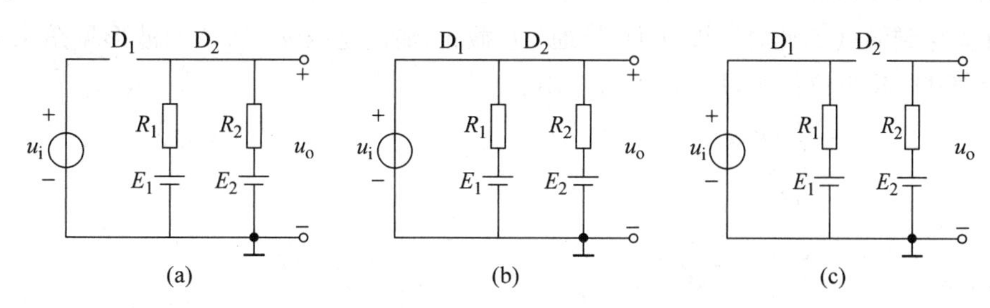

图 1.7.5 等效电路图

所以，该电路的电压传输特性曲线(u_o-u_i 曲线)如图 1.7.6 所示。

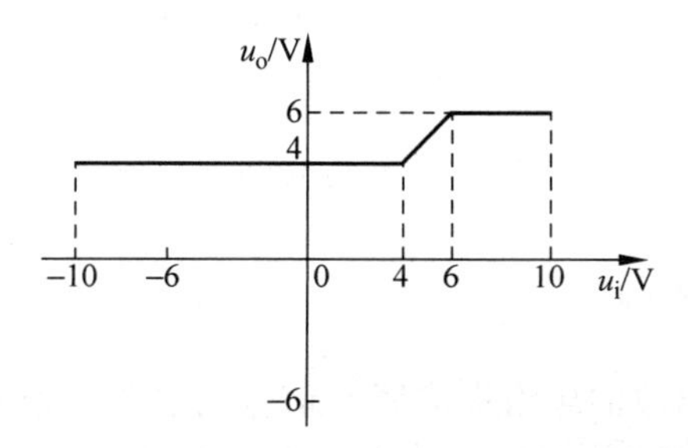

图 1.7.6 例 1.7.2 电路的电压传输特性曲线

(2) 若电压源 $u_i=10\sin\omega t$ V，根据前面的分析结果，画出 u_o 的波形如图 1.7.7 所示。

3. 二极管钳位的应用实例

例 1.7.3 某电路图如图 1.7.8 所示，就是二极管钳位和隔离的具体应用实例。已知 A 点接在双向开关上，触点 1 接在 5V 电源的正极，触点 2 接地。而 B 点接在一个信号电压上，其电压大小 $u_i=1.5+e$(V)，其中 $e=0.5\sin\omega t$ V。试分析当开关分别接在触点 1 和触点 2 上时，输出信号电压 u_o 的波形及二极管的状态和作用。

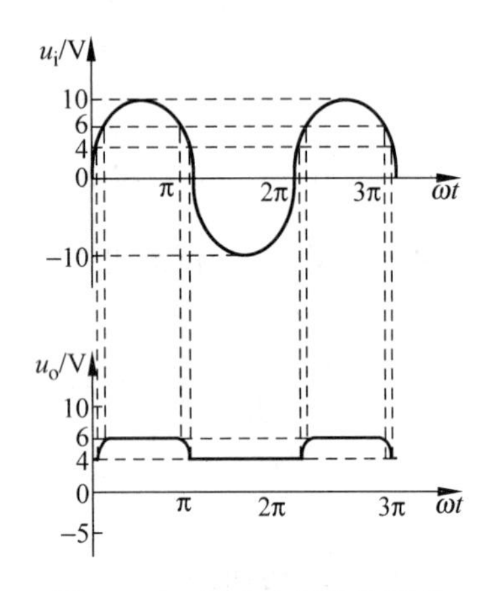

图 1.7.7 输出电压的波形图

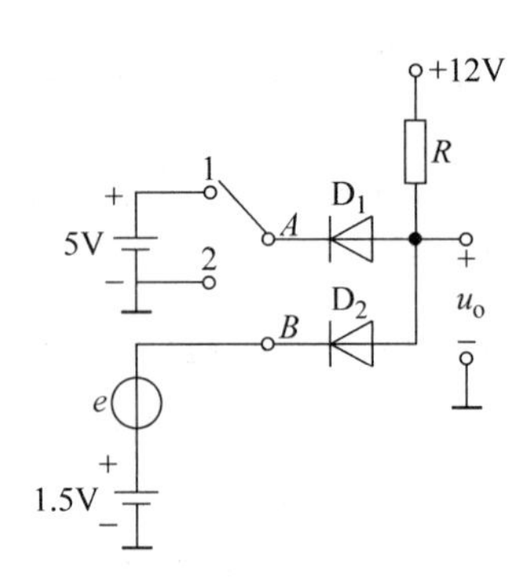

图 1.7.8 例 1.7.3 的电路

解：当开关接到触点 1 上时，此时二极管 D_1 截止，D_2 导通，输出电压 $u_o=1.5+e$(V)，波形见图 1.7.9(a)，此时二极管 D_1 起隔离作用，D_2 起钳位作用。

当开关接到触点 2，此时二极管 D_1 导通，D_2 截止，输出电压 $u_o=0$(V)，波形见图 1.7.9(b)，此时二极管 D_1 起钳位作用，D_2 起隔离作用。

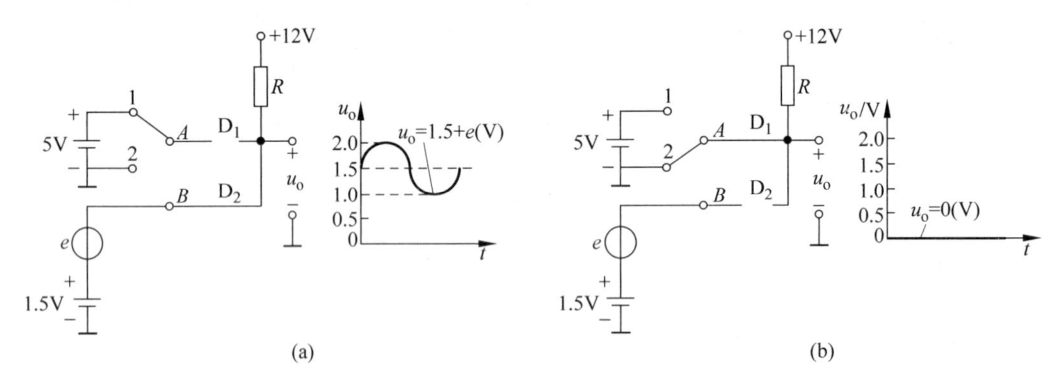

图 1.7.9 例 1.7.3 的输出电压波形图

4. 二极管检波的应用实例

狭义的检波是指从调幅波的包络提取调制信号的过程。通常，先让调幅波经过检波器（通常是晶体二极管），从而得到依调幅波包络变化的脉动电流，再经过一个低通滤波器滤去高频成分，就得到反映调幅波包络的调制信号。而调幅信号是一个高频信号承载一个低频

信号，调幅信号的波包(envelope)即为基带低频信号。如在每个信号周期取平均值，其恒为零。若将调幅信号通过检波二极管，由于检波二极管的单向导电特性，调幅信号的负半周期信号被截去，仅留下其正半周期信号，如在每个信号周期取平均值(低通滤波)，所得为调幅信号的波包(envelope)即为基带低频信号，实现了解调(检波)功能。

图 1.7.10(a)是典型的大信号高频信号的检波电路。

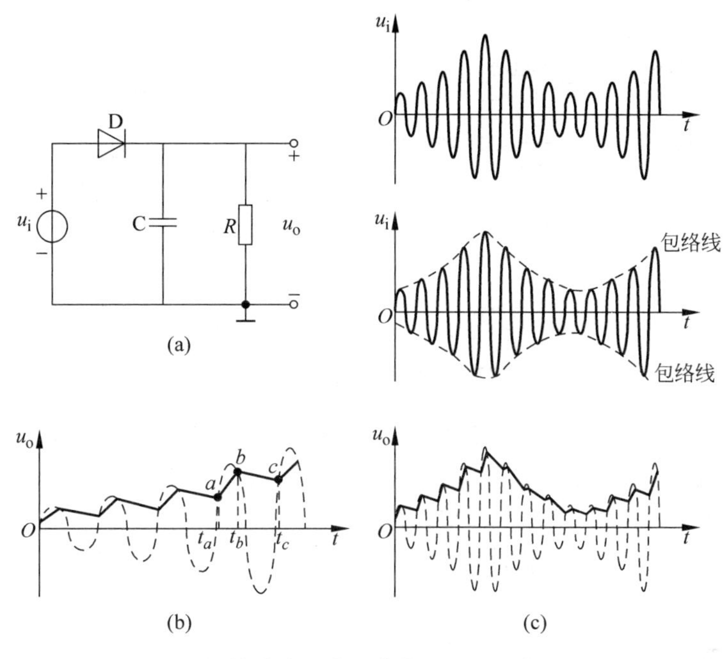

图 1.7.10　二极管检波电路及其输入电压和输出电压波形图

u_i 是大信号高频电压，如图 1.7.10(c)所示，其信号边缘具有低频信号的包络，此包络信号可以通过二极管的检波和后续的 RC 低通滤波电路提取出来。下面简单分析 t_a 到 t_c 这个时间段内电路的工作情况。

二极管 D 导通与否，由电容器 C 上的电压 u_o 和输入电压 u_i 共同决定。当输入电压 u_i 的瞬时值小于 u_o 时，二极管 D 处于截止状态，电容器 C 就通过负载电阻 R 放电。由于放电时间常数 $\tau=RC$ 远大于电压 u_i 的高频分量的周期，故放电很慢。当电容器 C 上的电压 u_o 下降不多时，高频分量的第二个正半周的电压又超过二极管 D 上的电压，使二极管 D 又导通。如图 1.7.10(b)中的 t_a 至 t_b 的这段时间为二极管 D 导通的时间，在此时 u_i 对电容器 C 充电，电容器的电压 u_o 又迅速接近后一个高频电压的最大值。而在 t_b 至 t_c 的这段时间里，二极管处于截止状态，此时电容器 C 又通过负载电阻 R 放电。这样不断地循环反复，就得到图 1.7.10(b)中所示的电压 u_o 的波形。因此只要充电很快，即充电时间常数 $\tau'=R_dC$ 很小(R_d 为二极管导通时的动态电阻)，且放电时间足够长，即放电时间常数 $\tau=RC$ 很大，满足 $\tau'\ll\tau$，就可使输出电压 u_o 的幅度接近于输入电压 u_i 的幅度。另外，由于正向导电时间很短，放电时间常数又远大于高频电压周期，所以输出电压 u_o 的起伏是很小的，可看成与 u_i 的包络线基本一致，如图 1.7.10(c)所示。

5. 二极管电路保护的应用实例

在实际应用中，二极管经常被用来保护电路中的关键元件和仪器，以避免电路突变和人为误操作引发的严重后果。通常，二极管有并联保护和串联保护两种方式。图 1.7.11(a)中二极管在电路中起到并联保护的作用，而图 1.7.11(b)中二极管在电路中起到串联保护的作用。

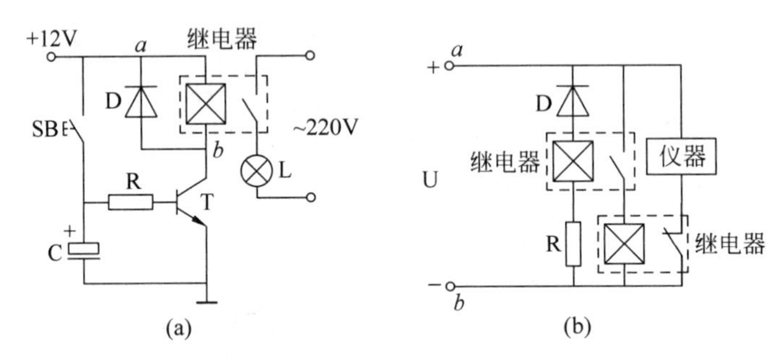

图 1.7.11　二极管电路保护实例的电路

在图 1.7.11(a)中，二极管 D 保护继电器线圈。在继电器线圈的两端并联二极管 D 后，当 a、b 之间失去电压时，由于二极管 D 与继电器线圈构成回路，继电器线圈所产生感生电流可平缓减小，从而避免继电器开关的振动。

在图 1.7.18(b)中，与继电器线圈串联的二极管 D 可防止 a、b 之间的电源 U 反接，从而保护仪器。

【思考题】

1. 已知某整流电路如图 1.7.12 所示，其中二极管 D_1 和 D_2 为理想二极管，三个电阻大小相同 $R=1\text{k}\Omega$，而电压源 $u_i=12\sin\omega t$ V，试画出 u_o 的波形。

2. 已知某限幅电路如图 1.7.13 所示，其中二极管 D_1 和 D_2 为理想二极管，电阻 $R_1=R_2=1\text{k}\Omega$，直流电压源 $E_1=4\text{V}$，$E_2=2\text{V}$，试求：

(1) 当电压源 u_i 从 -10V 变到 $+10\text{V}$ 时，试画出该电路的电压传输特性曲线（u_o-u_i 曲线）；

(2) 若电压源 $u_i=10\sin\omega t$ V，试画出 u_o 的波形。

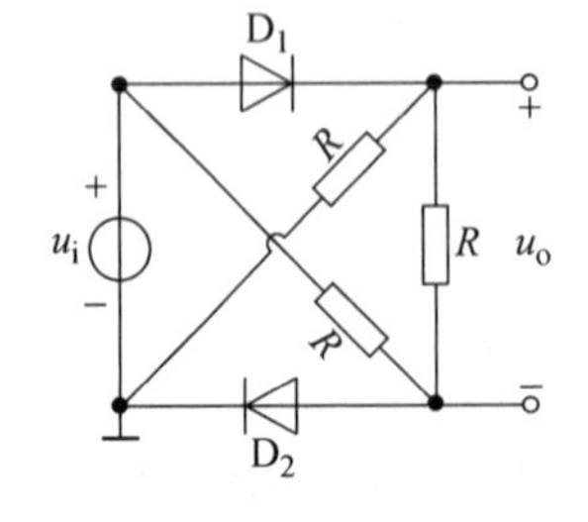

图 1.7.12　思考题 1 的电路

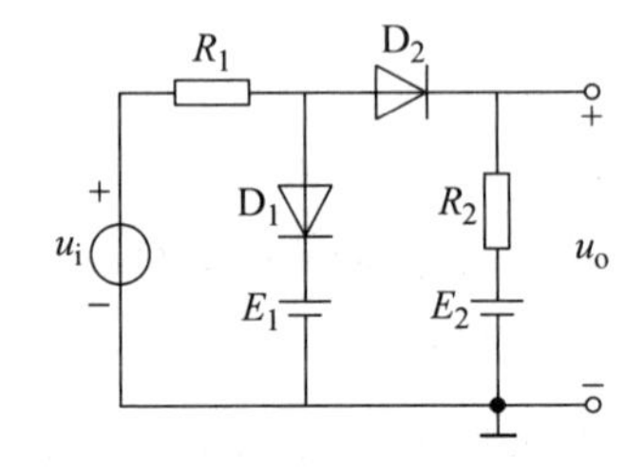

图 1.7.13　思考题 2 的电路

3. 已知信号电压 u_i 的波形如图 1.7.14(a)所示，试分析图(b)所示二极管检波电路的检波过程，并画出相应 u_{o1} 和 u_o 的波形。

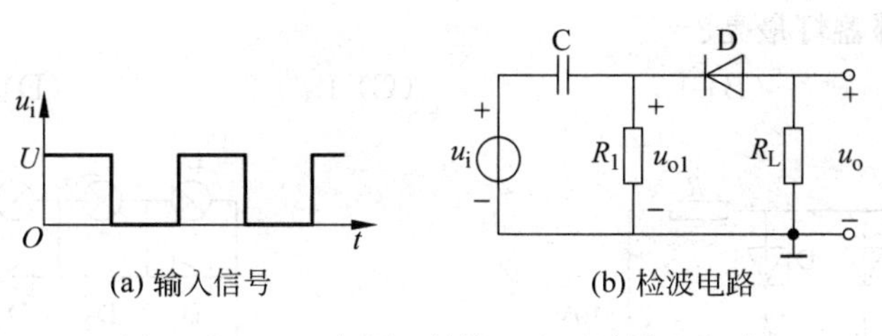

图 1.7.14 思考题 3 的输入电压波形和电路

小结

1. 半导体中有两种载流子：自由电子和空穴。纯净的半导体载流子浓度低，导电能力很差。掺入杂质的半导体称为杂质半导体。N 型半导体中自由电子是多数载流子，而 P 型半导体中空穴是多数载流子。

2. P 型半导体和 N 型半导体结合在一起，在两者的交界处形成 PN 结。PN 结具有单向导电性：PN 结承受正向偏置电压时，为导通状态，其电阻很小；PN 结承受反向偏置电压时，为截止状态，其电阻很大。PN 结是制造各种半导体器件的基础，二极管实质上就是一个 PN 结，因此它的基本特性也是单向导电性。

3. 二极管和稳压管都是由一个 PN 结构成的半导体器件，它们承受正向偏置电压时，特性相似。两者的主要区别体现在它们承受反向偏置电压时，二极管不允许反向击穿，一旦击穿会造成永久性损坏，不可恢复；而稳压管则可以工作在反向击穿状态，且反向击穿时动态电阻很小，即电流在允许范围内变化时，稳定电压 U_Z 基本不变。

4. 晶体管分 NPN 型和 PNP 型两种类型。无论何种类型，内部都包含两个 PN 结：发射结和集电结，并引出三个电极：发射极、基极和集电极。晶体管的主要功能是可用较小的基极电流控制较大的集电极电流。如果控制能力用电流放大系数 β 表示，那么晶体管的电流关系满足：$I_E = I_B + I_C = (1+\beta) I_B$。而晶体管实现电流放大作用的外部条件是：发射结必须正向偏置，集电结必须反向偏置。

5. 晶体管的输入特性曲线与二极管的正向特性相似，其输出特性曲线，可划分为三个区域：截止区、放大区和饱和区，分别对应晶体管的三种工作状态。

6. 场效应管是一种单极型半导体器件，其基本功能是用栅、源极间电压控制漏极电流，具有输入电阻高、功耗低、噪声低、热稳定性好等优点。

习题

一、选择题(请将唯一正确选项的字母填入对应的括号内)

1.1 ( )如题 1.1 图所示，电路中所有的二极管都为理想二极管(即二极管正向压降可忽略不计)，则哪个选项对 D_1、D_2 和 D_3 的工作状态判断正确？

(A) D_1、D_2 导通，D_3 截止　　(B) D_1、D_3 导通，D_2 截止

(C) D_1、D_2 截止，D_3 导通　　(D) D_1、D_3 截止，D_2 导通

1.2 ( )如题 1.2 图所示，电路中所有的二极管都为理想二极管，且 L_1、L_2、L_3、L_4

四盏灯都相同，则哪盏灯最亮？

(A) L_1　　(B) L_2　　(C) L_3　　(D) L_4

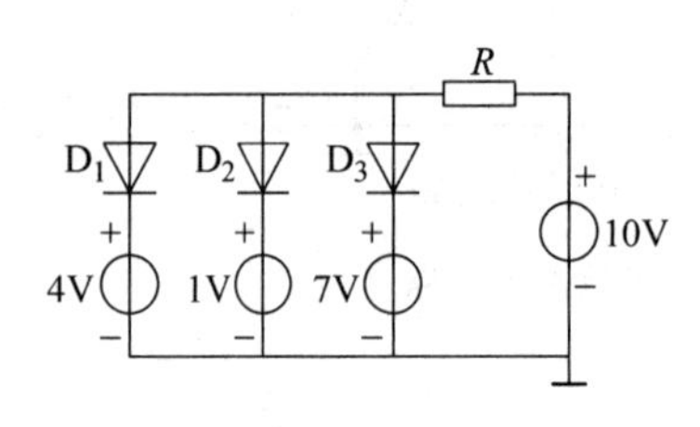

题 1.1 图

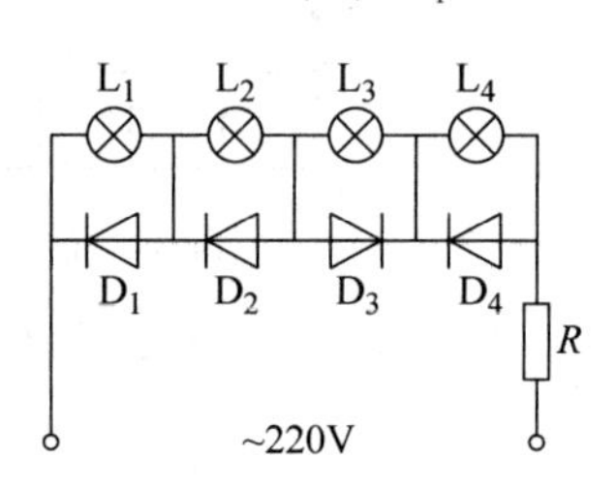

题 1.2 图

1.3　(　　)在如题 1.3 图所示的电路中，当电源 $E=5V$ 时，测得流过电阻 R 的电流 $I=2mA$，若二极管 D 的正向压降 U_D 不能忽略，那么把电源电压升高至 $E=10V$，则电流 I 的大小将如何变化？

(A) $I=4mA$　　(B) $I>4mA$　　(C) $I<4mA$　　(D) 以上皆有可能

1.4　(　　)在如题 1.3 图所示的电路中，当电源 $E=5V$，测得流过电阻 R 的电流 $I=2mA$，二极管两端的电压 $U_D=0.66V$，那么把电源电压升高至 $E=10V$，则二极管 D 两端电压 U_D 的大小将如何变化？

(A) $U_D=0.66V$　　(B) $U_D>0.66V$　　(C) $U_D<0.66V$　　(D) 以上皆有可能

1.5　(　　)在如题 1.5 图所示的电路中，已知 $E=15V$，稳压管 D_{Z1} 和 D_{Z2} 的稳定电压分别为 3V 和 5V，正向压降都是 0.7V，则 A、B 两点间的电压 U_o 为多少？

(A) $-2.3V$　　(B) $4.3V$　　(C) $2.3V$　　(D) $-4.3V$

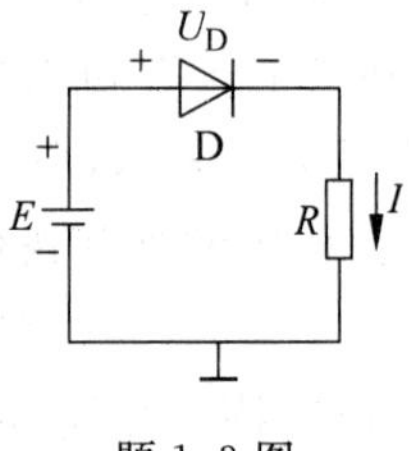

题 1.3 图

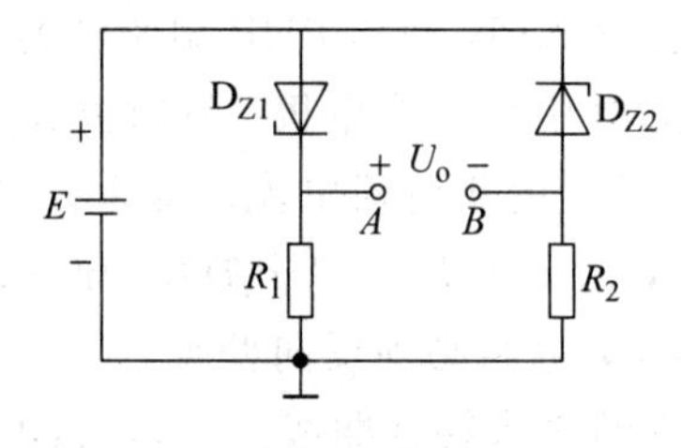

题 1.5 图

1.6　(　　)下面关于二极管和稳压管的区别表述不正确的是？

(A) 前者具有单向导电性，后者不具有

(B) 前者硅材料和锗材料都可以构成，后者只能是硅材料构成的

(C) 前者具有点接触型和面接触型两种结构，后者只有面接触型结构

(D) 前者可外加正向偏置电压和反向偏置电压，后者只能反向击穿时工作

1.7　(　　)某电路如题 1.7 图所示，已知电压 $E=20V$，三个电阻大小均为 $R=20k\Omega$，稳压管 D_Z 的稳定电压为 6V，那么当开关 K 断开和闭合的时候，理想二极管 D 的导通和截止情况判定正确的是？

(A) 开关 K 闭合时，二极管 D 截止；开关 K 断开时，二极管 D 截止

(B) 开关 K 闭合时，二极管 D 截止；开关 K 断开时，二极管 D 导通

(C) 开关 K 闭合时，二极管 D 导通；开关 K 断开时，二极管 D 截止

(D) 开关 K 闭合时，二极管 D 导通；开关 K 断开时，二极管 D 导通

1.8　(　　)某电路如题 1.8 图所示，稳压二极管 D_{Z1} 的稳定电压 $U_{Z1}=6\text{V}$，D_{Z2} 的稳定电压 $U_{Z2}=2.5\text{V}$，它们的正向压降都是 0.7V，则电压 U_o 的大小是多少？

(A) 2.5V　　　(B) 3.5V　　　(C) 6V　　　(D) 8.5V

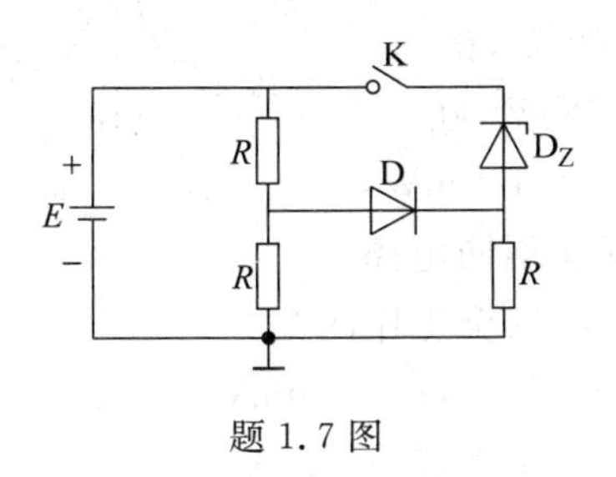

题 1.7 图

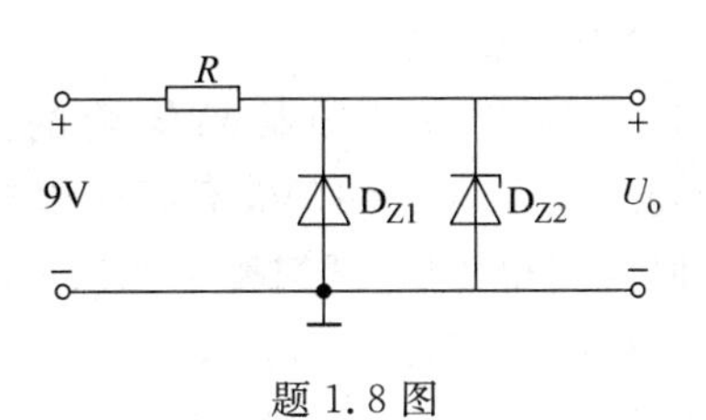

题 1.8 图

1.9　(　　)在题 1.9 图(a)所示电路中，二极管 D_1 和 D_2 为理想二极管，设 $u_i=9\sin\omega t$ V，电阻 $R_1=R_2=1\text{k}\Omega$，则题 1.9 图(b)中哪个是输出电压 u_o 的波形？

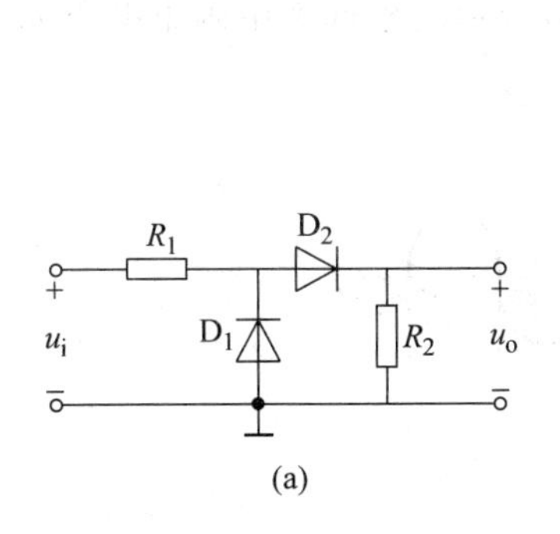

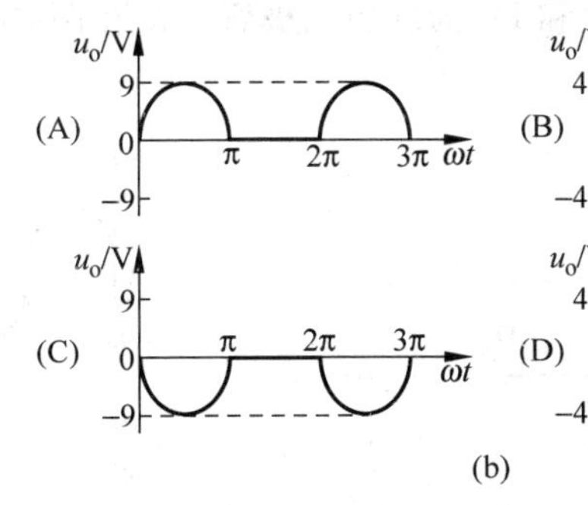

题 1.9 图

1.10　(　　)在题 1.10 图(a)所示的所有电路中，二极管 D 为理想二极管，设 $u_i=6\sin\omega t$ V，直流电压源的电压 $E=3\text{V}$，则哪个电路的输出电压 u_o 的波形与题 1.10 图(b)一致？

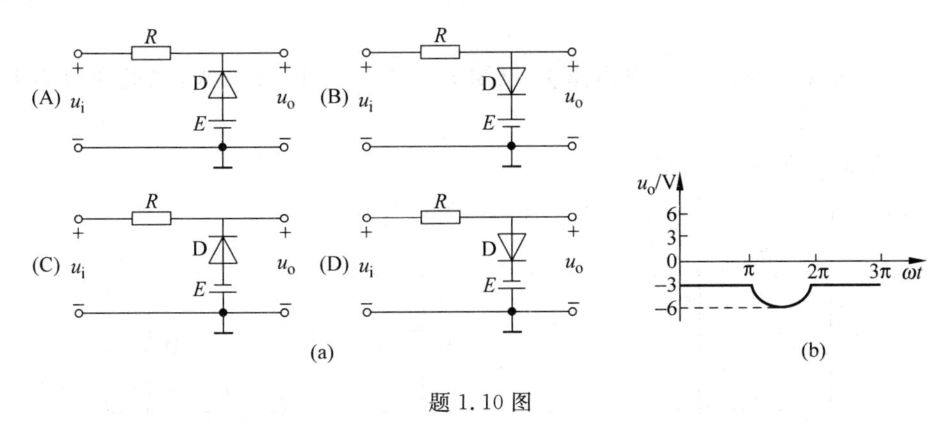

题 1.10 图

1.11　(　　)当晶体晶体管工作在放大区时，其外部条件是什么？

(A) 发射结反偏，集电结正偏　　　(B) 发射结正偏，集电结正偏

(C) 发射结正偏，集电结反偏　　　　(D) 发射结反偏，集电结反偏

1.12 (　　)测得某晶体管在电路中的管脚①、②、③的电位(对"参考地")如题 1.12 图所示。那么，晶体管是什么类型？该晶体管是什么材料构成的？

(A) PNP 型，硅　　　　(B) PNP 型，锗

(C) NPN 型，锗　　　　(D) NPN 型，硅

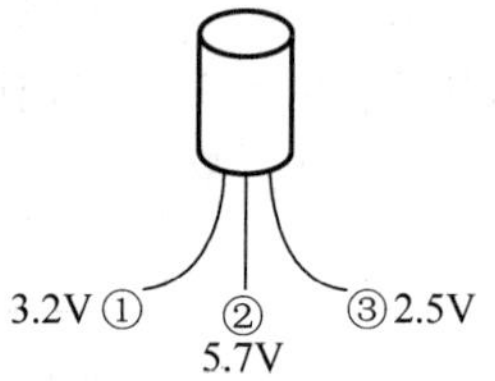

3.2V ①　② 5.7V　③ 2.5V

题 1.12 图

1.13 (　　)已知某晶体管的三个参数：$P_{CM}=100\text{mW}$，$I_{CM}=20\text{mA}$，$U_{(BR)CEO}=15\text{V}$，下面 4 组选项是该晶体管在不同电路中工作时所测得数据，试问哪个选项反映该晶体管工作在安全工作区？

(A) $U_{CE}=5\text{V}, I_C=15\text{mA}$　　　　(B) $U_{CE}=12\text{V}, I_C=40\text{mA}$

(C) $U_{CE}=10\text{V}, I_C=15\text{mA}$　　　　(D) $U_{CE}=16\text{V}, I_C=2\text{mA}$

二、解答题

1.14 某电路如题 1.14 图(a)所示，已知正弦交流电压 $u_i=9\sin\omega t$ V，三个电阻 R 大小相同，且两个二极管 D_1 和 D_2 为理想二极管。试在图(b)所示的坐标系中画出电压 u_o 的波形。

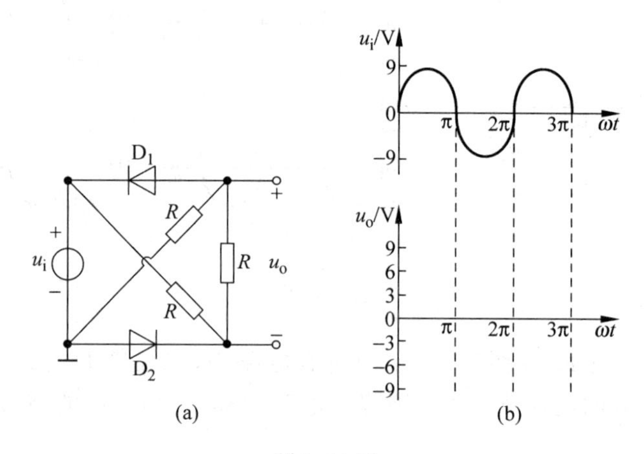

题 1.14 图

1.15 如题 1.15 图所示的各电路中，已知 $E=5\text{V}$，$u_i=10\sin\omega t$ V，二极管 D 为理想二极管。

(1) 分别画出电压 u_o 的波形；

(2) 图(b)和图(c)电压 u_o 的波形一样吗？为什么？。

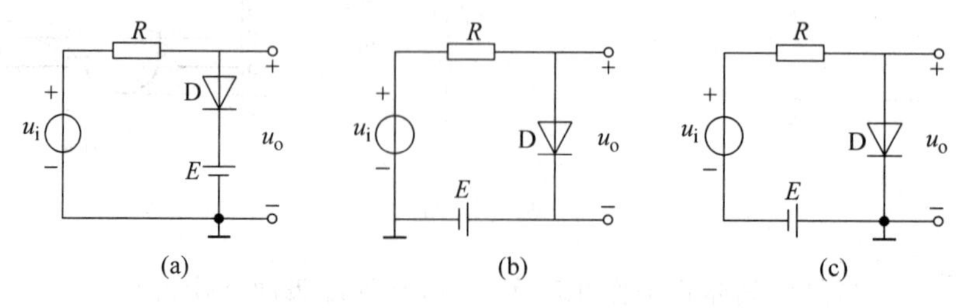

题 1.15 图

1.16　电路如题 1.16 图所示，设 D_1 和 D_2 为理想二极管，试画出当 $u_i=10\sin\omega t$ V 时的输出电压 u_o 的波形。

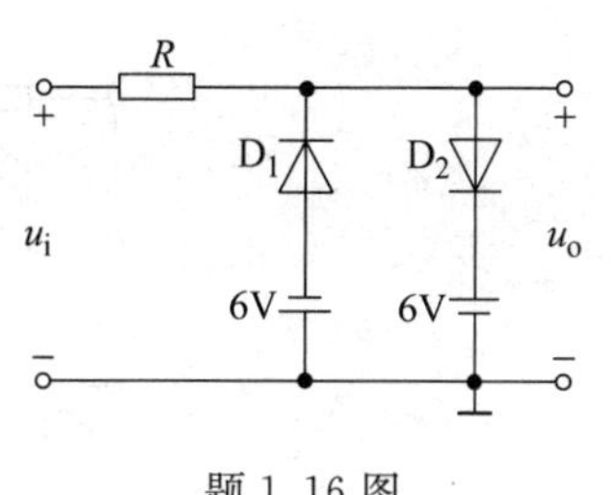

题 1.16 图

1.17　某稳压管 D_{Z1} 和 D_{Z2} 的稳定电压分别为 3.5V 和 5.5V，它们的正向压降为 0.7V，电阻 $R_1=R_2=0.5\text{k}\Omega$，试求题 1.17 图中各电路的输出电压 U_o 的大小。

1.18　电路如题 1.18 图所示，已知电阻 $R=3.9\text{k}\Omega$，二极管 D_1 和 D_2 为理想二极管。试求下列几种情况下的输出电压 U_o，以及流过电阻 R、D_1 和 D_2 的电流 I、I_1、I_2 的大小。(1)$U_{i1}=U_{i2}=+1.5\text{V}$；(2)$U_{i1}=+3\text{V}$，$U_{i2}=+1.5\text{V}$；(3)$U_{i1}=U_{i2}=+3\text{V}$。

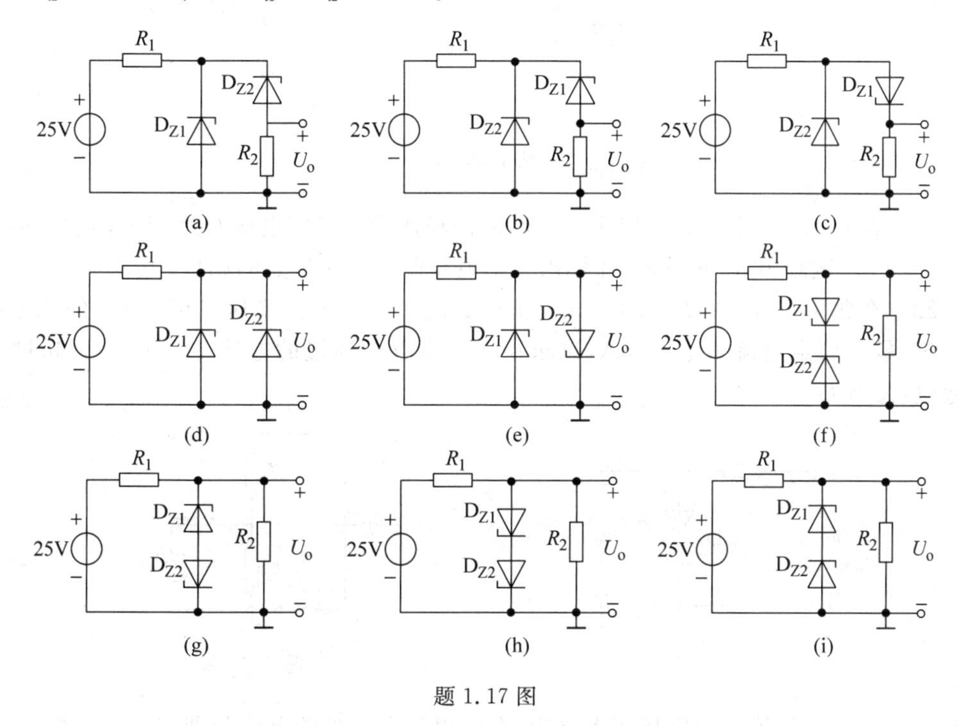

题 1.17 图

1.19　电路如题 1.19 图所示，已知电阻 $R_1=5\text{k}\Omega$，$R_2=3\text{k}\Omega$，二极管 D 为理想二极管。试求下列情况下，流过二极管 D 的电流 I 的大小：(1)$E_1=E_2=10\text{V}$；(2)$E_1=20\text{V}$，$E_2=10\text{V}$。

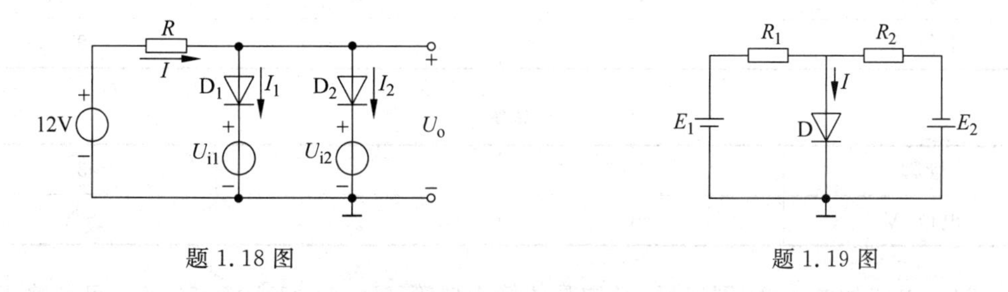

题 1.18 图　　题 1.19 图

1.20　电路如题 1.20 图所示，已知 $E=5\text{V}$，$u_i=10\sin\omega t$ V，二极管的正向压降可忽略不计。试分别画出电压 u_o 的波形。

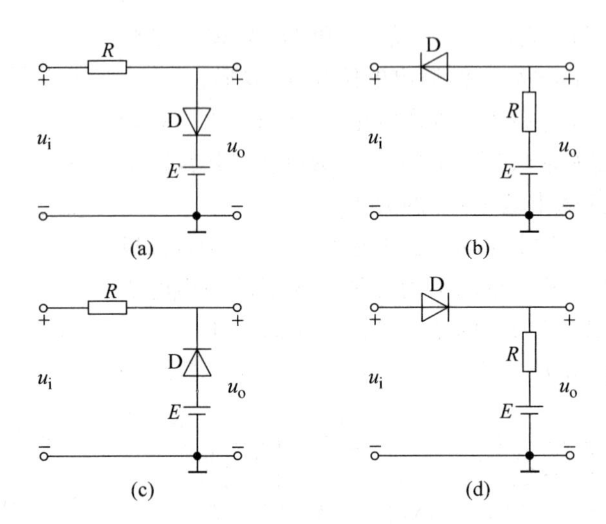

题 1.20 图

1.21　在题 1.21 图中，$u_i = 12\sin\omega t$ V，双向稳压管的稳定电压 $U_Z = \pm 6$V，它们的正向压降 $U_D \approx 0$V。试画出 u_o 的波形，并标出其幅值及波形各转折点的相位。

1.22　在题 1.22 图中，$E = 20$V，$R_1 = 900\Omega$，$R_2 = 1\ 100\Omega$。稳压二极管 D_Z 的稳定电压 $U_Z = 10$V，最大稳定电流 $I_{ZM} = 8$mA，试求稳压二极管中通过的电流 I_Z。I_Z 是否超过 I_{ZM}？如果超过，怎么办？

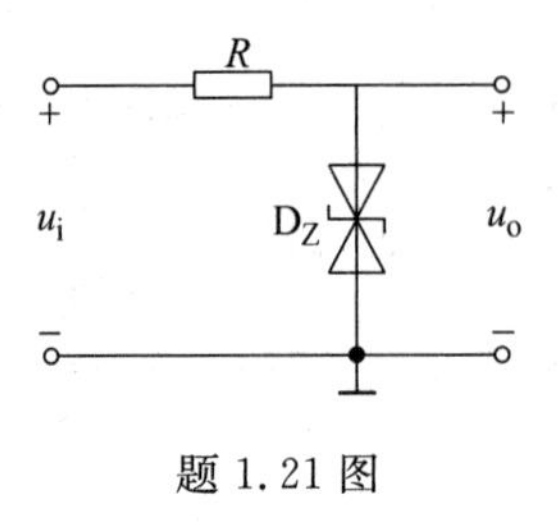

题 1.21 图

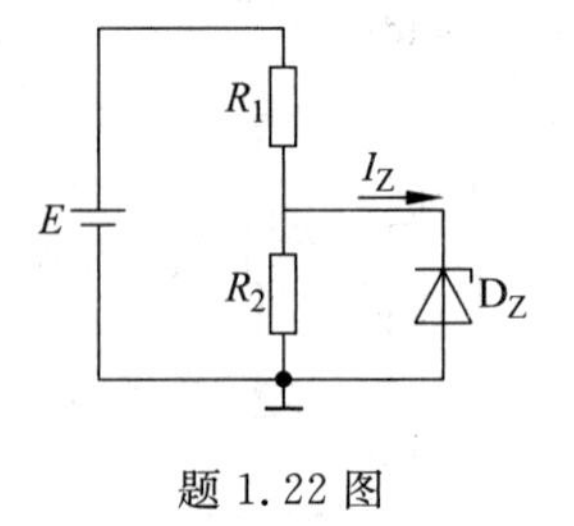

题 1.22 图

1.23　有两个晶体管分别接在电路中，今测得它们管脚的电位分别如下表所列，试判别管子的类型、三个管脚和材料。

晶体管 Ⅰ

管脚	1	2	3
电位/V	4	3.4	9

晶体管 Ⅱ

管脚	1	2	3
电位/V	−6	−2.3	−2

1.24　电路如题 1.24 图所示，已知晶体管为硅管，$U_{BE} = 0.7$V，$\beta = 50$，I_{CBO} 可忽略不计，下列各图中晶体管正常工作。若要求晶体管集电极的电流 $I_C = 2$mA，试求下列各图中电阻 R_B 的大小。

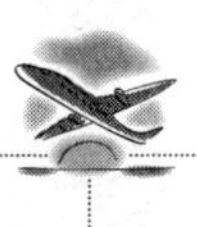

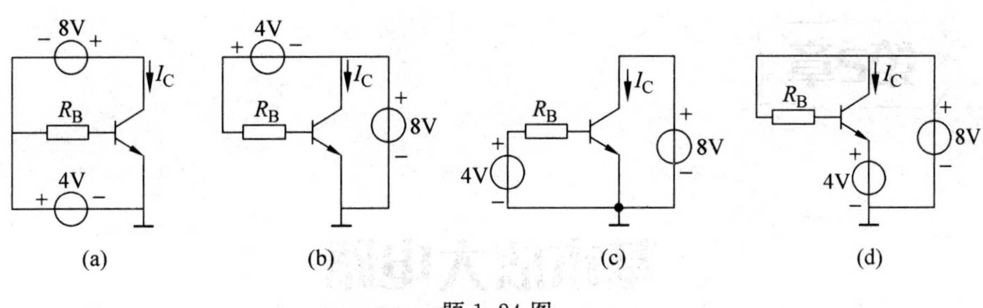

题 1.24 图

1.25 在题 1.25 图所示电路中，已知晶体管为硅管，$U_{BE}=0.7V$，$\beta=30$，其中电阻 $R_C=3k\Omega$，$R_{B2}=30k\Omega$，为了使晶体管工作在饱和状态，电阻 R_{B1} 的最大值应为多少？

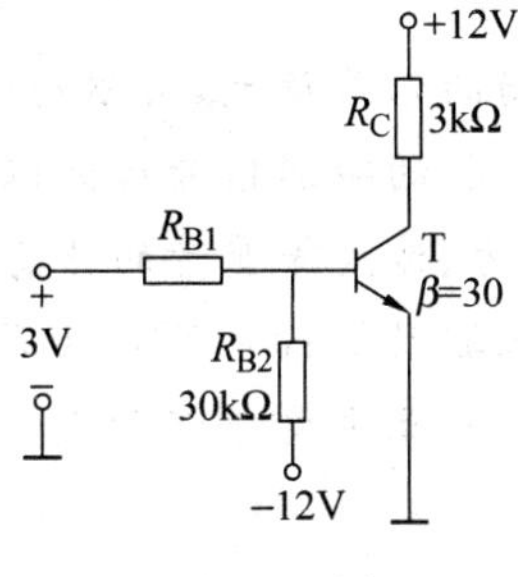

题 1.25 图

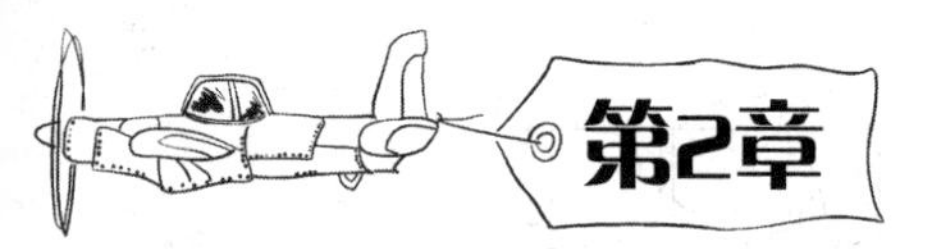

基本放大电路

在生产实践中，往往需要将微弱的信号放大，去驱动或者控制较大功率的负载。比如常见的手机和收音机，就需要将天线接收的微弱信号放大以推动扬声器。在电子测试仪器中，往往需要将传感器(如检测温度、压力、速度等变量的传感器)获取的微弱电信号放大一定倍数后，在仪表盘上显示出来或者用来驱动执行元件以实现自动控制。可见放大电路应用广泛，它是电子电路中最基本的单元。本章主要介绍放大电路的基本概念、电路组成、工作原理以及分析方法等。

2.1 放大电路的概述

2.1.1 基本概念

实际应用中常需要把一些微弱信号放大到便于测量和利用的程度。例如从手机天线接收到的信号，有时只有微伏数量级，必须经过放大才能驱动扬声器发出声音。放大电路就是能将信号的幅值由小变大，实现能量转换的电路单元或器件。有时放大电路又称放大器。值得注意的是：放大电路仅对信号的幅值实现了线性放大，并不改变信号的其他特征(如变化规律或频率等)。从能量的观点看，放大电路利用放大元器件(如晶体管等)实现了能量的控制和转换，即利用很小的电压、电流或能量，去控制负载上较大的电压、电流或功率，其实质是将直流电源的能量转换为负载获取的能量。

扩音器就是一个典型的放大电路，图 2.1.1 是它的组成示意图。扩音器的输入信号是从话筒、录放机等信号源送来的音频(频率从几十赫兹到 20kHz 左右)信号。扩音器的放大电路至少需要满足两个条件：一是输出端扬声器中发出的音频功率一定要比输入端的音频功率大得多，扬声器所需能量由外接直流电压源 E 提供，话筒送来的音频信号只是起着控制直流电源能量的输出而已；二是扬声器中音频信号的变化规律(电压、电流与时间的关系)必须与话筒中音频信号的变化规律一致，也就是不能失真，或者使失真的程度限制在允许的范围之内。

2.1.2 基本组成

一般而言，简单的信号放大系统包括：信号源、放大电路、负载以及直流电源 4 个部分，

如图 2.1.2 所示。

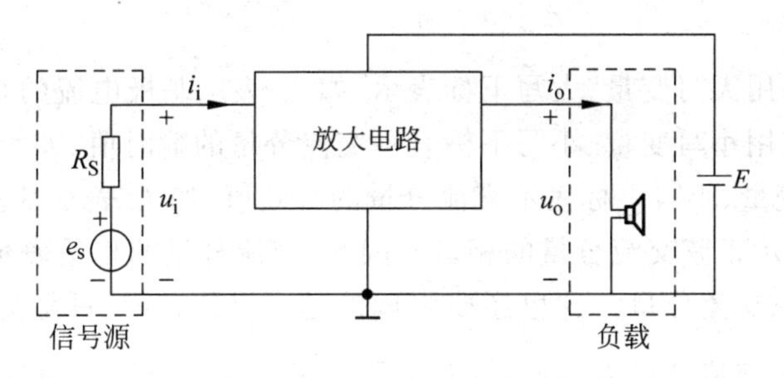

图 2.1.1　扩音器电路示意图

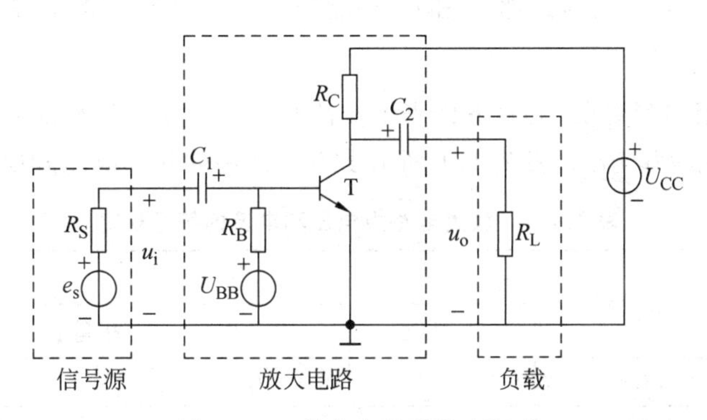

图 2.1.2　放大电路的基本组成

信号源通常是由非电量经传感器转换而来的微弱电压信号(或电流信号)。例如,扩音器的输入信号源是话筒或拾音器,它们将声音的振动转换为毫伏级的音频电压。本章为了便于讨论,通常用一个理想的交流电压信号 e_s 串联一个内阻 R_S 来等效实际的信号源。

放大电路包括了晶体管 T、电阻 R_B、电阻 R_C、电容 C_1 和 C_2 等元器件,它是放大电路的核心部分,是实现信号放大和能量转换的关键,直接关系到放大电路的性能。

负载可以是电阻或其他执行元件,如扬声器、继电器、驱动马达或指示仪等。这里,一般用等效电阻 R_L 来代替各种实际的负载。

直流电源 U_{BB}和 U_{CC}的作用是为晶体管正常工作提供外部条件:即 U_{BB}保证晶体管 T 的发射结正向偏置,U_{CC}则保证晶体管集电结反向偏置。

2.1.3　分析方法

由图 2.1.2 可知,放大电路存在两类性质截然不同的电压源:交流信号源 e_s 和直流电压源(U_{BB}和 U_{CC})。在它们的共同作用下,放大电路中既有直流信号(电压或电流),又有交流信号(电压或电流)。比如电阻 R_B、R_C 上的信号既有直流分量,又有交流分量,而电阻 R_S、R_L 上的信号只有交流分量。因此,在分析放大电路时,必须将这两类信号分开讨论分析,不能混淆。通常需两步分析:第一步,静态分析(或称直流分析),即只考虑直流电压源(U_{CC}和 U_{BB})作用时,分析放大电路的直流工作状态,以确定晶体管是否工作在其输出特性曲线的放大区。第二步,动态分析(或称交流分析),即只考虑交流信号源 e_s 作用时,分析放大电路的交流工作状态,以确定放大电路是否满足性能要求。在理论上,静态分析是动态分析的基础和先决条件。在实际调试电路时,也往往首先要确保电路的静态工作正常。

由于放大电路中的电压和电流存在直流分量和交流分量的分别。为了区分，常采用下述符号规定。

(1) 直流分量：用大写变量、大写下标表示，如 I_B 表示基极电流的直流分量；

(2) 交流分量：用小写变量、小写下标表示交流分量的瞬时值，如 i_b 表示基极电流的交流瞬时值；用大写变量、小写下标表示交流分量的有效值，如 I_b 表示基极电流 i_b 的有效值；有效值上加一点，表示正弦交流分量的相量。因此，交流分量的相量表示有一个前提：交流分量本身必须是正弦交流分量。这里还要强调的是：相量表示，只是为了简化电路分析计算而引入的一种正弦交流分量表示形式，并不等于正弦交流分量。如 $\dot{I}_b$ 表示基极正弦交流电 i_b 的相量，但是 $\dot{I}_b \neq i_b$，因为虽然 i_b 和 $\dot{I}_b$ 都能表示正弦交流分量，但 i_b 具有频率要素，而 $\dot{I}_b$ 不反映频率信息。

(3) 合成量：用小写变量、大写下标表示交流分量与直流分量叠加后的瞬时值，如 i_B 表示基极总电流，即 $i_B = I_B + i_b$。表 2.1.1 列出了本章常用的几个电压和电流符号表示。

表 2.1.1　放大电路中电压和电流的符号规定

名　　称	直流分量	交流分量			合成量
		瞬时值	有效值	相量表示	
基极电流	I_B	i_b	I_b	$\dot{I}_b$	i_B
集电极电流	I_C	i_c	I_c	$\dot{I}_c$	i_C
发射极电流	I_E	i_e	I_e	$\dot{I}_e$	i_E
集-射极电压	U_{CE}	u_{ce}	U_{ce}	$\dot{U}_{ce}$	u_{CE}
基-射极电压	U_{BE}	u_{be}	U_{be}	$\dot{U}_{be}$	u_{BE}

2.1.4　主要技术指标

放大电路的质量需要用一些性能指标来评价。这里我们介绍几个反映放大器性能的基本性能指标。具体采用的指标测量图如图 2.1.3 所示。

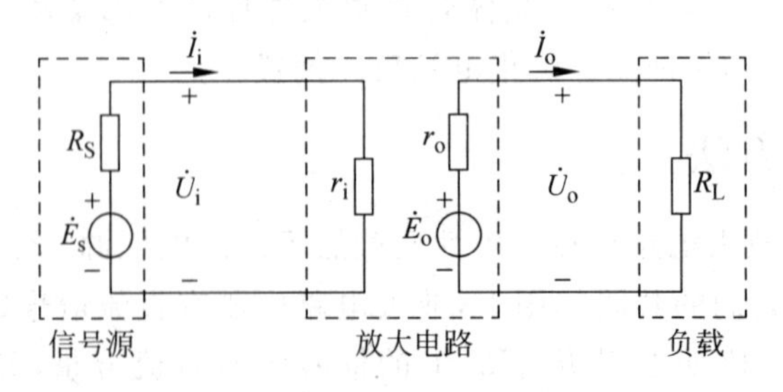

图 2.1.3　放大电路技术指标测量原理图

1. 电压放大倍数 A_u

A_u 是衡量放大电路放大能力的指标。当输入信号源为一个正弦交流电压时，可用输出电压与输入电压的相量比来表示，即

$$A_u = \frac{\dot{U}_o}{\dot{U}_i} \tag{2.1.1}$$

另外，输出电压与信号源电压 E_S 的相量比称为源电压放大倍数，用 A_{us} 来表示，即

$$A_{us} = \frac{\dot{U}_o}{\dot{E}_s} \tag{2.1.2}$$

2. 输入电阻 r_i

对信号源而言，放大电路相当于其负载。因此，放大电路输入端口的等效电阻 r_i，称为放大电路的输入电阻，如图 2.1.3 所示。放大电路输入电阻的大小等于其端口的输入电压 $\dot{U}_i$ 和输入电流 $\dot{I}_i$ 的相量之比，即

$$r_i = \frac{\dot{U}_i}{\dot{I}_i} \tag{2.1.3}$$

另外，输入电压 $\dot{U}_i$ 与信号源电压 $\dot{E}_s$ 的关系为

$$\dot{U}_i = \frac{r_i}{r_i + R_S}\dot{E}_s \tag{2.1.4}$$

由式(2.1.4)可知，在信号源的电压 E_s 和其内阻 R_S 一定时，放大电路的 r_i 越大，则输入电压 $\dot{U}_i$ 越接近信号源电压 $\dot{E}_s$。因此，放大电路输入电阻 r_i 的大小关系到对信号源电压 $\dot{E}_s$ 是否有效利用。为减小信号源在其内阻 R_S 上的损失，一般要求放大电路的输入电阻 r_i 越大越好。

3. 输出电阻 r_o

输出电阻是描述放大电路带负载能力的一项技术指标。当信号电压加到放大电路输入端时，改变输出端负载大小，输出电压也随着改变。对负载而言，信号源和放大电路，由戴维宁定理可等效为一个有内阻的电压源，如图 2.1.3 所示。因此，从放大电路的输出端口看进去的等效电阻，就是等效电压源的内阻 r_o，称为放大电路的输出电阻。输出电阻 r_o 越小，放大电路受负载影响的程度越小，即表明放大电路带负载能力越强。

放大电路输出电阻 r_o 的计算通常有以下 4 种方法。

1）开路短路法

除去负载 R_L 后，在信号源的作用下，先求开路电压 $\dot{U}_{oc}$，如图 2.1.4(a)所示，再求出负载两端间的短路电流 $\dot{I}_{sc}$，如图 2.1.4(b)所示，两者相量之比，即为放大电路的输出电阻 r_o，故

$$r_o = \frac{\dot{U}_{oc}}{\dot{I}_{sc}} \tag{2.1.5}$$

2）两次电压法

类似开路短路法，先求除负载 R_L 后的开路电压 $\dot{U}_{oc}$，如图 2.1.5(a)所示，再求出带负载 R_L 后，负载两端的电压 $\dot{U}_{RL}$，如图 2.1.5(b)所示，放大电路的输出电阻 r_o 满足关系式：

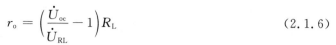

$$r_o = \left(\frac{\dot{U}_{oc}}{\dot{U}_{RL}} - 1\right) R_L \tag{2.1.6}$$

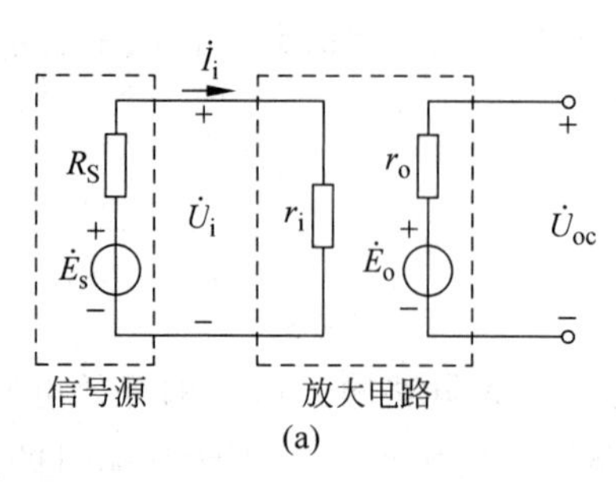

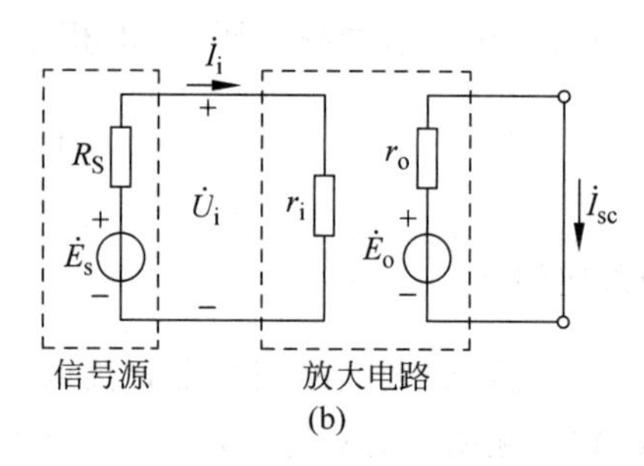

图 2.1.4　开路短路法求输出电阻 r_o

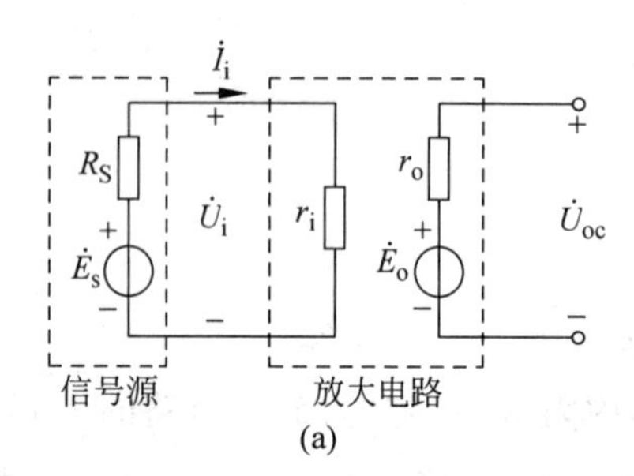

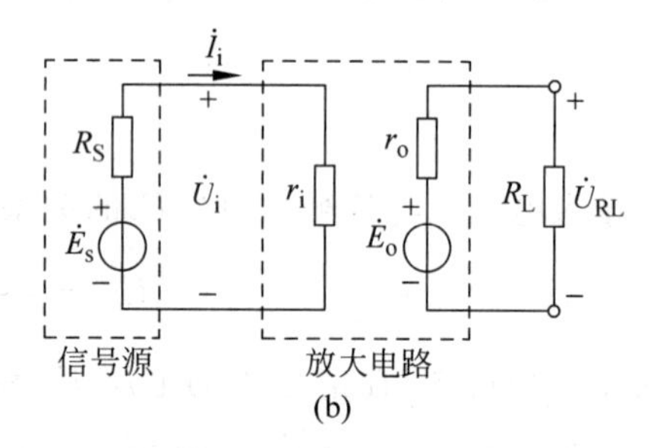

图 2.1.5　两次电压法求输出电阻 r_o

3）除源加压法

如图 2.1.6 所示，先除去信号源$\dot{E}_s$，将电压源$\dot{E}_s$ 短路（如果是电流源就开路），保留信号源内阻 R_S，再除去负载 R_L，在其位置上外加电压$\dot{U}_o$，求出其输出电流$\dot{I}_o$，两者相比，即为放大电路的输出电阻 r_o 的大小，故

$$r_o = \frac{\dot{U}_o}{\dot{I}_o} \tag{2.1.7}$$

4）除源观察法

如图 2.1.7 所示，先除去信号源$\dot{E}_s$，将电压源$\dot{E}_s$ 短路（如果是电流源就开路），保留信号源内阻 R_S，再除去负载 R_L，在其位置上向电路方向看进去，根据电路的电阻串并联接情况，求得放大电路的输出电阻 r_o。该方法简易便捷，对于后面要讲的共射组态和共基组态的放大电路较为实用，而对共集组态的放大电路就不适用了。

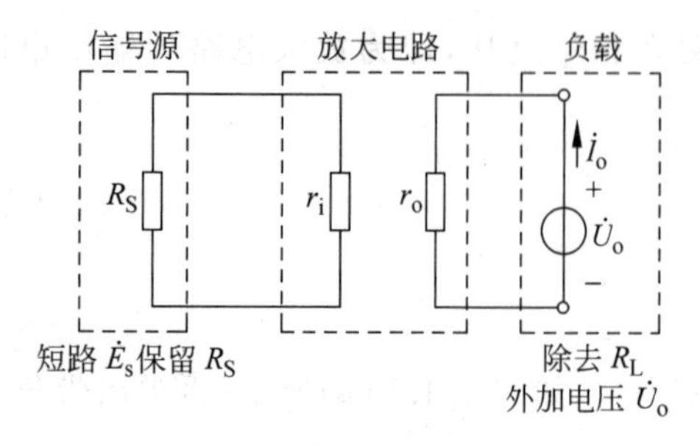

图 2.1.6　除源加压法求输出电阻 r_o

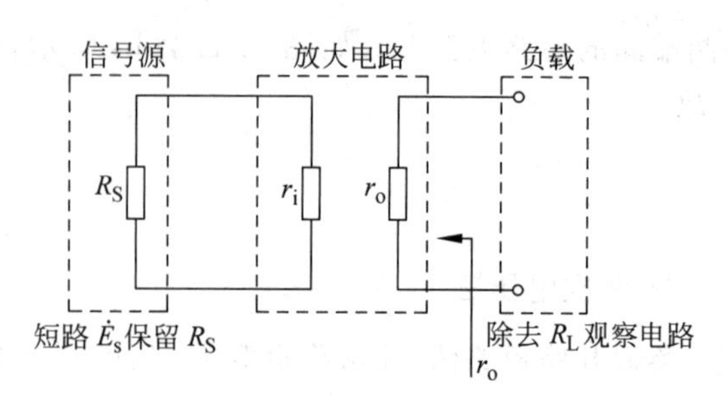

图 2.1.7　除源观察法求输出电阻 r_o

以上 4 种方法都可用于求解放大电路的输出电阻，但须根据电路具体情况，选择合适的方法。

【思考题】

1. 什么是放大？放大的本质是什么？
2. 放大电路由哪几部分组成？直流供电电源起什么作用？
3. 衡量放大电路的主要性能指标有哪些？
4. 什么是放大电路的输入电阻和输出电阻？它们的数值是大一些好还是小一些好？为什么？

2.2　共发射极基本放大电路

2.2.1　基本组成

放大电路种类繁多，其最基本的放大电路是共发射极放大电路，如图 2.2.1(a)所示。信号源接到放大电路输入端，输入电压为 u_i，u_i 经放大后在负载 R_L 两端得到输出电压 u_o。

在图 2.2.1(a)中，晶体管 T 担负着放大作用，是整个电路的核心器件。直流电压源 U_{CC}、电阻 R_B 和电阻 R_C 的作用是保证晶体管 T 的发射结正向偏置和集电结反向偏置。电阻 R_C 称为集电极电阻，可将集电极电流变化转变成电压的变化，以实现电压放大。电容 C_1 和 C_2 为耦合电容，C_1 使交流信号顺利通过加至放大电路的输入端，同时隔断直流，使信号源与放大器无直流联系；C_2 使交流信号能顺利传送至负载，同时使放大电路与负载 R_L 之间无直流联系。C_1 和 C_2 的容量一般取几微法到几十微法，由于容量大，故常采用有正、负极性的电解电容器，在电路中不能接反。如采用 PNP 型的晶体管，则直流电源 U_{CC} 和电容 C_1 和 C_2 的极性均反向。

在放大电路中，通常把公共端接“地”，设其电位为零，作为电路中其他各点电位的参考点。为简化电路画法，习惯不画电压源 U_{CC} 的符号，而只在放大电路连接其正极的一端标出它对地的电压值 U_{CC} 和极性，习惯画法如图 2.2.1(b)所示。

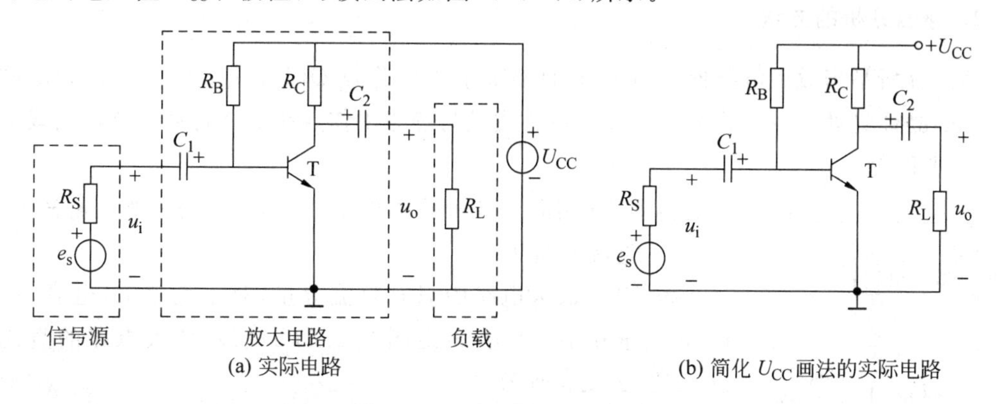

(a) 实际电路　　(b) 简化 U_{CC} 画法的实际电路

图 2.2.1　共发射极放大电路

2.2.2 静态分析

当放大电路只有直流电压源U_{CC}而无信号源作用时，即$e_s=0$(或输入电压$u_i=0$)，放大电路中各处电压、电流都是直流分量，我们称这种状态为放大电路的直流工作状态或静止状态，简称静态。

1. 静态工作点

当放大电路处于静态时，晶体管中的电压、电流用直流分量的符号可表示为I_B、I_C、U_{BE}和U_{CE}，如图2.2.2(a)所示。在具体的电路中，它们的数值I_{BQ}、I_{CQ}、U_{BEQ}和I_{CEQ}共同决定了晶体管工作状态(放大、饱和还是截止)。其中数值(I_{BQ}、U_{BEQ})，表示晶体管输入特性曲线上某个点的坐标值，如图2.2.2(b)所示；数值(I_{BQ}、I_{CQ}、U_{CEQ})，代表晶体管输出特性曲线上某个点的坐标值，如图2.2.2(c)所示。两组数值所对应的点称为晶体管所在放大电路的静态工作点，通常用Q表示。4个数值中，U_{BEQ}表示晶体管发射结的正向压降，变动范围小，可近似为一定值(硅管约为0.7V，锗管约为0.3V)，故晶体管的工作状态基本取决于其他3个数值I_{BQ}、I_{CQ}、U_{CEQ}，它们正好都反映在晶体管的输出特性曲线上。因此，求出晶体管的静态值I_{BQ}、I_{CQ}、U_{CEQ}，也就确定了放大电路的静态工作点。

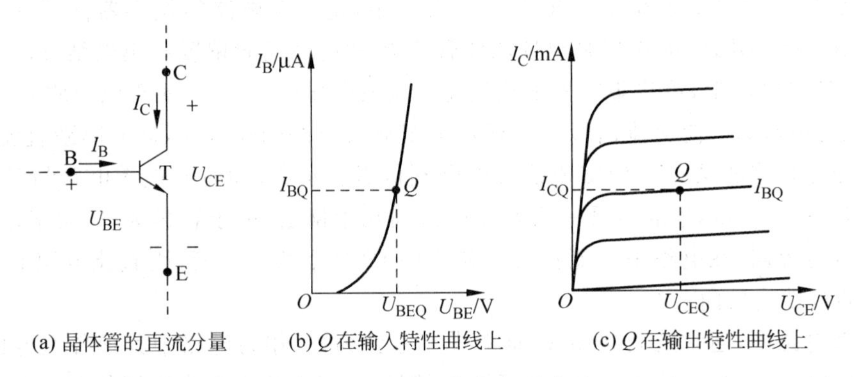

(a) 晶体管的直流分量　(b) Q在输入特性曲线上　(c) Q在输出特性曲线上

图2.2.2 静态工作点Q的表示

2. 静态分析的方法

静态分析是当放大电路处于静态时，计算其静态工作点Q(I_{BQ}、I_{CQ}、U_{CEQ})，以确定放大电路中的晶体管处于放大状态。放大电路的质量与静态工作点在晶体管输出特性曲线上的位置密切相关。

这里，介绍静态分析的两种方法：直流通路法和图解法。

1) 直流通路法

静态时，放大电路中只有直流分量，对于直流电，电容C_1和C_2相当于开路，因此，画出图2.2.1(b)所示放大电路的直流通路，如图2.2.3所示。

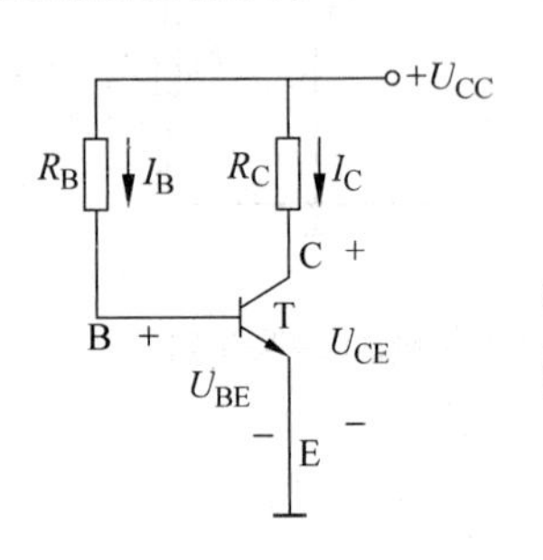

图2.2.3 直流通路

流过电阻R_B的电流，就是流入晶体管的基极电流I_B，故

$$I_B=\frac{U_{CC}-U_{BE}}{R_B}\approx\frac{U_{CC}}{R_B} \tag{2.2.1}$$

相对于U_{CC}而言,U_{BE}可忽略不计。静态时的基极电流 I_B 称为偏置电流,简称偏流,电阻 R_B 称为偏置电阻,当U_{CC}和 R_B 选定后,I_B 即固定不变,故图 2.2.1(b)所示的放大电路又称为固定偏置放大电路。

假设晶体管处于放大状态,集电极电流 I_C 由电流放大原理可得

$$I_C = \bar{\beta} I_B \approx \beta I_B \tag{2.2.2}$$

流过电阻 R_C 的电流,就是集电极电流 I_C,故

$$I_C = \frac{U_{CC} - U_{CE}}{R_C}$$

整理上式,可得集-射极电压为

$$U_{CE} = U_{CC} - I_C R_C \tag{2.2.3}$$

因此,如果已知放大电路中的 R_B、R_C、U_{CC}和 $\bar{\beta}$ 参数,由式(2.2.1)就确定了 I_{BQ},再由式(2.2.2)和式(2.2.3)可依次确定 I_{CQ}和 U_{CEQ},从而最终确定放大电路的静态工作点。

例 2.2.1 图 2.2.1(b)所示的放大电路中,设 $U_{CC}=12V$,$R_C=3k\Omega$,$R_B=300k\Omega$,硅晶体管 T 的 $\bar{\beta}=50$,试用直流通路法求放大电路的静态工作点 $Q(I_{BQ}、I_{CQ}、U_{CEQ})$。

解:首先画出放大电路的直流通路如图 2.2.3 所示。

假设静态时硅晶体管的 U_{BE}可忽略不计,即取 $U_{BEQ}\approx 0V$,由式(2.2.1)得

$$I_{BQ} = \frac{U_{CC} - U_{BEQ}}{R_B} \approx \frac{U_{CC}}{R_B} = \frac{12}{300 \times 10^3} = 4 \times 10^{-5} A = 40\mu A$$

由式(2.2.2)得

$$I_{CQ} = \bar{\beta} I_{BQ} = 50 \times 0.04 = 2mA$$

由式(2.2.3)得

$$U_{CEQ} = U_{CC} - I_{CQ} R_C = 12 - 2 \times 3 = 6V$$

如果考虑静态时硅晶体管的 U_{BE},则可大约取 $U_{BEQ}\approx 0.7V$,此时 Q 的静态值为

$$I_{BQ} = \frac{U_{CC} - U_{BEQ}}{R_B} \approx \frac{12 - 0.7}{300 \times 10^3} = 0.0377mA = 37.7\mu A$$

$$I_{CQ} = \bar{\beta} I_{BQ} \approx 50 \times 0.0377 = 1.885mA$$

$$U_{CEQ} = U_{CC} - I_{CQ} R_C \approx 12 - 1.885 \times 3 = 6.345V$$

由此可知,晶体管 U_{BE}的取值,对静态工作点的静态值有一定的影响。在上述例题中,相对 $U_{BEQ}\approx 0V$ 的情况,取 $U_{BEQ}\approx 0.7V$ 时求得的 3 个静态值其相对偏差都约为 5.75%,较小,在工程上通常是允许的。当然这个相对偏差,不仅与 U_{BE}的取值有关,而且与电源 U_{CC}的大小也有关,这里就不再讨论了。在本章习题中,题目通常会对晶体管的 U_{BE}做明确的规定或说明,请读者解题时注意。

2) 图解法

图解法,就是利用放大电路的结构约束方程(负载线)和晶体管输入输出特性曲线,求出晶体管的 3 个静态值的方法。

何谓负载线?

如图 2.2.4(a)所示,电源由直流电压源 E 和内阻 R_O 构成,除电源外的其他电路部分,可看作二端网络,定义为外电路,它也可视为电源作用的负载。无论外电路是线性还是非线性,是有源还是无源,其端口电压 U 和电流 I 必满足回路的约束方程:

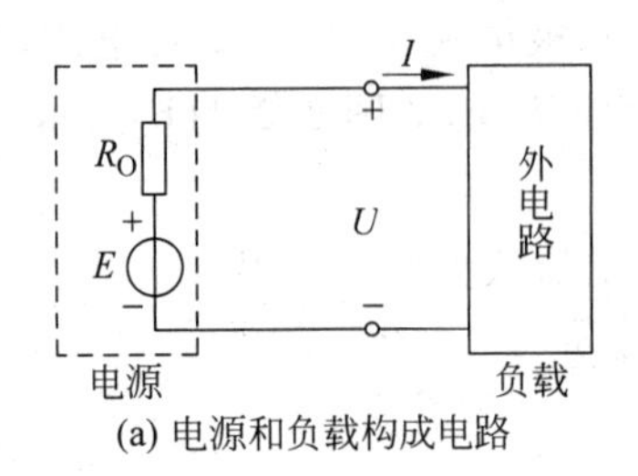

(a) 电源和负载构成电路

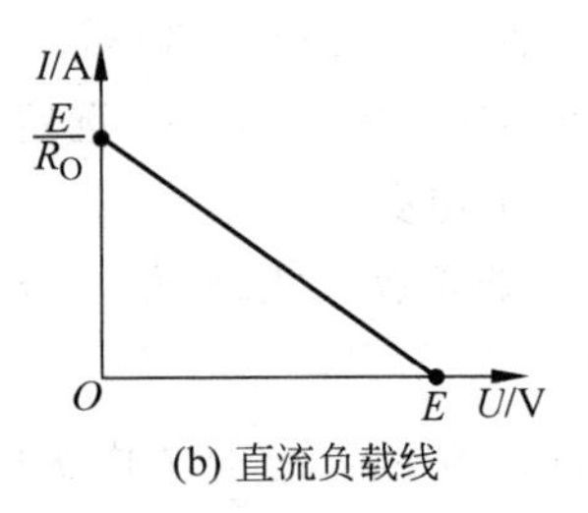

(b) 直流负载线

图 2.2.4　负载线的定义

$$U = E - IR_O \tag{2.2.4}$$

其中 E 和 R_O 的大小已知，故式(2.2.4)是反映外电路端口电压 U 和电流 I 关系的直线方程，如图 2.2.4(b)所示，这条直线就称为电路的**负载线**。负载线方程与外电路无关，只取决于电源的电压 E 和内阻 R_O。如果方程(2.2.4)中电压和电流都为直流分量，就称方程(2.2.4)为其电路的**直流负载线**。

为了便于读者理解负载线的本质，并利用负载线解决实际问题，这里对方程(2.2.4)做两个推广。

推广一：如果电源电压 $E=0$，代入方程(2.2.4)有

$$U = 0 - IR_O = - IR_O \tag{2.2.5}$$

方程(2.2.5)表明外电路如果是无源的二端网络，此时直流负载线蜕变成一个点，即坐标原点。如果是有源的二端网络，它给电源电阻 R_O 输出能量。也就是说，实际上外电路是真正的“电源”，而 $E=0$ 的电源作为消耗能量的“负载”。本质上讲，电路的负载线只是反映了电路中某端口电压和电流之间的约束关系，同电源负载的规定无关。当然，该约束关系是建立在电路结构和电学定律的基础上的。

推广二：如果电源由交流电压 e 和内阻 R_O 构成，作用于外电路，其端口电压 u 和电流 i 必满足约束方程：

$$u = e - iR_O \tag{2.2.6}$$

方程(2.2.6)中电压和电流都是交流分量，或者是交直流的合成量，就称方程(2.2.6)为其电路的**交流负载线**。由于交流电压 e 为变化量，因此通常交流负载线是斜率相同的直线组。特殊情况下，当 $e=0$ 且外电路为有源二端网络时，交流负载线才是一条线，即

$$u = 0 - iR_O = - iR_O \tag{2.2.7}$$

为了描述，在晶体管的工作状态不变的前提下，不妨将图 2.2.3 所示的直流电压源 U_{CC}，分别画在两个回路中，如图 2.2.5(a)所示。

首先，由晶体管输入回路的直流负载线和其输入特性曲线的交点确定 I_{BQ}。与图 2.2.4(a)对比有：$E=U_{CC}$，$R_O=R_B$，$U=U_{BE}$，$I=I_B$，代入式(2.2.4)中可知，晶体管输入端口(B 和 E 两点之间的)电压 U_{BE} 和电流 I_B 必满足直流负载线方程：

$$U_{BE} = U_{CC} - I_B R_B \tag{2.2.8}$$

在晶体管输入特性曲线的坐标系中，式(2.2.8)是描述变量 U_{BE} 和 I_B 关系的直线，其横轴上的截距为(U_{CC},0)，纵轴上的截距为 $\left(0,\frac{U_{CC}}{R_B}\right)$，斜率为 $k=-\frac{1}{R_B}$，如图 2.2.5(b)所示。它与输入特性曲线相交于 Q 点，即静态工作点。在图上，可确定静态工作点的 I_{BQ} 和 U_{BEQ}

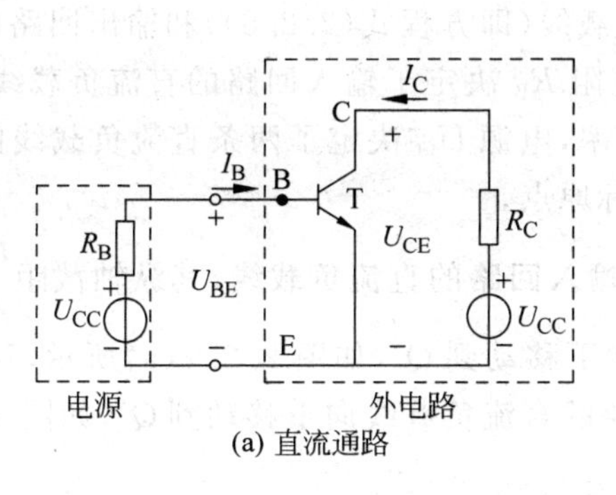

(a) 直流通路

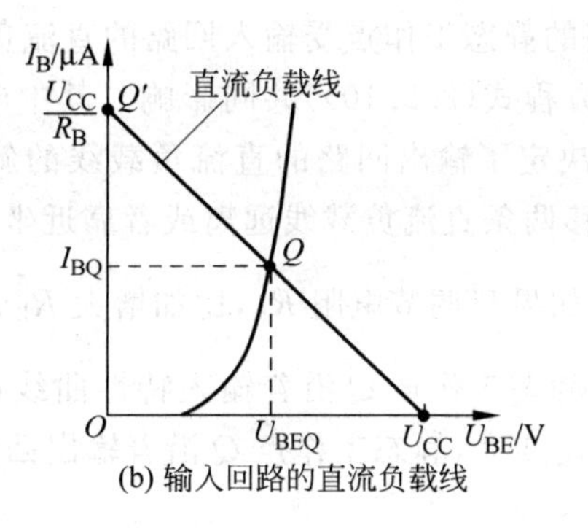

(b) 输入回路的直流负载线

图 2.2.5 确定静态工作点的静态值 I_{BQ}

数值。

由于 U_{BEQ}小范围波动，常近似为一定值(硅管为 0.6～0.7V，锗管为 0.2～0.3V)，为确定 I_{BQ}，可忽略不计，即 $U_{BEQ}\approx 0$，故

$$I_{BQ}=\frac{U_{CC}-U_{BEQ}}{R_B}\approx\frac{U_{CC}}{R_B} \tag{2.2.9}$$

由式(2.2.9)估算出 I_{BQ}数值，实际上就是直流负载线在纵轴上的截距，表示为 Q'。由于电阻 R_B 很大，通常几百千欧，故直流负载线斜率的绝对值非常小，在坐标系中几乎平行横轴，见例 2.2.2 中的图 2.2.12(a)所示，Q 和 Q'的纵坐标值非常接近。

再由晶体管输出回路的直流负载线和由 I_{BQ}确定的输出特性曲线的交点确定 I_{CQ}和 U_{CEQ}。参照图 2.2.4(a)，重新定义直流通路中的电源和外电路，如图 2.2.6(a)所示。对比两者有：$E=U_{CC}$，$R_O=R_C$，$U=U_{CE}$，$I=I_C$，代入式(2.2.4)中可知，晶体管输出端(C 和 E 两点之间的)电压 U_{CE}和(流过 C 和 E 两点之间的)电流 I_C 必满足直流负载线方程：

$$U_{CE}=U_{CC}-I_CR_C \tag{2.2.10}$$

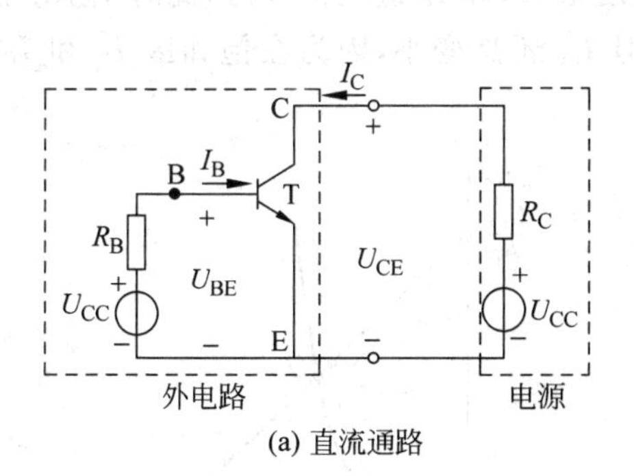

(a) 直流通路

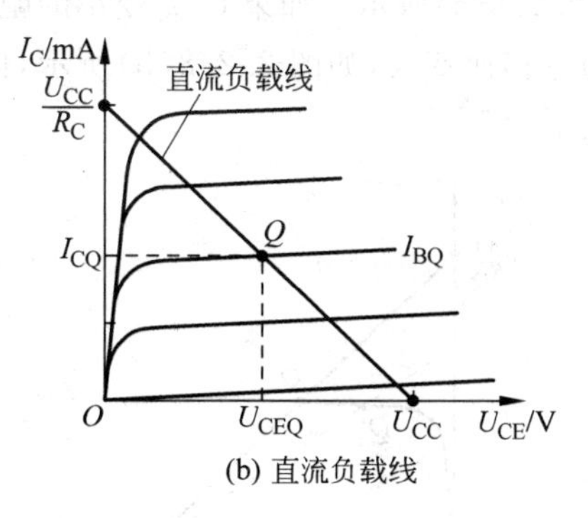

(b) 直流负载线

图 2.2.6 确定静态工作点的静态值 I_{CQ}和 U_{CEQ}

在晶体管输出特性曲线的坐标系中，方程(2.2.10)为一条直线，其横轴上的截距为(U_{CC},0)，纵轴上的截距为$\left(0,\frac{U_{CC}}{R_C}\right)$，斜率为 $k=-\frac{1}{R_C}$，如图 2.2.6(b)所示。它与由 I_{BQ}确定的输出特性曲线相交于 Q，由图可确定静态工作点的 I_{CQ}和 U_{CEQ}数值大小。

下面讨论静态分析时，电阻 R_B、R_C 和电源电压 U_{CC}对放大电路静态工作点的影响。

晶体管的输入和输出特性曲线是晶体管的固有属性，通常条件下不会发生变化。因此，放大电路的静态工作点受输入回路的直流负载线(即方程式(2.2.8))和输出回路的直流负载线(即方程式(2.2.10))共同影响。其中电阻 R_B 决定了输入回路的直流负载线的斜率,电阻 R_C 决定了输出回路的直流负载线的斜率,电源 U_{CC} 决定了两条直流负载线的截距大小,即平移两条直流负载线远离或者靠近坐标原点。

(1) 如果只调节电阻 R_B,比如增大 R_B,**输入回路**的直流负载线,其纵轴截距 $\frac{U_{CC}}{R_B}$ 变小,I_{BQ} 变小,静态工作点 Q 沿着输入特性曲线向下移动到 Q',如图 2.2.7(a)所示,I_{CQ} 随之变小,而 U_{CEQ} 变大,静态工作点 Q 沿着**输出回路**的直流负载线向下移动到 Q',如图 2.2.7(b)所示。

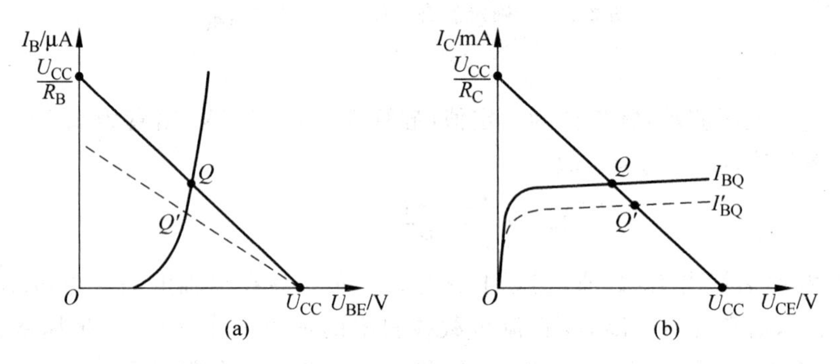

图 2.2.7　电阻 R_B 变大对静态工作点的影响

(2) 如果只调节电阻 R_C,比如增大 R_C,输出回路的直流负载线,其纵轴截距 $\frac{U_{CC}}{R_C}$ 变小,U_{CEQ} 变小,假设 U_{CEQ} 变小的幅度不大,即 Q' 还在放大区,可近似认为 I_{BQ} 不变,I_{CQ} 变化微弱(略微变小),也可近似认为不变,则此时静态工作点 Q 沿着 I_{BQ} 确定的输出特性曲线移动到 Q',如图 2.2.8(a)所示。如果 U_{CEQ} 变小的幅度很大,即 Q' 进入饱和区,此时 I_{BQ} 由于输入特性曲线的左移而变大,如图 2.2.8(b)所示,但 I_{CQ} 还是变小,因为在饱和区 I_B 和 I_C 不再按比例变化了。

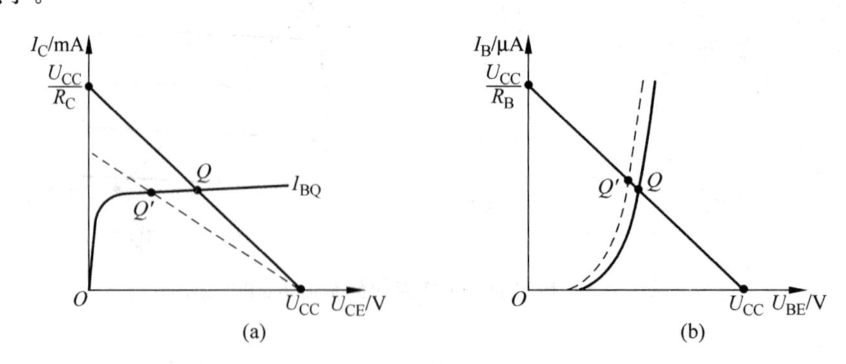

图 2.2.8　电阻 R_C 变大对静态工作点的影响

(3) 如果只调整电源 U_{CC},比如增大 U_{CC},则静态值 I_{BQ}、I_{CQ} 和 U_{CEQ} 都变大,两条直流负载线都同时向远离坐标原点的方向平移,如图 2.2.9 所示。

此外,环境温度的变化,也对放大电路静态工作点有较大的影响。这是因为温度的变化,会导致晶体管的输入特性曲线和输出特性曲线的变化,从而改变静态工作点。其中晶体

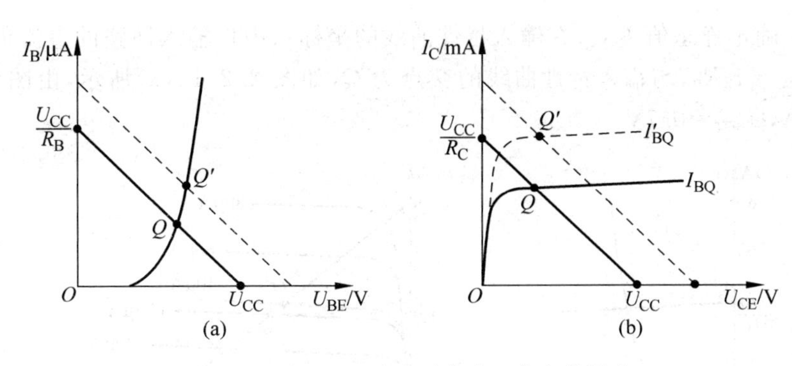

图 2.2.9 电源 U_{CC}变大对静态工作点的影响

管的电流放大系数 $\bar{\beta}$ 就是表征其输出特性曲线变化的一个重要参量。比如当电路工作的环境温度升高，其他因素不变，输入特性曲线左移，如图 2.2.10(a)所示，静态工作点 Q 沿直流负载线向上移动到 Q'，故 I_{BQ}变大。必须指出的是：Q 和 Q'对应的基极电流非常接近，都按式(2.2.9)估算为 $I_{BQ}\approx I'_{BQ}\approx\frac{U_{CC}}{R_B}$。又由于晶体管的 $\bar{\beta}$ 值也随温度升高而变大，则 I_{CQ}变大(因为 $I_{CQ}=\bar{\beta}I_{BQ}$)，U_{CEQ}变小(因为 $U_{CEQ}=U_{CC}-I_{CQ}R_C$)，故静态工作点 Q 沿着**输出回路**的直流负载线向上移动到 Q'，如图 2.2.10(b)所示。

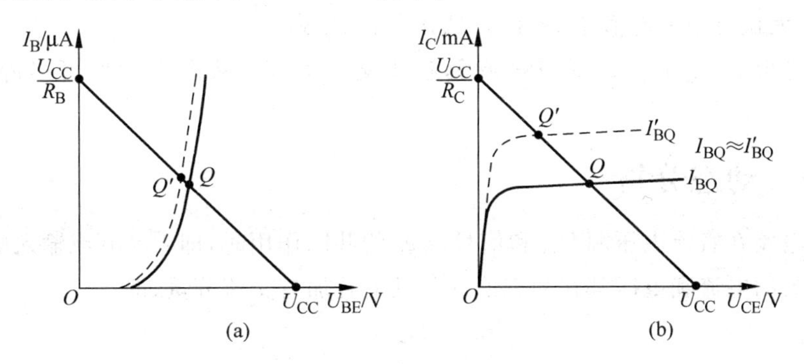

图 2.2.10 温度的变化对静态工作点的影响

例 2.2.2 图 2.2.1(b)所示的放大电路中，条件与例 2.2.1 完全相同，且晶体管的输入和输出特性曲线如图 2.2.11 所示，试用图解法求出放大电路的静态工作点 $Q(I_{BQ}$、I_{CQ}、$U_{CEQ})$。

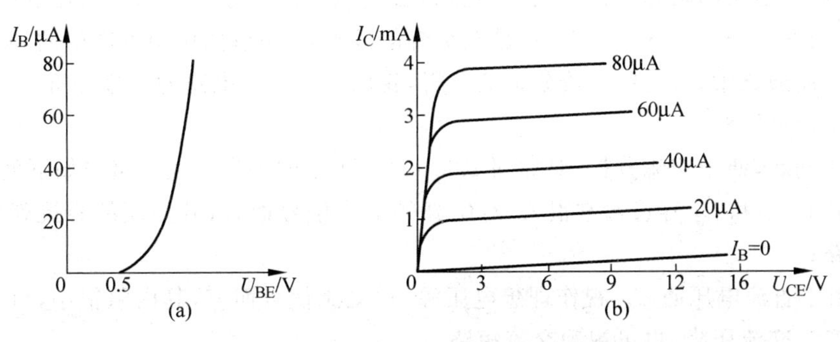

图 2.2.11 晶体管的输入和输出特性曲线

解：(1) 确定静态值 I_{BQ}。在输入特性曲线的坐标系中作输入回路的直流负载线，即方程：$U_{BE}=U_{CC}-I_BR_B$，与输入特性曲线的交点为 Q，如图 2.2.12(a)所示，由图可得静态值 $I_{BQ}=37.7\mu A$，$U_{BEQ}=0.7V$。

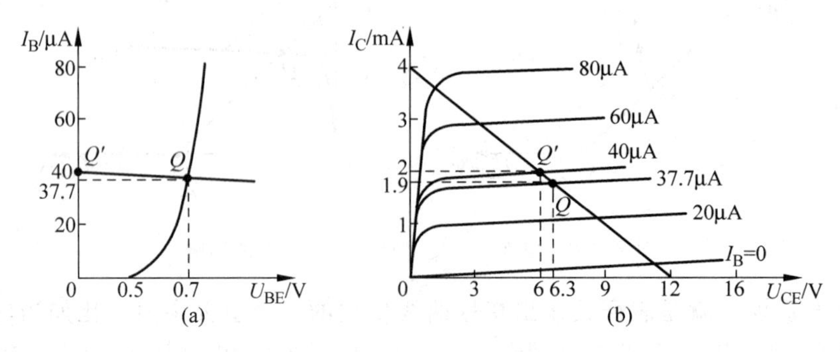

图 2.2.12　图解法确定静态工作点

若按式(2.2.9)估算，即取 $U_{BEQ}\approx 0V$，则 $I_{BQ}=40\mu A$，正好是直流负载线在纵轴上的截距(0,40)，即 Q' 点。

(2) 确定静态值 I_{CQ} 和 U_{CEQ}。在输出特性曲线的坐标系中作输出回路的直流负载线，即方程：$U_{CE}=U_{CC}-I_CR_C$，如图 2.2.12(b)所示，与输出特性曲线簇中的一条 $I_{BQ}=37.7\mu A$ 交于 Q，从图上大概可得静态值 $I_{CQ}=1.9mA$，$U_{CEQ}=6.3V$。

若按估算取 $I_{BQ}=40\mu A$，则与直流负载线交于 Q' 点，从图上大概可得静态值 $I_{CQ}=2mA$，$U_{CEQ}=6V$。

2.2.3　动态分析

当放大电路在直流电压源 U_{CC} 和信号源 e_s 的共同作用时，即 $e_s\neq 0$(或输入电压 $u_i\neq 0$)，晶体管各电极的电流和电压都在静态值的基础上叠加有交流分量，即

$$\begin{cases} i_B = I_{BQ} + i_b \\ u_{BE} = U_{BEQ} + u_{be} \\ i_C = I_{CQ} + i_c \\ u_{CE} = U_{CEQ} + u_{ce} \end{cases} \tag{2.2.11}$$

我们称这种状态为放大电路的动态，如图 2.2.13(a)所示。对放大电路的动态进行分析，就称为放大电路的动态分析。式中的静态值 I_{BQ}、U_{BEQ}、I_{CQ} 和 U_{CEQ} 由前述静态分析方法已经确定，而交流分量 i_b、u_{be}、i_c 和 u_{ce} 是在交流信号源 e_s 的单独作用下产生的，只存在于放大电路的交流通路中，对这些交流分量的分析，我们称为放大电路的交流分析。

何谓交流通路？

为简化问题，便于交流分析，对如图 2.2.13(a)所示的动态放大电路作如下处理：

(1) 由于 C_1 和 C_2 容量通常很大，对中高频交流信号而言，其呈现的容抗就很小，可视为交流短路；

(2) 由于直流电压源 U_{CC} 视作理想电压源，对交流信号而言，其内阻很小，可近似为零，故其上不产生交流压降，也可视为交流短路。

经过上述处理后的放大电路，称为它的交流通路。比如，图 2.2.13(b)就是图 2.2.13(a)

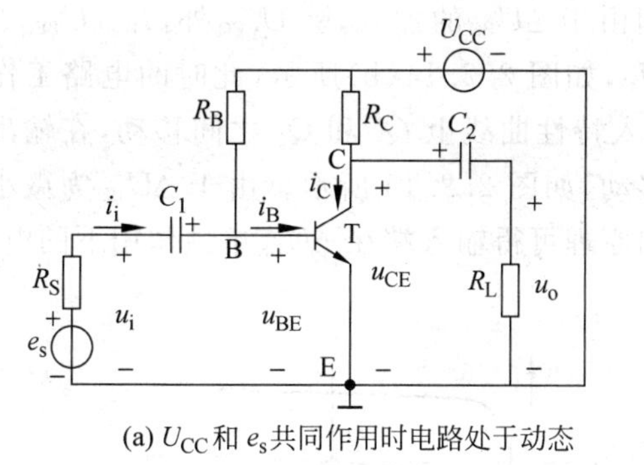

(a) U_{CC}和e_s共同作用时电路处于动态

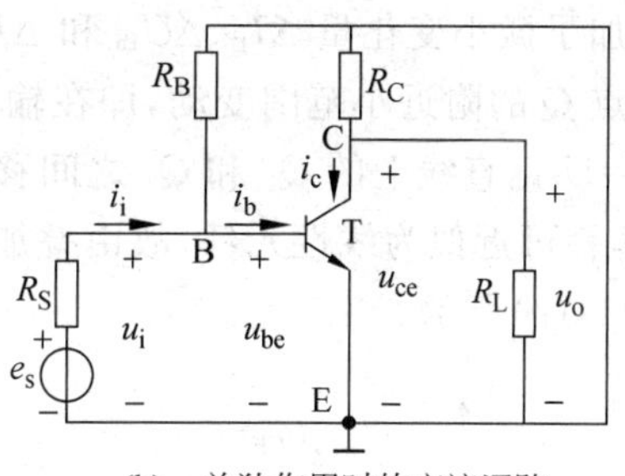

(b) e_s单独作用时的交流通路

图 2.2.13 处于动态的电路和交流通路

的交流通路。

因此，动态分析的主要任务是对放大电路中进行交流分析，计算相关的动态性能指标。从这个意义上讲，动态分析的本质就是交流分析。常用的交流分析方法有微变等效电路法和图解法。

1. 晶体管的微变等效电路

由晶体管的输入和输出特性曲线，可知晶体管是非线性元件。为了便于放大电路的交流分析，需要将晶体管线性化，等效为一个线性元件。这样，就可用分析线性电路的方法，来分析晶体管放大电路。什么条件下才能将晶体管线性化？如何线性化？晶体管的线性化，就是在晶体管放大电路的信号源电压 e_s（或输入信号 u_i）是小信号的条件下，将静态工作点附近小范围的输入特性曲线用直线段近似代替。

如图 2.2.14(a)所示的晶体管理想放大电路中，在晶体管输入端口（B 和 E 之间）加理想电压源 U_{BEQ}，在晶体管输出端口（C 和 E 之间）加理想电压源 U_{CEQ}，使晶体管的静态工作点为 Q，其静态值为 I_{BQ}、U_{BEQ}、I_{CQ}和 U_{CEQ}，如图 2.2.15 所示。假设在理想电压源 U_{BEQ}的基

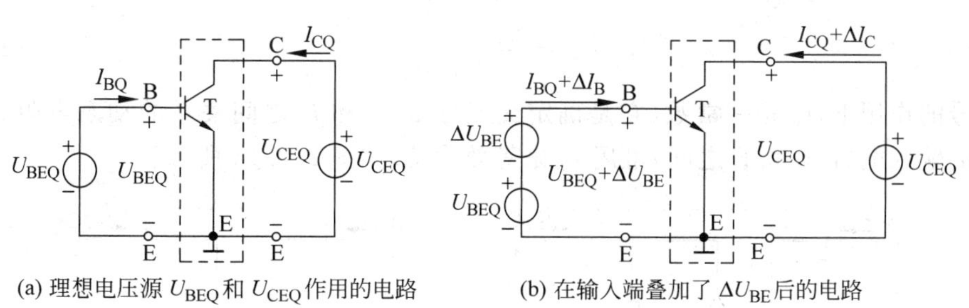

(a) 理想电压源 U_{BEQ}和 U_{CEQ}作用的电路　　(b) 在输入端叠加了 ΔU_{BE}后的电路

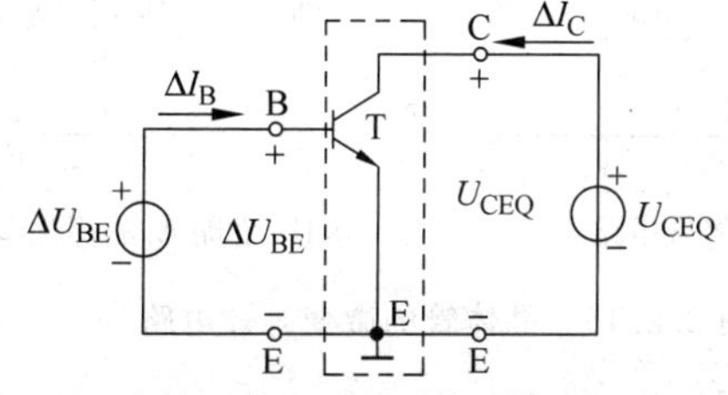

(c) 在输入端 ΔU_{BE}单独作用的分析电路

图 2.2.14 晶体管线性化的分析电路

础上再叠加某个微小电压变化量 ΔU_{BE}，则由于 ΔU_{BE} 的加入，除 U_{CEQ} 外，I_{BQ}、U_{BEQ}、I_{CQ} 又都相应地叠加了微小变化量 ΔI_B、ΔU_{BE} 和 ΔI_C，如图 2.2.14(b)所示，此时的电路工作点就在静态工作点 Q 的附近小范围变动，即在输入特性曲线上 Q_1 和 Q_2 之间移动，在输出特性曲线中 $U_{CE}=U_{CEQ}$ 直线上的 Q_1 和 Q_2 之间移动，如图 2.2.15 所示。由于 ΔU_{BE} 为微小电压变化量，晶体管可近似为线性元件，故由叠加原理可得输入端在 ΔU_{BE} 单独作用下的电路状态，如图 2.2.14(c)所示。

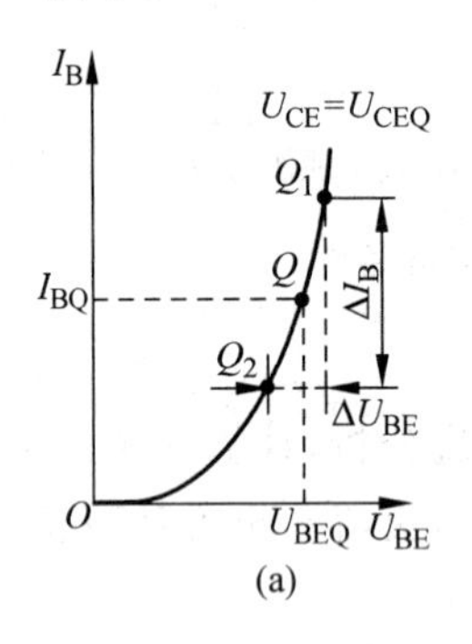

(a)

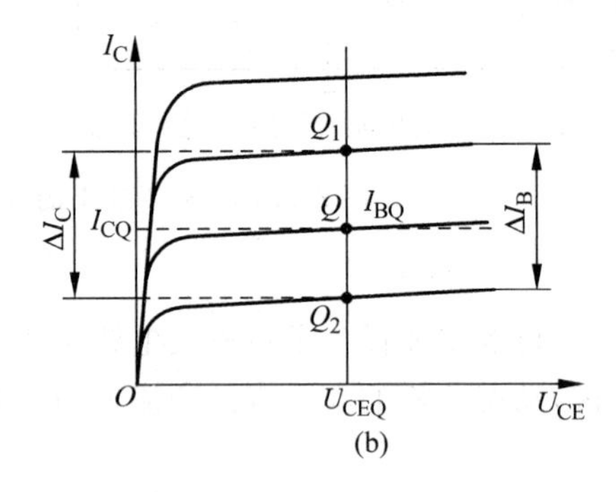

(b)

图 2.2.15　晶体管特性曲线的线性化

图 2.2.15(a)是晶体管输入特性曲线，是非线性的。当 ΔU_{BE} 是微小电压变化量时，在 Q 点附近小范围内，即 Q_1 和 Q_2 之间的输入特性曲线近似为一条直线。当 $U_{CE}=U_{CEQ}$ 时，电压变化量 ΔU_{BE} 与电流变化量 ΔI_B 成正比，则晶体管输入端口(B 和 E 之间)ΔU_{BE} 和 ΔI_B 之比为

$$r_{be}=\left.\frac{\Delta U_{BE}}{\Delta I_B}\right|_{U_{CE}=U_{CEQ}} \tag{2.2.12}$$

r_{be} 称为晶体管输入电阻，它表示晶体管的输入特性。如果变化量 ΔU_{BE} 与 ΔI_B 是小信号微变量，可用电压和电流的交流分量来代替，即 $\Delta U_{BE}=u_{be}$，$\Delta I_B=i_b$，故式(2.2.12)又可变为

$$r_{be}=\left.\frac{u_{be}}{i_b}\right|_{U_{CE}=U_{CEQ}} \tag{2.2.13}$$

在小信号的作用下，r_{be} 是一常数，它是确定交流分量 u_{be} 和 i_b 之间关系的动态电阻。因此，晶体管的输入端口(B 和 E 之间)可用 r_{be} 来等效代替，如图 2.2.16 所示。

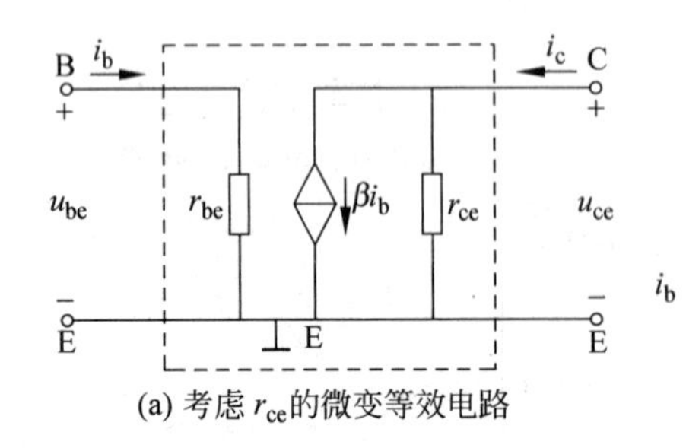

(a) 考虑 r_{ce} 的微变等效电路

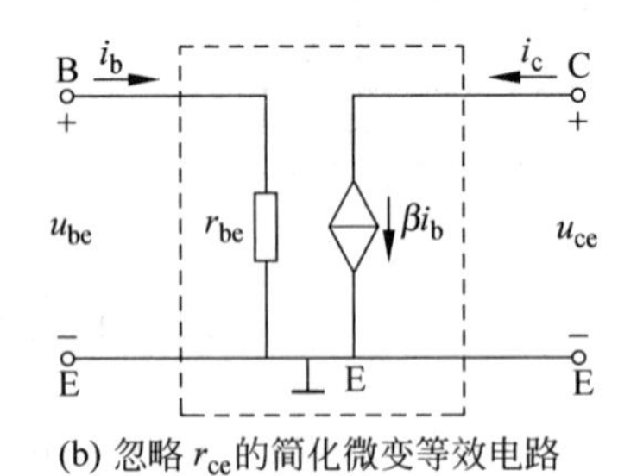

(b) 忽略 r_{ce} 的简化微变等效电路

图 2.2.16　晶体管的微变等效电路

低频小功率晶体管的输入电阻常用下式估算

$$r_{be} \approx 200(\Omega) + (1+\beta)\frac{26(\text{mV})}{I_{EQ}(\text{mA})} \tag{2.2.14}$$

式中，I_{EQ}为发射极电流的静态值，它与I_{BQ}和I_{CQ}存在一定的数量关系，因此式(2.2.14)有时可变换成关于静态值I_{BQ}或者I_{CQ}的形式，读者可自行推导之。

图2.2.15(b)是晶体管的输出特性曲线组，在放大区，它们可近似看作一组等距离的平行直线。当$U_{CE}=U_{CEQ}$时，由于ΔU_{BE}的作用，电路的工作点在垂直于横轴的直线$U_{CE}=U_{CEQ}$上下小范围移动，即在Q_1和Q_2之间移动，相应产生的电流变化量为ΔI_B和ΔI_C。变化量ΔI_B和ΔI_C之比或交流分量i_b和i_c之比

$$\beta = \frac{\Delta I_C}{\Delta I_B}\bigg|_{U_{CE}=U_{CEQ}} = \frac{i_c}{i_b}\bigg|_{U_{CE}=U_{CEQ}} \tag{2.2.15}$$

即为晶体管的电流放大系数。在小信号的作用下，β是一常数，它表明i_c受i_b的控制。因此，晶体管的输出端口(C和E之间)可用恒流源$i_c=\beta i_b$代替，如图2.2.16(b)所示，显然它不是一个独立电流源，而是受i_b控制的受控电流源。

同理，假设在如图2.2.14(a)所示电路的输出端，叠加某个微小电压变化量$\Delta U'_{CE}$，由于$\Delta U'_{CE}$是微小电压变化量，其对输入特性曲线的影响可忽略不计，故$\Delta U'_{CE}$的加入，对输入端的I_{BQ}和U_{BEQ}几乎无影响，而U_{CEQ}和I_{CQ}分别叠加了微小变化量$\Delta U'_{CE}$和$\Delta I'_C$，如图2.2.17(a)所示，此时的电路工作点由于$\Delta U'_{CE}$的作用就在输出特性曲线组中某条$I_B=I_{BQ}$曲线上的Q'_1和Q'_2之间移动，如图2.2.18所示。由于$\Delta U'_{CE}$为微小电压变化量，晶体管可近似为线性元件，故可得输出端在$\Delta U'_{CE}$单独作用下的电路状态，如图2.2.17(b)所示。

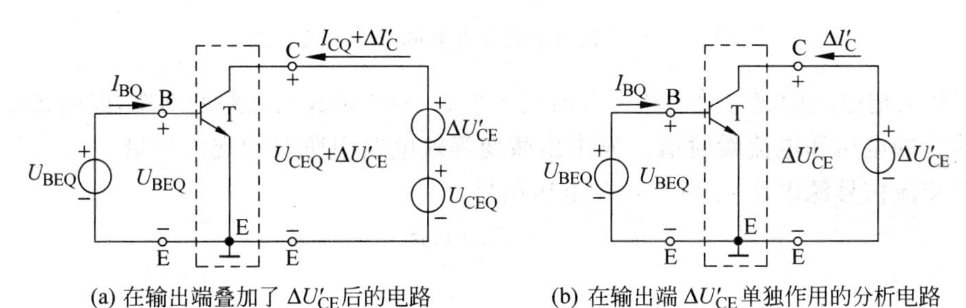

(a) 在输出端叠加了$\Delta U'_{CE}$后的电路　　(b) 在输出端$\Delta U'_{CE}$单独作用的分析电路

图2.2.17　晶体管输出电阻r_{ce}的分析电路

由图2.2.18可知，晶体管的输出特性曲线不完全平行于横轴。当$I_B=I_{BQ}$时，电压变化量$\Delta U'_{CE}$和电流变化量$\Delta I'_C$之比或交流分量u'_{ce}和i'_c之比为

$$r_{ce} = \frac{\Delta U'_{CE}}{\Delta I'_C}\bigg|_{I_B=I_{BQ}} = \frac{u'_{ce}}{i'_c}\bigg|_{I_B=I_{BQ}} \tag{2.2.16}$$

r_{ce}称为晶体管的输出电阻。在小信号的作用下，r_{ce}也是一个常数。如果将晶体管的输出端口看作电流源，r_{ce}就是电流源的内阻，它是与受控电流源βi_b并联的动态电阻，如图2.2.16(a)所示。由于r_{ce}的阻值很高，约为几十千欧到几百千欧，所以通常把它忽略不计，如图2.2.16(b)所示。虽然这会带来误差，但误差很小，在工程估算的允许范围内。如无特别说明，在本章及后面章节都采取忽略r_{ce}的微变等效电路。

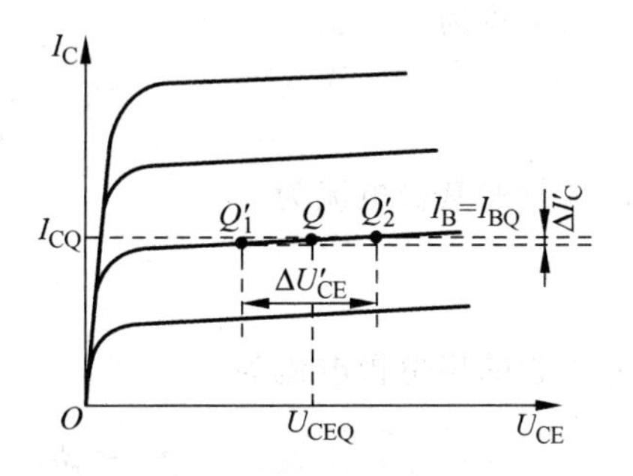

图2.2.18　在输出特性曲线上确定晶体管输出电阻r_{ce}

2. 用微变等效电路法分析动态工作情况

有了晶体管的微变等效电路，就可以把放大电路的交流通路转换为一个线性电路，再利用线性电路的分析方法去计算放大电路的性能指标。这种分析放大电路的方法称为微变等效电路法。用微变等效电路法进行动态分析就是要计算电压放大倍数、输入电阻和输出电阻。将图 2.2.13(b)所示的交流通路整理为如图 2.2.19 所示的交流通路。

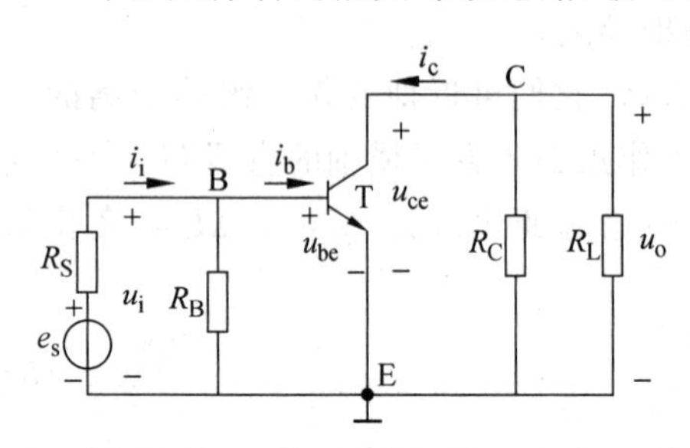

图 2.2.19　整理后的共射极放大电路的交流通路

用图 2.2.16(b)所示晶体管的微变等效电路代替交流通路中的晶体管，得到交流通路的微变等效电路如图 2.2.20(a)所示。

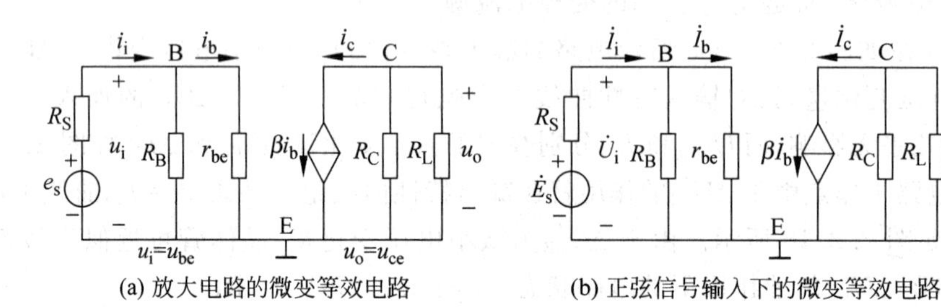

(a) 放大电路的微变等效电路　　(b) 正弦信号输入下的微变等效电路

图 2.2.20　共射极放大电路的微变等效电路

根据放大电路的微变等效电路可求出图 2.2.13(a)所示放大电路的动态，即由式(2.2.11)确定晶体管的电压和电流瞬时值。先求出微变等效电路中所有的交流分量。

假设交流信号源电压 e_s 为一正弦电压信号：

$$e_s = E_m \sin\omega t$$

则输入电压为

$$u_i = u_{be} = \frac{R_B // r_{be}}{R_S + R_B // r_{be}} E_m \sin\omega t$$

输入电流为

$$i_i = \frac{u_i}{R_B // r_{be}} = \frac{E_m \sin\omega t}{R_S + R_B // r_{be}}$$

晶体管的基极电流为

$$i_b = \frac{u_{be}}{r_{be}} = \frac{R_B // r_{be}}{(R_S + R_B // r_{be}) r_{be}} E_m \sin\omega t$$

晶体管的集电极电流为

$$i_c = \beta i_b = \frac{\beta (R_B // r_{be})}{(R_S + R_B // r_{be}) r_{be}} E_m \sin\omega t$$

晶体管的输出电压为

$$u_o = u_{ce} = - i_c (R_C // R_L) = - \frac{\beta (R_B // r_{be})(R_C // R_L)}{(R_S + R_B // r_{be}) r_{be}} E_m \sin\omega t$$

将上述其中求出的 i_b、u_{be}、i_c 和 u_{ce} 代入式(2.2.10)中，即得动态时，晶体管中电压和电流的瞬时值。

接下来，再根据放大电路的微变等效电路和前面所讲的放大电路性能指标定义，可计算出放大电路的电压放大倍数、输入电阻、输出电阻。

1）电压放大倍数 A_u

设信号源电压 e_s 为正弦电压信号，则图 2.2.20(a)所示的微变等效电路中的所有电压和电流都可用相量表示，如图 2.2.20(b)所示，由微变等效电路的输入回路有

$$\dot{U}_i = \dot{I}_b r_{be}$$

由输出回路有

$$\dot{U}_o = -\dot{I}_c(R_C//R_L) = -\beta \dot{I}_b(R_C//R_L)$$

则

$$A_u = \frac{\dot{U}_o}{\dot{U}_i} = -\beta\frac{R_C//R_L}{r_{be}} \tag{2.2.17}$$

由式(2.2.17)可知，A_u 与 β、R_C、R_L 和 r_{be} 都有关。式中的负号表示输出电压与输入电压相位相反。

2）输入电阻 r_i

对信号源而言，放大电路是一个负载，可用一个等效电阻代替，即放大电路输入电阻 r_i，由定义并根据微变等效电路有

$$r_i = \frac{\dot{U}_i}{\dot{I}_i} = \frac{\dot{U}_i}{\frac{\dot{U}_i}{R_B}+\frac{\dot{U}_i}{r_{be}}} = \frac{1}{\frac{1}{R_B}+\frac{1}{r_{be}}} = R_B//r_{be} \approx r_{be} \tag{2.2.18}$$

3）输出电阻 r_o

对负载而言，放大电路可等效为一个信号源，其内阻即为放大电路的输出电阻 r_o，根据前述求输出电阻的开路短路法可得输出电阻 r_o 的计算电路如图 2.2.21(a)、(b)所示。

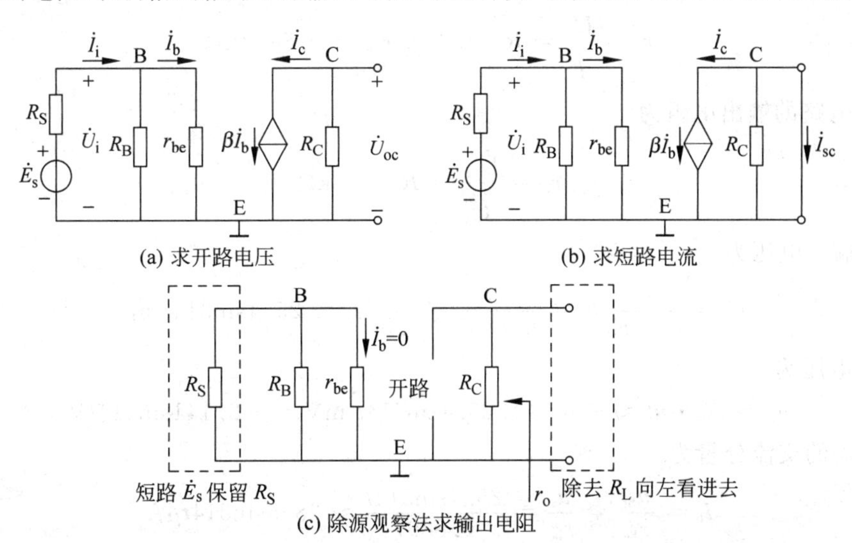

(a) 求开路电压　　(b) 求短路电流

(c) 除源观察法求输出电阻

图 2.2.21　输出电阻 r_o 的计算电路

由图 2.2.21(a)可得，除去负载 R_L 后，其两端的开路电压$\dot{U}_{oc}=-\beta\dot{I}_bR_C$，由图 2.2.21(b)可得短路电流$\dot{I}_{sc}=-\beta\dot{I}_b$，所以输出电阻 r_o 为

$$r_o=\frac{\dot{U}_{oc}}{\dot{I}_{sc}}=\frac{-\beta\dot{I}_bR_C}{-\beta\dot{I}_b}=R_C$$

这里也可用除源观察法，如图 2.2.21(c)所示求输出电阻，更为简便。由于除去电压信号$\dot{E}_s$(即将其短路)，动态电阻 r_{be}上无电流，即$\dot{I}_b=0$，故受控电流源 $\beta\dot{I}_b=0$，相当于受控电流源开路。从原来 R_L 的位置向左看进去，可得放大电路的输出电阻 $r_o=R_C$。

例 2.2.3 电路如图 2.2.1(b)所示，条件与例 2.2.1 完全相同，且又知负载 $R_L=3\text{k}\Omega$，晶体管的 $\bar{\beta}=\beta=50$，发射结正向压降取 $U_{BE}\approx0.7\text{V}$，信号源 e_s 为一正弦电压，$e_s=40\sin314t\ \text{mV}$，其内阻 $R_S=510\Omega$。试求：

(1) 晶体管的输入电阻 r_{be}；

(2) 放大电路的电压放大倍数 A_u、输入电阻 r_i 和输出电阻 r_o；

(3) 输入电压 u_i 和输出电压 u_o；

(4) 根据例 2.2.1 获得的静态值，求出放大电路动态时，晶体管中电压电流的瞬时值 i_B、u_{BE}、i_C 和 u_{CE}。

解：(1) 根据例 2.2.1 求解的 I_{EQ}，$I_E=I_{CQ}+I_{BQ}=1.885+0.0377=1.9227\text{mA}$

$$r_{be}=200(\Omega)+(1+\bar{\beta})\frac{26(\text{mV})}{I_E(\text{mA})}=200+51\times\frac{26}{1.9227}\approx889.7\Omega$$

(2) 放大电路的电压放大倍数为

$$A_u=\frac{\dot{U}_o}{\dot{U}_i}=-\beta\frac{R_C//R_L}{r_{be}}\approx-50\times\frac{1.5}{0.8897}=-84.3$$

放大电路的输入电阻为

$$r_i=\frac{\dot{U}_i}{\dot{I}_i}=R_B//r_{be}\approx r_{be}=0.8897\text{k}\Omega$$

放大电路的输出电阻为

$$r_o=\frac{\dot{U}_{oc}}{\dot{I}_{sc}}=R_C=3\text{k}\Omega$$

(3) 输入电压为

$$u_i=\frac{r_i}{r_i+R_S}e_s=\frac{0.8897}{0.8897+0.51}e_s\approx25.4\sin314t\ \text{mV}$$

输出电压为

$$u_o=A_u\cdot u_i\approx-84.3\times25.4\sin314t\ \text{mV}=-2.141\sin314t\text{V}$$

(4) i_B 的交流分量为

$$i_b=\frac{u_{be}}{r_{be}}=\frac{u_i}{r_{be}}=\frac{25.4\sin314t}{0.8897}\approx28.5\sin314t\mu\text{A}$$

u_{BE}的交流分量为

$$u_{be}=u_i=25.4\sin314t\ \text{mV}=0.0254\sin314t\ \text{V}$$

i_C 的交流分量为

$$i_c = \beta i_b = 50 \times 28.5\sin314t\ \mu\text{A} = 1.425\sin314t\ \text{mA}$$

u_{CE}的交流分量为

$$u_{ce} = u_o = -2.141\sin314t\ \text{V}$$

根据例 2.2.1 所得静态值代入式(2.2.11)有

$$\begin{cases} i_B = I_{BQ} + i_b = 37.7 + 28.5\sin314t\ \mu\text{A} \\ u_{BE} = U_{BEQ} + u_{be} = 0.7 + 0.0254\sin314t\ \text{V} \\ i_C = I_{CQ} + i_c = 1.885 + 1.425\sin314t\ \text{mA} \\ u_{CE} = U_{CEQ} + u_{ce} = 6.345 - 2.14\sin314t\ \text{V} \end{cases}$$

3. 图解法

利用放大电路的交流负载线和晶体管输入输出特性曲线，确定工作点的移动范围，以及动态时晶体管输入端和输出端的电压和电流波形。

为了描述晶体管输入回路的交流负载线，不妨将图 2.2.20(a)所示的微变等效电路，作如图 2.2.23 所示的电源和外电路的规定。再将其中的电源用戴维宁等效，可得如图 2.2.23 所示的微变等效电路。其中

$$\begin{cases} u_s = \dfrac{R_B}{R_B + R_S} e_s \\ R_O = R_B // R_S \end{cases} \tag{2.2.19}$$

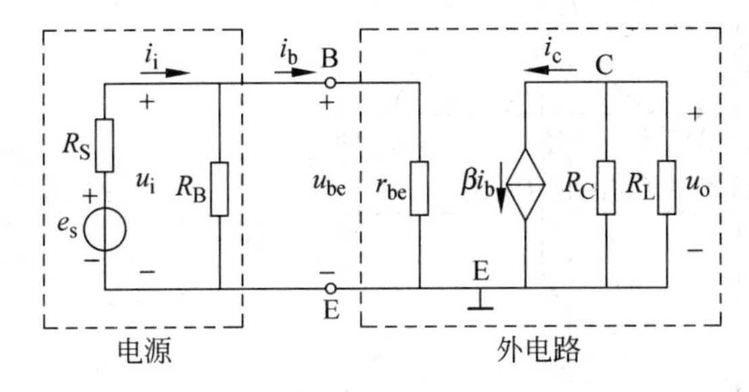

图 2.2.22　输入回路分析时电源和外电路的定义

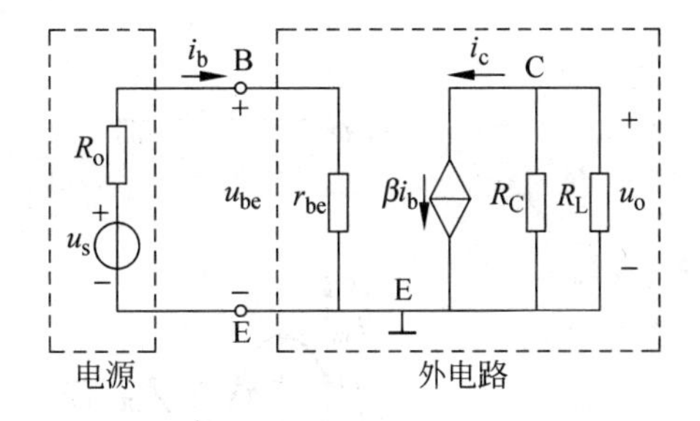

图 2.2.23　戴维宁等效后的微变等效电路

首先，由晶体管输入回路的交流负载线和其输入特性曲线的交点确定工作点的移动范围，以及根据信号源 e_s 可大致确定输入端口的电压 u_{BE}和电流 i_B 波形。

由负载线的推广二可知：$e=u_s$，$R_O=R_B//R_S$，$u=u_{be}$，$i=i_b$，代入式(2.2.6)中可知，晶体管输入端口(B 和 E 两点之间的)电压 u_{be}和电流 i_b 必满足交流负载线方程：

$$u_{be} = u_s - i_b R_O \tag{2.2.20}$$

在晶体管输入特性曲线的坐标系中，式(2.2.20)是描述变量 u_{be}和 i_b 关系的直线组，其横轴上的截距为$(u_s, 0)$，纵轴上的截距为$\left(0, \dfrac{u_s}{R_O}\right)$，斜率为 $k=-\dfrac{1}{R_O}=-\dfrac{1}{R_B//R_S}$，如图 2.2.24 中的虚线所示。

由于

$$\begin{cases} u_{BE} = U_{BEQ} + u_{be} \\ i_B = I_{BQ} + i_b \end{cases}$$

故

$$\begin{cases} u_{\mathrm{be}} = u_{\mathrm{BE}} - U_{\mathrm{BEQ}} \\ i_{\mathrm{b}} = i_{\mathrm{B}} - I_{\mathrm{BQ}} \end{cases}$$

将上面 u_{be} 和 i_{b} 的等式右边代入式(2.2.20)可得动态时，电压 u_{BE} 和电流 i_{B} 满足交流负载线方程：

$$u_{\mathrm{BE}} - U_{\mathrm{BEQ}} = u_{\mathrm{s}} - (i_{\mathrm{B}} - I_{\mathrm{BQ}})R_{\mathrm{O}} \tag{2.2.21}$$

式(2.2.21)实际上是一组随 u_{s} 大小变化而动态平移的交流负载线(见图 2.2.24)，它与输入特性曲线产生的一系列交点，称为输入回路的工作点，这些工作点的移动轨迹在输入特性曲线的 Q_1 和 Q_2 之间。由于 Q_1 和 Q_2 之间的输入特性曲线可近似为一条直线段，且直线段 $\overline{Q_1Q_2}$ 经过静态工作点 $Q(U_{\mathrm{BEQ}}, I_{\mathrm{BQ}})$，其斜率由晶体管的输入电阻定义式(2.2.12)可知 $k=\frac{1}{r_{\mathrm{be}}}$，故直线段 $\overline{Q_1Q_2}$ 的方程为

$$u_{\mathrm{BE}} - U_{\mathrm{BEQ}} = (i_{\mathrm{B}} - I_{\mathrm{BQ}})r_{\mathrm{be}} \tag{2.2.22}$$

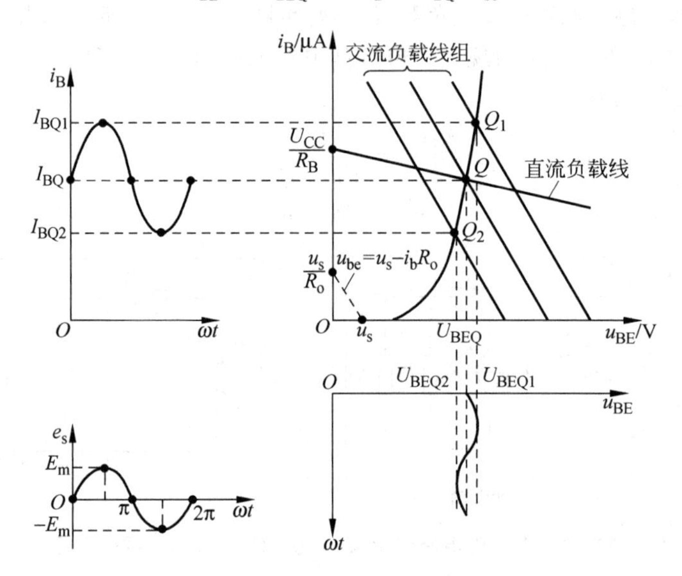

图 2.2.24　放大电路输入回路的图解分析

联立式(2.2.21)和式(2.2.22)可得

$$\begin{cases} i_{\mathrm{B}} = I_{\mathrm{BQ}} + \dfrac{u_{\mathrm{s}}}{R_{\mathrm{O}} + r_{\mathrm{be}}} \\ u_{\mathrm{BE}} = U_{\mathrm{BEQ}} + \dfrac{r_{\mathrm{be}}}{R_{\mathrm{O}} + r_{\mathrm{be}}} u_{\mathrm{s}} \end{cases}$$

再用式(2.2.19)代入后，可得电流 i_{B} 和电压 u_{BE} 关于信号源电压 e_{s} 的表达式：

$$\begin{cases} i_{\mathrm{B}} = I_{\mathrm{BQ}} + \dfrac{R_{\mathrm{B}}//r_{\mathrm{be}}}{(R_{\mathrm{S}} + R_{\mathrm{B}}//r_{\mathrm{be}})r_{\mathrm{be}}} e_{\mathrm{s}} \\ u_{\mathrm{BE}} = U_{\mathrm{BEQ}} + \dfrac{R_{\mathrm{B}}//r_{\mathrm{be}}}{(R_{\mathrm{S}} + R_{\mathrm{B}}//r_{\mathrm{be}})} e_{\mathrm{s}} \end{cases} \tag{2.2.23}$$

故交流分量 i_{b} 和 u_{be} 为

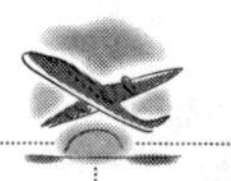

$$\begin{cases} i_b = i_B - I_{BQ} = \dfrac{R_B//r_{be}}{(R_S + R_B//r_{be})r_{be}}e_s \\ u_{be} = u_{BE} - U_{BEQ} = \dfrac{R_B//r_{be}}{(R_S + R_B//r_{be})}e_s \end{cases} \tag{2.2.24}$$

假设信号源电压 e_s 为正弦电压小信号，即 $e_s = E_m \sin\omega t$。由式(2.2.23)可知，电流 i_B 和电压 u_{BE} 也是按正弦规律变化的信号，如图 2.2.24 所示。当 e_s 变化一个周期时，工作点在输入特性曲线上移动的顺序为

$$Q \to Q_1 \to Q \to Q_2 \to Q$$

表 2.2.1 通过 e_s 的一个周期内 5 个特殊点的取值情况描述了电路的工作点、i_B 和 u_{BE} 的变化规律。

表 2.2.1　在 e_s 的一个周期内工作点、i_B 和 u_{BE} 的取值情况

周期(T)	0	$T/4$	$T/2$	$3T/4$	T
弧度(ωt)	0	$\pi/2$	π	$3\pi/2$	2π
e_s 取值	0	E_m	0	$-E_m$	0
工作点	Q	Q_1	Q	Q_2	Q
i_B 取值	I_{BQ}	I_{BQ1}	I_{BQ}	I_{BQ2}	I_{BQ}
u_{BE} 取值	U_{BEQ}	U_{BEQ1}	U_{BEQ}	U_{BEQ2}	U_{BEQ}

表 2.2.1 中的 U_{BEQ1} 和 I_{BQ1} 表示工作点 Q_1 的坐标值，U_{BEQ2} 和 I_{BQ2} 表示工作点 Q_2 的坐标值，它们由式(2.2.23)可得

$$\begin{cases} I_{BQ1} = I_{BQ} + \dfrac{R_B//r_{be}}{(R_S + R_B//r_{be})r_{be}}E_m \\ U_{BEQ1} = U_{BEQ} + \dfrac{R_B//r_{be}}{(R_S + R_B//r_{be})}E_m \end{cases} \quad 和 \quad \begin{cases} I_{BQ2} = I_{BQ} - \dfrac{R_B//r_{be}}{(R_S + R_B//r_{be})r_{be}}E_m \\ U_{BEQ2} = U_{BEQ} - \dfrac{R_B//r_{be}}{(R_S + R_B//r_{be})}E_m \end{cases}$$

图 2.2.24 反映了放大电路处于动态时，电流 i_B 和电压 u_{BE} 的波形。为了更清楚地描述动态时晶体管电流 i_B 和电压 u_{CE} 与它们的直流分量和交流分量之间的关系，特将信号源 e_s 一周期内，电流 i_B、I_B、i_b 和电压 u_{BE}、U_{BE}、u_{be} 波形大致画出，如图 2.2.25 所示，它们反映了下列关系等式：

$$\begin{cases} i_B = I_{BQ} + i_b \\ u_{BE} = U_{BEQ} + u_{be} \end{cases}$$

由放大电路的微变等效电路图可知，实际上，电压 u_{be} 等于信号源两端的输出电压 u_i，即 $u_{be} = u_i$。

接着，由晶体管输出回路的交流负载线和其输出特性曲线的交点确定工作点的移动范围以及大致确定晶体管输出端口的电压 u_{CE} 和电流 i_C 波形。为了描述晶体管输出回路的交流负载线，不妨将图 2.2.20(a)所示的微变等效电路，作如图 2.2.26 所示的电源和外电路的规定。

由负载线的推广二可知：$e=0$，$R_O = R_C//R_L$，$u = u_{ce}$，$i = i_c$，代入式(2.2.7)中可知，晶体管输出端口(C 和 E 两点之间的)电压 u_{ce} 和电流 i_c 必满足交流负载线方程：

$$u_{ce} = 0 - i_c(R_C//R_L) = -i_c(R_C//R_L) \tag{2.2.25}$$

在晶体管输出特性曲线的坐标系中，式(2.2.25)是描述变量 u_{ce} 和 i_c 关系的直线，该直线通过坐标原点 O，其斜率为 $k = -\dfrac{1}{R_C//R_L}$，如图 2.2.27 中的虚线所示。

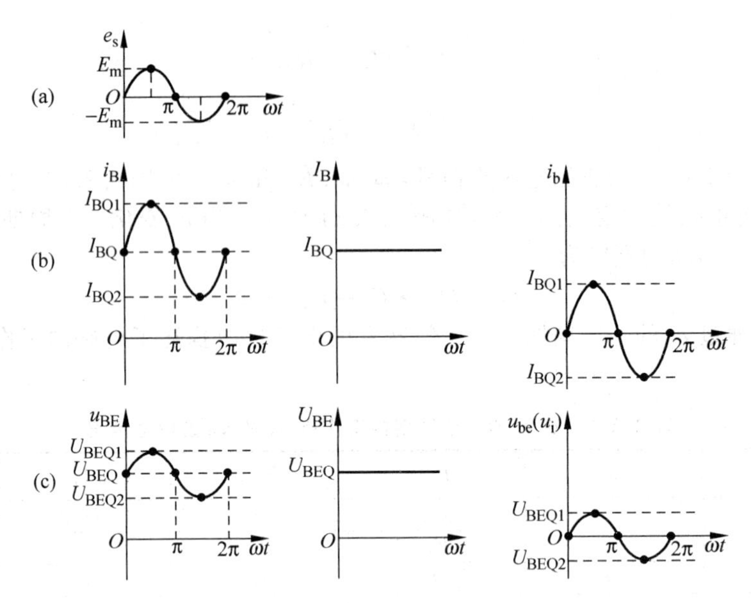

图 2.2.25　信号源 e_s、电流 i_B、I_B、i_b 和电压 u_{BE}、U_{BE}、u_{be} 的波形

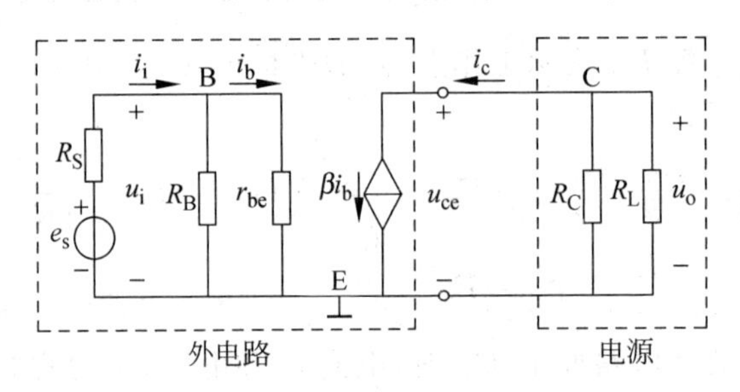

图 2.2.26　输出回路分析时电源和外电路的定义

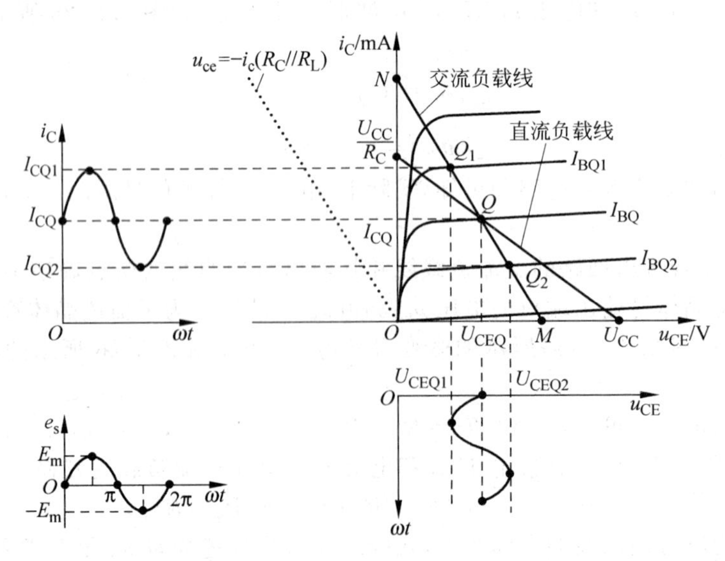

图 2.2.27　放大电路输出回路的图解分析

由于

$$\begin{cases} u_{CE} = U_{CEQ} + u_{ce} \\ i_C = I_{CQ} + i_c \end{cases}$$

故

$$\begin{cases} u_{ce} = u_{CE} - U_{CEQ} \\ i_c = i_C - I_{CQ} \end{cases}$$

将上面 u_{ce} 和 i_c 的等式右边代入式(2.2.25)可得动态时，电压 u_{CE} 和电流 i_C 满足交流负载线方程：

$$u_{CE} - U_{CEQ} = -(i_C - I_{CQ})(R_C // R_L) \tag{2.2.26}$$

式(2.2.26)是一条经过静态工作点 $Q(U_{CEQ}, I_{CQ})$，斜率为 $k = -\frac{1}{R_C // R_L}$ 的交流负载线 $\overline{MN}$（见图 2.2.27），它与输出特性曲线产生的一系列交点，称为输出回路的工作点，这些工作点的移动轨迹在直线 $\overline{MN}$ 上，其移动的范围在 Q_1 和 Q_2 之间。其中 Q_1 和 Q_2 分别是 I_{BQ1} 和 I_{BQ2} 对应的输出特性曲线与直线 $\overline{MN}$ 的交点。由式(2.2.23)可得

$$i_C = \beta i_B = \beta\left[I_{BQ} + \frac{R_B // r_{be}}{(R_S + R_B // r_{be}) r_{be}} e_s\right] = I_{CQ} + \frac{\beta(R_B // r_{be})}{(R_S + R_B // r_{be}) r_{be}} e_s \tag{2.2.27}$$

联立式(2.2.27)和式(2.2.26)可得

$$u_{CE} = U_{CEQ} - (i_C - I_{CQ})(R_C // R_L) = U_{CEQ} - \frac{\beta(R_B // r_{be})(R_C // R_L)}{(R_S + R_B // r_{be}) r_{be}} e_s \tag{2.2.28}$$

故交流分量 i_c 和 u_{ce} 为

$$\begin{cases} i_c = i_C - I_{CQ} = \dfrac{\beta(R_B // r_{be})}{(R_S + R_B // r_{be}) r_{be}} e_s \\ u_{ce} = u_{CE} - U_{CEQ} = -\dfrac{\beta(R_B // r_{be})(R_C // R_L)}{(R_S + R_B // r_{be}) r_{be}} e_s \end{cases} \tag{2.2.29}$$

由式(2.2.27)和式(2.2.28)可知，电流 i_C 和电压 u_{CE} 与 e_s 一样按正弦规律变化的信号，如图 2.2.27 所示。当 e_s 变化一个周期时，工作点在直线 $\overline{MN}$ 上移动的顺序为

$$Q \to Q_1 \to Q \to Q_2 \to Q$$

表 2.2.2 通过 e_s 的一个周期内 5 个特殊点的取值情况，描述了电路的工作点、i_B、i_C 和 u_{CE} 的变化规律。

表 2.2.2　在 e_s 的一个周期内工作点、i_B、i_C 和 u_{BE} 的取值情况

周期(T)	0	$T/4$	$T/2$	$3T/4$	T
弧度(ωt)	0	$\pi/2$	π	$3\pi/2$	2π
e_s 取值	0	E_m	0	$-E_m$	0
工作点	Q	Q_1	Q	Q_2	Q
i_B 取值	I_{BQ}	I_{BQ1}	I_{BQ}	I_{BQ2}	I_{BQ}
i_C 取值	I_{CQ}	I_{CQ1}	I_{CQ}	I_{CQ2}	I_{CQ}
u_{CE} 取值	U_{CEQ}	U_{CEQ1}	U_{CEQ}	U_{CEQ2}	U_{CEQ}

表 2.2.2 中的U_{CEQ1}和I_{CQ1}表示工作点Q_1的坐标值，U_{CEQ2}和I_{CQ2}表示工作点Q_2的坐标值，它们由式(2.2.27)和式(2.2.28)可得

$$\begin{cases} I_{CQ1} = I_{CQ} + \dfrac{\beta(R_B//r_{be})}{(R_S + R_B//r_{be})r_{be}}E_m \\ U_{CEQ1} = U_{CEQ} - \dfrac{\beta(R_B//r_{be})(R_C//R_L)}{(R_S + R_B//r_{be})r_{be}}E_m \end{cases} \quad 和 \quad \begin{cases} I_{CQ2} = I_{CQ} - \dfrac{\beta(R_B//r_{be})}{(R_S + R_B//r_{be})r_{be}}E_m \\ U_{CEQ2} = U_{CEQ} + \dfrac{\beta(R_B//r_{be})(R_C//R_L)}{(R_S + R_B//r_{be})r_{be}}E_m \end{cases}$$

图 2.2.27 反映出放大电路处于动态时，电流i_C和电压u_{CE}的波形。为了更清楚地描述动态时，晶体管电流i_C和电压u_{CE}与它们的直流分量和交流分量之间的关系，特将信号源e_s一周期内，电流i_C、I_C、i_c和电压u_{CE}、U_{CE}、u_{ce}波形大致画出，如图 2.2.28 所示，它们反映了下列关系等式：

$$\begin{cases} i_C = I_{CQ} + i_c \\ u_{CE} = U_{CEQ} + u_{ce} \end{cases}$$

其中u_{ce}等于负载R_L上的输出电压u_o，即$u_{ce}=u_o$。

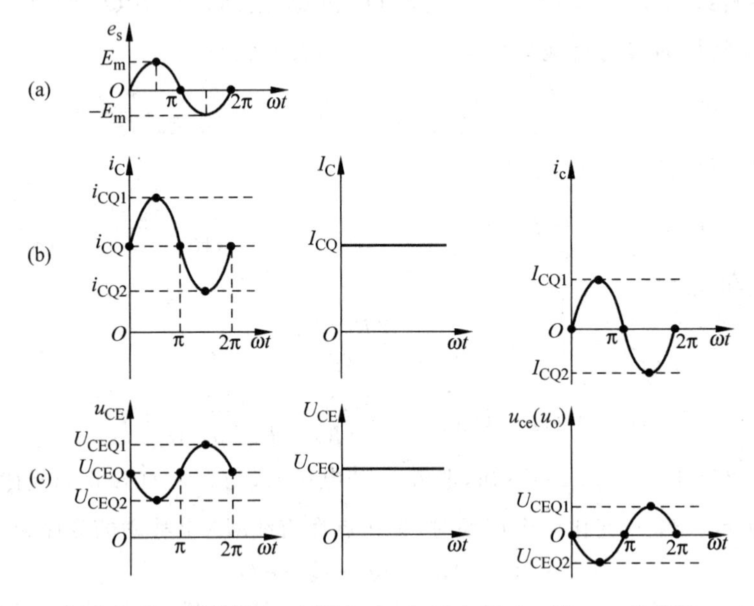

图 2.2.28 信号源e_s、电流i_C、I_C、i_c和电压u_{CE}、U_{CE}、u_{ce}的波形

4. 几组概念的比较与说明

1) 直流分析方法和动态分析方法

静态分析有直流通路法和图解法，都可以确定静态工作点的 3 个静态值。直流通路法方便快捷，便于定量计算，但U_{BE}的取值对 3 个静态值是有影响的，要根据实际情况和题目要求来确定。图解法根据负载线和特性曲线的交点，在图上确定静态工作点，其优点在于形象直观，便于定性分析，但存在作图和读值的主观偏差。而且，为获取数值，依然存在U_{BE}的取值问题。

动态分析有微变等效电路法和图解法。微变等效电路法，计算方便，易求得交流分量和动态性能指标。图解法，借助交流负载线和特性曲线可形象直观地展现工作点的移动范围，

大致获得动态时晶体管中的电压和电流波形，但无法在图上精确地获取交流分量和计算出动态性能指标。

因此，图解法的优势在于定性分析，而直流通路法与微变等效电路法的优势则体现在定量计算上。两者形式上不同，实质上是相互联系和相互补充的。比如，用图解法进行静态分析和动态分析时，可借助方程来确定静态工作点和工作点的坐标值，而方程的建立是基于直流通路和微变等效电路的。直流通路法与微变等效电路法得到的静态工作点和工作点的坐标值，又可反映到特性曲线坐标系中，从而定性判定晶体管的工作状态。

2）实际电路、直流通路、交流通路、微变等效电路

实际电路，就是在直流电压源 U_{CC} 和信号源 e_s 共同作用下的电路，即处于动态时的电路，它反映了电路的实际状况，因此电路中的电压和电流，要么是交流分量，比如 i_i、u_i 和 u_o 等，要么是直流分量和交流分量叠加后的合成量，比如 i_B、i_C 和 u_{CE} 等。

直流通路，是信号源电压 e_s 不作用，即 $e_s=0$，只有直流电压源 U_{CC} 单独作用时的电路。电路处于静态，电路中的电压和电流，只有直流分量，比如 I_B、I_C 和 U_{CE} 等。直流通路，既是一个便于理论计算的模型，也是可实际建立的分析电路，也就是说我们可以用元件搭建出保证晶体管正常工作的直流通路。

交流通路，是在信号源电压 e_s 单独作用下，直流电压源和所有电容视作交流短路得到的分析电路，此交流通路中的电压和电路，只有交流分量，比如 i_b、i_c 和 u_{ce} 等。要强调的是交流通路，是无法实际建立的分析模型，也就是说用元件搭建起来的交流通路其晶体管是无法正常工作的，它仅仅只是一个便于理论计算的模型。

微变等效电路，是为了便于定量计算，将交流通路中的晶体管用其线性化的小信号模型（即晶体管的微变等效电路）替换后得到的交流分析电路，它是线性化的交流通路，它也只是一个便于理论计算的模型。在计算放大电路的性能指标时，既可用交流分量表示，也可用其正弦交流的相量形式表示。

3）静态工作点和工作点

静态工作点，用来描述电路静态时晶体管的工作状态（饱和、放大还是截止），它是直流负载线和特性曲线的一个交点，通常要求静态工作点处于输出特性曲线的放大区。

工作点，用来描述电路动态时晶体管的工作状态，它是交流负载线和特性曲线的一系列交点，这些交点随着信号源 e_s 的变化而在输入特性曲线上或者在输出端的交流负载线上不断移动。当 $e_s=0$ 时，此时的工作点，就是放大电路的静态工作点。因此，静态工作点，是 $e_s=0$ 时刻的特殊工作点。无论是静态工作点，还是工作点，都希望它们都处于输出特性曲线的线性放大区，而不要进入饱和区或者截止区，否则就会出现下面讨论的非线性失真问题。

4）放大电路的非线性失真：截止失真和饱和失真

放大电路的基本要求是输出信号不能失真。当放大电路的静态工作点 Q 设置不合适或者当信号源电压 e_s 过大，都会使输出信号不像输入信号的波形，即产生了失真。这是由于放大电路的工作点超出了晶体管的线性放大区，进入了饱和区或者截止区，此种失真称为非线性失真。

当静态工作点 Q 设置过低，在信号源 e_s 的负半周，有些工作点已进入截止区，导致输出电压 u_o 的波形失真，称为截止失真。图 2.2.29 为共射极放大电路由于静态工作点 Q 靠近截止区，包括 Q_2 在内的一些工作点进入了截止区，导致电压 u_{CE} 的正半周期的波形产生失

真，即截止失真。为方便读者，将所得 u_{CE} 波形所在坐标系逆时针旋转 90°，然后过滤掉直流分量 U_{CEQ}，就得到如图 2.2.29 所示的输出电压 u_o（或者 u_{ce}）的波形，从图上可知，此时输出电压 u_o 的正半周波形的顶部好像压缩了，即出现了所谓的“缩顶”现象。图中输出电压 u_o 出现的两个极值 U_{cem1} 和 U_{cem2} 可由下列关系式大致确定：

$$\begin{cases} U_{cem1} = U_{CEQ1} - U_{CEQ} \\ U_{cem2} = U_{CEQ2} - U_{CEQ} \end{cases} \tag{2.2.30}$$

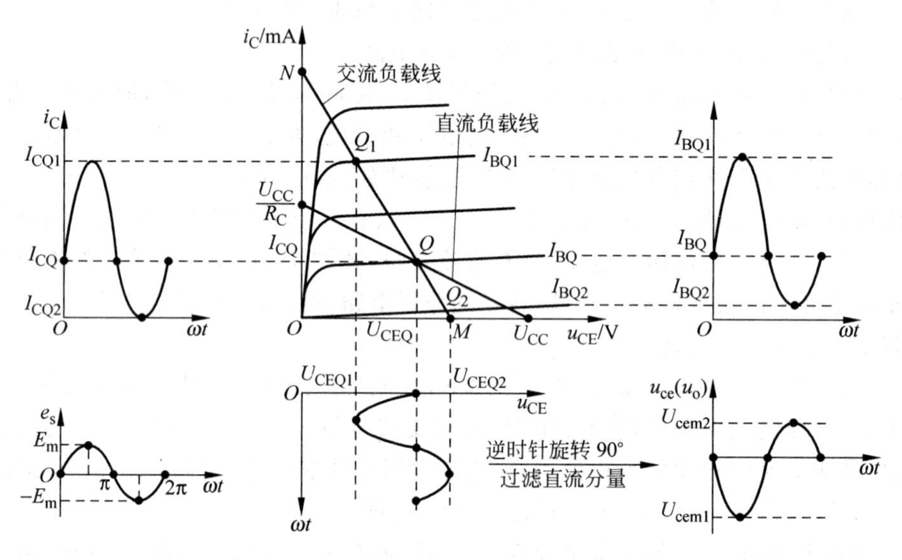

图 2.2.29　截止失真

当静态工作点 Q 设置过高，在信号源 e_s 的正半周，有些工作点已进入饱和区，引起输出电压 u_o 的波形失真，称为饱和失真。图 2.2.30 为共射极放大电路由于静态工作点 Q 靠近饱和区，包括 Q_1 在内的一些工作点进入了饱和区，导致电压 u_{CE} 的负半周期的波形产生失

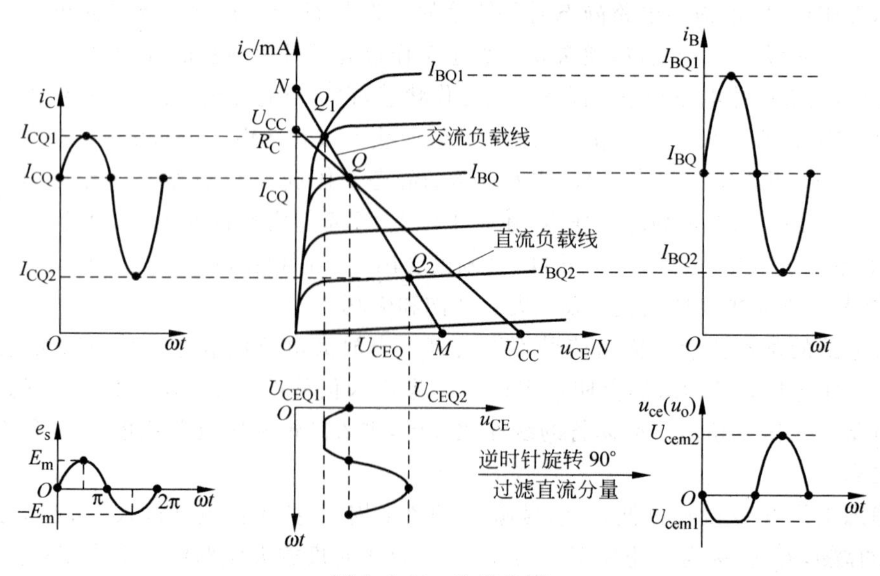

图 2.2.30　饱和失真

真，即饱和失真，为方便读者，将所得 u_{CE} 波形所在坐标系逆时针旋转 90°，然后过滤掉直流分量 U_{CEQ}，就得到如图 2.2.30 所示的输出电压 u_o（或者 u_{ce}）的波形，从图上可知，此时输出电压 u_o 的负半周波形的底部好像被削平了，即出现了所谓的"削底"现象。图中输出电压 u_o 出现的两个极值 U_{cem1} 和 U_{cem2} 也可由式(2.2.30)大致确定。

此外还存在放大电路的静态工作点设置合适，但信号源 e_s 的电压过大，导致截止失真和饱和失真两种非线性失真同时出现的情况，这里就不再展开了，读者可自行分析之。

【思考题】

1. 如何定性判别一个电路是否具有正常的电压放大作用？
2. 改变 R_C 和 U_{CC} 对放大电路直流负载线有什么影响？
3. 分析图 2.2.3 所示的直流通路，设 R_C 和 U_{CC} 为定值：

(1) 当 I_B 增加时，I_C 是否成正比地增加？最后接近何值？这时 U_{CE} 的大小如何？

(2) 当 I_B 减小时，I_C 作何变化？最后达到何值？这时 U_{CE} 约等于多少？

4. 交流负载线的斜率绝对值是否可能比直流负载线的大呢？为什么？
5. 放大电路产生饱和失真和截止失真的原因是什么？

2.3 分压式偏置放大电路

如上节所述，静态工作点设置不合适，易造成非线性失真。晶体管是一种对温度十分敏感的器件，温度上升使晶体管集电极电流增加，使静态工作点随之升高，接近饱和区，产生饱和失真。反之，若温度降低，则有可能发生截止失真。为了在工作温度变化范围内，尽量减小静态工作点的变化，下面介绍一种稳定静态工作点的放大电路——分压式偏置放大电路。

2.3.1 基本组成

分压式偏置放大电路如图 2.3.1(a)所示，它具有自动稳定静态工作点的能力，即当放大电路的环境温度变化时，该电路能够实现晶体管集电极电流 I_C 基本保持不变。在此电路中，直流电压源 U_{CC} 经 R_{B1}、R_{B2} 分压后接到晶体管的基极，所以称为分压式偏置放大电路。电阻 R_E 两端并联一个大电容 C_E，其目的是使交流通路中 R_E 不起作用，避免导致电压放大倍数下降，称 C_E 为旁路电容。

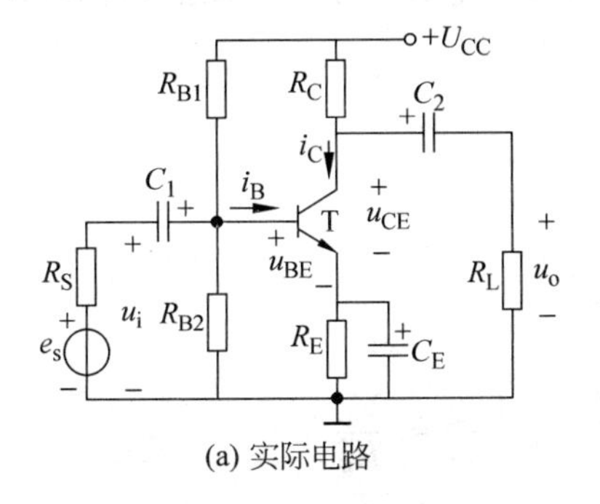

(a) 实际电路

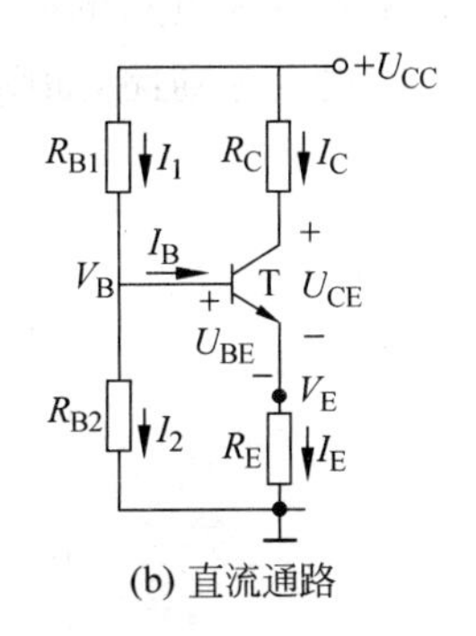

(b) 直流通路

图 2.3.1 分压式偏置放大电路

2.3.2 静态工作点的稳定

在如图 2.3.1(b)所示的直流通路中，晶体管正常工作时，其基极电流 I_B 通常较小，几十微安，而流过电阻 R_{B1} 电流 I_1 较大，一般在毫安数量级，因此通常满足 $I_1 \gg I_B$，故可忽略 I_B 对 I_1 的分流作用，认为 $I_B \approx 0$，$I_1 \approx I_2$，则晶体管基极的电位 $V_B = I_2 R_{B2} \approx I_1 R_{B2} = \frac{R_{B2}}{R_{B1}+R_{B2}} U_{CC}$ 基本恒定，几乎不受温度变化影响。假设由于环境温度升高，导致晶体管集电极电流 I_C 增大，发射极电流 I_E 随之增大$\left(因为 I_E = \frac{1+\beta}{\beta} I_C \approx I_C\right)$，发射极的电位 V_E 也随之升高(因为 $V_E = I_E R_E$)，而 V_B 基本不变，故晶体管的输入电压 U_{BE} 降低(因为 $U_{BE} = V_B - V_E$)，I_B 也随之减小(因为 U_{BE} 和 I_B 正相关，同增同减)，从而使 I_C 减小(因为 $I_C = \beta I_B$)。上述 I_C 受温度影响后的稳定过程可简单表示如下：

温度升高 → I_C↑ → I_E↑ → V_E↑ → U_{BE}↓ → I_B↓ → I_C↓

虽然放大电路必须满足条件：$I_1 \gg I_B$，$V_B \gg U_{BE}$，但并不是 I_1 和 V_B 越大越好。因为分压电阻 R_{B1}、R_{B2} 的减小(使 I_1 增大)不仅会使功率损耗增加，而且使放大电路的输入电阻降低，导致放大电路输入电压 u_i 减小。因此一般选取

$$I_1 \gg I_B \begin{cases} I_1 = (5 \sim 10) I_B & （硅晶体管） \\ I_1 = (10 \sim 20) I_B & （锗晶体管） \end{cases} \tag{2.3.1}$$

同样，基极电位 V_B 也不能太高，否则由于发射极电位 V_E(因为 $V_E = I_E R_E = V_B - U_{BE} \approx V_B$)的升高，会使 U_{CE} 减小(因为 $U_{CE} = U_{CC} - I_C R_C - I_E R_E$)，因而减小了放大电路输出电压的变化范围，因此一般选取

$$\begin{cases} V_B = (3 \sim 5) U_{BE} & （硅晶体管） \\ V_B = (1 \sim 3) U_{BE} & （锗晶体管） \end{cases} \tag{2.3.2}$$

2.3.3 电路的分析

1. 静态分析

分析分压式偏置放大电路的静态工作点时，应先求 V_B，然后求解 V_E、I_E、I_C、I_B 和 U_{CE}。首先放大电路的直流通路，如图 2.3.1(b)所示。

因为

$$I_1 \gg I_B \tag{2.3.3}$$

所以

$$V_B \approx \frac{R_{B2}}{R_{B1}+R_{B2}} U_{CC} \tag{2.3.4}$$

$$I_C \approx I_E = \frac{V_B - U_{BE}}{R_E} \approx \frac{V_B}{R_E} \tag{2.3.5}$$

$$I_B = \frac{I_C}{\beta} \tag{2.3.6}$$

$$U_{CE}=U_{CC}-I_CR_C-I_ER_E\approx U_{CC}-I_C(R_C+R_E) \tag{2.3.7}$$

2. 动态分析

放大电路的交流通路如图 2.3.2(a)所示，图 2.3.2(b)为其微变等效电路。

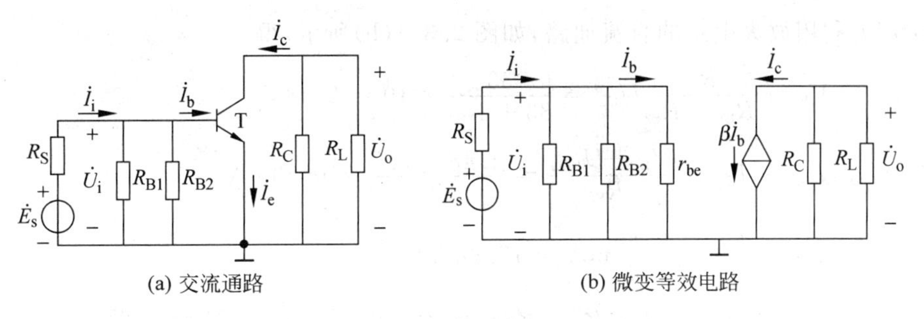

图 2.3.2　分压式偏置电路的交流通路和微变等效电路

电压放大倍数为

$$A_u=\frac{\dot{U}_o}{\dot{U}_i}=\frac{-\dot{I}_c(R_C//R_L)}{\dot{I}_br_{be}}=\frac{-\beta\dot{I}_b(R_C//R_L)}{\dot{I}_br_{be}}=-\frac{\beta(R_C//R_L)}{r_{be}} \tag{2.3.8}$$

输入电阻为

$$r_i=\frac{\dot{U}_i}{\dot{I}_i}=\frac{\dot{U}_i}{\frac{\dot{U}_i}{R_{B1}}+\frac{\dot{U}_i}{R_{B2}}+\frac{\dot{U}_i}{r_{be}}}=\frac{1}{\frac{1}{R_{B1}}+\frac{1}{R_{B2}}+\frac{1}{r_{be}}}=R_{B1}//R_{B2}//r_{be} \tag{2.3.9}$$

由前述的两次电压法，输出电阻的计算电路如 2.3.3 所示。

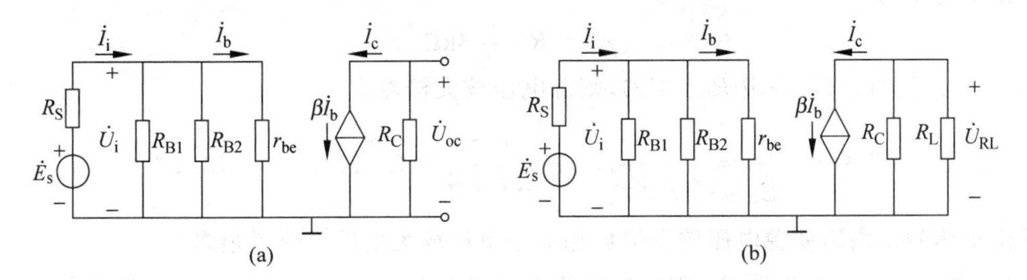

图 2.3.3　r_o 的计算电路

除去负载 R_L 的开路电压，如图 2.3.3(a)可得

$$\dot{U}_{oc}=-\dot{I}_cR_C=-\beta\dot{I}_bR_C$$

带负载 R_L 后的负载电压，如图 2.3.3(b)可得

$$\dot{U}_{RL}=-\dot{I}_c(R_C//R_L)=-\beta\dot{I}_b(R_C//R_L)$$

输出电阻为

$$r_o=\left(\frac{\dot{U}_{oc}}{\dot{U}_{RL}}-1\right)R_L=\left(\frac{-\beta\dot{I}_bR_C}{-\beta\dot{I}_b(R_C//R_L)}-1\right)R_L=R_C \tag{2.3.10}$$

例 2.3.1　在图 2.3.1(a)所示电路中，已知 $U_{CC}=10\text{V}$，$R_{B1}=100\text{k}\Omega$，$R_{B2}=33\text{k}\Omega$，$R_C=3\text{k}\Omega$，$R_E=2\text{k}\Omega$，$R_L=3\text{k}\Omega$，晶体管的电流放大系数 $\beta=50$。求：

(1) 静态工作点的静态值 I_{BQ},I_{CQ},U_{CEQ};

(2) 放大电路的电压放大倍数 A_u、输入电阻 r_i 和输出电阻 r_o;

(3) 如果信号源内阻 $R_S=4k\Omega$,则源电压放大倍数 A_{us} 为多少?

(4) 如果 R_E 旁没有并联 C_E,则 A_u、r_i、r_o 各为多少?

解:(1) 利用放大电路的直流通路,如图 2.3.1(b)所示,得

$$V_B \approx \frac{R_{B2}}{R_{B1}+R_{B2}}U_{CC}=\frac{33}{33+100}\times 10=2.48\text{V}$$

$$I_{CQ}\approx I_{EQ}=\frac{V_B-U_{BEQ}}{R_E}=\frac{2.48-0.7}{2}=0.89\text{mA}$$

$$I_{BQ}=\frac{I_{CQ}}{\beta}=\frac{0.89}{50}\text{mA}=17.8\mu\text{A}$$

$$U_{CEQ}\approx U_{CC}-I_{CQ}(R_C+R_E)=10-0.89\times(3+2)=5.6\text{V}$$

(2) 先求出晶体管的输入电阻为

$$r_{be}=200+(1+\beta)\frac{26}{I_E}=200+\frac{51\times 26}{0.89}\approx 1.7k\Omega$$

根据放大电路的微变等效电路,如图 2.3.2(b)所示,可得电压放大倍数为

$$A_u=\frac{\dot{U}_o}{\dot{U}_i}=-\frac{\beta(R_C//R_L)}{r_{be}}=-\frac{50\times 1.5}{1.7}=-44.1$$

输入电阻为

$$r_i=R_{B1}//R_{B2}//r_{be}\approx r_{be}=1.7k\Omega$$

输出电阻为

$$r_o=R_C=3k\Omega$$

(3) 若考虑信号源内阻 $R_S=4k\Omega$,则源电压放大倍数为

$$A_{us}=\frac{\dot{U}_o}{\dot{E}_s}=\frac{r_i}{r_i+R_S}A_u=\frac{1.7}{1.7+4}\times(-44.1)=-13.2$$

可见由于信号源内阻使源电压放大倍数相对于电压放大倍数下降了很多。

(4) 如 R_E 旁没有并联 C_E,则交流通路中要考虑 R_E,如图 2.3.4(a)、(b)分别为考虑 R_E 时的交流通路和微变等效电路。

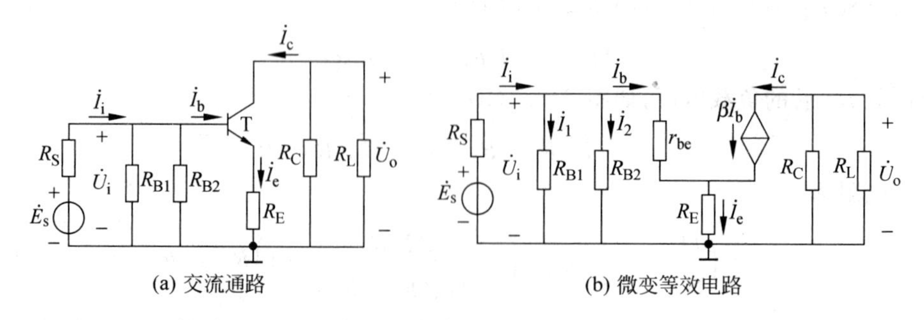

图 2.3.4　考虑 R_E 时的交流通路和微变等效电路

此时电压放大倍数为

$$A_u=\frac{\dot{U}_o}{\dot{U}_i}=\frac{-\dot{I}_c(R_C//R_L)}{\dot{I}_b r_{be}+\dot{I}_e R_E}=-\frac{\beta\dot{I}_b(R_C//R_L)}{\dot{I}_b r_{be}+(1+\beta)\dot{I}_b R_E}$$

$$=-\frac{\beta(R_C//R_L)}{r_{be}+(1+\beta)R_E}=-\frac{50\times1.5}{1.7+51\times2}\approx-0.72$$

输入电阻为

$$r_i=\frac{\dot{U}_i}{\dot{I}_i}=\frac{\dot{U}_i}{\dot{I}_1+\dot{I}_2+\dot{I}_b}=\frac{\dot{U}_i}{\frac{\dot{U}_i}{R_{B1}}+\frac{\dot{U}_i}{R_{B2}}+\frac{\dot{U}_i}{r_{be}+(1+\beta)R_E}}$$

$$=R_{B1}//R_{B2}//[r_{be}+(1+\beta)R_E]=100//33//103.7\approx20\text{k}\Omega$$

由两次电压法，输出电阻的计算电路如图 2.3.5(a)、(b)所示。

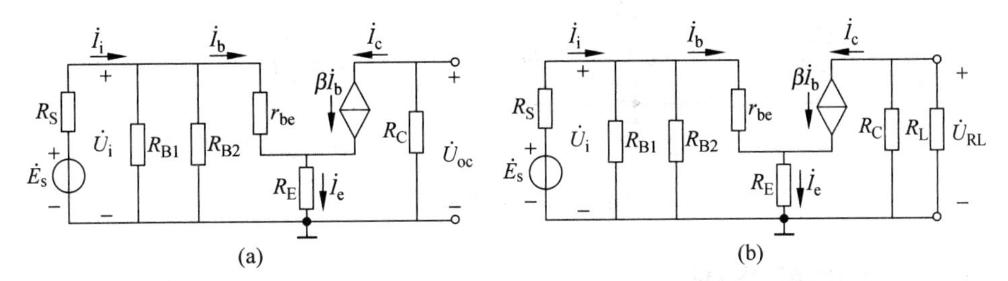

图 2.3.5　输出电阻 r_o 的计算电路

除去负载 R_L 的开路电压，如图 2.3.5(a)可得

$$\dot{U}_{oc}=-\dot{I}_c R_C=-\beta\dot{I}_b R_C$$

带负载 R_L 后的负载电压，如图 2.3.5(b)可得

$$\dot{U}_{RL}=-\dot{I}_c(R_C//R_L)=-\beta\dot{I}_b(R_C//R_L)$$

输出电阻为

$$r_o=\left(\frac{\dot{U}_{oc}}{\dot{U}_{RL}}-1\right)R_L=\left(\frac{-\beta\dot{I}_b R_C}{-\beta\dot{I}_b(R_C//R_L)}-1\right)R_L=R_C=2\text{k}\Omega$$

可见，如果电阻 R_E 旁没有并联电阻 C_E 会使电压放大倍数 A_u 大大下降，输入电阻 r_i 提高，对输出电阻 r_o 无影响。

【思考题】

1. 分压式偏置放大电路是如何稳定工作点的？

2. 利用式(2.3.4)～式(2.3.7)对静态工作点进行估算，能否更精确地计算出静态工作点？

3. 对分压式偏置放大电路而言，当更换晶体管时，对放大电路的静态工作点有无影响？为什么？

4. 去掉发射极旁路电容 C_E 对放大电路有何影响？

2.4 射极输出器

2.4.1 基本组成

图 2.4.1(a)是一个共集电极电路,集电极是输入与输出电路的公共端。又由于输出信号从晶体管发射极取出,因此该电路也称为射极输出器。

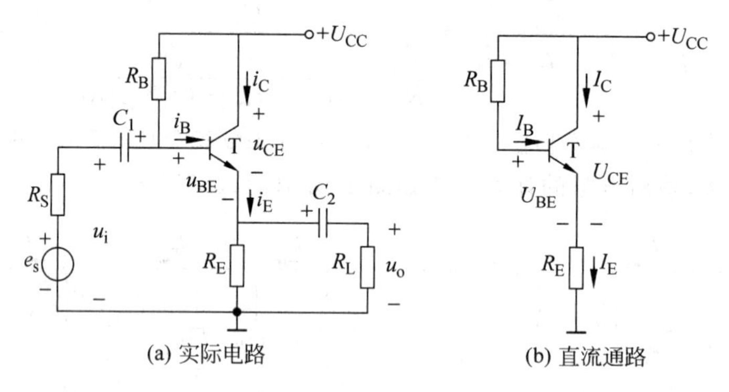

图 2.4.1 射极输出器

2.4.2 电路的分析

1. 静态分析

根据射极输出器的直流通路如图 2.4.1(b)所示,可知

$$I_B = \frac{U_{CC} - U_{BE}}{R_B + (1+\beta)R_E} \tag{2.4.1}$$

$$I_C = \bar{\beta} I_B \tag{2.4.2}$$

$$U_{CE} = U_{CC} - I_E R_E \approx U_{CC} - I_C R_E \tag{2.4.3}$$

2. 动态分析

图 2.4.2 为射极输出器的微变等放电路。

1) 电压放大倍数

$$A_u = \frac{\dot{U}_o}{\dot{U}_i}$$

$$= \frac{(1+\beta)\,\dot{I}_b(R_E//R_L)}{\dot{I}_b r_{be} + (1+\beta)\,\dot{I}_b(R_E//R_L)}$$

$$= \frac{(1+\beta)(R_E//R_L)}{r_{be} + (1+\beta)(R_E//R_L)} \tag{2.4.4}$$

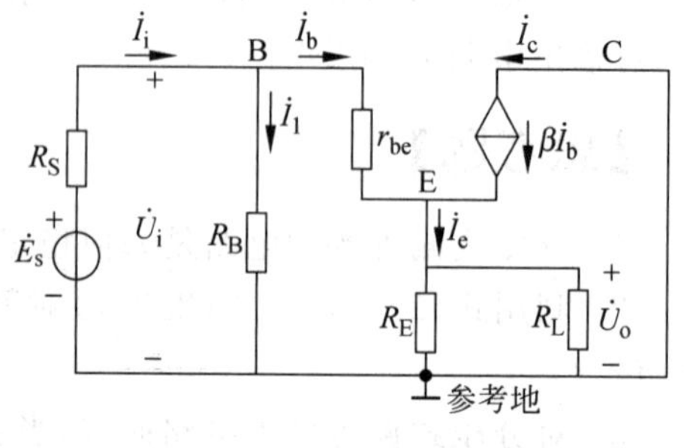

图 2.4.2 微变等效电路

输入电压$\dot{U}_i$、输出电压$\dot{U}_o$近似相等且同相,即发射极电位跟随基极电位的变化,故射极输出器又称为射极跟随器,简称射随器。

2）输入电阻

由图 2.4.2 可得

$$r_i=\frac{\dot{U}_i}{\dot{I}_i}=\frac{\dot{U}_i}{\dot{I}_1+\dot{I}_b}=\frac{\dot{U}_i}{\dfrac{\dot{U}_i}{R_B}+\dfrac{\dot{U}_i}{r_{be}+(1+\beta)(R_E//R_L)}}$$

$$=R_B//[r_{be}+(1+\beta)(R_E//R_L)] \tag{2.4.5}$$

3）输出电阻

根据前述第三种求输出电阻的方法——除源加压法可得输出电阻 r_o 的计算电路如图 2.4.3 所示。

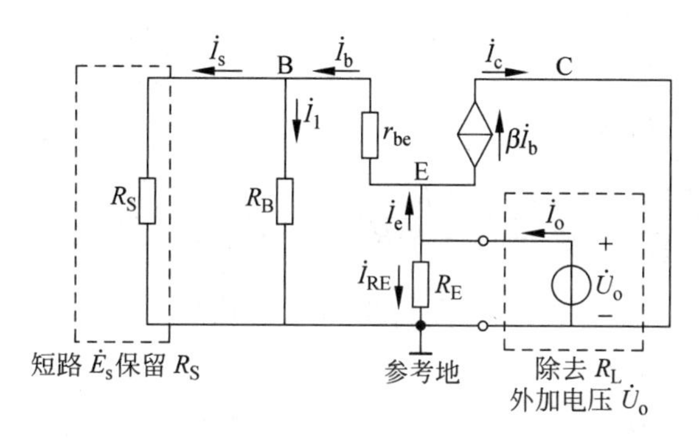

图 2.4.3　输出电阻 r_o 的计算电路

由图 2.4.3 可知，电阻 R_E 并联在电源 $\dot{U}_o$ 两端，电路"E→r_{be}→B→$R_S//R_B$→参考地"也并联在 $\dot{U}_o$ 两端，故

$$\dot{U}_o=\dot{I}_{RE}R_E=\dot{I}_b r_{be}+\dot{I}_b(R_S//R_B)$$

整理上式，有

$$\dot{I}_b=\frac{\dot{U}_o}{r_{be}+R_S//R_B}$$

又

$$\dot{I}_o=\dot{I}_e+\dot{I}_{RE}=(1+\beta)\dot{I}_b+\frac{\dot{U}_o}{R_E}=\frac{(1+\beta)\dot{U}_o}{r_{be}+R_S//R_B}+\frac{\dot{U}_o}{R_E}$$

根据输出电阻 r_o 的定义有

$$r_o=\frac{\dot{U}_o}{\dot{I}_o}=\frac{\dot{U}_o}{\dfrac{(1+\beta)\dot{U}_o}{r_{be}+R_S//R_B}+\dfrac{\dot{U}_o}{R_E}}=\frac{1}{\dfrac{1}{\dfrac{r_{be}+R_S//R_B}{1+\beta}}+\dfrac{1}{R_E}}$$

$$=R_E//\left[\frac{r_{be}+R_S//R_B}{1+\beta}\right] \tag{2.4.6}$$

由以上计算可知，射极输出器的输出电阻低、输入电阻高、电压放大倍数接近 1。由于其输入电阻高，可以用作多级放大电路的输入级；输出电阻低，带负载能力强，可用作多级放大电路的输出级。

例 2.4.1 图 2.4.1(a)中，设 $U_{CC}=10V$，$R_E=5.6k\Omega$，$R_B=240k\Omega$，晶体管 $\beta=40$，取 $U_{BE}=0.7V$，信号源内阻 $R_S=10k\Omega$，负载 R_L 开路，试计算放大电路的静态工作点、电压放大倍数、输入电阻、输出电阻。

解：直流通路如图 2.4.1(b)所示，故静态工作点为

$$I_{BQ}=\frac{U_{CC}-U_{BEQ}}{R_B+(1+\beta)R_E}=\frac{10-0.7}{240+41\times5.6}\approx0.02mA=20\mu A$$

$$I_{CQ}=\beta I_{BQ}=40\times0.02=0.8mA$$

$$U_{CEQ}=U_{CC}-I_{EQ}R_E\approx U_{CC}-I_{CQ}R_C=10-0.8\times5.6=5.52V$$

晶体管的输入电阻为

$$r_{be}=200+(1+\beta)\frac{26}{I_{EQ}}=200+41\times\frac{26}{0.82}=1.5k\Omega$$

由式(2.4.4)得电压放大倍数为

$$A_u=\frac{\dot{U}_o}{\dot{U}_i}=\frac{(1+\beta)R_E}{r_{be}+(1+\beta)R_E}=\frac{41\times5.6}{1.6+41\times5.6}=0.993$$

由于负载 R_L 开路，即 $R_L=\infty$，由式(2.4.5)得输入电阻为

$$r_i=R_B//[r_{be}+(1+\beta)R_E]=240//[1.5+41\times5.6]\approx118k\Omega$$

由式(2.4.6)得输出电阻为

$$r_o=R_E//\frac{(R_B//R_S)+r_{be}}{1+\beta}=5.6//0.271k\Omega\approx0.258k\Omega$$

2.4.3 多级放大电路

前面讲述共射极放大电路、分压式偏置放大电路和射极输出器都是用一个晶体管构成的放大电路，称为单级放大电路。单级放大电路的电压放大倍数和其他性能指标，往往难以达到实用要求，为此，常常要把多个单级放大电路级联起来，组成多级放大电路。

1. 多级放大电路的耦合方式

多级放大电路内部各级之间的连接方式称为耦合方式。常用的耦合方式有直接耦合、阻容耦合、变压器耦合和光电耦合等多种形式。

如图 2.4.4(a)所示为直接耦合多级放大电路，这种电路既能放大交流信号，也能放大缓慢变化信号和直流信号，并且便于集成化。但直接耦合使前后级之间存在着直流通路，造成各级工作点相互影响，不能独立，使多级放大电路的分析、设计和调试工作比较麻烦。直接耦合多级放大电路同时存在零点漂移问题，这部分内容将在后面章节涉及。

如图 2.4.4(b)所示为阻容耦合多级放大电路，前级放大电路的输出端通过电容接到后级输入端。该电路的第一级为共射极放大电路，第二级为共集电极放大电路，它们之间通过电容 C_3 耦合。由于电容对直流量的电抗为无穷大，因而阻容耦合放大电路各级的直流通路各不相通，各级的静态工作点相互独立。同时，由于耦合电容对低频信号的电抗很大，因此阻容耦合放大电路的低频特性差，不能放大缓慢变化信号和直流信号，也不便于集成化。阻容耦合方式一般用在分立元件组成的放大电路中。

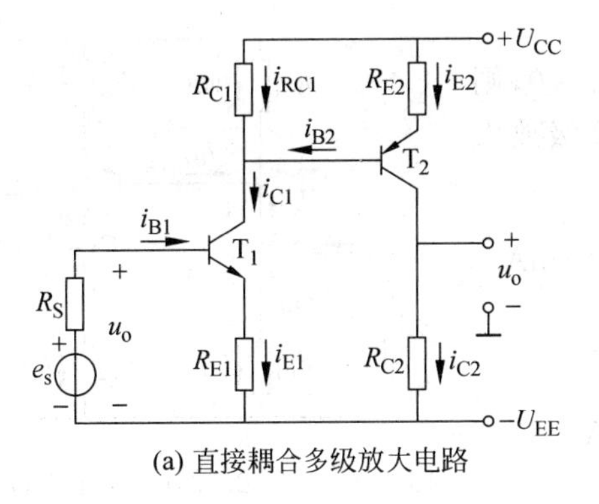

(a) 直接耦合多级放大电路

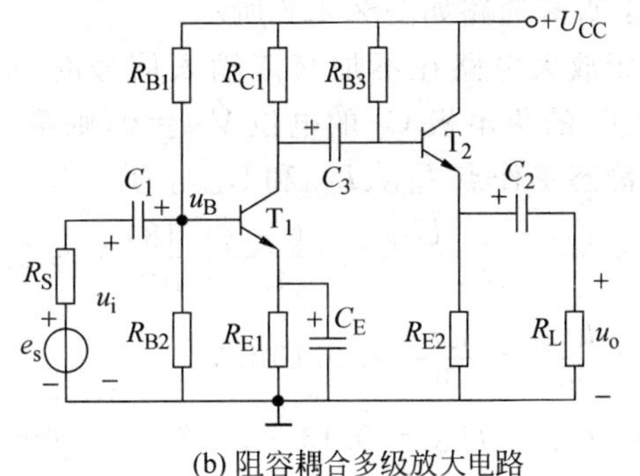

(b) 阻容耦合多级放大电路

图 2.4.4　多级放大电路

2. 多级放大电路的动态分析

1) 电压放大倍数

n 级放大电路的交流等效电路可用图 2.4.5 所示方框图表示。由图可知，放大电路中前级的输出电压就是后级的输入电压，即$\dot{U}_{o1}=\dot{U}_{i2}$，$\dot{U}_{o2}=\dot{U}_{i3}$，…，$\dot{U}_{o(n-1)}=\dot{U}_{in}$。根据放大电路电压放大倍数的定义，可得

$$A_u=\frac{\dot{U}_o}{\dot{U}_i}=\frac{\dot{U}_{o1}}{\dot{U}_i}\cdot\frac{\dot{U}_{o2}}{\dot{U}_{i2}}\cdots\frac{\dot{U}_o}{\dot{U}_{in}}=A_{u1}A_{u2}\cdots A_{un} \tag{2.4.7}$$

图 2.4.5　多级放大电路方框图

式(2.4.7)表明，多级放大电路的电压放大倍数等于组成它的各级放大电路电压放大倍数之积。在分别计算每一级的电压放大倍数时，必须考虑前后级之间的相互影响，后级的输入电阻应作为前级的负载电阻。

2) 输入电阻和输出电阻

根据放大电路输入电阻和输出电阻的定义，多级放大电路的输入电阻就是输入级(即第一级)的输入电阻，而多级放大电路的输出电阻就是输出级(即最后一级)的输出电阻。

在具体计算输入电阻或输出电阻时，有时它们不仅仅决定于本级参数，也与后级或前级的参数有关。当共集电极放大电路作为输入级时，它的输入电阻与其负载，即第二级的输入电阻有关；而当共集电极放大电路作为输出级时，它的输出电阻与其信号源内阻，即倒数第二级的输出电阻有关。

例 2.4.2　在如图 2.4.4(a)所示的直接耦合多级放大电路中，已知 $U_{CC}=U_{EE}=18V$，$R_{C1}=5.6k\Omega$，$R_{E1}=200\Omega$，$R_{C2}=4.7k\Omega$，$R_{E2}=1.2k\Omega$，$R_S=10k\Omega$。晶体管的 $U_{BE1}=|U_{BE2}|=0.7V$，$\beta_1=50$，$\beta_2=30$。假设不加交流输入信号时放大电路的输出电压 $u_o=0$，试计算各级静态工作点，并求电压放大倍数 A_{us}、输入电阻 r_i 和输出电阻 r_o。

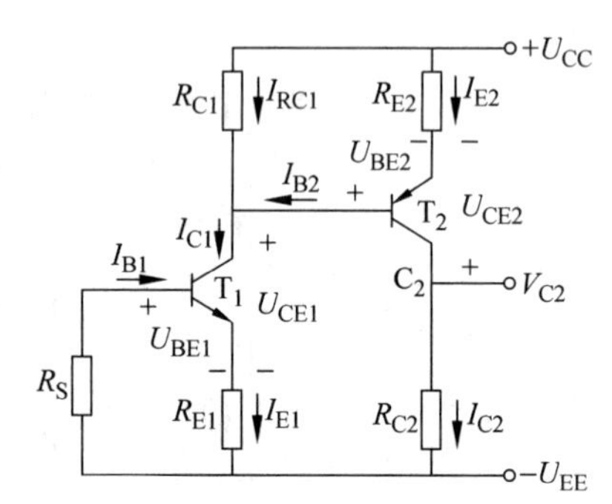

图 2.4.6　图 2.4.4(a)所示直接耦合多级放大电路的直流通路

解：直流通路如图 2.4.6 所示。

由于放大电路在不加交流输入信号时，$u_o=0$，则晶体管 T_2 的集电极 C_2 的电位 $V_{C2}=0$，则第 2 级放大电路的静态工作点 I_{B2Q}、I_{C2Q}和 U_{CE2Q}为

$$I_{C2Q}=\frac{V_{C2}-(-U_{EE})}{R_{C2}}=\frac{0-(-18)}{4.7\times10^3}\text{A}\approx3.83\text{mA}$$

$$I_{B2Q}=\frac{I_{C2Q}}{\beta_2}=\frac{3.83}{30}\approx0.13\text{mA}$$

$$I_{E2Q}=I_{B2Q}+I_{C2Q}=0.13+3.83=3.96\text{mA}$$

$$U_{CE2Q}=-V_{E2}=-(U_{CC}-I_{E2Q}R_{E2})$$
$$=-(18-3.96\times1.2)\approx-13.25\text{V}$$

由直流通路还可得

$$V_{C1}=V_{E2}-|U_{BE2Q}|=13.25-0.7=12.55\text{V}$$

流过电阻 R_{C1}的电流为

$$I_{RC1}=\frac{U_{CC}-V_{C1}}{R_{C1}}=\frac{18-12.55}{5.6\times10^3}A\approx0.97\text{mA}$$

则第 1 级放大电路的静态工作点 I_{B1Q}、I_{C1Q}和 U_{CE1Q}为

$$I_{C1Q}=I_{RC1}+I_{B2Q}=0.97+0.13=1.1\text{mA}$$

$$I_{B1Q}=\frac{I_{C1Q}}{\beta_1}=\frac{1.1\times10^{-3}}{50}\text{A}=0.022\text{mA}$$

$$I_{E1Q}=I_{B1Q}+I_{C1Q}=0.022+1.1\approx1.12\text{mA}$$

$$U_{CE1Q}=V_{C1}-I_{E1Q}R_{E1}+U_{EE}=12.55-1.12\times10^{-3}\times200+18\approx30.33\text{V}$$

放大电路的微变等效电路如图 2.4.7 所示。

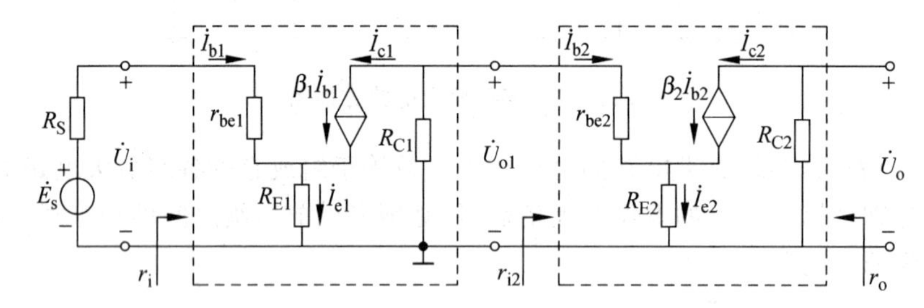

图 2.4.7　图 2.4.4(a)所示直接耦合多级放大电路的微变等效电路

由图 2.4.7 可知，第 2 级放大电路的输入电阻为

$$r_{i2}=r_{be2}+(1+\beta_2)R_{E2}$$
$$=200+(1+30)\times\frac{26}{3.96}+(1+30)\times1.2\times10^3\Omega$$
$$\approx37.6\text{k}\Omega$$

第 1 级放大电路的输入电阻为

$$r_i=r_{be1}+(1+\beta_1)R_{E1}$$
$$=200+(1+50)\times\frac{26}{1.13}+(1+50)\times200\Omega$$
$$\approx11.57\text{k}\Omega$$

第 1 级放大电路的电压放大倍数为

$$\dot{A}_{u1}=\frac{\dot{U}_{o1}}{\dot{U}_i}=-\frac{\beta_1(R_{C1}//r_{i2})}{r_i}=-\frac{50\times(5.6\times10^3//37.6\times10^3)}{11.57\times10^3}\approx-21.06$$

第 2 级放大电路的电压放大倍数为

$$\dot{A}_{u2}=\frac{\dot{U}_o}{\dot{U}_{o1}}=-\frac{\beta_2 R_{C2}}{r_{i2}}=-\frac{30\times4.7\times10^3}{37.6\times10^3}\approx-3.75$$

因此多级放大电路的源电压放大倍数为

$$\begin{aligned}\dot{A}_{us}&=\frac{\dot{U}_o}{\dot{E}_s}=\frac{r_i}{R_s+r_i}\dot{A}_{u1}\cdot\dot{A}_{u2}\\&=\frac{11.57\times10^3}{10\times10^3+11.57\times10^3}\times(-21.06)\times(-3.75)\\&=42.36\end{aligned}$$

多级放大电路的输出电阻等于第 2 级放大电路的输出电阻，即

$$r_o=R_{C2}=4.7\text{k}\Omega$$

【思考题】

1. 何谓共集电极电路？如何看出射极输出器是共集电极电路？
2. 射极输出器有何特点？有何用途？
3. 多级放大电路有哪几种耦合方式？
4. 如何计算多级放大电路的电压放大倍数、输入电阻及输出电阻？

2.5 放大电路的三种组态及频率特性

2.5.1 三种组态

根据交流通路中输入信号 u_i 与输出信号 u_o 公共端(或共地端)的不同，放大电路中的晶体管有三种基本的接法，如图 2.5.1 所示。因此根据晶体管的不同接法，晶体管构成的放大电路有三种组态：共射(CE)组态、共集(CC)组态和共基(CB)组态。

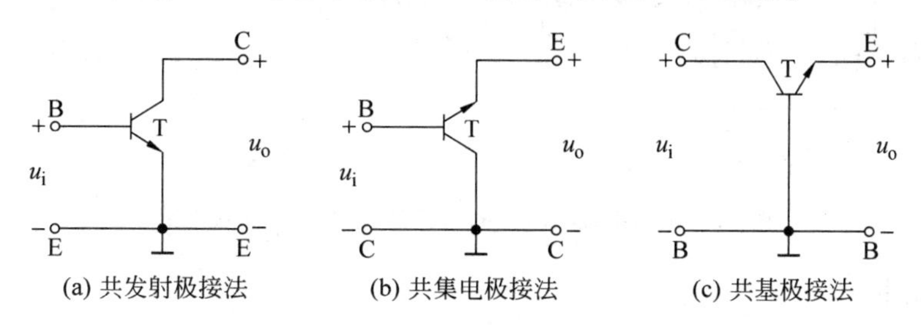

图 2.5.1　晶体管在放大电路中的三种接法

前面分析的共射极放大电路和分压式偏置放大电路就是共射组态放大电路，射极输出器就是共集组态放大电路。下面讨论未分析的共基组态放大电路，并将三种组态的放大电

路加以比较。

1. 电路组成

图 2.5.2(a)为共基极放大电路，从它的交流通路图 2.5.2(b)看出，输入回路与输出回路的公共端是基极，因此称为共基组态放大电路。

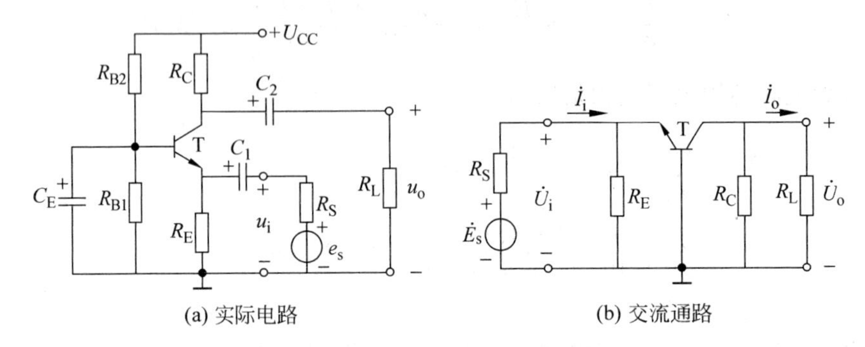

图 2.5.2 共基组态放大电路

2. 静态分析

图 2.5.3(a)为图 2.5.2(a)的直流通路。可得出：

$$V_B = \frac{R_{B1}}{R_{B1} + R_{B2}} U_{CC} \tag{2.5.1}$$

$$I_C \approx I_E = \frac{V_B - U_{BE}}{R_E} \approx \frac{V_B}{R_E} \tag{2.5.2}$$

$$I_B = \frac{I_C}{\beta} \tag{2.5.3}$$

$$U_{CE} = U_{CC} - I_C R_C - I_E R_E \approx U_{CC} - I_C(R_C + R_E) \tag{2.5.4}$$

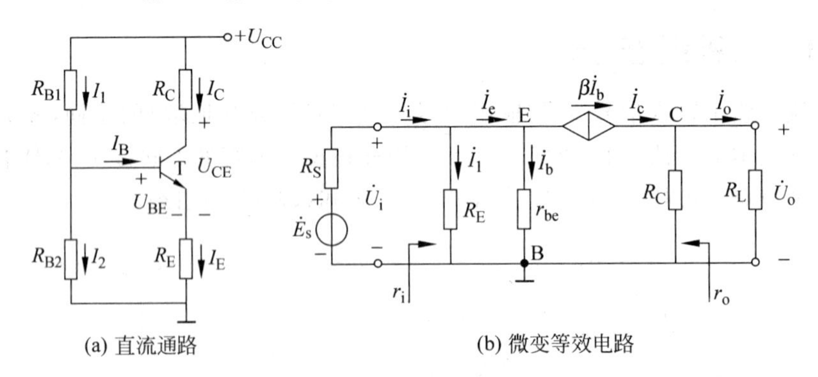

图 2.5.3 图 2.5.2(a)的直流通路和微变等效电路

3. 动态分析

根据图 2.5.3(b)的微变等效电路可得电压放大倍数：

$$A_u = \frac{\dot{U}_o}{\dot{U}_i} = \frac{\dot{I}_c(R_C // R_L)}{\dot{I}_b r_{be}} = \frac{\beta(R_C // R_L)}{r_{be}} \tag{2.5.5}$$

A_u 为正，说明放大电路输入与输出信号相位相同。

由图 2.5.3(b)可得输入电阻：

$$r_i=\frac{\dot{U}_i}{\dot{I}_i}=\frac{\dot{U}_i}{\dot{I}_1+\dot{I}_e}=\frac{\dot{U}_i}{\frac{\dot{U}_i}{R_E}+(1+\beta)\frac{\dot{U}_i}{r_{be}}}=R_E//\left[\frac{r_{be}}{1+\beta}\right] \tag{2.5.6}$$

由除源加压法可得如图 2.5.4 所示的输出电阻计算电路。

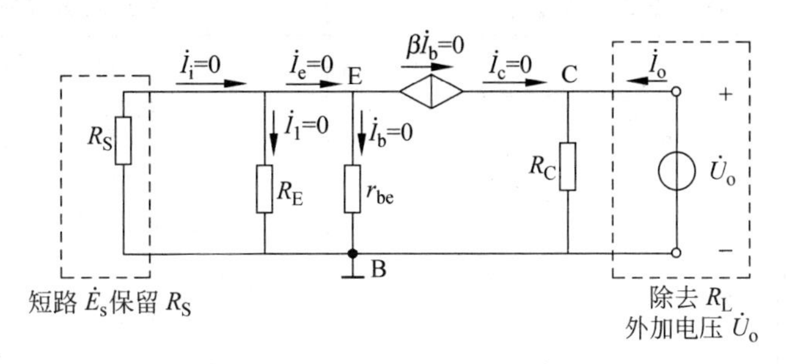

图 2.5.4 输出电阻 r_o 的计算电路

由于信号源电压 e_s 短路，保留内阻 R_S，且晶体管 C 和 E 之间的动态电阻 $r_{ce}\gg R_C$，故

$$\dot{I}_i=\dot{I}_1=\dot{I}_e=\dot{I}_b=\beta\dot{I}_b=\dot{I}_c\approx 0$$

故

$$r_o=\frac{\dot{U}_o}{\dot{I}_o}=\frac{\dot{U}_o}{\frac{\dot{U}_o}{R_C}}=R_C \tag{2.5.7}$$

下面讨论下共基组态放大电路的电流放大倍数 A_i，由图 2.5.3(b)可得输出电流为

$$\dot{I}_o=\frac{R_C}{R_C+R_L}\dot{I}_c=\frac{R_C}{R_C+R_L}\beta\dot{I}_b$$

由于

$$\dot{U}_i=R_E\dot{I}_1=r_{be}\dot{I}_b$$

所以有

$$\dot{I}_1=\frac{r_{be}}{R_E}\dot{I}_b$$

则输入电流为

$$\dot{I}_i=\dot{I}_1+\dot{I}_e=\frac{r_{be}}{R_E}\dot{I}_b+(1+\beta)\dot{I}_b=\left(1+\beta+\frac{r_{be}}{R_E}\right)\dot{I}_b$$

故放大电路的电流放大倍数为

$$A_i=\frac{\dot{I}_o}{\dot{I}_i}=\frac{\frac{R_C}{R_C+R_L}\beta\dot{I}_b}{\left(1+\beta+\frac{r_{be}}{R_E}\right)\dot{I}_b}=\frac{\frac{\beta R_C}{R_C+R_L}}{1+\beta+\frac{r_{be}}{R_E}} \tag{2.5.8}$$

由式(2.5.8)可知 A_i，在 $R_C\gg R_L$，$R_E\gg r_{be}$时接近于 1，但小于 1，其输出有良好的恒流输出特性，所以共基组态电路又称为电流跟随器，适合作高频、宽带放大或恒流源。

2.5.2 三种基本组态的比较

前面分析了三种放大电路，现归纳为表 2.5.1。

表 2.5.1 三种基本组态的性能比较

电路名称	共射组态	
	固定偏置放大电路	分压式偏置放大电路
电路图	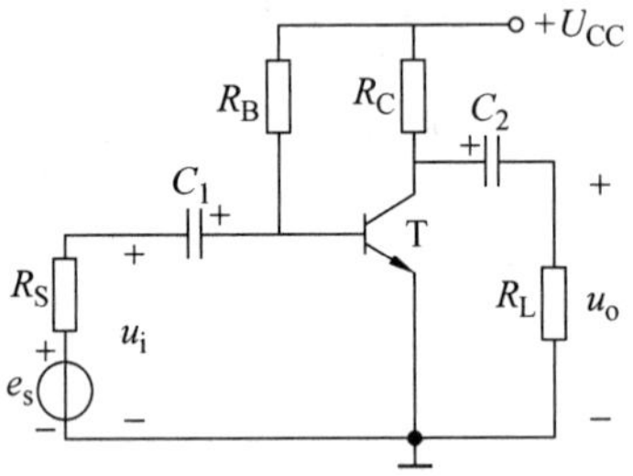	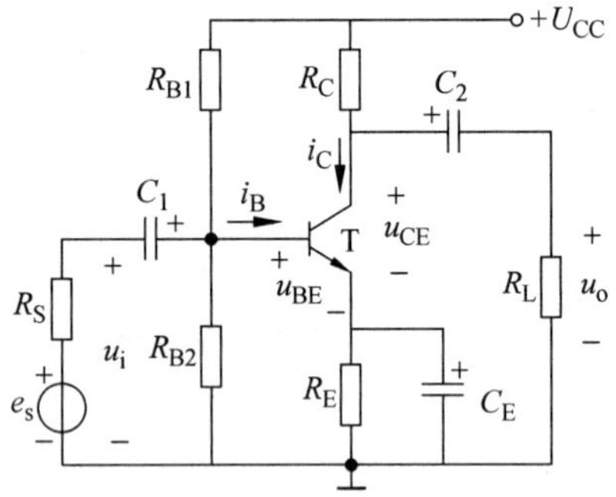
静态值	$I_B=\dfrac{U_{CC}-U_{BE}}{R_B}$ $I_C=\beta I_B$ $U_{CE}=U_{CC}-I_C R_C$	$V_B=\dfrac{R_{B2}}{R_{B1}+R_{B2}}U_{CC}$ $I_C\approx I_E=\dfrac{V_B-U_{BE}}{R_E}$ $I_C=\beta I_B$ $U_{CE}\approx U_{CC}-I_C(R_C+R_E)$
电压放大倍数	$A_u=-\beta\dfrac{R_C//R_L}{r_{be}}$	$A_u=-\beta\dfrac{R_C//R_L}{r_{be}}$
输入电阻	$r_i=r_{be}//R_B$	$r_i=R_{B1}//R_{B2}//r_{be}$
输出电阻	$r_o=R_C$	$r_o=R_C$
特点及用途	工作点不稳定；A_u 大；u_o 与 u_i 反相	工作点稳定；A_u 大；u_o 与 u_i 反相；r_i、r_o 适中；应用广泛
电路名称	共集组态	共基组态
电路图	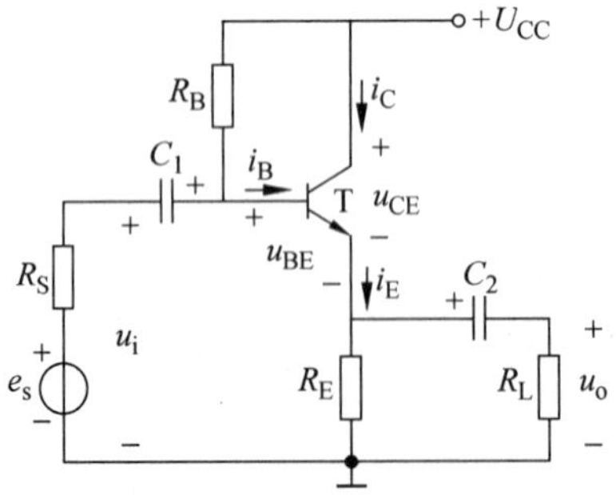	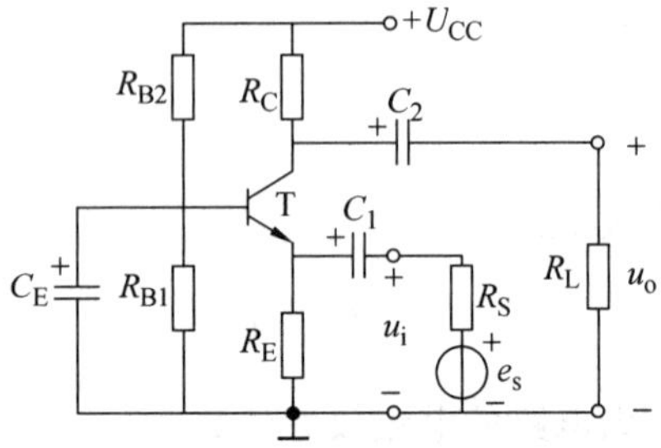
静态值	$I_B=\dfrac{U_{CC}-U_{BE}}{R_B+(1+\beta)R_E}$ $I_C=\beta I_B$ $U_{CE}\approx U_{CC}-I_C R_E$	$V_B=\dfrac{R_{B1}}{R_{B1}+R_{B2}}U_{CC}$ $I_C\approx I_E=\dfrac{V_B-U_{BE}}{R_E}$ $I_B=\dfrac{I_C}{\beta}$，$U_{CE}\approx U_{CC}-I_C(R_C+R_E)$

续表

电路名称	共集组态	共基组态
电压放大倍数	$A_u=\frac{(1+\beta)(R_E//R_L)}{r_{be}+(1+\beta)(R_E//R_L)}$	$A_u=\beta\frac{R_C//R_L}{r_{be}}$
输入电阻	$r_i=R_B//[r_{be}+(1+\beta)(R_E//R_L)]$	$r_i=R_E//\left[\frac{r_{be}}{1+\beta}\right]$
输出电阻	$r_o=R_E//\left[\frac{r_{be}+(R_B//R_S)}{1+\beta}\right]$	$r_o=R_C$
特点及用途	$A_u\leqslant1$；u_o 与 u_i 同相；r_i 大、r_o 小；用作输入级、输出级、缓冲级	A_u 大；u_o 与 u_i 同相；r_i 小、r_o 大；用作宽频带放大或作为恒流源

2.5.3 频率特性

通常，放大电路的输入信号不是单一频率的正弦信号，而是由各种频率不同的分量组成复合信号。由于晶体管本身具有电容效应，以及放大电路中存在电容元件，它们对不同频率的信号所呈现的容抗值不同。因此，放大电路的电压放大倍数 A_u 和相角 φ 成为频率的函数，我们把这两种函数关系分别称为放大电路的幅频特性和相频特性，合称为频率特性。

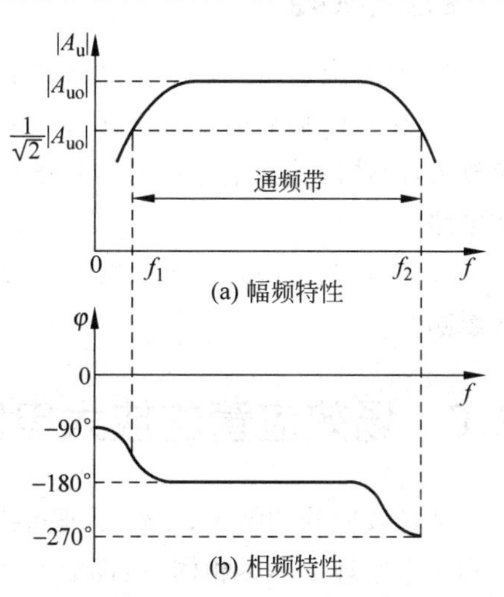

图 2.5.5 放大电路的频率特性

以共射极放大电路为例，其幅频特性和相频特性如图 2.5.5 所示。

从图 2.5.5 中可看出，随着输入信号频率的升高或降低，电压放大倍数 $|A_u|$ 下降，相位移也发生变化，不再是 180°。当放大倍数下降为 $\frac{|A_{uo}|}{\sqrt{2}}$ 时所对应的两个频率分别称为上限频率 f_2 和下限频率 f_1。在这两个频率之间的频率范围内，称为放大电路的通频带，一般希望通频带宽一些好，可以让各次谐波频率都能得到放大。

下面简单说明放大电路的幅频特性。

共射极放大电路中的电容主要有耦合电容 C_1、C_2 以及晶体管的极间电容和联线分布电容。在图 2.5.6 中，用 C_i 表示晶体管的极间电容以及输入端分布电容等综合作用下的等效电容；用 C_o 表示晶体管的基-集间分布电容以及输出端分布电容等综合作用下的等效电容。

在中频段，全部电容均不考虑，耦合电容 C_1、C_2 以及旁路电容 C_E 容量大，容抗很小，视为短路；电容 C_i 和 C_o 容量小、容抗大，视为开路。所以可认为电容不影响交流信号的传送，电压放大倍数与信号频率无关。

在低频段，C_i 和 C_o 容量小，信号频率低，容抗更大，视为开路。而耦合电容的容抗不能忽略，其上有交流压降，使电压放大倍数降低。

在高频段，由于频率高，耦合电容引起的容抗小，可视为短路。而 C_i 和 C_o 的容抗不能

图 2.5.6　考虑寄生电容的单级共射极放大电路

忽略，不能再视为开路。C_i 和 C_o 使输出电压减小，电压放大倍数降低。

只有在中频段，可以认为电压放大倍数与频率无关，且共射极放大电路的输出电压与输入电压反相。我们在本书中讨论的是指放大电路工作在中频段的情况。

【思考题】

1. 如何辨别晶体管放大电路属于哪种组态？

2. 在三种基本接法的单管放大电路中，要实现电压放大，应选用什么电路？要实现电流放大，应选用什么电路？要实现电压跟随，应选用什么电路？要实现电流跟随，应选用什么电路？

3. 从放大电路的幅频特性上看，高频段和低频段放大倍数的下降主要是因为受什么因素影响？

2.6　场效应管的放大电路

把场效应管的结构、工作原理和特性曲线与普通晶体管相比较就会发现，虽然两者在结构和工作原理上不尽相同，但都能实现对输出回路电流的控制且具有形状相似的输出特性曲线。所不同的是场效应管是电压控制器件，即用栅源电压 U_{GS} 控制漏极电流 I_D；晶体管是电流控制器件，即用基极电流 I_B 控制集电极电流 I_C。二者虽然控制方法不同，但结果都实现了对输出回路电流的控制。因此在用它们组成放大电路时，电路结构和组成原则基本上是相同的。只要注意到场效应管的栅极 G、源极 S 和漏极 D 分别与晶体管的基极 B、发射极 E 和集电极 C 相对应，就可以由晶体管放大电路类比得到场效应管放大电路。

与晶体管放大电路一样，场效应管放大电路也必须建立合适的静态工作点，以使场效应管工作在其输出特性的线性放大区。场效应管是电压控制器件，它的偏置电路有一个显著特点：只需栅极偏压，不需栅极偏流。由于转移特性体现了栅极电压对漏极电流的控制作用，因此场效应管的转移特性成为进行直流静态分析的基础。

2.6.1　场效应管放大电路的三种组态

场效应管的源极、栅极和漏极与晶体管的发射极、基极和集电极相对应，因此在组成放大电路时也有三种组态，即共源放大电路、共漏放大电路和共栅放大电路。以 N 沟道结型

场效应管为例说明三种接法的交流通路，如图 2.6.1 所示。

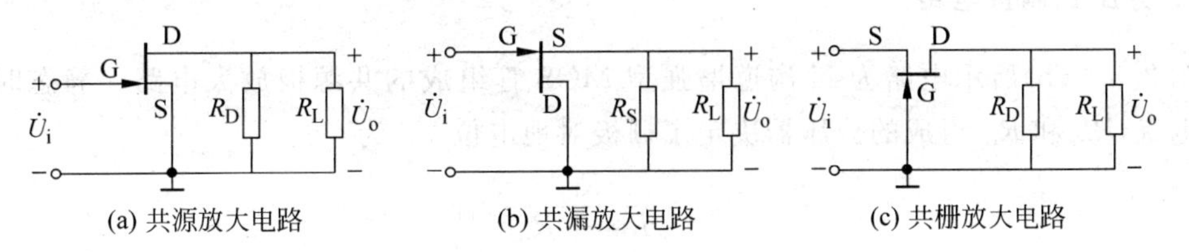

(a) 共源放大电路 (b) 共漏放大电路 (c) 共栅放大电路

图 2.6.1 场效应管放大电路的三种组态

2.6.2 直流偏置电路和静态分析

由于场效应管中，MOS 管的应用更为广泛，因此以下内容主要介绍 MOS 管组成的放大电路。MOS 管有增强型和耗尽型两大类，每一类又有 N 沟道和 P 沟道之分，下面以 N 沟道耗尽型为例说明 MOS 管放大电路的直流偏置和静态估算。对于 N 沟道增强型 MOS 管，只有当 $U_{GS}>U_{GS(th)}$ 时才有导电沟道形成；对于 N 沟道耗尽型 MOS 管，在 $U_{GS}=0$ 时已有导电沟道存在，静态值 U_{GS} 可正可负。因此，常用下述两种直流偏置电路。

1. 自给偏压电路

图 2.6.2(a)所示电路是由 N 沟道耗尽型 MOS 管组成的共源极放大电路，栅极 G 经电阻 R_G 接地，由于没有电流流过 R_G，故静态时 $U_G=0$。由于 $U_{GS}=0$ 时，管子已有导电沟道存在，在 U_{DD} 作用下将有漏极电流 I_D 产生，管子的静态偏置电压 $U_{GS}=-R_SI_D<0$。该电路适用于耗尽型 MOS 管而不能用于增强型 MOS 管。图中 C_1，C_2，R_D，R_S 及 C_S 的作用与晶体管放大电路中相应元件的作用相同。由于偏置电压 U_{GS} 是由电路自身产生的，因此称为自给偏压。

对图 2.6.2(a)所示电路的静态工作点 U_{GS}，I_D 可由下列方程估算

$$U_{GS}=-R_SI_D \tag{2.6.1}$$

$$I_D=I_{DSS}\left(1-\frac{U_{GS}}{U_{GS(off)}}\right)^2 \tag{2.6.2}$$

其中，式(2.6.2)是耗尽型 MOS 管的转移特性曲线的数学表达式，I_{DSS} 为管子的饱和漏电流，$U_{GS(off)}$ 为夹断电压。I_D 求出后，可由输出回路求得

$$U_{DS}=U_{DD}-(R_D+R_S)I_D \tag{2.6.3}$$

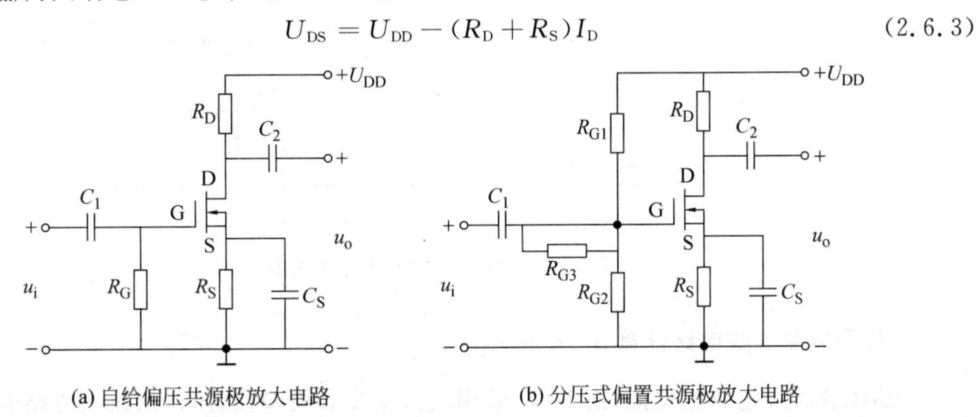

(a) 自给偏压共源极放大电路 (b) 分压式偏置共源极放大电路

图 2.6.2 共源极放大电路

2. 分压式偏置电路

图 2.6.2(b)所示电路为 N 沟道增强型 MOS 管组成的共源极放大电路。静态时,R_{G3}中无电流,R_{G1}和R_{G2}组成的分压器决定了栅极对地电位V_G为

$$V_G = \frac{R_{G2}}{R_{G1}+R_{G2}}U_{DD}$$

而源极对地电压则为

$$U_S = R_S I_D$$

于是静态时,栅源电压为

$$U_{GS} = \frac{R_{G2}}{R_{G1}+R_{G2}}U_{DD} - R_S I_D \tag{2.6.4}$$

由式(2.6.4)可见,U_{GS}可正可负,所以分压式偏置电路既适合于增强型 MOS 管也可用于耗尽型 MOS 管。另外,I_D和U_{GS}必须服从管子的转移特性方程:

$$\begin{cases} I_D = I_{DSS}\left(1-\dfrac{U_{GS}}{U_{GS(off)}}\right)^2 & (\text{耗尽型}) \\ I_D = K(U_{GS}-U_{GS(th)})^2 & (\text{增强型}) \end{cases} \tag{2.6.5}$$

联立求解式(2.6.4)和式(2.6.5)即可求得分压式偏置电路的静态值I_D和U_{GS}。而U_{DS}仍由式(2.6.3)决定。

电路中的R_{G3}路可取值到几兆欧,以增大输入电阻。

2.6.3 动态分析

MOS 管放大电路的动态分析也可以采用图解法或微变等效电路法。对于小信号放大电路,常采用微变等效电路分析法。分析的方法和晶体管放大电路完全一样。

1. MOS 管的微变等效模型

MOS 管的栅极 G 和源极 S 间输入电阻很大,可视为开路。当 MOS 管处于其恒流区时,它是用u_{GS}控制i_D,是一个电压控制的电流源,故其输出回路与晶体管类似可等效为一受控电流源,这个电流源用$g_m u_{gs}$表示,其微变等效模型如图 2.6.3 所示。

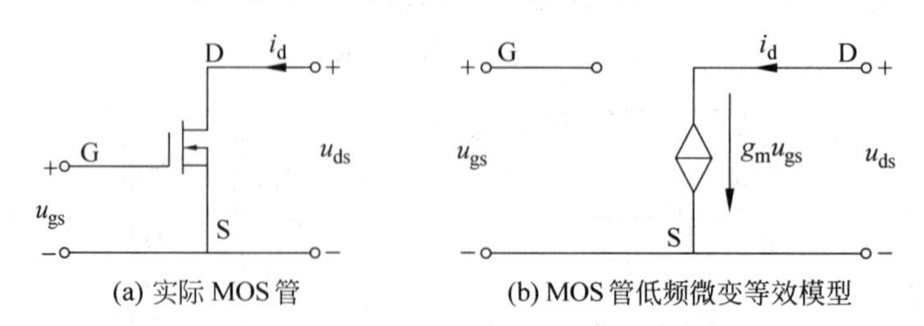

图 2.6.3 MOS 管的低频等效模型

2. 利用微变等效电路计算 A_u, r_i 和 r_o

与晶体管放大电路相类似,把 MOS 管用其微变等效模型代替,作出放大电路的微变等效电路,就可以计算放大电路的性能指标,下面以图 2.6.2(b)为例说明计算过程。

1）接有旁路电容 C_S 时的情况

接有旁路电容 C_S 时，C_S 对交流分量相当于短路，放大电路的微变等效电路如图 2.6.4(a) 所示，由图可知

$$\dot{U}_o = -g_m \dot{U}_{gs}(R_D // R_L)$$

$$\dot{U}_i = \dot{U}_{gs}$$

所以电压放大倍数为

$$A_u = \frac{\dot{U}_o}{\dot{U}_i} = -g_m(R_D // R_L)$$

电路的输入电阻为

$$r_i = \frac{\dot{U}_i}{\dot{I}_i} = R_{G3} + (R_{G1} // R_{G2})$$

令 $\dot{U}_i = 0$，则 $\dot{U}_{gs} = 0$，断开 R_L 后，从输出端看进去的电阻，即电路的输出电阻为

$$r_o = R_D$$

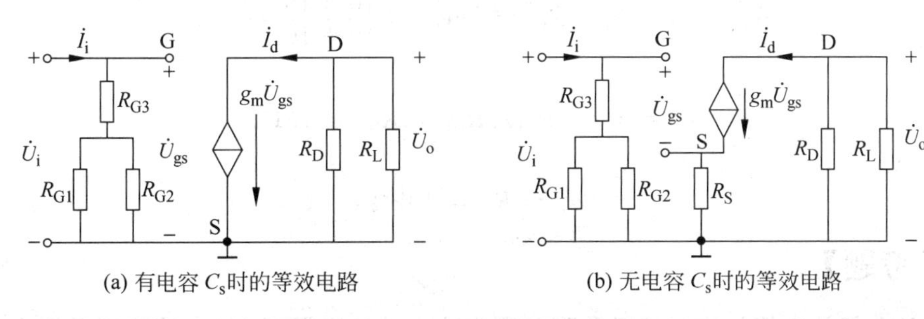

(a) 有电容 C_s 时的等效电路　(b) 无电容 C_s 时的等效电路

图 2.6.4　图 2.6.3 的微变等效电路

2）旁路电容 C_S 开路时的情况

当 C_S 开路时，源极 S 经电阻 R_S 接“地”，等效电路如图 2.6.4(b)所示，由图可知

$$\dot{U}_o = -g_m \dot{U}_{gs}(R_D // R_L)$$

$$\dot{U}_i = \dot{U}_{gs} + g_m \dot{U}_{gs} R_S = \dot{U}_{gs}(1 + g_m R_S)$$

所以电压放大倍数为

$$A_u = \frac{\dot{U}_o}{\dot{U}_i} = \frac{g_m(R_D // R_L)}{1 + g_m R_S}$$

由上式可知，若无 C_S，则 R_S 对交流分量引入了负反馈而使电压放大倍数下降。电路的输入、输出电阻不变。

图 2.6.5 是源极输出器的电路，它与晶体管构成的射极输出器一样，具有电压放大倍数小于 1 但接近 1、输入电阻高和输出电阻低的特点。

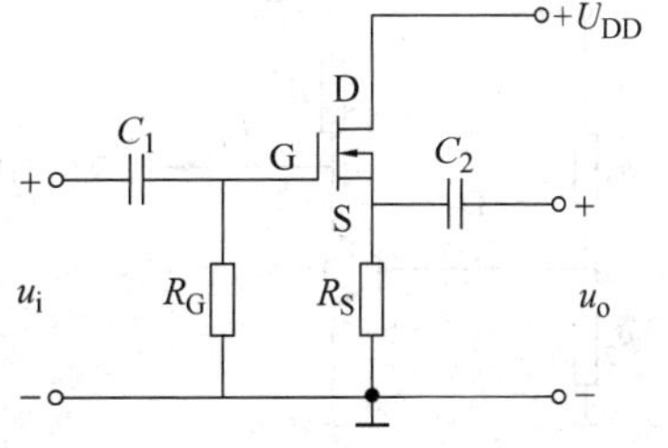

图 2.6.5　源极输出器

例 2.6.1　在图 2.6.2(b)所示放大电路中，已知 $U_{DD} = 20\text{V}$，$R_D = 10\text{k}\Omega$，$R_S = 10\text{k}\Omega$，$R_{G1} = 200\text{k}\Omega$，$R_{G2} = 50\text{k}\Omega$，$R_{G3} = 1\text{M}\Omega$，$R_L = 10\text{k}\Omega$。所用的 MOS 管为 N 沟道耗尽型，其参数为：$I_{DSS} = 0.9\text{mA}$，$U_{GS(off)} = -4\text{V}$，$g_m =$

1.5mA/V。试求:(1)静态值;(2)动态参数 A_u,r_i 和 r_o。

解:(1) 由图 2.6.2(b)可知

$$V_G = \frac{R_{G2}}{R_{G1}+R_{G2}}U_{DD} = \frac{50}{200+50}\times 20 = 4\text{V}$$

因此,静态工作点可由下列方程组求得

$$\begin{cases} U_{GS} = 4 - 10I_D \\ I_D = 0.9\left(1+\dfrac{U_{GS}}{4}\right)^2 \end{cases}$$

解之得

$$\begin{cases} U_{GS} = -1.01\text{V} \\ I_D = 0.5\text{mA} \end{cases} \quad 或者 \quad \begin{cases} U_{GS} = -8.76\text{V} \\ I_D = 1.27\text{mA} \end{cases}$$

由于 U_{GS} 不可能小于 $U_{GS(off)}$,因此 U_{GS},I_D 的合理值为 $U_{GS}=-1.01\text{V}$,$I_D=0.5\text{mA}$。由此得 $U_{DS}=U_{DD}-(R_D+R_S)I_D=20-(10+10)\times 0.5=10\text{V}$。

(2) 电压放大倍数为

$$A_u = -g_m(R_D//R_L) = -1.5\times\frac{10\times 10}{10+10} = -7.5$$

输入电阻为

$$r_i = R_{G3} + R_{G1}//R_{G2} \approx R_{G3} = 1\text{M}\Omega$$

输出电阻为

$$r_o = R_D = 10\text{k}\Omega$$

【思考题】

1. MOS 场效应管的静态偏置电路有哪几种?对于增强型 MOS 管能否采用自给偏压偏置电路?

2. MOS 场效应管的微变等效电路与晶体管的微变等效电路有何不同?

3. 在图 2.6.2(b)的电路中,加入 R_{G3} 的目的是什么?R_{G3} 的阻值应取得大一些好,还是小一些好?

2.7 案例解析

由于某些不可预知的原因,电网电压会突然升高,可能会使正在运行的家用电器(比如电视机、冰箱、洗衣机、电脑等)遭受不同程度的损坏,严重时还会因此而发生火灾,造成很大的经济损失。因此,这些家用电器在设计时,就要考虑和预防这些情况。下面介绍一种常用的过电压保护电路,一旦电压超过允许范围即可自动断电,电压恢复正常又可自动接通,对家电起到保护作用。

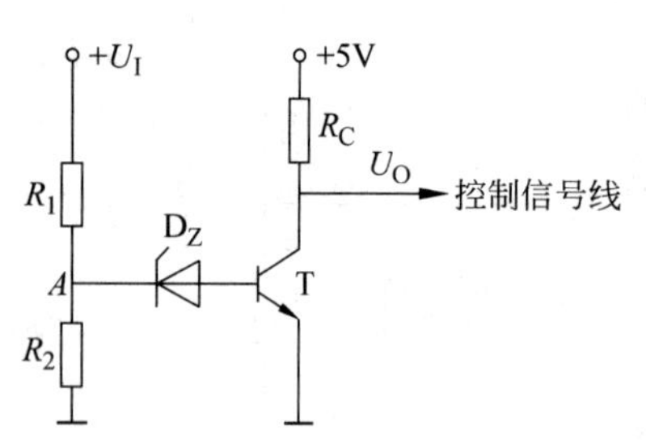

图 2.7.1　过压保护电路

1. 过电压保护电路的工作原理

下面以某电视机的过压保护电路为例,简单介绍其过电压保护原理,如图 2.7.1 所示:U_I 是电视机主

供电压(比如直流 140V),U_O 是晶体管 T 的集电极送给控制信号线的输出电压。当 U_I 没有超过允许范围时,稳压管 D_Z 就没有正常工作(反向击穿),因此晶体管 T 处于截止状态,其集电极电压 $U_O=5V$(高电平)。此时通过控制信号线的电压,控制电视机正常工作；当 U_I 由于某种外部原因导致电压过高(比如大大超过 140V)时,A 点的电压急剧升高,导致 D_Z 反向击穿,正常工作,此时晶体管 T 处于饱和状态,其集电极接近饱和电压输出,即 $U_O=0.3V$(低电平)。通过控制信号线,控制电视机进入待机保护状态。

2. 过电压保护电路的理论计算与分析

通过下面例题的计算和分析,可进一步理解过压保护电路的工作原理。

例 2.7.1　如图 2.7.2 所示由晶体管 T 和稳压管 D_Z 构成的电路,已知晶体管的电流放大倍数 $\beta=50$,$U_{BE}=0.7V$,稳压管的稳压值 $U_Z=6V$,输入电压 $U_I=12V$,试求：

(1) 晶体管集电极的输出电压 U_O 的大小?

(2) 当输入电压 U_I 升高至 14V,此时输出电压 U_O 的大小?

(3) 试在坐标系中大致画出 U_O 和 U_I 的电压传输关系曲线。

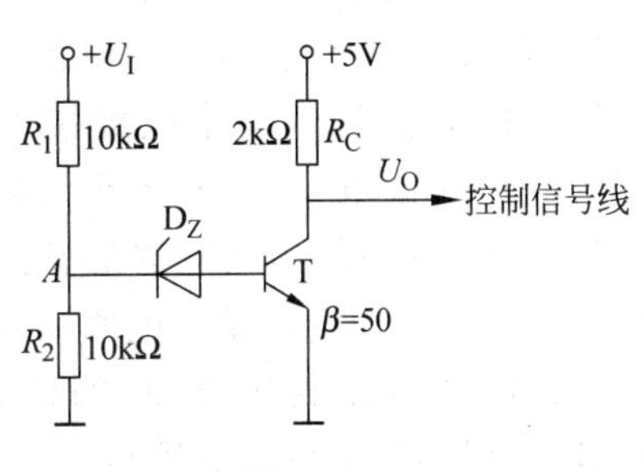

图　2.7.2

解：(1) 当 $U_I=12V$ 时,不考虑稳压管 D_Z(断开稳压管),由于电阻 R_1 和 R_2 大小相同,所以 A 点电压 $U_A=6V$。再接入稳压管,由于稳压管和晶体管的发射结串联后,再与电阻 R_2 并联,因此由电阻分压原理,A 点电压一定小于 6V,此时稳压管没有反向击穿,没有正常工作。晶体管的发射结截止,因此晶体管处于截止状态,流过集电极电阻 R_C 的电流 $I_C=0mA$,因此 $U_O=5V$。

(2) 当 $U_I=14V$ 时,不考虑稳压管 D_Z(断开稳压管),由于电阻 R_1 和 R_2 大小相同,所以 A 点电压 $U_A=7V$,大于稳压管工作电压 U_Z 和晶体管的发射结正偏压降 $U_{BE}=0.7V$ 之和 6.7V。因此,稳压管反向击穿,正常工作。所以此时 A 点电压 $U_A=6.7V$。

$$I_Z = I_1 - I_2 = \frac{U_I - U_A}{R_1} - \frac{U_A}{R_2} = \frac{14-6.7}{10} - \frac{6.7}{10}$$

$$= 0.73 - 0.67 = 0.06mA$$

$$I_B = I_Z = 0.06mA$$

假设晶体管正常工作,则 $I_C=50\times I_B=3mA$,则输出电压为

$$U_O = 5 - I_C R_C = 5 - 2\times 3 = -1V < 0,$$

所以假设不正确,晶体管已经处于饱和状态了,即 $U_O=U_{CES}\approx 0.3V$。

(3) 通过理论估算和分析,可大致得到 U_O 和 U_I 的电压传输关系曲线,如图 2.7.3 所示。

如果晶体管的电流放大倍数 β 越大,则 U_O 和 U_I 的传输关系曲线中间过渡曲线(bc 段)就越陡,那么过压保护电路就越灵敏,保护特性越好。

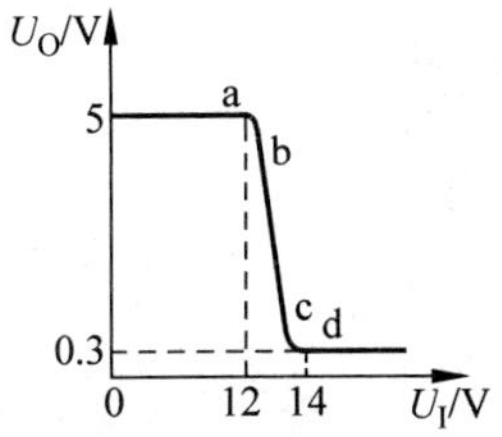

图 2.7.3　电压传输关系

3. 过电压保护电路的应用实例解析

1）单晶体管构成的多路过电压保护电路

如图 2.7.4 所示电路中，U_{I1}、U_{I2}和 U_{I3}是某家电中的三路供压（比如直流 140V、48V、12V），晶体管 T 的集电极电阻 R_C 并联继电器的线圈。当 U_{I1}、U_{I2}和 U_{I3}都没有超过允许范围时，稳压管 D_{Z1}、D_{Z2}和 D_{Z3}就没有正常工作（反向击穿），因此晶体管 T 处于截止状态，其集电极 R_C 两端的电压为 0V，继电器线圈两端电压也为 0V，不得电，此时继电器常闭开关处于闭合状态，从而控制家电的稳压电路接入交流 220V，正常工作；当 U_{I1}、U_{I2}和 U_{I3}由于某种外部原因导致电压过高（比如 U_{I1}大大超过 140V）时，导致 D_{Z1}反向击穿，正常工作，流过晶体管基极的电流过大，使得晶体管 T 处于饱和状态，其集电极接近饱和电压，即 $U_O=0.3V$（低电平），继电器线圈两端电压为 4.7V（接近 5V）得电，继电器的常闭开关，就处于断开状态，控制家电的稳压电路断开交流 220V，进入待机保护状态。

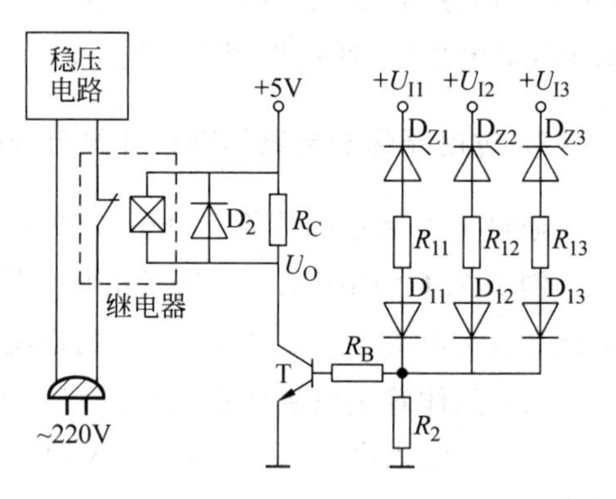

图 2.7.4 单晶体管构成的多路过电压保护电路

要说明的是：稳压管 D_{Z1}的选型要合适，其稳定电压必须和其供压 U_{I1}相互配合，因此 D_{Z1}、D_{Z2}和 D_{Z3}的型号各不相同。二极管 D_{11}、D_{12}和 D_{13}的作用就是利用其单向导电性防止其他支路的电流影响它们各自支路的电流。

2）双晶体管构成的多路过电压保护电路

相比较上面的过压保护电路，图 2.7.5 所示的电路多引入了一个晶体管 T_2。当 U_{I1}、U_{I2}和 U_{I3}都没有超过允许范围时，稳压管 D_{Z1}、D_{Z2}和 D_{Z3}就没有正常工作（反向击穿），晶体管 T_1 就处于截止状态。+5V 的直流电压，通过电阻 R_{C1}、R_{C2}和二极管 D_1 给极性电容 C 冲 2 电，稳定时，晶体管 T_2 处于饱和态，继电器线圈两端电压接近+5V，得电，此时继电器常开开关处于闭合状态，从而控制家电的稳压电路接入交流 220V，正常工作；当 U_{I1}、U_{I2}和 U_{I3}由于某种外部原因导致电压过高（比如 U_{I1}大大超过 140V）时，导致 D_{Z1}反向击穿，正常工作，流过晶体管 T_1 基极的电流过大，使得晶体管 T_1 处于饱和状态，其集电极电压接近 0V，使得晶体管 T_2 基极电压因极性电容 C 放电而降低，逐渐使得晶体管 T_2 处于截止状态，最

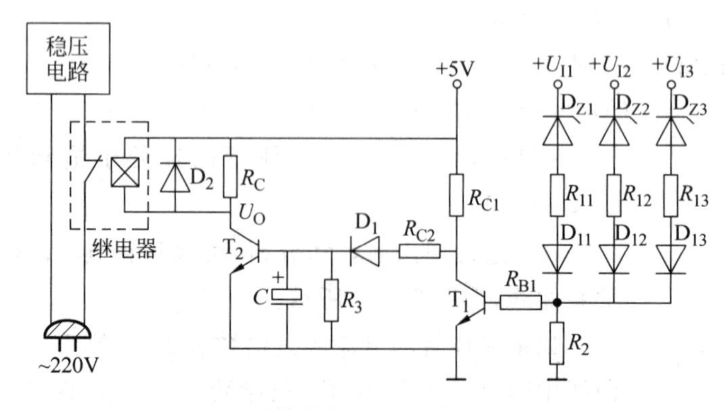

图 2.7.5 双晶体管构成的多路过电压保护电路

终继电器线圈两端电压为0V失电，继电器的常开开关就处于断开状态，从而控制家电的稳压电路断开交流220V，进入待机保护状态。

要说明的是：当晶体管 T_1 处于饱和状态时，晶体管 T_2 基极的极性电容C就通过电阻 R_3 放电，直至为0V，最终使 T_2 处于截止状态。

3）带有复合晶体管的多路过电压保护电路

下面的过电压保护电路相比较上面的电路又稍微改动了一下，其工作原理与双晶体管构成过电压保护电路基本一样，只是通过 T_{11} 和 T_{12} 两个晶体管构成一个复合晶体管结构（见图2.7.6）替代了图2.7.5中的 T_1 而已，其作用是提高电流放大倍数，使得过电压保护电路降低中间过渡状态的影响，从而使得其对电压波动更加灵敏。

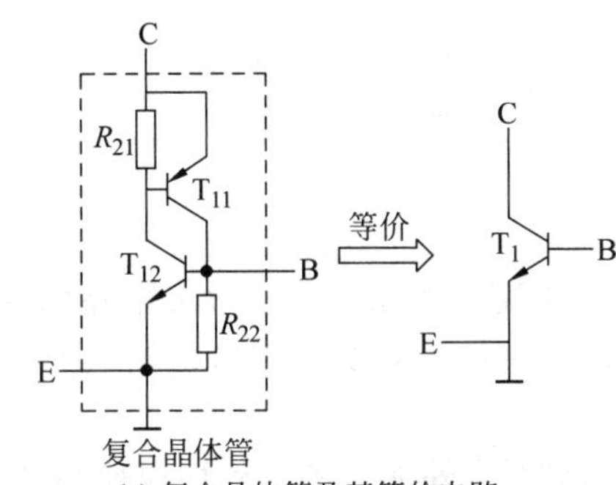

(a) 复合晶体管及其等价电路

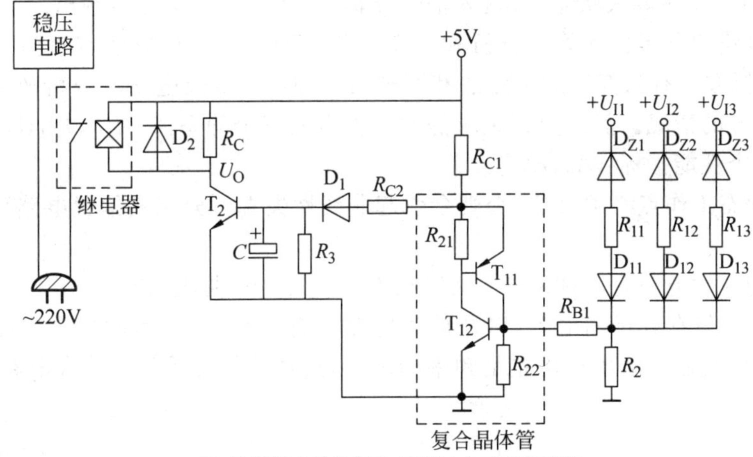

(b) 带有复合晶体管的多路过电压保护电路

图2.7.6 改进后的电路

【思考题】

如图2.7.7所示，是带有过压保护的插座电路原理图。试回答下面问题：

(1) 电容 C 和电阻 R 的作用是什么？

(2) 二极管 D_3 和 D_4 的作用是什么？

(3) 极性电容 C_1 的作用是什么？

(4) 极性电容 C_1 上的电压 U_{C1} 是交流电压，还是直流电压？

(5) 插头的电压由交流220V升高至280V，极性电容 C_1 上的电压 U_{C1} 是否也升高？

(6) 试述该带过压保护插座的工作原理。

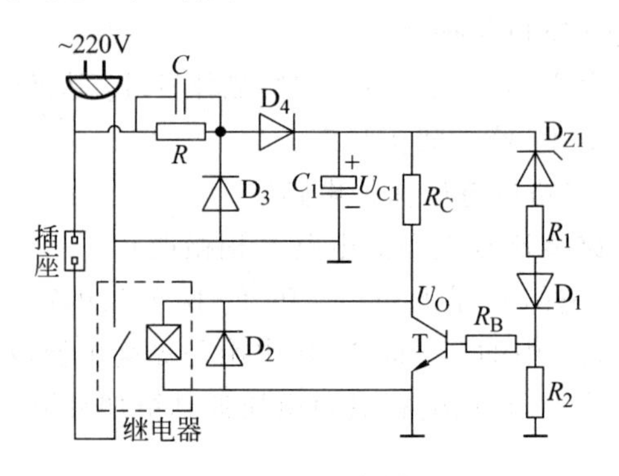

图 2.7.7 思考题图

小结

1. 本章主要内容是如何实现放大和如何分析放大电路的一些主要性能。放大电路是一种能量转换电路,因此放大电路中必须要有进行能量转换的器件,晶体管就是这样的器件。

2. 组成放大电路的基本原则是:外加电源的极性应使晶体管的发射结正偏,集电结反偏,保证放大器工作在放大状态,且输入信号能输入,放大了的信号能输出。

3. 放大电路的分析包括静态分析和动态分析。静态的分析方法有直流通路法和图解法;动态的分析方法有微变等效电路法和图解法。用微变等效电路法分析放大电路的前提是必须是小信号的情况。静态分析是求静态工作点的三个静态值:I_{BQ},I_{CQ},U_{CEQ},动态分析主要是求解三个性能指标:A_u,r_i,r_o。

4. 设置静态工作点必须合适,否则会引起非线性失真。分压式偏置电路可稳定静态工作点。

5. 基本的放大电路有三种组态:共射组态、共基组态、共集组态。

6. 由于晶体管存在极间电容,以及放大电路中有电容元件,因此放大电路的电压放大倍数和输出电压与输入电压相位差是频率的函数,这种函数关系称为放大电路的频率特性。

习题

一、选择题(请将唯一正确选项的字母填入对应的括号内)

2.1 (　　)如题 2.1 图所示,在下列选项中的 4 个放大电路,哪个电路能够放大交流信号?

2.2 (　　)如题 2.2 图所示,在下列选项中的 4 个放大电路,哪个电路不能够放大交流信号?

2.3 (　　)如题 2.3 图所示为放大电路及其输入电压 u_i 和输出电压 u_o 的波形。试问输出电压 u_o 产生了何种类型的失真?如何调节电阻 R_B 可以消除这种失真?

(A) 产生了截止失真,应减小 R_B 以消除失真

(B) 产生了饱和失真,应减小 R_B 以消除失真

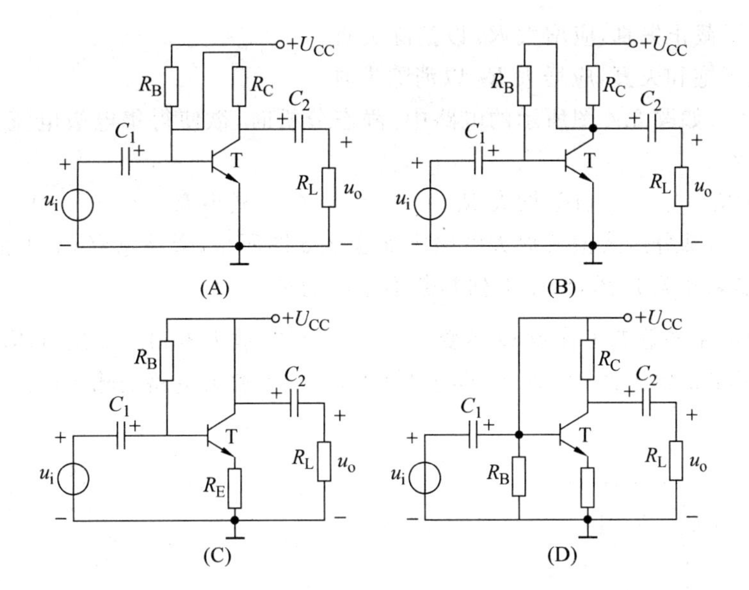

题 2.1 图

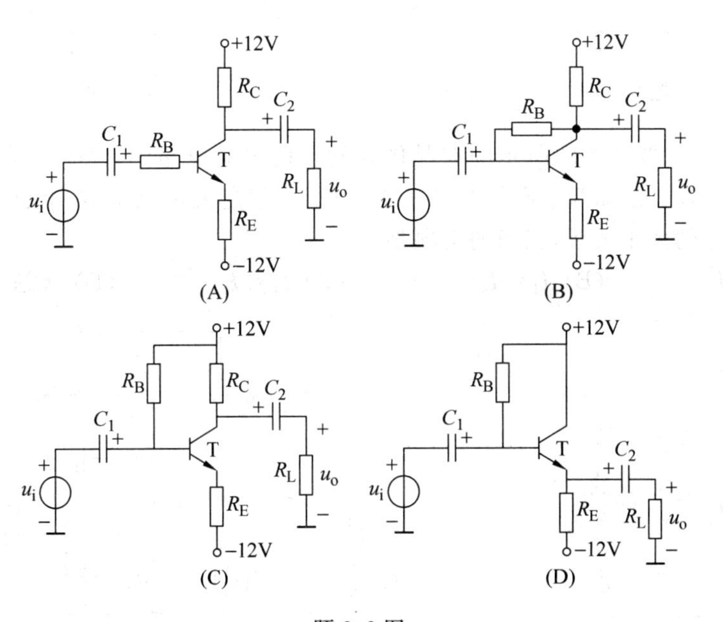

题 2.2 图

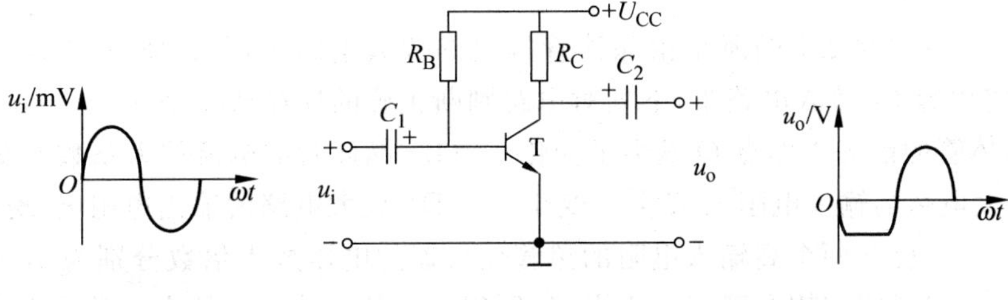

题 2.3 图

(C) 产生了截止失真,应增大 R_B 以消除失真

(D) 产生了饱和失真,应增大 R_B 以消除失真

2.4 (　　)如题 2.4 图所示的电路中,静态分析时,欲使得集电极电流 I_C 减小,应该如何调整电路?

(A) 减小 R_C　　(B) 增大 R_C　　(C) 减小 R_B　　(D) 增大 R_B

2.5 (　　)某分压式偏置放大电路中如题 2.5 图所示,旁路电容 C_E 上的开关 K 初始状态为断开,如果开关 K 闭合,则下列判断不正确的是?

(A) 放大电路的静态工作点 Q 不变　　(B) 放大电路的输出电压 $\dot{U}_o$ 的幅值变大

(C) 放大电路的电压放大倍数 A_u 的绝对值变小　　(D) 放大电路的输入电阻 r_i 变小

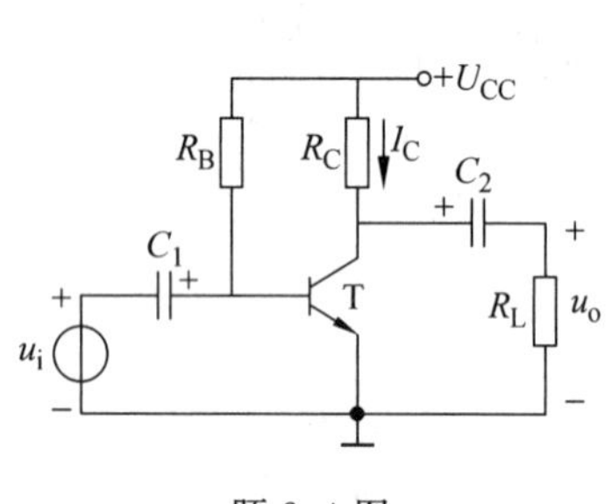

题 2.4 图

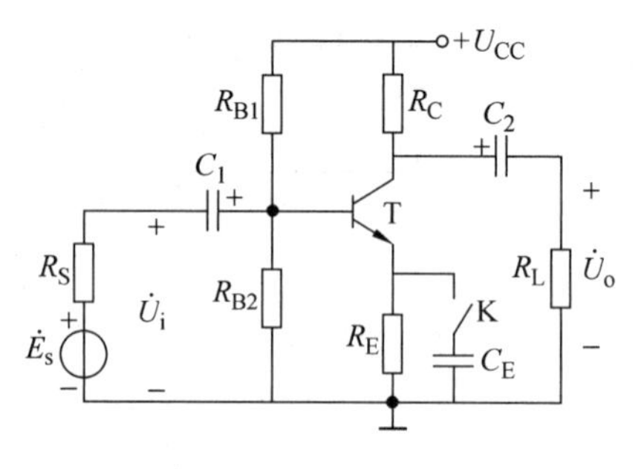

题 2.5 图

2.6 (　　)如题 2.6 图所示的双晶体管构成的放大电路中,两个晶体管 T_1 和 T_2 的参数完全对称一致。已知两个晶体管都正常工作,试判定流过电阻 R_{C1} 的电流 I_1 和流过电阻 R_{C2} 的电流 I_2 的大小关系,正确的选项是?

(A) $I_1>I_2$　　(B) $I_1=I_2$　　(C) $I_1<I_2$　　(D) 无法判定,皆有可能

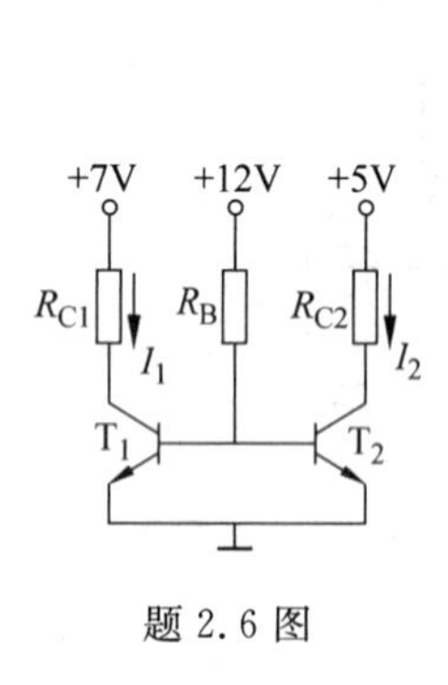

题 2.6 图

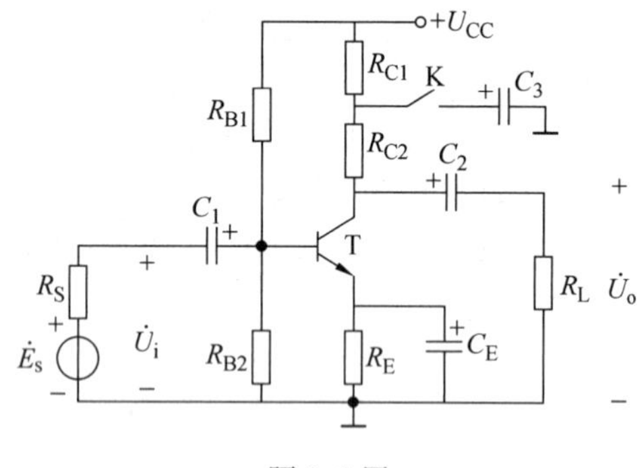

题 2.7 图

2.7 (　　)如题 2.7 图所示由晶体管构成的放大电路中,晶体管 T 正常工作。当开关 K 闭合,将电容 C_3 接入电路中,下列对电路判断正确的描述选项是?

(A) 晶体管的静态工作点 Q 发生了变化　　(B) 晶体管的电流放大系数 β 发生了变化

(C) 放大电路的输入电阻 r_i 发生了变化　　(D) 放大电路的输出电阻 r_o 发生了变化

2.8 (　　)已知两个高输入电阻的单管放大器的电压放大倍数分别为 10 和 20,若将它们连接起来,组成阻容耦合两级放大电路,则组合后的电路电压放大倍数是多少?

(A) 10　　(B) 20　　(C) 30　　(D) 200

2.9 （　　）电路如题 2.9 图所示，忽略 U_{BE}，如果要使得静态电压 $U_{CE}=6V$，则电阻 R_B 应取值多少？

(A) 100kΩ　　(B) 300kΩ

(C) 360kΩ　　(D) 600kΩ

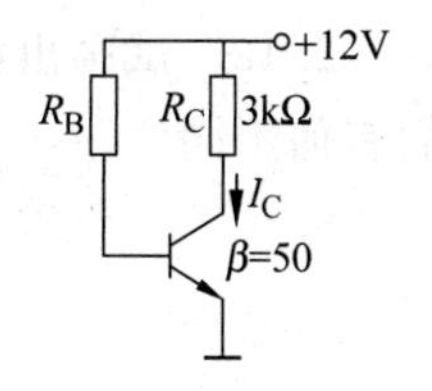

题 2.9 图

2.10 （　　）电路如题 2.9 图所示，忽略 U_{BE}，如果要使得电流 $I_C=1mA$，则电阻 R_B 应取值多少？

(A) 100kΩ　　(B) 300kΩ　　(C) 360kΩ　　(D) 600kΩ

二、解答题

2.11 试判断题 2.11 图中各电路能不能放大交流信号，为什么？

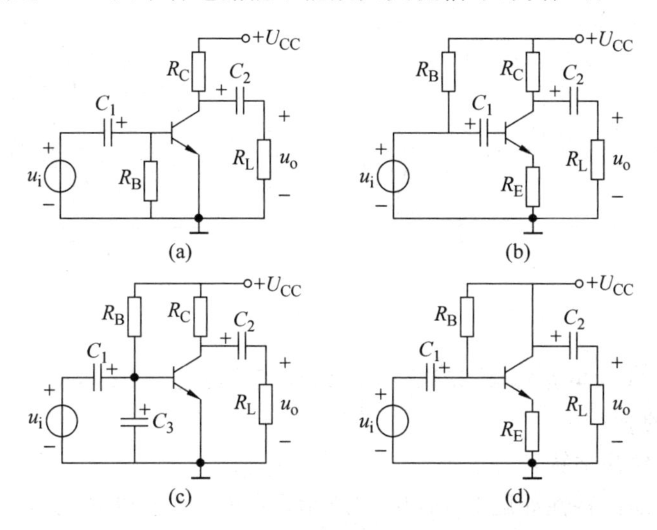

题 2.11 图

2.12 试画出如题 2.12 图所示的各放大电路的直流通路和微变等效电路图，并比较它们有何不同？

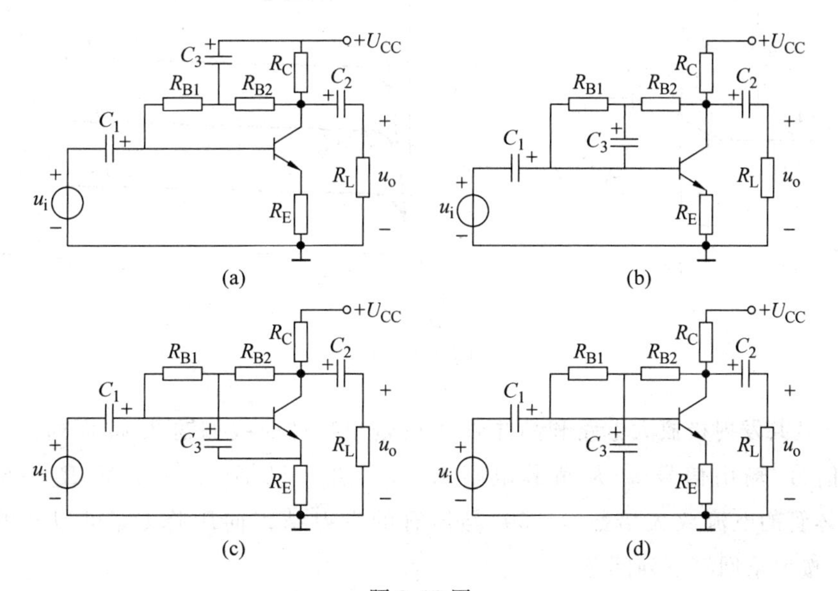

题 2.12 图

2.13　试画出如题2.13图所示的各放大电路的直流通路和微变等效电路图，并比较它们有何不同？

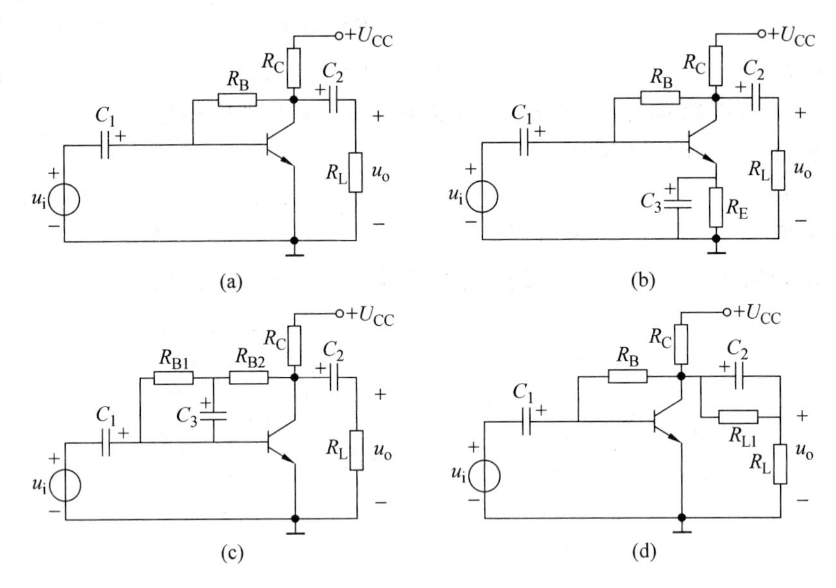

题2.13图

2.14　晶体管放大电路如题2.14(a)图所示，已知$U_{CC}=12V$，$R_C=3k\Omega$，$R_B=240k\Omega$，忽略U_{BE}，晶体管的$\beta=40$。

(1) 用直流通路法估算各静态值I_{BQ}，I_{CQ}，U_{CEQ}；

(2) 晶体管的输出特性如题2.14(b)图所示，利用上面求得的I_{BQ}，试用图解法作放大电路静态工作点；

(3) 在静态时($u_i=0$)电容C_1和C_2上的电压各为多少？并标出极性。

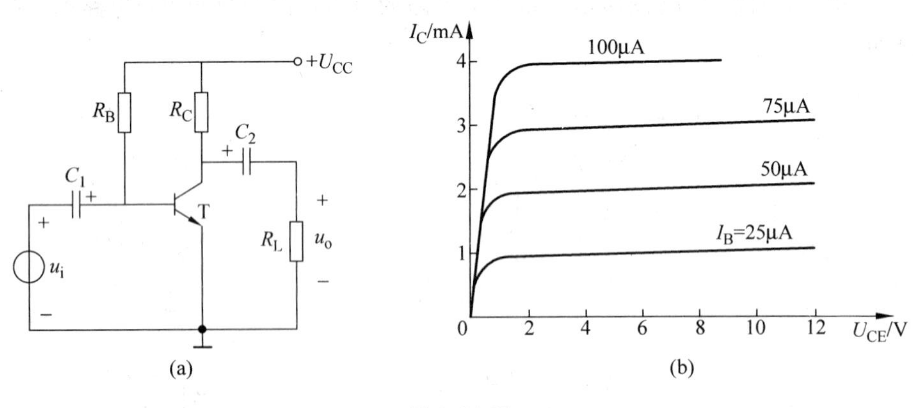

题2.14图

2.15　某共发射极放大电路和晶体管T的输出特性曲线如题2.15图所示，信号源e_s是某正弦信号，输出信号u_o从负载电阻R_L上产生。已知$U_{CC}=12V$，$R_L=6k\Omega$，$R_B=300k\Omega$，晶体管的电流放大倍数$\beta=50$，晶体管的发射结正向压降U_{BE}可以忽略不计，即$U_{BE}\approx 0V$。按要求回答下列问题：

(1) 根据直流负载线求电阻 R_C 的大小;

(2) 画出该放大电路的直流通路,并求出静态值 I_{BQ},I_{CQ},U_{CEQ}以及晶体管输入电阻 r_{be};

(3) 画出该放大电路的微变等效电路;

(4) 求出该放大电路的电压放大倍数 A_u 及输入电阻 r_i。

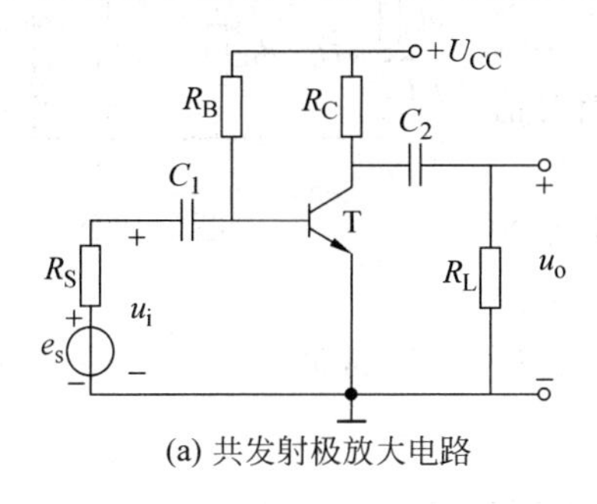

(a) 共发射极放大电路

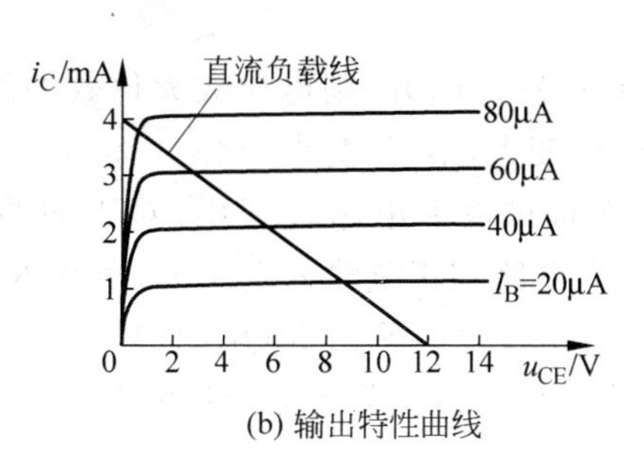

(b) 输出特性曲线

题 2.15 图

2.16 放大电路如题 2.16 图所示,相关电阻值已标注,且忽略 U_{BE}的大小。

(1) 设晶体管 $\beta=100$,试求静态工作点的静态值 I_{BQ},I_{CQ},U_{CEQ};

(2) 如果要把 U_{CE} 调整为 6.5V,则 R_B 应调到什么值?

2.17 如题 2.17 图所示的电路中,已知晶体管 T 的电流放大系数 $\beta=30$,$U_{BE}=0.6\text{V}$,电阻 $R_{B1}=500\text{k}\Omega$,$R_{B2}=50\text{k}\Omega$,$R_C=5\text{k}\Omega$,$U_{CC}=15\text{V}$,$U_{BB}=5\text{V}$。试求开关 S 分别置于 a,b,c 处时晶体管的静态值 I_{BQ},I_{CQ},U_{CEQ},并指出晶体管所处的工作状态。

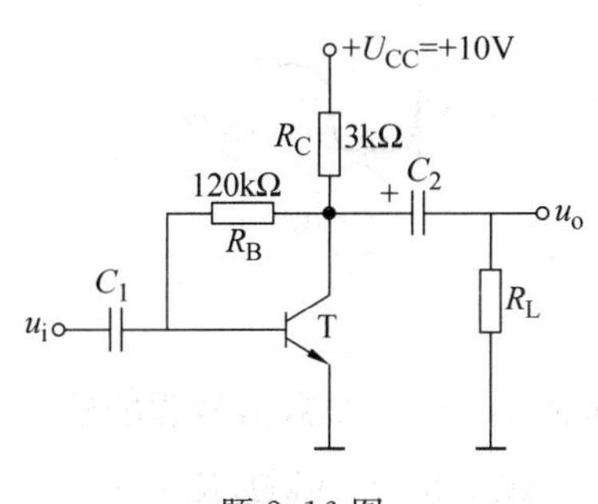

题 2.16 图

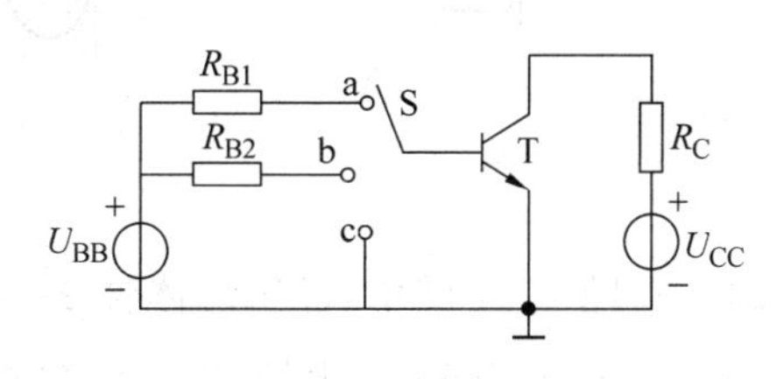

题 2.17 图

2.18 如题 2.18 图所示,$R_{B1}=51\text{k}\Omega$,$R_{B2}=10\text{k}\Omega$,$R_C=3\text{k}\Omega$,$R_E=0.5\text{k}\Omega$,$R_L=3\text{k}\Omega$,$U_{CC}=12\text{V}$,晶体管电流放大系数 $\beta=30$,$U_{BE}=0.7\text{V}$。

(1) 计算静态工作点的静态值 I_{BQ},I_{CQ},U_{CEQ};

(2) 如果换上一只 $\beta=60$ 的同类型管子,静态工作点如何变化?

(3) 如果温度升高,试说明 U_{CE}将如何变化。

(4) 换上 PNP 晶体管,电路将如何改动?

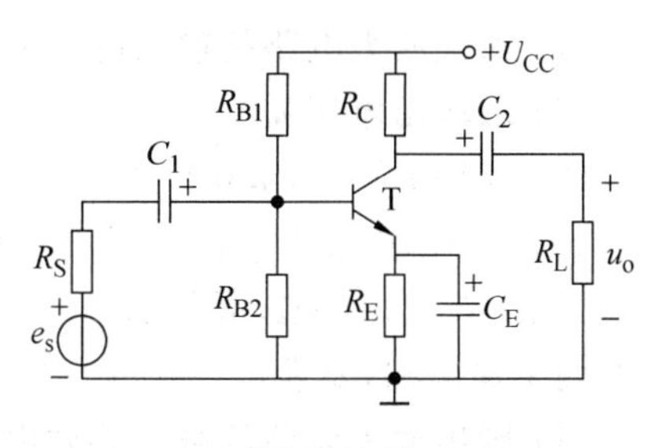

题 2.18 图

2.19 某分压式偏置放大电路如题 2.19 图所示,已知 $U_{CC}=14\text{V}$,$R_C=R_L=2\text{k}\Omega$,$R_{B1}=100\text{k}\Omega$,$R_{B2}=40\text{k}\Omega$,$R_S=200\Omega$,$R_E=2\text{k}\Omega$,晶体管的电流放大系数 $\beta=50$,$U_{BE}=0.6\text{V}$,开关 K 开始一直是闭合的。按要求回答下列问题:

（1）画出该电路的直流通路，求出静态工作点的静态值 I_{BQ}，I_{CQ}，U_{CEQ}；

（2）画出微变等效电路；

（3）求晶体管的输入电阻 r_{be}，输入电阻 r_i，电压放大倍数 A_u；

（4）如果开关 K 断开，则电压放大倍数的绝对值 $|A_u|$ 如何变化（变大，不变，变小）？

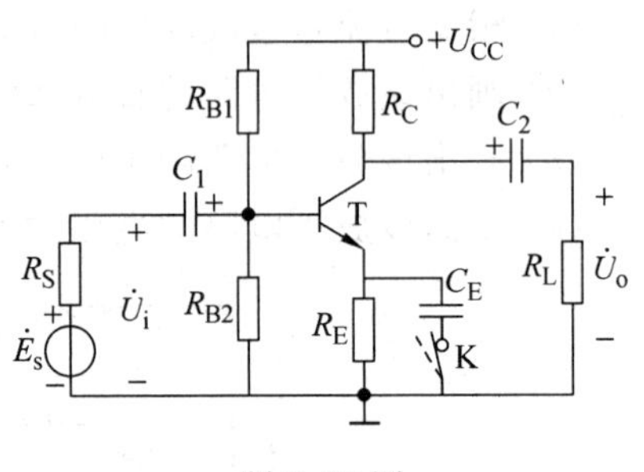

题 2.19 图

2.20　在调试放大电路过程中，对于如题 2.20 图(a)所示放大电路和正弦输入电压 u_i，负载 R_L 上的输出电压 u_o 曾出现过如图 2.20(b)、(c)、(d)所示三种不正常波形。试判断三种情况分别产生什么失真？应如何调节才能消除失真？

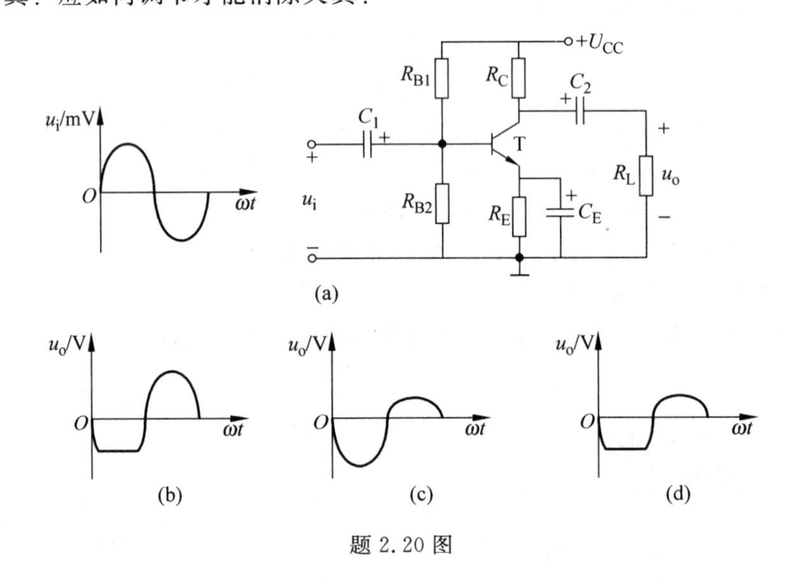

题 2.20 图

2.21　在题 2.21 图中，已知晶体管 $\beta=60$，输入电阻 $r_{be}=1.8\text{k}\Omega$，信号源的输入信号电压 $e_s=15\sqrt{2}\sin 3\,140t$ mV，内阻 $R_S=0.6\text{k}\Omega$，$R_{B1}=120\text{k}\Omega$，$R_{B2}=39\text{k}\Omega$，$R_L=R_C=3.9\text{k}\Omega$，$R_E'=2\text{k}\Omega$，$R_E''=0.1\text{k}\Omega$，$U_{CC}=12\text{V}$。

（1）求该放大电路的输入电阻 r_i 和输出电阻 r_o；

（2）求输出电压 u_o；

（3）如果 $R_E''=0$，求输出电压 u_o。

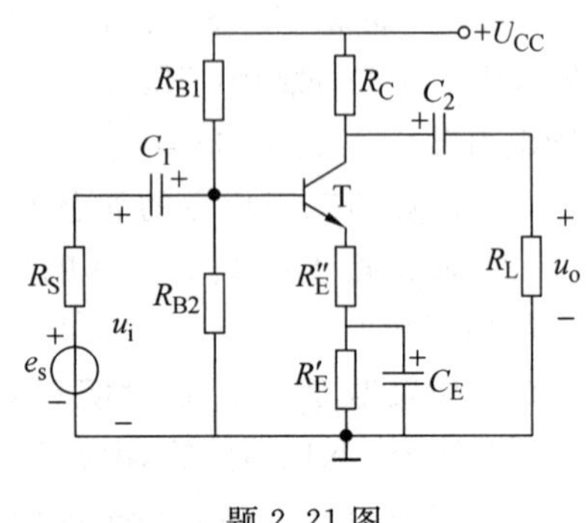

题 2.21 图

2.22　在题 2.22 图中，设 $U_{CC}=12\text{V}$，$R_C=2\text{k}\Omega$，$R_E=2\text{k}\Omega$，$R_B=300\text{k}\Omega$，晶体管 $\beta=50$，$U_{BE}=0.7\text{V}$。电路有两个输出端，要求：

（1）画出放大电路的微变等效电路图；

（2）分别求出电压放大倍数 $A_{u1}=\dfrac{\dot{U}_{o1}}{\dot{U}_i}$ 和 $A_{u2}=\dfrac{\dot{U}_{o2}}{\dot{U}_i}$；

（3）分别求出输出电阻 r_{o1} 和 r_{o2}。

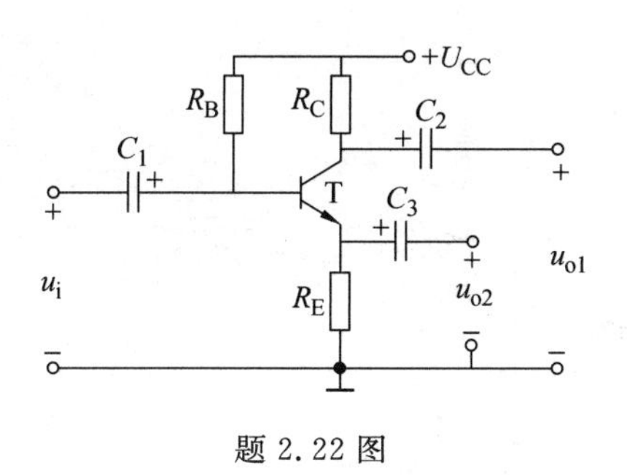

题 2.22 图

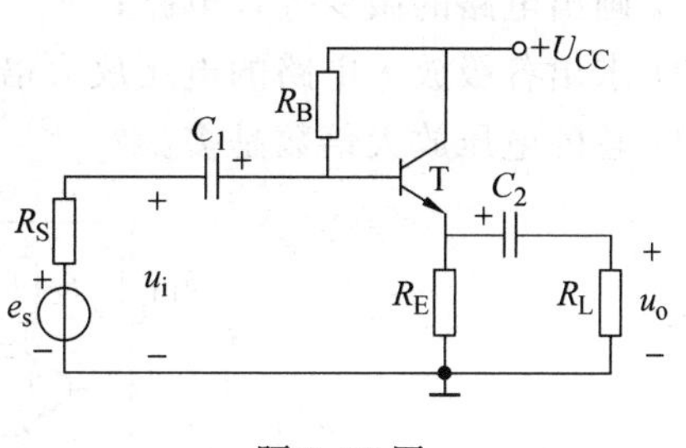

题 2.23 图

2.23 如题 2.23 所示为某射极输出器，设 $\beta=100, U_{BE}=0.7V, R_B=560k\Omega, R_E=5.6k\Omega, U_{CC}=12V$，信号源内阻 $R_S=0.8k\Omega$。

(1) 求静态工作点的静态值 I_{BQ}, I_{CQ}, U_{CEQ}；

(2) 画出微变等效电路；

(3) $R_L \to \infty$时，电压放大倍数 A_u 为多大？$R_L=1.2k\Omega$ 时，A_u 又为多少？

(4) 分别求 $R_L \to \infty$，$R_L=1.2k\Omega$ 时，放大电路的输入电阻 r_i；

(5) 求放大电路的输出电阻 r_o。

2.24 在题 2.24 图中，设 $R_B=300k\Omega, R_C=2.5k\Omega, R_L=10k\Omega, U_{BE}=0.7V$，电容 C_1、C_2 的容抗可忽略不计，$\beta=100, U_{CC}=10V$。

(1) 试计算该电路电压放大倍数 A_u；

(2) 如逐渐增大正弦输入信号 u_i 的幅值，电路的输出电压 u_o 将首先出现哪一种形式的失真？

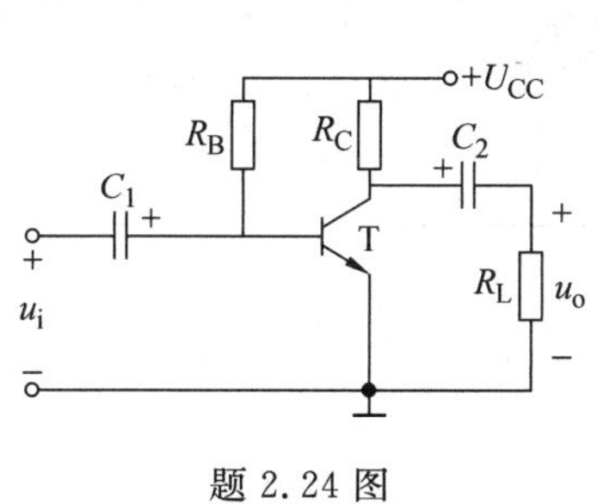

题 2.24 图

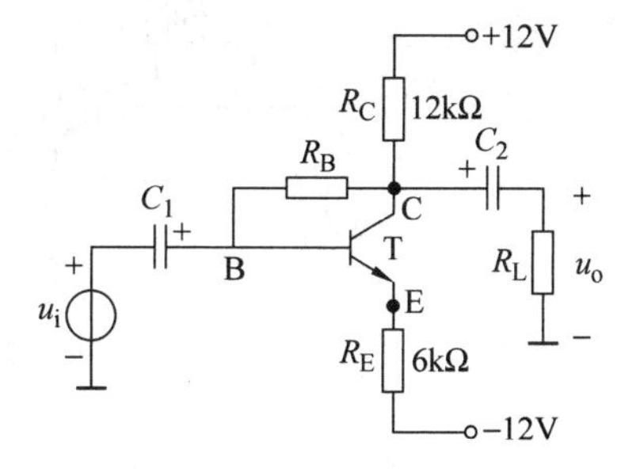

题 2.25 图

2.25 在题 2.25 图中，已知晶体管的电流放大系数 $\beta=50, U_{BE}\approx 0.7V, R_L=4k\Omega$。

(1) 画出电路的直流通路；

(2) 静态分析时，测得 C 点对参考地电位是 0V，试求此时电阻 R_B 和电压 U_{CE}的大小；

(3) 静态分析时，测得 E 点对参考地电位是 0V，试求此时电阻 R_B 和电压 U_{CE}的大小；

(4) 画出电路的微变等效电路；

(5) 如果电阻 $R_B=200k\Omega$，试计算放大电路的电压放大倍数 A_u。

2.26 如题 2.26 图所示的两级阻容耦合放大电路中，已知信号源 $e_s=10\sin\omega t$ mV，$R_S=0.5k\Omega, U_{CC}=12V, R_{B1}=22k\Omega, R_{B2}=15k\Omega, R_{B3}=120k\Omega, R_{C1}=3k\Omega, R_{E1}=4k\Omega, R_{E2}=3k\Omega, R_L=3k\Omega$，晶体管的电流放大系数 $\beta_1=\beta_2=50$，两个晶体管的 $U_{BE}\approx 0.7V$。

(1) 计算各级放大电路的静态工作点；

（2）画出电路的微变等效电路；

（3）求出各级放大电路的电压放大倍数；

（4）总的电压放大倍数是多少？

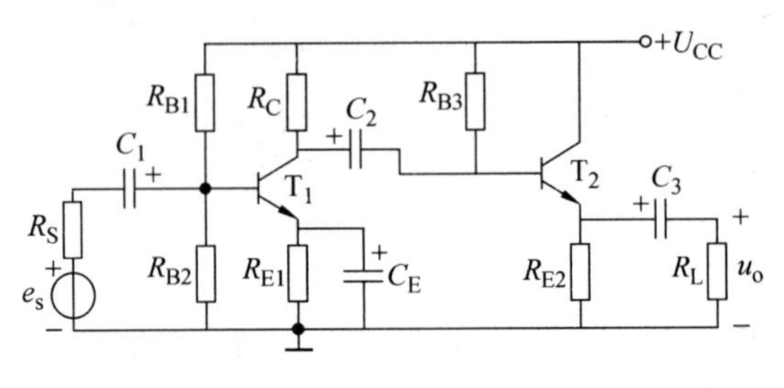

题 2.26 图

2.27　如题 2.27 图所示的两级阻容耦合放大电路中，已知信号源 $e_s=15\sin\omega t\text{mV}$，$R_S=0.8\text{k}\Omega$，$U_{CC}=14\text{V}$，$R_B=56\text{k}\Omega$，$R_E=2.5\text{k}\Omega$，$R_{B1}=20\text{k}\Omega$，$R_{B2}=10\text{k}\Omega$，$R_{E1}=1.5\text{k}\Omega$，$R_{C1}=3\text{k}\Omega$，$R_L=3\text{k}\Omega$，晶体管的电流放大系数 $\beta_1=40$，$\beta_2=50$。两个晶体管的 $U_{BE}\approx0.7\text{V}$。

（1）计算各级放大电路的静态工作点；

（2）画出电路的微变等效电路；

（3）求出各级放大电路的电压放大倍数；

（4）总的电压放大倍数是多少？

（5）放大电路的输入电阻和输入电阻是多少？

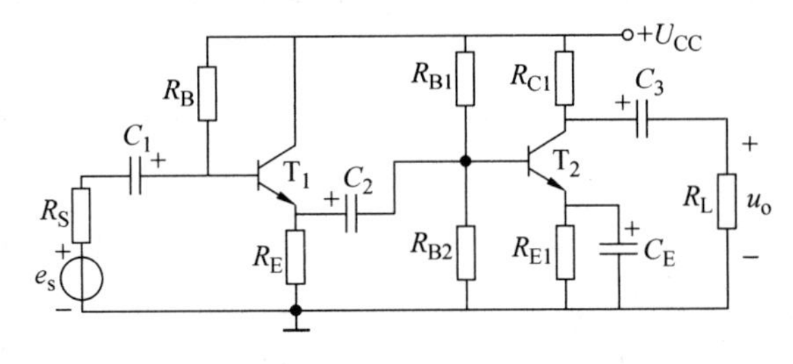

题 2.27 图

第3章

集成运算放大器

集成运算放大器是20世纪60年代以后出现的在一块半导体芯片上制成高增益多级放大器的产品，由于它最早应用于模拟信号运算，因而得名并沿用至今。同时它还具有可靠性高、功耗低、体积小和使用方便等特点，因此在信号的放大、测量、运算、处理等各种领域具有广泛的应用。本章主要介绍集成运算放大器的基本组成、主要性能指标、电压传输特性和理想集成运算放大器的概念；然后介绍集成运算放大器工作在线性区和饱和区的条件和特点；最后介绍集成运算放大器在线性区的基本运算电路和在饱和区的应用电路，以及在实际使用中应该注意的一些问题。

3.1 概述

前一章讨论的放大电路是分立电路，是由各种单个元件连接起来的电子电路。但由于半导体器件参数的分散性，以及在不同场合对放大电路各项指标要求的不同，易造成调试麻烦，应用不便。集成电路是相对于分立电路而言的，它是20世纪60年代发展起来，采用半导体制造工艺，将放大元件和电阻等元件及电路的连线都集中制作在一块半导体基片上，组成一个不可分割的整体，实现了材料、元件和电路的统一。按集成度分，集成电路有小规模、中规模、大规模、超大规模和特大规模几种类型。同时，集成电路分模拟集成电路和数字集成电路两种。集成运算放大器是模拟集成电路的一种，由于最初是做运算、放大使用，所以称为集成运算放大器，简称集成运放。

集成运算放大器除体积小、元件高度集中、功耗低等特点外，还具有以下特点：

(1) 由于集成工艺不能制作大容量的电容，所以电路结构均采用直接耦合方式。必须使用电容的情况，可采用外接的办法。

(2) 集成电路中的电阻阻值范围有一定限制，一般在几十欧到几十千欧，电阻阻值太大或太小都不易制造。

(3) 集成电路中的二极管都采用晶体管构成，把发射极、基极、集电极三者适当组合使用。

(4) 集成运算放大器的输入级都采用差动放大电路，它要求两个差动放大管的性能相同。而集成电路中的所有元件在同一块硅片上，在同一工艺条件下制造，所以这两管的对称性好。

3.1.1　基本结构

图 3.1.1 是典型集成运放的原理框图,它主要由输入级、中间级、输出级和偏置电路 4 个主要环节构成。

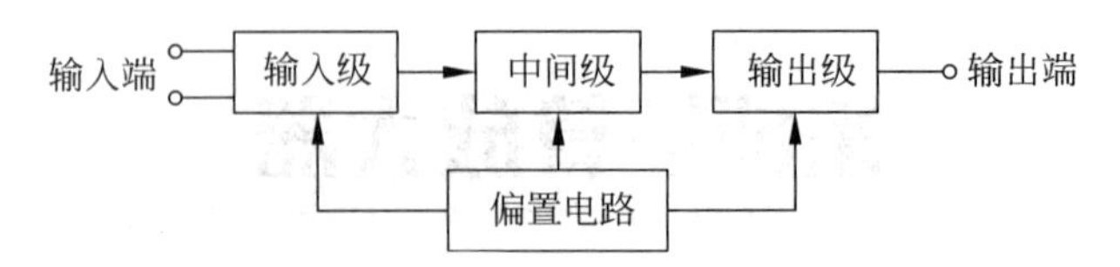

图 3.1.1　集成运算放大器原理框图

(1) 输入级通常采用差动放大电路,它有同相和反相两个输入端。要求其输入电阻高,抑制干扰,减小零点漂移。它是集成运算放大器性能的关键环节。

(2) 中间级主要是完成电压放大任务,要求有较高的电压增益,一般采用带有源负载的共射极电压放大器。

(3) 输出级的作用是驱动负载,要求其输出电阻低,带负载能力强,能够提供一定的功率,一般采用互补对称的功率放大器。

(4) 偏置电路的作用是为上述各级电路提供稳定和合适的偏置电流,决定各级电路的静态工作点,一般由各种恒流源电路构成。

图 3.1.2 为通用型集成运放 F007 的内部电路结构。F007 是一种较理想的电压放大器件,它具有高增益、高输入电阻、低输出电阻、高共模抑制比、低失调等优点。

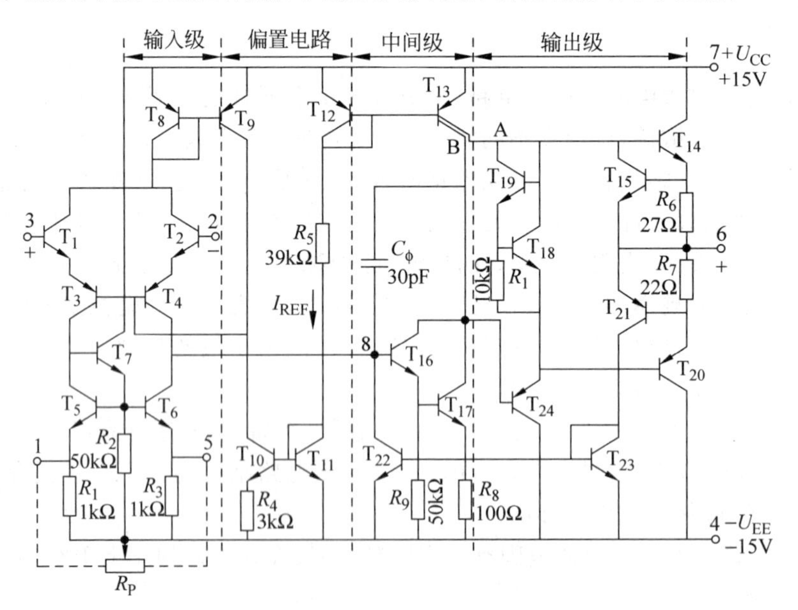

图 3.1.2　F007 内部电路结构原理图

如图 3.1.2 所示,是 F007 集成运算放大器的内部电路结构,该电路由以下部分组成。

(1) 差动输入级:由 T_1、T_3 和 T_2、T_4 组成的共集-共基组合差分放大电路组成,双端输入、单端输出。其中 T_5、T_6、T_7 作为其有源负载,T_8、T_9 提供恒流偏置。这种电路结构使得输入级具有共模抑制比高、输入电阻大、输入失调小等特点,是集成运放中最关键的一部分电路。

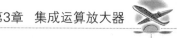

(2) 中间放大级：由 T_{16}、T_{17} 组成复合管，构成中间放大级。其中，T_{12} 和 T_{13} 的集电极 B 支路构成复合管集电极的有源负载。故本级可获得很高的电压放大倍数。

(3) 互补输出级：由 T_{14}、T_{20} 构成的甲乙类互补对称放大电路组成。其中，T_{18}、T_{19}、R_1 组成的电路用于克服交越失真，T_{12} 和 T_{13} 的集电极 A 支路为其提供直流偏置。输出级的输出电压大，输出电阻小，带负载能力强。

(4) 偏置电路：包含在各级电路中，采用多路偏置的形式，为各级电路提供稳定的恒流偏置和有源负载，其性能的优劣直接影响其他部分电路的性能。其中，T_{10} 和 T_{11} 作为整个集成运放的主偏置。

(5) 隔离级：在输入级与中间级之间插入 T_{16} 构成的射随器，利用其高输入阻抗的特点，提高输入级的增益。

在中间级与输出级之间插入由 T_{24} 构成的有源负载（T_{12} 和 T_{13} 的集电极 A 支路组成）射随器，用来减小输出级对中间级的负载影响，保证中间级的高增益。

(6) 保护电路：T_{15}、R_6 保护 T_{14}，而 T_{21}、T_{22}、T_{23}、R_7 保护 T_{20}。正常情况下，保护电路不工作，当出现过载情况时，保护电路才动作。

(7) 调零电路：由电位器 R_P 组成，保证零输入时产生零输出。

F007 的内部电路结构较复杂，一般了解即可。图 3.1.3 是 F007 集成运算放大器的外形、管脚和符号图。其各管脚的功能如下：

1 和 5 为外接调零电位器的两个端子；

2 为反相输入端；

3 为同相输入端；

4 为负电源端，接－15V 稳压电源；

6 为输出端；

7 为正电源端，接＋15V 稳压电源；

8 为空脚。

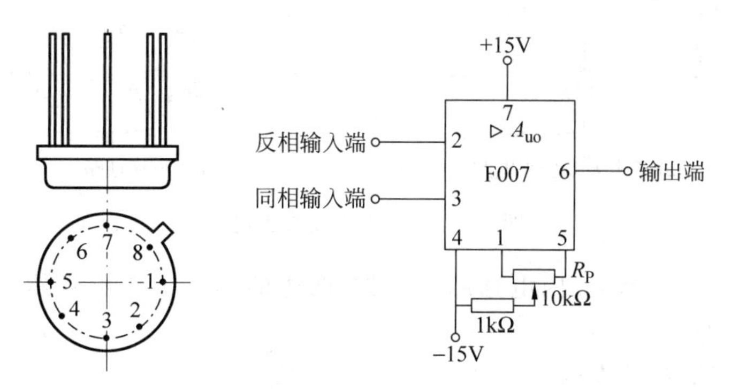

图 3.1.3 F007 集成运算放大器的外形、管脚和符号图

集成运算放大器是一种高放大倍数的多级直接耦合放大电路，其电路符号通常如图 3.1.4 所示，其中 u_+、u_-、u_o 均是相对“地”而言的。u_o 是输出端，u_+ 是同相输入端，标有“＋”号，表示输入信号从该端送入时，输出信号与输入信号极性相同；u_- 是反相输入端，标有“－”号，

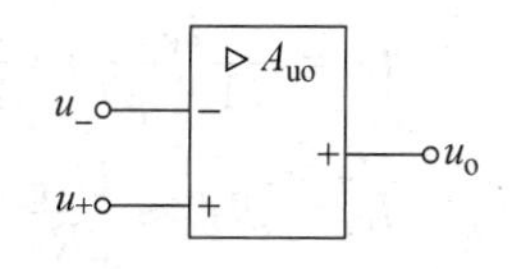

图 3.1.4 集成运算放大器的符号

表示输入信号从该端送入时，输出信号与输入信号极性相反。

在集成运放单元电路中，输入级很关键的。下面简单讨论通常采用的输入级电路——差动放大电路。

3.1.2 差动放大电路

差动放大电路的功能是放大两个输入信号之差，较好地抑制零点漂移，且输入电阻大。

1. 零点漂移

集成运放采用直接耦合方式，导致前后级之间静态工作点相互影响。由于晶体管特性曲线和参数随温度变化而变化，或者电源电压不稳定等因素的影响，当输入信号为零时，应该保持不变的输出电压不能保持恒定不变，而是在缓慢而无规则地出现电压波动，这种现象称为**零点漂移**。当漂移量大到足以和信号量相比时，放大电路就难以正常工作，必须采取措施抑制零点漂移。

抑制零点漂移最有效的电路结构是差动放大电路，也称差分放大电路。

2. 差动放大电路

图 3.1.5 是基本差动放大电路的原理图，T_1、T_2 是两个特性相同的晶体管，左右两边 R_C 相等。信号从两个基极与地之间输入，从两个集电极输出。电路具有两个输入端和两个输出端，称为双端输入双端输出。

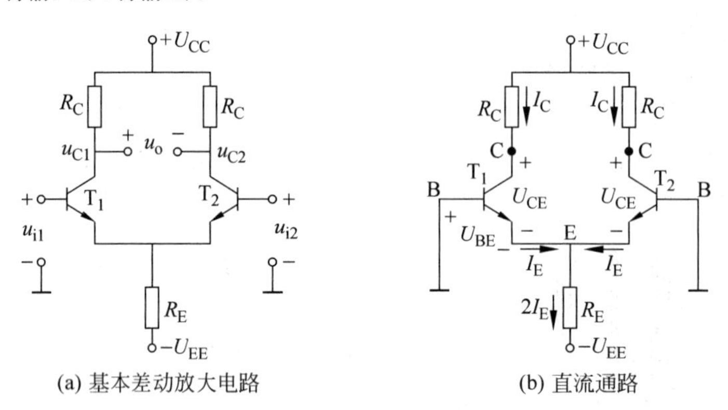

图 3.1.5 基本差动放大电路

静态时，即 $u_{i1}=u_{i2}=0$。因电路结构对称，两边的静态工作点必然相同，由直流通路（图 3.1.5(b)）可得

$$U_{BE}+2I_ER_E=U_{EE}$$

$$I_E=\frac{U_{EE}-U_{BE}}{2R_E}\approx\frac{U_{EE}}{2R_E} \tag{3.1.1}$$

$$I_B=\frac{I_E}{(1+\beta)}\approx\frac{U_{EE}}{2(1+\beta)R_E} \tag{3.1.2}$$

$$I_C=\beta I_B\approx\frac{U_{EE}}{2R_E} \tag{3.1.3}$$

$$U_{CE}=U_{CC}+U_{EE}-I_CR_C-2I_ER_E=U_{CC}-I_CR_C+U_{BE}\approx U_{CC}-I_CR_C \tag{3.1.4}$$

由于 $U_{CE1}=U_{CE2}$，所以 $u_o=U_{CE1}-U_{CE2}=0$，抑制了零点漂移。

动态时，根据输入信号 u_{i1} 和 u_{i2}，可分以下几种情况分析。

1）共模输入

如果输入信号 u_{i1} 和 u_{i2} 大小相等、极性相同，即 $u_{i1}=u_{i2}=u_{ic}$，则称输入信号 u_{i1}、u_{i2} 称为共模输入信号，如图 3.1.6(a)所示。由于电路结构对称，$u_{C1}=u_{C2}=-i_cR_C$，所以输出电压为

$$u_o = u_{C1} - u_{C2} = 0$$

表明图 3.1.5 所示的基本差动放大电路对共模信号没有放大作用，即共模电压放大倍数为

$$A_C = \frac{u_o}{u_{ic}} = \frac{u_{C1} - u_{C2}}{u_{ic}} = 0$$

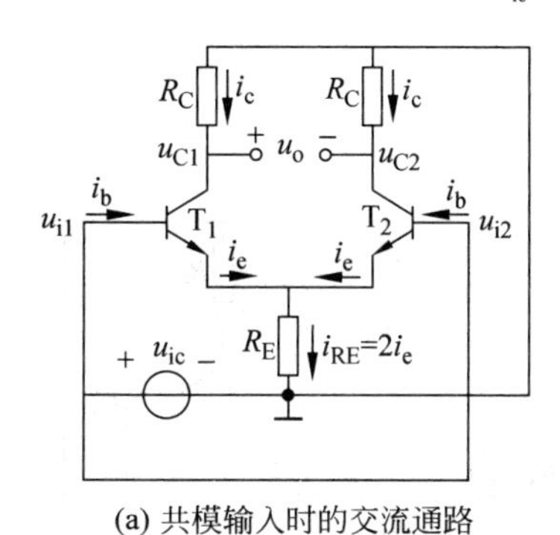

(a) 共模输入时的交流通路

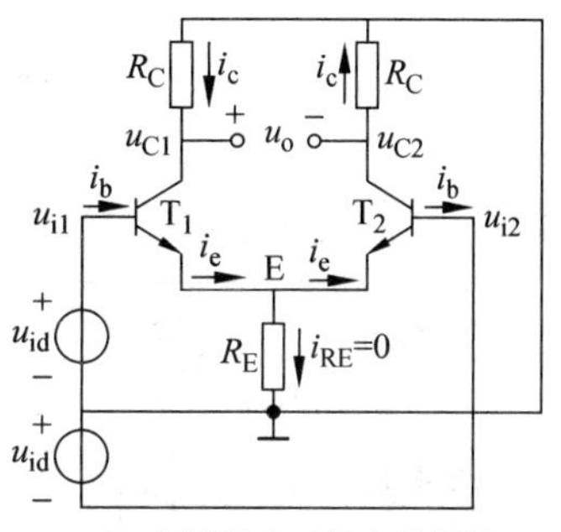

(b) 差模输入时的交流通路

图 3.1.6 共模和差模输入时的交流通路

利用这一特点可抑制零漂，因为零漂主要是由温度变化引起的，温度变化在对称电路两边引起的漂移量大小相等、极性相同，相当于在输入端加了一对共模信号。因此对称的单管放大电路因零漂而引起的输出端电压变化量存在，但大小相等，相对的输出漂移电压为零。

上面所讲的抑制零漂的方法是依靠电路的对称性。实际上完全对称的理想情况并不存在，单纯依靠电路对称性抑制零漂是有限的。因此，在电路中可通过减少两个单管放大电路本身的零点漂移来抑制零漂。放大电路中的发射极公共电阻 R_E 在电路中起电流负反馈作用，稳定了静态工作点，从而进一步减小了零漂。

显然，R_E 越大，抑制共模信号的作用越明显；但它的增大会使静态工作点和电压放大倍数发生改变。因此，接入负电源 $-U_{EE}$ 来抵偿 R_E 两端的直流压降，从而获得合适的静态工作点。

2）差模输入

如果输入信号 u_{i1} 和 u_{i2} 大小相等、极性相反，即 $u_{i1}=-u_{i2}=u_{id}$，则称输入信号 u_{i1}、u_{i2} 为差模输入信号，如图 3.1.6(b)所示。由于电路对称，因而在差模信号的作用下，$u_{C1}=-u_{C2}=-i_cR_C$，所以输出电压为

$$u_o = u_{C1} - u_{C2} = 2u_{C1} = -2i_cR_C$$

表明基本差动放大电路对差模信号具有放大作用。如果基本差动放大电路在差模输入的作用下，输出电压 u_o 和输入电压的差值($u_{i1}-u_{i2}$)之比定义为差模电压放大倍数，即

$$A_d = \frac{u_o}{u_{i1} - u_{i2}} = \frac{2u_{C1}}{2u_{id}} = \frac{-2i_cR_C}{2i_br_{be}} = -\frac{\beta R_C}{r_{be}}$$

由于差模信号又称为差分信号，故这种电路又称为差分放大电路。

3）比较输入

如果输入信号 u_{i1} 和 u_{i2} 既非共模，又非差模，它们的大小和相对极性是任意的，这种输入信号称为比较信号，在实际应用中常见，如图 3.1.7(a)所示。为了便于分析，可将比较信号 u_{i1} 和 u_{i2} 进行等价变换，即将它们分解为共模分量 u_{ic} 和差模分量 u_{id} 的线性叠加，如图 3.1.7(b)所示，则有

$$\begin{cases} u_{id} = \dfrac{u_{i1} - u_{i2}}{2} \\ u_{ic} = \dfrac{u_{i1} + u_{i2}}{2} \end{cases} \tag{3.1.5}$$

或

$$\begin{cases} u_{i1} = u_{ic} + u_{id} \\ u_{i2} = u_{ic} - u_{id} \end{cases} \tag{3.1.6}$$

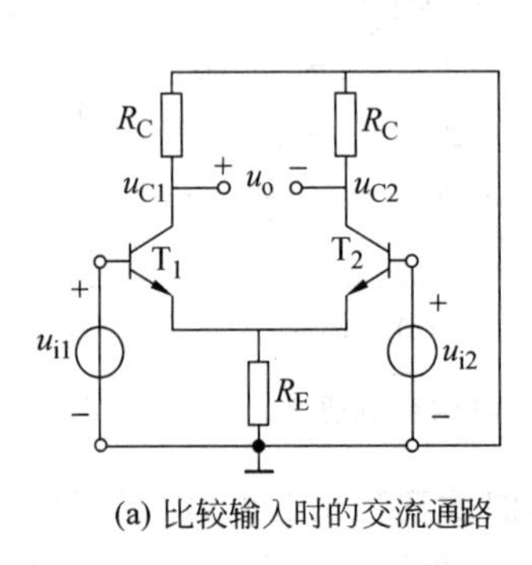

(a) 比较输入时的交流通路

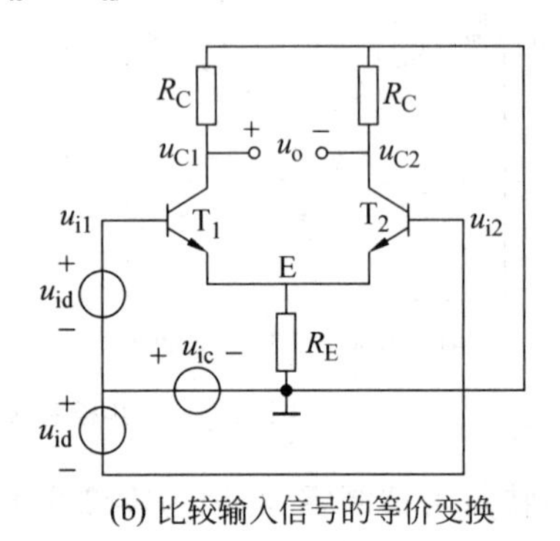

(b) 比较输入信号的等价变换

图 3.1.7　比较输入时的交流通路及输入信号等效变换

根据叠加原理，当共模分量 u_{ic} 单独作用时，如图 3.1.8(a)所示，此时基本差动放大电路的电压输出为

$$u'_o = u'_{C1} - u'_{C2} = 0$$

当差模分量 u_{id} 单独作用时，如图 3.1.8(b)所示，此时基本差动放大电路的电压输出为

$$u''_o = u''_{C1} - u''_{C2} = (-i_c R_C) - i_c R_C = -2i_c R_C = -2\beta i_b R_C = \frac{-2\beta u_{id} R_C}{r_{be}} = -\frac{\beta R_C}{r_{be}} \times 2u_{id}$$

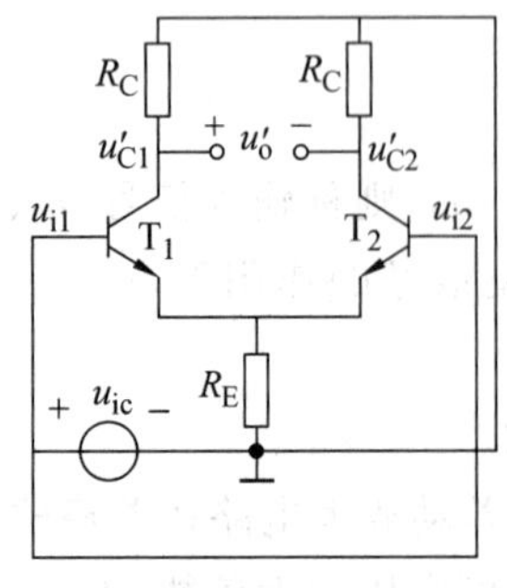

(a) 共模分量单独作用

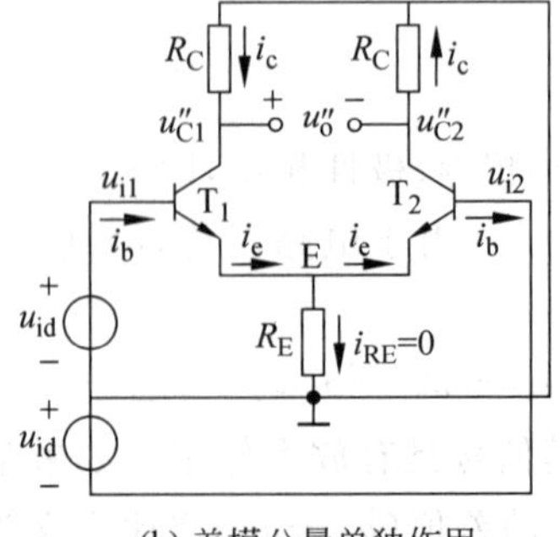

(b) 差模分量单独作用

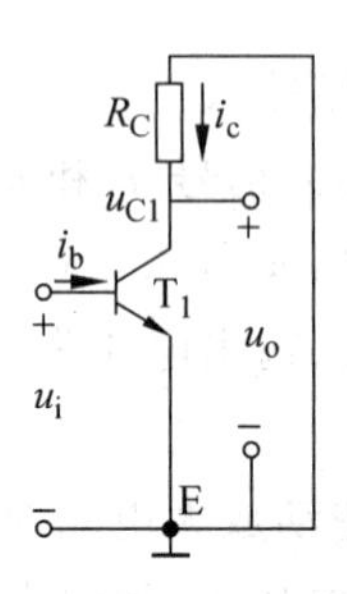

(c) 单管放大的交流通路

图 3.1.8　比较输入时的分析电路

所以当它们共同作用，即比较输入时的电压输出为

$$u_o = u_o' + u_o'' = 0 - \frac{\beta R_C}{r_{be}} \times 2u_{id} = -\frac{\beta R_C}{r_{be}}(u_{i1} - u_{i2}) = A_u(u_{i1} - u_{i2})$$

其中，$A_u = -\frac{\beta R_C}{r_{be}}$，是差模分量单独作用时，电路中单管放大电路的电压放大倍数，如图 3.1.8(c)所示。

当 $u_{i1} = u_{i2}$ 共模时，$u_o = 0$；当 $u_{i1} = -u_{i2}$ 时，$u_o = 2A_u u_{i1}$。故可以认为，差模信号和共模信号是两种特殊情况下的比较信号。

3. 差动放大电路的共模抑制比

差动放大电路的差模电压放大倍数 A_d 与共模电压放大倍数 A_c 的比值称为共模抑制比，用 K_{CMRR} 表示，即

$$K_{CMRR} = \left| \frac{A_d}{A_c} \right| \tag{3.1.7}$$

共模抑制比越大，反映出电路抑制共模信号(零点漂移)的能力越强。

4. 基本差动放大电路的输入和输出方式

由于差动放大电路有两个输入端 u_{i1} 和 u_{i2}(即晶体管 T_1、T_2 的基极，这里用电压符号 u_{i1} 和 u_{i2} 表示)和两个输出端 u_{C1} 和 u_{C2}(即晶体管 T_1、T_2 的集电极，也用电压符号 u_{C1} 和 u_{C2} 表示)，所以在实际使用过程中，既可双端输入，也可单端输入；既可单端输出，也可双端输出，使用非常灵活。下面简单介绍输入和输出方式的 4 种组合。

1) 双端输入-双端输出

电路如图 3.1.5(a)所示，其交流通路如图 3.1.7(a)所示。

当共模分量 u_{ic} 单独作用时，如图 3.1.8(a)所示，共模电压放大倍数为

$$A_c = \frac{u_o'}{u_{ic}} = \frac{0}{u_{ic}} = 0 \tag{3.1.8}$$

差模分量 u_{id} 单独作用时，如图 3.1.8(b)所示，差模电压放大倍数为

$$A_d = \frac{u_o''}{u_{i1} - u_{i2}} = -\frac{\beta R_C}{r_{be}} \tag{3.1.9}$$

差模输入电阻的定义如图 3.1.9(a)所示，则有

$$r_{id} = \frac{u_{i1} - u_{i2}}{i_b} = \frac{2u_{id}}{i_b} = \frac{2i_b r_{be}}{i_b} = 2r_{be} \tag{3.1.10}$$

共模输入电阻的定义如图 3.1.9(b)所示，则有

$$r_{ic} = \frac{u_{ic}}{2i_b} = \frac{i_b r_{be} + 2i_e R_E}{2i_b} = \frac{r_{be} + 2(1+\beta)R_E}{2} \tag{3.1.11}$$

基本差动放大电路的输出电阻，实际上与电压 u_{i1} 和 u_{i2} 的输入方式无关，与输出方式有关。因此，理论上来讲，只需讨论在差模输入或者在共模输入的情况下，电路的输出电阻即可。由于共模输入时，电路如图 3.1.5(a)所示的输出电压 $u_o' = 0$，故可考虑差模输入时，输出电阻的大小即可。根据第 2 章介绍的开路短路法求输出电阻，其计算电路如图 3.1.10 所示。

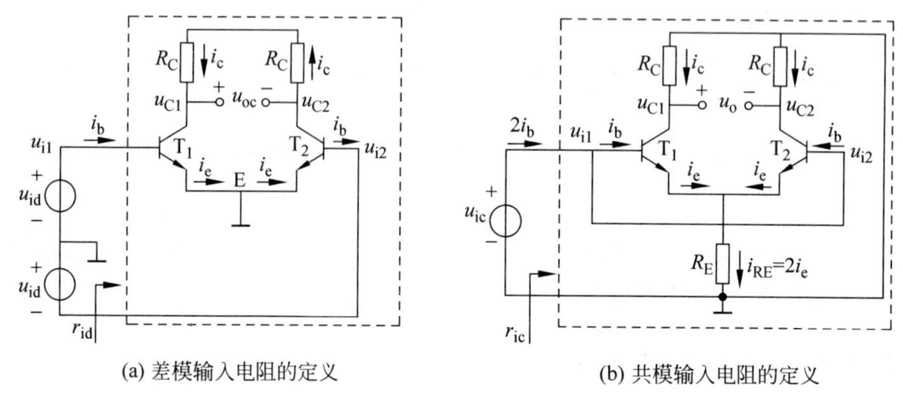

(a) 差模输入电阻的定义　　(b) 共模输入电阻的定义

图 3.1.9　差模输入电阻和共模输入电阻的计算

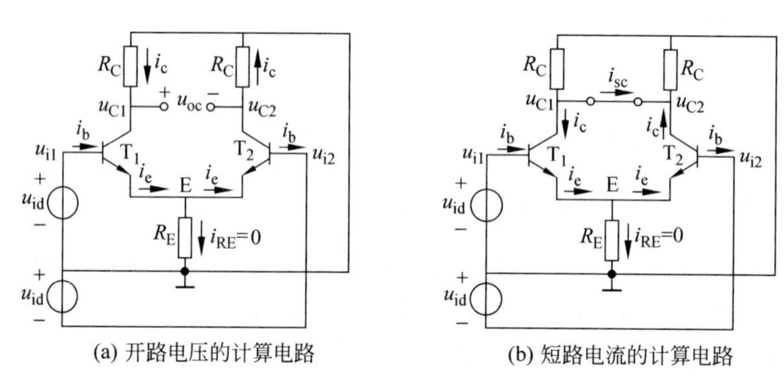

(a) 开路电压的计算电路　　(b) 短路电流的计算电路

图 3.1.10　双端输入-双端输出差动放大电路输出电阻 r_o 的计算电路

由图 3.1.10(a)可得开路电压为

$$u_{oc} = A_d(u_{i1} - u_{i2}) = -\frac{\beta R_C}{r_{be}} \times 2u_{id}$$

由图 3.1.10(b)可得短路电流为

$$i_{sc} = -i_c = -\beta i_b = -\beta \frac{u_{id}}{r_{be}}$$

故放大电路的输出电阻为

$$r_o = \frac{u_{oc}}{i_{sc}} = \frac{-\frac{\beta R_C}{r_{be}} \times 2u_{id}}{-\beta \frac{u_{id}}{r_{be}}} = 2R_C \tag{3.1.12}$$

2) 单端输入-双端输出

放大电路的交流通路如图 3.1.11(a)所示的。输入信号仅加在 T_1 管输入端，T_2 管输入端接地，所以称为单端输入。输入信号的等价变换如图 3.1.11(b)所示，因此单端输入就可等效为双端输入情况，故双端输入-双端输出的结论均适用于单端输入-双端输出。

3) 双端输入-单端输出

基本差动放大电路的交流通路电路如图 3.1.12(a)所示，其输入信号的等效变换如图 3.1.12(b)所示。

差模分量单独作用时，如图 3.1.13(a)所示，差模电压放大倍数为

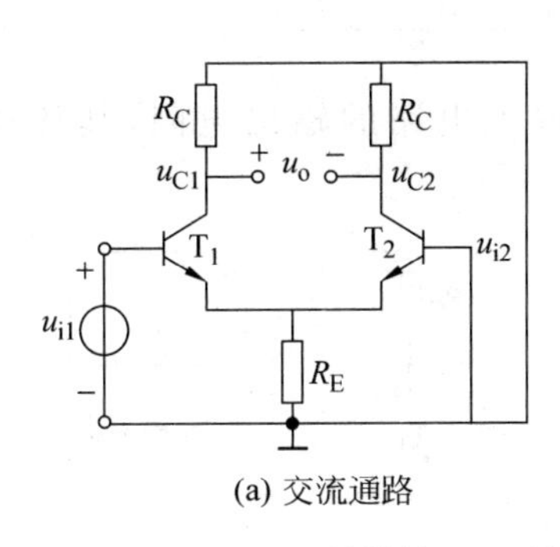

(a) 交流通路

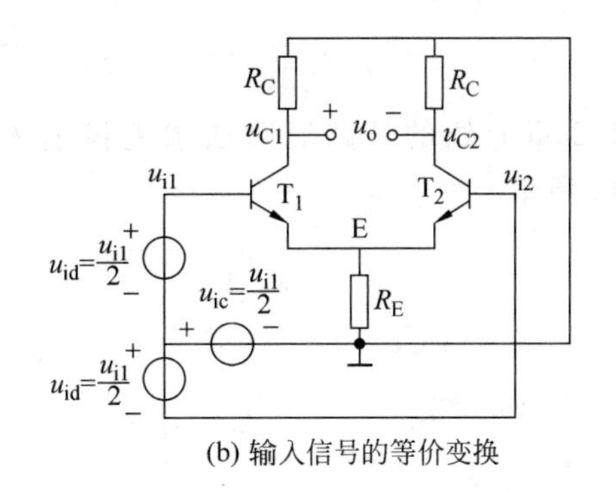

(b) 输入信号的等价变换

图 3.1.11　单端输入-双端输出差动放大电路的交流通路及信号变换

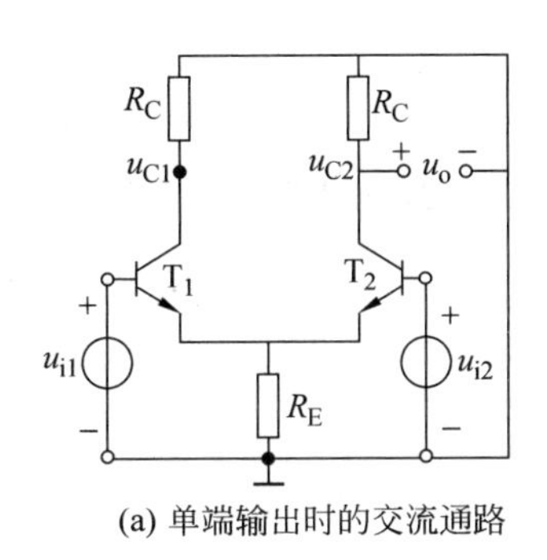

(a) 单端输出时的交流通路

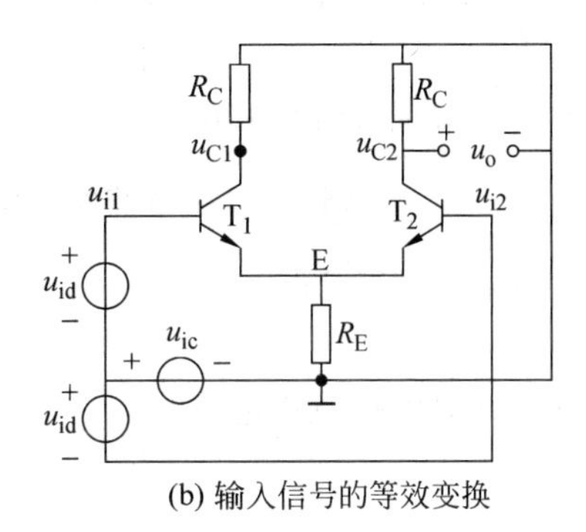

(b) 输入信号的等效变换

图 3.1.12　基本差动放大电路双端输入-单端输出的交流通路及信号变换

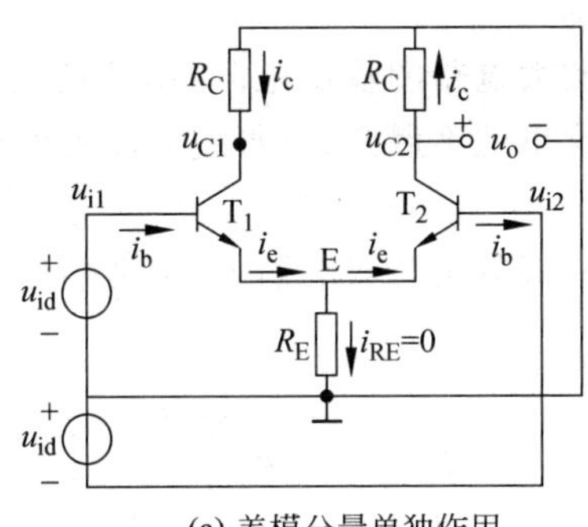

(a) 差模分量单独作用

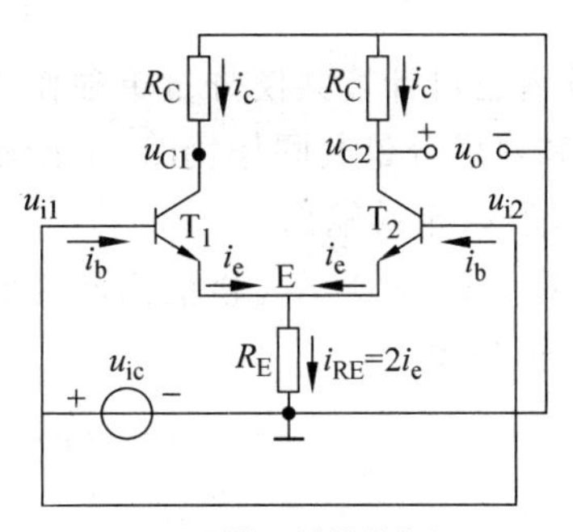

(b) 共模分量单独作用

图 3.1.13　基本差动放大电路双端输入-单端输出时的分析电路

$$A_d = \frac{u_o}{u_{i1} - u_{i2}} = \frac{u_{C2}}{u_{i1} - u_{i2}} = \frac{i_c R_C}{2u_{id}} = \frac{\beta i_b R_C}{2 i_b r_{be}} = \frac{\beta R_C}{2 r_{be}} \tag{3.1.13}$$

共模分量单独作用时，如图 3.1.13(b)所示，共模电压放大倍数为

$$A_c = \frac{u_o}{u_{ic}} = \frac{u_{C2}}{u_{ic}} = \frac{-\beta i_b R_C}{i_b r_{be} + 2(1+\beta) i_b R_E} = -\frac{\beta R_C}{r_{be} + 2(1+\beta) R_E} \tag{3.1.14}$$

差模分量单独作用时，差模输入电阻为

$$r_{id} = \frac{u_{i1} - u_{i2}}{i_b} = \frac{2u_{id}}{i_b} = 2r_{be} \tag{3.1.15}$$

共模分量单独作用时，共模输入电阻为

$$r_{ic}=\frac{u_{ic}}{2i_b}=\frac{i_b r_{be}+2i_e R_E}{2i_b}=\frac{r_{be}+2(1+\beta)R_E}{2} \tag{3.1.16}$$

由第 2 章介绍的开路短路法求差模输入时，放大电路的输出电阻，其计算电路如图 3.1.14 所示。

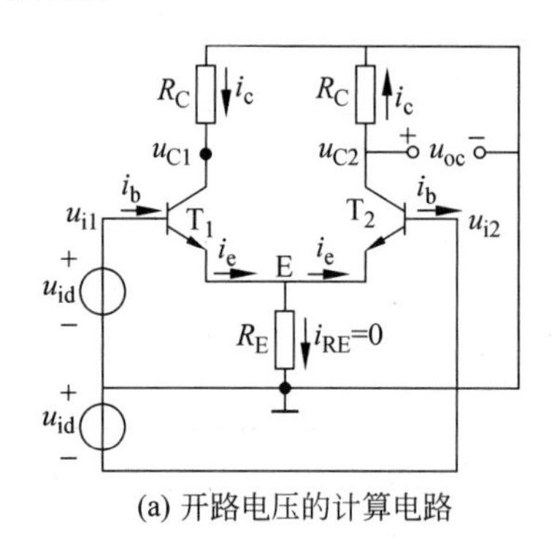

(a) 开路电压的计算电路

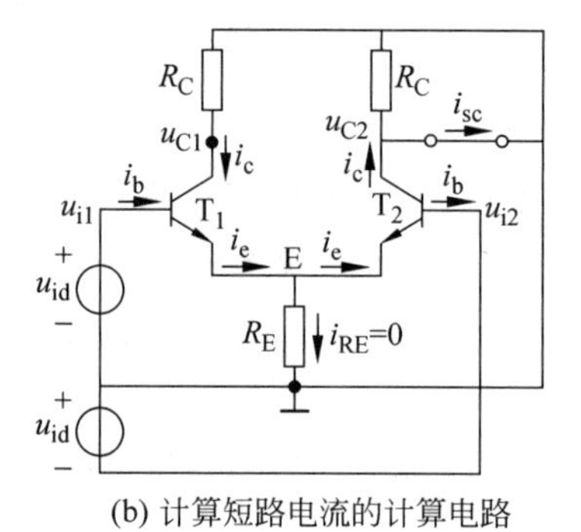

(b) 计算短路电流的计算电路

图 3.1.14　差模输入时输出电阻 r_o 的计算电路

由图 3.1.14(a)可得开路电压为

$$u_{oc}=i_c R_C$$

由图 3.1.14(b)可得短路电流为

$$i_{sc}=i_c$$

故输出电阻为

$$r_o=\frac{u_{oc}}{i_{sc}}=\frac{i_c R_C}{i_c}=R_C \tag{3.1.17}$$

当然，读者也可计算共模分量单独作用时，放大电路的输出电阻，结论还是 $r_o=R_C$。即使差模分量和共模分量共同作用时，结论不变，这里就不展开，有兴趣的读者可自行证明之。

4) 单端输入-单端输出

电路如图 3.1.15 所示。接前面同样的方法，可得出与双端输入-单端输出相同的结论，限于篇幅，不再赘述。

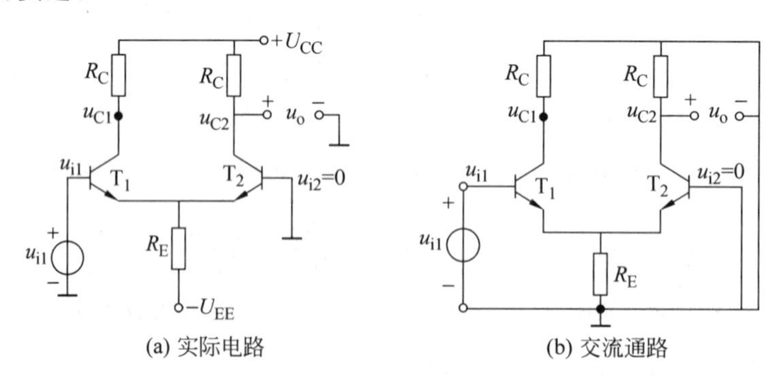

(a) 实际电路　　(b) 交流通路

图 3.1.15　单端输入-单端输出的基本差动放大电路

3.1.3　主要参数

集成运放的参数是评价其性能好坏的主要指标，是正确选择和使用各种不同类型的集

成运放的依据，常用的参数如下所述。

(1) 最大输出电压 U_{OPP}。U_{OPP}是指集成运放在额定电源电压和额定负载下，不出现明显非线性失真的最大输出电压峰-峰值。它与集成运放的电源电压值有关。

(2) 开环电压放大倍数 A_{uo}。A_{uo}是指集成运放的输出端与输入端之间无外加回路时的输出电压与两输入端之间的信号电压之比，常用分贝(dB)表示，定义为

$$A_{uo} = 20\lg\frac{U_o}{U_i}(\text{dB}) \tag{3.1.18}$$

常用集成运放的开环电压放大倍数一般在 80～140dB。

(3) 输入失调电压 U_{IO}。U_{IO}是指为使输出电压为零而在输入端需加的补偿电压。它的大小反映了输入级电路的对称程度和电位配合情况，一般为几毫伏。

(4) 输入失调电流 I_{IO}。I_{IO}是指输入信号为零时，两个输入端静态基极电流之差，即 $I_{IO}=|I_{B1}-I_{B2}|$，I_{IO}一般在零点零几到零点几微安级，其值越小越好。

(5) 输入偏置电流 I_{IB}。I_{IB}是指集成运放输出为零时，两个输入端静态电流的平均值，即

$$I_{IB} = \frac{1}{2}(I_{B1}+I_{B2}) \tag{3.1.19}$$

它是衡量差分管输入偏置电流大小的标志。I_{IB}的大小反映了放大器的输入电阻和输入失调电流的大小，输入偏置电流越小越好，一般在零点几微安级。

(6) 共模输入电压范围 U_{ICM}。U_{ICM}表示集成运放输入端所能承受的最大共模输入电压。如超过此值，它的共模抑制性能将显著恶化。

除上述介绍的几项主要技术指标外，其他参数(如差模输入电阻、差模输出电阻、共模抑制比、温度漂移等)的含义比较明显，故在此不一一说明。

总之，集成运算放大器具有开环电压放大倍数高、输入电阻高(几兆欧以上)、输出电阻低(约几百欧)、漂移小、可靠性高、体积小等主要特点，所以应用很广。

3.1.4 电压传输特性

根据集成运放的电路结构，其具有：①开环增益高，其开环电压放大倍数 A_{uo}可以达到 10^4～10^7，加上深度负反馈能使系统具有增益稳定、非线性失真小等特性；②差模输入电阻大，而开环输出电阻小，通常其差模输入电阻一般从几十千欧到几十兆欧，输出电阻很小仅为几十欧；③可靠性高、寿命长、体积小、重量轻和耗电少等特点。

实际运放的电压传输特性，是描述开环时输出电压 u_o与两个输入电压之差(u_+-u_-)关系的曲线，它分为线性区和饱和区，如图 3.1.16(a)所示。

(1) 线性区：当两个输入电压之差(u_+-u_-)满足条件$|u_+-u_-|\leqslant U_{Im}$时，运放工作在线性区。此时，输出电压 u_o与两输入端之间电压(u_+-u_-)呈线性关系，即

$$u_o = A_{uo}(u_+-u_-) \tag{3.1.20}$$

(2) 饱和区：当两个输入电压之差(u_+-u_-)满足条件$|u_+-u_-|>U_{Im}$时，运放工作在饱和区。此时，输出电压 u_o为某一特定的饱和电压$+U_{o(sat)}$或$-U_{o(sat)}$，即

$$u_o = \begin{cases} +U_{o(sat)} & (u_+-u_->U_{Im}) \\ -U_{o(sat)} & (u_+-u_-<-U_{Im}) \end{cases} \tag{3.1.21}$$

在实际应用中，为了简化分析过程，通常将运放理想化，其理想化的条件主要为：

(1) 开环电压放大倍数 $A_{uo}\to\infty$；

(2) 差模输入电阻 $r_{id}\to\infty$；

(3) 开环输出电阻 $r_o\to 0$；

(4) 共模抑制比 $K_{CMRR}\to\infty$。

通过这样的理想化后，可得到理想运放的电压传输特性，如图 3.1.16(b)所示。理想运放开环工作时，其输出电压 u_o 与两个输入电压之差(u_+-u_-)的关系曲线，也分为线性区和饱和区。但线性区几乎与纵轴重合，因为开环电压放大倍数 $A_{uo}\to\infty$，线性区的直线斜率趋近无穷大。理想运放的电路符号如图 3.1.17 所示。

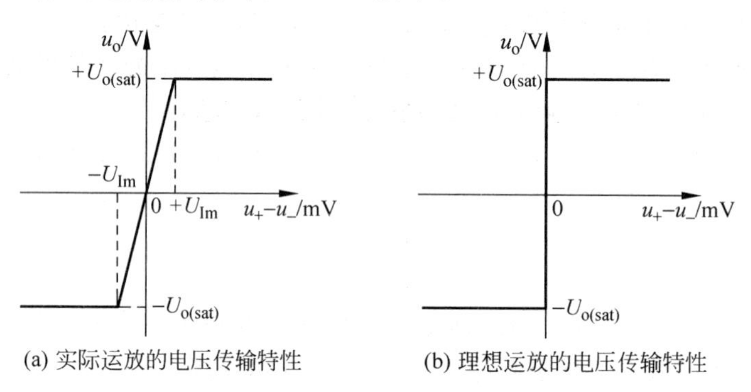

(a) 实际运放的电压传输特性　　(b) 理想运放的电压传输特性

图 3.1.16　实际运放和理想运放的电压传输特性

将实际运放理想化，可大大简化电路的分析和计算，且误差很小，在工程中允许。本书中除无特别说明，均认为集成运放是理想的。下面分析理想运放在这两个工作区域的特性。

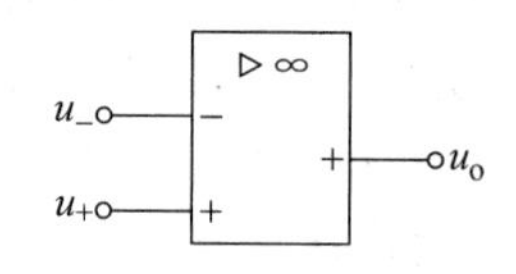

图 3.1.17　理想运放的电路符号

1. 线性区工作的特性："虚短"和"虚断"

当集成运放工作在线性区时，输出电压 u_o 与两输入端之间电压(u_+-u_-)呈线性关系，即

$$u_o = A_{uo}(u_+ - u_-)$$

由于理想运放的 $A_{uo}\to\infty$，而输出电压 u_o 为有限值，所以

$$u_+ - u_- = \frac{u_o}{A_{uo}} \to 0$$

即

$$u_+ \approx u_- \tag{3.1.22}$$

此式表示理想运放工作在线性区时，其同相输入端与反相输入端电位相等，如同将该两点短路一样，但实际上并未真正短路，所以称此现象为"虚短"。

值得注意的是，在实际应用中，需要引入深度负反馈才能使运算放大器工作在线性区。

同时，由于理想运放的差模输入电阻 $r_{id}\to\infty$，因此流入集成运放两个输入端的电流均接近为零，即

$$i_+ = i_- \approx 0 \tag{3.1.23}$$

此式表示理想运放工作在线性区时，其同相输入端和反相输入端的电流都接近为零，如同该两点被断开一样，但实际上并未真正断开，而是 i_+ 和 i_- 都很小，一般为几十到几百纳安，接近为零，这种现象称为"虚断"。

2. 饱和区工作的特性："虚断"

如果集成运放处于开环状态输入电压 u_i（即 $u_i=u_+-u_-$）较大或者集成运放的同相输入端与输出端有通路时（称为正反馈），集成运放工作在非线性区，输出电压 u_o 不再随着输入电压 u_i 变化而变化，而将达到饱和，即

当 $u_i>0$ 或 $u_+>u_-$ 时，$u_o=+U_{o(sat)}$；

当 $u_i<0$ 或 $u_+<u_-$ 时，$u_o=-U_{o(sat)}$。

理想运放在非线性区工作时，输入电压 u_i 可能很大，显然 $u_+\neq u_-$，所以"虚短"现象不存在。而"虚断"现象仍然成立，因为理想化条件的差模输入电阻 $r_{id}\to\infty$，没有变化。由此可见，"虚断"是只取决理想运放的自身内部理想条件而必然成立，"虚短"不仅取决于理想运放的自身内部理想条件，还取决于理想运放电路的外部输入电压和外部电路结构等因素，因此"虚短"只有在理想运放工作线性区时才成立。

【思考题】

1. 什么是理想运算放大器？理想运算放大器工作在线性区和饱和区时各有何特点？分析方法有何不同？
2. 集成运放由哪几部分组成，各自有什么特点？级间采用什么耦合方式？
3. 理想运放工作在线性区的分析依据是什么？
4. 集成运放由哪几部分组成？各部分有何特点？
5. 结合差动放大电路说明集成运放的输入、输出方式。
6. 试说明集成运放的电压传输特性？
7. 理想集成运放的条件是什么？由此引出两个怎样的重要结论？

3.2　集成运放在模拟信号运算方面的应用

集成运放具有可靠性高、放大性好、使用方便的特性，广泛应用于各类电子设备中。利用集成运放工作在线性区时的特性，组成不同的电路可以构成比例、加减、积分与微分等运算电路。

3.2.1　比例运算电路

将输入信号按比例放大的电路，称为比例运算电路。

1. 反相比例运算电路

反相比例运算电路如图 3.2.1 所示。

由于虚断，$i_+=i_-\approx0$，所以有

$$i_1=i_-+i_f=i_f,\quad u_+=i_+R_2=0$$

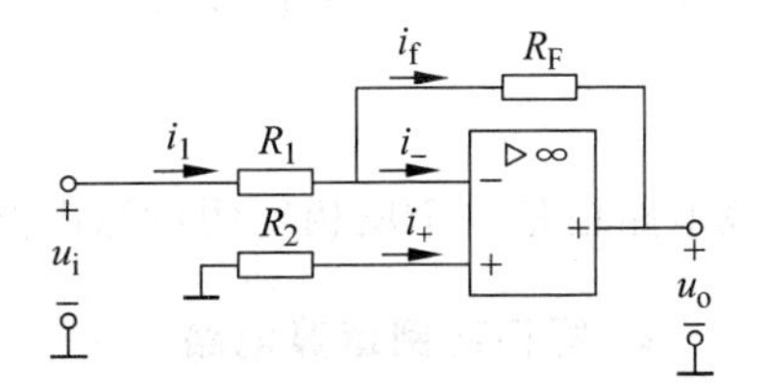

图 3.2.1　反相比例运算电路

又由于虚短，$u_+ \approx u_-$，所以有

$$u_+ \approx u_- = 0$$

由图 3.2.1 可得

$$i_1 = \frac{u_i - u_-}{R_1} = \frac{u_i}{R_1}$$

$$i_f = \frac{u_- - u_o}{R_F} = -\frac{u_o}{R_F}$$

从而输出电压为

$$u_o = -\frac{R_F}{R_1} u_i \tag{3.2.1}$$

电路的电压放大倍数为

$$A_{uf} = \frac{u_o}{u_i} = -\frac{R_F}{R_1} \tag{3.2.2}$$

上式表明，可以通过调整 R_1 和 R_F 阻值来获得不同电压放大倍数，而运算放大器本身的参数与电压放大倍数无关。输出电压与输入电压是比例关系，且相位相反。

电路中 R_2 的作用是使静态时同相输入端和反相输入端对“地”等效电阻相等，以保证运放的输入级差分放大电路的对称性，称其为平衡电阻，其数值应为

$$R_2 = R_1 // R_F$$

如果图 3.2.1 中 $R_1 = R_F$，则

$$A_{uf} = \frac{u_o}{u_i} = -1 \tag{3.2.3}$$

这就是反相器。

例 3.2.1 图 3.2.2 中，已知 R_F 的阻值远远大于 R_4 的阻值，R_F 支路对 R_3 和 R_4 电路的分流作用可忽略不计。求电路的电压放大倍数 A_{uf}。

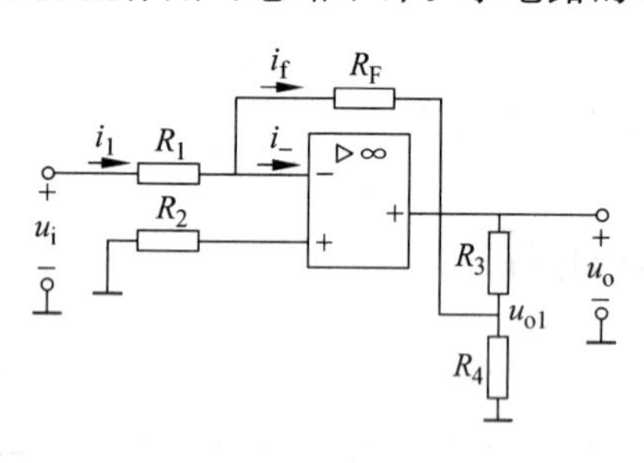

图 3.2.2 例 3.2.1 的图

解：由于 $u_- \approx u_+ = 0$，所以

$$i_1 = \frac{u_i - u_-}{R_1} = \frac{u_i}{R_1}; \quad i_f = \frac{u_- - u_{o1}}{R_F} = -\frac{u_{o1}}{R_F}$$

又因 $i_1 = i_f$，可得

$$u_{o1} = -\frac{R_F}{R_1} u_i$$

因 R_F 支路对 R_3 和 R_4 电路的分流作用可忽略，所以 u_{o1} 可表示为

$$u_{o1} = \frac{R_4}{R_3 + R_4} u_o$$

因此电路的电压放大倍数为

$$A_{uf} = \frac{u_o}{u_i} = -\frac{R_F}{R_1}\left(1 + \frac{R_3}{R_4}\right)$$

该电路也是一个反相比例运算电路。

2. 同相比例运算电路

同相比例运算电路如图 3.2.3 所示。

由于虚短和虚断可得出

$$u_{-} \approx u_{+} = u_{i}; \quad i_{1} = i_{f}$$

由图 3.2.3 可得

$$i_{1} = \frac{0-u_{i}}{R_{1}} = -\frac{u_{i}}{R_{1}}; \quad i_{f} = \frac{u_{-}-u_{o}}{R_{F}} = \frac{u_{i}-u_{o}}{R_{F}}$$

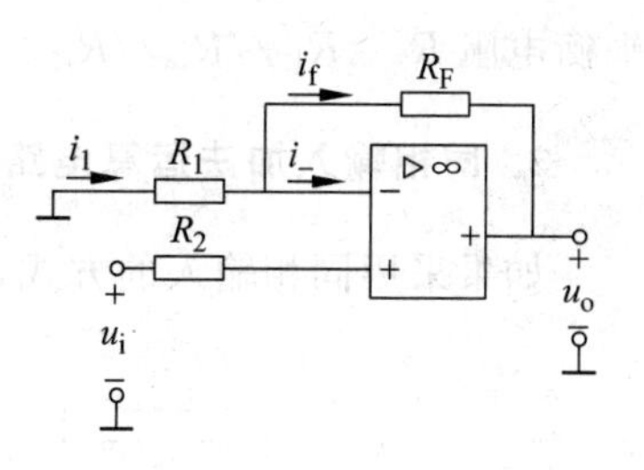

图 3.2.3　同相比例运算电路

从而得出电路的输出电压为

$$u_{o} = \left(1+\frac{R_{F}}{R_{1}}\right)u_{+}$$

这里 $u_{+}=u_{i}$，所以有

$$u_{o} = \left(1+\frac{R_{F}}{R_{1}}\right)u_{i} \tag{3.2.4}$$

由此可知 u_o 和 u_i 呈比例运算关系，且相位相同。电路电压放大倍数为

$$A_{uf} = \frac{u_{o}}{u_{i}} = 1+\frac{R_{F}}{R_{1}} \tag{3.2.5}$$

调整 R_F 和 R_1 可改变电压放大倍数。

平衡电阻 R_2 应为

$$R_{2} = R_{1}//R_{F}$$

当 $R_1=\infty$ 或 $R_F=0$ 时，则有

$$A_{uf} = \frac{u_{o}}{u_{i}} = 1 \tag{3.2.6}$$

这就是电压跟随器。

3.2.2　加法运算电路

1. 反相输入加法运算电路

加法运算电路能够实现多个模拟量的求和运算，图 3.2.4 是反相输入加法运算电路。

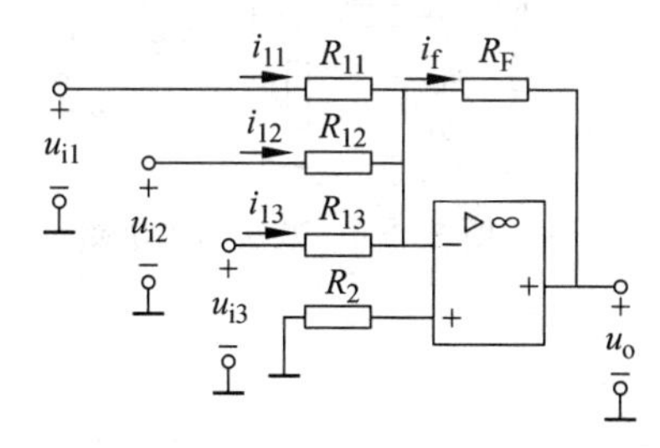

图 3.2.4　反相输入加法运算电路

由图可得出

$$u_{-} \approx u_{+} = 0$$

$$i_{11} = \frac{u_{i1}-u_{-}}{R_{11}} = \frac{u_{i1}}{R_{11}}; \quad i_{12} = \frac{u_{i2}-u_{-}}{R_{12}} = \frac{u_{i2}}{R_{12}};$$

$$i_{13} = \frac{u_{i3}-u_{-}}{R_{13}} = \frac{u_{i3}}{R_{13}}; \quad i_{f} = \frac{u_{-}-u_{o}}{R_{F}} = -\frac{u_{o}}{R_{F}}$$

因为 $i_{-}\approx 0$，所以　$i_f=i_{11}+i_{12}+i_{13}$

$$u_{o} = -R_{F}\left(\frac{u_{i1}}{R_{11}}+\frac{u_{i2}}{R_{12}}+\frac{u_{i3}}{R_{13}}\right) \tag{3.2.7}$$

由上列各式可得：

当 $R_{11}=R_{12}=R_{13}=R_1$ 时，上式为

$$u_{o} = -\frac{R_{F}}{R_{1}}(u_{i1}+u_{i2}+u_{i3}) \tag{3.2.8}$$

当 $R_F=R_1$ 时，则有

$$u_{o} = -(u_{i1}+u_{i2}+u_{i3}) \tag{3.2.9}$$

平衡电阻 $R_2=R_{11}//R_{12}//R_{13}//R_f$。

2. 同相输入加法运算电路

如果采用同相输入的方式，如图 3.2.5 所示，为同相输入加法运算电路。

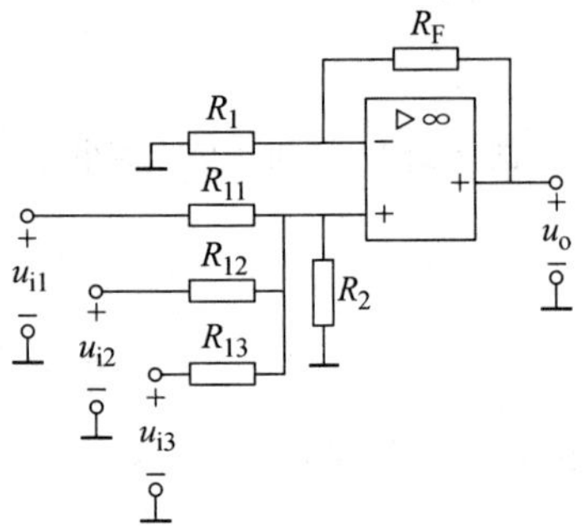

图 3.2.5 同相输入加法运算电路

该电路运放的反相输入端电压为

$$u_-=\frac{R_1}{R_1+R_F}u_o$$

同相输入端电压满足关系式：

$$\frac{u_+-0}{R_2}=\frac{u_{i1}-u_+}{R_{11}}+\frac{u_{i2}-u_+}{R_{12}}+\frac{u_{i3}-u_+}{R_{13}}$$

由 $u_-\approx u_+$ 可得

$$u_o=\left(1+\frac{R_F}{R_1}\right)\frac{1}{\frac{1}{R_2}+\frac{1}{R_{11}}+\frac{1}{R_{12}}+\frac{1}{R_{13}}}\left(\frac{u_{i1}}{R_{11}}+\frac{u_{i2}}{R_{12}}+\frac{u_{i3}}{R_{13}}\right) \tag{3.2.10}$$

式中，当 $R_2=R_{11}=R_{12}=R_{13}$ 时，则有

$$u_o=\left(\frac{1}{4}+\frac{R_F}{4R_1}\right)(u_{i1}+u_{i2}+u_{i3}) \tag{3.2.11}$$

但调整同相输入加法运算电路电阻阻值比较麻烦，不如反相输入加法运算电路方便。

3.2.3 减法运算电路

减法运算电路如图 3.2.6 所示，两个输入端都有信号输入，为差分输入。

由图 3.2.6 可得

$$u_+=\frac{R_3}{R_3+R_2}u_{i2}$$

$$u_-=u_{i1}-i_1R_1=u_{i1}-\frac{R_1}{R_1+R_F}(u_{i1}-u_o)$$

因为 $u_+\approx u_-$，所以从上列式可得出

$$u_o=\left(1+\frac{R_F}{R_1}\right)\frac{R_3}{R_2+R_3}u_{i2}-\frac{R_F}{R_1}u_{i1} \tag{3.2.12}$$

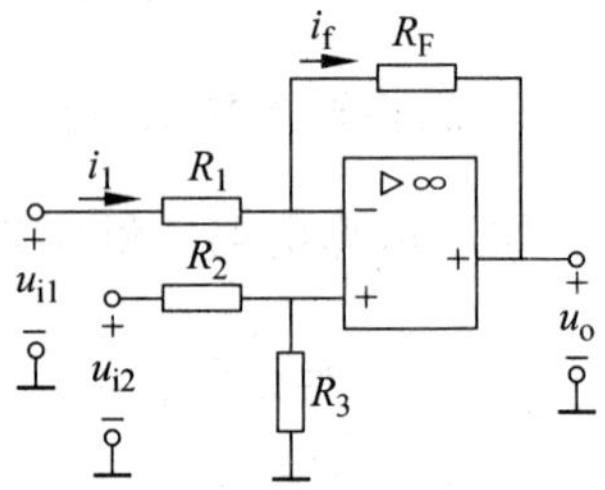

图 3.2.6 减法运算电路

当 $\frac{R_F}{R_1}=\frac{R_3}{R_2}=K$ 时，上式为

$$u_o=\frac{R_F}{R_1}(u_{i2}-u_{i1})=K(u_{i2}-u_{i1}) \tag{3.2.13}$$

当 $K=1$，则得

$$u_o=u_{i2}-u_{i1} \tag{3.2.14}$$

由式(3.2.14)可知，图 3.2.6 所示的电路的输出电压与输入信号的差值成正比，实现了减法运算。

例 3.2.2 电路如图 3.2.7 所示，试求输出电压 u_o。

解：A_1 是电压跟随器，因此有

$$u_{o1}=u_{i1}$$

A_2 是减法运算电路,因此有

$$u_o = \left(1+\frac{R_F}{R_1}\right)u_{i2} - \frac{R_F}{R_1}u_{o1}$$

$$= \left(1+\frac{R_F}{R_1}\right)u_{i2} - \frac{R_F}{R_1}u_{i1}$$

图 3.2.7 中,输入电压 u_{i1} 接入 A_1 的同相端,而不是直接输入 A_2 的反相端,这样可以提高输入阻抗。

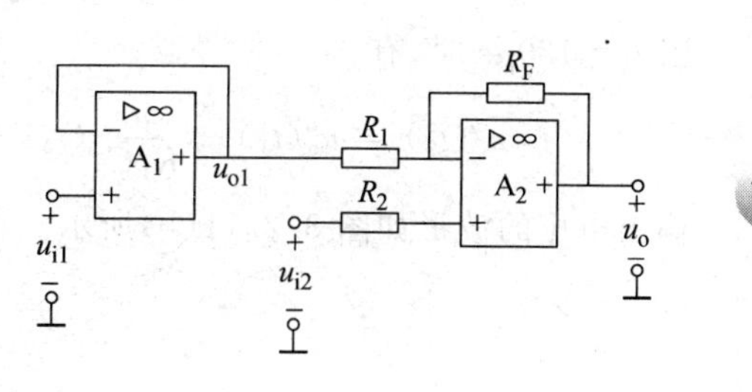

图 3.2.7 例 3.2.2 电路

3.2.4 积分运算

积分运算电路与反相比例运算电路类似,不同的是电容 C_F 代替 R_F 作为反馈元件。图 3.2.8 所示的电路为积分运算电路。

根据电路可知 $u_- \approx u_+ = 0$,则有

$$i_1 = i_f = \frac{u_i}{R_1}$$

$$u_o = -u_C = -\frac{1}{C_F}\int i_f \mathrm{d}t = -\frac{1}{R_1 C_F}\int u_i \mathrm{d}t \tag{3.2.15}$$

上式表明 u_o 与 u_i 的积分成比例。

当 u_i 为阶跃电压时,输出电压 u_o 为

$$u_o = -\frac{1}{R_1 C_F}\int_0^t u_i \mathrm{d}t = -\frac{U_i}{R_1 C_F}t \tag{3.2.16}$$

其波形如图 3.2.9 所示,最后达到运放的负饱和值 $-U_{o(sat)}$。

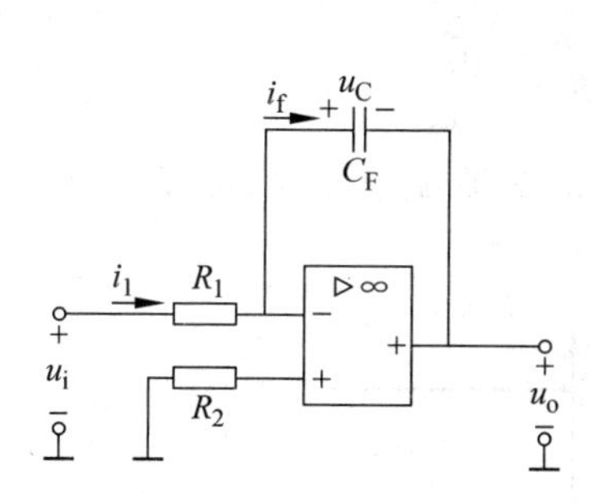

图 3.2.8 积分运算电路

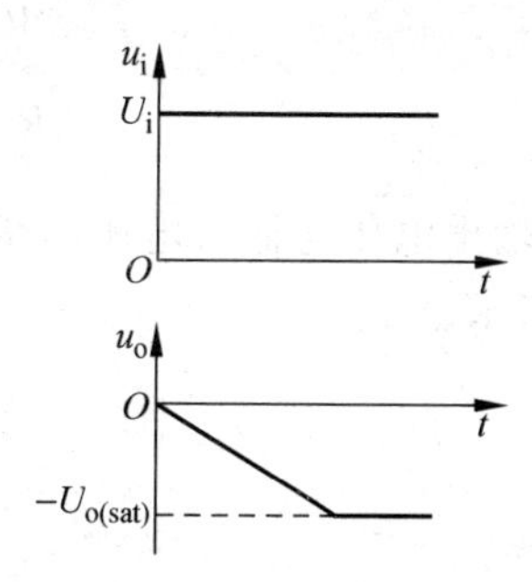

图 3.2.9 积分运算电路输入输出波形

在以前学过的简单 RC 积分电路中,当 u_i 一定时,u_o 随着电容的充电呈指数规律增长,线性度较差。而由理想运放组成的积分电路,输出电压 u_o 是时间的一次函数,按线性规律变化。在实用电路中,为了防止低频信号电压放大倍数过大,常在电容上并联一个电阻加以限制。

例 3.2.3 电路如图 3.2.10 所示,电路中 $R_1 = 10\text{k}\Omega$,$C_F = 0.005\mu\text{F}$,电容器 C 两端并联电阻 $R_F = 1\text{M}\Omega$,输入电压 u_i 波形如图 3.2.11(a)所示,在 $t=0$ 时,电容器 C 的初始电压为 $u_C(0)=0$,试画出输出电压 u_o 的波形。

解:在 $t=0$ 时,$u_o(0)=0$; $t_1 = 40\mu\text{s}$ 时,有

$$u_o(t_1) = -\frac{u_i}{R_1 C_F}t_1 = -\frac{-10\times 40\times 10^{-6}}{10\times 10^3 \times 5\times 10^{-9}} = 8\text{V}$$

当 $t_2=120\mu s$ 时，有

$$u_o(t_2)=u_o(t_1)-\frac{u_i}{R_1C_F}(t_2-t_1)=8-\frac{5\times(120-40)\times10^{-6}}{10\times10^3\times5\times10^{-9}}=0\text{V}$$

输出电压的波形如图 3.2.11(b)所示。

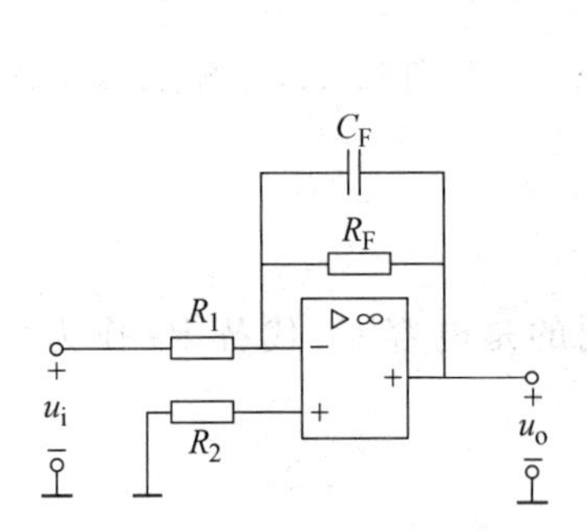

图 3.2.10　积分电容并联电阻的积分电路

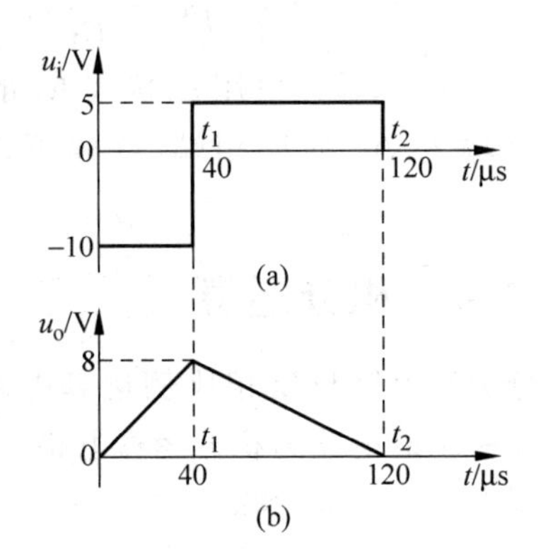

图 3.2.11　例 3.2.3 的输入和输出波形

3.2.5　微分运算

把 3.2.8 所示电路中的电容与输入电阻位置互换，就成为微分运算电路，如图 3.2.12 所示。由图 3.2.12 可得

$$u_-\approx u_+=0$$

$$i_1=C_1\frac{du_C}{dt}=C_1\frac{du_i}{dt}$$

$$u_o=-i_fR_F=-i_1R_F=-R_FC_1\frac{du_i}{dt}\tag{3.2.17}$$

上式表明输出电压与输入电压的微分成比例。当 u_i 为阶跃电压时，u_o 为尖脉冲电压，如图 3.2.13 所示。

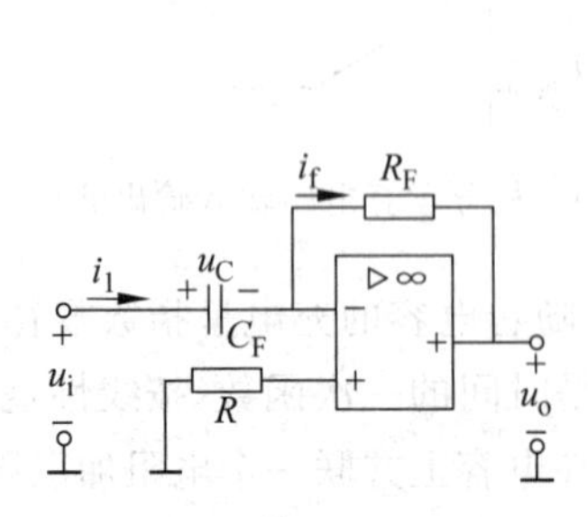

图 3.2.12　微分运算电路

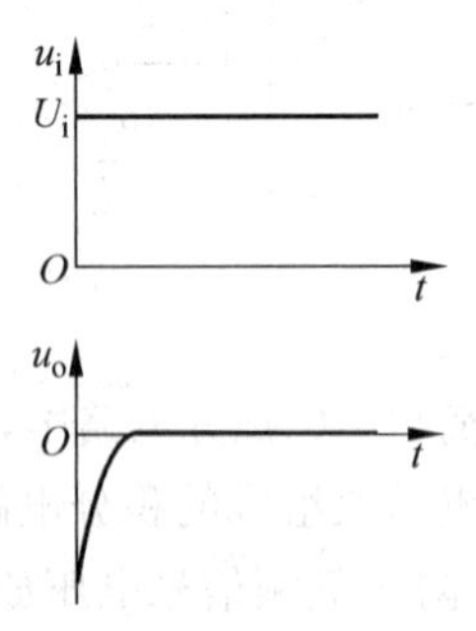

图 3.2.13　微分运算电路的阶跃的响应

例 3.2.4　在自动控制系统中，常采用图 3.2.14 所示的 PID 调节器，试分析输出电压与输入电压的运算关系。

解：根据“虚短”和“虚断”有

$$u_-\approx u_+=0$$

由电路可列出

$$i_f = i_{c1} + i_1$$

$$i_{c1} = C_1 \frac{du_i}{dt}, \quad i_1 = \frac{u_i}{R_1}$$

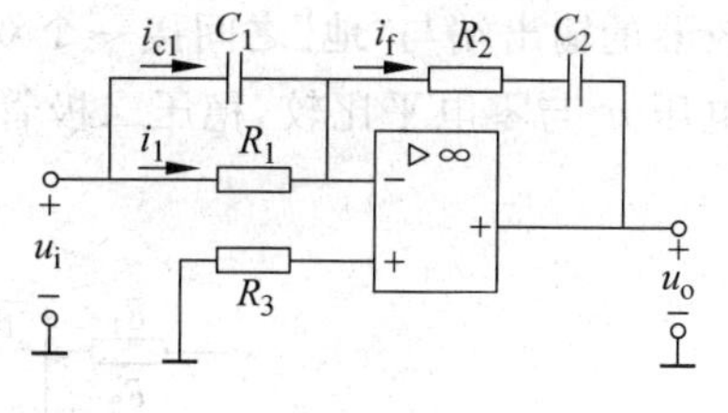

图 3.2.14　PID 调节器电路

输出电压 u_o 等于 R_2 上电压 u_{R2} 和 C_2 上电压 u_{C2} 之和，而

$$u_{R2} = -i_f R_2 = -\frac{R_2}{R_1}u_i - R_2 C_1 \frac{du_i}{dt}$$

$$u_{C2} = -\frac{1}{C_2}\int i_f dt = -\frac{1}{C_2}\int\left(C_1 \frac{du_i}{dt} + \frac{u_i}{R_1}\right)dt = -\frac{C_1}{C_2}u_i - \frac{1}{R_1 C_2}\int u_i dt$$

所以

$$u_o = -\left(\frac{R_2}{R_1} + \frac{C_1}{C_2}\right)u_i - R_2 C_1 \frac{du_i}{dt} - \frac{1}{R_1 C_2}\int u_i dt$$

因电路中含有比例、积分和微分运算，故称之为 PID 调节器。

当 $R_2=0$ 时，电路只有比例和积分运算部分，称为 PI 调节器；当 $C_2=0$ 时，电路只有比例和微分运算部分，称为 PD 调节器；根据控制中的不同需要，采用不同的调节器。

【思考题】

1. 运算放大器何时引入深度负反馈？各种运算中输入与输出间的运算关系取决于哪些因素？

2. 在信号运算电路中，运放一般工作在什么区域？

3. 电压跟随器的输出信号和输入信号相同，为什么还要应用这种电路？

4. 集成运算放大器实现各种模拟运算时，必须工作在电压传输特性的什么区域？如何实现？

5. 各种模拟运算电路的输出与输入关系中，为什么均与运算放大器的开环电压放大倍数无关？

3.3　集成运算放大器在信号比较方面的应用

利用集成运放工作在非线性区的特性，可构成多种幅值比较器，下面作简单介绍。

3.3.1　单限电压比较器

图 3.3.1(a)所示为一单限电压比较器电路。U_R 为参考电压，加在同相输入端，输入电压 u_i 加在反相输入端。由于运算放大器的开环差模电压放大倍数很大，即使输入端有一个很微小的差值信号，也会使输出电压饱和。当 $u_i>U_R$ 时，$u_o=-U_{o(sat)}$；当 $u_i<U_R$ 时，$u_o=+U_{o(sat)}$。图 3.3.1(b)为单限电压比较器的电压传输特性。

3.3.2　过零比较器

当图 3.3.1(a)中参考电压 $U_R=0$ 时，输入电压 u_i 与零电平比较，称为过零比较器，其电路和传输特性如图 3.3.2 所示。

为了将输出电压限制在某一特定值，以便与接在输出端的数字电路的电平兼容，可在比较器的输出端与“地”之间接一个双向稳压管 D_Z，作为双向限幅使用。图 3.3.3 所示，输入电压 u_i 与零电平比较，稳压二极管的稳压值为 U_Z，输出电压 u_o 被限制在 $+U_Z$ 或 $-U_Z$。

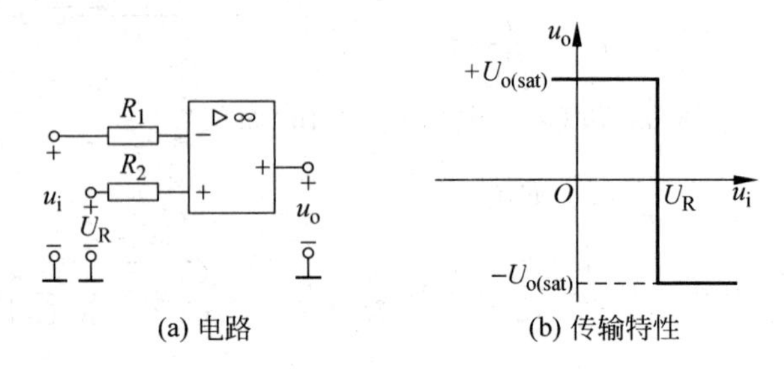

图 3.3.1 单限电压比较器

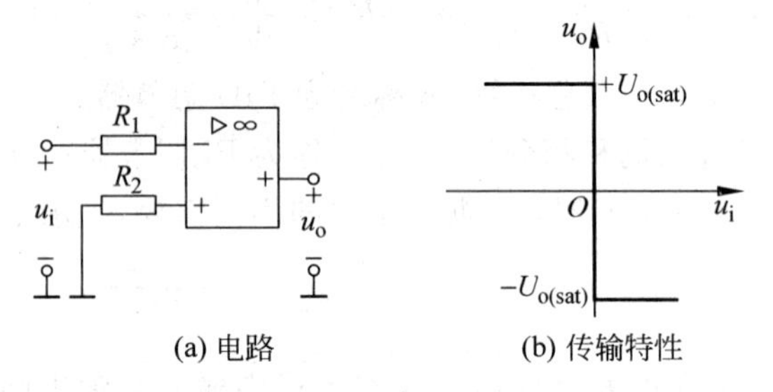

图 3.3.2 过零比较器

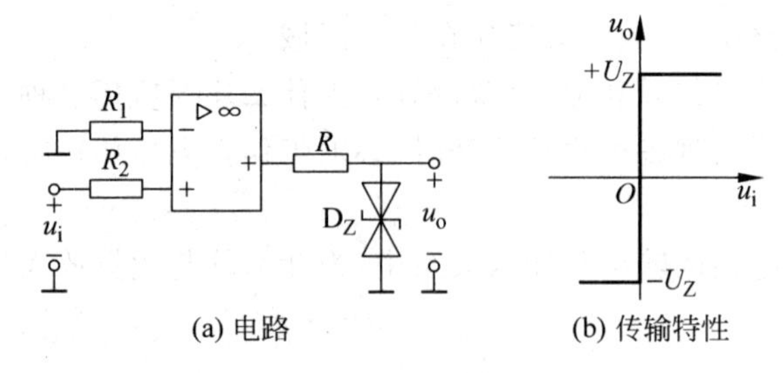

图 3.3.3 有限幅的过零比较器

3.3.3 滞回比较器

虽然单限电压比较器灵敏，但是抗干扰能力差。输入电压在参考电压附近的任何微小变化都将引起输出电压的跃变。采用滞回比较器可克服这一缺点。图 3.3.4(a)为一基本的滞回比较器电路，图 3.3.4(b)为其电压传输特性。

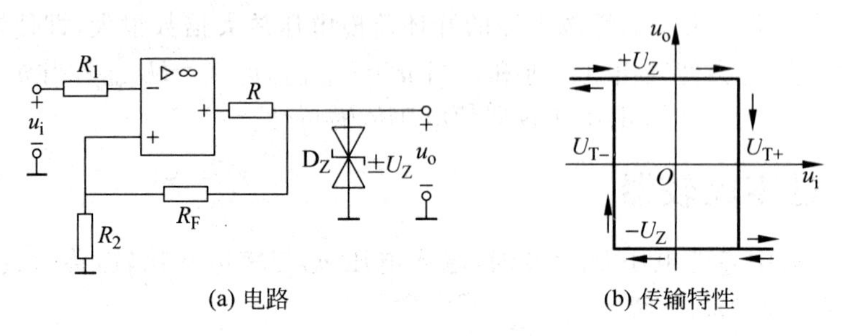

图 3.3.4 滞回比较器及其电压传输特性

电路中加入了正反馈，集成运放工作在非线性区，电路的输出电压有两种取值，即 $u_o=\pm U_Z$，同相输入端电压分别为：

当 $u_o=+U_Z$ 时，$u_+=U_{T+}=\dfrac{R_2}{R_2+R_F}u_o=\dfrac{R_2}{R_2+R_F}U_Z$；

当 $u_o=-U_Z$ 时，$u_+=U_{T-}=\dfrac{R_2}{R_2+R_F}u_o=-\dfrac{R_2}{R_2+R_F}U_Z$。

设某一瞬间时 $u_o=+U_Z$，当输入电压 u_i 增大到 $u_i\geqslant U_{T+}$ 时，输出电压 u_o 跳变到 $u_o=-U_Z$，发生负向跃变。当输入电压 u_i 减小到 $u_i\leqslant U_{T-}$ 时，输出电压 u_o 又跳变到 $u_o=+U_Z$，发生正向跃变。如此周而复始，随 u_i 变化，输出电压 u_o 为一矩形波电压。

U_{T+} 称为正向阈值电压，U_{T-} 称为负向阈值电压，两者之差 $U_{T+}-U_{T-}$ 称为回差 ΔU，并且

$$\Delta U=U_{T+}-U_{T-}=\frac{2R_2}{R_2+R_F}U_Z$$

改变正反馈系数$\dfrac{R_2}{R_2+R_F}$可同时调节正、负向阈值电压和回差，正是由于回差的存在，提高了电路的抗干扰能力。

【思考题】

1. 比较器的功能是什么？用作比较器的集成运放工作在什么区域？
2. 理想运放工作在非线性区时的特点是什么？
3. 电压比较器工作在什么区域？输出电压的大小和波形有何特点？
4. 电压比较器的基准电压接在运算放大器的同相输入端或反相输入端，其电压传输特性有何不同？

3.4 集成运算放大器的合理使用

集成运算放大器是模拟集成电路中应用最广泛的一种器件。在由运算放大器组成的各种电路系统中，由于应用要求不一样，对运算放大器的性能要求也不一样。为了使电路能正常稳定的工作，需要合理的使用集成运算放大器。因此，在使用时需要考虑器件的选型、电源供给方式、自激振荡的消除、零点的调整和对集成运放的保护等实际问题。

1. 选择

集成运算放大器按其技术指标可分为通用型、高速型、高阻型、低功耗型、大功率型、高精度型等；按其内部电路可分为双极型和单极型；按每个集成片内运放的数目可分为单运放、双运放及四运放等。

由于集成运放的种类繁多，性能各异，在设计集成运放的应用电路时，应根据具体情况综合考虑输入信号的特点、负载的性质、电路的精度要求、功耗的要求、供电电源、工作环境以及芯片的价格等多种元素，选择适当的型号。在没有特殊要求的情况下，应尽可能选择通用型系列。对于有特殊要求的，则应根据要求进行选择，例如有些放大器的输入信号微弱，它的第一级应选用高输入电阻、高共模抑制比、高开环电压放大倍数、低失调电压及低温度

漂移的集成运放。若放大交流信号，由于可使用电容耦合，输入失调电压等因素就可不予考虑。由于种类繁多，在选用运算放大器时，必须先查阅有关产品手册。在没有特殊要求的场合，尽量选用通用型集成运放，这样既可降低成本，又容易保证货源。全面了解运算放大器的性能与参数，再根据货源、价格等决定取舍。

集成运放有两个电源接线端$+U_{CC}$和$-U_{EE}$，但有不同的电源供给方式。对于不同的电源供给方式，对输入信号的要求是不同的。

1）对称双电源供电方式

运算放大器多采用这种方式供电。相对于公共端（地）的正电源（＋E）与负电源（－E）分别接于运放的$+U_{CC}$和$-U_{EE}$管脚上。在这种方式下，可把信号源直接接到运放的输入脚上，而输出电压的振幅可达正负对称电源电压。

2）单电源供电方式

单电源供电是将运放的$-U_{EE}$管脚连接到地上。此时为了保证集成运放内部单元电路具有合适的静态工作点，在运放输入端一定要加入一直流电位。此时运放的输出是在某一直流电位基础上随输入信号变化。

2. 消除自激振荡

运算放大器是一个高放大倍数的多级直接耦合放大器，在接成深度负反馈条件下，很容易产生自激振荡，使电路无法正常工作。因此在应用中要对电路进行适当的频率补偿和相位补偿以便消除自激振荡。通常消除自激振荡的方法就是利用集成运放所提供的频率补偿端子，引入某种 RC 网络，改变其固有的频率特性，使电路在闭环时能够稳定工作。

目前，由于集成工艺水平的提高，一些集成运放产品，如 F007、F3193、F1556 等，在设计时已把消振电容做在集成电路内部（内补偿型集成运放），外部无须再加电容。按照技术要求使用这些器件时，一般不会出现自激振荡。

3. 调零

由于集成运放的输入失调电压和输入失调电流的影响，当运算放大器组成的线性电路输入信号为零时，输出往往不等于零。为补偿输入失调量造成的不良影响，使输入为零时输出也为零，此时就需要调零。运算放大器通常都明确规定调零管脚和调零电位器的阻值，只要按照要求调零，一般能满足要求。若按照要求调零仍不能满足要求可以适当增大调零电位器阻值，或利用辅助调零的方法。

调零时应注意：

（1）不能在开环状态下调零；

（2）对于正、负电源供电的运算放大器，调零时应保持正、负电源对称；

（3）对要求不高的放大电路，可采取静态调零的方法，即将运放输入、输出端接地，然后进行调零。

4. 保护

在使用集成运放时，通常加一些保护措施来防止器件损坏。保护措施分为输入端保护、输出端保护、电源保护。

当集成运放的输入端所加的差模或共模电压过高时会损坏输入级的晶体管，图 3.4.1 所示的电路在输入端接入两个反向并联的二极管，将输入电压限制在二极管的正向压降以下。

为防止输出电压过大，图 3.4.2 所示的电路在输出端加两个反向串联的稳压二极管，限制了输出电压。电阻 R_3 起限流作用。

为防止正、负电源接反，图 3.4.3 所示电路在电源端串联二极管来进行保护。

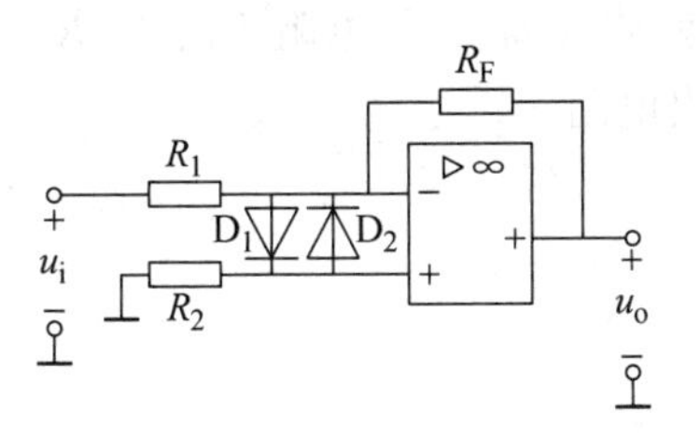

图 3.4.1 输入端保护

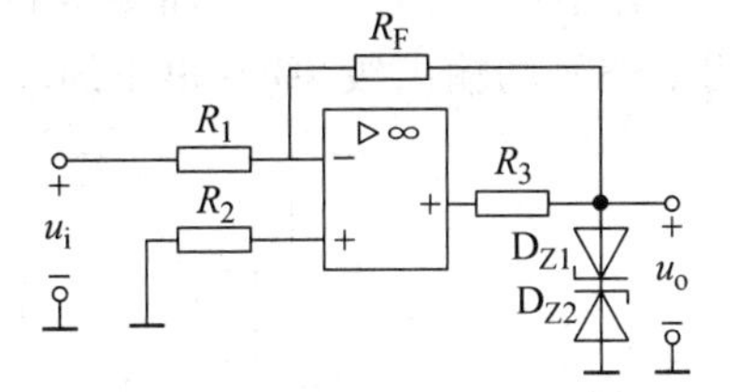

图 3.4.2 输出端保护

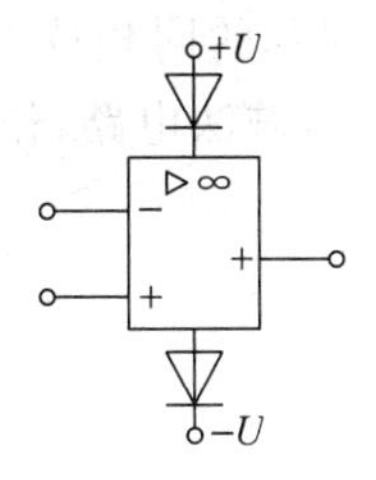

图 3.4.3 电源保护

【思考题】

1. 在实际选择使用集成运放时，应注意哪些问题？
2. 集成运放调零时要注意哪些问题？
3. 在使用集成运放时，有哪些措施可防止集成运放的损坏？

3.5 案例解析

在前面所讲的减法电路中，反相输入端和同相输入端都有信号输入，则为差动输入。因此该运算电路，又称为差分运算电路。它在测量系统中应用很多，下面举例简单说明其应用。

1. 基于差分运算电路的测温电路

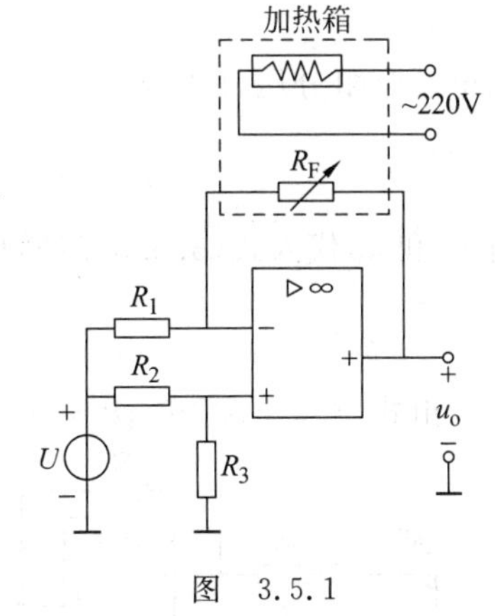

图 3.5.1

如图 3.5.1 所示，加热箱内有热敏电阻 R_F，当温度升高时，电阻 R_F 变化了 ΔR_F，变成了$(R_F+\Delta R_F)$，设电阻变化率为 α，则 $\alpha=\dfrac{\Delta R_F}{R_F}$，即 $\Delta R_F=\alpha R_F$。由公式(3.2.12)可得

$$u_o=\left(1+\frac{R_F+\alpha R_F}{R_1}\right)\frac{R_3}{R_2+R_3}U-\frac{R_F+\alpha R_F}{R_1}U$$

整理可得

$$u_o=-\frac{\alpha R_F}{R_1+R_F}U=-\frac{\alpha K}{1+K}U \qquad (3.5.1)$$

如果 $R_F \ll R_1$，则由$\dfrac{R_F}{R_1}=\dfrac{R_3}{R_2}=K\ll 1$，上式可变形为

$$u_o \approx -\alpha KU \qquad (3.5.2)$$

由式(3.5.2)可知，图 3.5.1 所示的测温电路中，输出电压 u_o 与热敏电阻 R_F 的变化率 α 成比例，如果热敏电阻的变化率与加热箱的温度变化率呈线性比例关系，则加热箱的温度

变化与电路的输出电压的变化成比例。这样，就可以通过输出电压 u_o 的变化反映加热箱温度的变化。

2. 基于电桥的测量放大电路

基于电桥的测量放大电路，如图 3.5.2 所示，由带测温电阻 R_T 的电桥和三个集成运算放大器(即 A_1、A_2 和 A)构成，其中集成运算放大器 A_1、A_2 作为测量信号的输入级，是两个完全对称的同相放大器，具有很高的输入电阻，而集成运算放大器 A 与电阻 R_1、R_2、R_3 和 R_F 组成减法电路，作为测量信号的输出级，具有很小的输出电阻。

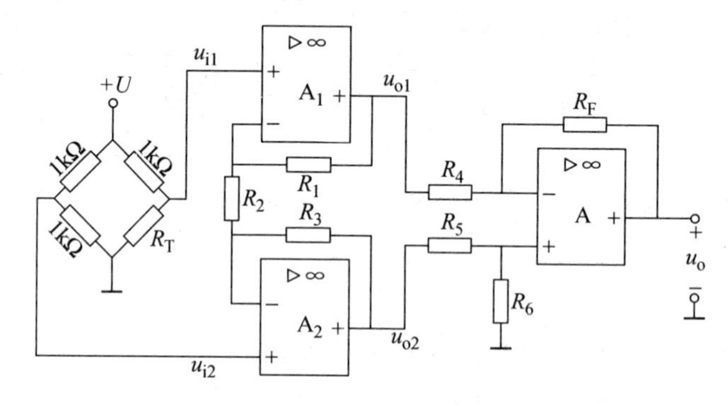

图 3.5.2 基于电桥的测量放大电路

假设 A_1、A_2 和 A 为理想运算放大器，则有

$$\frac{u_{i1}-u_{i2}}{R_2}=\frac{u_{o1}-u_{o2}}{R_1+R_2+R_3} \tag{3.5.3}$$

$$u_o=\frac{R_4+R_F}{R_4}\times\frac{R_6}{R_5+R_6}\times u_{o2}-\frac{R_F}{R_4}\times u_{o1} \tag{3.5.4}$$

假设 $R_1=R_2=R_3$，$\frac{R_F}{R_4}=\frac{R_6}{R_5}=K$，则联立式(3.5.3)和式(3.5.4)可得

$$u_o=3K(u_{i2}-u_{i1}) \tag{3.5.5}$$

由电桥电阻分压公式，则有

$$u_{i1}=\frac{R_T}{1+R_T}\times U,\quad u_{i2}=\frac{1}{1+1}\times U$$

将 u_{i1} 和 u_{i2} 代入式(3.5.5)后整理可有

$$u_o=-\frac{3(R_T-1)K}{2(R_T+1)}U \tag{3.5.6}$$

由式(3.5.6)可知，图 3.5.2 所示的测量放大电路，输出电压 u_o 与测量电阻 R_T 的变化有关，如果当 $R_T=1\text{k}\Omega$ 时，测量放大电路输出 $u_o=0$，当 $R_T>1\text{k}\Omega$ 或 $R_T<1\text{k}\Omega$ 时，测量放大电路有负或者正的放大电压信号输出。这样，就可以通过输出电压 u_o 的变化反映测量电阻 R_T 的变化。

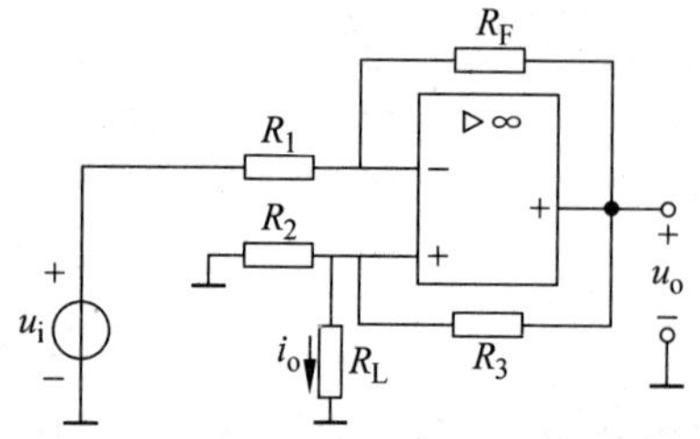

图 3.5.3 基于差分电路的恒流源

3. 基于差分电路的恒流源

运用差分电路可设计成恒流源，如图 3.5.3 所示。

与减法电路相比，不同的是同相输入端的输入信号接地，并在 R_2 和 R_3 中间与参考地之间接入负载电阻输入负载 R_L，负载 R_L 上流过的电流 i_o，即为恒流源流出电流。假设 A 为理想运算放大器，则

反相输入端电压：$u_- = \frac{R_F}{R_F+R_1}u_i + \frac{R_1}{R_F+R_1}u_o$

同相输入端电压：$u_+ = \frac{R_2//R_L}{R_3+R_2//R_L}u_o = i_o R_L$

由虚短（$u_+ \approx u_-$）可得

$$\frac{R_2//R_L}{R_3+R_2//R_L}u_o = i_o R_L = \frac{R_F}{R_F+R_1}u_i + \frac{R_1}{R_F+R_1}u_o$$

整理上式，可得

$$u_o = \frac{R_F}{R_F+R_1} \times \frac{1}{\frac{R_2//R_L}{R_3+R_2//R_L} - \frac{R_1}{R_F+R_1}} \times u_i \tag{3.5.7}$$

则电流 i_o 为

$$i_o = \frac{1}{R_L} \times \frac{R_2//R_L}{R_3+R_2//R_L} \times \frac{R_F}{R_F+R_1} \times \frac{1}{\frac{R_2//R_L}{R_3+R_2//R_L} - \frac{R_1}{R_F+R_1}} \times u_i$$

整理上式，可得

$$i_o = \frac{R_2 R_F}{(R_2 R_F - R_1 R_3)R_L - R_1 R_2 R_3} \times u_i \tag{3.5.8}$$

由于$\frac{R_F}{R_1} = \frac{R_3}{R_2} = K$，所以 $R_2 R_F = R_1 R_3$，则有

$$i_o = -\frac{u_i}{R_2} \tag{3.5.9}$$

根据公式(3.5.9)可知，电流源的输出电流 i_o 大小跟电阻 R_2 和输入电压 u_i 有关，跟负载 R_L 无关。图 3.5.4 为差分运算电路实现电压-电流的转换电路。

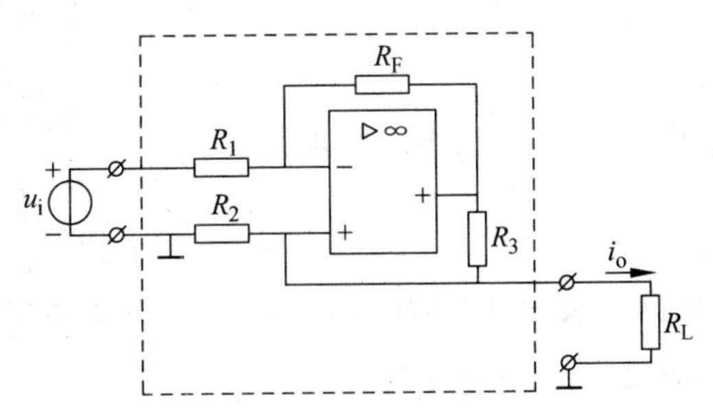

图 3.5.4 电压-电流的转换电路

4. 毫欧级小电阻的测量电路

基于前面所述的恒流源电路和测量电路，可组合设计出一个测量毫欧级小电阻的测量电路，如图 3.5.5 所示。输入电压可恒压源，也可以用干电池代替，假设电路中$\frac{R_F}{R_7} = \frac{R_9}{R_8} = K$，则输出电压 u_o 与被测小电阻 R_X 满足下列关系：

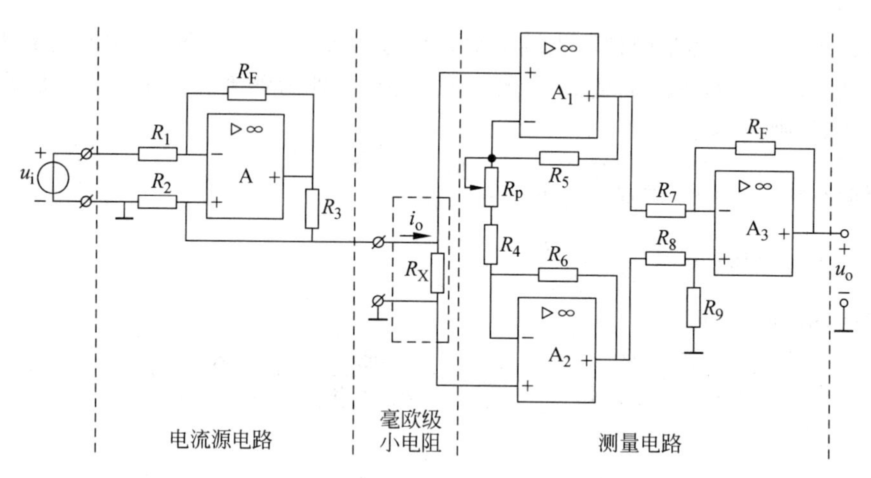

图 3.5.5 毫欧级小电阻的测量电路

$$u_o = \frac{\left(-\frac{u_i R_X}{R_2}\right)}{R_p + R_4} \times (R_4 + R_5 + R_6 + R_p) \times (-K) = \frac{(R_4 + R_5 + R_6 + R_p)Ku_i}{(R_p + R_4)R_2} R_X \tag{3.5.10}$$

整理式(3.5.10),可得电阻 R_X 为

$$R_X = \frac{(R_p + R_4)u_o}{(R_4 + R_5 + R_6 + R_p)Ku_i} R_2 \tag{3.5.11}$$

由式(3.5.11)可知,被测小电阻 R_X 的测量范围主要与减法电路参数 K,以及恒流源电阻 R_2 有关。因为通常输入电压 u_i 采用干电池,比如 1.5V,而输出电压 u_o 小于其饱和电压输出 $U_{O(sat)}$,通常 $u_o<15V$,因此$\frac{u_o}{u_i}$的取值基本在 $10^0 \sim 10^1$ 数量,而式子$\frac{R_p+R_4}{R_4+R_5+R_6+R_p}$也通常控制在 10^{-1}数量级。这样,小电阻 R_X 的测量范围主要取决于参数 K 和电阻 R_2 了,比如取 $K=1000$,$R_2=1\Omega$,便可测量毫欧级的小电阻了。

【思考题】

1. 已知某电路如图 3.5.6 所示,其中电阻满足等式$\frac{R_F}{R_1}=\frac{R_3}{R_2}=K$,试求输入电压 u_o 与 u_{i1}、u_{i2}的关系式。

2. 已知某差分运算电路改装的电路如图 3.5.7 所示,其中电阻满足等式$\frac{R_F}{R_1}=\frac{R_3}{R_2}=K$,试计算负载电阻 R_L 上电流 i_o 与 u_i 的关系式。

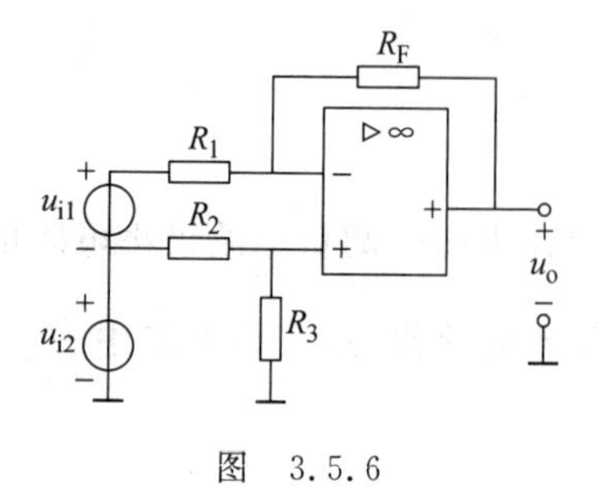

图 3.5.6

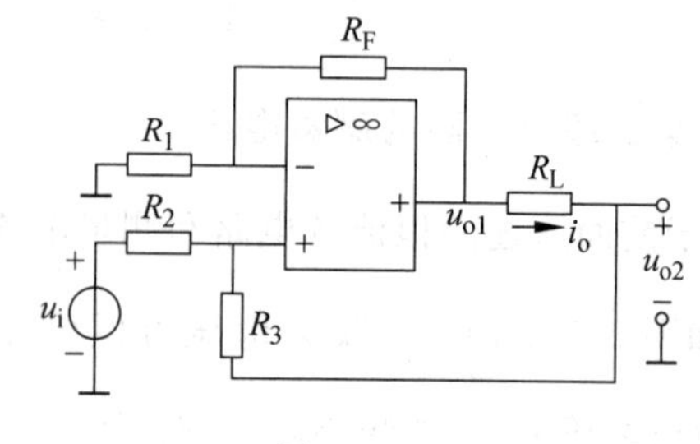

图 3.5.7

小结

1. 集成运算放大器是用集成工艺制成的，具有高增益的直接耦合多级放大电路。它一般由输入级、中间级、输出级和偏置电路四部分组成。为抑制零漂和提高共模抑制比，输入级采用差动放大电路；中间级采用共射极放大电路；输出级采用互补对称电路。

2. 集成运算放大器的技术指标是各种性能的定量描述，也是选用运放产品的主要依据。理想运算放大器是将集成运放的各项技术指标理想化，使分析应用电路的过程简单化。理想运算放大器只有引入深度负反馈，才能工作在线性区，且具备两个重要特点：① $u_+ \approx u_-$（虚短）；② $i_+ = i_- \approx 0$（虚断）。理想运算放大器工作在饱和区时，“虚短”不成立，但“虚断”仍成立。

3. 利用理想运算放大器工作在线性区的特点，可构成比例、加减、积分和微分等运算电路。利用理想运算放大器工作在饱和区工作的特点，可构成各种电压比较、过零比较电路和滞回比较电路。

习题

一、选择题（请将唯一正确选项的字母填入对应的括号内）

3.1 （　　）已知某运算放大器的开环电压放大倍数 $A_{uo} = 4 \times 10^5$，饱和输出电压 $\pm U_{O(sat)} = \pm 12V$，今在其反相输入端和同相输入端分别接入不同电压，则能使得该运算放大器工作在线性区的是？

(A) $u_- = 3mV, u_+ = 2mV$　　(B) $u_- = 3mV, u_+ = 2\mu V$

(C) $u_- = 3\mu V, u_+ = 2\mu V$　　(D) $u_- = 3\mu V, u_+ = 2mV$

3.2 （　　）题 3.2 图所示电路的输出电压 U_O 是多少？

(A) 0V　　(B) 2V　　(C) 4V　　(D) −2V

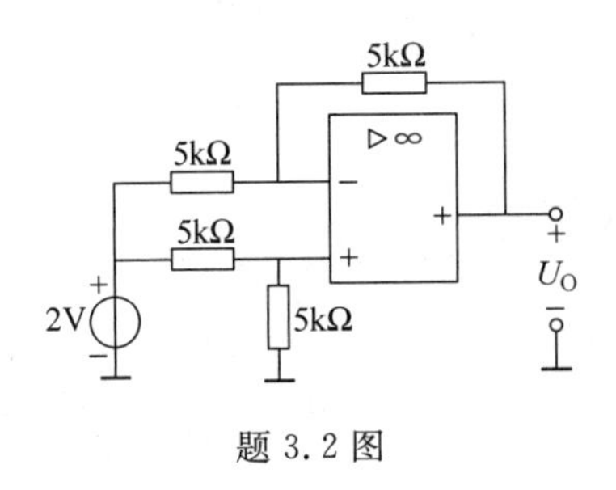

题 3.2 图

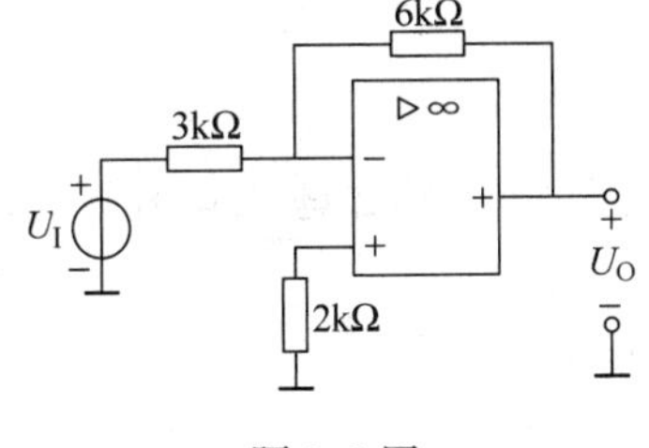

题 3.3 图

3.3 （　　）在题 3.3 图所示电路中，理想运算放大器的饱和输出电压 $\pm U_{O(sat)} = \pm 12V$，则当输入电压 $U_I = 7V$ 时，输出电压 U_O 为多少？

(A) −12V　　(B) 12V　　(C) 14V　　(D) −14V

3.4 （　　）已知下面 4 个电路中理想运算放大器的饱和输出电压 $\pm U_{O(sat)} = \pm 13V$，则哪个电路中的运放工作在线性区？

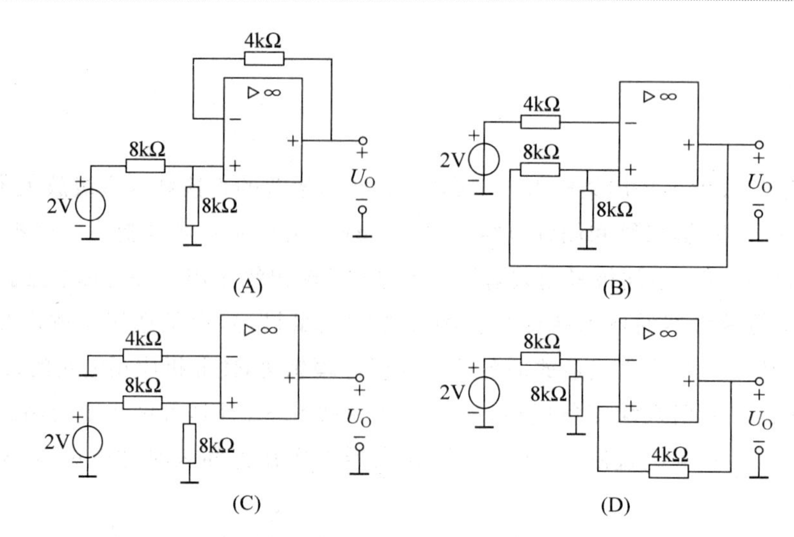

3.5 （　　）如题 3.5 图(a)所示，已知运算放大器的开环电压放大倍数 $A_{uo}=2\times10^4$，饱和输出电压 $\pm U_{O(sat)}=\pm12V$，如果输入电压 $u_i=10\sin\omega t(mV)$，则在题 3.5 图(b)中哪个是输出电压 u_o 的波形？

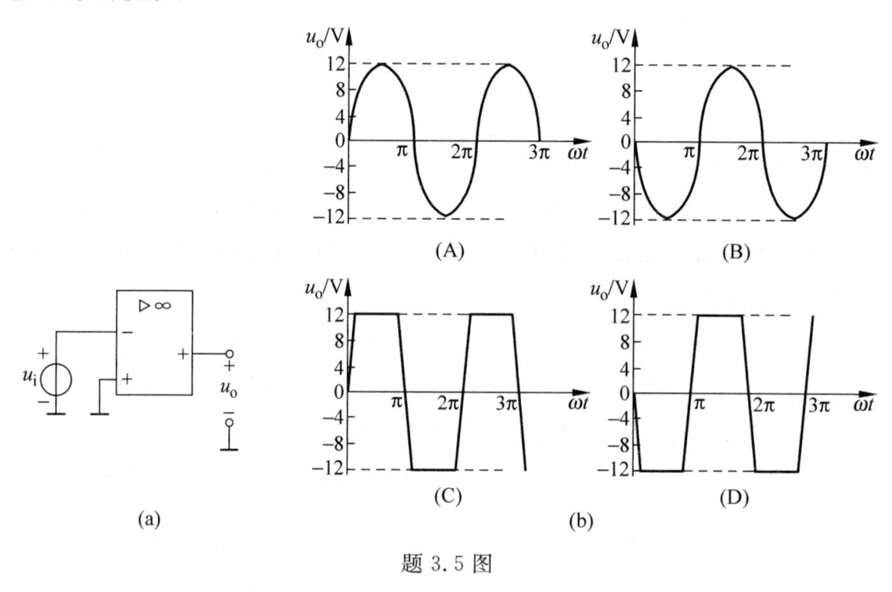

题 3.5 图

3.6 （　　）电路如题 3.6 图所示，流过电阻 R 的电流 I 为多少？

（A） 1mA

（B） 0.5mA

（C） 0.25mA

（D） 与电阻 R 的大小相关，无法确定。

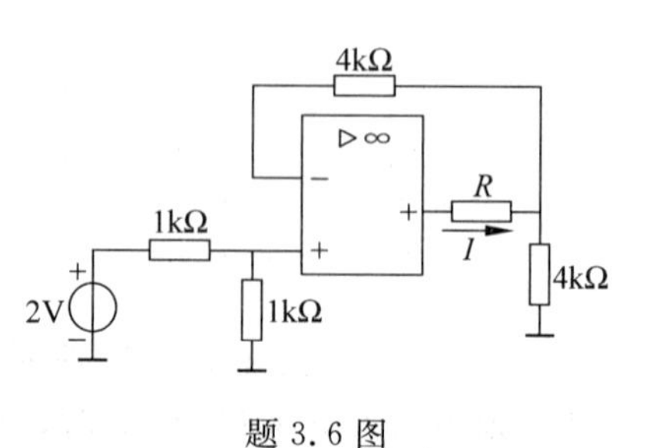

题 3.6 图

3.7 （　　）电路如题 3.7 图所示，流过电阻 R 的电流 I 的大小为多少？

（A） 1mA　　　（B） 0.5mA

（C） 0.25mA　　　（D） 与电阻 R 的大小相关，无法确定

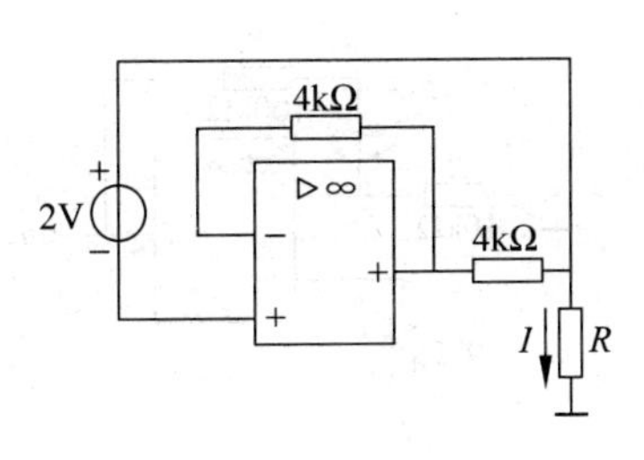

题 3.7 图

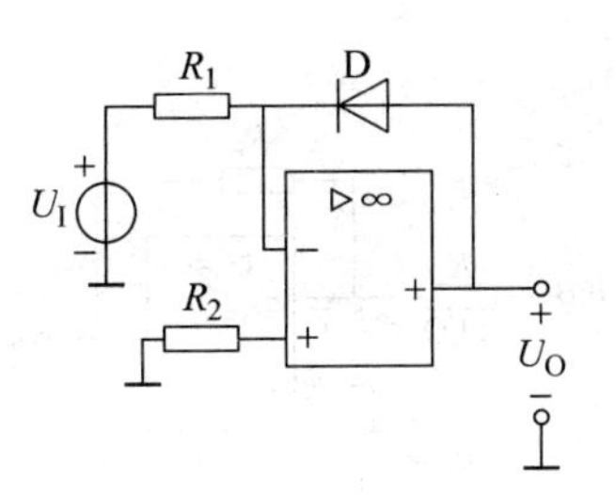

题 3.8 图

3.8 (　　)电路如题 3.8 图所示,运算放大器的饱和输出电压$\pm U_{O(sat)}=\pm 12V$,二极管 D 的正向导通电压忽略不计,当输入电压$U_I=2V$时,输出电压U_O为多少?

(A) 2V　　(B) 0V　　(C) 12V　　(D) −12V

3.9 (　　)电路如题 3.8 图所示,运算放大器的饱和输出电压$\pm U_{O(sat)}=\pm 12V$,二极管 D 的正向导通电压忽略不计,当输入电压$U_I=-2V$时,输出电压U_O为多少?

(A) 2V　　(B) 0V　　(C) 12V　　(D) −12V

3.10 (　　)某电路如题 3.10 图所示,运算放大器的饱和输出电压$\pm U_{O(sat)}=\pm 12V$,双向稳压管D_Z的稳定电压为$U_Z=\pm 6V$,当输入电压$U_I=2V$,则输出电压U_O为多少?

(A) 12V　　(B) 6V　　(C) −12V　　(D) −6V

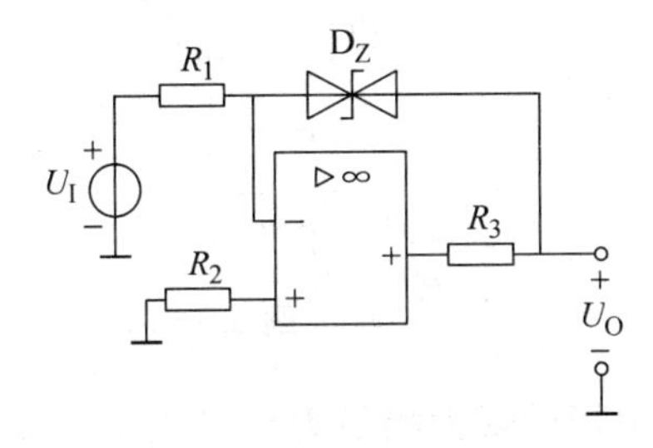

题 3.10 图

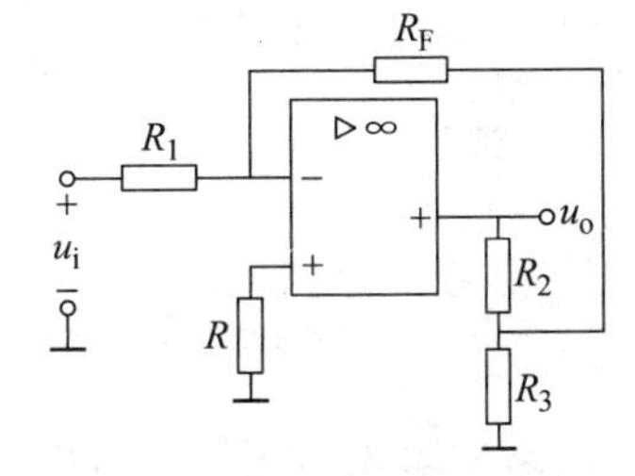

题 3.11 图

3.11 (　　)某电路如题 3.11 图所示,为保证运算放大器的输入级差分放大电路的对称性,平衡电阻R应如何取值?

(A) $R=R_1//R_F//R_2//R_3$　　(B) $R=R_1//R_F//(R_2+R_3)$

(C) $R=R_1//(R_F+R_2//R_3)$　　(D) $R=(R_1//R_F)+(R_2//R_3)$

3.12 (　　)下面哪种由运算放大器构成的电路可实现函数$Y=aX_1+bX_2+cX_3$,其中a、b和c均大于零。

(A) 同相加法运算电路　　(B) 减法运算电路

(C) 反相加法运算电路　　(D) 反相比例电路

二、解答题

3.13 如题 3.13 图所示,已知,当输入电压$u_i=100mV$时要求输出电压$u_o=-5V$,求电阻R_F的大小。

3.14 电路如题 3.14 图所示,集成运放输出电压的最大幅值为$\pm 14V$,求输入电压u_i分别为 100mV 和 2V 时输出电压u_o的值。

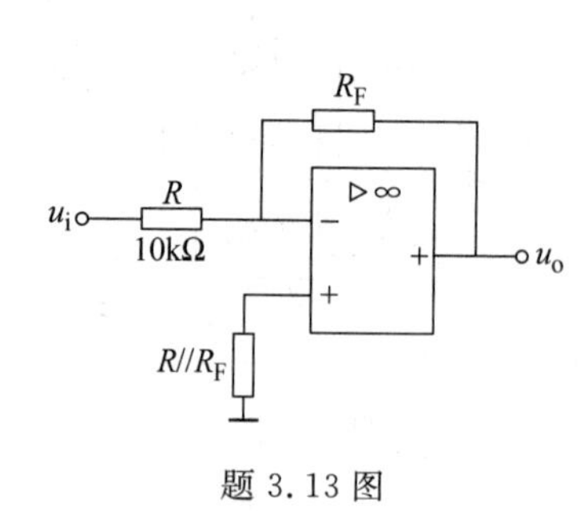

题 3.13 图

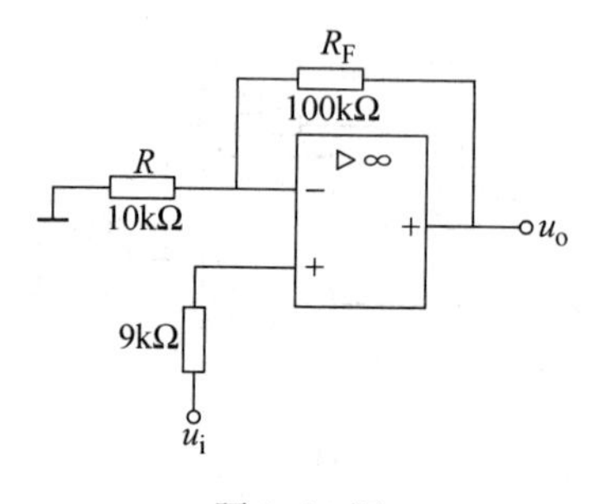

题 3.14 图

3.15　电路如题 3.15 图所示，已知 $R_1=R_2=100\text{k}\Omega$，$R_3=R_4=10\text{k}\Omega$，$R_5=2\text{k}\Omega$，$C=1\mu\text{F}$，运算放大器 A_1 和 A_2 输出电压的最大幅值均为 ±12V。要求：

(1) 开始时，$u_{i1}=u_{i2}=0\text{V}$，电容 C 上的电压 $u_C=0\text{V}$，运算放大器 A_2 的输出电压 u_o 为最大幅值 $u_o=+12\text{V}$。求当 $u_{i1}=-10\text{V}$，$u_{i2}=0\text{V}$，要经过多长时间 u_o 由 +12V 变为 −12V？

(2) 若 u_o 变为 −12V 后，u_{i2} 由零变为 +15V，问再经过多长时间 u_o 由 −12V 变为 +12V？

(3) 画出(1)、(2)过程中，u_o、u_{o1} 的波形。

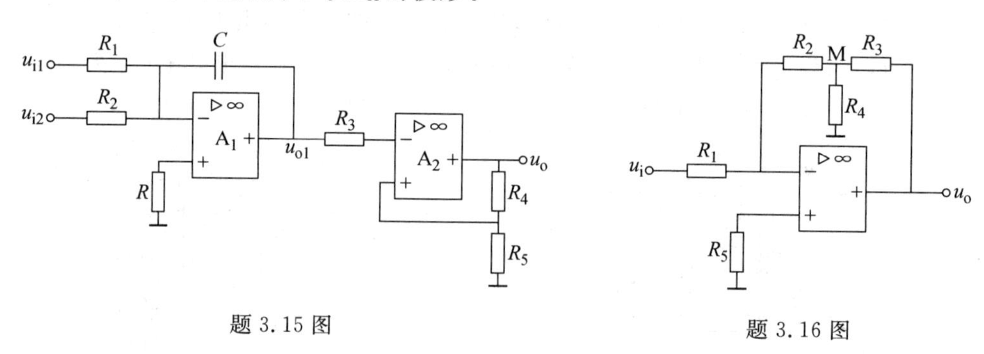

题 3.15 图　　　　题 3.16 图

3.16　电路如题 3.16 图所示，集成运放输出电压的最大幅值为 ±14V，u_i 为 2V 的直流电压信号，电阻 $R_1=50\text{k}\Omega$，$R_2=R_3=100\text{k}\Omega$，$R_4=2\text{k}\Omega$。求出：

(1) 输出电压 u_o 的大小；

(2) 若 R_2 短路，输出电压 u_o 的大小；

(3) 若 R_3 短路，输出电压 u_o 的大小；

(4) 若 R_4 短路，输出电压 u_o 的大小；

(5) 若 R_4 断路，输出电压 u_o 的大小。

3.17　试求题图 3.17 所示各电路输出电压与输入电压的运算关系式。

3.18　在题 3.18 图所示电路中，已知 $R_1=R_2=R_3=R_F=R=100\text{k}\Omega$，$C=1\mu\text{F}$。试求：

(1) u_o 与 u_i 的运算关系；

(2) 设 $t=0$ 时 $u_o=0$，当 u_i 由零跃变为 −1V，试求输出电压 u_o 由零上升到 +6V 所需要的时间。

3.19　在题 3.19 图(a)所示电路中，已知 $R=100\text{k}\Omega$，$C=0.1\mu\text{F}$，输入电压 u_i 的波形如图(b)所示，当 $t=0$ 时 $u_o=0$。试画出输出电压 u_o 的波形。

3.20　某运放电路如题 3.20 图所示，已知 $R_1=R_2=2\text{k}\Omega$，$R_F=20\text{k}\Omega$，$R_3=18\text{k}\Omega$，$u_i=1\text{V}$，求 u_o。

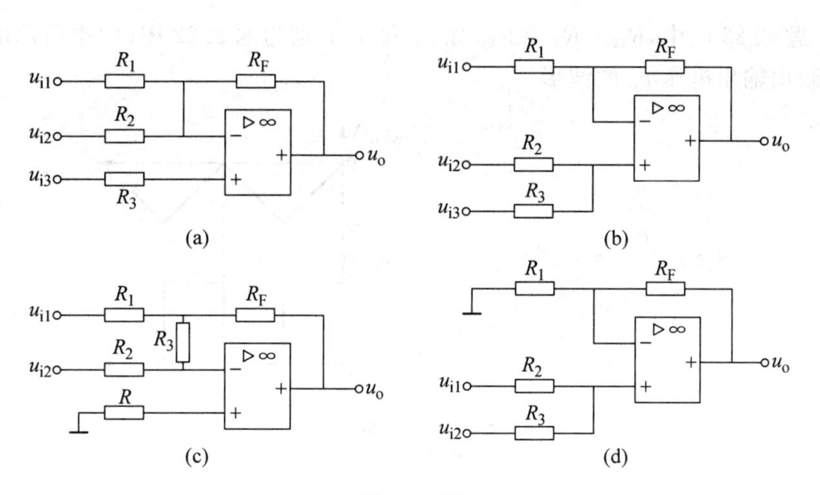

题 3.17 图

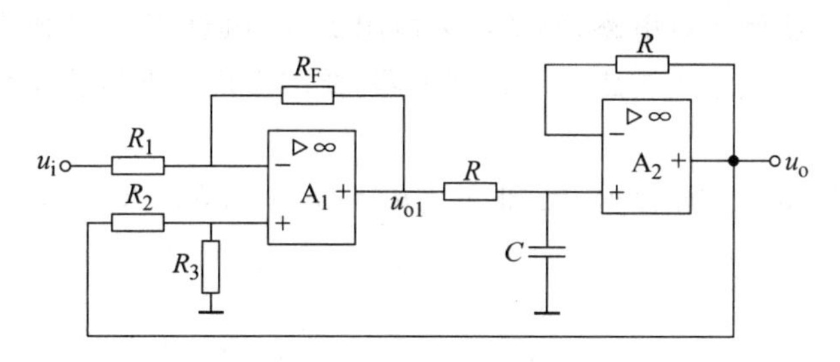

题 3.18 图

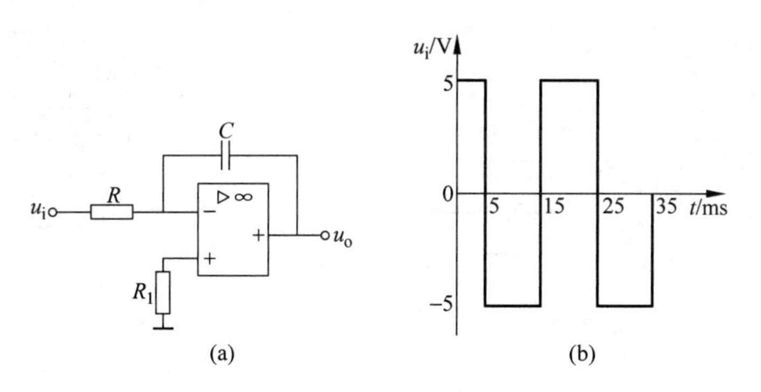

题 3.19 图

3.21　求题 3.21 图中 u_o 与 u_i 的运算关系。

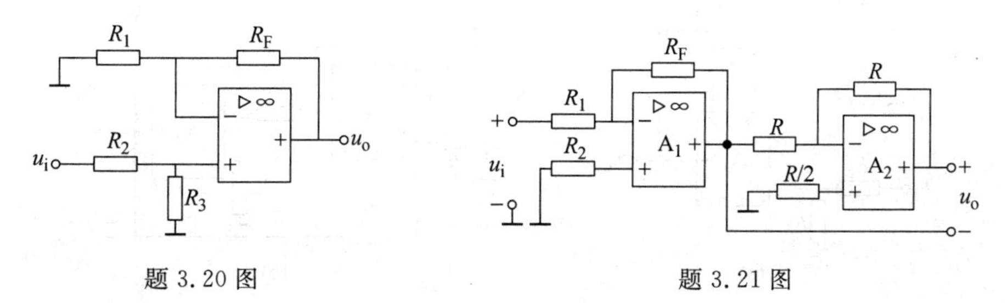

题 3.20 图　　题 3.21 图

3.22　题3.22图中，$R_{11}=R_{12}=R_F$，如 u_{i1} 和 u_{i2} 分别为题3.22图(b)中所示的三角波和矩形波，试画出输出电压 u_o 的波形。

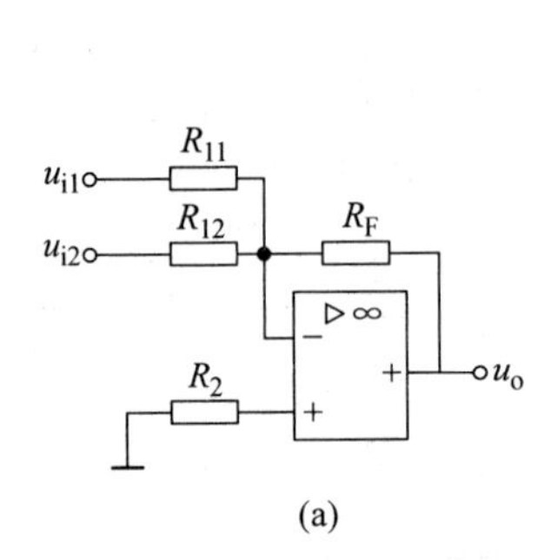

(a)

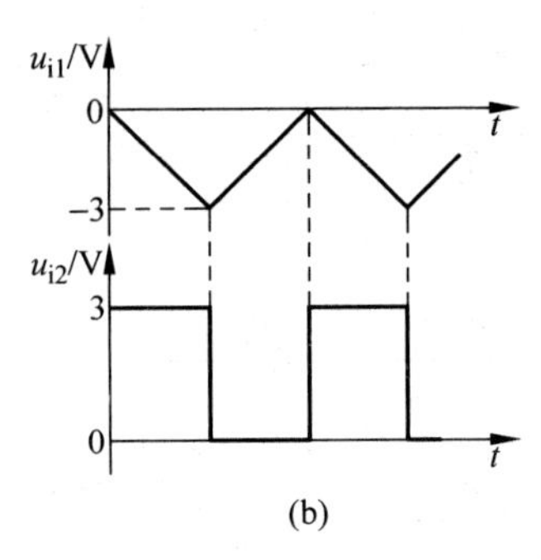

(b)

题3.22图

3.23　题3.23图中，已知 $R_F=2R_1$，$u_i=-2\text{V}$，求 u_o。

3.24　设计一个比例运算电路，要求输入电阻 $R_i=20\text{k}\Omega$，比例系数为 $K=-100$。

3.25　试用一个集成运放构成一个运算电路，要求实现以下运算关系：

$$u_o = 2u_{i1} - 5u_{i2} + 0.1u_{i3}$$

3.26　电路如题3.26图所示，已知 $u_i=u_{i1}-u_{i2}=0.5\text{V}$，$R_1=R_2=10\text{k}\Omega$，$R_3=2\text{k}\Omega$，求 u_o。

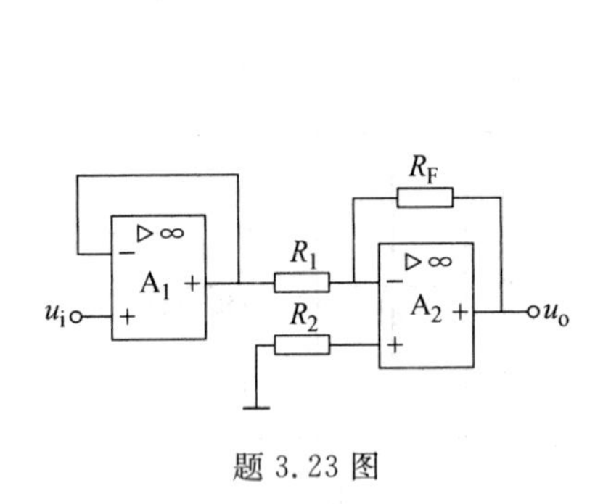

题3.23图

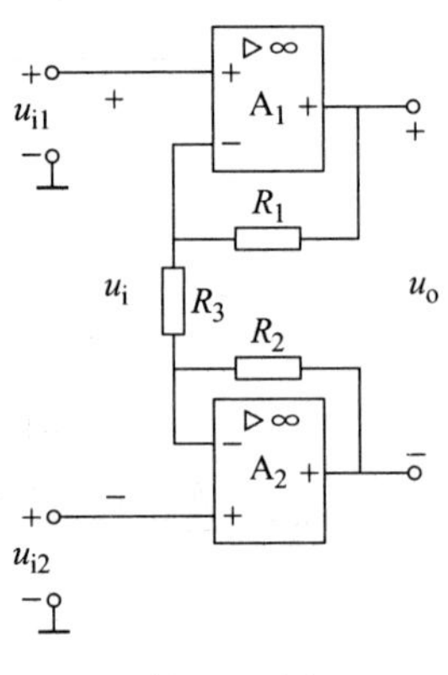

题3.26图

3.27　电路如题3.27图(a)、(b)所示，试求它们的 u_o 与 u_i 关系式。

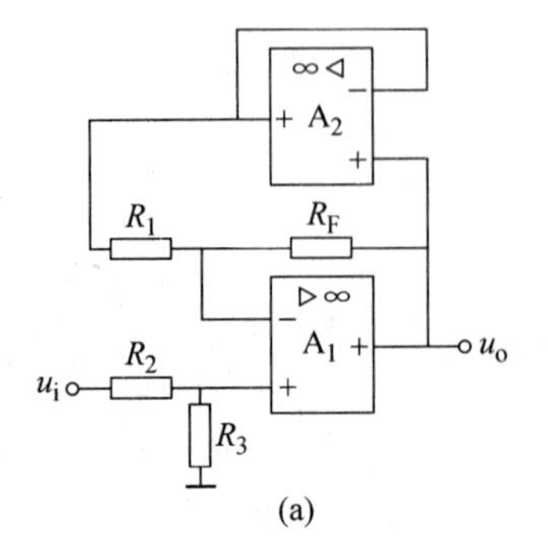

(a)

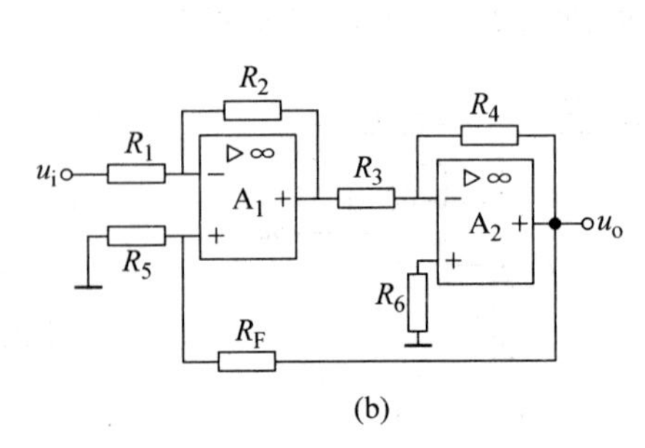

(b)

题3.27图

3.28 电路如题3.28图所示，试求输出电压 u_o 和输入电压 u_{i1}、u_{i2} 的关系式。

3.29 电路如题3.29图所示，假设刚开始时，电容上的电压 u_C 和运放的输出电压 u_o 均为零，当 u_i 接入电路后，试求输出电压 u_o 和输入电压 u_i 的关系式。

3.30 试求如题3.30图所示电路输出电压 u_o 和输入电压 u_i 的关系式。

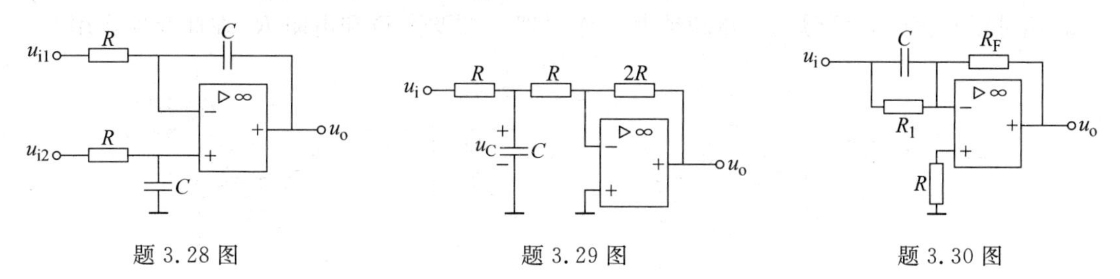

题3.28图　　题3.29图　　题3.30图

3.31 已知某微分电路和输入电压 u_i 的波形分别如题3.31图(a)、(b)所示，已知 $R=20\text{k}\Omega$，$C=100\mu\text{F}$，试画出输出电压 u_o 的波形。

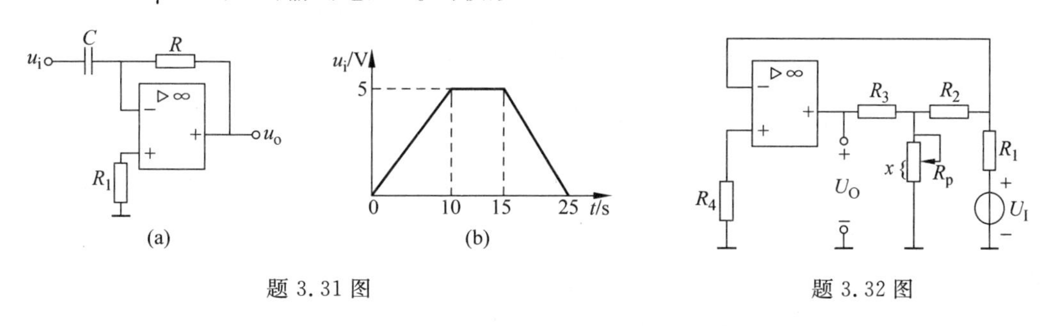

题3.31图　　题3.32图

3.32 某运算放大器构成的电路如题3.32图所示，已知运算放大器的饱和输出电压 $U_{O(sat)}=\pm14\text{V}$，其中输入电压 $U_I=1\text{V}$，而 $R_1=R_2=R_3=1\text{k}\Omega$，电位器 R_P 电阻从0到 $10\text{k}\Omega$ 可调，其中接入电路中电阻大小设定为 x 千欧，即 $0\leqslant x\leqslant10\text{k}\Omega$，忽略运算放大器静态基极电流对输出电压的影响。那么：

(1) 当 $x=0$ 时，求 U_O 的大小；

(2) 当 $x=10\text{k}\Omega$ 时，求 U_O 的大小；

(3) 要求运放的输出电压 U_O 不超过饱和输出电压，即 $-14\text{V}<U_O<14\text{V}$ 时，则电位器接入电路中电阻 x 取值范围是多少？

3.33 某运算放大器构成的电路如题3.33图所示，已知两个运算放大器 A_1 和 A_2，它们的饱和输出电压 $U_{O(sat)}=\pm15\text{V}$，其中输入电压 $U_I=0.5\text{V}$，而电阻 $R_2=R_4=10\text{k}\Omega$，$R_1=R_3=R_5=5\text{k}\Omega$，忽略运算放大器静态基极电流对输出电压的影响。那么：

(1) 当K断开时，求两个运算放大器的输出电压 U_{O1} 和 U_O 的大小；

(2) 当K闭合时，求两个运算放大器的输出电压 U_{O1} 和 U_O 的大小；

(3) 当K闭合时，求流过电阻 R_3 的电流 I 的大小。

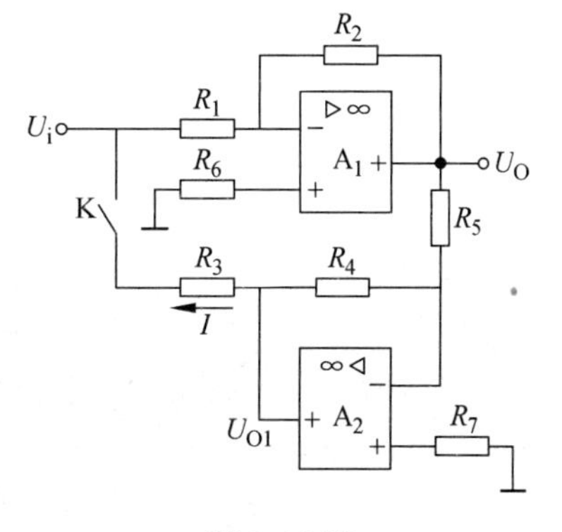

题3.33图

3.34　放组成的电压比较器如题 3.34 图所示，运算放大器最大输出电压 $U_{O(sat)}=\pm 12V$，稳压二极管 D_Z 的稳定电压 $U_Z=6V$，其正向压降 $U_D=0.7V$，$u_i=12\sin\omega t$ V。当参考电压 $U_R=+3V$ 和 $-3V$ 两种情况下，试画出输出电压 u_o 的波形。

3.35　题 3.35 图是监控报警装置，u_i 是由传感器转换来的监控信号，U_R 是参考电压。当 u_i 超过正常值时，报警灯亮，试说明其工作原理。二极管 D 和电阻 R_3 在此起何作用？

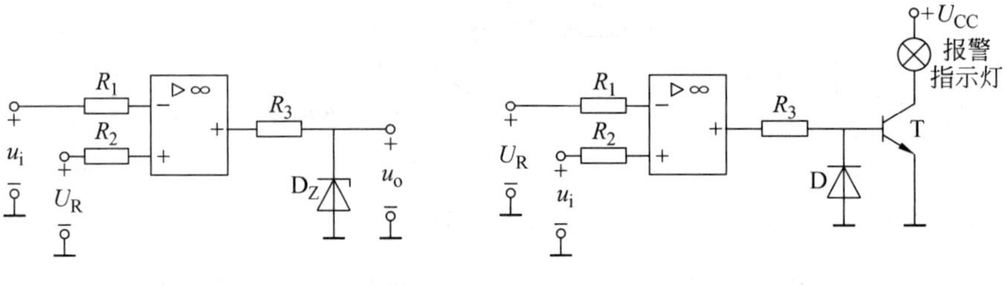

题 3.34 图　　　　题 3.35 图

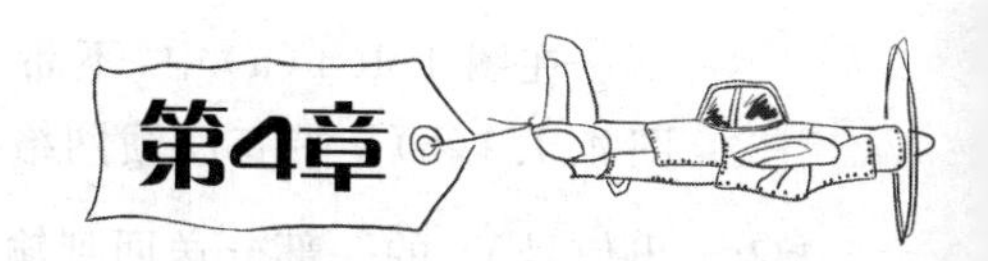

放大电路中的负反馈

反馈是一个非常重要的概念，在电子电路和自动控制系统等众多技术领域，有非常广泛的应用。本章所探讨的放大电路包括了前面章节所学的晶体管和集成运算放大器构成的电路，这些电路几乎都带有负反馈结构。因为在放大电路中引入负反馈可以改善放大电路的性能：提高放大电路闭环增益的稳定性，稳定放大电路的静态工作点、输出电压和输出电流，拓展通频带，改变放大电路的输入电阻和输出电阻等。本章首先介绍反馈的基本概念和分类，接着详细讲解负反馈的四种组态及反馈类型的判别方法，并讨论负反馈对放大电路性能的影响。

4.1 反馈的基本概念

在电子放大电路中反馈的应用极为广泛。比如第2章介绍的分压式偏置放大电路就是利用直流负反馈来稳定放大电路的静态工作点；在集成运放组成的运算电路中，引入深度负反馈可以使集成运放工作在线性区。

4.1.1 反馈的定义

“反馈”就是将放大电路中输出端(或输出回路)的输出量(输出电压或输出电流)的一部分或全部，通过一定的电路形式(反馈网络)反向送回到输入端(或输入回路)，从而实现对放大电路的输入量进行自动调节的过程。因此，在放大电路中如果带有反馈网络的，称为闭环放大电路；而没有反馈网络的，则称为开环放大电路。

虽然具体放大电路的结构和反馈网络的形式是多种多样的，它们的组合更是不计其数，但我们可用图4.1.1所示的方框图来描述所有的放大电路的两种结构：无反馈网络的放大电路(见图4.1.1(a))和带有反馈网络的放大电路(见图4.1.1(b))。

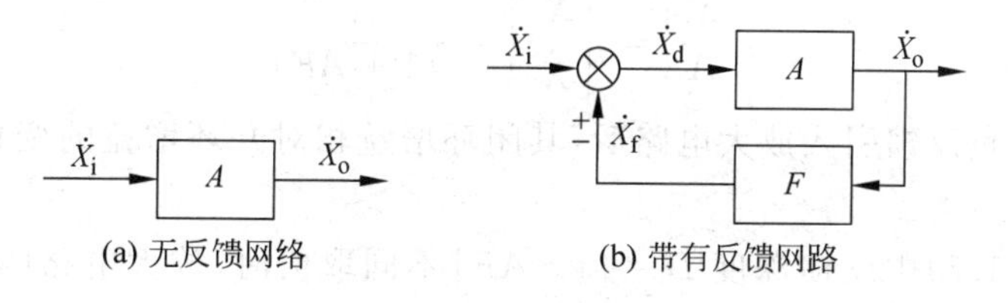

(a) 无反馈网络　　(b) 带有反馈网络

图4.1.1　放大电路的方框图

在图 4.1.1(a)中，不带反馈网络的基本放大电路 A，它可以是单级或多级的；而图 4.1.1(b)是带有反馈网络 F 的放大电路方框图，下面一个方框表示反馈网络 F，它把输出信号$\dot{X}_o$的一部分送回到输入端。箭头表示信号的传递方向，符号⊗表示比较环节。输入信号$\dot{X}_i$与反馈信号$\dot{X}_f$比较(加或减)后得到净输入信号$\dot{X}_d$(即$\dot{X}_d=\dot{X}_i\pm\dot{X}_f$)，送给放大电路的基本放大电路 A 后，最终得到输出信号$\dot{X}_o$。

在输入端比较环节⊗上的$\dot{X}_i$、$\dot{X}_d$和$\dot{X}_f$这三个量，满足关系等式：$\dot{X}_d=\dot{X}_i\pm\dot{X}_f$。如果等式取加号"+"(即$\dot{X}_d=\dot{X}_i+\dot{X}_f$)，表示放大电路带有正反馈网络；等式取减号"−"(即$\dot{X}_d=\dot{X}_i-\dot{X}_f$)，表示放大电路带有负反馈网络。且$\dot{X}_i$、$\dot{X}_d$和$\dot{X}_f$这三个量要么同为电压信号(即$\dot{U}_i$、$\dot{U}_d$和$\dot{U}_f$)，要么同为电流信号(即$\dot{I}_i$、$\dot{I}_d$和$\dot{I}_f$)。

输出端的输出信号$\dot{X}_o$，根据具体放大电路的结构，要么为电压信号(即$\dot{U}_o$)，要么为电流信号(即$\dot{I}_o$)。

在这里要说明的是，上述中涉及的信号表示，采用的是其正弦交流的相量形式，也可采用其瞬时值形式，诸如输入信号 x_i、反馈信号 x_f、净输入信号 x_d 和输出信号 x_o 等，以后不再特别指出。

下面，我们以图 4.1.1(b)所示方框图，来讨论带有负反馈网络的放大电路的开环增益(或称开环放大倍数)、反馈系数、闭环增益(或称闭环放大倍数)、反馈深度等一般性能指标。

开环增益为

$$A=\frac{\dot{X}_o}{\dot{X}_d} \tag{4.1.1}$$

反馈系数为

$$F=\frac{\dot{X}_f}{\dot{X}_o} \tag{4.1.2}$$

闭环增益为

$$A_f=\frac{\dot{X}_o}{\dot{X}_i}=\frac{\dot{X}_o}{\dot{X}_d+\dot{X}_f}=\frac{A\dot{X}_d}{\dot{X}_d+F\dot{X}_o}=\frac{A}{1+AF} \tag{4.1.3}$$

式(4.1.3)称为负反馈放大电路的基本方程式，其中式中的分母 $1+AF$，它的大小反映了反馈对放大电路性能指标的影响程度，称为反馈深度，以 D 表示，即

$$D=|1+AF| \tag{4.1.4}$$

将式(4.1.3)变形为

$$\left|\frac{A_f}{A}\right|=\left|\frac{\dot{X}_d}{\dot{X}_i}\right|=\frac{1}{|1+AF|} \tag{4.1.5}$$

式(4.1.5)反映了负反馈引入放大电路后，其闭环增益相对开环增益的变化程度，与反馈深度 D 的倒数有关。

下面就式(4.1.5)中反馈深度 $D=|1+AF|$ 不同取值时，放大电路的所处工作状况加以说明。

1. 放大电路处于负反馈的状态

(1) 当$|1+AF|>1$时,则$|A_f|<|A|$,表示负反馈使得闭环增益相对于开环增益,下降了。下降的原因是由于开环时净输入信号$|\dot{X}_d|=|\dot{X}_i|$,引入负反馈网络后,由式(4.1.5)知闭环时净输入信号变为$|\dot{X}_d|=\frac{1}{|1+AF|}|\dot{X}_i|$,减小了,而开环增益$|A|$的大小没有丝毫变化,所以输出信号$\dot{X}_o$减小了。

(2) 当$|1+AF|\gg 1$时,则式(4.1.3)可简化为

$$A_f=\frac{A}{1+AF}\approx\frac{A}{AF}=\frac{1}{F} \tag{4.1.6}$$

式(4.1.6)具有广泛的实用意义,因为放大电路的闭环增益A_f几乎只取决于反馈网络的系数F,而与开环增益A无关,这种情况称为深度负反馈。一般$AF>10$就可以认为是深度负反馈。在实际应用中,带有负反馈网络的放大电路往往设计成深度负反馈的形式,便于电路参数的调控。

2. 放大电路处于正反馈的状态

当$|1+AF|<1$时,则$|A_f|>|A|$,表示正反馈的情况。正反馈使闭环增益提高,这是由于反馈信号$\dot{X}_f$与输入信号$\dot{X}_i$叠加后,使得净输入信号$|\dot{X}_d|$比无反馈时增大了。

3. 放大电路处于无反馈的状态

当$|1+AF|=1$时,则$F=0$,$|A_f|=|A|$,表示无反馈的情况。闭环增益和开环增益相等,这是由于反馈信号$\dot{X}_f=F\dot{X}_o=0\times\dot{X}_o=0$,净输入信号$\dot{X}_d$和输入信号$\dot{X}_i$相同。

图4.1.2是将图4.1.1(b)的反馈网络F断开或者使反馈系数$F=0$所得到的方框图,显然$\dot{X}_d=\dot{X}_i$,其电路实质上与图4.1.1(a)所示无反馈电路的方框图基本相同。因此,从这个意义上来讲,图4.1.1(a)所示的无反馈电路结构是图4.1.1(b)所示带反馈网络电路结构的一种特殊形式,即$F=0$(或$\dot{X}_f=0$)。

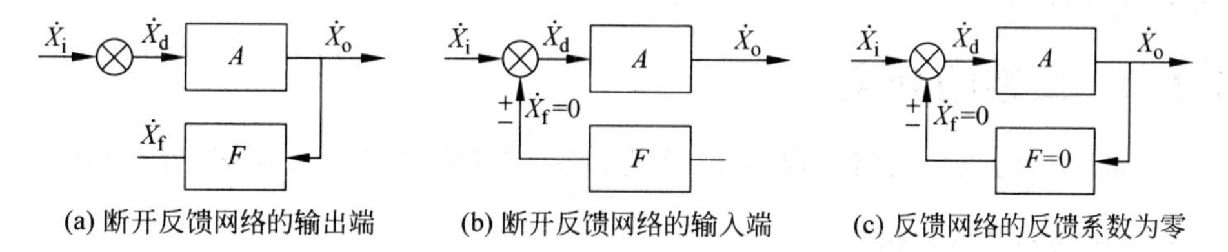

(a) 断开反馈网络的输出端　(b) 断开反馈网络的输入端　(c) 反馈网络的反馈系数为零

图4.1.2 无反馈放大电路的方框图

4. 放大电路处于自激振荡的状态

当$|1+AF|\to 0$时,则$|A_f|\to\infty$,这意味着反馈放大电路即使无输入信号$\dot{X}_i$(即$\dot{X}_i\to 0$)的情况下,还是有一定幅度和频率的输出信号$\dot{X}_o$存在。这种工作状态称为自激振荡,限于篇幅,不在本章讨论,有兴趣的读者请自行查阅相关文献。

例 4.1.1　试判定图 4.1.3 中所示各放大电路中，是否有反馈网络，如果有请指出反馈元件。

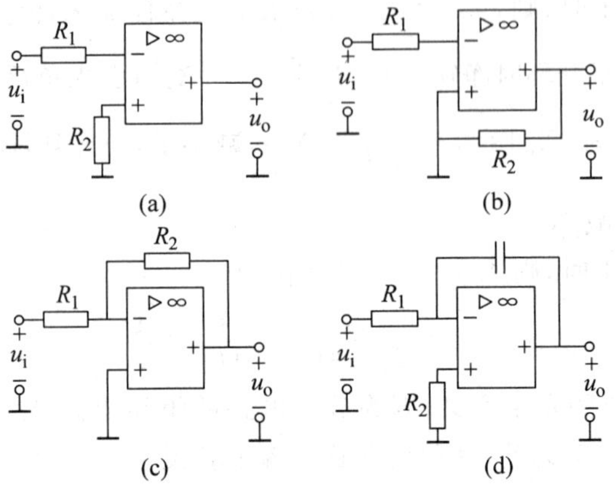

(a)　(b)

(c)　(d)

图　4.1.3

解：判断有无反馈网络就看放大电路中是否存在将输出回路与输入回路相连接的电路，即反馈元件，有则表明电路中有反馈网络，否则电路中没有。

图 4.1.3(a)无反馈网络。因为集成运放的输出端与同相输入端、反相输入端均无连接，所以该电路中无反馈网络。

图 4.1.3(b)无反馈网络。虽然集成运放的输出端通过电阻 R_2 连接到同相输入端，但集成运放的同相输入端同时又接地，因而不会使 u_o 作用于输入回路的同相输入端，其电路等效于图 4.1.4，所以该电路中也无反馈网络。

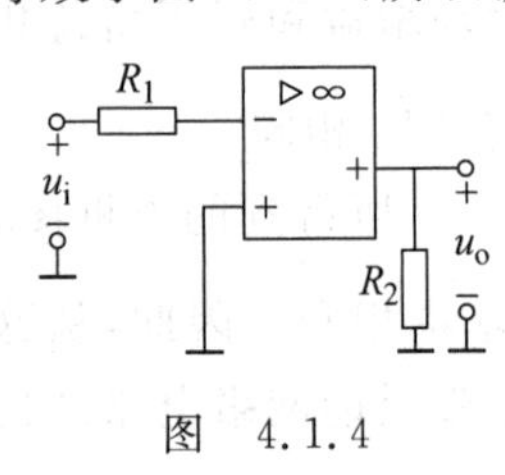

图　4.1.4

图 4.1.3(c)有反馈网络，反馈元件是电阻 R_2。集成运放的输出端通过电阻 R_2 与反相输入端相连，因而集成运放的净输入信号不仅决定于输入信号，还与输出信号有关，所以有反馈网络存在。

图 4.1.3(d)有反馈网络，反馈元件是电容 C。集成运放的输出端通过电容 C 与反相输入端相连，所以存在反馈网络。需要说明的是电容 C 只能反馈输出端 u_o 的交流分量，而对于 u_o 的直流分量而言，电容 C 视作断路。

4.1.2　反馈的分类

带有反馈网络的放大电路结构多样，性能各异，从不同的角度去观察，可有不同的分类。

1. 单环反馈和多环反馈

根据反馈路径的多少，可分为单环反馈和多环反馈。图 4.1.1(b)是单环反馈的方框图，如果有两条及两条以上的反馈路径时，就称为多环反馈放大电路，如图 4.1.5 所示是多环反馈的方框图。

2. 本级反馈和级间反馈

根据反馈信号在放大电路中取样的位置，可分为本级反馈和级间反馈。如果反馈信号

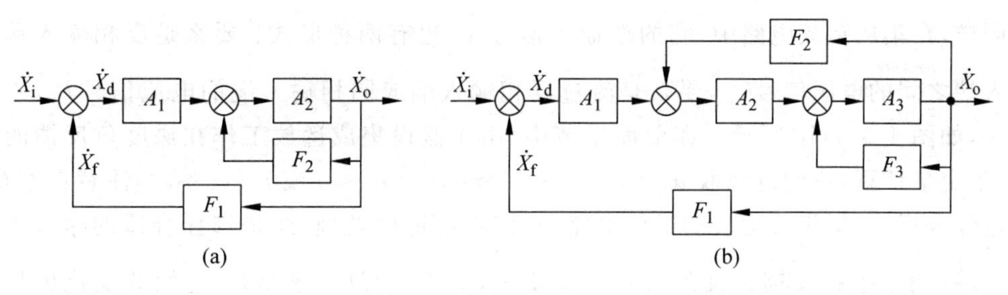

图 4.1.5　多环反馈放大电路的方框图

在本级放大电路的输出端取样的，称为本级反馈。如果反馈信号是从后级放大电路的输出端取样的，就称为级间反馈。级间反馈一般不超过三级，否则容易会引起自激。

比如在图 4.1.6 中，既存在本级反馈也有级间反馈结构。其中 R_{F1} 和 R_{F2} 分别为集成运放 A_1 和 A_2 的本级反馈电阻，而 R_F 是连接集成运放 A_2 的输出端和集成运放 A_1 同相输入端的反馈电阻，因此它是级间反馈电阻。

3. 负反馈和正反馈

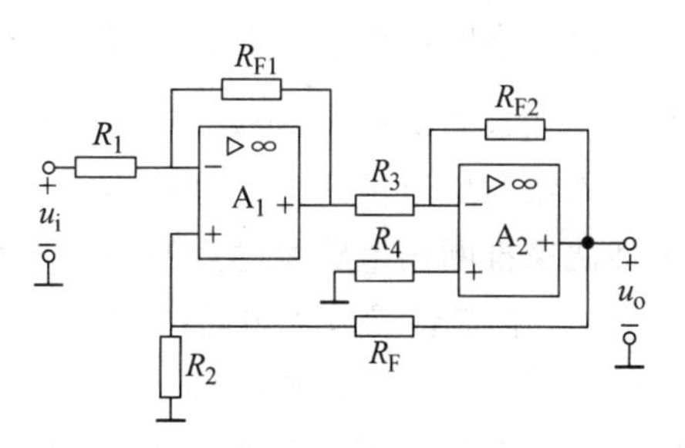

图 4.1.6　本级反馈和级间反馈

根据反馈信号 $\dot{X}_f$ 对净输入信号 $\dot{X}_d$ 的影响不同，可分为负反馈和正反馈。若反馈信号 $\dot{X}_f$ 使得净输入信号 $\dot{X}_d$ 减弱的，即 $\dot{X}_d=\dot{X}_i-\dot{X}_f$，则为负反馈；若反馈信号 $\dot{X}_f$ 使得净输入信号 $\dot{X}_d$ 加强的，即 $\dot{X}_d=\dot{X}_i+\dot{X}_f$，则称为正反馈。因此，明确放大电路中的净输入信号 $\dot{X}_d$，对于判断放大电路的反馈极性是十分重要的。

一般来说，在晶体管放大电路中，采用共发射极接法，如果输入信号从晶体管基极输入，那么它的净输入信号 $\dot{X}_d$ 有两种形式：要么是基极和发射极两端的电压信号 $\dot{U}_{be}$，要么是流过基极的电流信号 $\dot{I}_b$，二者必取其一，如图 4.1.7(a)所示。根据放大电路的具体结构，选择合适的净输入信号形式，有利于电路反馈极性的判定。实质上，无论选择何种净输入信号形式，它们的变化是一致的，因为它们满足等式：$\dot{U}_{be}=r_{be}\dot{I}_b$。

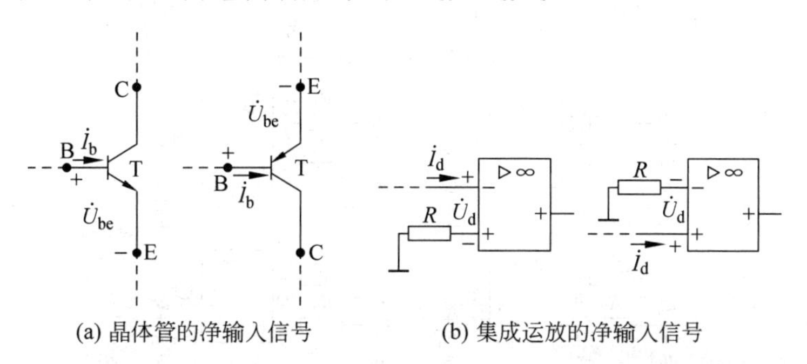

(a) 晶体管的净输入信号　　(b) 集成运放的净输入信号

图 4.1.7　晶体管和集成运放电路中的净输入信号形式

同样，在集成运放电路中，它的净输入信号$\dot{X}_d$也有两种形式：要么是反相输入端和同相输入端之间的电压信号$\dot{U}_d$，要么是流过反相输入端或同相输入端的电流信号$\dot{I}_d$，二者必取其一，如图4.1.7(b)所示。在前面章节中，由于假设集成运放工作在深度负反馈的前提下，为了定量计算，我们近似取$u_d=|u_+-u_-|\approx 0$，$i_d=i_+\approx 0$或$i_d=i_-\approx 0$，注意在本章中，为了定性分析，根据集成运放的具体电路，我们不再近似处理，而是选择合适的净输入信号形式，以有利于电路反馈极性的分析。实质上，无论选择$\dot{U}_d$还是$\dot{I}_d$，它们的变化也是一致的，因为它们满足等式：$\dot{U}_d=r_{id}\dot{I}_d$。

正负反馈极性的判定多用"瞬时极性法"。假设放大电路的输入信号$\dot{X}_i$在某一瞬时，其对应的电位高于参考地(零电位)电位，则该点电位的瞬时极性为正，标示为"⊕"。然后根据放大电路的信号传输方向，依次推断出，该放大电路中关键点的瞬时极性，电位高于参考地的点，其瞬时极性为正，标示为"⊕"，电位低于参考地的点，其瞬时极性为负，标示为"⊖"。要求最终推断出放大电路在此瞬时，经过反馈环节使净输入信号$\dot{X}_d$减弱还是加强。如果$\dot{X}_d$减弱的，为负反馈，否则为正反馈。

本章中所讨论的放大电路中，主要是以晶体管和集成运放构成的放大电路，如果以瞬时极性法来推断出电路关键点的瞬时极性，其规律描述如下：

(1) 在晶体管放大电路中，当输入信号(以电压信号为例)从晶体管基极(B)输入时，如果输出信号从晶体管集电极(C)输出，则基极(B)与集电极(C)的瞬时极性相反；如果输出信号从发射极(E)输出，则基极(B)与发射极(E)的瞬时极性相同。(见图4.1.8(a))

(2) 在集成运放电路中，当输入信号(以电压信号为例)从集成运放的反相输入端输入时，输出信号的极性与输入信号的极性相反；当输入信号(以电压信号为例)从集成运放的同相输入端输入时，输出信号的极性与输入信号的极性相同。(见图4.1.8(b))

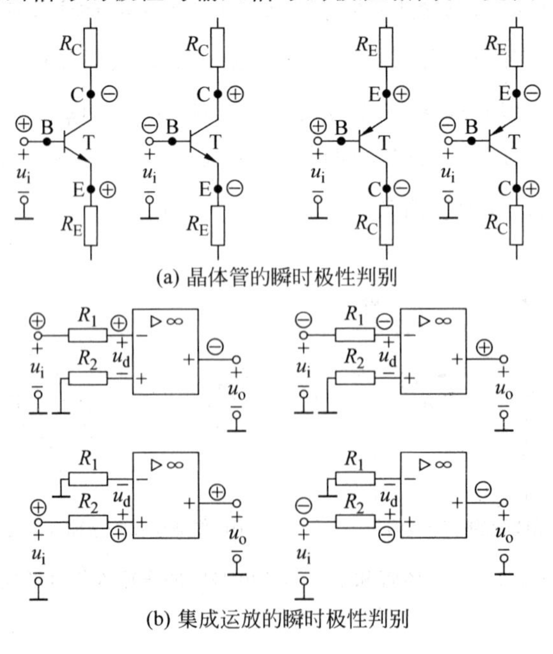

(a) 晶体管的瞬时极性判别

(b) 集成运放的瞬时极性判别

图4.1.8　瞬时极性的判别

例 4.1.2　如图 4.1.9 所示的电路中，试判定反馈电阻 R_F 引入反馈的正负极性。

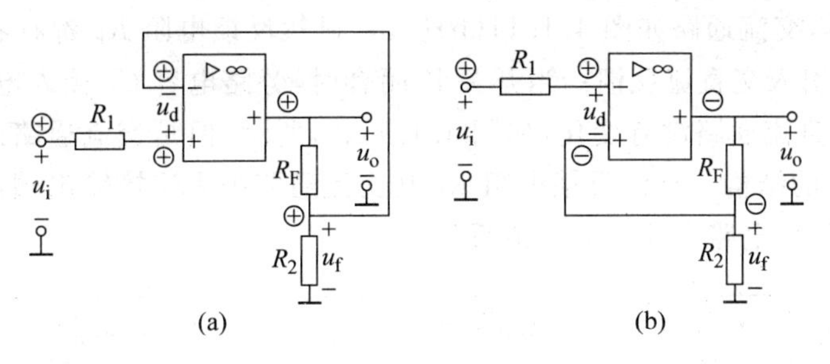

图 4.1.9　正负反馈的判别

解：图 4.1.9(a)中，R_F 为反馈电阻，设某一瞬时输入信号 u_i 的极性为正，标示为“⊕”，则集成运放同相输入端电位的瞬时极性也为“⊕”，输出端电位的瞬时极性也为“⊕”，输出电压 u_o 经 R_F 和 R_2 分压后使集成运放反相输入端电位的瞬时极性也为“⊕”，此时由于净输入电压 u_d 满足关系等式 $u_d = u_i - u_f$，净输入电压 u_d 在引入反馈后减小，故为负反馈。

图 4.1.9(b)中，R_F 为反馈电阻，设某一瞬时输入信号 u_i 的极性为正，标示为“⊕”，则集成运放反相输入端电位的瞬时极性也为“⊕”，输出端电位的瞬时极性也为“⊕”，输出电压 u_o 经 R_F 和 R_2 分压后使集成运放反相输入端电位的瞬时极性也为“⊖”，此时由于净输入电压 u_d 满足关系等式 $u_d = u_i + u_f$，净输入电压 u_d 在引入反馈后增大，故为正反馈。

4. 直流反馈与交流反馈

根据反馈信号所反映的信号成分，可分为直流反馈、交流反馈和交直流反馈。若反馈信号 $\dot{X}_f$ 只含有直流分量，称为直流反馈；若反馈信号 $\dot{X}_f$ 只有交流分量，称为交流反馈；如果反馈信号 $\dot{X}_f$ 中既有直流分量又有交流分量，则称为交直流反馈。

通常情况下，往往是直流反馈和交流反馈同时存在，即交直流反馈。在放大电路中，通常直流负反馈是为了稳定静态工作点，可用直流通路来分析。交流负反馈是为了改善放大电路的性能指标，可用交流通路来分析。因此，根据直流反馈和交流反馈定义，可以通过反馈网络(元件)存在于放大电路的直流通路还是交流通路之中，判断交、直流反馈。

例 4.1.3　如图 4.1.10 所示的电路中，当开关 K 断开和闭合时，试分析反馈电阻 R_F 引入直流反馈和交流反馈的情况。

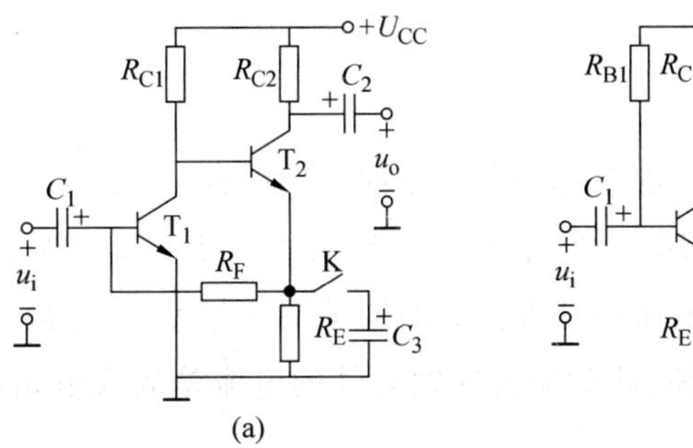

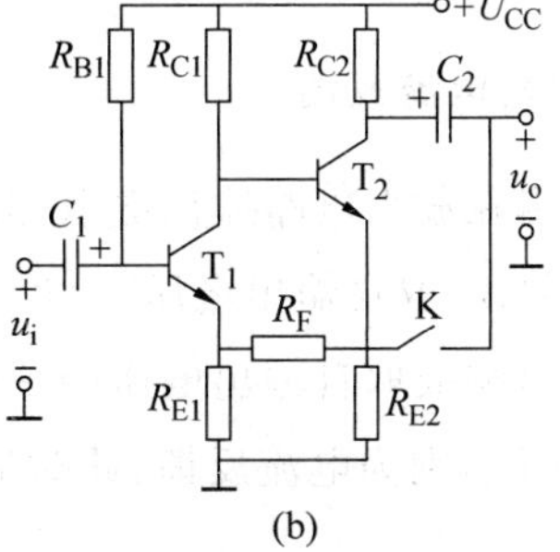

图　4.1.10

解：图 4.1.10(a)中，当开关 K 断开时，旁路电容 C_3 没有接入电路中，直流通路如图 4.1.11(a)所示，交流通路如图 4.1.11(b)所示，显然反馈电阻 R_F 都存在信号反馈，因此 R_F 在放大电路中引入交直流反馈。当开关 K 闭合时，旁路电容 C_3 接入电路中，与电阻 R_E 并联，放大电路的直流通路没有变化，如图 4.1.11(a)所示，但是交流通路改变了，变成了如图 4.1.11(c)所示的结构。显然反馈电阻 R_F 在交流通路中未连接输出端，因此不存在信号反馈，所以 R_F 在放大电路中只引入直流反馈。

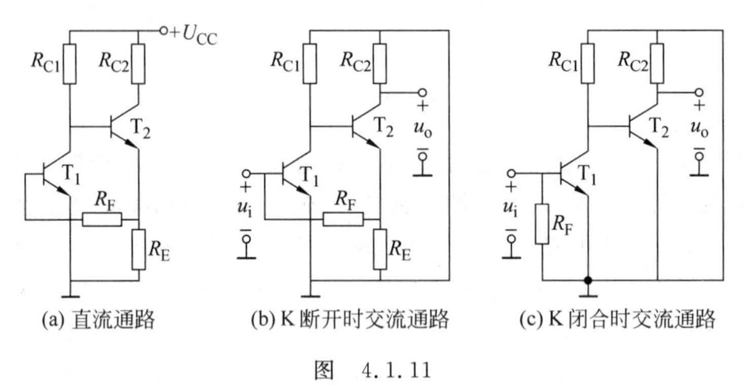

(a) 直流通路　(b) K 断开时交流通路　(c) K 闭合时交流通路

图　4.1.11

图 4.1.10(b)中，当开关 K 断开时，反馈电阻 R_F 没有接入电路中，直流通路如图 4.1.12(a)所示，交流通路如图 4.1.12(b)所示，即没引入反馈。当开关 K 闭合时，反馈电阻 R_F 接入电路中，连接在电容 C_2 的右侧，由于电容在直流通路中视为“断路”，所以直流通路没有变化，还是如图 4.1.12(a)所示，但是交流通路变成了如图 4.1.12(c)所示的结构。显然反馈电阻 R_F 在交流通路中连接在输出端，因此 R_F 在放大电路中只引入交流反馈。

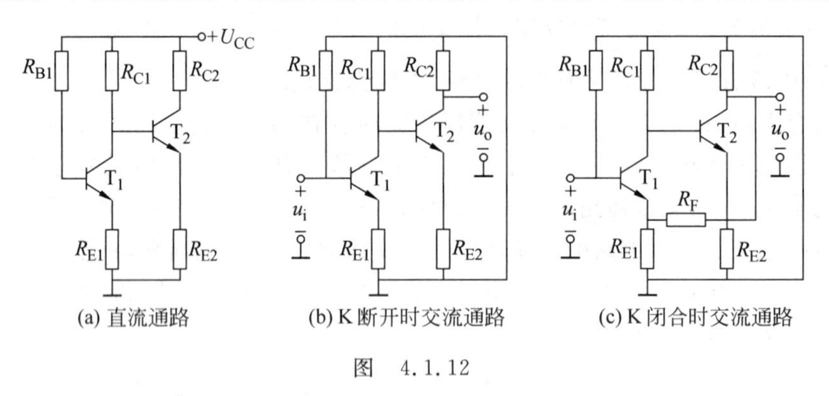

(a) 直流通路　(b) K 断开时交流通路　(c) K 闭合时交流通路

图　4.1.12

5. 电压反馈与电流反馈

根据反馈网络在放大电路输出端取样对象的不同，可分为电压反馈与电流反馈。

如果反馈信号 $\dot{X}_f$ 取自输出电压 $\dot{U}_o$ 并与之成正比，即 $\dot{X}_f = F\dot{U}_o$，则为电压反馈，此时反馈网络并联在输出端或取自输出电压的一部分；如果反馈信号 $\dot{X}_f$ 取自输出电流 $\dot{I}_o$ 并与之成正比，即 $\dot{X}_f = F\dot{I}_o$，则为电流反馈，此时流过反馈元件的电流是放大电路的输出电流或它的一部分。

此外，可按放大电路的结构判断电压反馈与电流反馈。具体判别方法有两种：

(1) 将输出端用负载电阻 R_L 短接，即令输出电压 $\dot{U}_o$ 等于零，看反馈信号 $\dot{X}_f$ 是否存在，

若反馈信号$\dot{X}_f$不再存在为电压反馈；若反馈信号$\dot{X}_f$继续存在则为电流反馈。

(2) 在实际放大电路的交流通路中，若放大电路的输出信号$\dot{X}_o$与反馈网络信号取样点接在同一点上，则为电压反馈；若接在不同点上则为电流反馈。

按上述方法可以判定，图 4.1.13(a)中R_B引入的是电压反馈，图 4.1.13(b)中R_E引入的是电流反馈。

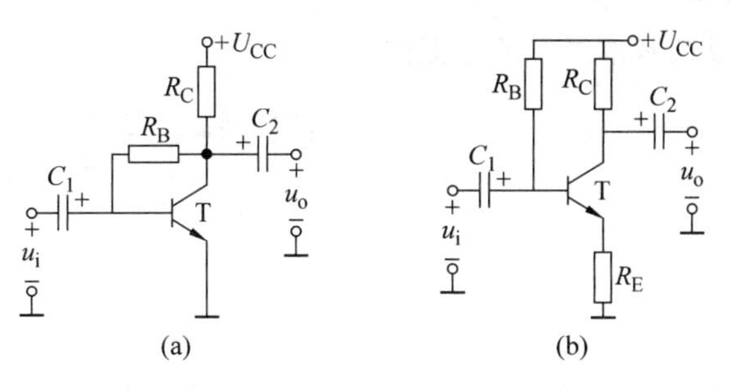

图 4.1.13　电压反馈和电流反馈电路

6. 串联反馈与并联反馈

根据反馈信号$\dot{X}_f$与输入信号$\dot{X}_i$在放大电路输入端比较方式的不同，可分为串联反馈和并联反馈。

若反馈信号$\dot{X}_f$与输入信号$\dot{X}_i$相串联，以电压形式在输入回路中进行比较，得到比较环节的关系等式：$\dot{U}_i \pm \dot{U}_f = \dot{U}_d$，则为串联反馈；若反馈信号$\dot{X}_f$与输入信号$\dot{X}_i$并联，以电流形式在节点处进行比较，得到比较环节的关系等式：$\dot{I}_i \pm \dot{I}_f = \dot{I}_d$，则为并联反馈。

因此，通常根据放大电路输入端的结构形式，可判定串联反馈和并联反馈。若信号源的输入信号$\dot{X}_i$的输入端和反馈网络的反馈信号$\dot{X}_f$比较于同一运放(或同一晶体管)的同一输入端(或同一电极)上，则为并联反馈；否则为串联反馈。按此方法判定，图 4.1.14(a)是串联反馈，图 4.1.14(b)是并联反馈。

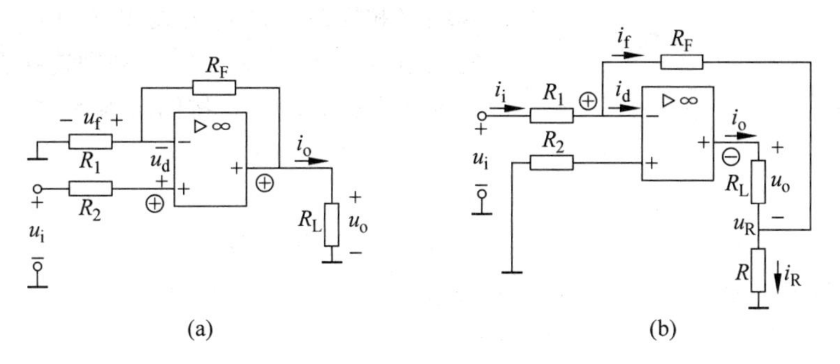

图 4.1.14　串联反馈和并联反馈电路

【思考题】

1. 什么叫反馈？什么叫直流反馈和交流反馈？

2. 在负反馈放大电路中，如果反馈系数$|F|$发生变化，闭环电压放大倍数能否保持稳定？

4.2 交流负反馈的四种组态

对于交流负反馈放大电路而言，根据反馈通路与输入信号的比较方式不同以及反馈通路在输出端采样方式的不同共有 4 种组态，分别是：串联电压负反馈、并联电压负反馈、串联电流负反馈、并联电流负反馈。

图 4.2.1 是 4 种反馈基本组态的方框图。

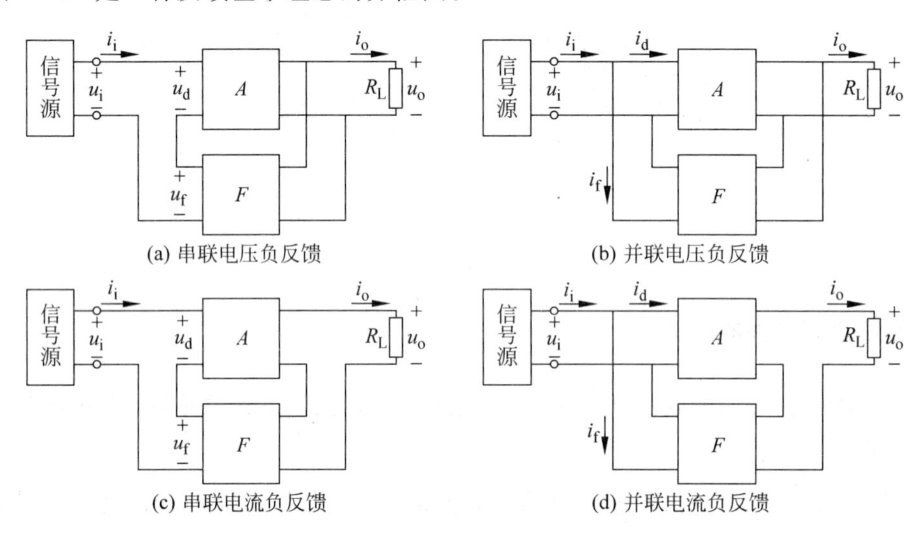

图 4.2.1　4 种交流负反馈类型的方框图

须指出的是：方框图中的信号源，根据戴维南定理或诺顿定理，线性有源二端网络可以等效为带内阻的电压源或者电流源，如图 4.2.2 所示。根据电源等效互换原理，它们之间又可相互转换，因此统一用信号源表示。

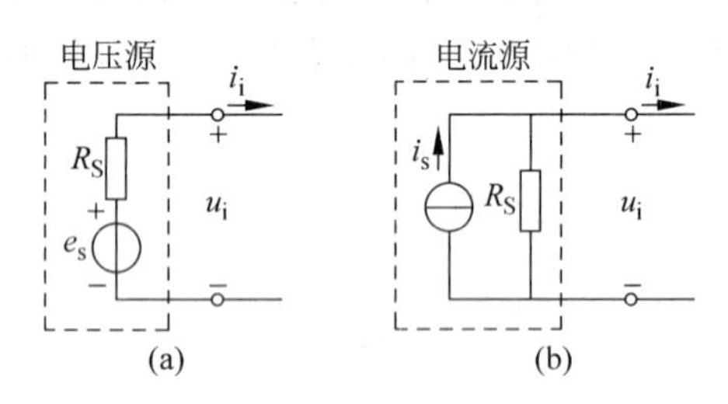

图 4.2.2　信号源的两种形式

图 4.2.1(a)为串联电压负反馈放大器的方框图，其特征是：①输入回路中，基本放大器 A 的输入端口和反馈网路 F 的输出端口相串联，或者说，输入信号 u_i 和反馈信号 u_f 分别连接在基本放大器 A 的两个输入端上。按图示参考方向，输入回路的三个电压满足等式：$u_i = u_d + u_f$，因而属于串联反馈。若 u_i、u_f 和 u_d 的参考方向与它们瞬时极性判别时一致，则为负反馈；否则，为正反馈。②输出端上，反馈网路 F 的输入端口并联在负载 R_L 两端，对输出电压 u_o 取样，因而属于电压反馈。

图 4.2.1(b)为并联电压负反馈放大器的方框图，其特征是：在输入端上，基本放大器 A 的输入端口和反馈网络 F 的输出端口并联其端口电压同为输入信号 u_i，端口电流有三个：输入电流 i_i、反馈电流 i_f 和净输入电流 i_d，按图示参考方向，三者满足等式：$i_i = i_d + i_f$，因而属于并联反馈。输出端的特征，同图 4.2.1(a)一样，属于电压反馈。

图 4.2.1(c)为串联电流负反馈放大器的方框图，其特征是：在输出回路中，反馈网络 F

的输入端口与负载 R_L 相串联，流过它们的电流同是 i_o，显然是对输出电流 i_o 取样，因而属于电流反馈。输入端的特征，同图 4.2.1(a)一样，属于串联反馈。

图 4.2.1(d)为并联电流负反馈放大器的方框图，其输入端的特征，同图 4.2.1(b)一样，属于并联反馈；而输出端的特征，同图 4.2.1(c)一样，属于电流反馈。

4.2.1 串联电压负反馈

图 4.2.3(a)所示的电路为射极输出器电路，是一个串联电压负反馈放大电路，图 4.2.3(b)是它的交流通路，图 4.2.3(c)为交流通路的反馈类型方框图形式。由方框图可见，输入信号 u_i、反馈信号 u_f 和净输入信号 u_{be}，满足关系等式：$u_i=u_f+u_{be}$，即 $u_{be}=u_i-u_f$，故为串联反馈。在输出端，反馈网络并联在负载 R_L 两端，对输出信号 u_o 取样。而反馈电阻 R_E 和负载 R_L 并联，因此 R_E 上的反馈电压 u_f，满足等式 $u_f=u_o$，即与 u_o 成正比，反馈系数 $F=1$，故为电压反馈。

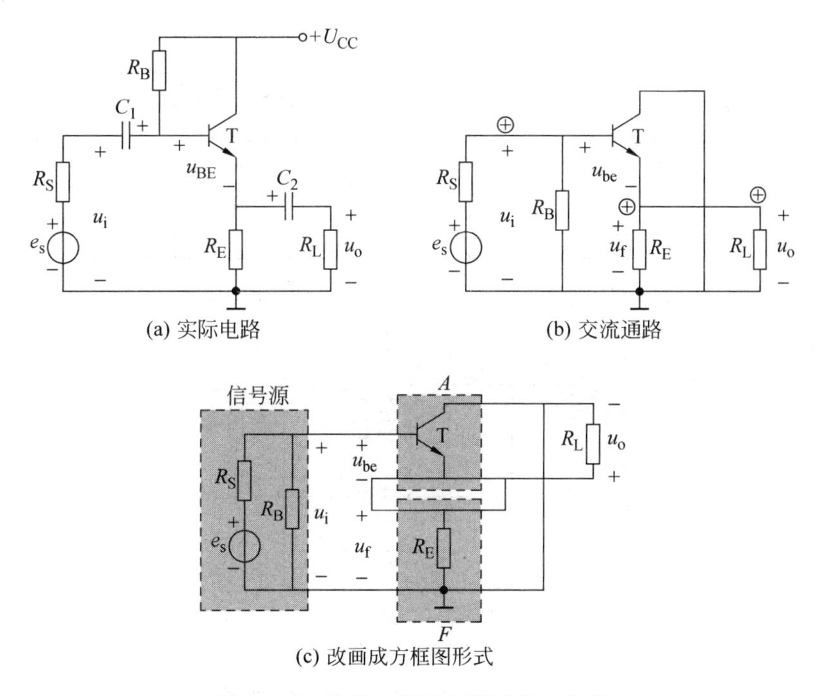

(a) 实际电路　(b) 交流通路

(c) 改画成方框图形式

图 4.2.3　串联电压负反馈型放大电路

用瞬时极性法判别反馈正负极性。如图 4.2.3(b)所示，假设输入信号 u_i 瞬时极性为"⊕"，它加在放大电路晶体管的基极上，而输出信号 u_o 从发射极引出，故输出信号 u_o 的极性也为"⊕"，而反馈信号 $u_f=u_o$，故反馈信号的极性也为"⊕"，与框图参考方向一致，所以为负反馈。

电压负反馈的效果，使输出电压 u_o 稳定。当外界因素(如负载、元器件参数、温度的变化)引起 u_o 变化时，图 4.2.3 所示电路中即产生下列反馈调节过程：

外界因素，如 $R_L\uparrow$ → $|u_o|\uparrow$ —(反馈网络 F)→ $|u_f|\uparrow$ —(负反馈调节)→ $|u_{be}|\downarrow$ —(基本放大电路 A)→ $|u_o|\downarrow$

4.2.2 并联电压负反馈

在图 4.2.4(a)所示电路中，反馈电阻 R_F 跨接在输出端和输入端，构成反馈网络，是一个并联电压负反馈电路。图 4.2.4(b)为其交流通路，图 4.2.4(c)为交流通路的反馈类型方框图形式。由方框图可见，输入电流 i_i 和反馈电流 i_f 都接入晶体管的基极，依据方框图所标示的参考方向，输入电流 i_i、反馈电流 i_f 和净输入电流 i_b 三者满足关系等式：$i_i=i_b+i_f$，即 $i_b=i_i-i_f$，故为并联反馈。在输出端，反馈电阻 R_F 并联在负载 R_L 两端，显然是对输出电压 u_o 取样。而输出电压 u_o 和反馈电流 i_f 满足等式：$i_f=\dfrac{u_{be}-u_o}{R_E}\approx-\dfrac{u_o}{R_E}$，反馈电阻 R_F 的反馈电流 i_f 和输出电压 u_o 成正比，反馈系数 $F=\dfrac{i_f}{-u_o}=\dfrac{1}{R_E}$（注意：分母取"$-u_o$"，而非"$u_o$"，是因为其实际方向与参考方向相反），故为电压反馈。

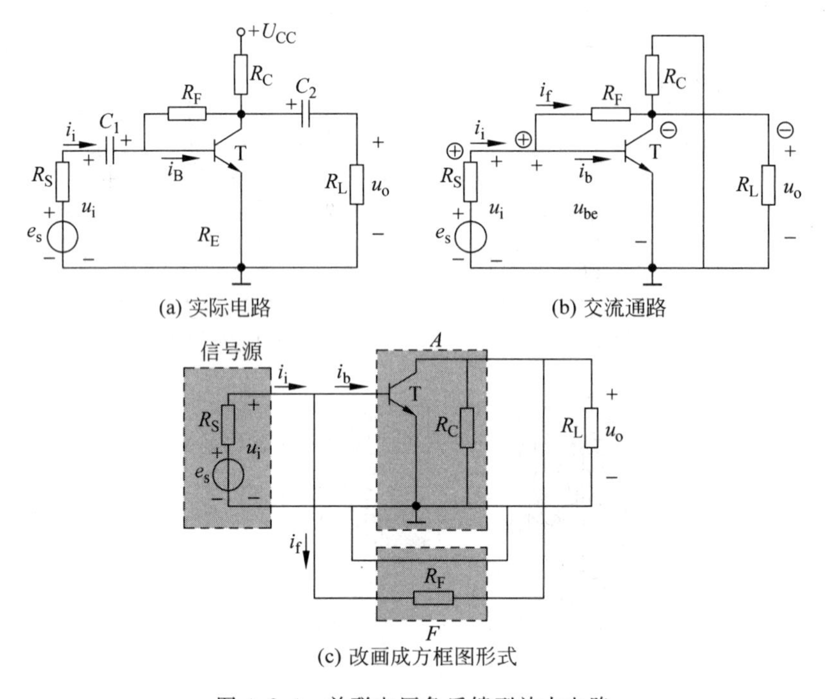

图 4.2.4 并联电压负反馈型放大电路

用瞬时极性法判别反馈正负极性。如图 4.2.4(b)所示，假设输入信号 u_i 瞬时极性为"⊕"，它加在放大电路晶体管的基极上，而输出信号 u_o 从集电极引出，故输出信号 u_o 的极性也为"⊖"，故反馈电阻 R_F 两端的电压，左正右负，其流过的电流 i_f 实际方向与框图上标示参考方向一致，故为负反馈。

电压负反馈的效果，使输出电压 u_o 稳定。当外界因素（如负载、元器件参数、温度的变化）引起 u_o 变化时，图 4.2.4 所示电路中即产生下列反馈调节过程：

外界因素，如 $R_L\uparrow \rightarrow |u_o|\uparrow \xrightarrow{\text{(反馈网络 }F)} |i_f|\uparrow \xrightarrow{\text{(负反馈调节)}} |i_b|\downarrow \xrightarrow{\text{(基本放大电路 }A)} |u_o|\downarrow$

4.2.3　串联电流负反馈

图 4.2.5(a)所示的电路为集成运放的同相比例放大电路，是一个串联电流负反馈放大电路，图 4.2.5(b)所示是其反馈类型方框图形式。由于虚断，电阻 R_1 上流过的电流 $i_i \approx 0$，故电阻 R_1 上不产生压降，故电阻 R_1 左右两端的电压皆为输入电压 u_i。由方框图可见，输入信号 u_i、反馈信号 u_f 和净输入信号 u_d，满足关系等式：$u_i = u_f + u_d$，即 $u_d = u_i - u_f$，故为串联反馈。在输出回路，反馈网络的输入端口与负载 R_L 相串联，流过它们的电流同为 i_o，显然是对输出电流 i_o 取样。根据反馈网络的结构，电阻 R_2 两端为反馈电压 u_f，与输出电流 i_o 满足等式：$u_f = \frac{R_2}{R_2 + R_F + R} R i_o$，即与 i_o 成正比，反馈系数 $F = \frac{R_2}{R_2 + R_F + R} R$，故为电流反馈。

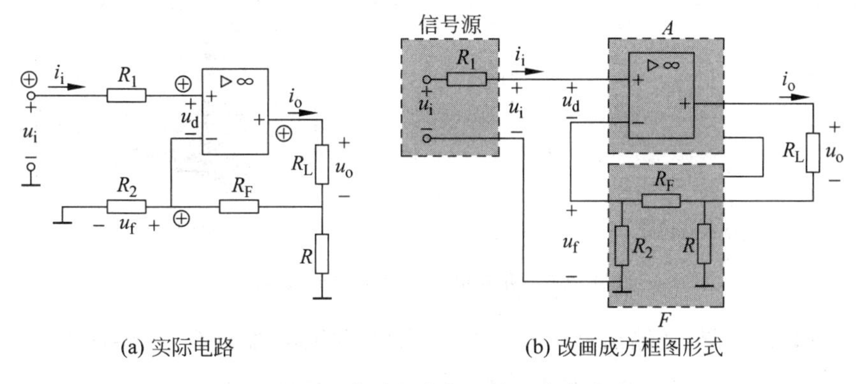

(a) 实际电路　　(b) 改画成方框图形式

图 4.2.5　串联电流负反馈型放大电路

用瞬时极性法判别反馈正负极性。如图 4.2.5(a)所示，假设输入信号 u_i 瞬时极性为"⊕"，它加在集成运放的同相输入端，故输出信号 u_o 的极性也为"⊕"，而电阻 R_2 右端的极性也为"⊕"，故反馈电压 u_f 的实际参考方向，与框图参考方向一致，所以为负反馈。

电流负反馈的效果，使输出电流 i_o 稳定。当外界因素（如负载、元器件参数、温度的变化）引起 i_o 变化时，图 4.2.5 所示电路中即产生下列反馈调节过程：

外界因素，如 $R_L \uparrow \longrightarrow |i_o| \uparrow \xrightarrow{\text{(反馈网络 } F\text{)}} |u_f| \downarrow \xrightarrow{\text{(负反馈调节)}} |u_d| \uparrow$

$\xrightarrow{\text{(基本放大电路 } A\text{)}} |i_o| \uparrow$

4.2.4　并联电流负反馈

在图 4.2.6(a)所示电路中，反馈电阻 R_F 跨接在输入端和输出端之间，与电阻 R 一起构成反馈网络，但其输入取样点位于负载 R_L 和电阻 R 之间，该电路是一个并联电流负反馈电路。图 4.2.6(b)为其反馈类型方框图形式。由方框图可见，输入电流 i_i 和反馈电流 i_f 都接入集成运放的同相输入端，依据方框图所标示的参考方向，输入电流 i_i、反馈电流 i_f 和净输入电流 i_d 三者满足关系等式：$i_i = i_d + i_f$，即 $i_d = i_i - i_f$，故为并联反馈。在输出回路，反馈网络的输入端口与负载 R_L 相串联，流过它们的电流同为 i_o，显然是对输出电流 i_o 取样。根据反馈网络的结构，流过电阻 R_F 的反馈电流 i_f，与输出电流 i_o 满足等式：$i_f = -\frac{R}{R + R_F} i_o$，即

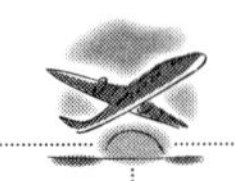

与 i_o 成正比，反馈系数 $F=\frac{i_f}{-i_o}=\frac{R}{R+R_F}$（注意：分母取“$-i_o$”，而非“$i_o$”，是因为其实际方向与参考方向相反），故为电流反馈。

用瞬时极性法判别反馈正负极性。如图 4.2.6(a)所示，假设输入信号 u_i 瞬时极性为“⊕”，它加在集成运放的反相输入端，故输出信号 u_o 的极性为“⊖”，负载 R_L 和电阻 R 之间的连接点的极性也为“⊖”，因此，输出电流 i_o 的实际方向与方框图上的参考方向不一致，但流过反馈电阻 R_F 的反馈电流 i_f 实际方向与方框图上的参考方向一致，故为负反馈。

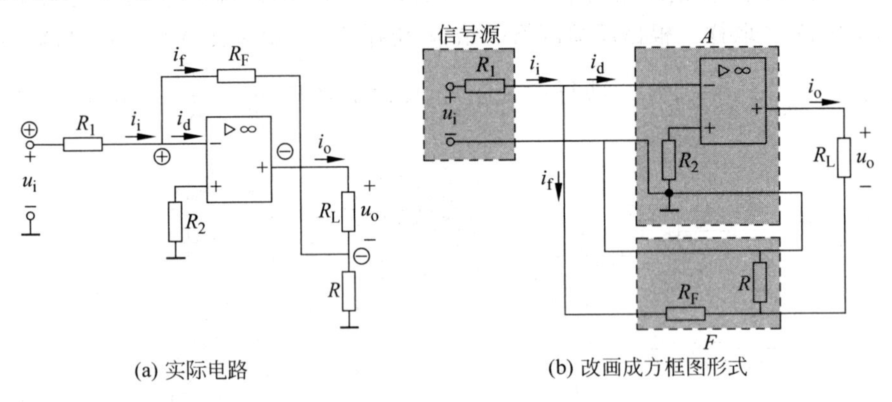

(a) 实际电路　　(b) 改画成方框图形式

图 4.2.6　并联电流负反馈型放大电路

电流负反馈的效果，使输出电流 i_o 稳定。当外界因素（如负载、元器件参数、温度的变化）引起 i_o 变化时，图 4.2.6 所示电路中即产生下列反馈调节过程：

外界因素，如 $R_L\uparrow \longrightarrow |i_o|\downarrow \xrightarrow{(反馈网络 F)} |i_f|\downarrow \xrightarrow{(负反馈调节)} |i_d|\uparrow$

$|i_o|\uparrow \xleftarrow{(基本放大电路 A)}$

例 4.2.1　如图 4.2.7(a)所示的多级放大电路中，试分析反馈电阻 R_F 引入反馈类型。

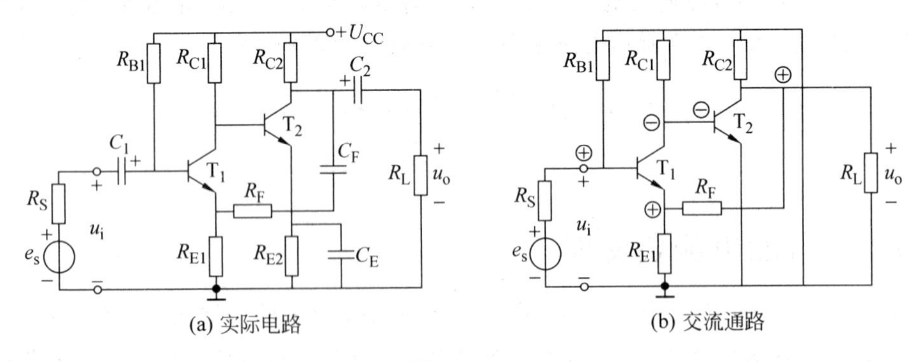

(a) 实际电路　　(b) 交流通路

图　4.2.7

解：图 4.2.7(b)是该多级放大电路的交流通路，根据交流通路可得到如图 4.2.8 所示的反馈类型方框图。由方框图可见，输入信号 u_i、反馈信号 u_f 和净输入信号 u_{be}，满足关系等式：$u_i=u_f+u_{be}$，即 $u_{be}=u_i-u_f$，故为串联反馈。在输出端，反馈网络的输入端并联在负载 R_L 两端，对输出信号 u_o 取样。而电阻 R_{E1} 的反馈电压 u_f，满足等式 $u_f=\frac{R_{E1}}{R_{E1}+R_F}u_o$，即与

u_o 成正比，反馈系数 $F=\frac{R_{E1}}{R_{E1}+R_F}$，故为电压反馈。

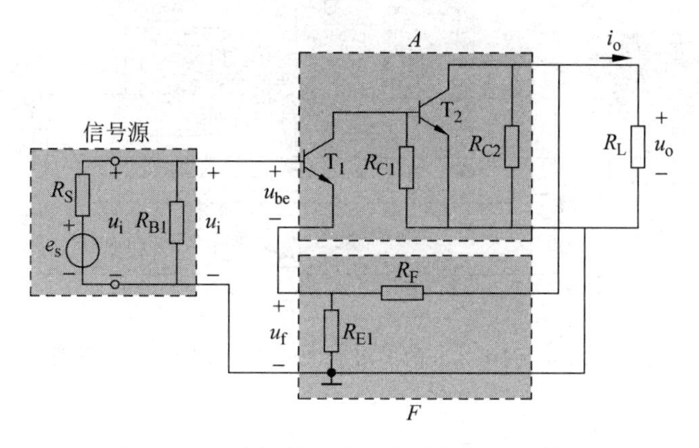

图 4.2.8　多级放大电路的反馈类型方框图

用瞬时极性法判别反馈正负极性。如图 4.2.7(b)所示，假设输入信号 u_i 瞬时极性为“⊕”，它加在放大电路晶体管 T_1 的基极上，如果从晶体管 T_1 的发射极输出，其极性也为“⊕”，如果从集电极输出，其极性则为“⊖”，接着再送入第二级放大的晶体管 T_2 的基极，其极性不变，也为“⊖”，最后从晶体管 T_2 的集电极输出，其极性为“⊕”，故输出信号 u_o 和反馈信号 u_f 的极性都为“⊕”，与框图参考方向一致，所以为负反馈。

例 4.2.2　如图 4.2.9 所示的由集成运放构成的多级放大电路，试分析反馈电阻 R_F 引入反馈类型。

解：在图 4.2.9 所示的电路中，反馈电阻 R_F 跨接在输入端和输出端之间，与电阻 R 一起构成反馈网络，但其输入取样点位于负载 R_L 和电阻 R 之间。图 4.2.10 为其反馈类型方框图。由方框图可见，输入电流 i_i 和反馈电流 i_f 都接入集成运放的同相输入端，依据方框图所标示的参考方向，输入电流 i_i、反馈电流 i_f 和净输入电流 i_d 三者满足关系等式：$i_i=i_d+i_f$，即 $i_d=i_i-i_f$，故为并联反馈。在输出回路，反馈网络的输入端口与负载 R_L 相串联，流过它们的电流同为 i_o，显然是对输出电流 i_o 取样。根据反馈网络的结构，流过电阻 R_F 的反馈电流 i_f，与输出电流 i_o 满足等式：$i_f=-\frac{R}{R+R_F}i_o$，即与 i_o 成正比，反馈系数 $F=\frac{i_f}{-i_o}=\frac{R}{R+R_F}$(注意：分母取“$-i_o$”，而非“$i_o$”，是因为其实际方向与参考方向相反)，故为电流反馈。

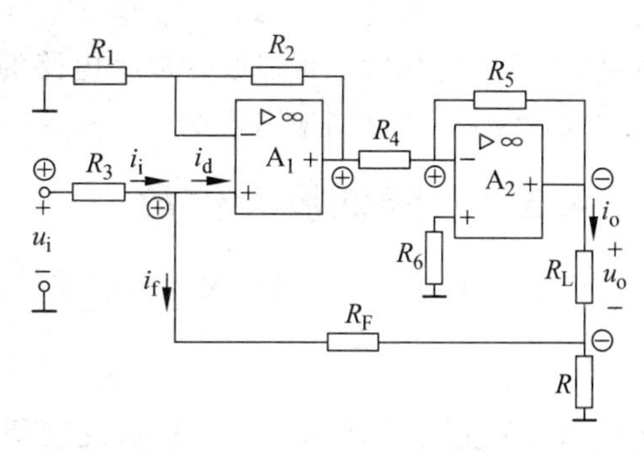

图 4.2.9　例 4.2.2 的多级放大电路

用瞬时极性法判别反馈正负极性。如图 4.2.9 所示，假设输入信号 u_i 瞬时极性为“⊕”，它加在集成运放 A_1 的同相输入端，故其输出信号的极性也为“⊕”，然后通过电阻 R_4 送入集成运放 A_2 的反相输入端，故其输出信号的极性为“⊖”，因此负载 R_L 和电阻 R 之间的连接点的极性也为“⊖”，因此，输出电流 i_o 的实际方向与方框图上的参考方向不一致，但流过反馈电阻 R_F 的反馈电流 i_f 实际方向与方框图上的参考方向一致，故为负反馈。

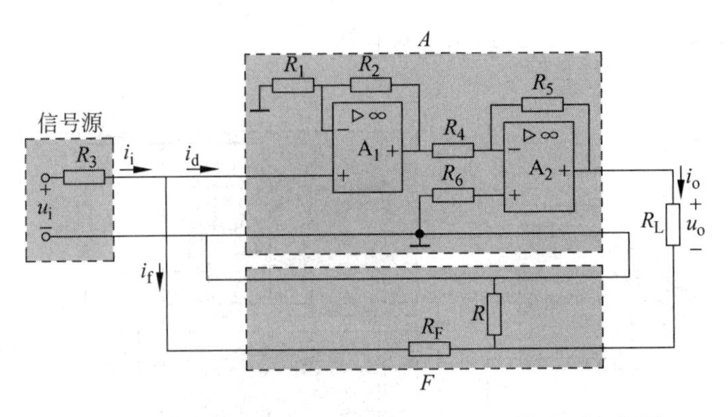

图 4.2.10　例 4.2.2 的多级放大电路的反馈类型方框图

【思考题】

1. 负反馈放大电路 4 种反馈组态的判断方法是什么？
2. 试画出一种引入并联电压负反馈的单级晶体管放大电路。
3. 试画出用运算放大器组成的 4 种类型负反馈的电路。

4.3　负反馈对放大电路工作性能的影响

在实际应用中，放大电路的输出量除了受输入信号的控制之外，还受诸如环境温度变化、元器件参数不稳定、负载变化、电源电压波动等不确定因素的影响。而在放大电路引入负反馈，在一定程度上可以改善放大电路的性能，如提高放大电路稳定性、改善波形失真、展宽通频带等，下面分别加以说明。

4.3.1　降低放大倍数

由前面 4.1 节分析可知引入负反馈时的闭环增益为

$$A_f = \frac{A}{1+AF} \tag{4.3.1}$$

式中 AF 为正实数，因此 $A_f<A$，负反馈使放大倍数降低，反馈深度 $D=|1+AF|$ 越深，A_f 就越小。

射极输出器、不带旁路电容的共射放大电路的电压放大倍数较低就是因为电路中引入了负反馈。引入负反馈，虽然降低了放大倍数，但换来了很多好处，例如，提高了放大倍数的稳定性，改善了波形失真，尤其是可以通过选用不同类型的负反馈，来改变放大电路的输入电阻和输出电阻，以适应实际的需要。至于因负反馈而引起的放大倍数的降低，则可通过放大电路的级数来提高。

4.3.2　提高放大倍数的稳定性

当外界因素和条件变化时（诸如环境温度变化，管子老化，元器件参数变化，电源电压波动等），即使输入信号一定，仍将引起输出信号的变化，也就是引起放大倍数的变化。如果这种相对变化较小，则说明其稳定性较高。

假设放大电路未引入负反馈时的开环放大倍数为 A，由于外界条件变化引起放大倍数的变化为 $\mathrm{d}A$，其相对变化为$\frac{\mathrm{d}A}{A}$。引入负反馈后，闭环放大倍数为 A_f，其相对变化为$\frac{\mathrm{d}A_\mathrm{f}}{A_\mathrm{f}}$。由于 A 和 F 均为实数，对式(4.3.1)等式两边 A_f 和 A 同时微分，得

$$\mathrm{d}A_\mathrm{f}=\frac{\mathrm{d}A}{1+AF}-\frac{AF\,\mathrm{d}A}{(1+AF)^2}=\frac{\mathrm{d}A}{(1+AF)^2} \tag{4.3.2}$$

用式(4.3.1)分别除式(4.3.2)等号的两边，得

$$\frac{\mathrm{d}A_\mathrm{f}}{A_\mathrm{f}}=\frac{1}{1+AF}\times\frac{\mathrm{d}A}{A} \tag{4.3.3}$$

在负反馈条件下，$1+AF>1$，所以

$$\frac{\mathrm{d}A_\mathrm{f}}{A_\mathrm{f}}<\frac{\mathrm{d}A}{A}$$

式(4.3.3)表明，在引入负反馈之后，虽然放大倍数从 A 减小到 A_f，即减小为原来的$\frac{1}{1+AF}$，但在外界条件有相同的变化时，闭环放大倍数 A_f 的相对变化$\frac{\mathrm{d}A_\mathrm{f}}{A_\mathrm{f}}$却只有未引入负反馈时的$\frac{1}{1+AF}$，可见负反馈放大电路的稳定性提高了。例如，当 $1+AF=100$ 时，A_f 的相对变化只有 A 的相对变化的 1%。

负反馈能提高放大电路的稳定性是不难理解的，例如，如果因某种因素使输出信号减小，则反馈信号也相应减小，于是净输入信号和输出信号也就相应增大，以牵制输出信号的减小，而使放大电路能比较稳定地工作。如前所述，电压负反馈能稳定输出电压，电流负反馈能稳定输出电流。

负反馈深度越深，放大电路越稳定。如果 $AF\gg1$，则根据式 $A_\mathrm{f}=\frac{A}{1+AF}$得 $A_\mathrm{f}\approx\frac{1}{F}$，此式说明，在深度负反馈下，闭环放大倍数仅与反馈系数 F 有关，基本上不受外界因素变化的影响。此时放大电路的工作非常稳定。

4.3.3 改善波形失真

前面第 2 章介绍过，由于工作点选择不合适，或者输入信号过大，都将引起信号波形的失真。但引入负反馈后，可将输出端的失真信号反送到输入端，使净输入信号发生某种程度的失真，经放大后，即可使输出信号的失真得到一定程度的补偿。

不加负反馈时，由于电路中存在非线性器件，所以即使输入信号为正弦波，输出也不一定是正弦波，而会产生一定的非线性失真。由图 4.3.1(a)可见，正弦波输入信号 u_i 经过放大后产生的失真波形为负半周大，正半周小。经过反馈后，在 F 为常数的条件下，反馈信号 u_f 正半周大，负半周小。但它和输入信号 u_i 相减后得到的净输入信号 $u_\mathrm{d}=u_\mathrm{i}-u_\mathrm{f}$ 的波形却变成正半周小、负半周大，这样就把输出信号的正半周压缩，负半周扩大，结果使正负半周的幅度趋于一致，从而改善了输出波形，如图 4.3.1(b)所示。

从本质上说，负反馈是利用失真的波形来改善波形的失真，因此只能减小失真，不能完全消除失真。且负反馈只能减小放大器自身产生的非线性失真，而对输入信号的非线性失真，负反馈是无能为力的。

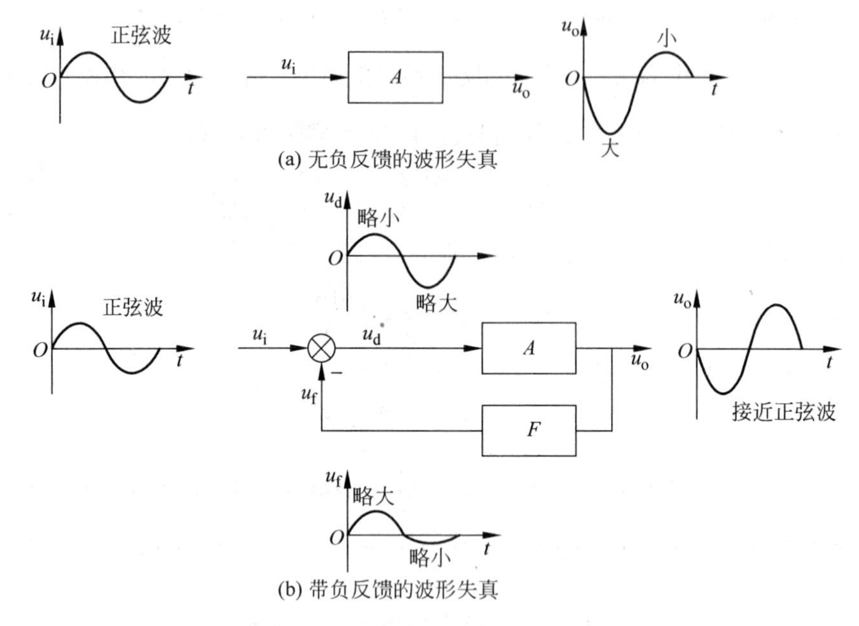

图 4.3.1　利用负反馈减小非线性失真

4.3.4　展宽通频带

由于放大电路中电容性元件的存在，以及晶体管本身结电容的存在，造成了放大倍数随频率而变化，即高频段和低频段放大倍数比中频段放大倍数低。引入负反馈后，放大倍数降低，但由于高频段、低频段的放大倍数小于中频段放大倍数，因此在反馈系数不变的情况下，高频段、低频段的反馈信号小，放大倍数也比中频段降低得少。这样，使幅频特性变得平坦，使 $f_{fL}<f_L$，$f_{fH}>f_H$，展宽了通频带，如图 4.3.2 所示。

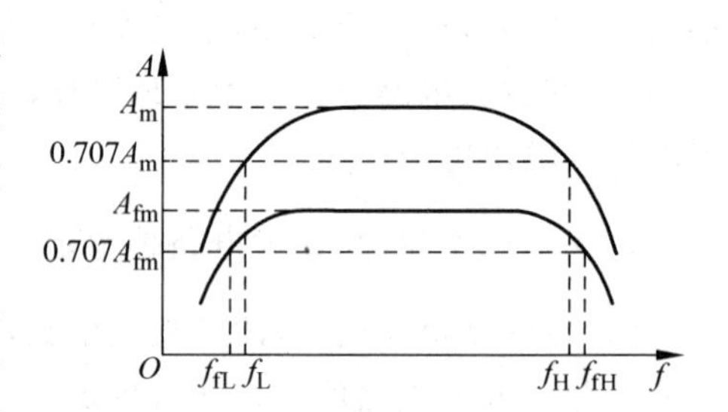

图 4.3.2　利用负反馈展宽通频带

4.3.5　对输入电阻的影响

放大电路的输入电阻的大小关系到信号源的输入信号能否得到有效利用。例如，对于内阻较大的电压源，通常要求放大电路具有足够大的输入电阻与之匹配，如果输入电阻过小，就会使电压源内阻分掉了大部分信号电压，降低电压源的输出电压。

1. 串联负反馈使闭环输入电阻增大

负反馈对放大电路输入电阻的影响，只取决于输入端的基本放大电路 A 和反馈网络 F 的连接方式，而与输出端两者之间的取样方式无直接关系，因此无论是串联电压负反馈，还是串联电流负反馈，可统一用图 4.3.3 作为串联负反馈放大电路的方框示意图，输出信号用 x_o 统一标示，这样便不再具体分是输出电流信号 i_o 还是电压信号 u_o 了。基本放大电路 A 的输入端口之间等效成一个输入电阻 R_i，其两端为净输入信号 u_d，则引入串联负反馈后，从

信号源向右看进去，如图 4.3.3 所示，闭环放大电路的输入电阻 r_{if} 为

$$r_{if}=\frac{u_i}{i_i}=\frac{u_d+u_f}{i_i}=\frac{u_d+AFu_d}{i_i}$$

$$=(1+AF)\frac{u_d}{i_i}$$

$$=(1+AF)R_i \tag{4.3.4}$$

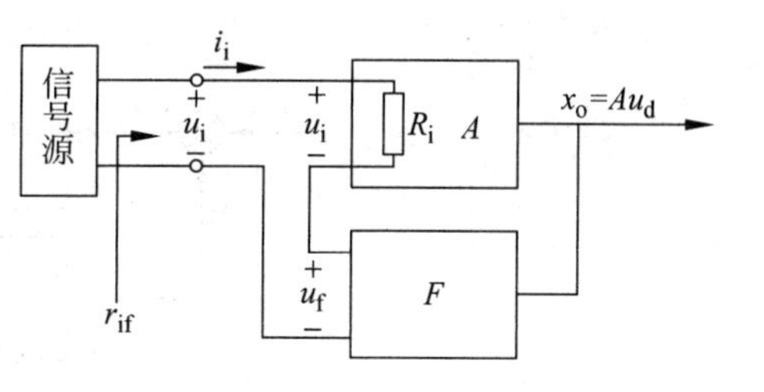

图 4.3.3　串联负反馈对输入电阻的影响

由前面 4.1 节可知，无负反馈网络的放大电路是带负反馈网络放大电路的一种特殊形式，即 $F=0$（或 $x_f=0$）。令式(4.3.4)中的 $F=0$，可得无负反馈时，基本放大电路 A 的输入电阻 r_i 为

$$r_i=(1+A\times 0)R_i=R_i<r_{if} \tag{4.3.5}$$

因此，相对无反馈而言，串联负反馈会使闭环放大电路的输入电阻增大。

2. 并联负反馈使闭环输入电阻减小

同样，无论是并联电压负反馈，还是并联电流负反馈，可统一用图 4.3.4 作为并联负反馈放大电路的方框示意图。基本放大电路 A 的输入端口之间等效成一个输入电阻 R_i，流过 R_i 的为净输入信号 i_d，则引入并联负反馈后，从信号源向右看进去，如图 4.3.4 所示，闭环放大电路的输入电阻 r_{if} 为

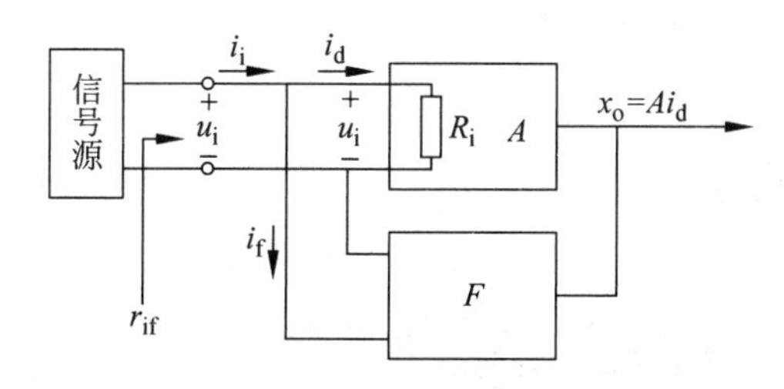

图 4.3.4　并联负反馈对输入电阻的影响

$$r_{if}=\frac{u_i}{i_i}=\frac{u_i}{i_f+i_d}=\frac{u_i}{AFi_d+i_d}$$

$$=\frac{u_i}{(1+AF)i_d}=\frac{R_i}{1+AF} \tag{4.3.6}$$

同样，令式(4.3.6)中的 $F=0$，可得无负反馈时，基本放大电路 A 的输入电阻 r_i 为

$$r_i=\frac{R_i}{1+A\times 0}=R_i>r_{if} \tag{4.3.7}$$

因此，相对无反馈而言，并联负反馈会使闭环放大电路的输入电阻减小。

4.3.6　对输出电阻的影响

放大电路的输出电阻的大小反映了放大电路带负载的能力。负反馈对放大电路输出电阻的影响，只取决于输出端的反馈网络 F 对基本放大电路 A 输出信号的取样方式，而与输入端两者之间的连接方式无直接关系。由于电压负反馈的效果是稳定输出电压，这相当于输出电阻减小了；电流负反馈的效果是稳定输出电流，这相当于输出电阻增大了。下面将进行简单分析。

1. 电压负反馈使闭环输出电阻减小

同理，无论是串联电压负反馈，还是并联电压负反馈，可统一用图 4.3.5 作为电压负反馈放大电路的方框示意图。

由 4.2 节可知，电压负反馈具有稳定输出电压的效果，也就是说，电压负反馈放大电路

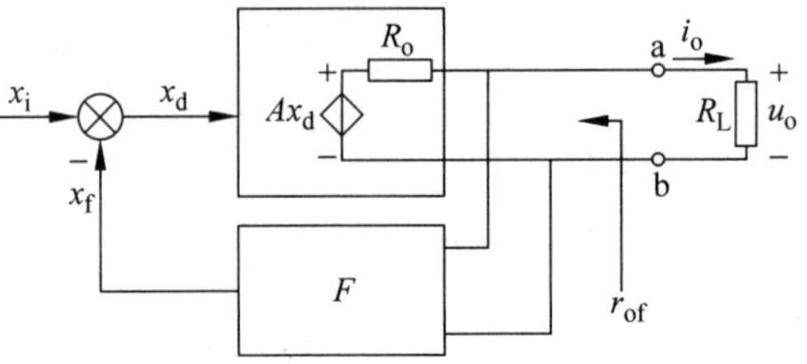

图 4.3.5　电压负反馈对输出电阻的影响

具有恒压源的性质，因此在图 4.3.5 中，将基本放大电路 A 的输出端等效成一个受净输入信号 x_d 控制的受控电压源，其电压大小为 Ax_d，且串联一个内阻 R_o。这里为了简化讨论，不妨假设反馈网路 F 的输入端口仅对负载 R_L 两端的电压取样，不取电流，即反馈网络 F 的输入端口看作开路，或电阻无穷大。

除去负载 R_L 后，只要获得有源二端网络端子 a 和 b 之间的开路电压 u_{ab} 和短路电流 i_{ab}，就可求出闭环放大电路的输出电阻 r_{of}。

在图 4.3.6(a)中，有源二端网络端子 a 和 b 之间的开路电压 u_{ab} 满足下列等式：

$$u_{ab} = Ax_d = A(x_i - x_f) = A(x_i - Fu_{ab})$$

整理上式可得

$$u_{ab} = \frac{Ax_i}{1+AF} \tag{4.3.8}$$

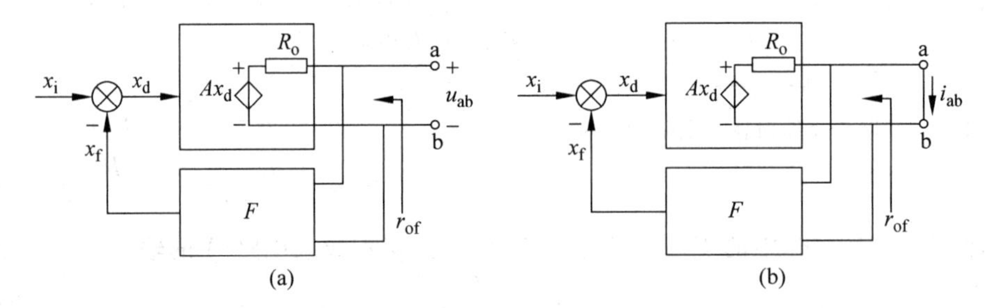

图 4.3.6　电压负反馈时输出电阻的计算

在图 4.3.6(b)中，有源二端网络端子 a 和 b 之间的短路电流 i_{ab} 满足下列等式：

$$i_{ab} = \frac{Ax_d}{R_o} = \frac{A(x_i - x_f)}{R_o} = \frac{A(x_i - F\times 0)}{R_o} = \frac{Ax_i}{R_o} \tag{4.3.9}$$

式(4.3.8)和式(4.3.9)相比，可求得电压负反馈时闭环输出电阻 r_{of} 为

$$r_{of} = \frac{u_{ab}}{i_{ab}} = \frac{R_o}{1+AF} \tag{4.3.10}$$

令式(4.3.10)中的 $F=0$，可得无负反馈时，基本放大电路 A 的输出电阻 r_o 为

$$r_o = \frac{R_o}{1+A\times 0} = R_o > r_{of} \tag{4.3.11}$$

因此，相对无反馈而言，电压负反馈会使闭环放大电路的输出电阻减小。

2. 电流负反馈使闭环输出电阻增大

电流负反馈具有稳定输出电流的作用，也就是说，电流负反馈放大电路具有恒流源的性

质，因此在图4.3.7中，基本放大电路A的输出端可等效成一个受净输入信号x_d控制的受控电流源，其电流大小为Ax_d，且并联一个内阻R_o。这里为了简化讨论，不妨假设反馈网路F的输入端口仅对流过负载R_L的电流取样，不分电压，即反馈网络F的输入端口看作短路，或电阻趋近于零。

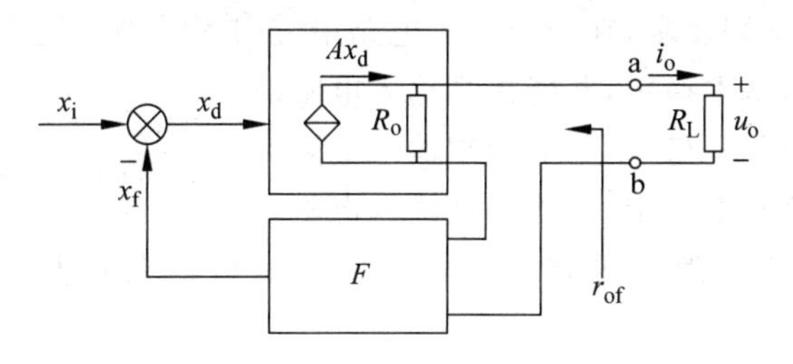

图4.3.7　电流负反馈对输出电阻的影响

同样，除负载R_L后，求出有源二端网络端子a和b之间的开路电压u_{ab}和短路电流i_{ab}，就可计算闭环放大电路的输出电阻r_{of}。

在图4.3.8(a)中，有源二端网络端子a和b之间的开路电压u_{ab}满足下列等式：

$$u_{ab}=Ax_dR_o=A(x_i-x_f)R_o=A(x_i-F\times 0)R_o=Ax_iR_o \tag{4.3.12}$$

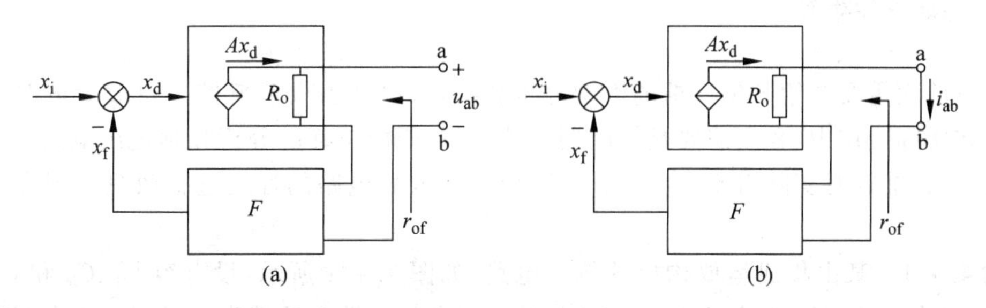

图4.3.8　电流负反馈时输出电阻的计算

在图4.3.8(b)中，有源二端网络端子a和b之间的短路电流i_{ab}满足下列等式：

$$i_{ab}=Ax_d=A(x_i-x_f)=A(x_i-F\times i_{ab})$$

整理上式可得

$$i_{ab}=\frac{Ax_i}{1+AF} \tag{4.3.13}$$

式(4.3.12)和式(4.3.13)相比，可求得电流负反馈时闭环输出电阻r_{of}为

$$r_{of}=\frac{u_{ab}}{i_{ab}}=(1+AF)R_o \tag{4.3.14}$$

令式(4.3.14)中的$F=0$，可得无负反馈时，基本放大电路A的输出电阻r_o为

$$r_o=(1+A\times 0)R_o=R_o<r_{of} \tag{4.3.15}$$

因此，相对无反馈而言，电流负反馈会使闭环放大电路的输出电阻增大。

采用哪种反馈方式，主要根据负载的要求及信号源内阻的性质来考虑。在负载变化的情况下，要求放大电路定压输出时，就需要采用电压负反馈；要求放大电路恒流输出时，就需要采用电流负反馈；至于输入端采用串联还是并联方式，主要根据对放大电路输入电阻的要求而定。当要求放大电路具有高输入内阻时，宜采用串联反馈，信号源内阻低有利于发挥串联负反馈的作用；当要求放大电路具有低输入内阻时，宜采用并联反馈，信号源内阻高

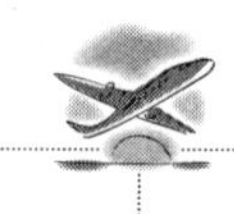

有利于发挥并联负反馈的作用，并联负反馈最适宜与电流源相配合；如仅仅是为了提高输入电阻，降低输出电阻，宜采用射极输出器。

【思考题】

1. 如果需要实现下列要求，在交流放大电路中应引入哪种类型的负反馈？

(1) 要求输出电压基本稳定，并能提高输入电阻。

(2) 要求输出电流基本稳定，并能减小输入电阻。

(3) 要求输出电流基本稳定，并能提高输入电阻。

2. 什么是深度反馈？怎样理解"负反馈越深，放大倍数降低得越多，但电路工作越稳定"？

3. 为了提高反馈的效果，对于串联负反馈要求信号源内阻 R_S 要求尽可能大还是尽可能小？对于并联负反馈要求信号源内阻 R_S 要求尽可能大还是尽可能小？

4. 试在已学过的放大电路中，列举一、两种引入反馈的电路，判断它们是直流反馈还是交流反馈？并用瞬时极性法判断它们的反馈极性和组态。

4.4 案例解析

本章前面主要介绍了负反馈的类型分析和判定，以及引入负反馈后对放大电路性能的影响。在实际应用中，我们需要具体问题具体分析，既能正确的分析和判定出电路中存在的反馈类型，又能针对实际需要，合理引入负反馈，对放大电路的性能进行改良。现在举例解析之。

例 4.4.1 某由集成运放构成的放大电路，如图 4.4.1 所示，设电容 C_1、C_2 和 C_3 电容值很大，对中高频交流信号而言，可视为短路。试分析电路中反馈类型及对放大电路输入电阻的影响。

解：画出放大电路的交流通路，如图 4.4.2 所示。

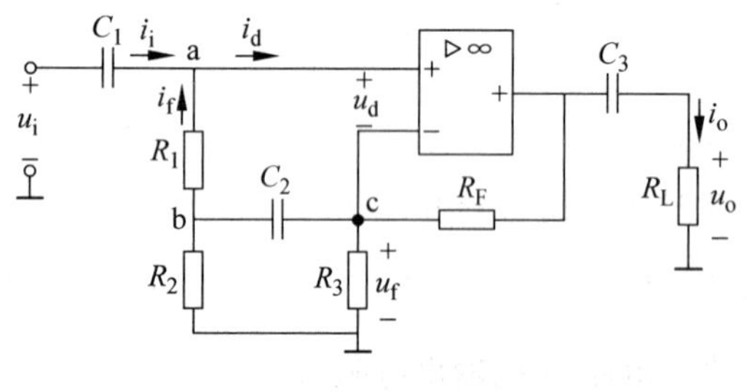

图 4.4.1

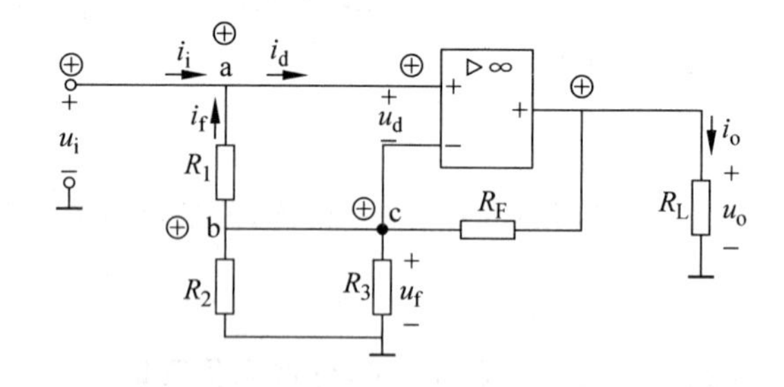

图 4.4.2 例 4.4.1 的交流通路及瞬时极性

根据交流通路，画出其方框图，如图 4.4.3(a)、(b)所示。显然，放大电路中同时存在两种组态的交流反馈类型。在图 4.4.3(a)中，放大电路的输入回路，反馈网络 F 和基本放大电路 A 相串联，而输出端，反馈网络 F 并联在负载 R_L 两端，故为串联电压反馈；而在图 4.4.3(b)中，放大电路的输入端，反馈信号 i_f 和输入信号 i_i 同时送入集成运放的同相输入端，而在输出端，反馈网络 F 也是并联在负载 R_L 两端，故为并联电压反馈。

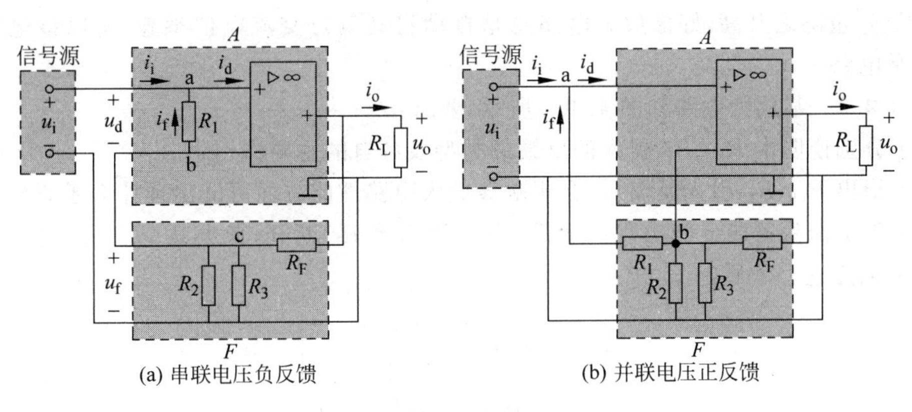

(a) 串联电压负反馈 (b) 并联电压正反馈

图 4.4.3

用瞬时极性法分析，由于电阻 R_3 上端的瞬时极性为"⊕"，其下端接地，因此 R_3 两端的反馈电压信号 u_f 的实际方向与框图表示的参考方向一致，容易判定图 4.4.3(a)所示为负反馈，其反馈调节过程如下：

外界因素，如 $R_L\uparrow \longrightarrow |u_o|\uparrow \xrightarrow{(反馈网络F)} |u_f|\uparrow \xrightarrow{(负反馈调节)} |u_d|\downarrow$

$\xrightarrow{(基本放大电路A)} |u_o|\downarrow$

在图 4.4.3(b)中，电阻 R_1 上下两端 a 和 b 的瞬时极性都为"⊕"，但其上端 a 点的电位大小为 u_i，而下端 b 点的电位大小为 u_f，当集成运放工作线性区时，由虚短可得 $u_f\approx u_i$，而 $u_f=\dfrac{R_2//R_3}{R_F+R_2//R_3}u_o$，此时电阻 R_1 上的反馈电流 $i_f=\dfrac{u_f-u_i}{R_1}\approx 0$，当外界因素比如负载 R_L 的变化，使得输出信号 u_o 上升时，则反馈电流 i_f 产生，从 b 点流向 a 点，此时净输入信号 $i_d=i_i+i_f$，也随着增大，由于净输入信号 i_d 增大，导致输出 u_o 继续上升，因此图 4.4.3(b)为正反馈，其电路反馈调节过程如下：

外界因素，如 $R_L\uparrow \longrightarrow |u_o|\uparrow \xrightarrow{(反馈网络F)} |i_f|\uparrow \xrightarrow{(正反馈调节)} |i_d|\uparrow$

$\xrightarrow{(基本放大电路A)} |u_o|\uparrow$

串联负反馈增大闭环放大电路的输入电阻，而并联正反馈也同样增大闭环放大电路的输入电阻，说明这两种组态的反馈的效果，都是使得闭环放大电路的输入电阻增大。

在交流通路中，R_1 并联在运放的输入端，其电流为

$$i_f=\frac{u_f-u_i}{R_1}=\frac{-u_d}{R_1}$$

假设集成运放的输入电阻为 R_i，则整个闭环放大电路输入电阻为

$$r_{if}=\frac{u_i}{i_i}=\frac{u_i}{i_d-i_f}=\frac{u_i}{\dfrac{u_d}{R_i}+\dfrac{u_d}{R_1}}=\frac{u_i}{u_d}(R_i//R_1)=\frac{u_i}{u_i-u_f}(R_i//R_1)$$

在深度负反馈情况下，$u_d\approx 0$，即 $u_i\approx u_f$，因而 r_{if} 趋于无穷大，故电路的输入电压近似等于信号源电压。这种通过引入正反馈，当 R_1 上端 a 点的电位 u_i 发生变化(比如上升)时，其下端 b 点的电位 u_f 也跟着做同样的变化，即放大电路随着输入电压 u_i 的升高，自动将其的

b 点电位 u_f 也随之升高，好像放大电路总是自动将其 b 点交流电位举起，所以该电路又可叫做自举电路。

例 4.4.2 某放大电路如图 4.4.4 所示，要求：

(1) 分别说明由 R_{F1}、R_{F2} 引入的反馈的类型及各自的主要作用；

(2) 指出 R_{F1}、R_{F2} 引入反馈后，在影响该放大电路性能方面可能出现什么矛盾？

(3) 为了消除上述可能出现的矛盾，有人提出将 R_{F2} 断开，此办法是否可行？为什么？怎样才能消除这个矛盾？

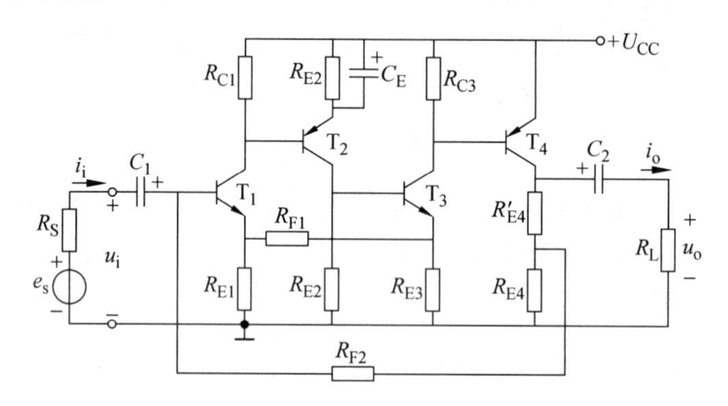

图 4.4.4 例 4.4.2 电路图

解：(1) 放大电路的直流通路如图 4.4.5 所示。

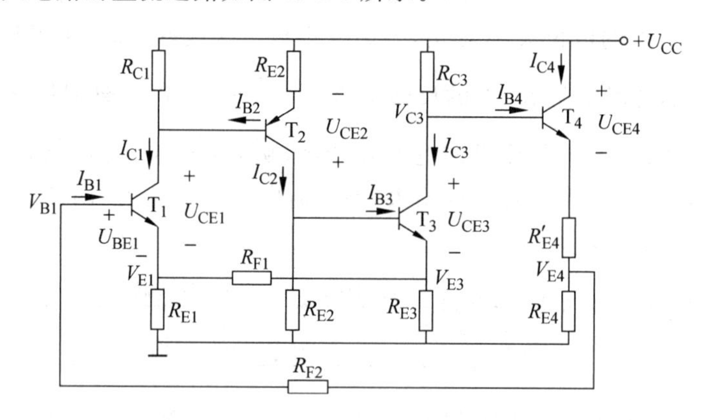

图 4.4.5 例 4.4.2 的直流通路

分析反馈电阻 R_{F1} 引入的直流反馈，对晶体管 T_3 静态工作点(I_{C3}、I_{B3}、U_{CE3})的影响。假设某个因素导致 I_{C3} 变大，则晶体管 T_3 的发射极(即电阻 R_{E3} 的上端)的电位 V_{E3} 升高(因为 $V_{E3} \approx I_{C3}R_{E3}$)，同时 T_3 的集电极(即电阻 R_{C3} 的下端)电位 V_{C3} 反而降低(因为 $V_{C3} \approx U_{CC} - I_{C3}R_{C3}$)，晶体管 T_1 发射极(即电阻 R_{E1} 的上端)电位 V_{E1} 也随 V_{E3} 的升高而升高，由于电位 V_{C3} 降低，导致晶体管 T_4 的基极电流 I_{B4} 降低，故 I_{C4} 降低，因此电位 V_{E4} 降低($V_{E4} \approx I_{C4}R_{E4}$)，导致晶体管 T_1 的基极电位 V_{B1}(因为 $V_{B1} = V_{E4} - I_{B1}R_{F2} \approx V_{E4}$)降低，因此晶体管 T_1 的净输入电压 U_{BE1} 降低(因为 $U_{BE1} = V_{B1} - V_{E1}$)，故基极电流 I_{B1} 也随电压 U_{BE1} 降低而降低(因为 I_{B1} 和 U_{BE1} 是正相关的，即同增同减)，故晶体管 T_1 的集电极电流 I_{C1} 减小，导致晶体管 T_2 的基极电流 I_{B2} 减小，故晶体管 T_2 的集电极电流 I_{C2} 也随之减少，导致晶体管 T_3 的基极电流 I_{B3} 减小，又导致晶体管 T_3 的集电极电流 I_{C3} 变小，最终使得 I_{C3} 相对于原来基本稳定不变。以

电流 I_{C3} 为对象，其反馈调节稳定过程如下：

$$\text{某因素} \rightarrow I_{C3}\uparrow \rightarrow \begin{cases} V_{C3}\downarrow \rightarrow I_{B4}\downarrow \rightarrow I_{C4}\downarrow \rightarrow V_{E4}\downarrow \rightarrow V_{B1}\downarrow \\ V_{E3}\uparrow \rightarrow V_{E1}\uparrow \end{cases} \rightarrow U_{BE1}\downarrow \rightarrow I_{B1}\downarrow \rightarrow I_{C1}\downarrow \rightarrow I_{B2}\downarrow \rightarrow I_{C2}\downarrow \rightarrow I_{B3}\downarrow \rightarrow I_{C3}\downarrow$$

同样，晶体管 T_2 和 T_1 的静态工作点，由于反馈电阻 R_{F1} 调节稳定过程，读者可自行分析之。故反馈电阻 R_{F1} 引入的直流负反馈能稳定晶体管 T_1、T_2 和 T_3 的静态工作点。需指出的是，实际上反馈电阻 R_{F2} 也起到了调节稳定的作用。

按照同样的方法，简单分析反馈电阻 R_{F2} 对晶体管静态工作点（I_{C4}、I_{B4}、U_{CE4}），以电流 I_{C4} 为对象，其反馈调节稳定过程如下：

$$U_{BE1}\downarrow \leftarrow V_{E1}\uparrow \leftarrow V_{E3}\uparrow \leftarrow (I_{C3}\uparrow)$$

$$\text{某因素} \rightarrow I_{C4}\uparrow \rightarrow V_{E4}\uparrow \rightarrow V_{B1}\uparrow \rightarrow U_{BE1}\uparrow \rightarrow I_{B1}\uparrow \rightarrow I_{C1}\uparrow \rightarrow I_{B2}\uparrow \rightarrow I_{C2}\uparrow \rightarrow I_{B3}\uparrow \rightarrow I_{C3}\uparrow \rightarrow I_{B4}\downarrow \rightarrow I_{C4}\downarrow$$

同样，晶体管 T_3、T_2 和 T_1 的静态工作点，由于反馈电阻 R_{F2} 调节稳定过程，读者可自行分析之。故反馈电阻 R_{F2} 引入的直流负反馈能稳定晶体管 T_1、T_2、T_3 和 T_4 的静态工作点，同时还为晶体管 T_1 提供偏置电压。需指出的是，实际上反馈电阻 R_{F1} 也在 R_{F2} 的调节稳定过程中产生了一定的影响。

放大电路的交流通路，如图 4.4.6 所示，根据交流通路，画出放大电路的反馈类型方框图，如图 4.4.7 所示。

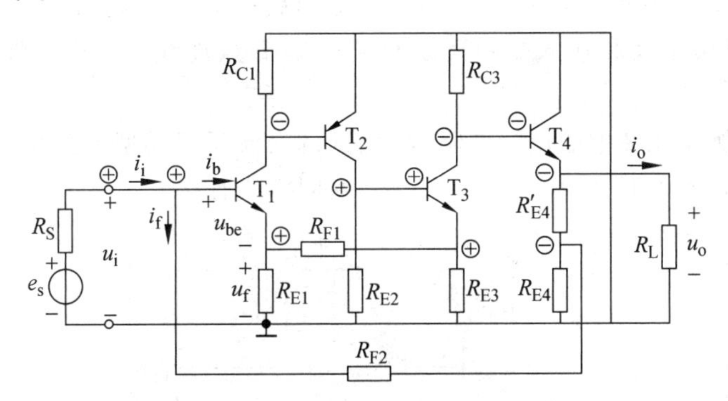

图 4.4.6　例 4.4.2 的交流通路及瞬时极性表示

放大电路的反馈方框图，如图 4.4.7 所示，并依据交流通路的瞬时极性，可判定出：电阻 R_{F1} 引入的交流反馈类型为串联电流负反馈，可稳定第三级的输出电流 i_{o1}，同时提高整个放大电路的输入电阻；电阻 R_{F2} 引入的交流反馈类型为并联电压负反馈，可稳定该电路的输出电压 u_o，降低了放大电路的输出电阻，另外也降低了整个放大电路的输入电阻。

(2) 该放大电路存在两种交流负反馈类型，但是电阻 R_{F1} 提高了放大电路的闭环输入电阻，而电阻 R_{F2} 却降低了放大电路的闭环输入电阻，两者对放大电路输入电阻性能的影响存在矛盾。

(3) 不能断开电阻 R_{F2}。因为电阻 R_{F2} 为晶体管 T_1 提供了直流偏置电压，断开电阻 R_{F2}

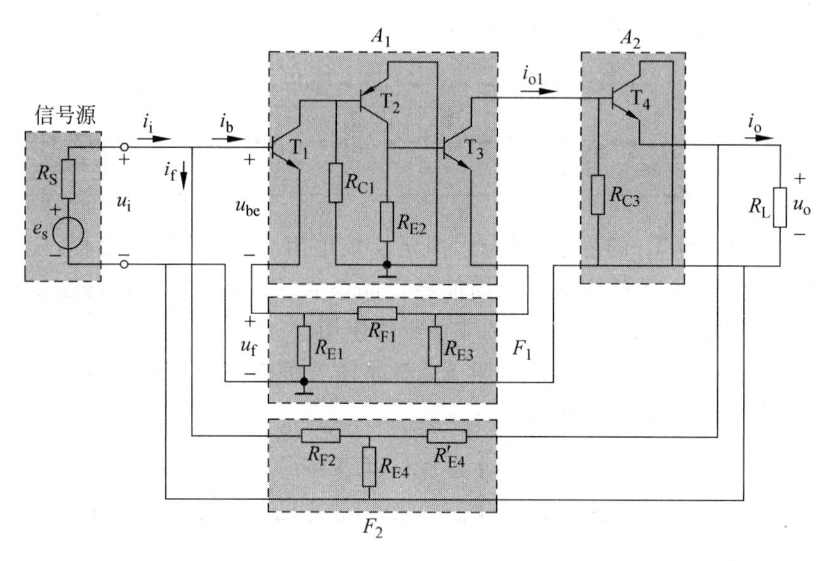

图 4.4.7　例 4.4.2 的反馈方框图

会导致晶体管 T_1 无法正常工作，从而使整个放大电路也不能正常工作。为了消除上述矛盾，可在电阻 R_{E4} 的两端并一个容量足够大的电容器，消除电阻 R_{F2} 引入的交流负反馈，这对输出电压的稳定不会有很大影响，因为 T_4 是射极输出器。

【思考题】

1. 在图 4.4.3(b)所示的方框图中，基本放大电路 A 和反馈网络 F 之间有 5 根连线，多出的一根是集成运放的反相输入端和反馈网络 F 的 b 点连线。这根连线有何作用？能否断开这根连线？

2. 有人认为例 4.4.2 中的反馈电阻 R_{F2} 引入的交流反馈类型为并联电流负反馈。因为方框图如图 4.4.8 所示，即可认为是电流反馈，对吗？为什么？

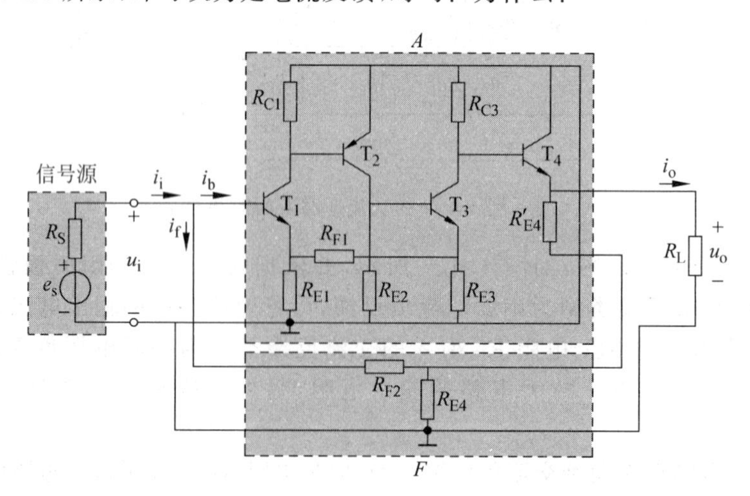

图 4.4.8　思考题 2 的方框图

小结

1. 在放大电路中，将输出量(输出电压或输出电流)的一部分或全部，通过一定的方式，反送到放大电路的输入回路称为反馈。

2. 根据反馈极性的不同，反馈可分为正反馈和负反馈；根据反馈信号中所含的交、直流成分可分为直流反馈和交流反馈；根据反馈信号的取样方式，可将反馈分为电压、电流反馈；根据反馈信号与输入端的连接方式，反馈可分为串联、并联反馈。

3. 直流负反馈可稳定静态工作点，交流负反馈使放大倍数减小，但可改善放大电路性能。

4. 交流负反馈有 4 种组态：电压串联负反馈、电压并联负反馈、电流串联负反馈、电流并联负反馈。

5. 电压负反馈使输出电阻减小，电流负反馈使输出电阻增大。串联负反馈使输入电阻增大，并联负反馈使输入电阻减小。负反馈提高了放大倍数稳定性，减小了非线性失真，展宽了通频带，改变了输入、输出电阻。

习题

一、选择题(请将唯一正确选项的字母填入对应的括号内)

4.1 (　　)某电路如题 4.1 图所示，该电路所引入的反馈类型判断正确的是?

(A) 串联电压负反馈　　(B) 串联电流负反馈

(C) 并联电压负反馈　　(D) 并联电流负反馈

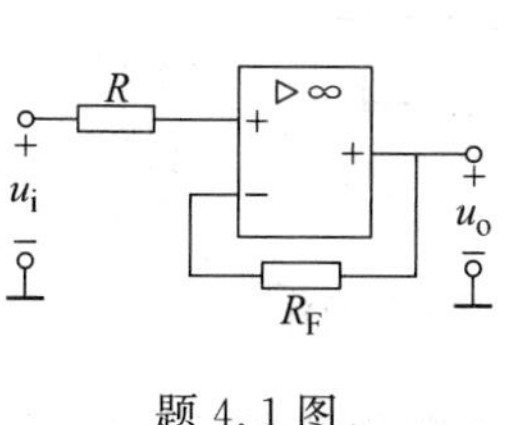

题 4.1 图

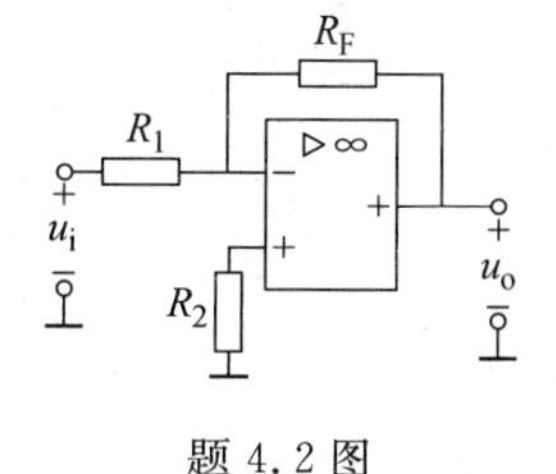

题 4.2 图

4.2 (　　)某电路如题 4.2 图所示，该电路所引入的反馈类型判断正确的是?

(A) 串联电压负反馈　　(B) 串联电流负反馈

(C) 并联电压负反馈　　(D) 并联电流负反馈

4.3 (　　)为了稳定放大电路的输出电压，并降低输入电阻，应引入什么类型的负反馈?

(A) 串联电压负反馈　　(B) 并联电流负反馈

(C) 串联电流负反馈　　(D) 并联电压负反馈

4.4 （　　）为了稳定输出电流，并提高其输入电阻，下面哪个原理框图所引入的负反馈能够实现？

(A) 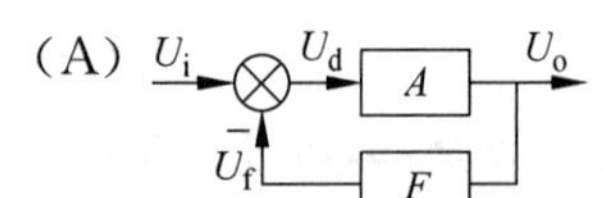

(B) U_i U_d A I_o U_f F

(C) 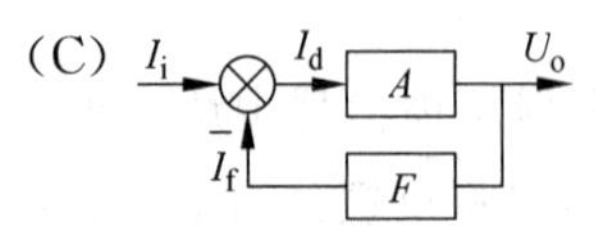

(D) 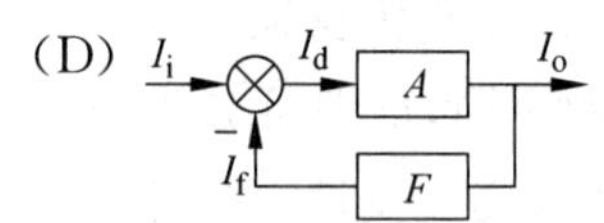

4.5 （　　）某反馈放大器的框图如题4.5图所示，则该放大器的总放大倍数是多少？

(A) 9　　(B) 10　　(C) 81　　(D) 100

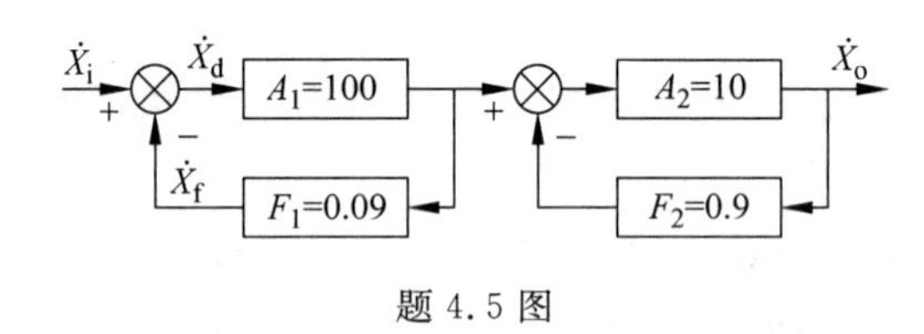

题4.5图

4.6 （　　）在下列选项中，哪个电路中的电阻 R_F 所引入的负反馈类型可以达到稳定输出电压，并降低其输入电阻的效果？

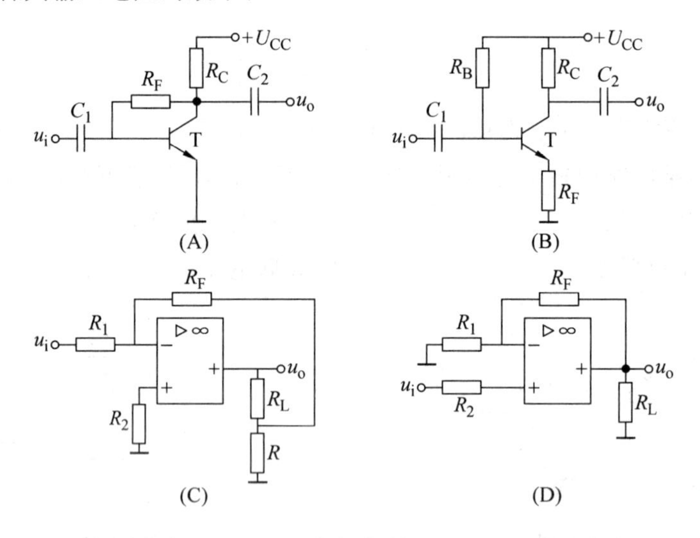

4.7 （　　）假设某个放大器的开环放大倍数 A 的变化范围为 $100 \leqslant A \leqslant 200$，现引入负反馈 F，其取值为 $F=0.05$，则闭环放大倍数 A_f 的变化范围是？

(A) $100 \leqslant A_f \leqslant 200$　　(B) $\frac{50}{3} \leqslant A_f \leqslant \frac{200}{11}$

(C) $10 \leqslant A_f \leqslant 15$　　(D) $\frac{100}{3} \leqslant A_f \leqslant \frac{300}{7}$

4.8 （　　）下列对电路中引入负反馈对放大电路影响表述不正确的是？

(A) 能够提高放大电路的放大倍数

(B) 能够在一定程度上改善电路输出电压波形失真情况

(C) 能够拓宽通频带

(D) 能够提高放大电路倍数的稳定性

4.9　(　　)下列电路中没有引入负反馈的选项是?

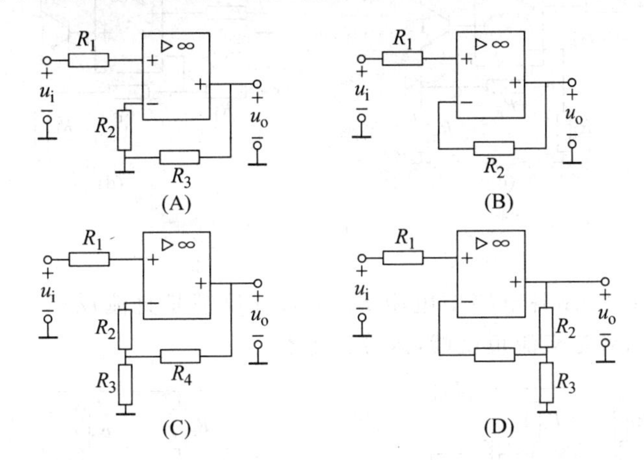

4.10　(　　)如题 4.10 图所示的电路中,电阻 R_F 引入负反馈的类型是?

(A) 串联电压负反馈　　(B) 并联电流负反馈

(C) 串联电流负反馈　　(D) 并联电压负反馈

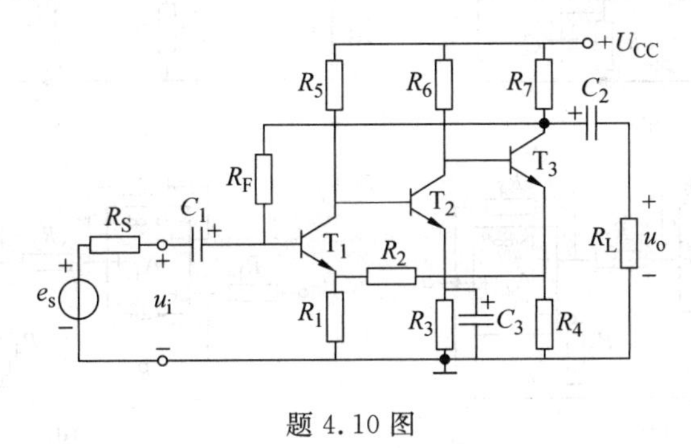

题 4.10 图

二、解答题

4.11　判断题 4.11 图各电路中电阻 R_F 引入的反馈是直流反馈还是交流反馈?是正反馈还是负反馈?如果是交流负反馈,区分其组态。

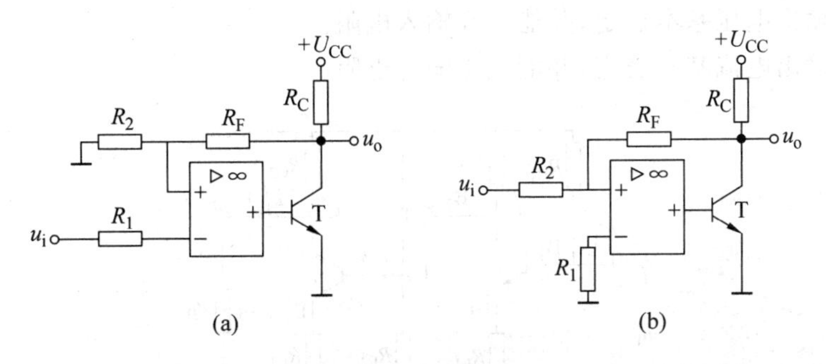

题 4.11 图

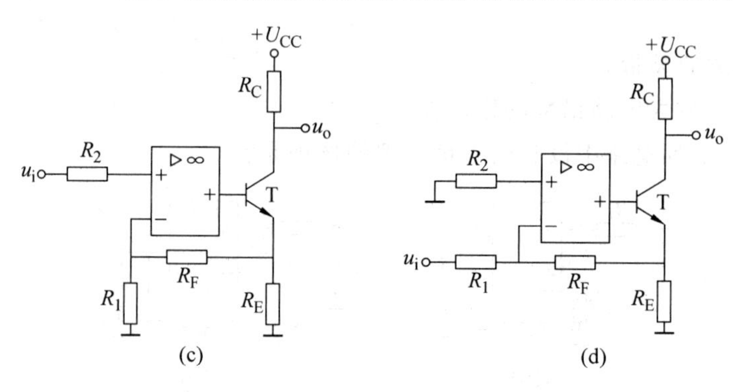

题 4.11 图 （续）

4.12 判断题 4.12 图各电路中电阻 R_F 引入的反馈是直流反馈还是交流反馈？是正反馈还是负反馈？如果是交流负反馈，区分其组态。

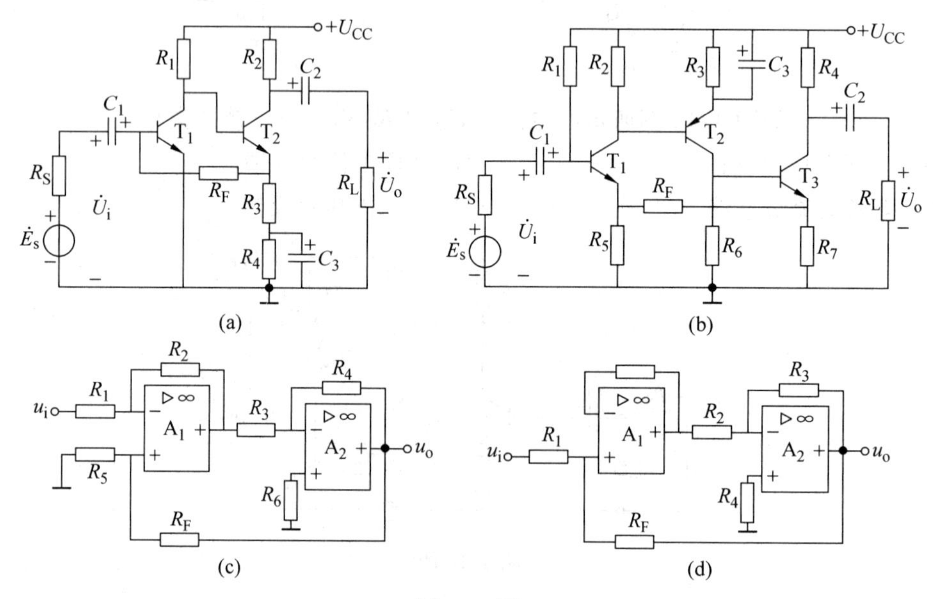

题 4.12 图

4.13 在题 4.13 图中，要求达到以下效果，应该引入什么反馈？反馈电阻应从何处引至何处？

(1) 要求输出电压基本稳定，并能提高输入电阻。

(2) 要求输出电流基本稳定，并能减小输入电阻。

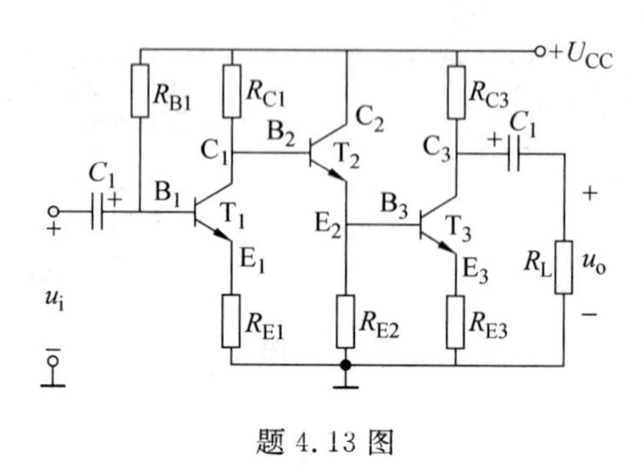

题 4.13 图

4.14 某反馈放大电路如题4.14图所示，试分别说明电阻 R_{F1}、R_{F2}、R_{E1}、R_{E2} 给电路引入什么类型的反馈？

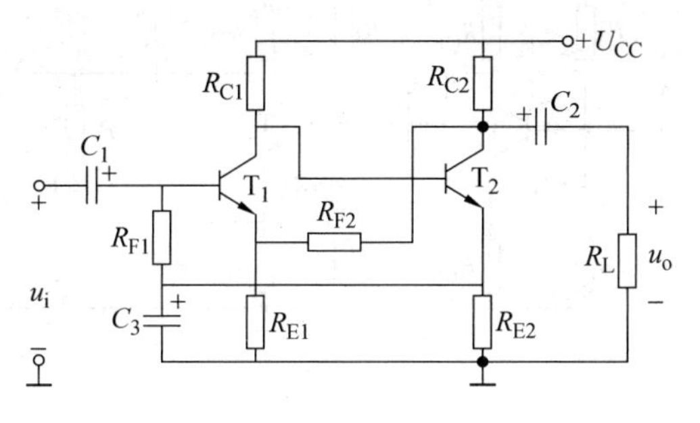

题4.14图

4.15 已知一个负反馈放大电路的开环放大倍数 $A=10^5$，反馈系数 $F=2\times10^{-3}$。求：

(1) 电路闭环放大倍数 A_f；

(2) 电路的反馈深度为多少？

(3) 如果 A 的相对变化率为20%，则 A_f 的相对变化率为多少？

4.16 已知某个串联电压负反馈放大电路的电压放大倍数 $A_f=20$，其开环基本放大电路的电压放大倍数 A 的相对变化率 $\frac{dA}{A}=10\%$，而 A_f 的相对变化率 $\frac{dA_f}{A_f}<0.1\%$，试估算 A 和 F 的大小。

4.17 某放大电路的开环放大倍数为 $A=10^4$，当它接成负反馈放大电路时，其闭环电压放大倍数为 $A_f=50$，若 A 相对变化率 $\frac{dA}{A}=10\%$，问 A_f 的相对变化率 $\frac{dA_f}{A_f}$ 为多少？

4.18 "负反馈改善非线性失真。所以，不管输入波形是否存在非线性失真，负反馈放大器总能将它改善为正弦波。"这种说法对吗？为什么？

4.19 现有反馈如下，选择合适的答案填空：

(A) 交流负反馈　　(B) 直流负反馈

(C) 电压负反馈　　(D) 电流负反馈

(E) 串联负反馈　　(F) 并联负反馈

(1) 为了稳定静态工作点，应引入________。

(2) 为了展宽频带，应引入________。

(3) 为了稳定输出电压，应引入________。

(4) 为了稳定输出电流，应引入________。

(5) 为了增大输入电阻，应引入________。

(6) 为了减小输入电阻，应引入________。

(7) 为了增大输出电阻，应引入________。

(8) 为了减小输出电阻，应引入________。

4.20 电路如题4.20图所示，要求：

(1) F点分别接在H、J、K三点时，各形成何种反馈；如果是负反馈，则对电路的输入阻抗、输出阻抗、放大倍数又有何影响。

(2) 估算出 F 点接在 J 点时的电压放大倍数表达式。

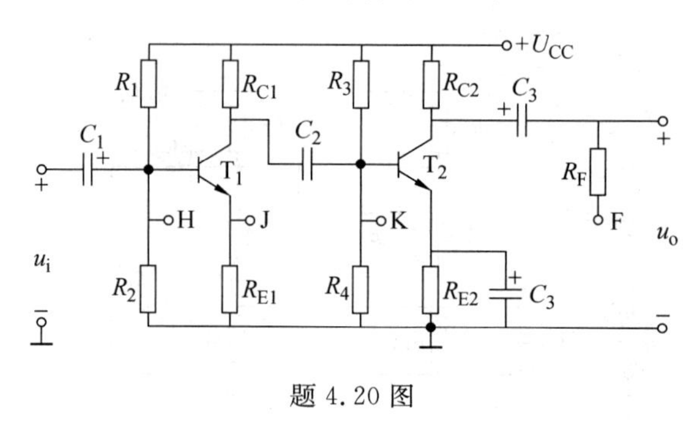

题 4.20 图

第5章

直流稳压电源

现代电网采用的是交流供电方式，但有些应用场合，需要直流电源供电，比如直流电动机的驱动、电解电镀、电子仪器等。有些电子设备和自动控制系统中，对电压稳定度要求非常高，这就需要将交流电压变换成直流电压。本章主要介绍小功率直流稳压电源的组成及各部分的作用，分析整流、滤波、稳压三个环节的工作原理。

5.1 基本组成

各种电器设备内部均是由不同种类的电子电路组成，电子电路正常工作需要由直流稳压电源供电。获得直流稳压电源的方法很多，如干电池、蓄电池、直流电动机等。但比较经济实用的方法是把交流电源变为直流电源。一般直流稳压电源的组成如图 5.1.1 所示。本章主要介绍小功率直流电压源。它将常用的 220V、50Hz 的交流电压 u_1 转换成幅值稳定的直流电压 u_O 输出。

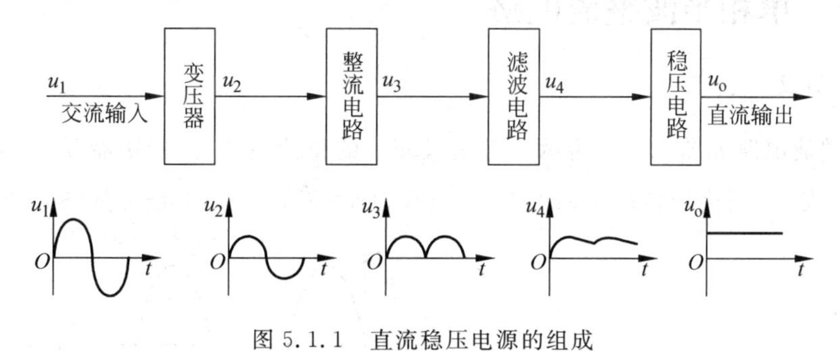

图 5.1.1　直流稳压电源的组成

1. 电源变压器

由于所需的直流电压 u_O（一般几伏到几十伏）比电网的交流电压 u_1（单相有效值为 220V）相差较大，因此常用电源变压器降压得到适合的交流电压 u_2 以后再进行交、直流转换。

2. 整流电路

利用二极管的单向导电性，将正负交替变化的正弦交流电压 u_2 变为单一方向的脉动直

流电压 u_3。

3. 滤波电路

经过整流电路输出的单一方向的脉动直流电压 u_3 幅度波动变化比较大,这种直流电压一般不能直接供给电子线路使用。滤波电路的任务就是滤除脉动直流电压中的交流成分,使输出电压变为比较平滑的直流电压 u_4。常采用的滤波元件有电容和电感。

4. 稳压电路

经过降压、整流、滤波后输出的直流电压虽然具有较好的平滑程度,但由于电网电压 u_1 的波动以及负载变化的影响,使输出电压不稳定。稳压电路的作用就是能自动稳定输出电压,使输出电压 u_O 在电网电压的波动以及负载变化时仍能输出稳定电压。

【思考题】

1. 交流电和直流电有什么不同?
2. 现实生活中,哪些应用场合需要直流电?
3. 为了将电网交流电转换成直流电,一般经过几个环节的转换?

5.2 整流电路

整流电路的作用是利用二极管的单向导电性,将正负交替变化的正弦交流电压变为单一方向的脉动电压。在小功率的直流电源中,整流电路的主要形式有单相半波、单相全波、单相桥式和三相桥式整流电路,其中单相桥式整流电路使用较为普遍。

5.2.1 单相半波整流电路

1. 电路组成

单相半波整流电路如图 5.2.1 所示。它是最简单的整流电路,由变压器 Tr、二极管 D 和负载电阻 R_L 组成。u 是变压器次级输出电压,设其为 $u=\sqrt{2}U\sin\omega t$,其波形如图 5.2.2 所示。

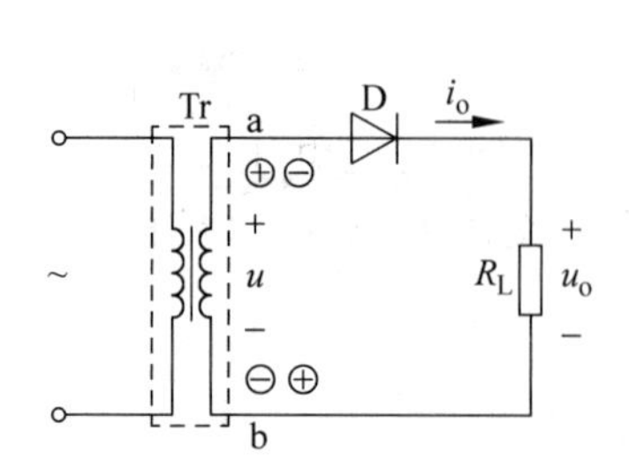

图 5.2.1 单相半波整流电路

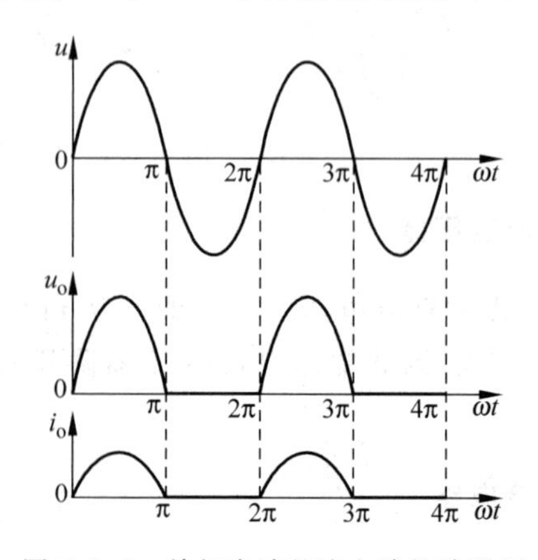

图 5.2.2 单相半波整流电路的波形图

2. 工作原理

设二极管为理想二极管。由于二极管具有单向导电性，只有在外加正向电压的作用下才能导通。在电压 u 的正半周时，二极管加正向电压，因此导通，有电流流过负载。在 u 信号的负半周时，二极管加反向电压，因此截止，没有电流流过负载。由此可见，半波整流电路只有在交流电的正半周期提供脉动的直流电。在负载电阻 R_L 上只有半个周期内有电压和电流，所以称为"半波整流电路"。对于理想二极管，其导通时压降为零，因此输出电压 u_o 和 u 的正半周相同如图 5.2.2 波形所示。

3. 直流电压 U_O 和直流电流 I_O 的计算

u_o 大小是变化的，经常用 u_o 一个周期内的平均值来说明它的大小。半波整流电路电压的平均值 U_O 为

$$U_O = \frac{1}{2\pi}\int_0^{\pi}\sqrt{2}U\sin\omega t\,d\omega t = \frac{\sqrt{2}}{\pi}U \approx 0.45U \tag{5.2.1}$$

整流电流的平均值 I_O 为

$$I_O = \frac{U_O}{R_L} = 0.45\,\frac{U}{R_L} \tag{5.2.2}$$

4. 二极管的选择

选择二极管时根据负载需要的直流电压 U_O 和直流电流 I_O，另外还要考虑二极管截止时承受的最高反向电压 U_{RM}。显然，在半波整流电路中，二极管不导通时承受的最高反向电压就是变压器次级输出电压 u 的最大值，即

$$U_{RM} = \sqrt{2}U \tag{5.2.3}$$

通常根据 U_O、I_O 和 U_{RM} 来选择二极管的型号。

5.2.2 单相桥式整流电路

单相半波整流虽然结构简单，但缺点是只利用了电压信号的半个周期，且整流电压的脉动较大。因此，在实际应用中经常采用全波整流中的单相桥式整流电路。

1. 电路组成

单相桥式整流电路如图 5.2.3(a)所示。它由变压器、4 只二极管和负载电阻组成。由于 4 只二极管和负载电阻接成电桥形式，故称为桥式整流。单相桥式整流电路中往往也用图 5.2.3(b)中的图形符号来表示。

2. 工作原理

当 u 为正半周时，D_1、D_3 导通，D_2、D_4 截止，电路中电流 i_1 流向如图 5.2.4(a)所示；当 u 为负半周时，D_1、D_3 截止，D_2、D_4 导通，电路中电流 i_2 流向如图 5.2.4(b)所示。显然，电流 i_1 和 i_2 流过负载电阻 R_L 的电流方向是一致的，其波形如图 5.2.5 所示。

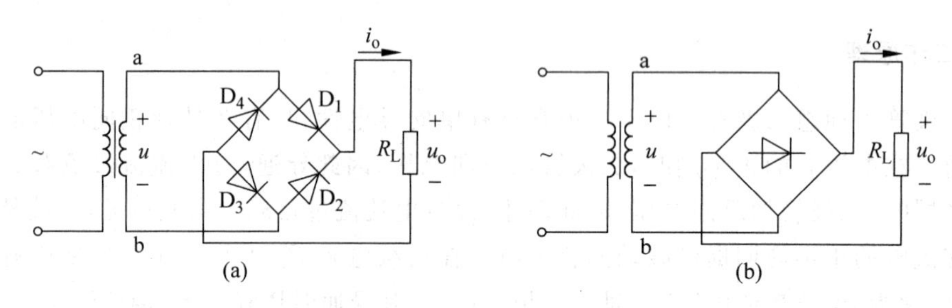

图 5.2.3 单相桥式整流电路

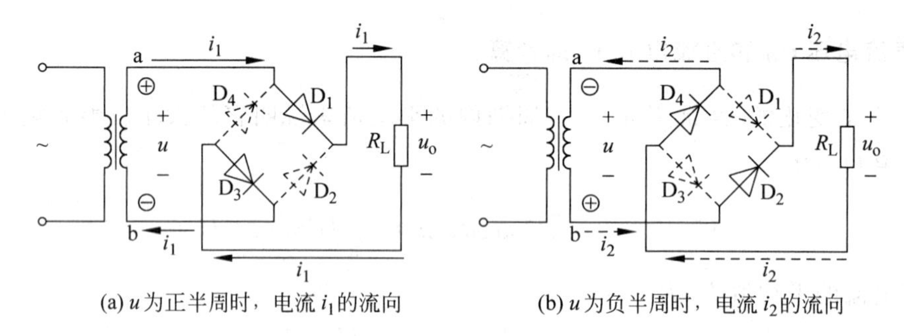

图 5.2.4 u 为正负半周期时电路中电流的流向

3. 直流电压 U_O 和直流电流 I_O 的计算

$$U_O=\frac{1}{\pi}\int_0^{\pi}\sqrt{2}U\sin\omega t\,\mathrm{d}\omega t$$

$$=\frac{2\sqrt{2}}{\pi}U\approx 0.9U \qquad (5.2.4)$$

显然，全波整流比半波整流输出电压增加一倍。负载中流过的电流也增加一倍，即

$$I_O=\frac{U_O}{R_L}=0.9\frac{U}{R_L} \qquad (5.2.5)$$

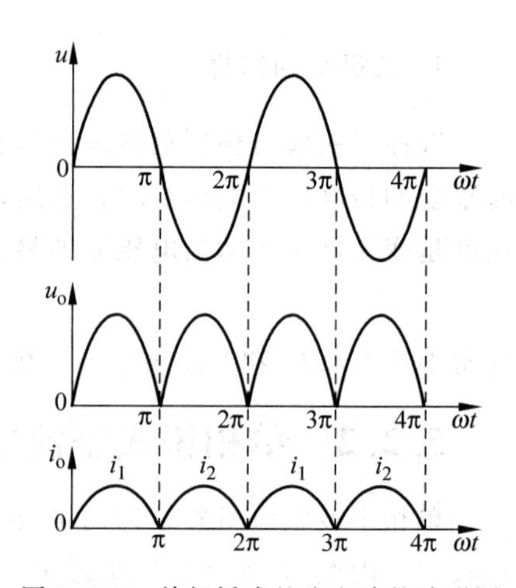

图 5.2.5 单相桥式整流电路的波形图

4. 二极管的选择

每两个二极管串联导通半周，因此，每个二极管中流过的平均电流只有负载电流的一半，即

$$I_D=\frac{1}{2}I_O=0.45\frac{U}{R_L} \qquad (5.2.6)$$

当 D_1、D_3 导通时，D_2、D_4 截止，二极管 D_2、D_4 的阳、阴极电位正好等于 b、a 点电位，因此截止时承受的最高反向电压 U_{RM} 为电源电压最大值，即

$$U_{RM}=\sqrt{2}U \qquad (5.2.7)$$

这一点与半波整流相同。

例 5.2.1 已知负载电阻 $R_L=100\Omega$，负载电压 $U_O=120V$。如果采用单相桥式整流电路，交流电源电压为 380V。试问如何选用二极管？

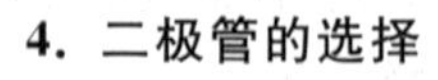

解：负载电流为

$$I_O = \frac{U_O}{R_L} = \frac{120}{100}\text{A} = 1.2\text{A}$$

每个二极管中的平均电流为

$$I_D = \frac{1}{2} I_O = 0.6\text{A}$$

变压器次级电压有效值为

$$U = \frac{U_O}{0.9} = \frac{120}{0.9}\text{V} \approx 133\text{V}$$

考虑到变压器次级线圈及管子上压降，变压器的次级电压要高出大约 10%，即 133×1.1=146V。于是

$$U_{RM} = \sqrt{2} \times 146\text{V} \approx 206\text{V}$$

因此可选用 2CZ55E 二极管，其最大整流电流为 1A，反向工作峰值电压为 300V。

5.2.3 三相桥式整流电路

前面所介绍整流电路是单相整流电路，功率较小，一般为几瓦到几百瓦。在某些应用场合，要求整流功率高达几千瓦以上，这时采用单向整流电路就无法满足要求。因为它会造成三相电网负载不平衡，影响电网供电质量。为此，常采用三相桥式整流电路，如图 5.2.6 所示。

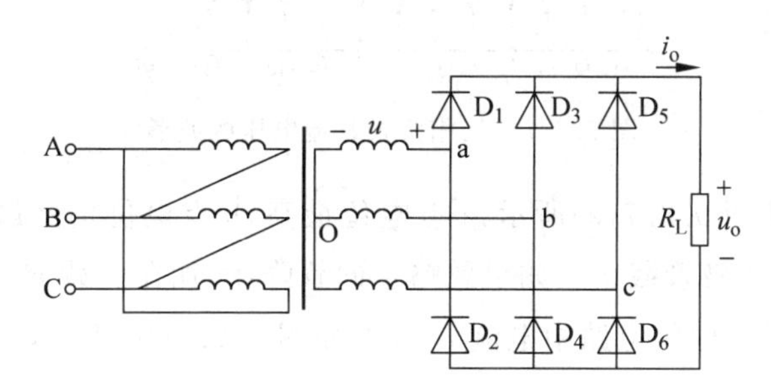

图 5.2.6 三相桥式整流电路

1. 电路组成

在图 5.2.6 所示的三相桥式整流电路中，二极管 D_1、D_3、D_5 组成一组，其阴极连在一起；二极管 D_2、D_4、D_6 组成另一组，其阳极连在一起。负载 R_L 接 D_2、D_3、D_5 的阴极和 D_2、D_4、D_6 的阳极之间。变压器的原边为三角形联接，接在交流电源的三相 A、B、C 上，而其副边为星形联接，其三相电压 u_a、u_b、u_c 的波形如图 5.2.7(a)所示。

2. 工作原理

第一组 D_1、D_3、D_5 中阳极电位最高者导通，第二组 D_2、D_4、D_6 中阴极电位最低者导通。同一时间，两组各有一个二极管导通，每组中的三个二极管按次序轮流导通。具体工作工程分析如下：

在 $0\sim t_1$ 期间，如图 5.2.7(a)所示，c 相电压为正，b 相电压为负，a 相电压虽然也为正，但低于 c 相电压。因此，在这段时间内，图 5.2.6 电路中 c 点电位最高，b 点电位最低。于是二极管 D_5 和 D_4 导通。如果忽略正向管降压，加在负载 R_L 上输出电压 u_O 就是线电压 u_{cb}。由于 D_5 导通，D_1 和 D_3 的阴极电位基本上等于 c 点的点位，因此两管截止。而 D_4 导通，又使 D_2 和 D_6 也截止。在这段时间内的电路中电流 i_1 波形如图 5.2.7(b)所示，其流向如图 5.2.8(a)所示。

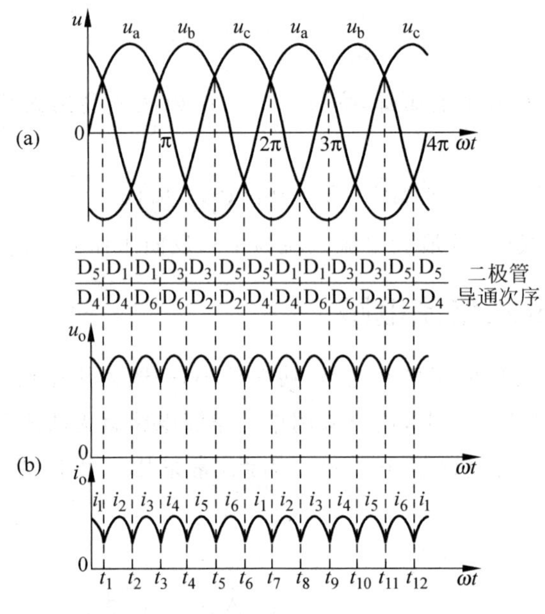

图 5.2.7　三相桥式整流电压的波形

在 $t_1\sim t_2$ 期间，从图 5.2.7(a)所示，a 点电位最高，b 点电位仍然最低。于是二极管 D_1 和 D_4 导通，其余 4 个二极管截止。如果忽略正向管降压，加在负载 R_L 上输出电压 u_O 就是线电压 u_{ab}。在这段时间内的电路中电流 i_2 波形如图 5.2.7(b)所示，其流向如图 5.2.8(b)所示。

同理，在 $t_2\sim t_3$ 期间，从图 5.2.7(a)所示，a 点电位最高，c 点电位最低。于是二极管 D_1 和 D_6 导通，其余四个二极管截止。负载 R_L 上输出电压 u_O 就是线电压 u_{ac}。在这段时间内的电路中电流 i_3 波形如图 5.2.7(b)所示，其流向如图 5.2.8(c)所示。

依此类推，后续时刻，电路中电流波形如图 5.2.7(b)所示，对应的电流 i_4、i_5、i_6 的流向如图 5.2.8(d)、(e)、(f)所示。因此，可列出如图 5.2.7(a)中所示的二极管导通次序。共阴极联接的三个二极管(D_1、D_3、D_5)在 t_1、t_3、t_5 等时刻轮流导通；共阳极联接的三个二极管(D_2、D_4、D_6)在 t_2、t_4、t_6 等时刻轮流导通。

3. 直流电压 U_O 和直流电流 I_O 的计算

负载 R_L 上所得整流电压 u_O 的大小等于三相相电压的上下包络线间的垂直距离(也就是每个时刻最大一个线电压的值)，如图 5.2.7(b)所示。它的脉动较小，平均值为

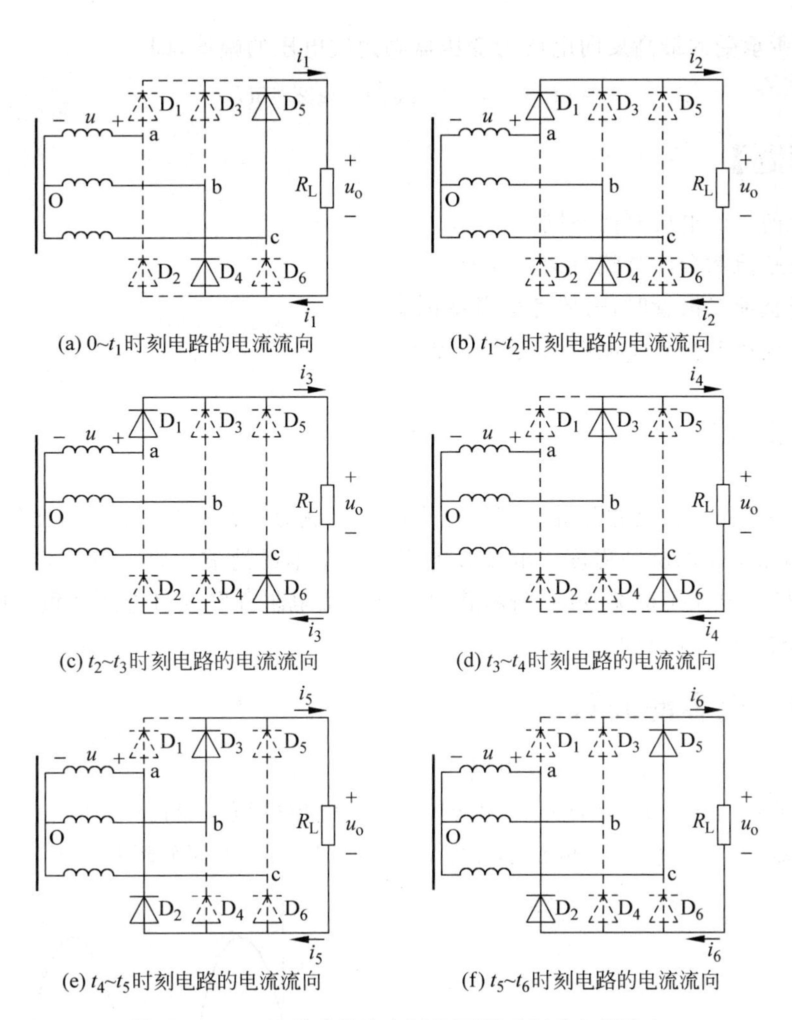

(a) 0~t_1时刻电路的电流流向
(b) t_1~t_2时刻电路的电流流向
(c) t_2~t_3时刻电路的电流流向
(d) t_3~t_4时刻电路的电流流向
(e) t_4~t_5时刻电路的电流流向
(f) t_5~t_6时刻电路的电流流向

图 5.2.8 三相桥式整流电压的不同时刻的电流流向

$$U_O = \frac{1}{\pi/3}\int_{\pi/6}^{\pi/2}\sqrt{2}U_{ab}\sin(\omega t + 30°)d\omega t$$

$$= \frac{1}{\pi/3}\int_{\pi/6}^{\pi/2}\sqrt{2}\cdot\sqrt{3}\cdot U_a\sin(\omega t + 30°)d\omega t$$

$$\approx 2.34U_a = 2.34U \tag{5.2.8}$$

式中 U 为变压器副边相电压的有效值。

负载电流 i_O 的平均值为

$$I_O = \frac{U_O}{R_L} = 2.34\frac{U}{R_L} \tag{5.2.9}$$

4. 二极管的平均电流 I_D 和最高反向电压 U_{RM} 的计算

由于在一个周期中，每个二极管只有三分之一的时间导通，因此流过每个管的平均电流为

$$I_D = \frac{1}{3}I_O = 0.78\frac{U}{R_L} \tag{5.2.10}$$

每个二极管所承受的最高反向电压为变压器副边线电压的幅值，即

$$U_{RM}=\sqrt{3}\times\sqrt{2}U\approx 2.45U \tag{5.2.11}$$

【思考题】

1. 整流前后的电压有何不同？
2. 半波整流和全波整流有何不同？
3. 选择整流二极管时，需要考虑哪些因素？
4. 试简述单向桥式整流电路的工作原理。

5.3 滤波器

滤波电路的任务就是滤除脉动直流电中的交流成分，使输出电压变为比较平滑的直流电压，减小输出电压的脉动程度。电感和电容是最基本的滤波元件。利用电容两端电压不能突变和电感中电流不能突变的特性，将电容和负载电阻并联或将电感和负载电阻串联，即可达到平滑输出电压的目的。

5.3.1 电容滤波器

图 5.3.1 为半波整流电容滤波电路。

如果在单相半波整流电路中不接电容滤波器，输出电压 u_o 的波形如图 5.3.2(a)所示。加电容滤波器后，输出电压 u_o 的波形如图 5.3.2(b)所示。下面分析其原因。

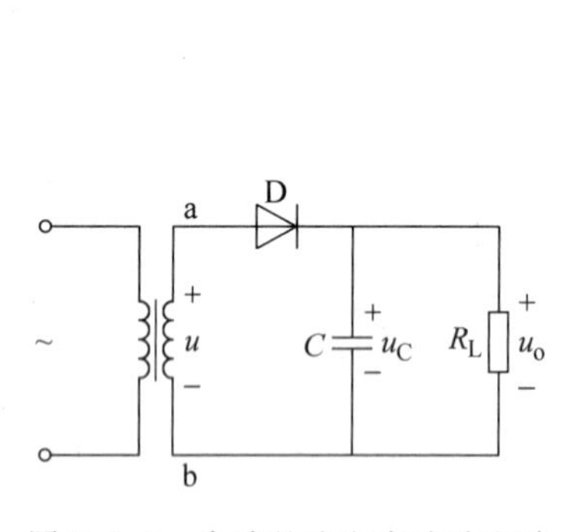

图 5.3.1 半波整流电容滤波电路

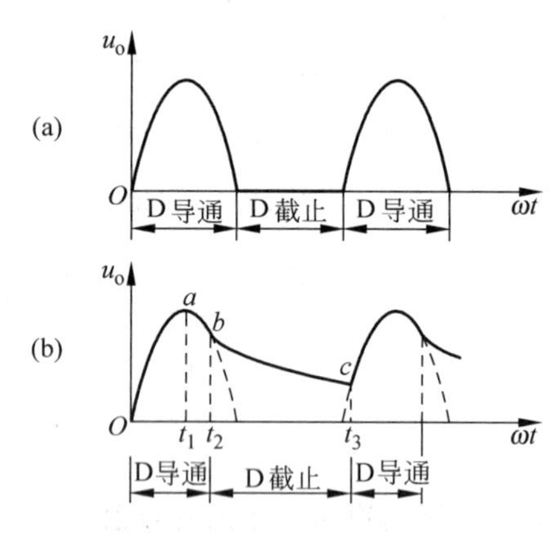

图 5.3.2 电容滤波的作用

设电容 C 两端初始电压 u_C 为零。在二极管 D 导通时，一方面供电给负载 R_L，一方面给电容 C 充电。在忽略二极管 D 正向压降的情况下，充电电压 u_C 与上升的正弦电压 u 一致，如图 5.3.2(b)中 $0\sim t_1$ 时刻对应的 Oa 段波形所示，当处于 t_1 时刻，电容电压 u_C 达到最大值，所以负载 R_L 上的输出电压 $u_o=u=u_C$。从 t_1 时刻之后，u 和 u_C 开始下降，$t_1\sim t_2$ 期间电压 u 下降较慢，二极管 D 仍导通，此时负载 R_L 上的输出电压仍然满足 $u_o=u=u_C$，对应于图 5.3.2(b)中的 ab 波形。但随着时间的推移，电压 u 下降得越来越快，到了 t_2 时刻，电压 $u<u_C$，此时二极管 D 受到反向电压而截止，电容 C 对负载电阻 R_L 放电，一直持续到下一个

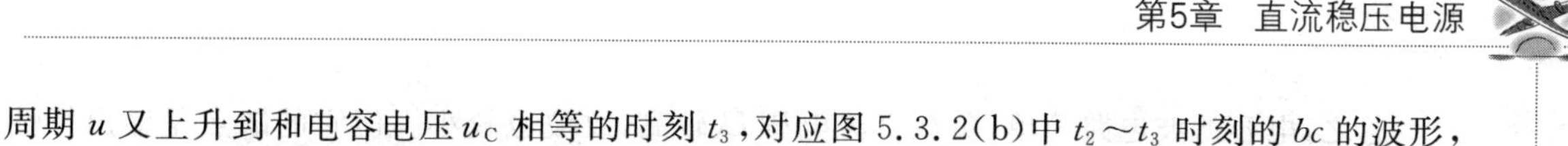

周期 u 又上升到和电容电压 u_C 相等的时刻 t_3，对应图 5.3.2(b)中 $t_2 \sim t_3$ 时刻的 bc 的波形，此时负载 R_L 上的输出电压 $u_o = u_C$。如此循环，形成电容的充放电过程。

如果负载开路(即 $R_L = \infty$)时，电路如图 5.3.3(a)所示，那么在电容第一次充电到最大值$\sqrt{2}U$ 时，虽然电源电压 u 开始下降，但由于电容没有放电回路而不能放电，故输出电压 u_o 恒为$\sqrt{2}U$，波形如图 5.3.3(b)所示。

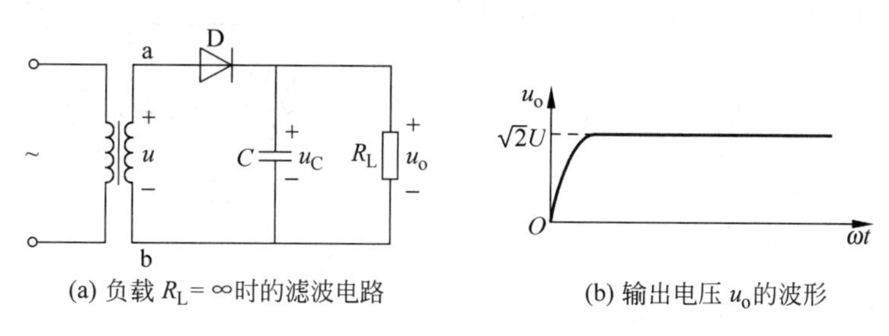

(a) 负载 $R_L = \infty$时的滤波电路　　(b) 输出电压 u_o的波形

图 5.3.3　空载时电容滤波的电路及波形

由以上分析可得出以下结论：

(1) 由于电容的滤波作用，输出电压脉动成分降低。当负载开路时，滤波效果最佳。R_LC 越小，放电速度越快，纹波电压波动越大。为了得到平滑的直流电压，一般选择有极性的大电解电容，并取

$$\tau = R_L C = (3 \sim 5)\frac{T}{2} \tag{5.3.1}$$

式中，T 为输入交流电压的周期，我国交流电源的周期为 20ms。

(2) 由于电容的滤波作用，输出电压提高了，而且输出电压 U_o 随负载电流 I_o 的增加而减小。U_o 随 I_o 变化关系称为输出特性或外特性，如图 5.3.4 所示。

由图 5.3.4 可见，虽然电容滤波使输出电压升高，但输出电压随负载电阻的变化有较大变化，即外特性差，或者说带负载能力较差。通常，取

$$\begin{cases} U_o = U(\text{半波}) \\ U_o = 1.2U(\text{全波}) \end{cases} \tag{5.3.2}$$

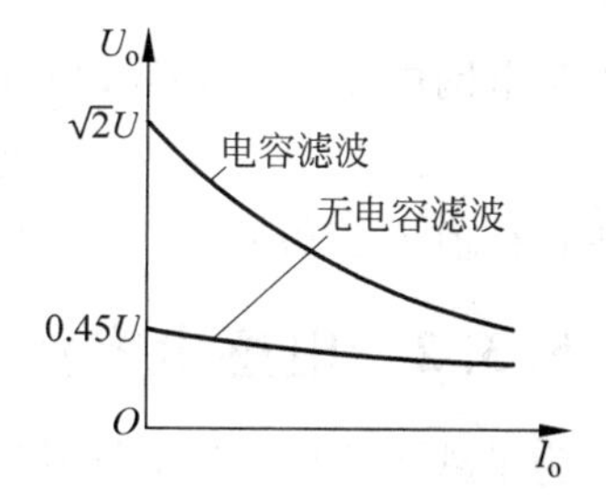

图 5.3.4　电容滤波电路的外特性

(3) 由于二极管的导通时间短，但在一个周期内电容的充电电荷等于放电电荷，即通过电容的电流平均值为零，可见在二极管导通期间其电流 i_D 的平均值近似等于负载电流的平均值 I_O，因此 i_D 的峰值必然很大，产生电流冲击，容易损坏二极管，因此选择二极管时要注意。

(4) 对单相半波带电容滤波的整流电路而言，当负载开路时，二极管承受的最高反向电压 $U_{RM} = 2\sqrt{2}U$，比不带电容滤波时的承受的最高反向电压要大。这是因为在交流电压的正半周时，电容上的电压充到交流电压最大值$\sqrt{2}U$，由于开路，不能放电，电压维持不变；在负半周时最大值时，截止二极管上承受的反向电压为交流电压最大值$\sqrt{2}U$ 与电容上的电压值$\sqrt{2}U$ 之和，即 $U_{RM} = 2\sqrt{2}U$。

对单相桥式整流电路而言，有电容滤波后，不影响 U_{RM}。

总之,电容滤波电路简单,负载直流电压 U 较高,纹波也较小。但它的缺点是输出特性差,故适用于输出电压高,负载电流较小且变化不大的场合。

例 5.3.1 某单相桥式电容滤波整流电路,如图 5.3.5 所示,已知交流电源频率 $f=50\text{Hz}$,负载电阻 $R_L=510\Omega$,要求直流输出电压 $U_o=20\text{V}$,试求变压器副边电压的有效值 U,并选择整流二极管和滤波电容。

解:(1) 由式(5.3.2)计算变压器副边电压的有效值

$$U=\frac{U_o}{1.2}=\frac{20}{1.2}\approx 16.7\text{V}$$

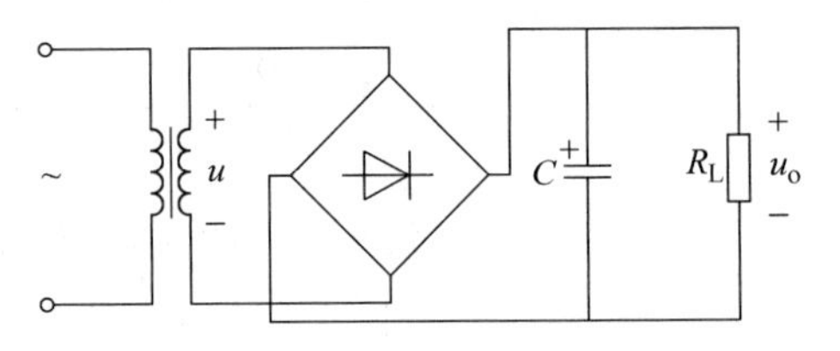

图 5.3.5 单相桥式电容滤波整流电路

(2) 选择整流二极管

负载电流为

$$I_o=\frac{U_o}{R_L}=\frac{20}{510}\text{A}\approx 39.2\text{mA}$$

流过二极管的电流为

$$I_D=\frac{1}{2}I_o=19.6\text{mA}$$

二极管承受的最高反向电压为

$$U_{RM}=\sqrt{2}U=\sqrt{2}\times 16.7\approx 23.6\text{V}$$

可以选用二极管 2CP11,其最大整流电流为 100mA,反向工作峰值电压为 50V。

(3) 选择滤波电容

取 $\tau=R_LC=5\times\frac{T}{2}=5\times\frac{20}{2}\text{ms}=50\text{ms}=0.05\text{s}$。由此得滤波电容为

$$C=\frac{0.05}{510}\text{F}\approx 98\mu\text{F}$$

考虑到电网电压波动 10%,则电容承受的最高电压为

$$U_{RM}=\sqrt{2}U\times 1.1=\sqrt{2}\times 16.7\times 1.1\approx 26\text{V}$$

选用标称值为 270μF/50V 的电解电容。

5.3.2 电感电容滤波器(*LC* 滤波器)

为了减小输出电压的脉动程度,在滤波电容之前串接一个铁心电感线圈 L,这样就组成了电感电容滤波器,如图 5.3.6 所示。

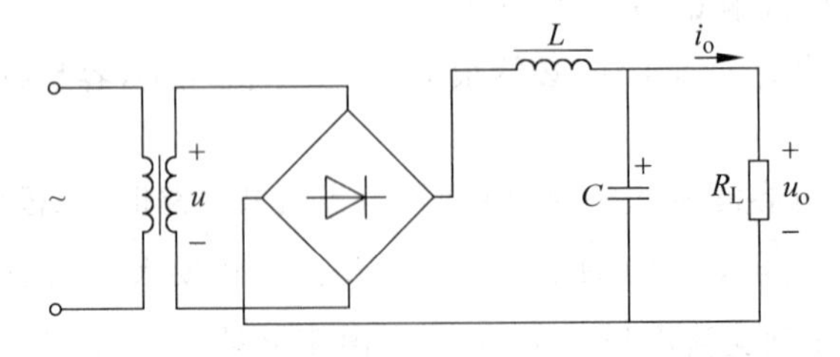

图 5.3.6 电感电容滤波电路

由于通过电感线圈的电流发生变化时,线圈中要产生自感电动势阻碍电流的变化,因而使负载电流 i_o 和负载电压 u_o 的脉动大为减小。频率 f 越高,电感 L 越大,滤波效果越好。

电感线圈之所以能滤波是因为电感线圈对整流电流的交流分量具有阻抗，谐波频率越高，阻抗越大，所以它可以减弱整流电压中的交流分量，ωL 比 R_L 大得越多，则滤波效果越好；而后又经过电容滤波器滤波，再一次滤掉交流分量。这样便可得到甚为平直的直流电压。但由于电感线圈的电感较大（一般在几亨到几十亨的范围内），其匝数较多，电阻也较大，因而电感上也有一定的直流压降，造成输出电压的下降。

具有 LC 滤波器的整流电路适用于电流较大，要求输出电压脉动很小的场合，用于高频时更为合适。在电流较大，负载变动较大，并对输出电压的脉动程度要求不太高的场合下，也可将电容除去，而采用电感滤波器（L 滤波器）。

5.3.3　π 形滤波器

当要求输出电压的脉动更小，可在 LC 滤波器的前面再并联一个滤波电容 C_1，如图 5.3.7 所示，这样便构成 π 形 LC 滤波器。它的滤波效果比 LC 滤波器更好，但整流二极管的冲击电流较大。

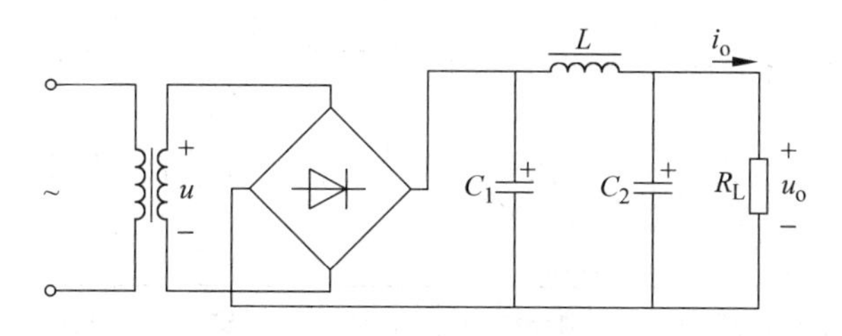

图 5.3.7　π 形 LC 滤波电路

由于电感线圈的体积大而笨重，成本高，用电阻去代替 π 形滤波器中的电感线圈，这样便构成了 π 形 RC 滤波器，如图 5.3.8 所示。电阻对于交、直流电流都具有同样的降压作用，但是当它和电容配合之后，就使脉动电压的交流分量较多地降落在电阻两端（因为电容 C_2 的交流阻抗甚小），而较少地落在负载上，从而起了滤波作用。R 越大，C_2 越大，滤波效果越好。但 R 太大，将使直流压降增加，所以这种滤波电路主要适用于负载电流较小而又要求输出电压脉动很小的场合。

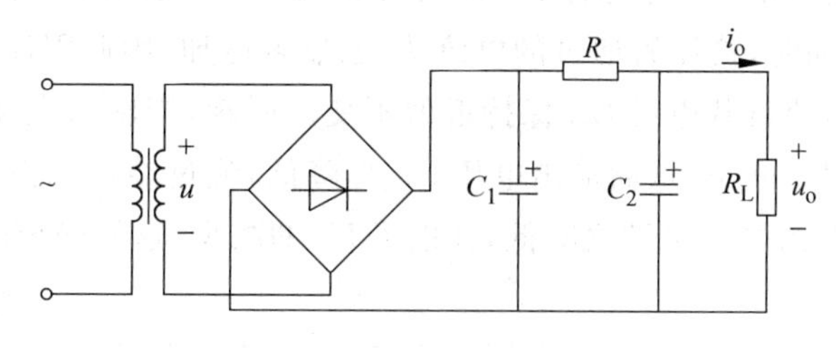

图 5.3.8　π 形 RC 滤波电路

【思考题】

1. 整流后，为何需要经过滤波环节？
2. 电容滤波和电感滤波有何不同？
3. 在选择滤波电容时，需要考虑哪些因素？你认为最主要的因素是什么？
4. 电感滤波的特点是什么？一般应用于哪些场合？

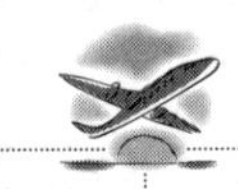

5.4 直流稳压电路

经过变压、整流、滤波以后的直流电压是不稳定的，会随着输入电压的波动或负载的变化而变化，因此必须通过稳压电路进行稳压。直流稳压电路按照稳压调整器件的工作状态可分为线性直流稳压电路和开关直流稳压电路两大类。

5.4.1 稳压二极管稳压电路

1. 电路组成

最简单的直流稳压电路是采用稳压二极管来进行稳压。图 5.4.1 是稳压二极管稳压电路，经过桥式整流和电容滤波以后得到电压 U_I，再经过限流电阻 R 和稳压二极管 D_Z 的稳压电路接到负载 R_L 上，使负载 R_L 得到稳定电压 U_O。

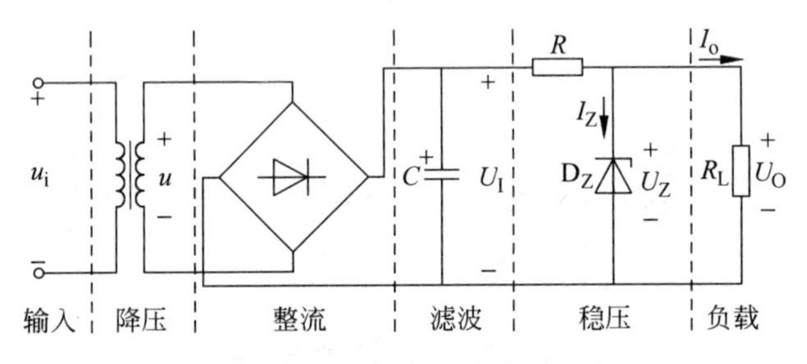

图 5.4.1 稳压二极管稳压电路

2. 工作原理

引起输出电压 U_O 不稳定的因素是输入电压 u_i 的波动和负载电流 I_O（或者负载电阻 R_L）的变化。

(1) 输入电压 u_i 的波动。当输入电压 u_i 增加时，降压后的电压 u 也随之增加，整流滤波后的输出电压 U_I 随着增加，负载电压 U_O 也增加，稳压二极管两端电压为负载电压 U_O。当稳压管两端电压增加时，稳压管通过的电流 I_Z 也显著增加，因此限流电阻 R 上的电压增加，抵偿了 U_I 的增加，使负载电压 U_O 保持近似不变。同理，当输入电压 u_i 减小时，引起整流滤波后的输出电压 U_I 减小，从而输出电压 U_O 也降低，流过稳压二极管的电流 I_Z 显著降低，因此限流电阻 R 上的电压也随之降低，补偿了 U_I 的减少，这样输出电压 U_O 同样保持近似不变。

(2) 负载电流 I_O 的变化。当输入电压 u_i 不变，而负载电流 I_O 增大时，限流电阻 R 上的压降也增大，从而输出电压 U_O 因而下降。U_O 下降一点，流过稳压二极管的电流 I_Z 就显著减小，流过 R 上的电流也随之减小，因此 R 上的压降保持近似不变，因此输出电压 U_O 也近似保持不变。当负载电流 I_O 减小时，稳压过程相反，读者可自行分析。

3. 稳压二极管的选择

选择稳压二极管时，通常取

$$\begin{cases} U_Z = U_O \\ I_{ZM} = (1.5 \sim 3) I_{OM} \\ U_I = (2 \sim 3) U_O \end{cases} \tag{5.4.1}$$

式中，I_{ZM}是流过稳压二极管的最大工作电流，I_{OM}是流过负载R_L的最大负载电流。

例 5.4.1 某稳压电路如图5.4.1所示，负载电阻R_L由开路变到2kΩ，交流输入电压经过降压、整流、滤波后得到$U_I=30V$。如果要求输出的直流电压$U_O=12V$，试选择稳压二极管。

解：根据输出电压$U_O=12V$，计算负载电流最大值

$$I_{OM} = \frac{U_o}{R_L} = \frac{12}{2000}\text{A} = 6\text{mA}$$

$$I_{ZM} = (1.5 \sim 3) I_{OM} = (9 \sim 18)\text{mA}$$

选择稳压二极管2CW19，查表可知其稳定电压$U_Z=(11.5\sim14)V$，稳定电流$I_Z=5mA$，最大工作电流$I_{ZM}=18mA$。

5.4.2 串联型直流稳压电路

稳压管稳压电路输出电压受稳压管电压的限制，不能随意调节，且稳压性能又不太理想，故目前使用最多的是串联型直流稳压电路。

图5.4.2是串联型直流稳压电路基本原理图。整个电路由取样环节、基准环节、比较放大环节和调整环节四部分组成。

(1) 取样环节：取样环节由R_1、R_2、R_p构成，它将输出电压U_O的分压作为取样电压U_F，送到比较放大环节，即$U_F=\frac{R_b}{R_a+R_b}U_O$。

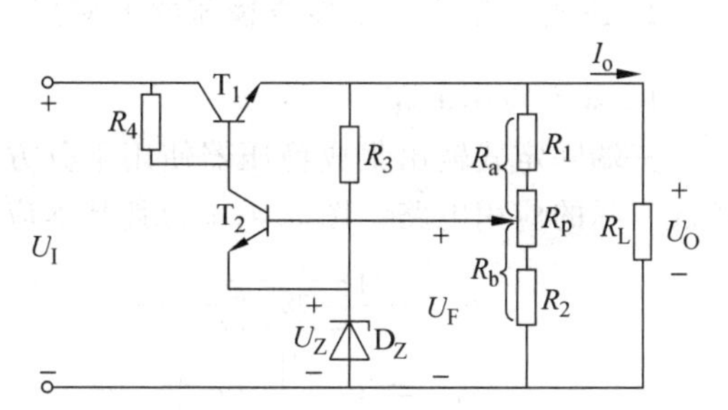

图5.4.2 串联型直流稳压电路基本原理图

(2) 基准环节：由稳压二极管D_Z和限流电阻R_3提供一个稳定的电压U_Z，作为电路稳压调整、比较的基准。对于晶体管T_2，显然有$U_Z=U_F-U_{BE2}$。如忽略T_2的发射结电压U_{BE2}，则有$U_Z \approx U_F=\frac{R_b}{R_a+R_b}U_O$。所以，$U_O=\left(1+\frac{R_a}{R_b}\right)U_Z$。可见，调节电位器$R_P$即可调节输出电压$U_O$的大小，但$U_O$必须大于$U_Z$。

(3) 比较放大环节：由T_2和R_4构成，其作用是将取样电压U_F和基准电压U_Z之差U_{BE2}放大后去控制晶体管T_1。

(4) 调整环节：由晶体管T_1构成。

电路中起调整作用的晶体管T_1与负载电阻R_L串联，因此称为串联型稳压电路。稳压过程如下：当输入电压U_I或负载电流I_O的变化引起输出电压U_O增加时，取样电压U_F相应增大。U_F与基准电压U_Z比较，其差值U_{BE2}增大，进而使T_2的基极电流I_{B2}增大，所以其集电极电流I_{C2}增大。I_{C2}流经电阻R_4，使T_2的集电极电压U_{C2}下降，因此T_1的基极电流I_{B1}下降，使I_{C1}下降，U_{CE1}增加，U_O下降，使U_O保持近似不变。稳定过程可表示如下：

某因素的变化→U_O↑→U_F↑→U_{BF2}↑→I_{B2}↑→I_{C2}↑→U_{C2}↓→I_{B1}↓→U_{CE1}↑→U_O↓

同理，当 U_I 或 I_O 变化使输出电压 U_O 降低时，调整过程相反，最终 U_{CE1} 减小使输出电压 U_O 不变。

5.4.3 集成稳压电路

以上介绍的是由分立元件构成的稳压电路，实际应用中已经有了集成化产品。这类器件具有精度高、体积小、使用方便、性能稳定等优点。

1. 三端固定式输出集成稳压器

集成稳压器的规格种类繁多，最简单的是三端固定式输出集成稳压器，它只有三个接线端，输入端（接整流滤波的输出）、输出端（接负载）和公共端。其外形和管脚如图 5.4.3 所示。常用的有两个系列：78××系列为正输出，79××系列为负输出，“××”表示输出电压值，有 5V、6V、8V、9V、10V、12V、15V、18V、24V 等，输出电流有 0.1A（78L××、79L××）、0.5A（78M××、79M××）和 1.5A（78××、79××）三种。如 W78M15 表示输出电压为+15V、输出电流为 0.5A。

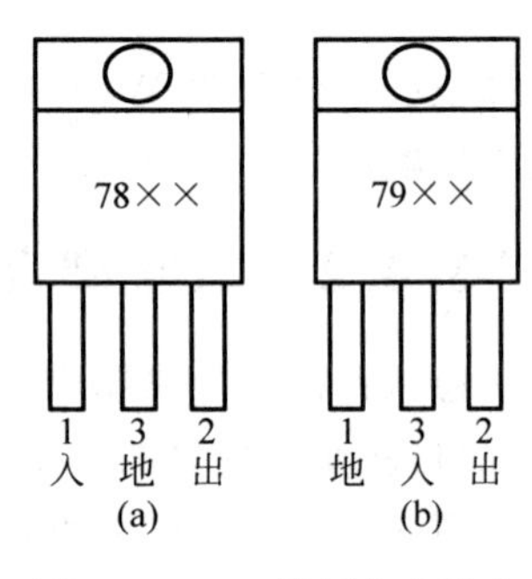

图 5.4.3　三端固定式输出集成稳压器

2. 三端固定式输出集成稳压器的应用

1）基本应用电路

三端固定式输出集成稳压器使用十分方便、灵活，根据需要只要配上适当的散热器就可接成实际的应用电路。图 5.4.4 为其基本应用电路。

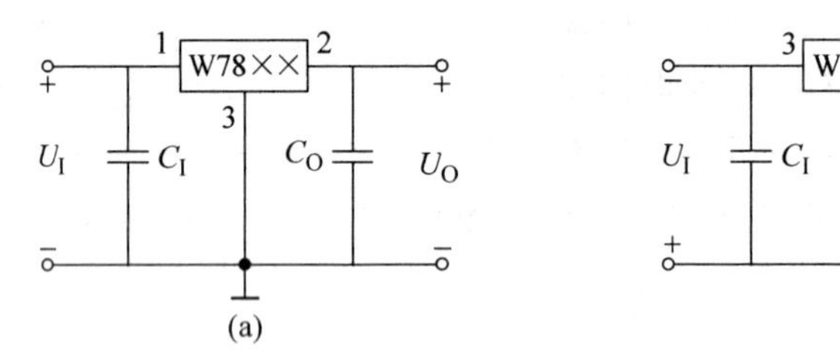

图 5.4.4　基本应用电路

使用时要注意下列问题：

(1) 为防止自激振荡，一般在输入端要接一个 0.1～0.33μF 的电容 C_I。为消除高频率噪声和改善输出的瞬态特性，即当负载电流变化时不会引起输出电压较大波动，输出端要接一个 1μF 的电容 C_O。

(2) 为保证输出电压稳定，输入、输出之间电压差应大于 2V。但也不应太大，否则会引起三端稳压器功耗增大而发热，一般取 3～5V。即输入电压和输出电压满足关系式 $U_O+2V<U_I<U_{I\max}$，$U_{I\max}$ 为产品允许的最大输入电压。

(3) 除 W7824（W7924）的最大输入电压为 40V 外，其他稳压器的最大输入电压为 35V。

(4) 尽管三端集成稳压器有过载保护,为了增大其输出电流,外部要加散热片。

2) 正、负电压同时输出的稳压电路

如图 5.4.5 所示,该电路可同时输出±15V 两路电压。

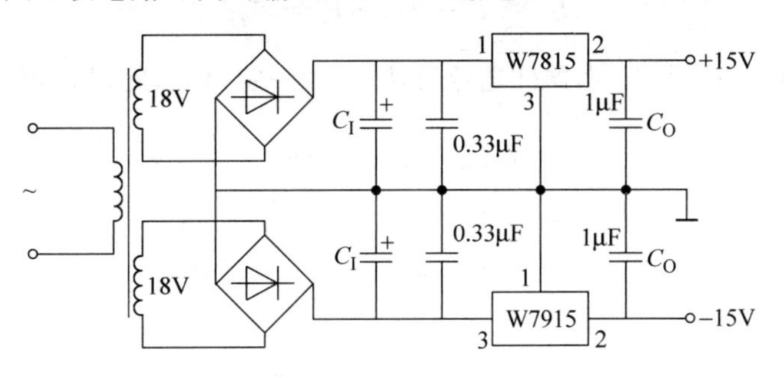

图 5.4.5 正、负电压同时输出的稳压电路

3) 输出可调的稳压电路

如图 5.4.6 所示,$U_O = U'_O + U''_O$,故调节电位器 R_P 可改变 U''_O,从而实现了输出电压可调。

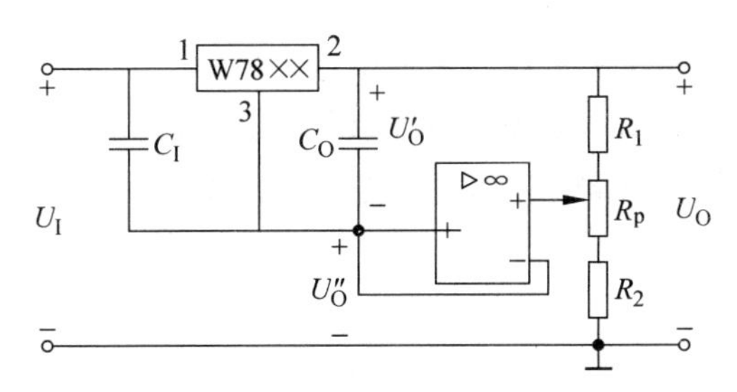

图 5.4.6 输出可调的稳压电路

4) 扩大输出电流的稳压电路

当电路所需电流大于 2A 时,可采用外接功率管 T 的方法来扩大输出电流。在图 5.4.7 所示电路中,I_2 为稳压器的输出电流,I_C 是功率管 T 的集电极电流,I_R 是电阻 R 上的电流,I_3 为电路的静态偏置电流,一般很小,远小于 I_2,可忽略不计,则可得出

$$I_2 \approx I_1 = I_R + I_B = -\frac{U_{BE}}{R} + \frac{I_C}{\beta}$$

式中 β 是功率管的电流放大系数。设 $\beta=10$,$U_{BE}=-0.3V$,$R=0.5\Omega$,$I_2=1A$ 则可由上式计算出 $I_C=4A$,$I_O=I_2+I_C=5A$,可见输出电流比 I_2 扩大了。图中的电阻 R 的阻值要满足使功率管 T 只能在输出电流较大时才导通。

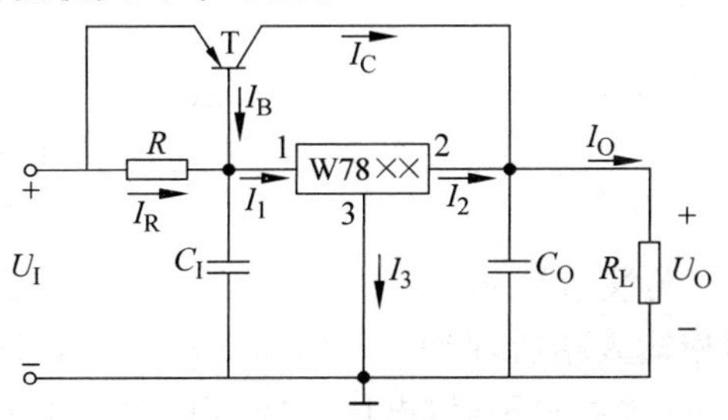

图 5.4.7 扩大输出电流的稳压电路

5）恒流源电路

图 5.4.8 中，输出电流为

$$I_O = I_2 + I_3 \approx I_2 = \frac{U_{\times\times}}{R}$$

显然，I_O 与负载 R_L 无关，当器件选定后，$U_{\times\times}$ 为一定值，因此，I_O 为恒流输出。

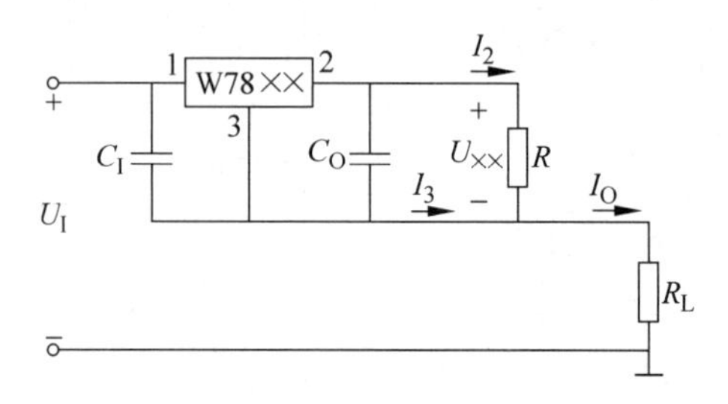

图 5.4.8　恒流源电路

【思考题】

1. 串联型直流稳压电路包括哪些基本环节？
2. 串联型直流稳压电路引入了什么类型的负反馈？
3. 三端集成稳压器 W78××系列和 W79××系列有何不同？
4. 电网电压的波动能否影响稳压电路的输出电压？

5.5　案例解析

前面介绍的串联型稳压电路，无论是分立元件构成的稳压电路还是集成稳压电路都属于线性稳压电路，其调整管都工作在线性放大区，通过调整管的电流和管子两端的压降都比较大，因而功耗大、效率较低。为解决线性稳压电源功耗较大的缺点，研制了开关型稳压电源。开关型稳压电路由于调整管工作在开关状态，调整管以较高的调制频率在饱和区和截止区之间快速变换。当调整管截止时，尽管电压较高，但电流近似为零；而调整管饱和时，尽管电流较大，但管压降很小。因此，开关型稳压电路与线性稳压电路相比具有效率高、体积小、重量轻以及允许电网电压有较大波动等优点，但也存在输出电压有较大纹波和噪声的缺点。现在开关型稳压电源已经比较成熟，广泛应用于计算机、通信及控制等领域。

1. 开关型稳压电路的工作原理

开关型稳压电源的原理可用图 5.5.1 的电路加以说明。它由整流滤波电路、调整管 T、电压比较器 C、误差放大器 A、LC 滤波电路、三角波发生电路和基准电压电路等部分构成。

三角波发生电路产生三角波信号 u_S 和误差放大器 A 的输出信号 u_P，分别输入电压比较器 C 的反相输入端和同相输入端后，产生一个方波信号 u_B，如图 5.5.2 所示，去控制调整管 T 的通断。当方波信号 u_B 为高电平时（电压比较器 C 输出正饱和即 $u_B = +U_{O(sat)}$），调整管 T 饱和导通，发射极电压 $u_E = U_I - U_{CES} \approx U_I$，二极管 D 截止。此时，忽略电感直流电阻的

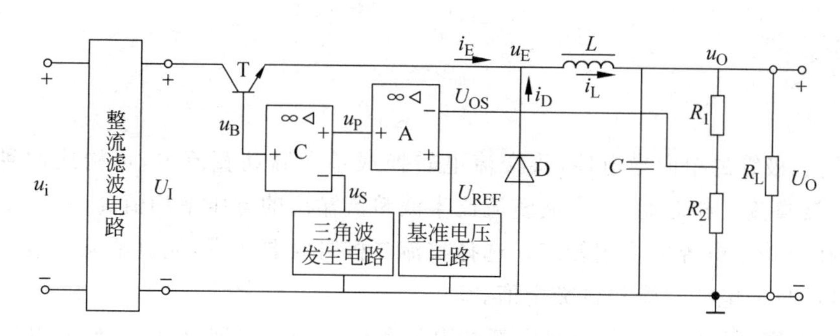

图 5.5.1 开关型稳压电源的原理电路

分压，输出电压 $u_O \approx u_E$，电感 L 存储能量。当方波信号 u_B 为低电平时(电压比较器 C 输出负饱和即 $u_B = -U_{O(sat)}$)，调整管 T 截止，电感 L 产生自感电动势，其产生的感生电流 i_L，使得二极管 D 导通，此时，发射极电压 $u_E = -U_D$，较小，可忽略不计，电感 L 中的存储的能量通过电阻 R_1、R_2、R_L 和二极管 D 释放出来。二极管 D，常称为续流二极管 D，可起保护调整管 T 的作用。

该电路的稳压工作原理简述如下：

当输出电压 U_O 升高时，误差放大器 A 反相输入端的取样电压 U_{OS} 也升高，与同相输入端的基准电压 U_{REF} 相比较，使误差放大器 A 的输出 u_P 下降，经过电压比较器 C 使其输出电压 u_B 和调整管 T 导通时间 T_{ON} 减小，截止时间 T_{OFF} 增加，占空比 δ 变小$\left(\text{占空比 } \delta = \dfrac{T_{ON}}{T_{ON}+T_{OFF}}\right)$，如图 5.5.2 所示。由于调整管 T 的截止时间 T_{OFF} 增加，故输出电压 U_O 随之减小，调节结果使输出电压 U_O 趋于不变。当输出电压 U_O 降低时，调节过程相反，读者可自行分析之。

调整管发射极输出 u_E 为方波电压信号，如图 5.5.2 所示，由于有滤波电感 L 的存在，使输出电流 i_L 为锯齿波，而输出则为带纹波的直流电压 u_O。

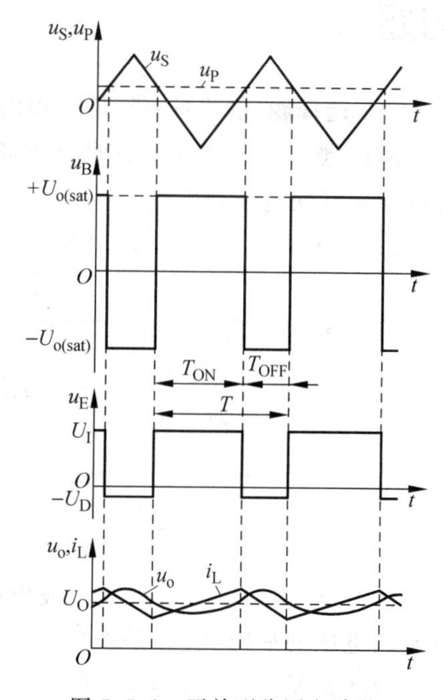

图 5.5.2 开关型稳压电路的各信号波形

输出电压 u_O 在一个周期 T 的平均值为 U_O，如果忽略电感的直流电阻，输出电压 U_O 即约为 u_E 的平均值，即

$$\begin{aligned} U_O &= \frac{\int_0^T u_O \mathrm{d}t}{T} \approx \frac{\int_0^T u_E \mathrm{d}t}{T} \\ &= \frac{(U_I - U_{CES})T_{ON}}{T} + \frac{(-U_D)T_{OFF}}{T} \\ &\approx \frac{U_I T_{ON}}{T} = \delta U_I \end{aligned} \tag{5.5.1}$$

由式(5.5.1)可知，在输入电压 U_I 一定时，输出电压 U_O 与占空比 δ 成正比。通过改变电压比较器 C 输出方波 u_B 的占空比来控制输出电压 U_O。这种控制方式称为脉冲宽度调制(PWM)。

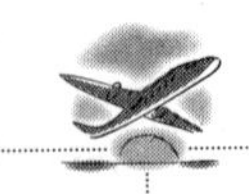

小结

1. 利用二极管的单向导电性，将交流电转换成单向脉动直流电，可构成两种形式：半波整流和全波整流。相对而言，全波整流比半波整流输出的电压平均值高一倍，变压器利用率高，因此在小功率电源中应用较广。选择整流二极管时要注意，流过整流二极管的电流及直流管两端的反向电压不能超过额定值。

2. 利用电容两端的电压和流过电感的电流不能突变的原理，可滤去整流电压中的脉动成分，得到平滑电压。电容滤波电路具有成本低、体积小等优点，应用较为广泛。但电容滤波电路中，二极管的冲击电流较大，容易损坏整流二极管。因此电容滤波一般适用于小电流场合。

3. 整流滤波后得到的直流电压会由于电网电压和负载的变化而发生波动，因此需要在整流滤波后加入稳压电路。在负载电流较小而且稳压精度要求不高时常采用稳压管进行稳压。串联型稳压电路的稳压精度较高，且输出电压可调，应用较广。

4. 集成稳压器体积小，性能可靠，使用方便，目前应用较广。但一般而言，其输出电流有限，主要用在小电流场合。W78××系列和 W79××系列集成稳压器是典型的三端集成稳压器，使用时注意其工作原理和使用方法。

习题

一、选择题(请将唯一正确选项的字母填入对应的括号内)

5.1 (　　)某半波整流滤波电路如题 5.1 图所示，已知 $u=10\sin\omega t$ V，则二极管 D 承受的最大反向电压是多少？

(A) 9V　　(B) 18V　　(C) 10V　　(D) 20V

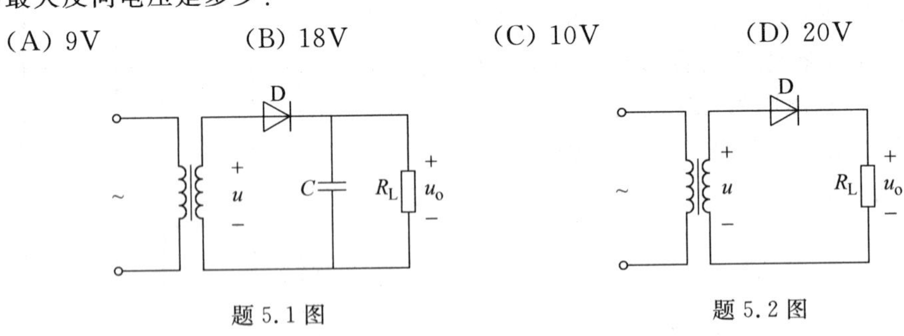

题 5.1 图　　题 5.2 图

5.2 (　　)某半波整流滤波电路如题 5.2 图所示，已知 $u=30\sqrt{2}\sin\omega t$ V，则负载 R_L 的输出电压的平均值 U_O 是多少？

(A) 15V　　(B) 30V　　(C) 13.5V　　(D) 27V

5.3 (　　)某单相桥式整流电路如题 5.3 图所示，已知交流电压 $u=100\sin\omega t$ V，如果其中的二极管 D_3 断开，则输出电压的平均值 U_O 为多少？

(A) 31.8V　　(B) 63.6V　　(C) 45V　　(D) 90V

5.4 (　　)某全波整流电路如题 5.4 图所示，已知交流电压 $u=10\sqrt{2}\sin\omega t$ V，则二极

管 D_1 承受的最大反向电压是多少?

(A) $10\sqrt{2}$V (B) $20\sqrt{2}$V (C) 10V (D) 20V

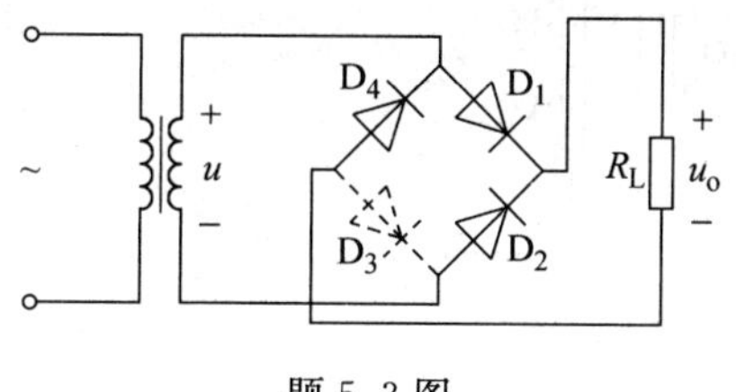

题 5.3 图

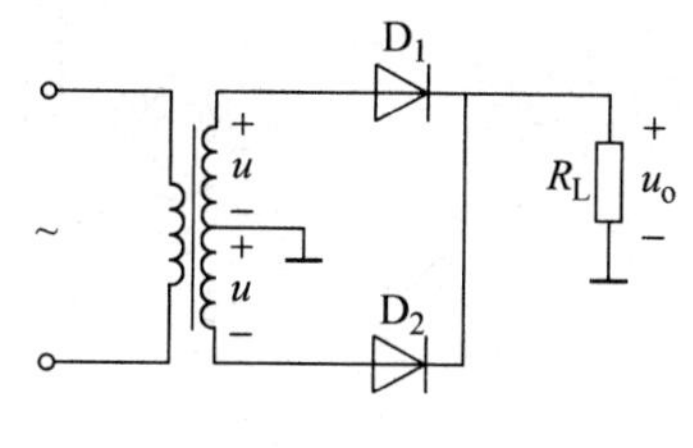

题 5.4 图

5.5 ( )如题 5.5 图所示的某具有 π 形 RC 滤波器的整流电路中,已知交流电压 $u=10\sqrt{2}\sin\omega t$ V,今测得负载上的输出电压 $U_O=10$V,负载电流 $I_O=200$mA,则滤波电阻 R 为多少?

(A) 10Ω (B) 20Ω (C) 5Ω (D) 15Ω

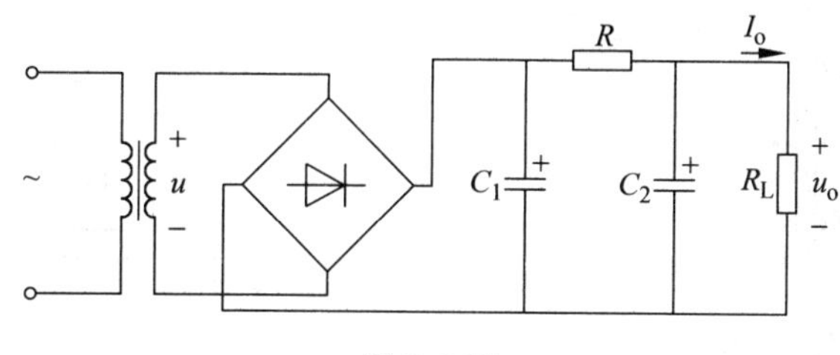

题 5.5 图

5.6 ( )如题 5.6 图所示的电路中,已知稳压二极管 D_Z 的稳定电压 $U_Z=3$V,则输出电压 U_O 为多少?

(A) 3V (B) 5V (C) 8V (D) 4.5V

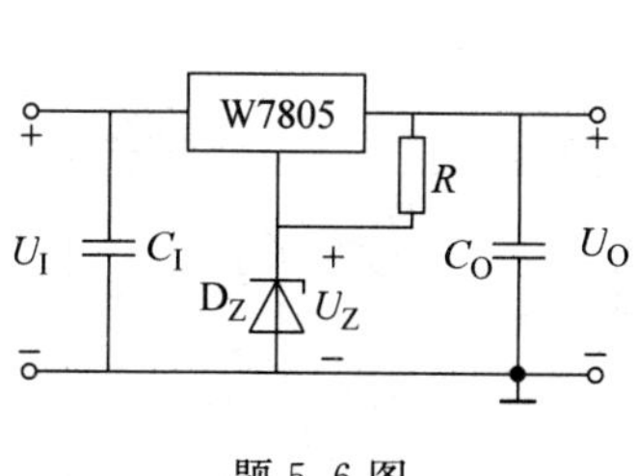

题 5.6 图

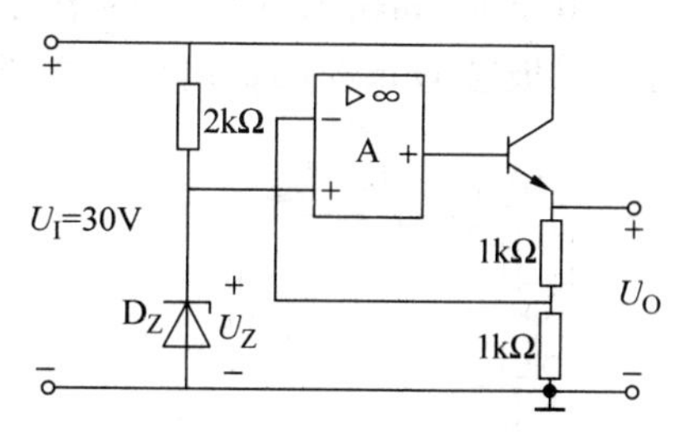

题 5.7 图

5.7 ( )如题 5.7 图所示的电路中,已知稳压二极管 D_Z 的稳定电压 $U_Z=5$V,则输出电压 U_O 为多少?

(A) 5V (B) 10V (C) 15V (D) 30V

5.8 ( )某电路如题 5.8 图所示,输出电压 U_O 的最大值是多少?

(A) 3.75V (B) 5V (C) 15V (D) 7.5V

5.9 ( )某电路如题 5.9 图所示,输出电压 U_O 的最大值是多少?

(A) 1.67V (B) 1.33V (C) −1.67V (D) −1.33V

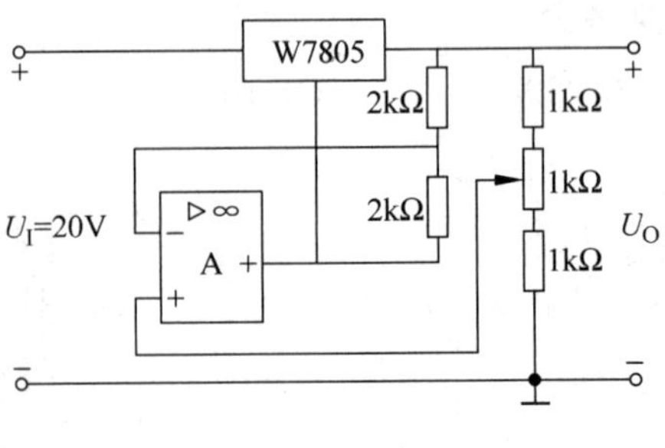

题 5.8 图

5.10 ( )某电路如题 5.10 图所示，输出电压 U_O 的可调范围是多少？

(A) $7.5V \leqslant U_O \leqslant 15V$ (B) $10V \leqslant U_O \leqslant 20V$

(C) $5V \leqslant U_O \leqslant 15V$ (D) $4.5V \leqslant U_O \leqslant 9V$

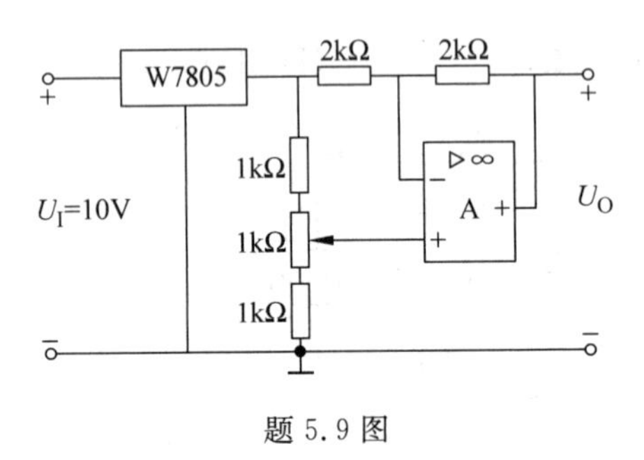

题 5.9 图

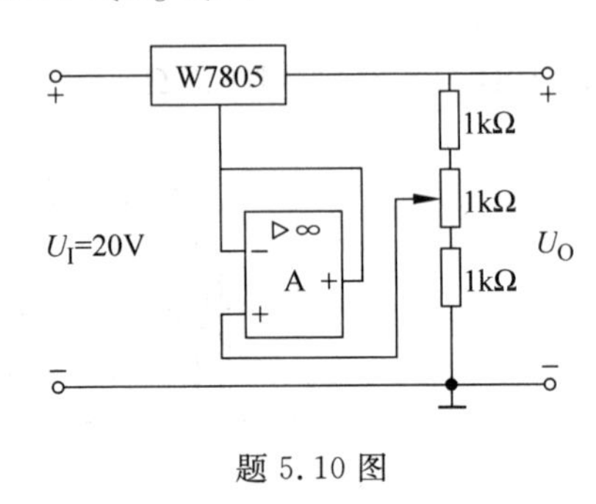

题 5.10 图

二、解答题

5.11 在题 5.11 图中的单相半波整流电路中，已知变压器次级输出电压 $u=30\sqrt{2}\sin 314t$ V，负载电阻 $R_L=200\Omega$，试求：

(1) 输出电压 u_O 和输出电流 i_O 的平均值 U_O 和 I_O 各为多少？

(2) 理想二极管 D 承受的最高反向电压为多少？

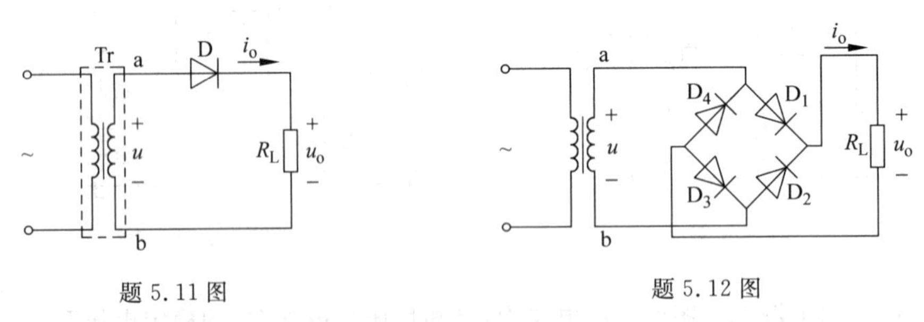

题 5.11 图　　题 5.12 图

5.12 若在题 5.12 图中的单相桥式整流电路中，已知变压器次级输出电压 $u=10\sqrt{2}\sin 314t$ V，负载电阻 $R_L=100\Omega$，试求：

(1) 输出电压 u_O 和输出电流 i_O 的平均值 U_O 和 I_O 各为多少？

(2) 理想二极管 D_1 承受的最高反向电压为多少？

5.13 假设有一输出电压为 $U_O=50V$，电阻 $R_L=100\Omega$ 的直流负载，采用单相桥式整流电路(不带滤波器)供电，试求变压器次级输出电压 u 的有效值并选用二极管。

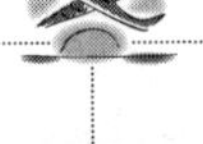

5.14　某三相桥式整流电路如题5.14图所示，已知变压器次级输出相电压 u 的有效值为 $U=20\text{V}$，负载电阻 $R_L=500\Omega$：

(1) 输出电压 u_O 和输出电流 i_O 的平均值 U_O 和 I_O 各为多少？

(2) 理想二极管 D_1 承受的最高反向电压和平均电流各为多少？

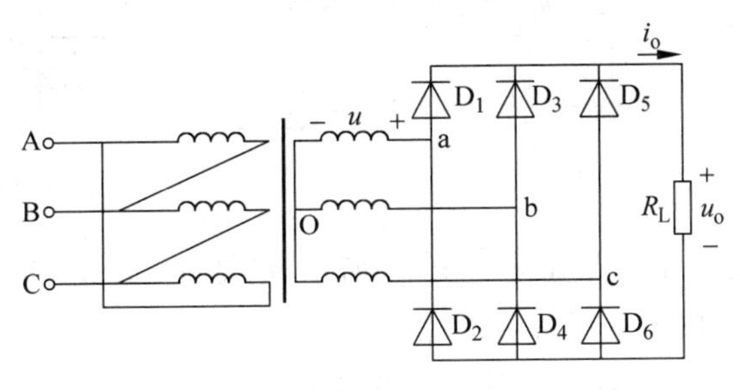

题5.14图

5.15　某桥式整流电路如题5.15图所示，已知正弦交流输入电压 u_i 的频率 $f=50\text{Hz}$，负载电阻 $R_L=200\Omega$，其两端电压 u_O 的平均值 $U_O=25\text{V}$，流过的电流 i_O 的平均值为 $I_O=0.2\text{A}$，试问：

(1) 变压器次级绕组输出电压 u 的有效值为多大？

(2) 滤波电容 C 的大小？

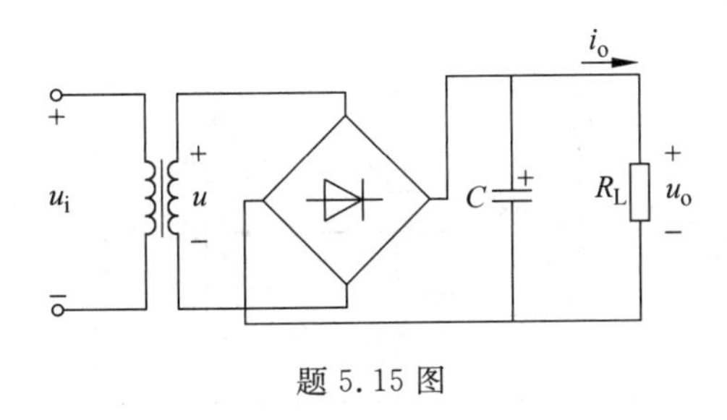

题5.15图

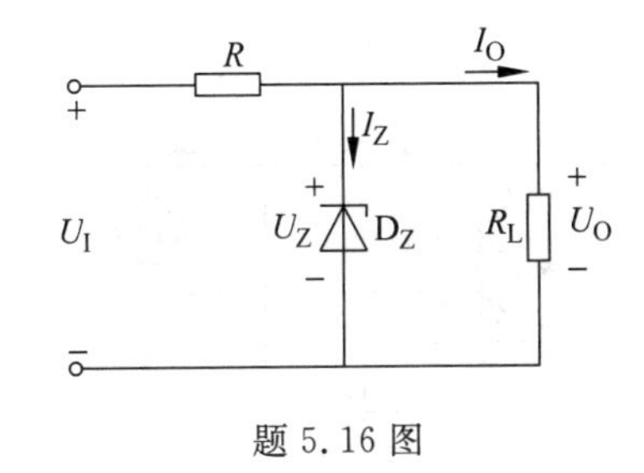

题5.16图

5.16　稳压管稳压电路如题5.16所示，已知稳压二极管 D_Z 其稳定电压 $U_Z=6\text{V}$，其工作电流 I_Z 正常工作时满足 $10\text{mA}\leqslant I_Z\leqslant 30\text{mA}$，限流电阻 $R=200\Omega$，试求：

(1) 假设负载电流 $I_O=15\text{mA}$，则允许输入直流电压 U_I 的变化范围为多大，才能保证稳压电路正常工作？

(2) 假设给定输入直流电压 $U_I=13\text{V}$，则允许负载电流 I_O 变化范围多大？

(3) 如果负载电流 I_O 的变化范围为 $10\text{mA}\leqslant I_O\leqslant 20\text{mA}$，则此时输入直流电压 U_I 的最大允许变化范围为多大？

5.17　题5.17图所示电路为二倍压整流电路，假设变压器次级绕组输出电压 u 的有效值为 U，二极管 D_1 和 D_2 为理想二极管，则负载 R_L 上的输出电压的平均值为 U_O，则有 $U_O=2\sqrt{2}U$，试分析之，并标出 U_O 的极性。

5.18　串联型稳压电路如题5.18图所示，图中 $U_Z=5\text{V}$，$R_1=R_2=2\text{k}\Omega$，$R_p=4\text{k}\Omega$，试求输出电压 U_O 的调节范围多大？

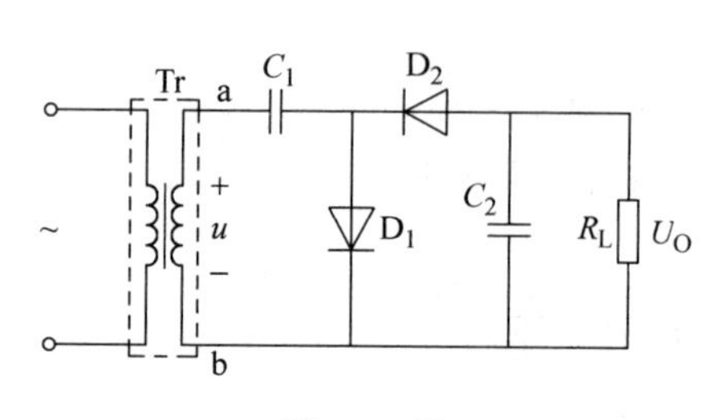

题 5.17 图

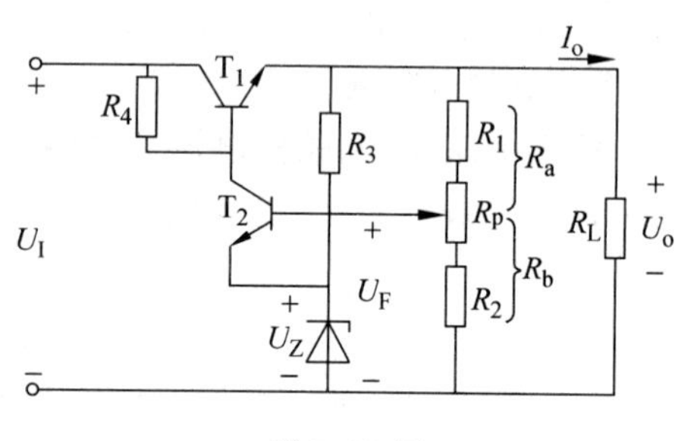

题 5.18 图

5.19 某单相全波整流电路如题 5.19 图所示，已知 $u=10\sin 314t$ V 设整流二极管 D_1、D_2 的正向压降和变压器内阻可以忽略不计。要求：

(1) 分别画出变压器次级绕组电压 u 与整流输出电压 u_o 的波形；

(2) 整流输出电压 u_o 的平均值 U_O；

(3) 流过整流二极管 D_1 的电流 i_D 平均值 I_D 和负载电流 i_o 的平均值 I_O 的关系；

(4) 整流二极管 D_1 承受的最大反向电压 U_{RM}。

5.20 某电路如题 5.20 图所示。已知：$U_Z=6V$，$R_1=R_2=R_3=2k\Omega$，$R_p=1k\Omega$，$R_L=200\Omega$，调整管 T 的电流放大系数 $\beta=60$。试求：

(1) 如果输入电压为 $U_I=20V$，试求电压输出 U_O 的变化范围；

(2) 当 $U_O=15V$ 时，调整管 T 的发射极输出电流 I_E。

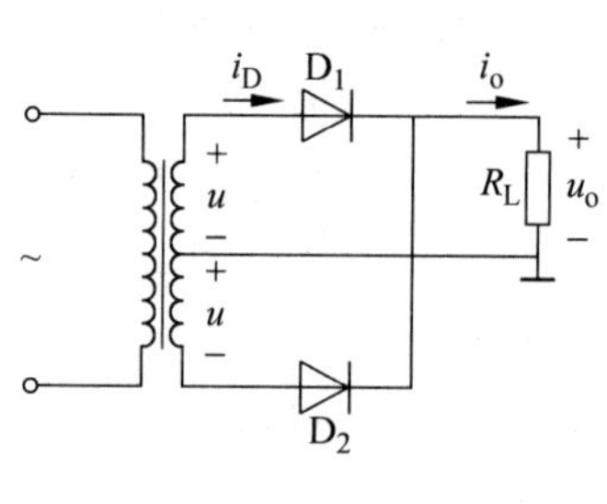

题 5.19 图

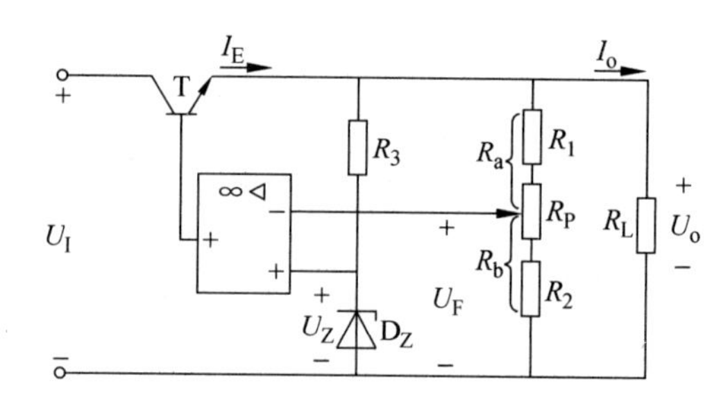

题 5.20 图

第6章

基本逻辑门电路和组合逻辑电路

根据处理信号和工作方式的不同，电子电路可分为模拟电路和数字电路。前面几章讨论的都是模拟电路，其信号在时间和数值上是连续变化的。而数字电路，其信号在时间上和数值上都是不连续变化的数字信号。本章首先介绍基本门电路的逻辑表达式和图形符号，接着介绍逻辑代数的基本法则和逻辑函数的表示与化简，然后讲解组合逻辑电路的分析与设计，最后简单介绍几种常用的组合逻辑器件。

6.1 数字电路概述

用于传递和加工处理数字信号的电路，称为数字电路(digital circuit)。用于传递和加工处理模拟信号的电路，称为模拟电路(analog circuit)。相对于模拟电路而言，数字电路具有抗干扰能力强、精度高、通用性强、功耗低、效率高、易长期保存和加密信息等特点，因此具有广阔的应用领域。

6.1.1 模拟信号和数字信号

在我们周围存在一类信号(如温度、气压、速度等)，其在时间和数值上是连续变化的，称为模拟信号，如图 6.1.1(a)所示。而另一类信号，其变化在时间和数值上都是不连续变化的，是离散的，是以某最小量为单位成整数倍变化的，而小于这个最小数量单位的数值没有任何物理意义。我们将这类信号称为数字信号，如图 6.1.1(b)所示。

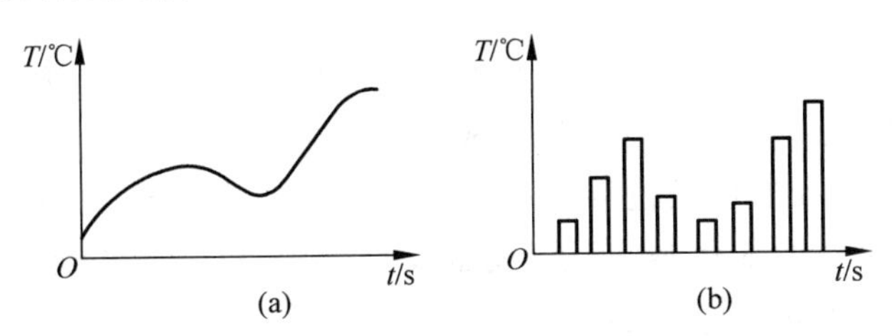

图 6.1.1　温度的模拟信号和数字信号

6.1.2 脉冲信号

在数字电路中，传递和处理信息时，采用二进制的“0”和“1”作为工作信号，通常采用脉冲信号,如图 6.1.2(a)所示。如果数字电路中有信号时,电压一般为 3～5V,称为高电平,用“1”表示。无信号时,电压为一般为 0～0.3V,称为低电平,用“0”表示。实际的脉冲波形不像图 6.1.2(a)那么理想,实际的矩形脉冲波形如图 6.1.2(b)所示。A 为脉冲信号变化的最大值,称为脉冲幅度。t_r 为脉冲幅度的 10%上升到 90%所需要的时间,称为脉冲上升时间。t_f 为脉冲幅度的 90%下降到 10%所需要的时间,称为脉冲下降时间。t_w 为脉冲上升沿 50%幅值到下降沿 50%所持续的时间,称为脉冲宽度。T 为周期性脉冲信号相邻两个上升沿(或下降沿)的脉冲幅度 10%两点之间的时间间隔,称为脉冲周期。f 表示单位时间的脉冲数,$f=\frac{1}{T}$,称为脉冲频率。脉冲的宽度 t_w 与周期 T 之比称为脉冲的占空比 $\delta=\frac{t_w}{T}$。

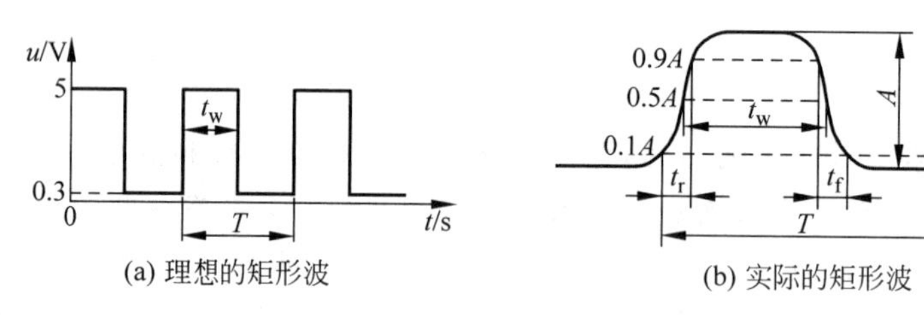

(a) 理想的矩形波　　(b) 实际的矩形波

图 6.1.2　脉冲波形

6.1.3　晶体管的开关特性

晶体管不仅有放大作用,而且还有开关作用。在数字电路中,就是利用晶体管的开关作用进行工作的。当晶体管工作在截止区和饱和区,即对应开关的“断开”和“闭合”两种工作状态。如图 6.1.3 所示,当 $U_i=5V$ 时,即高电平“1”时,晶体管 T 工作在深度饱和状态,输出 $U_o\approx0.3V$,即输出“0”电平,相当于开关 C 和 E 之间闭合。当 $U_i=0V$ 时,即低电平“0”时,晶体管 T 工作在截止状态,输出 $U_o\approx5V$,即输出“1”电平,相当于开关 C 和 E 之间断开。

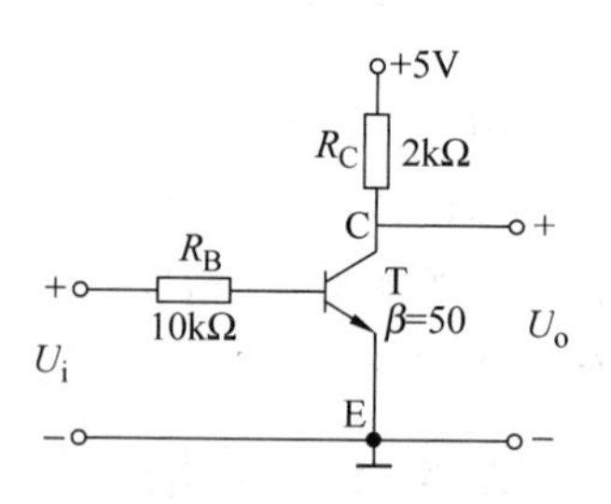

图 6.1.3　工作在开关状态的晶体管

6.1.4　数制及其转换

1. 数制

数制(number system),是计数进位的简称。十进制数是人们熟悉的,它由 0、1、2、3、4、5、6、7、8、9 十个数码和一个小数点符号组成。十进制数的基数(radix)为 10,进位规律为“逢十进一”。数码在一个数中的位置不同,其值也不同。例如十进制数 3646.7,个位和百位的数码都是 6,但个位的 6 代表“6”,可表示成 6×10^0,百位的 6 则代表“600”,可表示成 6×10^2。3646.7 这个数可以展开成:

$$3646.7=3\times10^3+6\times10^2+4\times10^1+6\times10^0+7\times10^{-1}$$

式中的 10^3、10^2、10^1、10^0、10^{-1}称为相应数位的“权”。因此,某数位上数码的值可表示成该数码和它的“权”的乘积。因此,一个具有 n 位整数和 m 位小数的十进制数 $(N)_{10}=(d_{n-1}d_{n-2}\cdots d_1d_0d_{-1}\cdots d_{-m})_{10}$,其括号下标 10,代表十进制数。可按权展开为十进制数

$$(N)_{10}=d_{n-1}\times 10^{n-1}+d_{n-2}\times 10^{n-2}+\cdots+d_1\times 10^1+d_0\times 10^0+d_{-1}\times 10^{-1}+\cdots+d_{-m}\times 10^{-m}=\left(\sum_{i=-m}^{n-1}d_i\times 10^i\right)_{10}$$

式中 d_i 为第 i 位的数码，可取 0～9 中的任何一个；10^i 为第 i 位的权。

同理，对于任意的 r 进制数来说，它的基数为 r，由 r 个数码组成，进位规律是"逢 r 进一"。那么，一个 n 位整数和 m 位小数的 r 进制数 $(N)_r=(d_{n-1}d_{n-2}\cdots d_1d_0d_{-1}\cdots d_{-m})_r$，按权展开为十进制数

$$(N)_r=d_{n-1}\times r^{n-1}+d_{n-2}\times r^{n-2}+\cdots+d_1\times r^1+d_0\times r^0+d_{-1}\times r^{-1}+\cdots+d_{-m}\times r^{-m}=\left(\sum_{i=-m}^{n-1}d_i\times r^i\right)_{10}$$

式中 d_i 为第 i 位的数码，可取 0～$(r-1)$之间任何一个；r^i 为第 i 位的权。

在实际应用中，除了熟悉的十进制数，常用的还有二进制数、八进制数和十六进数。

(1) 当 $r=2$ 时，为二进制(binary)，数码为 0、1；基数是 2。进位规律为"逢二进一"，即 1+1=10。如二进制数 $(1101.01)_2$ 的权展开式：

$$(1101.01)_2=1\times 2^3+1\times 2^2+0\times 2^1+1\times 2^0+0\times 2^{-1}+1\times 2^{-2}=(13.25)_{10}$$

二进制数下标有时写字母 B，也代表二进制数，即 $(1101.01)_2=(1101.01)_B$。

(2) 当 $r=8$ 时，为八进制(octal)，数码为 0～7；基数是 8；进位规律为"逢八进一"，即 3+5=10。如八进制数 $(3207.04)_8$ 的权展开式：

$$(3207.04)_8=3\times 8^3+2\times 8^2+0\times 8^1+7\times 8^0+0\times 8^{-1}+4\times 8^{-2}=(1671.0625)_{10}$$

八进制数下标有时写字母 O，也代表八进制数，即 $(3207.04)_8=(3207.04)_O$。

(3) 当 $r=16$ 时，为十六进制(hexadecimal)，数码为 0～9、A～F，其中 A=10，B=11，C=12，D=13，E=14，F=15；基数是 16；进位规律为"逢十六进一"，即 7+9=10。如十六进制数 $(\mathrm{F3D8.A})_{16}$ 的权展开式：

$$(\mathrm{F3D8.A})_{16}=15\times 16^3+3\times 16^2+13\times 16^1+8\times 16^0+10\times 16^{-1}=(62424.625)_{10}$$

十六进制数下标有时写字母 H，也代表十六进制数，即 $(\mathrm{F3D8.A})_{16}=(\mathrm{F3D8.A})_H$。

2. 不同数制之间的相互转换

1) 二进制、八进制和十六进制转换成十进制

应用公式，可以把 r 进制数转换成等值的十进制数，现举例说明。

例 6.1.1 将 $(1011.101)_2$、$(5017.14)_8$、$(\mathrm{D02F.B})_{16}$ 转换成十进制数。

解：

$$(1011.101)_2=1\times2^3+0\times2^2+1\times2^1+1\times2^0+1\times2^{-1}+0\times2^{-2}+1\times2^{-3}=(11.625)_{10}$$

$$(5017.14)_8=5\times8^3+0\times8^2+1\times8^1+7\times8^0+1\times8^{-1}+4\times8^{-2}=(2575.1875)_{10}$$

$$(\mathrm{D02F.B})_{16}=13\times16^3+0\times16^2+2\times16^1+15\times16^0+11\times16^{-1}=(53295.6875)_{10}$$

2) 十进制转换成二进制、八进制和十六进制

将十进制数 $(N)_{10}$ 转换成 r 进制数 $(M)_r$。假设 $(N)_{10}$ 的整数部分为 $(N_1)_{10}$，小数部分为 $(N_2)_{10}$，则 $(N)_{10}=(N_1)_{10}+(N_2)_{10}$；$(M)_r$ 整数部分为 $(M_1)_r$，小数部分为 $(M_2)_r$，则 $(M)_r=(M_1)_r+(M_2)_r$。因为 $(N)_{10}=(M)_r$，所以有 $(N_1)_{10}=(M_1)_r$；$(N_2)_{10}=(M_2)_r$。对 $(N)_{10}$ 的

整数部分和小数部分分别转换成 r 进制数。转换方法，就是对十进制数的整数部分采取“除 r 取余”，对其小数部分采取“乘 r 取整”。

例 6.1.2 将$(23.375)_{10}$转换成二进制数、八进制数和十六进制数。

解：整数部分$(23)_{10}$根据“除 2 取余”法的原理，按如下步骤转换：

除数	被除数/商	余数	位
2	23		
2	11	…… 余1	d_0
2	5	…… 余1	d_1
2	2	…… 余1	d_2
2	1	…… 余0	d_3
	0	…… 余1	d_4

读取次序（由下向上）

则$(23)_{10}=(10111)_2$

小数部分$(0.375)_{10}$根据“乘 2 取整”法的原理，按如下步骤转换：

$0.375\times2=\boxed{0}.75$ …… 取整0 d_{-1}

$0.75\times2=\boxed{1}.5$ …… 取整1 d_{-2}

$0.5\times2=\boxed{1}.0$ …… 取整1 d_{-3}

读取次序（由上向下）

则$(0.375)_{10}=(0.011)_2$

结果$(23.375)_{10}=(10111.011)_2$

同理，转换成八进制数，步骤如下：

除数	被除数/商	余数	位
8	23		
8	2	…… 余7	d_0
	0	…… 余2	d_1

$0.375\times8=\boxed{3}.0$ …… 取整3 d_{-1}

结果$(23.375)_{10}=(27.3)_8$

转换成十六进制数，步骤如下：

除数	被除数/商	余数	位
16	23		
16	1	…… 余7	d_0
	0	…… 余1	d_1

$0.375\times16=\boxed{6}.0$ …… 取整6 d_{-1}

结果$(23.375)_{10}=(17.6)_{16}$

有时，小数部分乘以 r 取整，会遇到永不等于零的情况，就产生转换误差，此时可根据所需精度取 r 进制小数的位数。

例 6.1.3 将十进制数$(0.562)_{10}$转换成误差 ε 不大于 2^{-6} 的二进制数。

解：用“乘 2 取整”法，按如下步骤转换：

$0.562\times2=1.124$ …… 取整1 d_{-1}

$0.124\times2=0.248$ …… 取整0 d_{-2}

$0.248\times2=0.496$ …… 取整0 d_{-3}

$0.496\times2=0.992$ …… 取整0 d_{-4}

$0.992\times2=1.984$ …… 取整1 d_{-5}

$0.984\times2=1.968$ …… 取整1 d_{-6}

读取次序（由上向下）

结果$(0.562)_{10}=(0.100011)_2$，其误差 $\varepsilon<2^{-6}$。

3）八进制数、十六进制数和二进制数的相互转换

由于 $2^3=8$，因此，每个八进制数码可以用三位二进制数来表示。同样，由于 $2^4=16$，故可用四位二进制数来表示一个十六进制数码。表 6.1.1 列出了它们之间的对应关系。因此二进制、八进制和十六进制之间可以直接进行转换。

表 6.1.1 八进制、十六进制数码和二进制数对照表

八进制数码	0	1	2	3	4	5	6	7
三位二进制数	000	001	010	011	100	101	110	111
十六进制数码	0	1	2	3	4	5	6	7
四位二进制数	0000	0001	0010	0011	0100	0101	0110	0111
十六进制数码	8	9	A	B	C	D	E	F
四位二进制数	1000	1001	1010	1011	1100	1101	1110	1111

例 6.1.4 将二进制数$(011101111.001010100110)_2$转换成八进制数和十六进制数。

解：根据表 6.1.1 有：

$$\overbrace{011}^{3}\overbrace{101}^{5}\overbrace{111.}^{7.}\overbrace{001}^{1}\overbrace{010}^{2}\overbrace{100}^{4}\overbrace{110}^{6},0\ \overbrace{1110}^{E}\overbrace{1111.}^{F.}\overbrace{0010}^{2}\overbrace{1010}^{A}\overbrace{0110}^{6}$$

因此，$(011101111.001010100110)_2=(357.1246)_8=(EF.2A6)_{16}$。

由上可见，二进制数转换成八进制数(或十六进制数)时，二进制数的整数部分从低位开始，每三位(或四位)分为一组，若最左边一组不足三位(或四位)，可在左边添 0 补足。二进制小数部分从小数点向右每三位(或四位)分为一组，最后不足三位(或四位)，可在右边添 0 补足。然后，将每组二进制数转换成八进数(或十六进数)。采用上述的逆过程，可将八进制数(或十六进制数)转换成二进制数。八进制数和十六进制数之间转换，可用二进制数作桥梁。

【思考题】

1. 从晶体管的工作状态来说明模拟电路和数字电路的区别。
2. 试举例说明在我们实际生活中，模拟信号和数字信号两种信号形式。
3. 二极管也可起开关作用，这是利用了二极管的什么特性？
4. 对于晶体管电路，如图 6.1.3 所示，试估算当 U_i 在什么电压范围内，晶体管处于放大状态？
5. 如何判断一个八位的二进制数 $A=a_7a_6a_5a_4a_3a_2a_1a_0$ 是否是 4 的倍数？

6.2 逻辑门电路

逻辑代数是英国数学家乔治·布尔(George Boole)首先在 1847 年提出的。后来，逻辑代数被广泛应用于数字电路及计算机的设计中，成为逻辑设计的数学基础。逻辑代数的变量(亦称为逻辑变量)只有两种可能状态，称为逻辑状态。人们用“1”和“0”来表示这两种逻辑状态，即通常所说的逻辑 1 状态和逻辑 0 状态。因此逻辑 1 和逻辑 0 本身没有数值意义，只代表两种逻辑状态。

6.2.1 基本逻辑关系和逻辑门电路

基本逻辑关系有三种：与逻辑、或逻辑和非逻辑。实现这些逻辑关系的电路分别为与门、或门和非门电路。应用这三个逻辑门可以分别实现逻辑变量之间“逻辑乘”、“逻辑加”和“逻辑非”三种基本逻辑运算。

逻辑电路是指输入、输出具有一定的逻辑关系的电路。所谓逻辑关系，就是研究前提（条件）与结论（结果）之间的关系。如果把输入信号看作“条件”，把输出信号看作“结果”，那么当“条件”具备时，“结果”就会发生。逻辑电路就是当它的输入信号满足某种条件时，才有输出信号的电路。门电路就是输入、输出之间按一定的逻辑关系控制信号通过或不通过的电路。

1. 与逻辑和与门电路

在数理逻辑中，当决定某事件发生的各种条件中，只有全部条件同时具备时，该事件才发生。这种前提与结果之间的因果关系叫做“与逻辑”，如图 6.2.1 所示电路，图中只有当开关 A、B 全部闭合时（全部条件同时具备），灯 Y 才亮（事件才发生），否则灯 Y 不亮。输入 A、B 和输出 Y 的关系用表 6.2.1 表示，其中设开关 A、B 的闭合状态为“1”，断开状态为“0”；灯 Y 亮为“1”，灭为“0”。这种表称为真值表。从表可以看出，只有输入 A 和 B 都是“1”时，输出 Y 才是“1”，有“0”出“0”，全“1”出“1”，输出与输入之间为与逻辑关系。与逻辑的表达式为

$$Y = A \cdot B = AB \tag{6.2.1}$$

式中的“·”是逻辑乘运算符号，读作逻辑“与”，仅表示与的逻辑功能，并无数量相乘的概念，有时允许省去符号“·”。

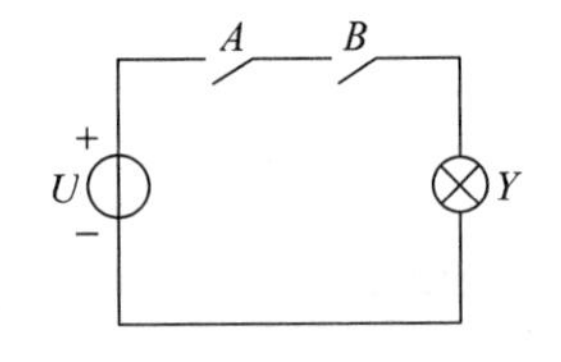

图 6.2.1　与逻辑的灯控制电路

表 6.2.1　与逻辑的真值表

输　入		输　出
A	B	Y
0	0	0
0	1	0
1	0	0
1	1	1

图 6.2.2 给出了二极管组成的与门电路和与门图形符号，在图(a)中，假定 D_A、D_B 为理想二极管，A、B 为两个输入端，Y 为输出端。

根据电路的知识，不难得到输出电压与输入电压的关系表，如表 6.2.2 所示。

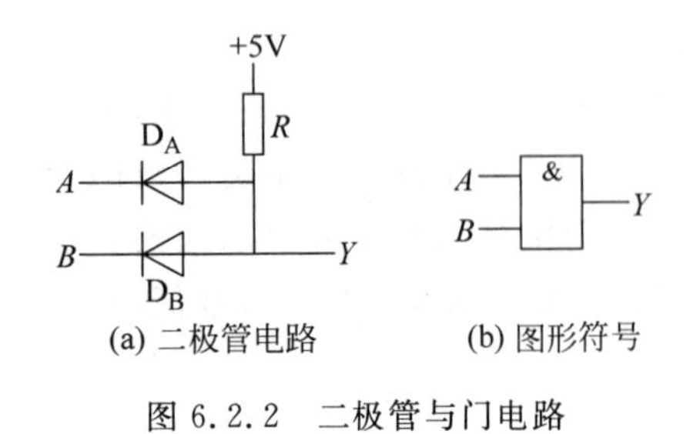

图 6.2.2　二极管与门电路

表 6.2.2　二极管与门电路电压关系表

输　入		二极管状态		输出
A/V	B/V	D_A	D_B	Y/V
0	0	导通	导通	0
0	5	导通	截止	0
5	0	截止	导通	0
5	5	导通	导通	5

设 5V 为高电平，逻辑“1”，0V 为低电平，逻辑“0”。由电压关系表可得到该电路的真值表，如表 6.2.1 所示。因此，该电路符合与逻辑关系，为“与门”电路。

图 6.2.3(a)为三输入与门图形符号，图 6.2.3(b)为三输入 A、B、C 和输出 Y 的波形

图,从波形图可以看出：只有当输入 A、B、C 均为高电平时,输出 Y 才为高电平“1”；其他情况下,Y 均为低电平“0”。因此与门的逻辑功能为：见“0”出“0”,全“1”出“1”。

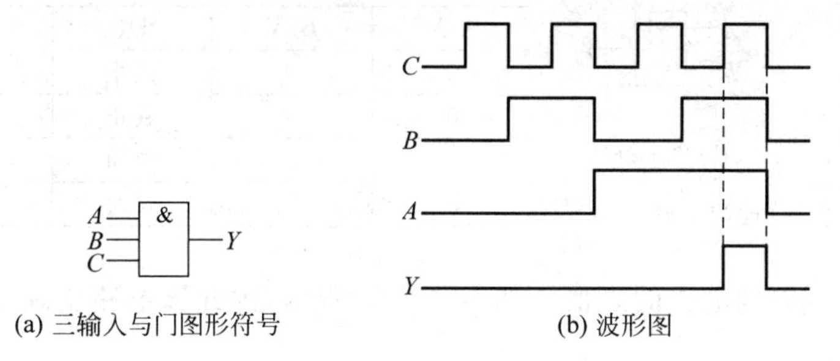

(a) 三输入与门图形符号　　(b) 波形图

图 6.2.3　三输入与门及其波形图

例 6.2.1　如图 6.2.4 所示,已知输入 A、B 的波形,试画出输出 Y 的波形,并说明输入 B 的控制作用。

解：脉冲信号加到与门输入 A,控制信号加到与门另一输入 B,只有当 A、B 全为高电平时,输出 Y 才为高电平,波形如图 6.2.4 所示。可见,只有当控制信号 B 为高电平期间,与门打开,A 端的脉冲信号才能通过。B 为低电平时,与门被封锁。

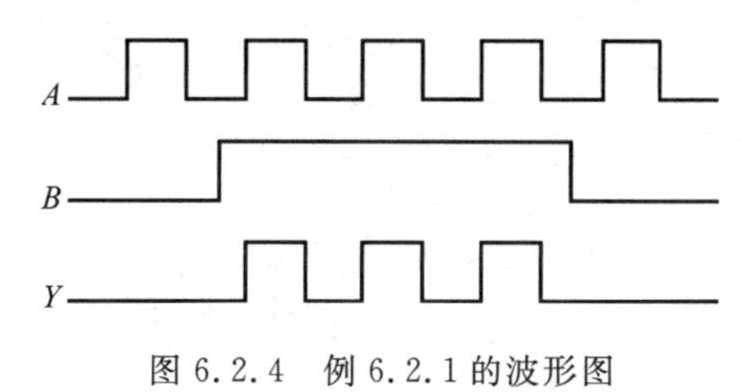

图 6.2.4　例 6.2.1 的波形图

2. 或逻辑和或门电路

在决定事件发生的几个条件中,只要有一个或一个以上条件具备时,该事件就会发生,这种前提与结论之间的因果关系叫“或”逻辑关系。如图 6.2.5 所示电路,只要开关 A、B 其中一个闭合(任一个条件具备)时,灯 Y 就亮(事件就发生)。输入 A、B 和输出 Y 的状态关系用表 6.2.3 表示。从表中可见,只要输入 A 或 B 是“1”时,输出 Y 为“1”。输出与输入之间为或逻辑关系。或逻辑的表达式为

$$Y = A + B \tag{6.2.2}$$

式中的“+”是逻辑或的运算符号,读作逻辑“或”,仅表示“或”的逻辑功能,无数量相加的概念。如当 $A=1, B=1, Y=A+B=1+1=1$。

图 6.2.6(a)给出二极管组成的或门电路,图 6.2.6(b)为或门的图形符号。A、B 为两个输入端,Y 为输出端。其输出电压与输入电压的关系表如表 6.2.4 所示。

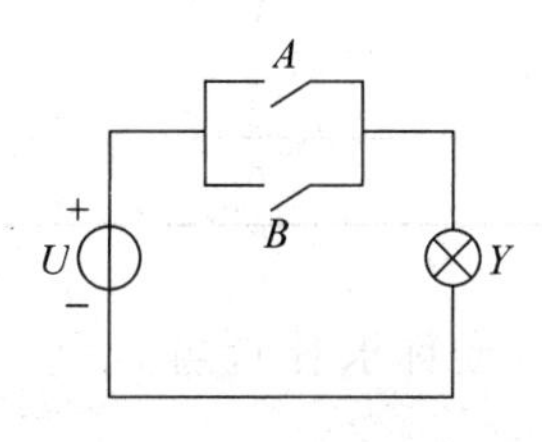

图 6.2.5　或逻辑的灯控制电路

表 6.2.3　或逻辑的真值表

输　入		输　出
A	B	Y
0	0	0
0	1	1
1	0	1
1	1	1

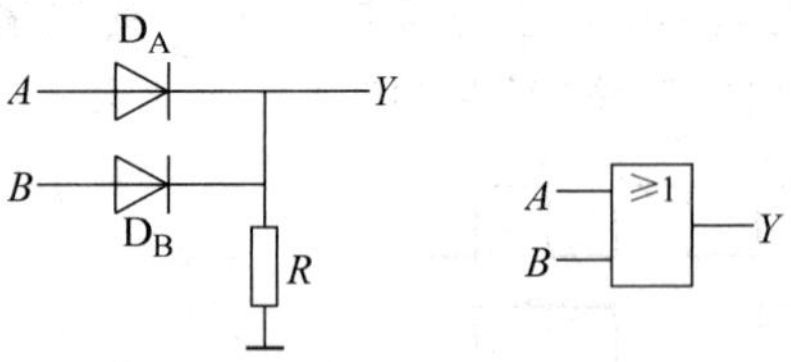

(a) 二极管电路　　(b) 图形符号

图 6.2.6　二极管或门电路

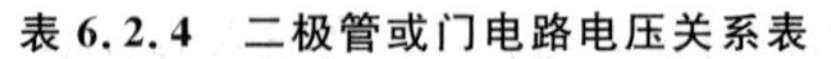

表 6.2.4　二极管或门电路电压关系表

输　入		二极管状态		输出
A/V	B/V	D_A	D_B	Y/V
0	0	截止	截止	0
0	5	截止	导通	5
5	0	导通	截止	5
5	5	导通	导通	5

由电压关系表得到电路的真值表如表 6.2.3 所示，因此该电路实现了或逻辑功能，是“或”门电路。

图 6.2.7(a)为三输入或门图形符号，图 6.2.7(b)为三输入 A、B、C 和输出 Y 的波形图，从波形图可以看出：输入端 A、B、C 只要有一个是高电平，输出 Y 便为高电平。因此或门的逻辑功能为：见“1”出“1”，全“0”出“0”。

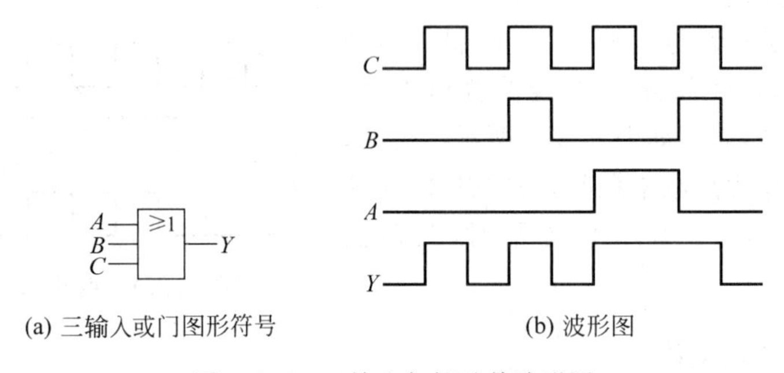

(a) 三输入或门图形符号　　(b) 波形图

图 6.2.7　三输入与门及其波形图

3. 非逻辑和非门电路

决定某事件的条件只有一个，条件具备了，事件不发生，而条件不具备时，事件却发生了，这种因果关系叫做非逻辑。图 6.2.8 所示电路中，开关 A 和灯 Y 并联，开关 A 闭合(条件具备)，灯 Y 灭(事件不发生)；反之，灯亮。这个开关所组成的就是一个非门电路，它的状态关系真值表见表 6.2.5。非逻辑的表达式为

$$Y=\overline{A} \tag{6.2.3}$$

式中 A 称为原变量，$\overline{A}$ 称为反变量，A 和 $\overline{A}$ 是一个变量 A 的两种形式。

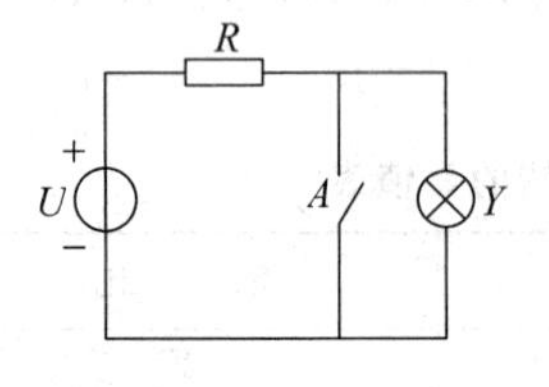

图 6.2.8　非逻辑的灯控制电路

表 6.2.5　非逻辑的真值表

输　入	输　出
A	Y
0	1
1	0

非逻辑是逻辑代数所特有的一种形式，其功能是对变量求反(或称求补)，当 $A=0$ 时，$\overline{A}=1$；当 $A=1$ 时，$\overline{A}=0$。

图 6.2.9 给出晶体管组成的非门电路及非门图形符号。由图 6.2.9(a)可以看出，当输

入端 A 为低电平(如 0V)时,晶体管工作于截止状态,输出端 Y 为高电平,当输入端 A 为高电平(如 5V)时,只要保证 R_1、R_2 参数合理,可使晶体管工作于饱和状态,输出端 Y 为低电平(集电极与发射极间的饱和压降 $U_{CES}\approx0.3V$)。A 与 Y 的电压关系如表 6.2.6 所示,其状态关系符合非逻辑的真值表(见表 6.2.5)。所以该晶体管电路实现了非逻辑功能,其逻辑功能为:见"0"出"1",见"1"出"0"。非门电路也称为反相器。

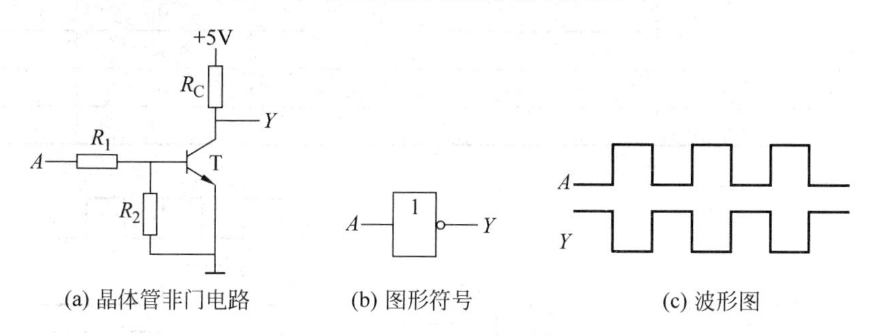

图 6.2.9 晶体管非门电路

表 6.2.6 非门电路电压关系表

输 入	晶体管的状态	输 出
A/V	T	Y/V
0	截止	5
5	饱和	0.3

4. 基本逻辑门电路的组合

1) 与非门电路

将与门的输出端接到非门的输入端,可组成与非门。图 6.2.10 所示为与非门电路、图形符号和波形图。其真值表如表 6.2.7 所示。可见,只有当输入 A、B 全为高电平"1"时,输出 Y 才为低电平"0"。只要有一个输入为"0"时,输出 Y 就是"1"。其逻辑功能为:见"0"出"1",全"1"出"0"。与非逻辑的表达式为

$$Y=\overline{A\cdot B}=\overline{AB} \tag{6.2.4}$$

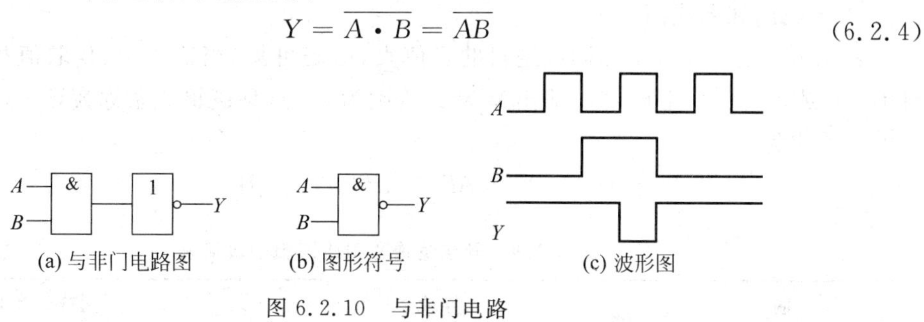

图 6.2.10 与非门电路

与非门最为常用,许多应用场合,均需要将其他逻辑功能转换成与非逻辑功能。

2) 或非门电路

同样或门的输出端接到非门的输入端,可组成或非门。图 6.2.11 所示为或非门电路、图形符号及波形图。其逻辑真值表见表 6.2.8。其逻辑功能为:见"1"出"0",全"0"出"1"。或非逻辑的表达式为

$$Y = \overline{A + B} \tag{6.2.5}$$

表 6.2.7　与非逻辑的真值表

输　　入		输出
A	B	Y
0	0	1
0	1	1
1	0	1
1	1	0

表 6.2.8　或非门逻辑的真值表

输　　入		输出
A	B	Y
0	0	1
0	1	0
1	0	0
1	1	0

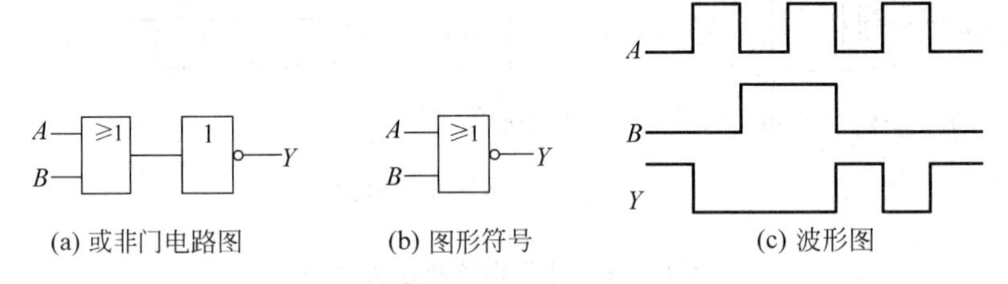

(a) 或非门电路图　(b) 图形符号　(c) 波形图

图 6.2.11　或非门电路

3）与或非门电路

与或非门电路图和图形符号如图 6.2.12 所示，其逻辑表达式为

$$Y = \overline{A \cdot B + C \cdot D} \tag{6.2.6}$$

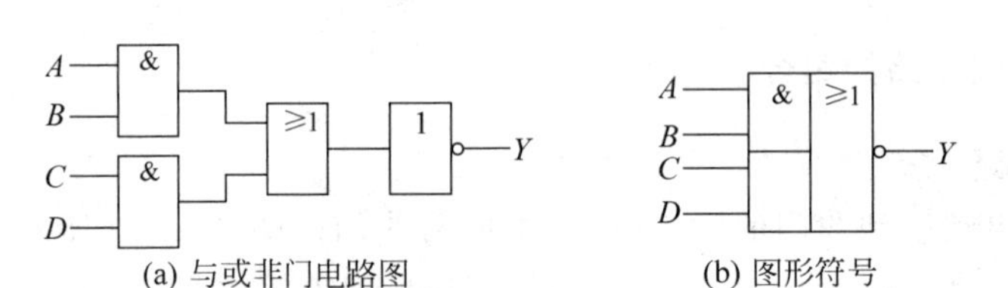

(a) 与或非门电路图　(b) 图形符号

图 6.2.12　与或非门电路

4）异或门和同或门

表 6.2.9 是异或逻辑和同或逻辑的真值表，由表可见，当输入 A、B 取值相异时（$A=0$ 且 $B=1$，或者 $A=1$ 且 $B=0$），输出 Y 为 1，否则为 0。这种逻辑关系称为异或逻辑。异或逻辑的表达式为

$$Y = A\overline{B} + \overline{A}B = A \oplus B \tag{6.2.7}$$

表 6.2.9　异或逻辑和同或逻辑的真值表

输　　入		异或逻辑输出	同或逻辑输出
A	B	$Y=A\oplus B$	$Y=A\odot B$
0	0	0	1
0	1	1	0
1	0	1	0
1	1	0	1

在实际问题中，同样会遇到与异或相反的逻辑关系，即同或逻辑。同或逻辑的表达式为

$$Y=\overline{A\oplus B}=\overline{A}\cdot\overline{B}+AB=A\odot B \tag{6.2.8}$$

异或门和同或门的图形符号及波形图见图 6.2.13 所示。在数字系统中，异或逻辑应用较广，比如用异或门电路来判断两个输入信号是否一致，如果一致输出为 0，否则为 1。还有，在二进制加减、代码变换、信息检错等应用场合也都用到异或逻辑。

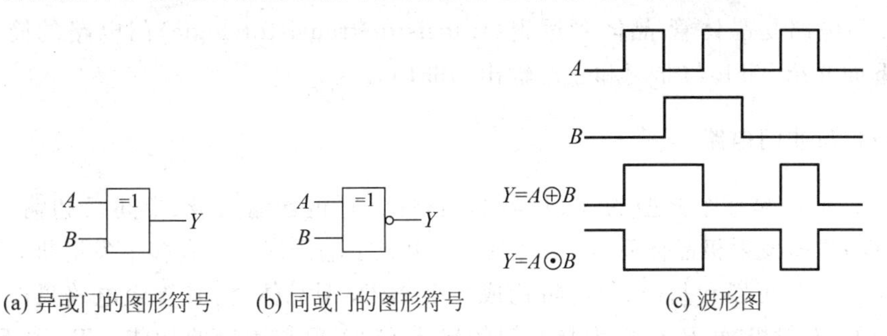

(a) 异或门的图形符号　(b) 同或门的图形符号　(c) 波形图

图 6.2.13　异或门和同或门图形符号及其波形图

表 6.2.10 列出了几种常用门电路的图形符号、逻辑表达式及其逻辑功能说明，其中与门、或门、与非门、或非门可以有两个以上的输入端，异或门和同或门只有两个输入端。

表 6.2.10　几种常用门电路的图形符号、表达式及功能描述

名　称	图形符号	逻辑表达式	功　能
与门	A, B — & — Y	$Y=AB$	见“0”出“0” 全“1”出“1”
或门	A, B — ≥1 — Y	$Y=A+B$	见“1”出“1” 全“0”出“0”
非门	A — 1 —o Y	$Y=\overline{A}$	见“1”出“0” 见“0”出“1”
与非门	A, B — & —o Y	$Y=\overline{AB}$	见“0”出“1” 全“1”出“0”
或非门	A, B — ≥1 —o Y	$Y=\overline{A+B}$	见“1”出“0” 全“0”出“1”
异或门	A, B — =1 — Y	$Y=\overline{A}B+A\overline{B}=A\oplus B$	相异出“1” 相同出“0”
同或门	A, B — =1 —o Y	$Y=\overline{A}\overline{B}+AB=A\odot B$	相异出“0” 相同出“1”

6.2.2　TTL 门电路

上面讨论的门电路都是由二极管、晶体管组成的，它们称为分立元件门电路。利用半导体集成工艺将一个或多个完整的门电路做在同一块硅片上，成为集成门电路。集成电路由于其体积小、重量轻、功耗低、速度快、可靠性高，获得广泛的应用。数字集成电路按所含的晶体管类型不同，可分为双极型和单极型(又称 MOS 型)，广泛使用的是 TTL 和 CMOS 集成逻辑门电路,门电路是数字集成电路的一部分,它们的产品种类很多,内部电路各异,对使用器件的人员来讲,只需将其视为具有某一逻辑功能的器件,而不必过于深究其内部电路。集成门电路按其逻辑功能可分为与门、或门、非门、与非门、或非门、异或门、与或非门等。为了正确应用集成电路,除了掌握各种门的逻辑功能外,还必须了解一些它们的基本特性和主要参数。

TTL 门电路是晶体管-晶体管逻辑(transistor-transistor logic)门电路的简称,它有多种类型,下面介绍 TTL 与非门和三态输出与非门。

1. TTL 与非门电路

图 6.2.14(a)是一个典型的 TTL 与非门电路,它包含输入级、中间级和输出级三部分组成。图(a)中多发射极晶体管 T_1 和电阻 R_1 组成了输入级,T_1 有多个发射极,任何一个发射极 A、B 或 C 都可以和基极、集电极构成一个 NPN 型晶体管,其等效电路见图 6.2.15 所示。因此,T_1 发射极 A、B、C 作为与非门的输入端,实现与逻辑的功能。T_2 和 R_2、R_3 组成了中间级,由于 T_2 管的集电极和发射极送给 T_3 和 T_5 的基极信号极性相反。T_3、T_4、T_5 和 R_4、R_5 组成了推拉式输出级电路,其中 T_3、T_4 构成复合管与 R_5 一起作为 T_5 的有源负载。由于中间级 T_2 输出的两个信号极性相反,因此 T_4 和 T_5 总是一个导通而另一个截止,采用这样的输出级可使门电路有较好的负载能力,并提高开关速度。与非门的输出 Y 在 T_4 和 T_5 的连接处引出。

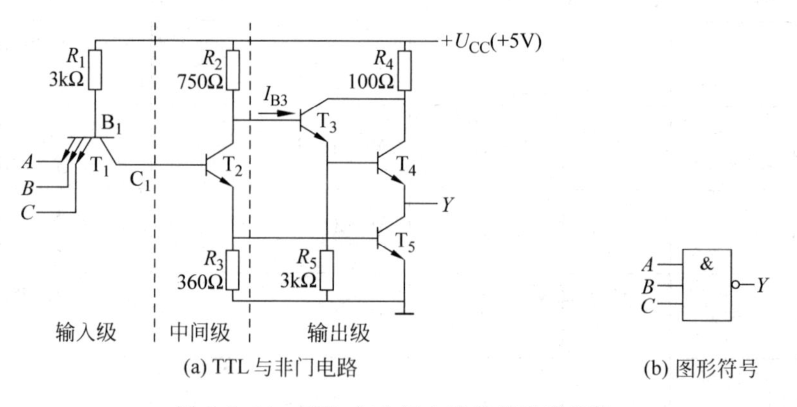

(a) TTL 与非门电路　　(b) 图形符号

图 6.2.14　TTL 与非门电路及其图形符号

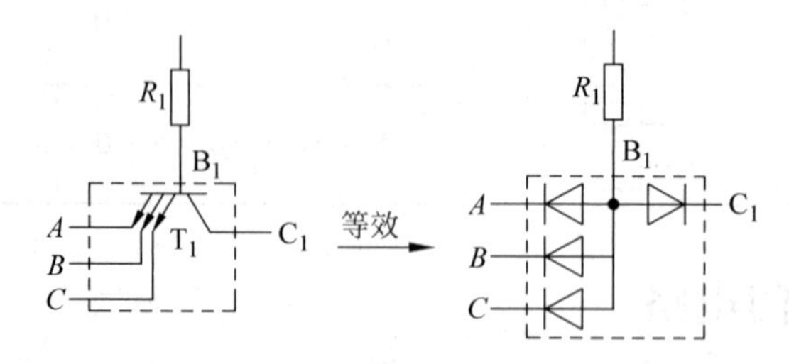

图 6.2.15　多发射极晶体管及其等效图

1) 工作原理

若输入端有一个或几个为低电平(如 $U_A=0.3\text{V}$)时,T_1 的基极电位 $U_{B1}=U_A+U_{BE1}\approx$

0.3+0.7=1V，即被钳在1V左右，不足以向 T_2 提供正向基极电流，所以此时 T_2 和 T_5 截止，T_3 和 T_4 导通，输出端 Y 的电压 $U_Y=U_{CC}-I_{B3}R_2-U_{BE3}-U_{BE4}$，由于流入 T_3 基极的电流小，可忽略不计，因此输出端 Y 的电压 $U_Y \approx U_{CC}-U_{BE3}-U_{BE4}$，如果电压源 $U_{CC}=5V$，则 $U_Y \approx 5-0.7-0.7=3.6V$，即 Y 为高电平"1"。

由于 T_5 截止，当接负载门后，有电流 I_Y 流向每个负载门，则此时的电流 I_Y 称为拉电流，如图6.2.16所示。

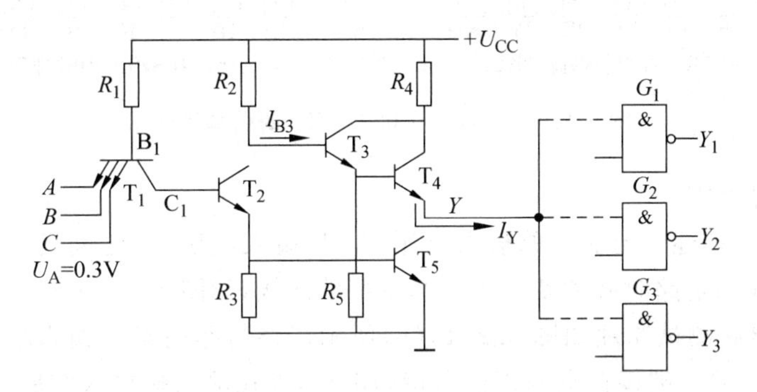

图6.2.16　TTL与非门输出高电平产生拉电流

若输入 A、B、C 全部为高电平(如 $U_A=U_B=U_C=3.6V$)时，电压源 U_{CC} 通过 R_1 使 T_1 的集电极正向偏置，向 T_2 提供足够的基极电流，使得 T_2 和 T_5 饱和导通，假设其饱和压降 $U_{CES2}=U_{CES5}\approx 0.3$，则输出端 Y 的电压 $U_Y=0.3V$，即 Y 为低电平"0"。此时，T_2 集电极电位约为 $U_{CES2}+U_{BE5}\approx 0.3+0.7=1V<1.4V$，不足以使得 T_3 和 T_4 同时导通，因此 T_4 必然截止。而此时 T_1 的基极电位大约为 $U_{B1}=U_{BC1}+U_{BE2}+U_{BE5}\approx 0.7+0.7+0.7=2.1V<3.6V$，所以 T_1 的发射结处于反向偏置状态。

由于 T_4 截止，当接负载门后，有电流 I_Y 流入 T_5 的集电极，则此时的电流 I_Y 称为灌电流，如图6.2.17所示。

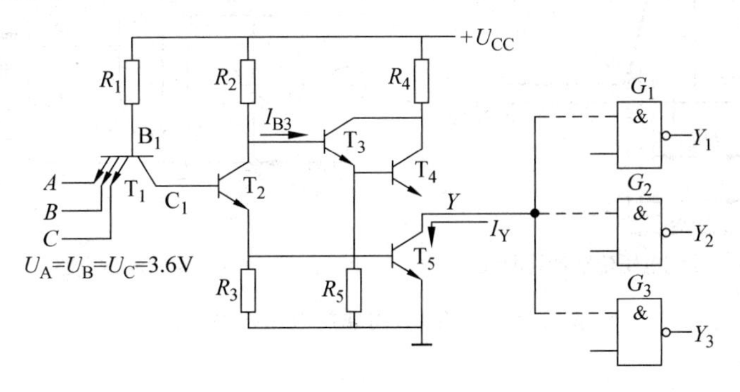

图6.2.17　TTL与非门输出低电平产生灌电流

由上述可知，图6.2.14(a)所示电路的输入、输出符合与非门的逻辑功能，即 $Y=\overline{ABC}$，其图形符号见图6.2.14(b)所示。

图6.2.18(a)、(b)所示分别为2输入四与非门TTL74LS00和4输入二与非门TTL74LS20的引脚排列图(两边的数字为引脚号)，同一片集成电路内的各个逻辑门互相独立，可单独使用，但须共用一根电源引线和一根地线。

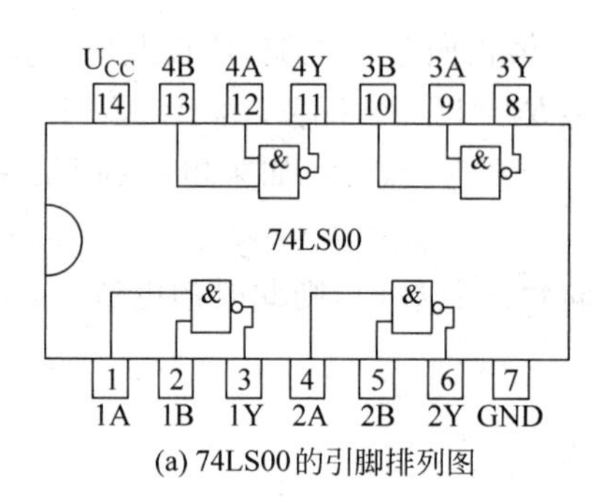

(a) 74LS00的引脚排列图

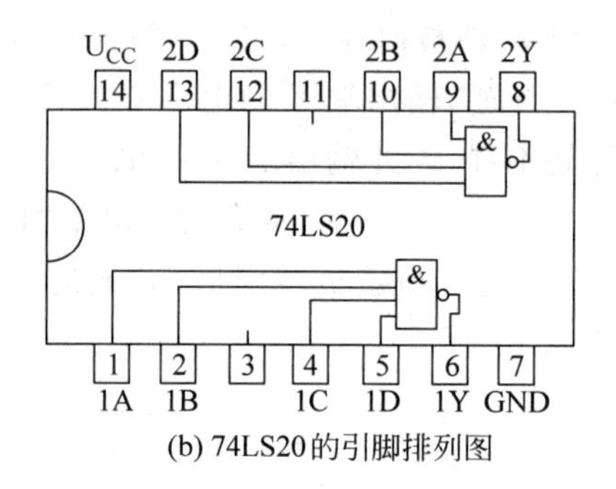

(b) 74LS20的引脚排列图

图 6.2.18　74LS00 和 74LS20 的引脚排列图

2）电压传输特性

电压传输特性描述了与非门的输出电压 U_O 与输入电压 U_I 之间的关系，$U_O = f(U_I)$，是使用 TTL 与非门电路时必须要了解的基本特性曲线，如图 6.2.19(a)所示。该曲线是通过实验得到的，电路测试原理如图 6.2.19(b)所示。将与非门某一输入端接入大小可调的电压 U_I，而将其他输入端接在电源正极保持高电位，并在输出端接入实验规定的额定负载。令 U_I 从零逐渐增大，用电压表 V_1 和 V_2 同时测量这个过程中输入电压 U_I 和输出电压 U_O 的大小，所得曲线即为与非门的电压传输特性曲线。由图 6.2.19(a)可看出，U_I 开始增加时，在一定范围内输出高电平基本不变，即图中的 AB 段。U_I 继续增加，U_O 随之线性减小，即 BC 段。再继续增加，U_O 更快速度减小至某低电压，即 CD 段。如果 U_I 继续增加，U_O 输出低电平基本不变，即 DE 段。

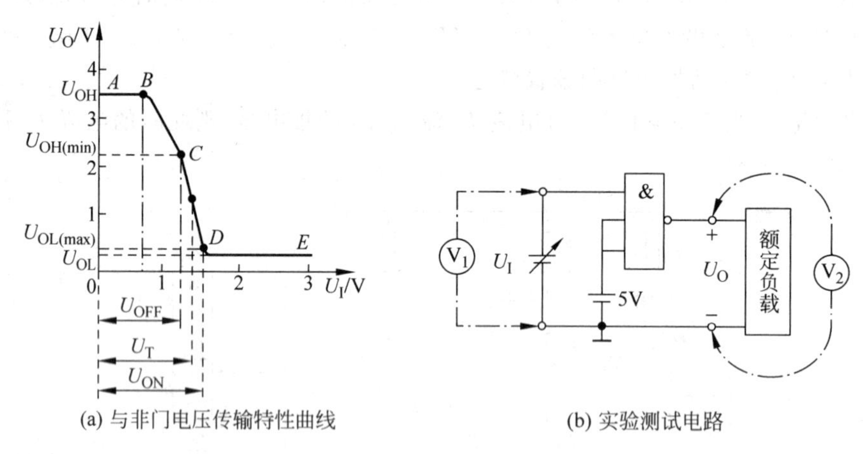

(a) 与非门电压传输特性曲线　　(b) 实验测试电路

图 6.2.19　TTL 与非门电压传输特性

3）主要参数

（1）输出高电平 U_{OH} 和输出低电平 U_{OL}

U_{OH} 是指输入端有一个或几个是低电平，且输出端要接有额定负载时的输出电平。U_{OL} 是指输入端全为高电平且输出端接有额定负载时的输出电平。在实际应用中，通常规定了高电平的下限值 $U_{OH(min)}$ 及低电平的上限值 $U_{OL(max)}$。例如与非门规定 $U_{OH} \geq 2.4V$，即 $U_{OH(min)} = 2.4V$，$U_{OL} \leq 0.4V$，即 $U_{OL(max)} = 0.4V$ 便认为产品合格。通常约定 $U_{OH} \approx 3.6V$，

$U_{OL}\approx 0.3V$。

(2) 开门电平 U_{ON} 和关门电平 U_{OFF}

U_{ON} 是指保持输出为低电平的最小输入电压。对应传输特性曲线上 D 点，TTL 产品规定 $U_{ON}\leqslant 2.0V$。U_{OFF} 是指保持输出为高电平的最大输入电压，对应传输特性曲线上 C 点，TTL 产品规定 $U_{OFF}\geqslant 0.8V$。在传输特性上，把 C 点和 D 点之间曲线段中点所对应的输入电压值称为阈值电压，用 U_T 表示。对于理想的电压传输特性，C 点到 D 点的变化是陡直的，即：$U_{ON}=U_{OFF}=U_T$，当 $U_I<U_T$ 时，U_O 为高电平，$U_I>U_T$ 时，U_O 为低电平。

(3) 输入低电平噪声容限 U_{NL} 和输入高电平噪声容限 U_{NH}

噪声容限表征了与非门电路的抗干扰的能力。

当输入低电平 U_{IL} 时，只要干扰信号与 U_{IL} 叠加起来的数值小于 U_{OFF}，则输出仍为高电平，逻辑关系正常。表征这一干扰信号的最大值就是输入低电平噪声容限 U_{NL}，显然有

$$U_{NL}=U_{OFF}-U_{IL}$$

U_{NL} 越大表示输入低电平时的抗干扰能力越强。

当输入高电平 U_{IH} 时，只要干扰信号(负向)与 U_{IH} 叠加起来的数值大于 U_{ON}，则输出仍为低电平，逻辑关系正常。表征这一干扰信号的最大值就是输入高电平噪声容限 U_{NH}，显然有

$$U_{NH}=U_{IH}-U_{ON}$$

U_{NH} 越大表示输入高电平时的抗干扰能力越强。

(4) 扇出系数 N_O

N_O 是指与非门输出端能够带同类型负载门的最大数目，它表示与非门的带负载能力。TTL 与非门产品值规定 $N_O\geqslant 8$。

(5) 平均传输延迟时间 t_{pd}

TTL 与非门工作时，由于晶体管从导通到截止或从截止到导通都需要一定的时间，因此在门电路的输入端加入矩形波时，输出端的波形将相对于输入存在一段时间延迟。如图 6.2.20 所示。从输入波形上升沿的 50%处到输出波形下降沿的 50%处的时间称为上升延迟时间 $t_{pd(HL)}$；从输入波形下降沿的 50%处到输出波形上升沿的 50%处的时间称为下降延迟时间 $t_{pd(LH)}$。$t_{pd(HL)}$ 和 $t_{pd(LH)}$ 的平均值称为平均传输延迟时间 t_{pd}，即

$$t_{pd}=\frac{t_{pd(HL)}+t_{pd(LH)}}{2}$$

t_{pd} 反映了门电路的开关速度的快慢，越小表示门开关的速度越快。

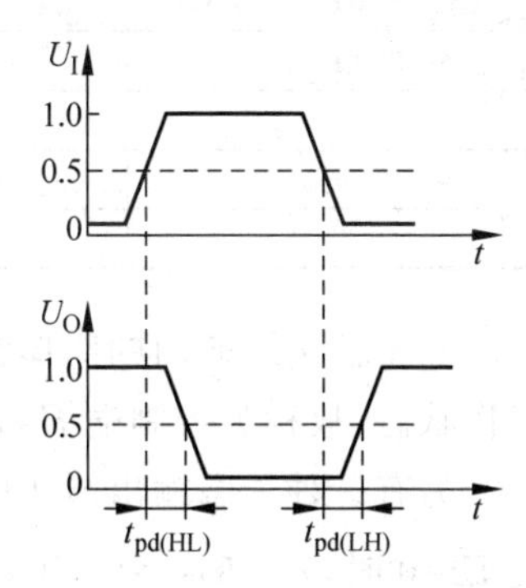

图 6.2.20　表示平均传输延迟时间的输入、输出波形

2. 三态输出与非门电路

三态输出与非门电路与上述的与非门电路不同，它的输出端除了高电平和低电平外，还可以出现第三种状态——高阻状态。

图 6.2.21 所示为 TTL 三态输出与非门电路及其图形符号，其电路结构与图 6.2.14(a)比

较增加了一个二极管 D,控制端 E(也称使能端)替代了输入端 C,A、B 是输入端,Y 为输出端。

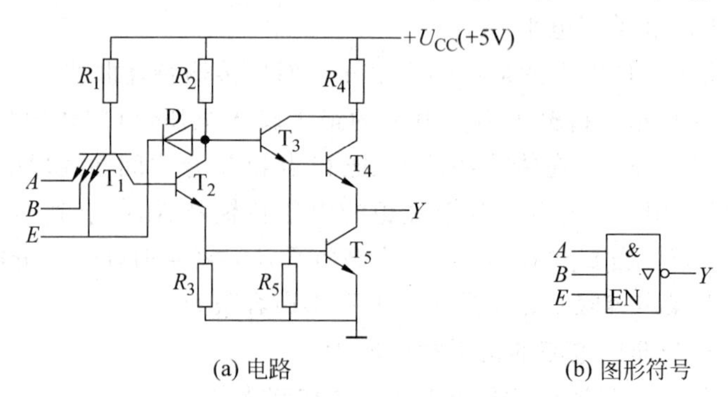

(a) 电路　　　　(b) 图形符号

图 6.2.21　TTL 三态输出与非门电路及图形符号

当控制端 $E=1$ 时,二极管反向偏置,处于截止状态,与普通与非门一样,三态门输出状态决定输入 A、B 状态,即 $Y=\overline{AB}$。当控制端 $E=0$ 时,由于 T_1 导通而使 T_2、T_5 截止,同时,二极管 D 正向偏置,处于导通状态,T_2 的集电极电位被钳制到 1V,从而使 T_3、T_4 也截止。此时输出级 T_4 和 T_5 都截止,输出端 Y 开路而处于高阻状态。在这种状态下,不管输入 A、B 是低电平还是高电平对输出端 Y 的状态无任何影响。所以三态门有三种状态:高阻态、低电平和高电平。表 6.2.11 所示是三态输出与非门逻辑的真值表。

表 6.2.11　三态输出与非门逻辑的真值表

控制端 E	输入端		输出端
	A	B	Y
1	0	0	1
1	0	1	1
1	1	0	1
1	1	1	0
0	×	×	高阻

三态输出与非门的图形符号如图 6.2.21(b)所示。这种三态门在 $E=1$ 时,$Y=\overline{AB}$,为工作状态,故称为控制端 E 高电平有效的三态与非门。

另有一种三态输出与非门,如图 6.2.22(a)所示,在控制端 $\overline{E}$ 串接晶体管 T_6,可使控制端 $\overline{E}=0$ 时,$Y=\overline{AB}$,为工作状态,该门称为控制端 $\overline{E}$ 低电平有效的三态与非门,其电路工作原理简单,读者可自行分析,其图形符号如图 6.2.22(b)所示。表 6.2.12 是该三态与非门逻辑的真值表。

表 6.2.12　控制端低电平有效的三态与非门逻辑的真值表

控制端 $\overline{E}$	输入端		输出端
	A	B	Y
0	0	0	1
0	0	1	1
0	1	0	1
0	1	1	0
1	×	×	高阻

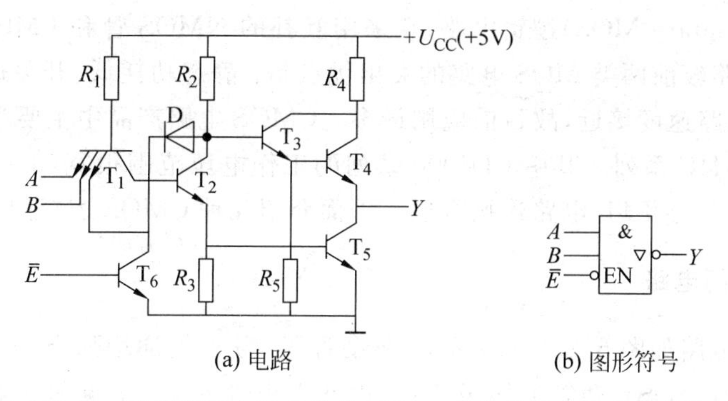

(a) 电路　　　　(b) 图形符号

图 6.2.22　控制端低电平有效的 TTL 三态与非门电路及图形符号

三态门重要的应用是可以实现数据的总线传输和双向传输。图 6.2.23(a)是一个通过控制三态门的控制端，利用一条总线把多组数据送出去的应用电路。当 $E_1=1$、$E_2=E_3=0$ 时，总线上的数据为 $Y=\overline{A_1B_1}$，即将 G_1 的输出数据送到总线；同样，当 $E_2=1$，$E_1=E_3=0$ 时，把 G_2 的输出数据送到总线；当 $E_3=1$，$E_1=E_2=0$ 时，把 G_3 的输出数据送到总线。在这里，G_1、G_2、G_3 三个三态门必须分时工作，即在同一时刻只能有一个门处于工作状态，其他的三态门应处于高阻状态，这就要求在同一时刻 E_1、E_2、E_3 只能有一个为高电平。图 6.2.23(b)是一个通过控制三态门的控制端，实现数据的双向传输的应用电路。当 $\bar{E}=0$ 时，三态非门 G_1 处于工作状态，G_2 处于高阻态，数据由 A 传输至 B；当 $\bar{E}=1$ 时，三态非门 G_2 处于工作状态，G_1 处于高阻态，数据由 B 传输至 A。

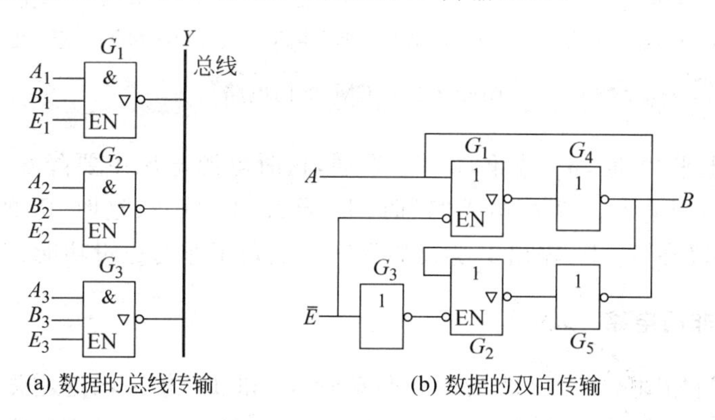

(a) 数据的总线传输　　　　(b) 数据的双向传输

图 6.2.23　三态门的应用

6.2.3　CMOS 门电路

MOS 集成电路是由绝缘栅场效应管(MOS)器件构成的。用 MOS 管作为开关元件的数字逻辑电路称为 MOS 逻辑电路。相对于双极型 TTL 逻辑门电路，也称单极型逻辑门。两者就逻辑功能而言，并无区别，但是 MOS 器件具有制造工艺简单、集成度高、体积小、功耗低、输入阻抗大、抗干扰能力强等优点，因此发展很快，在各种数字电路中得到广泛的应用。MOS 逻辑电路可分为三类：PMOS、NMOS 和 CMOS。其中 PMOS 逻辑电路的特点是工艺简单，但开关速度最低，故较少采用；NMOS 逻辑电路，则由于其导电的载流子是电子，故与 PMOS 电路中的空穴载流子相比，开关速度要高一些，但其工艺较复杂一些。而

CMOS(Complementary MOS)逻辑电路，它采用互补的 NMOS 管和 PMOS 管构成的逻辑电路。CMOS 电路较前两类 MOS 电路的突出优点是：静态功耗低、开关速度高，与双极性晶体管的 TTL 电路速度接近，故目前应用最多。CMOS 电路产品中主要为 CD4000 系列和高速 CMOS54/74HC 系列。其中 CD4000 系列的工作电压范围很宽(3～18V)，能与 TTL 电路共用电源，因此与 TTL 电路连接方便。下面介绍几种 CMOS 逻辑门电路。

1. CMOS 非门电路

CMOS 非门电路如图 6.2.24(a)所示，驱动管 T_1 为 N 沟通增强型(NMOS)，负载管 T_2 为 P 沟道增强型(PMOS)，两管的栅极相连，由此引出输入端 A；漏极也相连，由此引出输出端 Y，两者组成互补对称型结构。

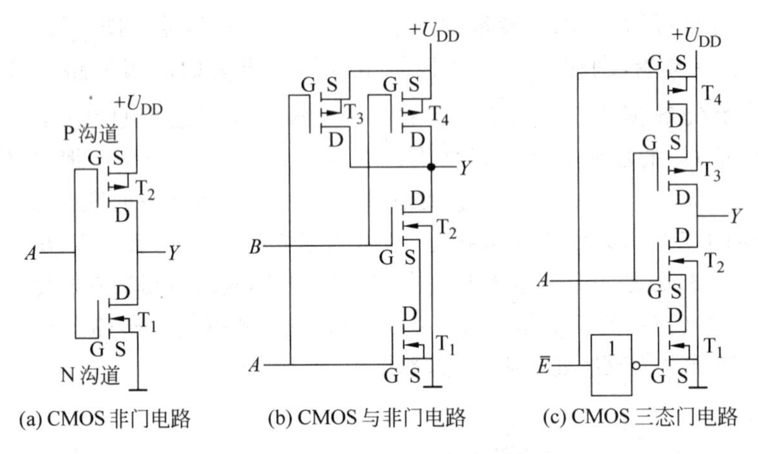

(a) CMOS 非门电路　(b) CMOS 与非门电路　(c) CMOS 三态门电路

图 6.2.24　CMOS 门电路

当输入为低电平“0”时，T_1 截止，而 T_2 导通，这时电源电压主要降在 T_1 上，输出 Y 为高电平“1”。反之，当输入 A 为高电平“1”时，T_1 导通，T_2 截止，这时 T_2 的电阻比 T_1 高得多，电源电压主要降在 T_2 上，输出 Y 为低电平“0”，实现了非的逻辑功能，于是得到 $Y=\overline{A}$。

2. CMOS 与非门电路

CMOS 与非门如图 6.2.24(b)所示。驱动管 T_1 和 T_2 为 N 沟通增强型管，两者串联；负载管 T_3 和 T_4 为 P 沟通增强型管，两者并联。负载管整体与驱动管相串联。

当 A、B 两个输入同时为高电平“1”时，T_1、T_2 同时导通，T_3、T_4 同时截止，输出 Y 为低电平“0”；而当 A、B 有一个或全为低电平“0”时，则串联的 T_1、T_2 管中有一个截止，并联的 T_3、T_4 中有一个导通，输出 Y 为高电平“1”，实现了与非逻辑功能，于是有 $Y=\overline{AB}$。

3. CMOS 三态门电路

CMOS 三态门电路比 TTL 三态门电路要简单得多，但两者的逻辑功能是一样的。CMOS 三态输出非门如图 6.2.24(c)所示，T_1 和 T_4 作为控制管。当 $\overline{E}=1$ 时，T_1 和 T_4 都截止，输出处于高阻态。当 $\overline{E}=0$ 时，T_1 和 T_4 都导通，电路处于工作状态，即 $Y=\overline{A}$。

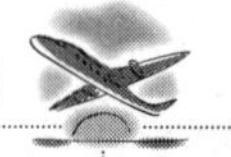

4. CMOS 门电路使用中的几个问题

(1) CMOS 门电路与 TTL 门电路性能比较。由表 6.2.13 可见,CMOS 门电路的功耗很小,所需输入电流几乎可以忽略;TTL 门电路的工作速度快,输入电流较大。为了提高 CMOS 电路的工作速度,通常通过改进工艺而制作一种高速 CMOS 门电路,其工作速度比普通金属栅极 CMOS 门电路快 8～10 倍和 TTL 电路相仿。

表 6.2.13　CMOS 门电路与 TTL 门电路的性能比较

参数	CMOS4000 系列	TTL74LS 系列	TTL74 系列
$U_{OH(min)}$/V	4.6	2.7	2.4
$U_{OL(max)}$/V	0.05	0.5	0.4
$U_{IH(min)}$/V	3.5	2	2
$U_{IL(max)}$/V	1.5	0.8	0.8
$I_{OH(max)}$/mA	−0.51	−0.4	−0.4
$I_{OL(max)}$/mA	0.51	8	16
$I_{IH(max)}$/μA	0.1	20	40
$I_{IL(max)}$/μA	-0.1×10^{-3}	−0.4	−1.6
t_{pd}/ns	50	10	10
单门功耗/mW	10^{-5}	2	10
电源电压 U_{CC}/V、U_{DD}/V	3～18	4.75～5.25	4.75～5.25

(2) CMOS 门电路多余输入端的处理。

一般不允许将多余输入端悬空(悬空相当于高电平),否则将会引入干扰信号。

对与逻辑(与、包括与非)门电路,应将多余输入端经 1～3kΩ 电阻或直接接电源正端。

对或逻辑(或、包括或非)门电路,应将多余输入端接“地”。

如果前级驱动门(电路)有足够的驱动能力,也可以将多余输入端与信号输入端并在一起使用。

(3) 提高电源电压,可以提高 CMOS 门电路的噪声容限,提高电路的抗干扰能力。降低电源电压,会降低电路的工作频率。

(4) 不可在接通电源的情况下,插拔 CMOS 集成电路。

6.2.4　不同类型逻辑门电路的连接

TTL 与 CMOS 电路的参数差别较大,在电路设计时,要尽量选用同一种型号的集成电路。如果在电路中需要混合使用 TTL 与 CMOS 电路时,需要考虑电平转换和电流驱动能力等问题,要注意它们之间的连接。

1. TTL 驱动 CMOS

由于 CMOS 电路的输入电流很小,在 TTL 驱动 CMOS 电路负载时,不需要考虑驱动电流问题,但要考虑它们之间的电平转换问题。

(1) 如果 TTL 与 CMOS 电路工作电源不同,可在 TTL 电路的输出端与电源之间连接一个上拉电阻,就可以提高 TTL 电路的输出高电平的电压值,以适合 CMOS 电路的电路要求，如图 6.2.25(a)所示。

(2) 采用专用的电平转换器(如 CC4504、CC40109 等)实现 TTL 与 CMOS 电路之间的连接，如图 6.2.25(b)所示。

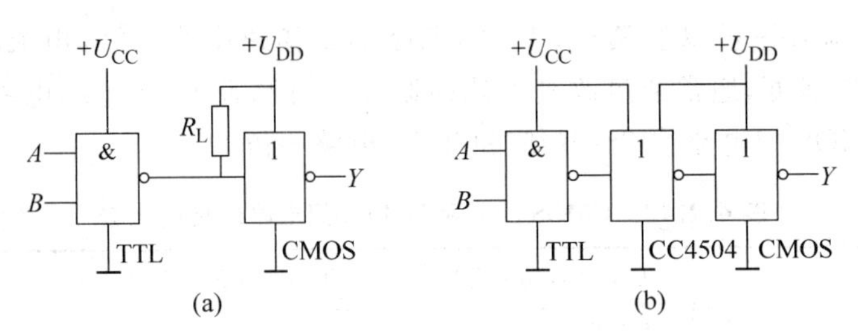

图 6.2.25　TTL 电路驱动 CMOS 电路

2. CMOS 驱动 TTL

由于 CMOS 电路的输出灌电流较小(0.4mA)，一个 CMOS 与非门电路只能驱动一个 74LS 系列的 TTL 与非门。如果需要一个 CMOS 电路带两个或多个 TTL 器件时，就要在电路中增加驱动电路。

(1) 如果 TTL 与 CMOS 电路工作电源不同，可在 CMOS 电路的输出端与电源之间连接一个上拉电阻，以适合 TTL 电路的要求，如图 6.2.26(a)所示。

(2) 采用专用驱动电路 CC4049/CC4050。为防止出现晶体管效应，普通 CMOS 电路的输入电压不允许超过 U_{DD}，CC4049(六反相缓冲器/转换器)和 CC4050(六同相缓冲器/转换器)是专门设计用于 CMOS 驱动 TTL 的电路，其输入端设有保护电路，允许输入电压超过 U_{DD}，其电路如图 6.2.26(b)所示。

(3) 采用专用驱动电路 CC4009/CC4010。CC4009(六反相缓冲器/转换器)和 CC4010(六同相缓冲器/转换器)是专门设计用于 CMOS 驱动 TTL 的接口电路，其灌电流为 8mA，可带动 TTL 门电路。它们采用双电源供电，直接接 U_{CC} 和 U_{DD}，其电路如图 6.2.26(c)所示。

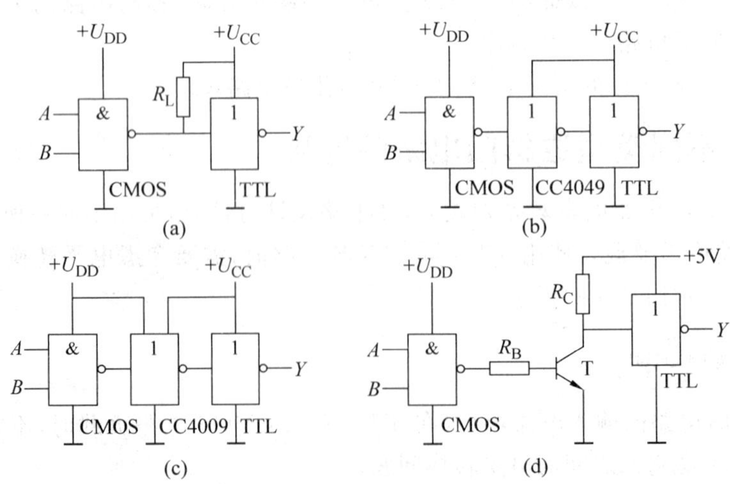

图 6.2.26　CMOS 电路驱动 TTL 电路

(4) 采用晶体管反相电路。利用晶体管的开关特性，实现CMOS电路驱动TTL电路，如图6.2.26(d)所示。

(5) CMOS电路在特定条件下也可并联使用。当同一芯片上的两个以上电路并联使用时，可增大灌电流和拉电流，达到提高负载能力的目的，如图6.2.27所示。要注意的是，由于两个门不完全对称，并联后总的驱动电流小于一个门电路驱动电流的两倍。

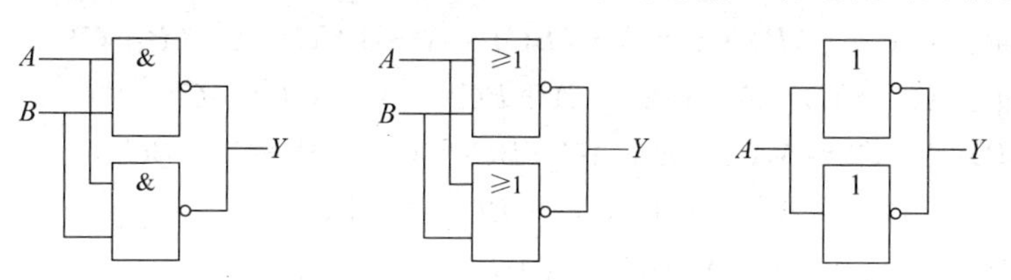

图6.2.27 CMOS门电路的并联使用

【思考题】

1. 与非门和或非门的图形符号有什么不同?
2. 非门有几个输入端?
3. 异或门与或门的图形符号有什么不同?
4. CMOS门电路输入端悬空时能否正常工作?
5. TTL与非门有哪些主要参数?
6. CMOS门电路驱动TTL电路，有哪些地方需要注意?

6.3 逻辑函数的表示和化简

将前述各种门电路按一定的规律组合，可构成具有各种逻辑功能的逻辑电路。逻辑电路的输出和输入之间的逻辑关系可用逻辑函数来描述，而输入和输出之间的逻辑关系由逻辑乘(与运算)、逻辑加(或运算)、逻辑非(非运算)三个基本逻辑运算关系来决定。而这三种逻辑运算关系是逻辑代数中的三种基本运算。因此，我们需要借助逻辑代数这个数学工具对逻辑电路进行分析和设计。下面就简单介绍一下逻辑代数的基本运算法则。

6.3.1 逻辑代数的基本运算法则

逻辑代数亦称布尔代数，它虽然和普通代数一样也用字母代变量，但变量的取值只能是"0"和"1"两种。这里的"0"和"1"不是具体的数值，也不存在大小关系，而是表示两种逻辑状态，即逻辑0和逻辑1。在研究实际问题时，"0"和"1"所代表的含义由具体的研究对象而定。所以逻辑代数所表示的是变量之间的逻辑关系，而不是数值关系，这就是它与普通代数本质的区别。

逻辑代数有三种基本逻辑运算——逻辑乘、逻辑加和逻辑非，前面已经叙述，其他的各种逻辑运算公式是由这三种基本运算组成，现列举如下。

(1) 逻辑乘：$Y=A\cdot B$

$$A\cdot 0=0 \quad A\cdot 1=A \quad A\cdot A=A \quad A\cdot \overline{A}=0$$

(2) 逻辑加：$Y=A+B$

$$0+A=A \quad 1+A=1 \quad A+A=A \quad A+\overline{A}=1$$

(3) 逻辑非：$Y=\overline{A}$

$$\overline{0}=1 \quad \overline{1}=0 \quad \overline{\overline{A}}=A$$ （又称还原律）

(4) 交换律：$AB=BA \quad A+B=B+A$

(5) 结合律：$ABC=(AB)\cdot C=A\cdot(BC) \quad A+B+C=A+(B+C)=(A+B)+C$

(6) 分配律：$A(B+C)=AB+AC \quad A+BC=(A+B)(A+C)$

证：$(A+B)(A+C)=AA+AB+AC+BC=A+A(B+C)+BC$

$$=A[1+(B+C)]+BC=A+BC$$

(7) 吸收律：$A+AB=A \quad A+\overline{A}B=A+B$

证：$A+\overline{A}B=A+AB+\overline{A}B=A+(A+\overline{A})B=A+B$

(8) 反演律(摩根定律)：$\overline{AB}=\overline{A}+\overline{B} \quad \overline{A+B}=\overline{A}\cdot\overline{B}$

将反演律等式左右两边同时进行非运算，则可得反演律的变形：

$$AB=\overline{\overline{AB}}=\overline{\overline{A}+\overline{B}} \quad A+B=\overline{\overline{A+B}}=\overline{\overline{A}\cdot\overline{B}}$$

也可将两个变量的形式推广为多个变量或者 n 个变量的形式，如：

$$\overline{A_1\cdot A_2\cdot\cdots\cdot A_n}=\overline{A_1}+\overline{A_2}+\cdots+\overline{A_n} \quad \overline{A_1+A_2+\cdots+A_n}=\overline{A_1}\cdot\overline{A_2}\cdot\cdots\cdot\overline{A_n}$$

反演律的推广形式读者可自行证明之。

上述运算规则都可用已有的公式加以证明，如上面证明的吸收律。也可列出等式等号两边的真值表加以证明，如果真值表完全相同，则等式成立。例如表 6.3.1 可以看出对应于变量 A、B 的 4 种组合状态，$\overline{AB}$和 $\overline{A}+\overline{B}$ 的结果相同，$\overline{A+B}$和 $\overline{A}\cdot\overline{B}$ 的结果相同，从而证明了反演律。

表 6.3.1　证明反演律的真值表

A	B	$\overline{AB}$	$\overline{A}+\overline{B}$	$\overline{A+B}$	$\overline{A}\cdot\overline{B}$
0	0	1	1	1	1
0	1	1	1	0	0
1	0	1	1	0	0
1	1	0	0	0	0

6.3.2　逻辑函数的表示及相互转换

逻辑函数用来描述逻辑电路输出与输入的逻辑关系，常用真值表、逻辑表达式、逻辑电路图和卡诺图 4 种方法来表示，它们之间可以相互转换。

1. 真值表(或称逻辑状态表)

将 n 个输入变量的 2^n 个状态及其对应的输出列成一个表格来表示逻辑函数，十分直观明了。这个反映逻辑函数输入和输出对应关系的表格，叫做真值表(或称逻辑状态表)。

例 6.3.1　有三人 A、B、C 对某个提案 Y 进行表决，如果多数同意，提案通过，否则不通过。

根据上述描述，将 A、B、C 作为输入变量，如果他们同意提案记为“1”，不同意提案记为

"0",将提案 Y 作为输出,通过记为"1",不通过记为"0"。A、B、C 三个输入,共有 $2^3=8$ 个不同的状态组合,这 8 种状态组合对应不同的输出状态值,将它们列成表格如表 6.3.2 所示,即为三人表决提案的真值表。

2. 逻辑表达式

真值表所反映的逻辑函数也可用逻辑表达式来描述。通常采用的是与或表达式。如果变量为逻辑"1"时,作为原变量,则变量为逻辑"0"时就作为反变量。例如对变量 A,如果原变量用 A 表示,则反变量用 $\overline{A}$ 表示,其余类似。因此表 6.3.2 可转化成表 6.3.3 所示的形式。

表 6.3.2　三人表决提案的真值表

输　入			输出
A	B	C	Y
0	0	0	0
0	0	1	0
0	1	0	0
0	1	1	1
1	0	0	0
1	0	1	1
1	1	0	1
1	1	1	1

表 6.3.3　真值表的转化形式

输入 ABC			输出 Y
$\overline{A}$	$\overline{B}$	$\overline{C}$	$\overline{Y}$
$\overline{A}$	$\overline{B}$	C	$\overline{Y}$
$\overline{A}$	B	$\overline{C}$	$\overline{Y}$
$\overline{A}$	B	C	Y
A	$\overline{B}$	$\overline{C}$	$\overline{Y}$
A	$\overline{B}$	C	Y
A	B	$\overline{C}$	Y
A	B	C	Y

将表 6.3.2 中输出 Y 为 1(即 $Y=1$)的各状态表示成全部输入变量(包括原变量和反变量)的与项。例如:在表 6.3.2 中,当 A、B、C 分别为 0、1、1 时,$Y=1$。对应于表 6.3.3 中的与项可写成 $Y=\overline{A}BC$。在表 6.3.2 中一共有 4 个与项:$\overline{A}BC$、$A\overline{B}C$、$AB\overline{C}$ 和 ABC,对应的输出 Y 为 1,所以输出 Y 就表示成所有这 4 个与项的或函数,即表 6.3.2 真值表所对应的与或逻辑表达式为

$$Y = \overline{A}BC + A\overline{B}C + AB\overline{C} + ABC \tag{6.3.1}$$

3. 逻辑电路图

有了逻辑表达式,按照逻辑式表示的运算顺序,用对应门的图形符号表示并且连接起来就可以得到逻辑电路图。如式(6.3.1)所对应的逻辑图如图 6.3.1 所示。

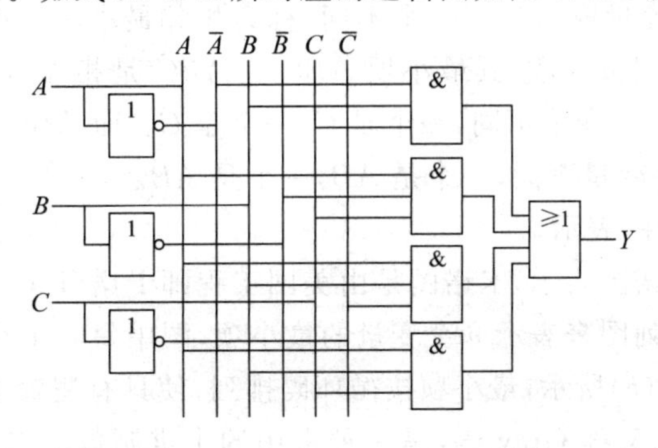

图 6.3.1　例 6.3.1 的逻辑电路图

值得注意逻辑函数的逻辑电路图不唯一的，因为逻辑表达式不唯一。比如式(6.3.1)可转化成

$$Y = (A \oplus B)C + AB = AB + BC + AC \quad (6.3.2)$$

根据式(6.3.2)又可画出两种不同的逻辑电路图，读者可自行画出。

4. 卡诺图(或称阵列图)

1) 最小项与最小项表示法

对于 n 个变量的逻辑函数，如在其与或表达式的各个乘积项中，n 个变量都以原变量或反变量的形式出现一次，这样的乘积项称为函数的最小项，由这样的乘积项组成的与或式称为最小项表达式，如式(6.3.1)就是最小项表达式。

为了表述方便，通常用最小项编号 m_i 表示最小项。i 是最小项的变量取值所对应的十进制数。对于 n 个变量的函数，$i=0,1,\cdots,2^n-1$。三变量的最小项编号如表 6.3.4 所示。

表 6.3.4 三变量函数最小项编号

变量			最小项	对应十进制数	最小项编号
A	B	C			
0	0	0	$\bar{A}\bar{B}\bar{C}$	0	m_0
0	0	1	$\bar{A}\bar{B}C$	1	m_1
0	1	0	$\bar{A}B\bar{C}$	2	m_2
0	1	1	$\bar{A}BC$	3	m_3
1	0	0	$A\bar{B}\bar{C}$	4	m_4
1	0	1	$A\bar{B}C$	5	m_5
1	1	0	$AB\bar{C}$	6	m_6
1	1	1	ABC	7	m_7

所以式(6.3.1)也可表示为

$$Y = \bar{A}BC + A\bar{B}C + AB\bar{C} + ABC = m_3 + m_5 + m_6 + m_7 = \sum m(3,5,6,7)$$

由表 6.3.4 可见，最小项具有以下性质：

(1) 所有最小项的和为1。对于三变量有：$\sum(m_0, m_1, m_2, \cdots, m_7) = \sum m(0,1,2,\cdots,7) = 1$。

(2) 任意两个最小项的逻辑乘积为 0，例如 $m_3 \cdot m_5 = \bar{A}BC \cdot A\bar{B}C = 0$。

(3) 两个最小项的变量取值只有一个不同，称为相邻最小项。相邻最小项具有逻辑相邻性。例如对于三变量逻辑函数，其最小项 $\bar{A}BC$ 和 $\bar{A}B\bar{C}$ 是相邻最小项，因为前两个变量取值相同，都是 $\bar{A}B$，第三个变量不同，一个是 C，一个是 $\bar{C}$。而 $\bar{A}BC$ 和 $A\bar{B}C$ 就不是相邻最小项，因为它们的前两个变量不同，一个是 $\bar{A}B$，一个是 $A\bar{B}$。

2) 逻辑函数的卡诺图表示

逻辑函数也可用卡诺图表示，卡诺图是由美国工程师卡诺(Karnaugh)最先提出的。他用许多小方格组成的阵列图来表示 n 个变量的最小项，图中每一个小方格代表输入变量的一个最小项，如图 6.3.2(a)所示，最小项按循环码排列，使具有逻辑上相邻的最小项在图中几何位置相邻。循环码，又称 Gray 码，是一种常用的十进制数的二进制编码，其规则是从

一个代码变为相邻的另一个代码时，其中只有一位二进制数码变化，例如在表 6.3.5 中，1111 与 1110 是相邻的代码，两者前三位是相同的，只有最后一位的数码不同。卡诺图中每个小方格的位置也可用最小项编号来表示，如图 6.3.2(b)所示。输入变量的“0”和“1”写在阵列图的上方和左方，而对应的输出变量的“0”和“1”则填入小方格中。图 6.3.2 所示为 3～5 变量的卡诺图。

表 6.3.5　四位循环码表

十进制数	四位循环码	十进制数	四位循环码
0	0000	8	1100
1	0001	9	1101
2	0011	10	1111
3	0010	11	1110
4	0110	12	1010
5	0111	13	1011
6	0101	14	1001
7	0100	15	1000

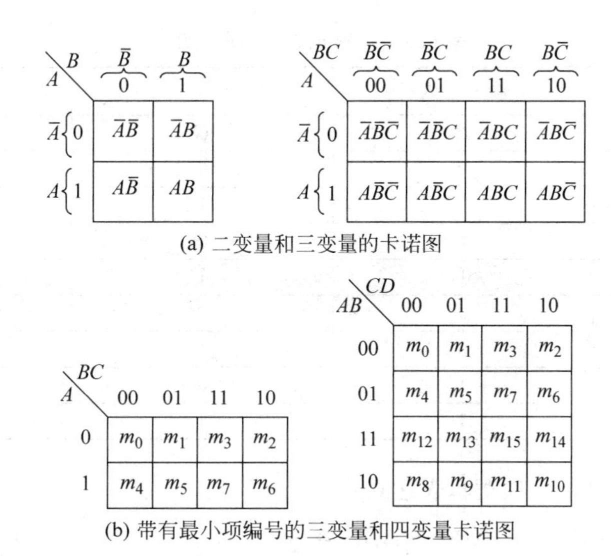

(a) 二变量和三变量的卡诺图

(b) 带有最小项编号的三变量和四变量卡诺图

图 6.3.2　2～4 变量的卡诺图

由图 6.3.2 中可见，二变量有 $2^2=4$ 种组合，三变量有 $2^3=8$ 种组合，四变量有 $2^4=16$ 种组合，分别有 4 个、8 个和 16 个小方格的阵列图。图中行变量、列变量均按循环码排列，比如变量状态的次序是 00,01,11,10，而不是二进制递增的次序 00,01,10,11。方格中的数字即为最小项编号，表示对应最小项在卡诺图中的位置。注意整个卡诺图是封闭的，即最左列和最右列具有逻辑相邻性，最上行和最下行也具有逻辑相邻性，四个角的小方格也是相邻的。在填卡诺图时，将卡诺图中对应于函数式中包含的最小项的方格填“1”，其余的方格填“0”。表 6.3.2 所表示的逻辑函数可用图 6.3.3 所示的卡诺图表示。

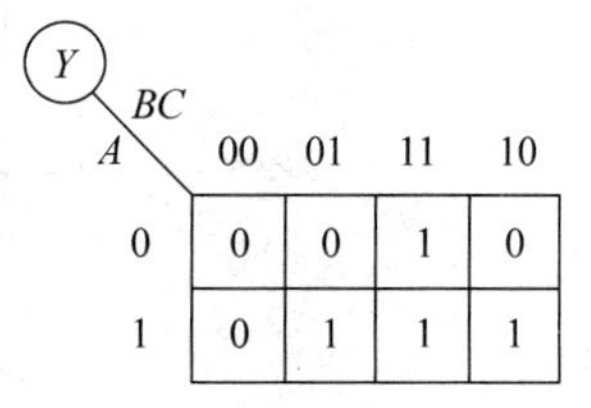

图 6.3.3　例 6.3.1 的卡诺图

5. **逻辑函数表示形式之间的相互转化**

上述逻辑函数的4种表示形式：真值表、逻辑表达式、逻辑电路图、卡诺图，它们之间可相互转化，即已知任何一种表示形式，都可直接或间接的转化出其他三种表示形式。它们之间相互转化关系图如图6.3.4所示。

例6.3.2 某逻辑函数Y的卡诺图如图6.3.5所示，试用其他三种方法表示该逻辑函数。

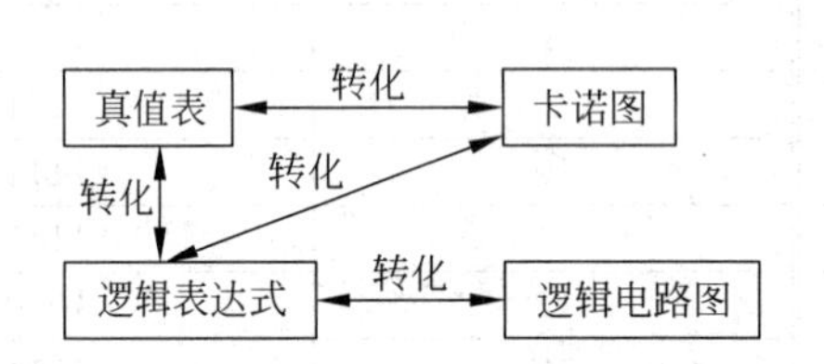

图6.3.4 逻辑函数表示形式相互转化关系图

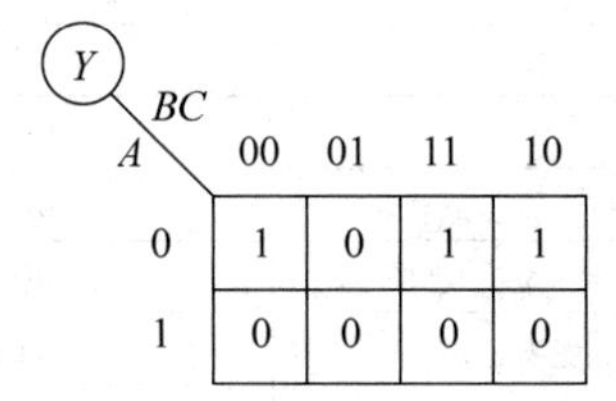

图6.3.5 例6.3.2的卡诺图

解：(1) 由卡诺图可得逻辑函数的真值表，见表6.3.6。

表6.3.6 例6.3.2的真值表

输入			输出
A	B	C	Y
0	0	0	1
0	0	1	0
0	1	0	1
0	1	1	1
1	0	0	0
1	0	1	0
1	1	0	0
1	1	1	0

(2) 由真值表写出最小项逻辑表达式：

$$Y=\overline{A}\cdot\overline{B}\cdot\overline{C}+\overline{A}B\overline{C}+\overline{A}BC=m_0+m_2+m_3=\sum m(0,2,3)$$

(3) 由逻辑表达式画出逻辑电路图，如图6.3.6所示。

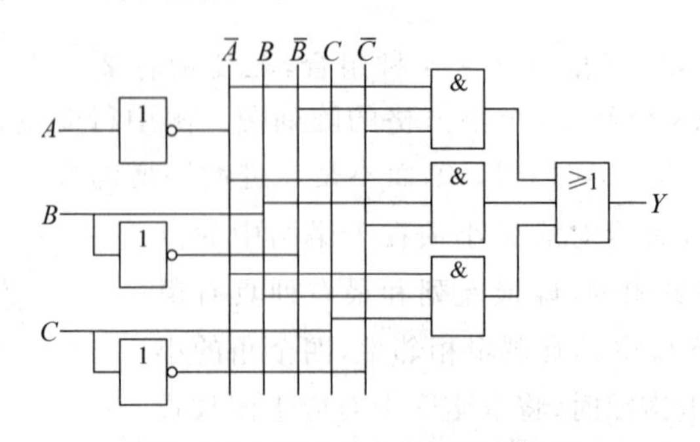

图6.3.6 例6.3.2的逻辑电路图

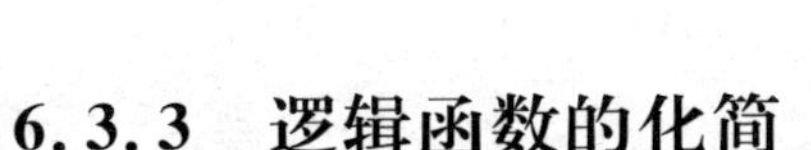

6.3.3　逻辑函数的化简

同一个逻辑函数的表达式可以有多种形式，逻辑函数表达式越简单，逻辑关系越清楚，实现逻辑关系的电路越简单、器件用得越少。所以在逻辑分析和设计中总是设法将函数式化简为最简与或表达式，即让与或表达式中所含的或项数最少，每个与项的变量数也最少。常用的化简方法有公式法和卡诺图法。

1. 逻辑函数的公式化简法

公式法化简函数式，就是利用逻辑代数的基本运算法则进行化简。通常根据吸收律消去多余项，当不能直接应用公式时，需要先将逻辑式变换，如将某些项拆开，或者配项等再利用公式化简。

例 6.3.3　试化简逻辑函数 $Y=\bar{A}BC+A\bar{B}C+AB\bar{C}+ABC$。

解：$Y=\bar{A}BC+A\bar{B}C+AB\bar{C}+ABC=\bar{A}BC+A\bar{B}C+(AB\bar{C}+ABC)$（结合律）

$=\bar{A}BC+A\bar{B}C+AB$（分配律）

$=AB+\bar{A}BC+AB+A\bar{B}C=B(A+\bar{A}C)+A(B+\bar{B}C)$

$=B(A+C)+A(B+C)$（吸收律）

$=AB+BC+AB+AC=AB+BC+AC$

例 6.3.4　试化简逻辑函数 $Y=A+\bar{A}CDE+(\bar{C}+\bar{D})E$。

解：$Y=A+\bar{A}CDE+(\bar{C}+\bar{D})E=A+CDE+\overline{CD}\cdot E$（吸收律、反演律）

$=A+E$

例 6.3.5　试化简逻辑函数 $Y=AB+A\bar{B}+AD+\bar{A}C+BD+ACEF+\bar{B}EF$。

解：$Y=AB+A\bar{B}+AD+\bar{A}C+BD+ACEF+\bar{B}EF$

$=A(B+\bar{B})+AD+\bar{A}C+BD+ACEF+\bar{B}EF$

$=A(1+D+CEF)+\bar{A}C+BD+\bar{B}EF$

$=A+\bar{A}C+BD+\bar{B}EF=A+C+BD+\bar{B}EF$（吸收律）

例 6.3.6　试化简逻辑函数 $Y=\overline{\overline{(AB+\bar{A}\cdot\bar{B})}\;\overline{(BC+\bar{B}\cdot\bar{C})}}$。

解：$Y=\overline{\overline{(AB+\bar{A}\cdot\bar{B})}\;\overline{(BC+\bar{B}\cdot\bar{C})}}=\overline{\overline{(AB+\bar{A}\cdot\bar{B})}}+\overline{\overline{(BC+\bar{B}\cdot\bar{C})}}$（反演律）

$=AB+\bar{A}\cdot\bar{B}+BC+\bar{B}\cdot\bar{C}$（还原律）

$=AB+\bar{A}\cdot\bar{B}(C+\bar{C})+BC(A+\bar{A})+\bar{B}\cdot\bar{C}$（配项）

$=AB+\bar{A}\cdot\bar{B}\cdot C+\bar{A}\cdot\bar{B}\cdot\bar{C}+ABC+\bar{A}\cdot BC+\bar{B}\cdot\bar{C}$（分配律）

$=AB+\bar{A}\cdot\bar{B}\cdot C+\bar{B}\cdot\bar{C}+\bar{A}\cdot BC$（吸收律）

$=AB+\bar{A}\cdot C(\bar{B}+B)+\bar{B}\cdot\bar{C}$

$=AB+\bar{A}\cdot C+\bar{B}\cdot\bar{C}$

另外，利用公式法还可以将最简与或式通过两次求反和反演律，化为最简与非-与非表达式，相应的逻辑电路图一律用与非门实现。

例 6.3.7　将 $Y=AB+\bar{B}\cdot C$ 化为与非-与非表达式。

解：$Y=AB+\bar{B}\cdot C=\overline{\overline{(AB+\bar{B}\cdot C)}}=\overline{\overline{AB}\cdot\overline{\bar{B}C}}$

2. 应用卡诺图化简

卡诺图化简法在变量较少(变量数不大于 4)时,具有直观、便捷的优点。卡诺图化简法是吸收律 $AB+\overline{A}B=B(A+\overline{A})=B$ 的直接应用。即在与或表达式中,如两乘积项仅有一个因子不同,而这一因子又是同一变量的原变量和反变量,则两项可合并为一项,消除其不同的因子,合并后的项为这两项的公因子。据此,利用卡诺图的逻辑上的相邻性(即任意两个相邻小方格对应的输入变量仅有一个变量取反),当相邻小方格内都标"1"时,应用该公式即可将它们对应的输入变量合并。

化简步骤如下:

(1) 将逻辑函数式转换成与或表达式或者最小项表达式,然后用卡诺图表示出来。

(2) 将取值为"1"的相邻小方格圈成矩形或方形,相邻小方格包括最上行与最下行及最左列与最右列,同列或同行两端的两个小方格,并使合并方格圈包含有 2^n 个相邻小方格。且圈的个数应最少,圈内的小方格个数要尽可能多。每圈一个新的圈时,必须包含至少一个在已存在的所有圈中未出现过的小方格。每一个取值为"1"的小方格可重复被圈多次,但不能遗漏。

(3) 对每个方格合并圈进行化简,相邻的两项可以合并为一项,并消去一个因子;相邻的 4 项可合并为一项,并消去两个因子;以此类推,相邻的 2^n 项可合并为一项,并消去 n 个因子。将合并结果作为乘积项,并进行逻辑加,写出最简的与或表达式。

例 6.3.8 某逻辑函数 Y 的卡诺图如图 6.3.7(a)所示,试化简此函数。

解:

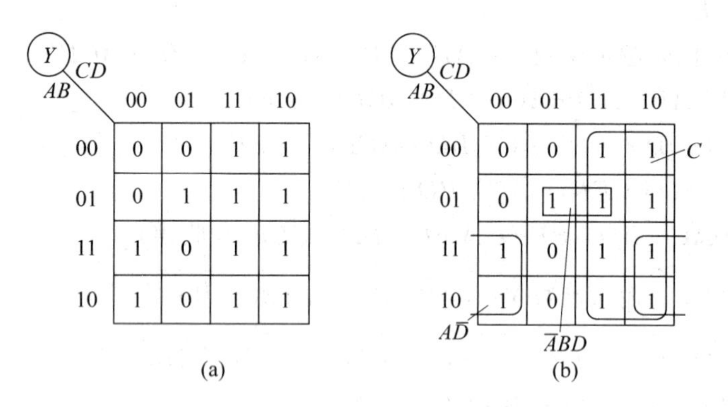

图 6.3.7 例 6.3.8 的卡诺图

(1) 根据化简步骤将卡诺图中 2^n 个相邻为"1"的小方格圈起来,如图 6.3.7(b)所示。

(2) 根据所画方格圈写出各个方格圈的乘积项然后进行逻辑加即得化简后的与或表达式:

$$Y = C + A\overline{D} + \overline{A}BD$$

例 6.3.9 试用卡诺图将函数 $Y=\overline{A}\cdot\overline{B}\cdot\overline{C}\cdot\overline{D}+A\cdot\overline{C}\cdot\overline{D}+ABD+C$ 化为最简与或表达式。

解:(1) 作出该逻辑函数的卡诺图。

① 在最小项 $\overline{A}\cdot\overline{B}\cdot\overline{C}\cdot\overline{D}$ 对应的小方格中标"1"。

② $A \cdot \overline{C} \cdot \overline{D}$ 项不含变量 B，即 B 取值是任意的，可为“0”，也可为“1”，但必须 $A=1$，$C=0$，$D=0$，由此可在最小项 $A \cdot B \cdot \overline{C} \cdot \overline{D}$ 和 $A \cdot \overline{B} \cdot \overline{C} \cdot \overline{D}$ 对应的小方格中标“1”。

③ ABD 项不含变量 C，即 C 取值是任意的，但必须 $A=1$，$B=1$，$D=1$，由此可在最小项 $A \cdot B \cdot \overline{C} \cdot D$ 和 $A \cdot B \cdot C \cdot D$ 对应的小方格中标“1”。

④ C 这一项不含 A、B、D，即它们的取值任意，但必须 $C=1$，由此可在 8 个最小项对应小方格中标“1”，这 8 个最小项分别是：$\overline{A} \cdot \overline{B} \cdot C \cdot D$、$\overline{A} \cdot \overline{B} \cdot C \cdot \overline{D}$、$\overline{A} \cdot B \cdot C \cdot D$、$\overline{A} \cdot B \cdot C \cdot \overline{D}$、$A \cdot B \cdot C \cdot D$、$A \cdot B \cdot C \cdot \overline{D}$、$A \cdot \overline{B} \cdot C \cdot D$、$A \cdot \overline{B} \cdot C \cdot \overline{D}$，即图 6.3.8(a)所示。

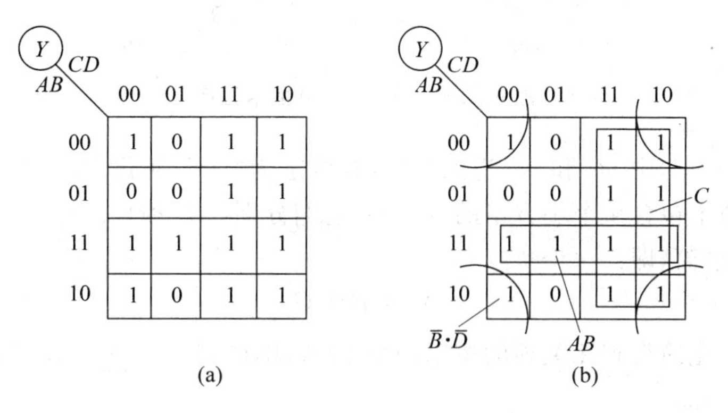

图 6.3.8　例 6.3.9 的卡诺图

(2) 按照卡诺图化简步骤化简，如图 6.3.8(b)所示，写出最简与或表达式：

$$Y = \overline{B} \cdot \overline{D} + AB + C$$

值得注意的是：有时，卡诺图化简也会出现化简的结果不唯一的情况。例如某逻辑函数 Y 的卡诺图如图 6.3.9(a)所示，其化简的结果如图 6.3.9(b)、(c)所示，显然得到的最简与或表达式不同，但其化简结果都正确。

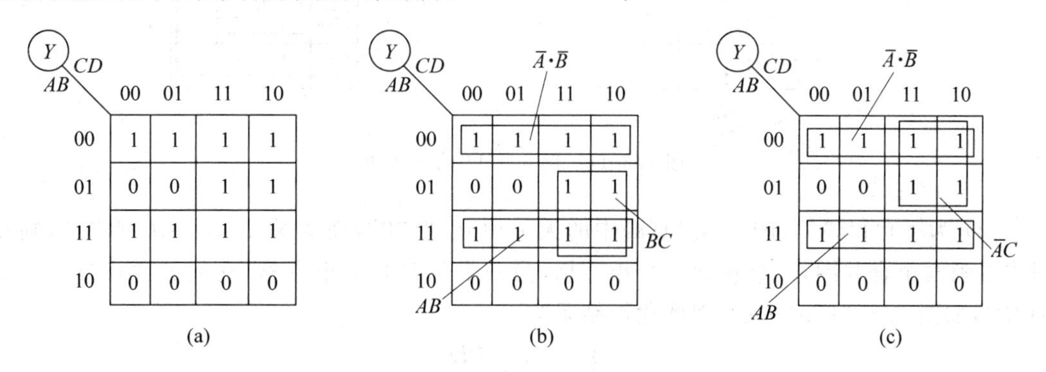

图 6.3.9　卡诺图化简结果不唯一的实例

3. 具有无关项逻辑函数的化简

某些逻辑函数中，有些变量取值的组合不允许出现或不可能出现，其对应的最小项称作约束项。还有一些逻辑函数，某些变量取值的组合对函数值没有影响，这些组合对应的最小项称作任意项。约束项和任意项通称作无关项。对于无关项它对应的输出是“0”是“1”是“无关”的，所以在卡诺图的小方格中用符号“×”表示，或者用字母“d”表示。在卡诺图化简时，根据具体情况，可以将这些“无关”的小方格取“1”或取“0”，使得化简合并圈更大，化简结果更简单。

例 6.3.10 某逻辑函数 Y 的卡诺图如图 6.3.10(a)所示,试化简该函数。

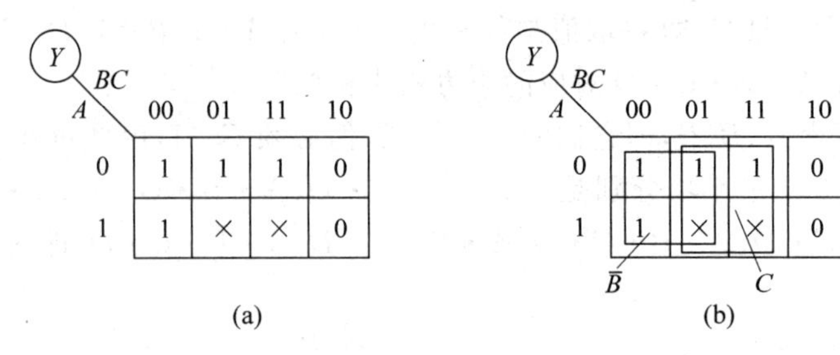

图 6.3.10 例 6.3.10 的卡诺图

解:图 6.3.10(a)中 m_5 和 m_7 为无关项,其状态为"×",从化简需要出发它们都取"1"时,可在图中画两个包含 4 个小方格的合并圈,它们分别为 $\overline{B}$ 和 C,如图 6.3.10(b)所示,此时逻辑函数化得最简,即:

$$Y = \overline{B} + C$$

例 6.3.11 化简带有无关项的逻辑函数 $Y(A,B,C,D) = \sum m(5,7,8,9) + \sum d(2,10,11,12,13,14,15)$。

解:(1) 将逻辑函数的表达式转化成卡诺图,如图 6.3.11(a)所示。

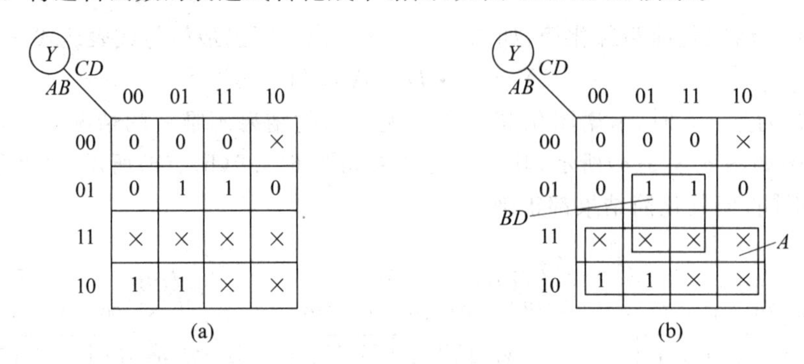

图 6.3.11 例 6.3.11 的卡诺图

(2) 为了化得最简,图 6.3.11(a)中的无关项 d_2 取"0",而无关项 $d_{10} \sim d_{15}$ 取"1",则在图中可画两个合并圈,一个包含 4 个小方格,另一个包含 8 个小方格,它们表达式分别为 A 和 BD,如图 6.3.11(b)所示,因此化简结果为

$$Y = A + BD$$

4. 具有未知量的卡诺图化简

有时在逻辑函数中,存在某些最小项对应的输出取值未知,这些未知量不可忽视,需要根据情况才能确定其逻辑状态。因此,在卡诺图化简时,根据具体情况,对这些未知量,我们需要单独处理。但仍然可用卡诺图化简的方法,在一定程度上将其化成最简。

例 6.3.12 某逻辑函数 Y 的卡诺图如图 6.3.12(a)所示,其中 P 和 Q 为未知量,试将其化简。

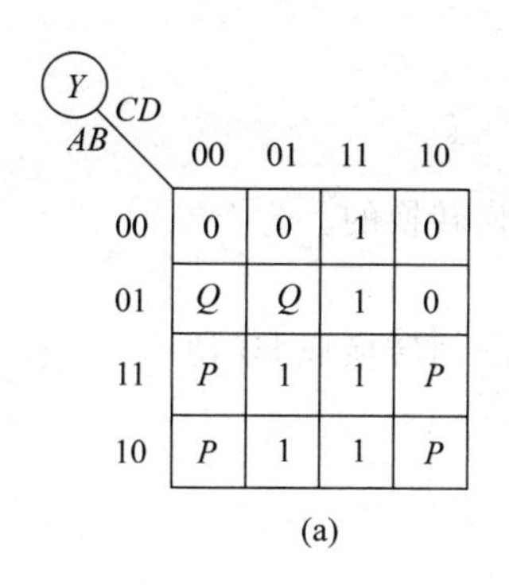

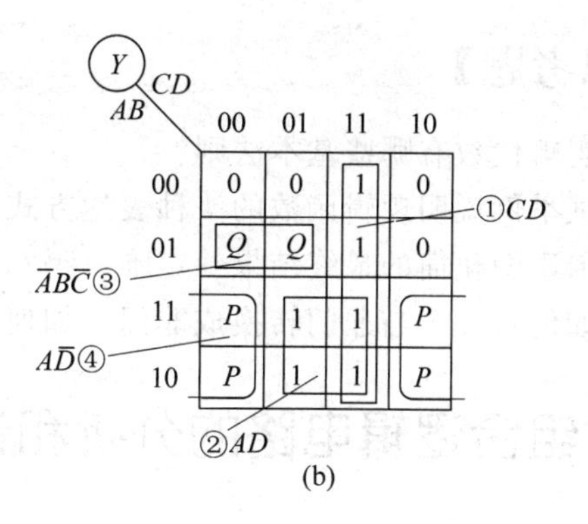

图 6.3.12 例 6.3.12 的卡诺图

解：最小项 m_3、m_7、m_9、m_{11}、m_{13}、m_{15}对应输出取值为"1"，最小项 m_4、m_5 对应输出取值未知，即 Q，最小项 m_8、m_{10}、m_{12}、m_{14}对应输出值未知，即 P。所以，我们可用如图 6.3.12(b)所示 4 个方格圈来化简该函数，其中方格圈①的乘积项为 CD，其对应的输出取值 $Y=1$；方格圈②的乘积项为 AD，其对应的输出取值 $Y=1$；方格圈③的乘积项为 $\overline{A}B\overline{C}$，其对应的输出取值未知，即 $Y=Q$；方格圈④的乘积项为 $A\overline{D}$，其对应的输出取值未知，即 $Y=P$；而其他所有未被圈的最小项，即 m_0、m_1、m_2、m_6，其对应的输出取值为 0，即 $Y=0$。所以，该逻辑函数化简为

$$
\begin{aligned}
Y &= 1\cdot CD + 1\cdot AD + Q\cdot \overline{A}B\overline{C} + P\cdot A\overline{D} + 0\cdot \sum m(0,1,2,6) \\
&= CD + AD + Q\cdot \overline{A}B\overline{C} + P\cdot A\overline{D}
\end{aligned}
$$

例 6.3.13 某逻辑函数 Y 的卡诺图如图 6.3.13(a)所示，其中 Q 为未知量，试将其化简。

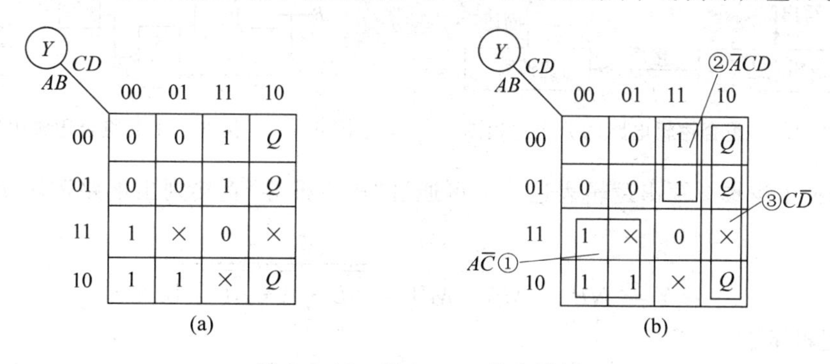

图 6.3.13 例 6.3.13 的卡诺图

解：最小项 m_3、m_7、m_8、m_9、m_{12}对应输出取值为"1"，最小项 m_2、m_6、m_{10} 对应输出取值未知，即 Q，无关项 d_{11}、d_{13}、d_{14}对应输出取值可为"1"，也可为"0"，所以也可取未知量 Q。所以，我们可用如图 6.3.13(b)所示三个方格圈来化简该函数，其中无关项 d_{13} 取"1"，d_{11} 取"0"，d_{14}取未知量 Q。方格圈①的乘积项为 $A\overline{C}$，其对应的输出取值 $Y=1$；方格圈②的乘积项为 $\overline{A}CD$，其对应的输出取值 $Y=1$；而方格圈③的乘积项为 $C\overline{D}$，其对应的输出取值未知，即 $Y=Q$。其他所有未被圈的最小项，即 m_0、m_1、m_4、m_5、m_{11}、m_{15}，其对应的输出取值都为 0，即 $Y=0$。所以，该逻辑函数化简为

$$
Y = 1\cdot A\overline{C} + 1\cdot \overline{A}CD + Q\cdot C\overline{D} + 0\cdot \sum m(0,1,4,5,11,15) = A\overline{C} + \overline{A}CD + Q\cdot C\overline{D}
$$

【思考题】

1. 逻辑代数有哪些基本法则?
2. 试举例说明逻辑函数的 4 种表达方式之间是如何转换的。
3. 卡诺图化简的最终结果一定唯一吗?
4. 如何将一个与非门转换成非门? 如何将一个或非门转换成非门?

6.4 组合逻辑电路的分析和设计

所谓组合逻辑电路,是指电路在任何时刻产生的输出状态,仅取决于当时的输入变量的状态,而与电路以前的输入变量和输出的状态无关。下面介绍组合逻辑电路的一般分析方法和设计方法。

6.4.1 组合逻辑电路的分析

组合逻辑电路分析的一般方法就是由给定的逻辑电路写出逻辑函数表达式,化简逻辑表达式,由简化逻辑表达式列出真值表,进而由真值表用文字描述电路的输出与输入的逻辑关系,分析其逻辑功能,其分析过程如图 6.4.1 所示。

例 6.4.1 分析图 6.4.2 所示电路的逻辑功能。

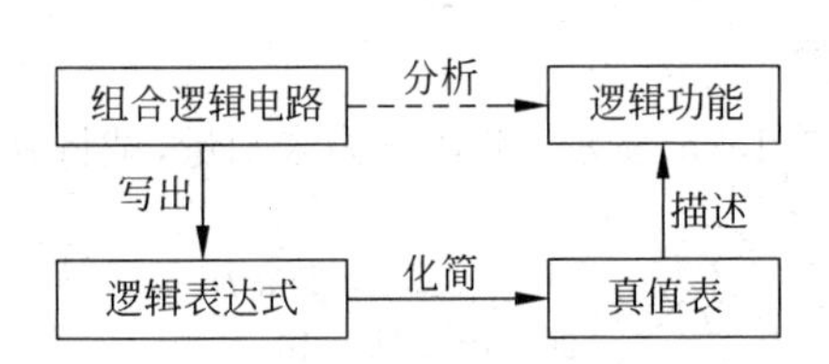

图 6.4.1 组合逻辑电路的分析过程图

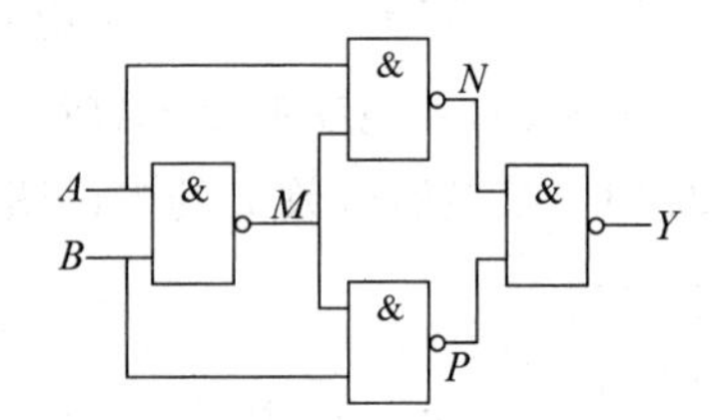

图 6.4.2 例 6.4.1 的组合逻辑电路

解:(1) 由逻辑图写出逻辑表达式。可通过“逐级推导”直接列出电路逻辑函数的表达式,即

$$Y=\overline{\overline{N}\overline{P}}=\overline{\overline{\overline{MA}}\cdot\overline{\overline{MB}}}=\overline{\overline{\overline{\overline{AB}\cdot A}}\cdot\overline{\overline{\overline{AB}\cdot B}}}$$

化简逻辑函数:

$$Y=\overline{AB}\cdot A+\overline{AB}\cdot B=\overline{AB}(A+B)=(\overline{A}+\overline{B})(A+B)=A\overline{B}+\overline{A}B$$

(2) 由最简逻辑表达式列出逻辑真值表,如表 6.4.1 所示。

表 6.4.1 例 6.4.1 电路的真值表

输入		输出
A	B	Y
0	0	0
0	1	1
1	0	1
1	1	0

(3) 由真值表分析并描述电路的逻辑功能。输入变量 A、B 相同时，输出 Y 为“0”；输入变量 A、B 相异(0、1 或 1、0)时，输出 Y 为“1”。输入 A、B 和输出 Y 实现了异或逻辑关系，即

$$Y=A\cdot\bar{B}+\bar{A}\cdot B=A\oplus B$$

例 6.4.2　分析图 6.4.3 所示电路的逻辑功能。

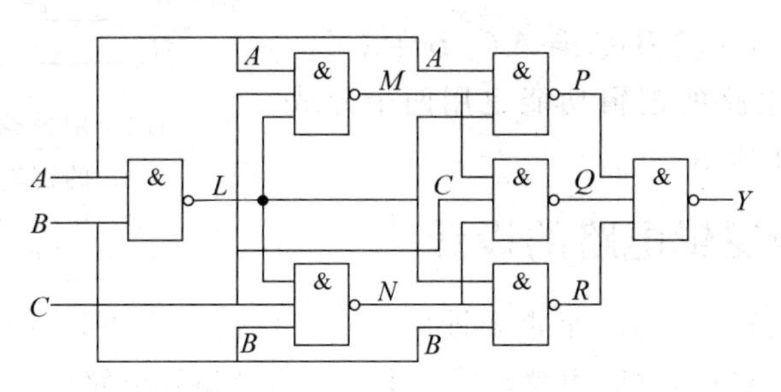

图 6.4.3　例 6.4.2 的组合逻辑电路

解：(1) 由逻辑图写出逻辑式。对图 6.4.3 所示电路中，分别对各个与非门的输出赋予表示符号，如图中所示的为 L、M、N、P、Q、R，然后从输出级到输入级分别写出各单元之间的输出函数：

$$Y=\overline{PQR};\quad P=\overline{A\cdot M\cdot L};\quad Q=\overline{M\cdot N\cdot C};\quad R=\overline{B\cdot N\cdot L};$$

$$M=\overline{A\cdot C\cdot L};\quad N=\overline{B\cdot C\cdot L};\quad L=\overline{A\cdot B}$$

将 L 表达式代入 M、N 中得

$$M=\overline{A\cdot C\cdot\overline{AB}}=\overline{A\cdot\bar{B}\cdot C};\quad N=\overline{\overline{AB}\cdot B\cdot C}=\overline{\bar{A}\cdot B\cdot C}$$

再将 M、N 表达式代入 P、Q、R 中得

$$P=\overline{A\cdot\overline{A\cdot\bar{B}\cdot C}\cdot\overline{AB}}=\overline{A\cdot(\bar{A}+B+\bar{C})(\bar{A}+\bar{B})}=\overline{A\cdot\bar{B}\cdot\bar{C}}$$

$$Q=\overline{\overline{A\bar{B}\cdot C}\cdot\overline{\bar{A}\cdot B\cdot C}\cdot C}=\overline{(\bar{A}+B+\bar{C})(A+\bar{B}+\bar{C})C}=\overline{ABC+\bar{A}\cdot\bar{B}\cdot C}$$

$$R=\overline{B\cdot\overline{\bar{A}\cdot BC}\cdot\overline{AB}}=\overline{B\cdot(A+\bar{B}+\bar{C})(\bar{A}+\bar{B})}=\overline{\bar{A}\cdot B\cdot\bar{C}}$$

所以 $Y=\overline{PQR}=\bar{P}+\bar{Q}+\bar{R}=A\cdot\bar{B}\cdot\bar{C}+ABC+\bar{A}\cdot\bar{B}\cdot C+\bar{A}\cdot B\cdot\bar{C}$。

(2) 由逻辑表达式列出真值表。由于此函数表达式是最小项标准式，可以直接列出真值表，如表 6.4.2 所示。

表 6.4.2　例 6.4.2 真值表

输　　入			输　　出
A	B	C	Y
0	0	0	0
0	0	1	1
0	1	0	1
0	1	1	0
1	0	0	1
1	0	1	0
1	1	0	0
1	1	1	1

(3) 分析逻辑功能。从真值表可知，当输入变量取值组合中“1”的个数为奇数时，输出 Y 为“1”；为偶数时，输出 Y 为“0”，即该电路的逻辑功能是三输入判奇电路。

另外，对上述表达式应用代数法则可变换为

$$Y=(AB+\overline{A}\cdot\overline{B})C+(A\cdot\overline{B}+\overline{A}\cdot B)\overline{C}$$

$$=\overline{A\oplus B}\cdot C+(A\oplus B)\overline{C}=A\oplus B\oplus C$$

所以，例 6.4.2 电路的逻辑功能也用两个异或门来实现，如图 6.4.4 所示。

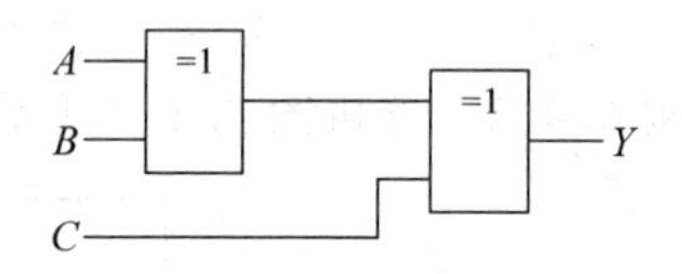

图 6.4.4　用异或门实现例 6.4.2 电路的逻辑功能

6.4.2　组合逻辑电路的设计

逻辑设计是数字技术中的一个重要课题。对于任何一个可描述的设计过程和控制过程，可进行严格的逻辑设计，然后用逻辑器件实现。组合逻辑电路的设计是从命题规定的逻辑功能出发，经过抽象和化简，得到满足要求的逻辑电路的过程。其一般的设计步骤是：

(1) 根据逻辑功能列出其真值表。

(2) 根据真值表写出逻辑函数表达式或卡诺图，并化简成最简的“与或”表达式。

(3) 由化简后的逻辑表达式，画出组合逻辑电路图。

该设计步骤的一般步骤也可见图 6.4.5 所示。

下面通过两个例子来说明设计过程。

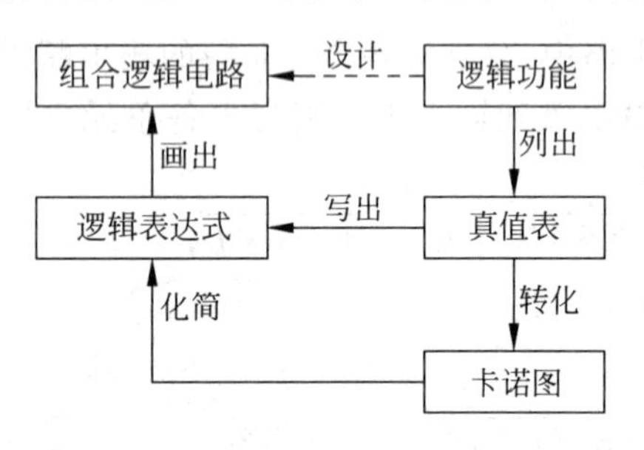

图 6.4.5　组合逻辑电路的设计步骤图

例 6.4.3　某项目评审中，有 A、B、C、D 4 个评委对项目 Y 进行投票裁定，其中 A 是评审组长，他的裁定计 2 票，B、C、D 3 个评委是评审员，他们 3 人的裁定每人只计 1 票，即共有 5 票。现在，要求赞成项目的票数超过半数，即大于或等于 3 票，项目 Y 评审通过，否则不通过。试用“与非”门设计满足要求的组合逻辑电路。假设输入量为 A、B、C、D，赞成项目，就记为“1”，反对项目，记为“0”；输出量为 Y，项目评审通过，记为“1”，不通过，记为“0”。

解：(1) 根据逻辑功能，列出真值表，见表 6.4.3。

表 6.4.3　例 6.4.3 的真值表

输　　入				输出	输　　入				输出
A	B	C	D	Y	A	B	C	D	Y
0	0	0	0	0	1	0	0	0	0
0	0	0	1	0	1	0	0	1	1
0	0	1	0	0	1	0	1	0	1
0	0	1	1	0	1	0	1	1	1
0	1	0	0	0	1	1	0	0	1
0	1	0	1	0	1	1	0	1	1
0	1	1	0	0	1	1	1	0	1
0	1	1	1	1	1	1	1	1	1

(2) 由真值表写出逻辑函数表达式或卡诺图。

$$Y=\overline{A}BCD+A\overline{B}\cdot\overline{C}D+A\overline{B}C\overline{D}+A\overline{B}CD+AB\overline{C}\cdot\overline{D}+AB\overline{C}D+ABC\overline{D}+ABCD$$

卡诺图如图 6.4.6(a)所示。

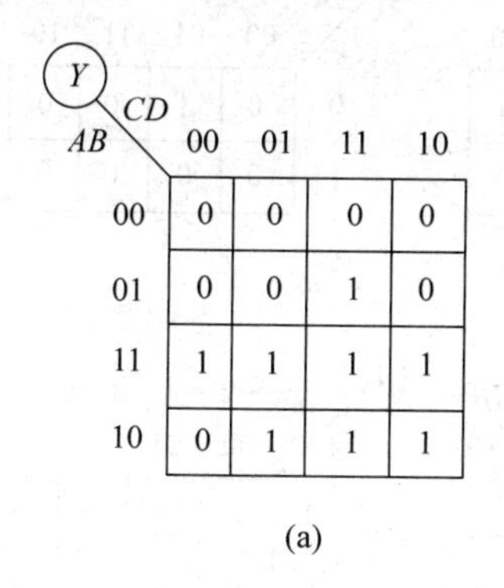

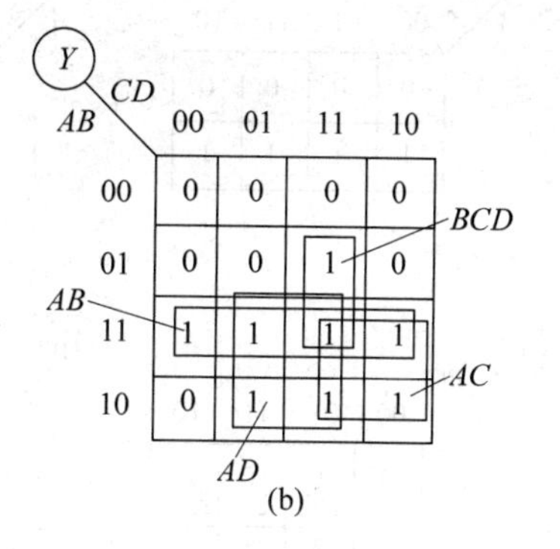

图 6.4.6　例 6.4.3 的卡诺图及其化简

由图 6.4.6(b)可得卡诺图化简结果为 $Y=AB+AC+AD+BCD$。

(3) 画出逻辑电路图。根据设计要求是用"与非"门实现电路，故先将函数"与或"表达式转换成"与非"表达式：

$$Y=\overline{\overline{AB+AC+AD+BCD}}=\overline{\overline{AB}\cdot\overline{AC}\cdot\overline{AD}\cdot\overline{BCD}}$$

由此可直接画出逻辑电路图，如图 6.4.7 所示。

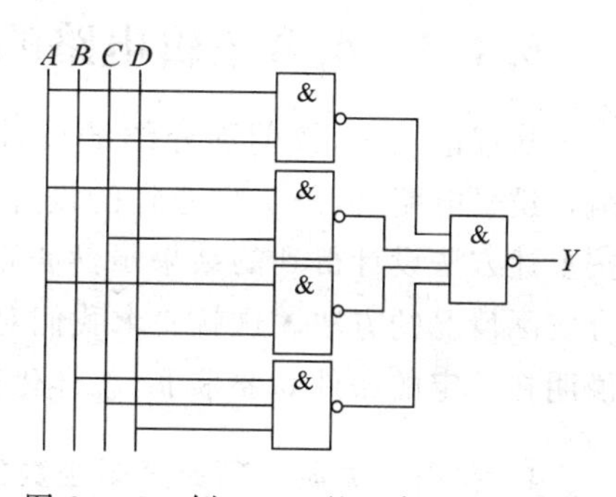

图 6.4.7　例 6.4.3 的组合逻辑电路图

例 6.4.4　旅客列车分特快、直快和普快，并依次为优先通行次序。某站在同一时刻只能有一趟列车从车站开出，即只能给出一个开车信号，试画出满足上述要求的逻辑电路图。假设输入量为 A、B 和 C，分别代表特快、直快和普快，它们开出，记为"1"，不开出，记为"0"；输出量为 Y_A、Y_B 和 Y_C，分别代表特快、直快和普快的开车信号，开出信号，记为"1"，不开出信号，记为"0"。

解：(1) 根据逻辑功能，列出真值表，见表 6.4.4。

表 6.4.4　例 6.4.4 的真值表

输　入			输　出		
A	B	C	Y_A	Y_B	Y_C
0	0	0	0	0	0
0	0	1	0	0	1
0	1	0	0	1	0
0	1	1	0	1	0
1	0	0	1	0	0
1	0	1	1	0	0
1	1	0	1	0	0
1	1	1	1	0	0

(2) 由真值表写出逻辑表达式或卡诺图，见图 6.4.8(a)所示。

$Y_A=A\overline{B}\cdot\overline{C}+A\overline{B}C+AB\overline{C}+ABC$；　$Y_B=\overline{A}B\overline{C}+\overline{A}BC$；　$Y_C=\overline{A}\cdot\overline{B}C$

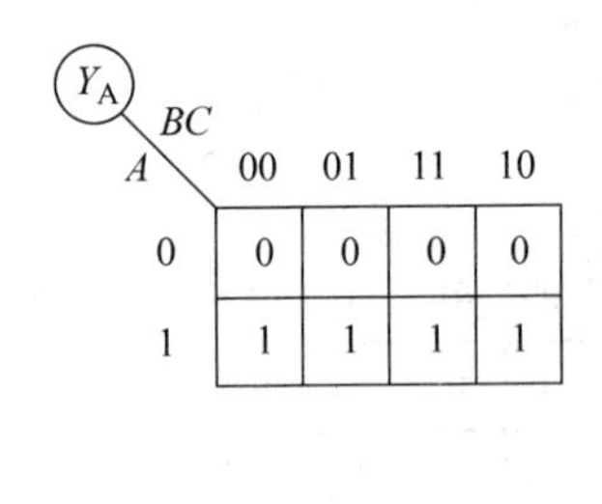

(a)

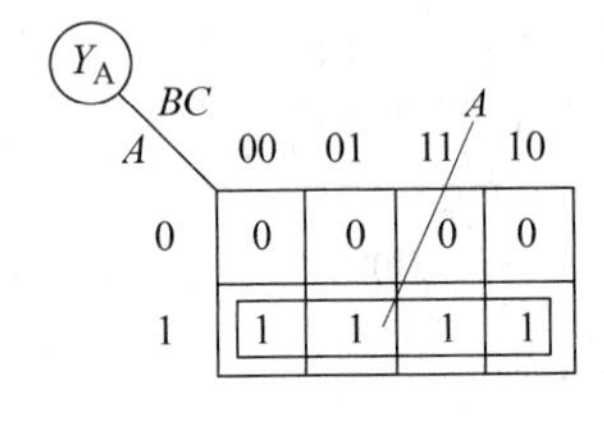

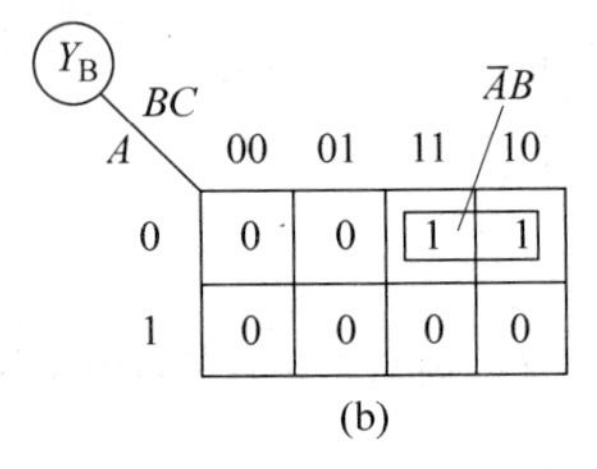

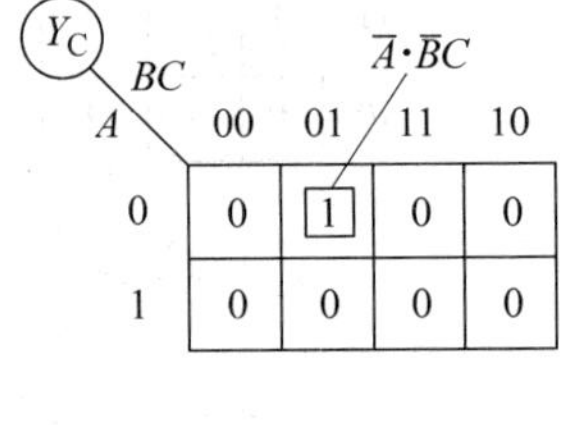

(b)

图 6.4.8　例 6.4.4 的卡诺图及其化简

由卡诺图化简，见图 6.4.8(b)所示，可得

$$Y_A = A;\quad Y_B = \overline{A}B;\quad Y_C = \overline{A}\cdot\overline{B}C$$

(3) 画出逻辑电路图，如图 6.4.9 所示。

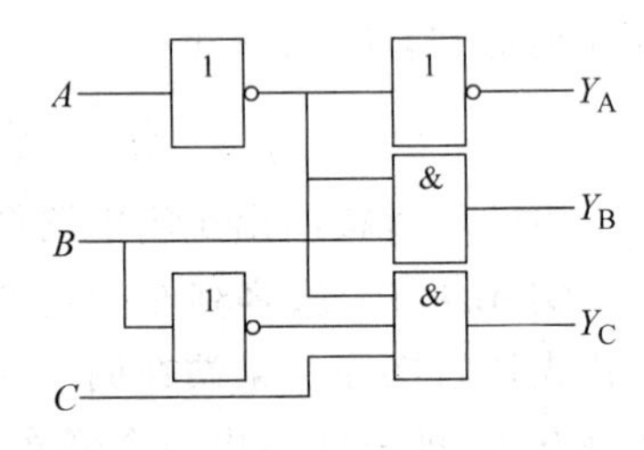

图 6.4.9　例 6.4.4 的逻辑电路图

6.4.3　组合逻辑电路的设计应用实例

从理论上讲，按前面介绍的设计方法可以设计任何组合逻辑电路，但是实际遇到的设计问题往往比较复杂，按上述方法设计得到的结果虽然正确但却不一定是最适合实际情况的方法。这就要求我们对具体的问题作具体的分析。下面通过几个应用实例来说明在一定的条件和要求下，怎样化简才能使逻辑电路的设计更加简单合理。

1. 利用无关最小项的逻辑函数的化简

任何一个含有 n 个变量的逻辑函数与 2^n 个最小项都有关。即对于输入变量的每一组状态组合，函数输出都有定义，这样的逻辑问题称为"完全描述逻辑问题"。表 6.4.5 是一个完全描述逻辑问题的真值表，它在每一组输入变量的状态取值下，函数 Y 都有确定的值"0"或"1"。即每个最小项都有明确的关系，它不是属于原函数 Y，就是属于反函数 $\overline{Y}$。表 6.4.5 所示各个最小项的隶属关系如下：

$$Y = \sum m(1,2,5);\quad \overline{Y} = \sum m(0,3,4,6,7)$$

但是在某些实际问题中，对于输入变量的某些状态组合，函数输出没有定义，即一个 n 变量的逻辑函数并不是与 2^n 个最小项都有关，这类逻辑问题称为"非完全描述逻辑问题"。表 6.4.6 是一个非完全描述逻辑问题的真值表，当输入变量的状态组合为 100 或 101 时，函数 Y 没有确定的值，通常用符号"×"表示。因此，在非完全描述逻辑问题中，有三种类型最小项，即原函数最小项、反函数最小项和无关最小项(又叫条件等式最小项)，表 6.4.6 中全部最小项的隶属关系如下：

$$Y = \sum m(1,2,3);\quad \overline{Y} = \sum m(0,6,7);\quad 无关项\sum d(4,5)$$

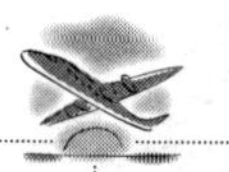

表 6.4.5　完全描述问题

最小项编号	输　入			输　出
	A	B	C	Y
m_0	0	0	0	0
m_1	0	0	1	1
m_2	0	1	0	1
m_3	0	1	1	0
m_4	1	0	0	0
m_5	1	0	1	1
m_6	1	1	0	0
m_7	1	1	1	0

表 6.4.6　非完全描述问题

最小项编号	输　入			输　出
	A	B	C	Y
m_0	0	0	0	0
m_1	0	0	1	1
m_2	0	1	0	1
m_3	0	1	1	1
m_4	1	0	0	×
m_5	1	0	1	×
m_6	1	1	0	0
m_7	1	1	1	0

例 6.4.5　设计一个十进制的数值范围指示器，输入量为四位二进制码 A、B、C、D，$(ABCD)_2=(X)_{10}$，要求当 $X\geqslant 7$ 时输出 $Y=1$。试用与非门实现该逻辑电路。

解：(1) 列出真值表。根据题意可知，由于一位十进制数只有 0～9 十个数，所以只有 0000,0001,…,1001 等十种输入组合出现，其余的 1010,1011,…,1111 六种组合不可能出现，即无关项为 $\sum d(10,11,12,13,14,15)$，列出的如真值表如表 6.4.7 所示。

表 6.4.7　例 6.4.5 的非完全描述问题的真值表

最小项编号	输　入				输出	最小项编号	输　入				输出
	A	B	C	D	Y		A	B	C	D	Y
m_0	0	0	0	0	0	m_8	1	0	0	0	1
m_1	0	0	0	1	0	m_9	1	0	0	1	1
m_2	0	0	1	0	0	m_{10}	1	0	1	0	×
m_3	0	0	1	1	0	m_{11}	1	0	1	1	×
m_4	0	1	0	0	0	m_{12}	1	1	0	0	×
m_5	0	1	0	1	0	m_{13}	1	1	0	1	×
m_6	0	1	1	0	0	m_{14}	1	1	1	0	×
m_7	0	1	1	1	1	m_{15}	1	1	1	1	×

(2) 由真值表可列出 Y 的逻辑表达式为

$$Y=\sum m(7,8,9)+\sum d(10,11,12,13,14,15)$$

(3) 将 Y 表示在卡诺图上如图 6.4.10(a)所示，采用卡诺图法化简，如图 6.4.10(b)所示，可得化简结果为 $Y=A+BCD$。

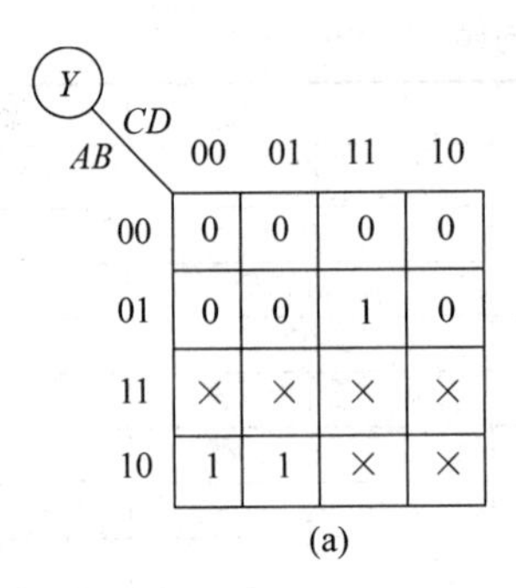

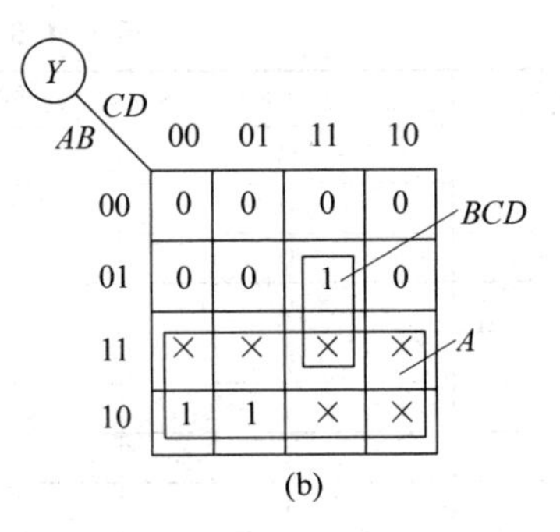

图 6.4.10 例 6.4.5 卡诺图及其化简

(4) 画出逻辑电路图。要求只能用与非门实现此 $X \geqslant 7$ 的数值范围指示器，进一步将化简结果转换为与非-与非表达式，得 $Y=\overline{\overline{A} \cdot \overline{BCD}}$。

其逻辑电路图如图 6.4.11 所示。

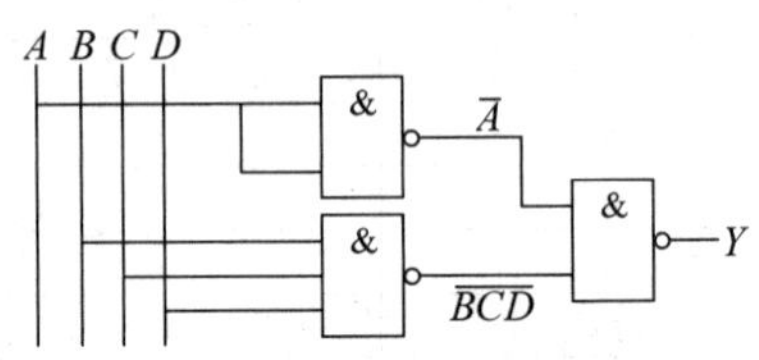

图 6.4.11 用与非门实现例 6.4.5 的电路图

2. 多输出逻辑函数的设计

针对具有同一组输入变量而有多个输出的逻辑网络，如果只是孤立地将每个输出函数化简求最简逻辑表达式，从整个输出函数看，却不一定是最简的，因为有时存在着共同部分，利用此共同部分可使逻辑网络实现简化。

例 6.4.6 试用与非门设计一个逻辑电路，以实现下列多输出函数：

$$Y_1(A,B,C,D) = \sum m(3,4,5,7,10)$$

$$Y_2(A,B,C,D) = \sum m(3,7,10,11,13,15)$$

解：如果把 Y_1、Y_2 看作两个孤立函数，分别用卡诺图化简，如图 6.4.12 所示，可得

$$Y_1 = \overline{A}CD + \overline{A}B\overline{C} + A\overline{B}C\overline{D}, \quad Y_2 = ABD + CD + A\overline{B}C$$

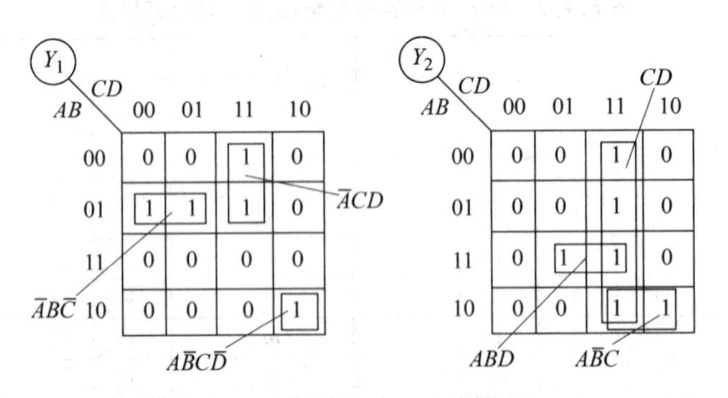

图 6.4.12 例 6.4.6 的卡诺图

其逻辑电路图如图 6.4.13 所示。

如果从整个网络统一考虑 Y_1、Y_2，寻找它们的公共部分，则可使网络有可能简化。图 6.4.14 即是利用公共项的卡诺图化简，图中 $\overline{A}CD$ 和 $A\overline{B}C\overline{D}$ 为其公共项。由此可得 Y_1 和 Y_2 的逻辑表达式：

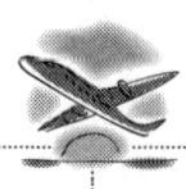

$$Y_1 = \overline{A}CD + \overline{A}B\overline{C} + A\overline{B}C\overline{D}, \quad Y_2 = ABD + ACD + \overline{A}CD + A\overline{B}C\overline{D}$$

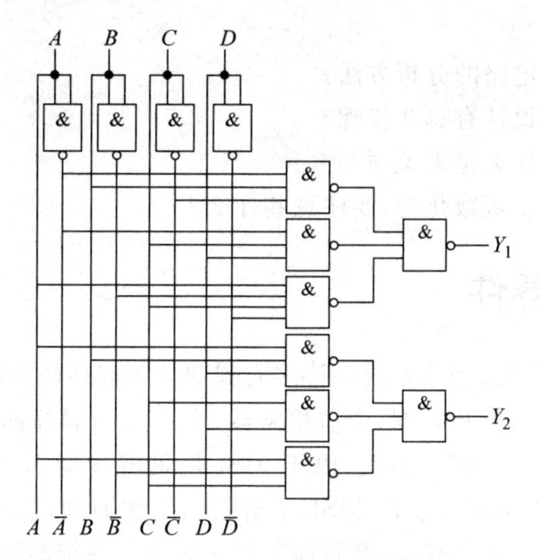

图 6.4.13　Y_1、Y_2 的逻辑电路图

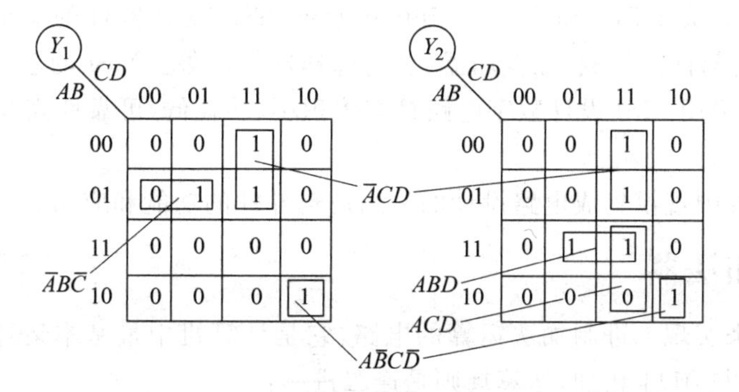

图 6.4.14　利用公共项化简 Y_1、Y_2 的卡诺图

其用单一与非门实现的逻辑电路图如图 6.4.15 所示。比较图 6.4.13 和图 6.4.15 可见后者较前者省去了一个与非门，网络整体更为简单。

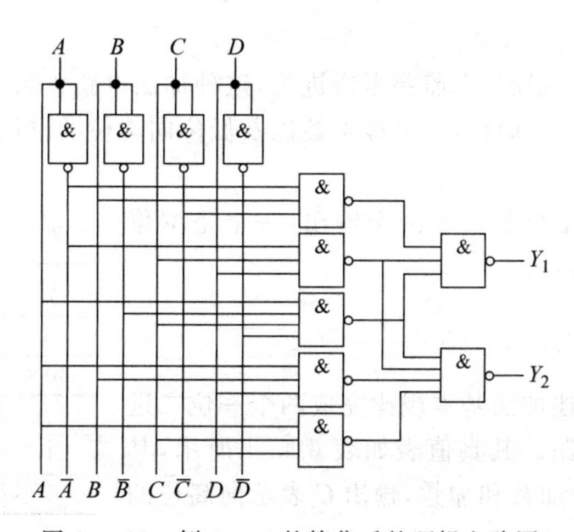

图 6.4.15　例 6.4.6 的简化后的逻辑电路图

【思考题】

1. 试简述组合逻辑电路的分析方法。
2. 组合逻辑电路的设计有哪些步骤?
3. 什么是最小项? 什么是无关项?
4. 带有无关项的逻辑函数化简,要注意些什么?

6.5 组合逻辑器件

随着微电子技术的发展,数字系统中许多有规则的重复性的常用组合逻辑功能部件,如加法器、译码器、编码器、数字比较器、奇偶检验器、多路选择器等都已做成中规模集成电路(medium-scale integration,MSI)芯片。由于 MSI 是集成功能部件,它的应用目的非常明确。因此逻辑设计者应及时了解新的 MSI,了解它的工作原理,熟悉它的功能和使用方法,才能在设计中以 MSI 的功能为基础,有效地利用它来进行系统的设计,使系统的总成本(含设计、制造、维修等)达到最低。

通常,小规模集成电路(small-scale integration,SSI)仅是器件的集成,如异或门等电路,而 MSI 是逻辑部件的集成,如全加器、多路选择器等部件。MSI 的芯片功能远胜于 SSI 芯片的功能,因此采用 MSI 设计数字电路具有体积小、功耗低、可靠性高及易于设计、生产、调试和维护等优点。

本节介绍几种中规模集成电路设计的常用逻辑部件的功能和应用。

6.5.1 加法器

加法器是用来实现二进制加法运算的电路,它是计算机中最基本运算单元。例如:两个二进制数 1011 与 0111 相加,运算规则是逢二进一:

$$\begin{array}{r} 1\ 0\ 1\ 1 \\ +)\ 0\ 1\ 1\ 1 \\ \hline 1\ 0\ 0\ 1\ 0 \end{array}$$

其和为 10010。由上式可见:

(1) 最低位是两个数相加,不需要考虑进位,这种加法电路称为半加器。

(2) 其余各位都有一个加数,一个被加数以及低位向本位的进位数,这三个数相加的电路,称为全加器。

(3) 任何位相加的结果都产生两个输出,一个是本位和,另一个是向高位的进位。

1. 半加器

半加器就是根据上述加法基本规律完成两个一位二进制数相加的组合逻辑电路。其真值表如表 6.5.1 所示,其中输入 A、B 分别表示被加数和加数,输出 C 表示向高位的进位数,输出 S 表示本位和。

表 6.5.1 半加器的真值表

输入		输出	
A	B	C	S
0	0	0	0
0	1	0	1
1	0	0	1
1	1	1	0

由真值表可得输出的逻辑表达式：

$$S=\overline{A}\cdot B+A\cdot\overline{B}=A\oplus B;\quad C=AB$$

可见，输入 A、B 和输出 S 满足异或逻辑，可用一个异或门实现，和输出 C 满足与逻辑，可用一个与门实现，其逻辑电路图由一个异或门和一个与门组成，如图 6.5.1(a)所示。半加器是一种组合图形部件，其图形符号如图 6.5.1(b)所示。

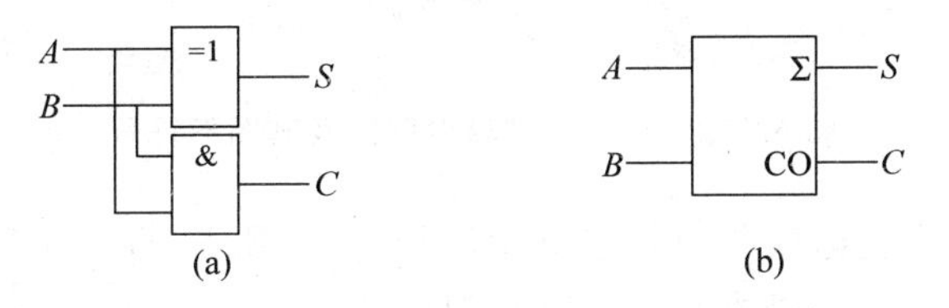

图 6.5.1　半加器逻辑电路图及其图形符号

2. 全加器

从前例“1011”和“0111”相加已知，半加器可用于最低位求和，并给出进位数。第二位的相加有被加数 A_n、加数 B_n 以及低位的进位数 C_{n-1} 三者相加，得出本位和 S_n 和进位数 C_n。这就是“全加”，表 6.5.2 是全加器的真值表。

表 6.5.2　全加器真值表

输　入			输　出	
A_n	B_n	C_{n-1}	C_n	S_n
0	0	0	0	0
0	0	1	0	1
0	1	0	0	1
0	1	1	1	0
1	0	0	0	1
1	0	0	0	1
1	0	1	1	0
1	1	0	1	0
1	1	1	1	1

根据真值表可写出 S_n 和 C_n 的逻辑表达式：

$$\begin{aligned}S_n&=\overline{A}_n\cdot\overline{B}_n\cdot C_{n-1}+\overline{A}_n\cdot B_n\cdot\overline{C}_{n-1}+A_n\cdot\overline{B}_n\cdot\overline{C}_{n-1}+A_n\cdot B_n\cdot C_{n-1}\\&=(A_n\cdot\overline{B}_n+\overline{A}_n\cdot B_n)\cdot\overline{C}_{n-1}+(\overline{A}_n\cdot\overline{B}_n+A_n\cdot B_n)\cdot C_{n-1}\\&=(A_n\oplus B_n)\cdot\overline{C}_{n-1}+(\overline{A_n\oplus B_n})\cdot C_{n-1}\end{aligned}$$

由于半加器 $S=A_n\oplus B_n$，则 $\overline{S}=\overline{A_n\oplus B_n}$。

代入上式得 $S_n=S\cdot\overline{C}_{n-1}+\overline{S}\cdot C_{n-1}=S\oplus C_{n-1}$

$$\begin{aligned}C_n&=\overline{A}_n\cdot B_n\cdot C_{n-1}+A_n\cdot\overline{B}_n\cdot C_{n-1}+A_n\cdot B_n\cdot\overline{C}_{n-1}+A_n\cdot B_n\cdot C_{n-1}\\&=A_n\cdot B_n\cdot(C_{n-1}+\overline{C}_{n-1})+(\overline{A}_n\cdot B_n+A_n\cdot\overline{B}_n)\cdot C_{n-1}\\&=A_n\cdot B_n+(A_n\oplus B_n)\cdot C_{n-1}=A_n\cdot B_n+S\cdot C_{n-1}\end{aligned}$$

可见，S_n 是半加器的和 S 与前级进位 C_{n-1} 的异或逻辑，正好用两个半加器实现。进位 C_n 为这两个半加器的进位输出 CO 进行逻辑或，逻辑电路图如图 6.5.2(a)所示，全加器逻辑部件的图形符号如图 6.5.2(b)所示。

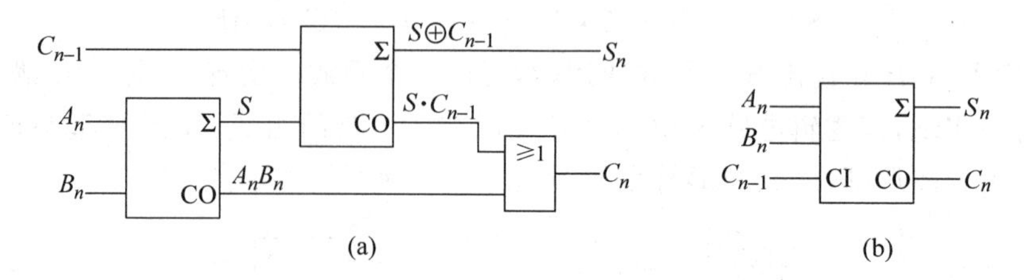

图 6.5.2　全加器逻辑电路图及其图形符号

全加器是构成计算机运算器的基本单元，图 6.5.3 所示为 74LS183 集成芯片的引脚排列图，其内部集成了两个独立的全加器。

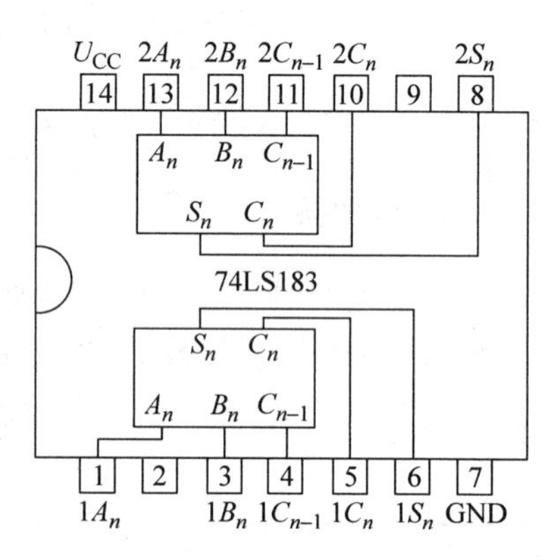

图 6.5.3　74LS183 的引脚排列图

例 6.5.1　用 4 个 1 位的全加器设计一个逻辑电路，要求该逻辑电路能够实现两个 4 位二进制数$(A_3A_2A_1A_0)_2$和$(B_3B_2B_1B_0)_2$ 的加法运算，并画出该逻辑电路的 74LS183 芯片连线图。

解：逻辑电路如图 6.5.4 所示，和数是$(C_3S_3S_2S_1S_0)_2$。该全加器的任意 1 位的加法运算，都必须等到低位加法完成送来进位时才能进行。这种进位方式为串行进位，但和数是并行相加的。该加法器电路虽然简单，但运行速度慢。其芯片连线图，如图 6.5.5 所示。

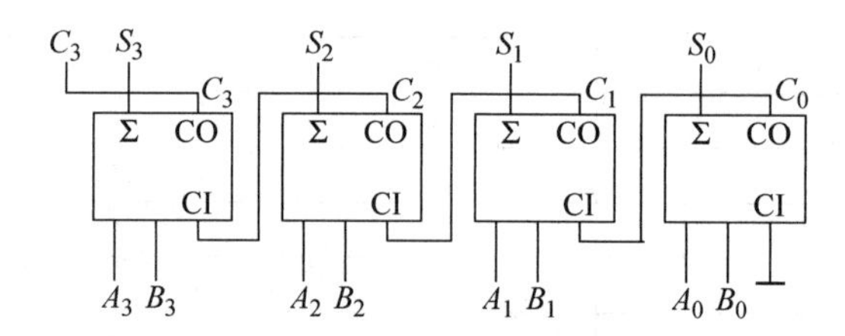

图 6.5.4　例 6.5.1 的逻辑电路

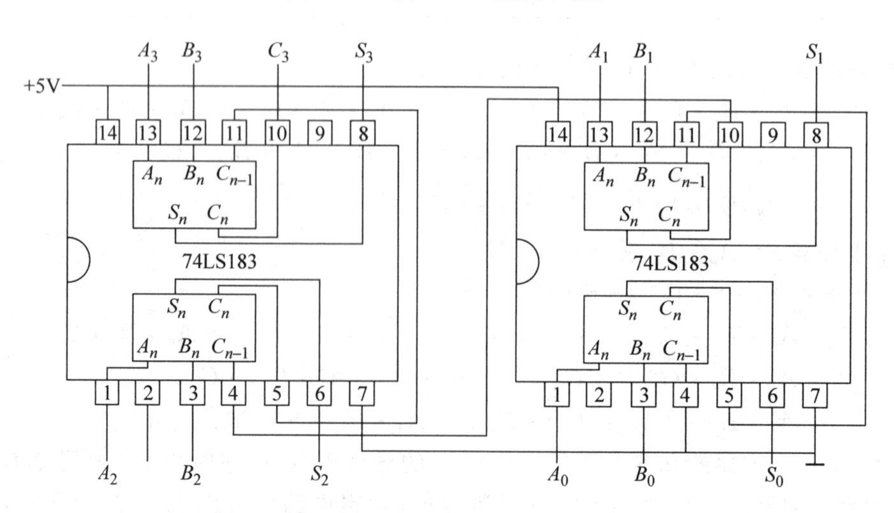

图 6.5.5　例 6.5.1 的芯片连线图

6.5.2 编码器

用二进制数码来表示某一对象(如十进制数、字符等)的过程,称为编码。完成这一逻辑功能的逻辑电路称为编码器(encoder)。

下面以二-十进制编码器为例,来说明编码器的设计过程和工作原理。

1. 8421 编码

二-十进制编码器是用来将十进制的 10 个数码 0、1、2、3、4、5、6、7、8、9 编成二进制代码的电路,输入的是 0~9 十个数码,输出的是对应的二进制代码。用二进制代码表示十进制数,称二-十进制代码,简称 BCD 码。二-十进制代码组成的方案很多,这里采用最常用的 8421 码,就是在 4 位二进制代码的 16 种状态中取出前面 10 种状态,表示十进制 0~9 的 10 个数码,后面 6 种状态去掉。表 6.5.3 所示为 8421 码的二-十进制编码表。表中输出二进制代码各位的"1"所代表的十进制数从高位到低位依次为 8、4、2、1,称之为"权",然后把二进制代码各位的数码("0"或"1")乘以该位的"权",再相加,即得出该二进制代码所表示的一位十进制数。例如"1001"这个二进制代码就是表示

$$1\times8+0\times4+0\times2+1\times1=9$$

编码表中,I_0~I_9 表示 10 个输入开关信号,当 I_0 为"1"时,输出二进制代码为"0000",当 I_1 为"1",输出为"0001",…,当 I_9 为"1"时,输出为"1001"。

表 6.5.3 二-十进制的 8421 码编码表

十进制数按键	输入										输出			
	I_9	I_8	I_7	I_6	I_5	I_4	I_3	I_2	I_1	I_0	Y_3	Y_2	Y_1	Y_0
0	0	0	0	0	0	0	0	0	0	1	0	0	0	0
1	0	0	0	0	0	0	0	0	1	0	0	0	0	1
2	0	0	0	0	0	0	0	1	0	0	0	0	1	0
3	0	0	0	0	0	0	1	0	0	0	0	0	1	1
4	0	0	0	0	0	1	0	0	0	0	0	1	0	0
5	0	0	0	0	1	0	0	0	0	0	0	1	0	1
6	0	0	0	1	0	0	0	0	0	0	0	1	1	0
7	0	0	1	0	0	0	0	0	0	0	0	1	1	1
8	0	1	0	0	0	0	0	0	0	0	1	0	0	0
9	1	0	0	0	0	0	0	0	0	0	1	0	0	1

根据表 6.5.3 可写出四位输出函数表达式为

$$Y_0 = I_1 + I_3 + I_5 + I_7 + I_9; \quad Y_1 = I_2 + I_3 + I_6 + I_7;$$

$$Y_2 = I_4 + I_5 + I_6 + I_7; \quad Y_3 = I_8 + I_9$$

化简并采用与非门实现

$$Y_0 = \overline{\overline{I_1 + I_3 + I_5 + I_7 + I_9}} = \overline{\overline{I_1} \cdot \overline{I_3} \cdot \overline{I_5} \cdot \overline{I_7} \cdot \overline{I_9}};$$

$$Y_1 = \overline{\overline{I_2 + I_3 + I_6 + I_7}} = \overline{\overline{I_2} \cdot \overline{I_3} \cdot \overline{I_6} \cdot \overline{I_7}}$$

$$Y_2=\overline{\overline{I_4+I_5+I_6+I_7}}=\overline{\overline{I_4}\cdot\overline{I_5}\cdot\overline{I_6}\cdot\overline{I_7}};\quad Y_3=\overline{\overline{I_8+I_9}}=\overline{\overline{I_8}\cdot\overline{I_9}}$$

由逻辑表达式可画出如图 6.5.6 所示的键控 8421 码编码器的电路图。图中用 10 个常闭键表示 0～9 共 10 个数，按下(断开)某一个键时，从 Y_3～Y_0 便可输出对应的 8421 码。

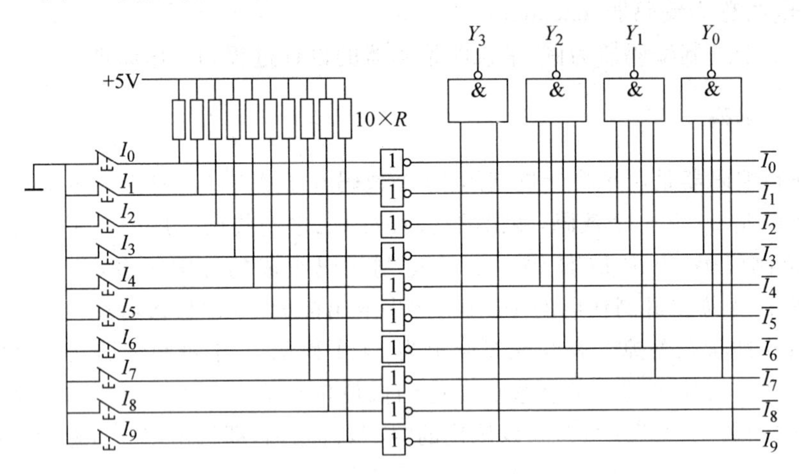

图 6.5.6　键控 8421 码编码器电路图

2. 优先编码器

上述编码器每次只允许按下一个键，即只能有一个输入端有信号，当两个或多个输入端上有信号时，输出端将出现混乱。这就要求这些输入信号具有优先级别，逻辑电路能够按优先次序进行编码，能够实现这种功能的编码器，被称为优先编码器(priority encoder)。表 6.5.4 给出了 10 线-4 线(8421 反码)优先编码器的真值表。由表可见，输入的反变量对低电平有效，即有信号时，输入为“0”。输出的反变量组成反码，对应于 0～9 十个进制数码。74LS147 是常用的优先编码器，该芯片的优先次序规定为 9 键最优先，8 键次之，依次递降，1 键最低。如当 9 键按下(出现低电平 0)，不管其他键是否被按下，电路只对 9 进行编码，并输出 8421 码(1001)的反码 0110。图 6.5.7 给出了 74LS147 引脚排列图。

表 6.5.4　74LS147 型优先编码器的真值表

输入									输出			
$\overline{I_9}$	$\overline{I_8}$	$\overline{I_7}$	$\overline{I_6}$	$\overline{I_5}$	$\overline{I_4}$	$\overline{I_3}$	$\overline{I_2}$	$\overline{I_1}$	$\overline{Y_3}$	$\overline{Y_2}$	$\overline{Y_1}$	$\overline{Y_0}$
1	1	1	1	1	1	1	1	1	1	1	1	1
1	1	1	1	1	1	1	1	0	1	1	1	0
1	1	1	1	1	1	1	0	×	1	1	0	1
1	1	1	1	1	1	0	×	×	1	1	0	0
1	1	1	1	1	0	×	×	×	1	0	1	1
1	1	1	1	0	×	×	×	×	1	0	1	0
1	1	1	0	×	×	×	×	×	1	0	0	1
1	1	0	×	×	×	×	×	×	1	0	0	0
1	0	×	×	×	×	×	×	×	0	1	1	1
0	×	×	×	×	×	×	×	×	0	1	1	0

6.5.3　译码器

译码器的过程与编码器相反。将具有特定含义的二进制代码变换或翻译成一定的输出信号，以表示二进制代码编码时的原意，这一过程叫译码，实现这一逻辑功能的逻辑电路称为译码器(decoder)，本节主要介绍二进制译码器和显示译码器。

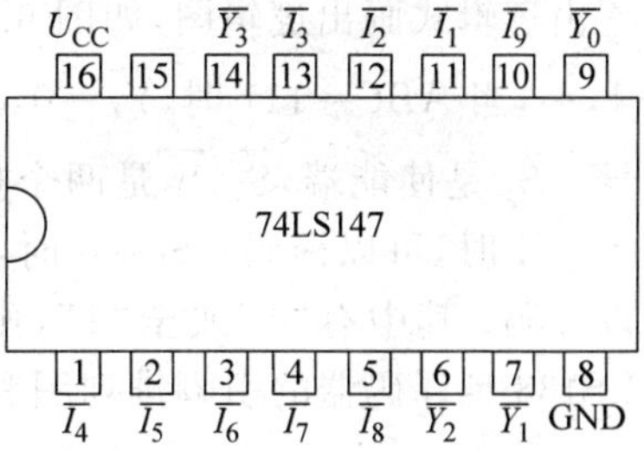

图 6.5.7　74LS147 型优先码编码器引脚排列图

1. 二进制译码器

二进制译码器也即 n-2^n 线译码器。如果 $n=2$，译码器的输入信号是二位的二进制数，它的输出为 $2^2=4$，即有 4 种组合 00、01、10 和 11，共 4 种输出状态。翻译成原意时，就需要译码器有 2 根输入线，4 根输出线。通过这 4 根输出线的输出电平来表示是哪一个二进制数。例如，当第一根输出线为“0”、其余为“1”时表示“00”；第二根输出线为“0”、其余为“1”时表示“01”，余下依次类推。这就是低电平译码，即输出为低电平有效的方式。也可以采用高电平译码，即输出为高电平有效的方式，这时输出线的电平与上述情况相反。

一般 n-2^n 线译码器，需 n 根输入线，2^n 根输出线。常用的有 2 线-4 线译码器、3 线-8 线译码器、4 线-16 线译码器等，它们的工作原理是相同的，下面以 3 线-8 线译码器为例，说明译码器的设计过程。3-8 线译码器表示输入为一组三位二进制代码，输出有 8 个信号。如果对译码器输出的要求是对应输入的每一组代码，8 个输出端中只有一个输出信号为低电平“0”，其余为高电平“1”，则可列出译码真值表，见表 6.5.5。从表中可以看出，A、B、C 为输入代码，$\overline{Y_0}\sim\overline{Y_7}$ 为输出信号，低电平有效。

表 6.5.5　74LS138 型三位二进制译码器的真值表

使能	控制		输入			输出							
S_1	$\overline{S}_2$	$\overline{S}_3$	A	B	C	$\overline{Y_0}$	$\overline{Y_1}$	$\overline{Y_2}$	$\overline{Y_3}$	$\overline{Y_4}$	$\overline{Y_5}$	$\overline{Y_6}$	$\overline{Y_7}$
0	×	×	×	×	×	1	1	1	1	1	1	1	1
×	1	×											
	×	1											
1	0	0	0	0	0	0	1	1	1	1	1	1	1
1	0	0	0	0	1	1	0	1	1	1	1	1	1
1	0	0	0	1	0	1	1	0	1	1	1	1	1
1	0	0	0	1	1	1	1	1	0	1	1	1	1
1	0	0	1	0	0	1	1	1	1	0	1	1	1
1	0	0	1	0	1	1	1	1	1	1	0	1	1
1	0	0	1	1	0	1	1	1	1	1	1	0	1
1	0	0	1	1	1	1	1	1	1	1	1	1	0

由真值表写出 A、B、C 与输出端 $\overline{Y_0}\sim\overline{Y_7}$ 的逻辑表达式为

$$\overline{Y_0}=\overline{\overline{A}\cdot\overline{B}\cdot\overline{C}};\quad \overline{Y_1}=\overline{\overline{A}\cdot\overline{B}\cdot C};\quad \overline{Y_2}=\overline{\overline{A}\cdot B\cdot\overline{C}};\quad \overline{Y_3}=\overline{\overline{A}\cdot B\cdot C}$$

$$\overline{Y_4}=\overline{A\cdot\overline{B}\cdot\overline{C}};\quad \overline{Y_5}=\overline{A\cdot\overline{B}\cdot C};\quad \overline{Y_6}=\overline{A\cdot B\cdot\overline{C}};\quad \overline{Y_7}=\overline{A\cdot B\cdot C}$$

由逻辑式画出逻辑图，如图 6.5.8 所示。由图可见，当 $ABC=000$ 时，$\overline{Y_0}=0$，其余输出为 1，…，当 $ABC=111$ 时，$\overline{Y_7}=0$，其余输出为 1，这样就实现了把输入代码译成特定的输出信号。S_1 是使能端，$\overline{S_2}$、$\overline{S_3}$是两个控制端，它们的作用是控制译码器的工作或扩展其功能。当 $S_1=1$ 时，可以译码；$S_1=0$ 时，禁止译码，输出全为 0。$\overline{S_2}$ 和 $\overline{S_3}$ 低电平有效，若均为 0，可以译码；其中有“1”或全“1”，则禁止译码，输出也全为“0”。图 6.5.9(a)、(b)分别为 74LS138 型译码器的引脚排列图和图形符号。

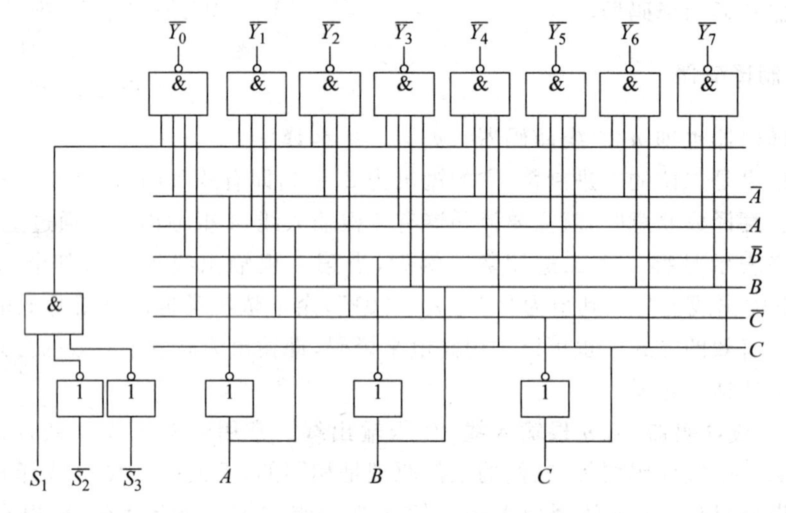

图 6.5.8　74LS138 型三位二进制译码器电路图

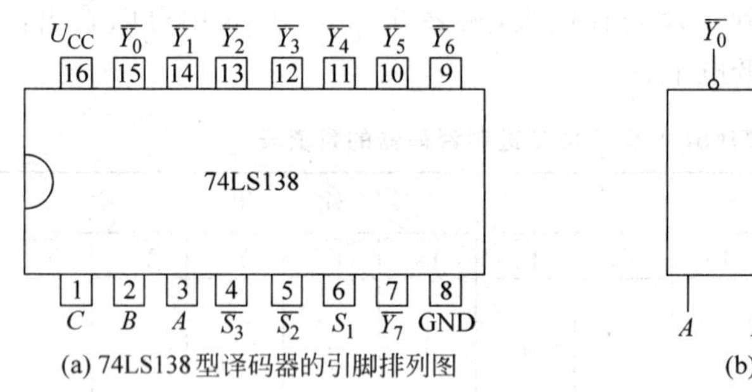

(a) 74LS138型译码器的引脚排列图

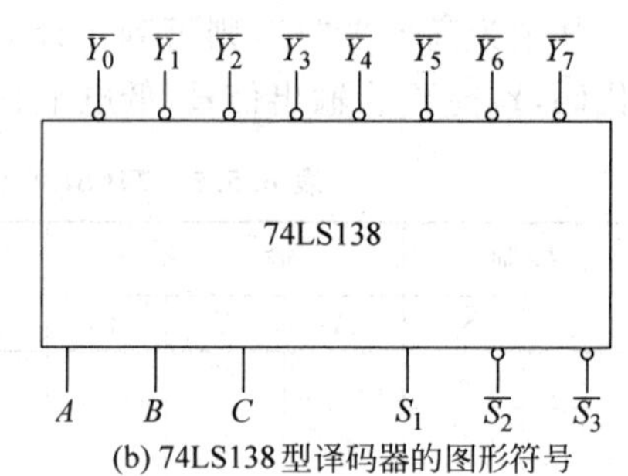

(b) 74LS138型译码器的图形符号

图 6.5.9　74LS138 型译码器的引脚排列图和图形符号

例 6.5.2　试设计带有控制端的 2-4 线译码器，要求控制端和输出端为低电平有效。

解：(1) 列译码器的真值表，见表 6.5.6。

表 6.5.6　2-4 线译码器真值表

控制	输　入		输　出			
$\overline{S}$	A	B	$\overline{Y_3}$	$\overline{Y_2}$	$\overline{Y_1}$	$\overline{Y_0}$
1	×	×	1	1	1	1
0	0	0	1	1	1	0
0	0	1	1	1	0	1
0	1	0	1	0	1	1
0	1	1	0	1	1	1

(2) 写出逻辑表达式

$\overline{Y_0}=\overline{\overline{\overline{S}}\cdot\overline{A}\cdot\overline{B}}$；　$\overline{Y_1}=\overline{\overline{\overline{S}}\cdot\overline{A}\cdot B}$；

$\overline{Y_2}=\overline{\overline{\overline{S}}\cdot A\cdot\overline{B}}$；　$\overline{Y_3}=\overline{\overline{\overline{S}}\cdot A\cdot B}$

(3) 画出逻辑电路图，如图 6.5.10 所示。

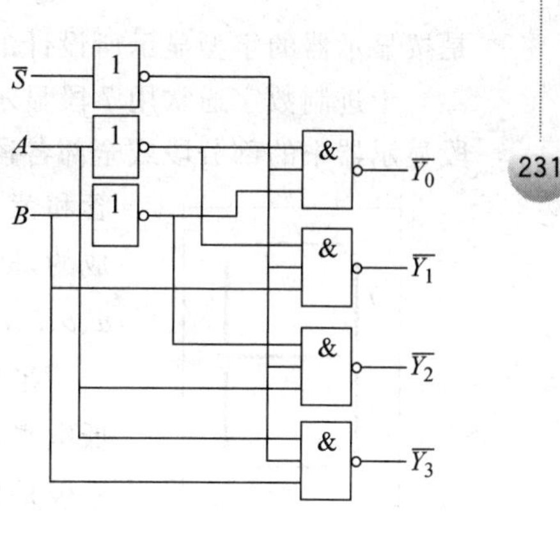

图 6.5.10　例 6.5.2 逻辑电路图

图 6.5.11(a)、(b)所示为 2-4 线译码器 74LS139 的引脚排列图和图形符号，$1\overline{S}$ 和 $2\overline{S}$ 分别为两个译码器的控制端，译码输出和控制端均为低电平有效，译码器的真值表见表 6.5.6。

例 6.5.3　试用 1 片 74LS139 构成一个异或门($Y_1=A_1\oplus B_1$)和一个同或门($Y_2=A_2\cdot B_2$)。

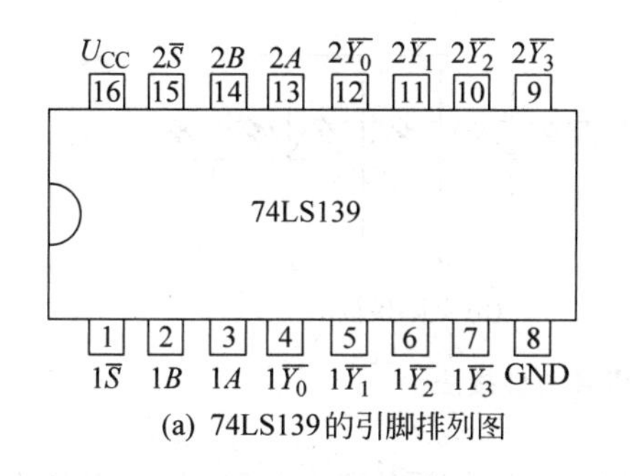

(a) 74LS139的引脚排列图

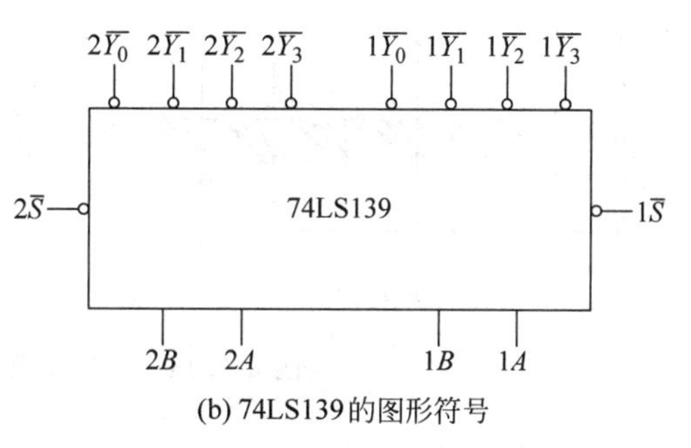

(b) 74LS139的图形符号

图 6.5.11　74LS139 引脚排列和图形符号

解：异或门的逻辑表达式为

$$Y_1=A_1\oplus B_1=A_1\overline{B_1}+\overline{A_1}B_1=\overline{\overline{A_1\overline{B_1}}\cdot\overline{\overline{A_1}B_1}}$$

同或门的逻辑表达式为

$$Y_2=A_2\cdot B_2=A_2B_2+\overline{A_2}\cdot\overline{B_2}=\overline{\overline{A_2B_2}\cdot\overline{\overline{A_2}\cdot\overline{B_2}}}$$

根据它们的逻辑表达式，可用 1 片 74LS139 及两个与非门构成这两个逻辑门的连线如图 6.5.12 所示。

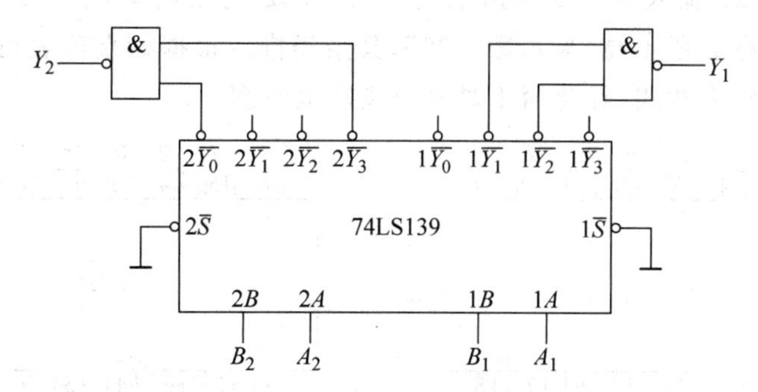

图 6.5.12　例 6.5.3 的电路连线图

2. 二-十进制显示译码器

有些数字电路的终端，往往需要显示十进制数字或其他字符，显示译码器的逻辑关系就是按显示器的字型显示所设计的。

十进制数字通常用7段显示器来实现，即显示器由7段组成，任一十进制数字可以通过段显示器中的部分段或全部各段发光显示出来。常用的显示器有半导体、数码管、液晶数码管和荧光数码管等。半导体数码管是用发光二极管（简称LED）构成的，即7段中的每一段都是一个发光二极管。如图6.5.13所示a、b、c、d、e、f、g七段安装而成的七段数码管。

图6.5.13　七段数码管

半导体数码管分共阴极和共阳极电路，共阴极即是将公共端接低电平，输入端为高电平有效（即输入端为高电平的相应段发光）；共阳极是将公共端接高电平，输入端低电平有效，分别如图6.5.14(a)、(b)所示。控制不同的段发光，可显示0～9不同的数字。

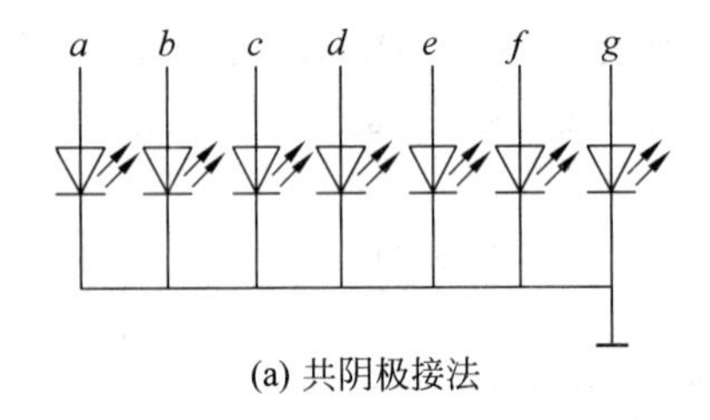

(a) 共阴极接法

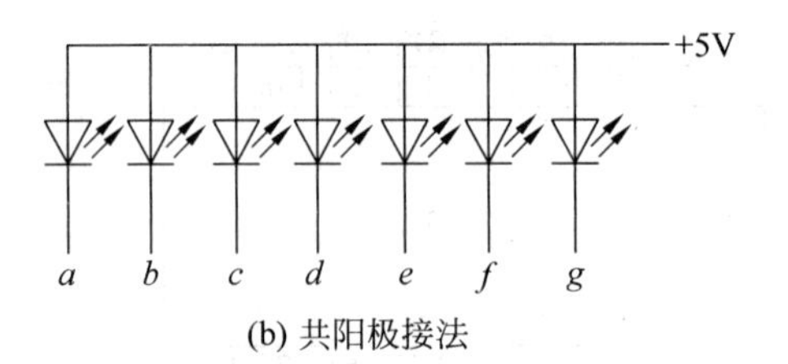

(b) 共阳极接法

图6.5.14　半导体数码管两种接法

发光二极管的工作电压一般为1.5～3V，驱动电流为几毫安到十几毫安，可以是直流或脉冲电流。为防止过流，使用时需串接限流电阻。

用七段译码显示器把BCD代码译成驱动七段数码管的信号，显示出相应的十进制数码。图6.5.15(a)、(b)分别给出了BCD-七段译码器74LS248和74LS247的引脚排列图，不同的是前者输出为高电平有效，和共阴极七段数码管配合使用；后者输出为低电平有效，和共阳极七段数码管配合使用。如果采用共阴极数码管，则七段显示译码器的真值表如表6.5.7所示。若采用共阳极数码管，则输出状态应和表6.5.7所示相反，即“1”和“0”对换。

由表6.5.7可见，输入为1000时，a、b、c、d、e、f、g七段均亮，显示数字“8”。若输入为0000时，七段中只有g段不亮，显示数字“0”，其余类推。根据该真值表可写出输出七段a、b、c、d、e、f、g的逻辑表达式，经化简不难画出逻辑电路图。

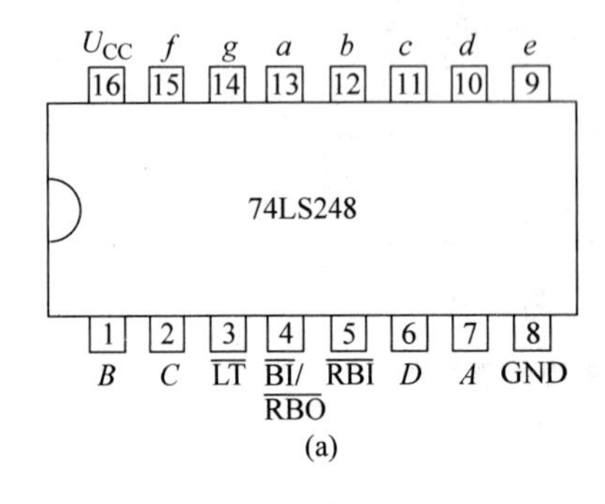

(a)

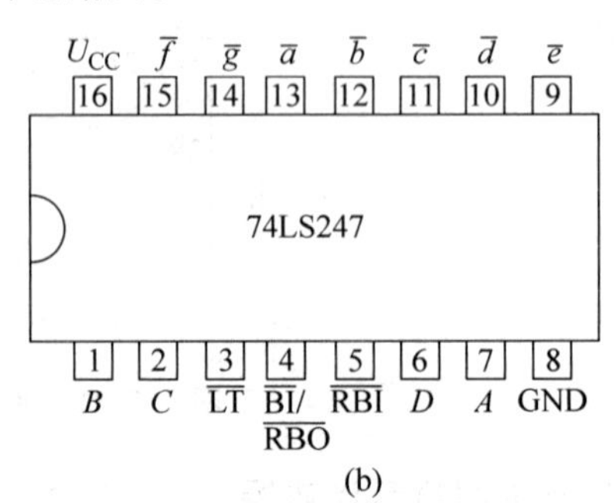

(b)

图6.5.15　74LS248和74LS247的引脚排列图

表 6.5.7　74LS248 型七段显示译码器的真值表

功能和十进制数	输入			$\overline{BI}/\overline{RBO}$	输出	显示数字
	$\overline{LT}$	$\overline{RBI}$	D C B A		a b c d e f g	
试灯	0	×	× × × ×	1	1 1 1 1 1 1 1	8
灭灯	×	×	× × × ×	0(输入)	0 0 0 0 0 0 0	全灭
灭零	1	0	0 0 0 0	0(输出)	0 0 0 0 0 0 0	灭 0
0	1	1	0 0 0 0	1	1 1 1 1 1 1 0	0
1	1	×	0 0 0 1	1	0 1 1 0 0 0 0	1
2	1	×	0 0 1 0	1	1 1 0 1 1 0 1	2
3	1	×	0 0 1 1	1	1 1 1 1 0 0 1	3
4	1	×	0 1 0 0	1	0 1 1 0 0 1 1	4
5	1	×	0 1 0 1	1	1 0 1 1 0 1 1	5
6	1	×	0 1 1 0	1	1 0 1 1 1 1 1	6
7	1	×	0 1 1 1	1	1 1 1 0 0 0 0	7
8	1	×	1 0 0 0	1	1 1 1 1 1 1 1	8
9	1	×	1 0 0 1	1	1 1 1 1 0 1 1	9

在图 6.5.15 中有三个低电平有效的输入控制端即试灯输入端$\overline{LT}$(light test)、灭灯输入/灭零输出端$\overline{BI}/\overline{RBO}$(blanking input/ripple blanking output)和灭零输入端$\overline{RBI}$(ripple blanking input),其功能如下:

(1) 灯测试输入端$\overline{LT}$。该输入端用来检验数码管的 7 段是否完好。当$\overline{BI}/\overline{RBO}=1$,$\overline{LT}=0$ 时,无论 D、C、B、A 为何状态,数码管 7 段全亮,显示字符"8",即如果是 74LS248 型其输出端 $a\sim f$ 均为 1,如果是 74LS247 型其输出端$\bar{a}\sim\bar{f}$ 均为 0。

(2) 灭灯输入/灭零输出端$\overline{BI}/\overline{RBO}$。该端子比较特殊,是"线与"结构,既可作为输入用,也可作为输出用。当$\overline{BI}/\overline{RBO}=0$ 时,无论其他输入信号为何状态,数码管 7 段全灭,无显示,即如果是 74LS248 型其输出端 $a\sim f$ 均为 0,如果是 74LS247 型其输出端$\bar{a}\sim\bar{f}$ 均为 1。如果在该端子输入一方波信号,则数码管显示的数字将间歇闪烁,这一功能可用作报警显示。

在灭零条件下,即$\overline{LT}=1$,$\overline{RBI}=0$,$DCBA=0000$,该端子作为输出使用,输出低电平,表示已将本应显示的零熄灭了。与灭零输入端$\overline{RBI}$配合使用可以实现多位数码的灭零控制。在多位数码显示系统中,整数部分的最高位灭零是无条件的,而次高位只有在最高位已经灭零的条件下才可以灭零,所以把最高位译码器的灭零输入端需直接接低电平,而次高位译码器的灭零输入端需连接到最高位译码器的灭零输出端,如图 6.5.16 所示。同理,小数部分最低位的译码器的灭零输入端可直接接低电平,而次低位译码器的灭零输入端应接在最低位译码器的灭零输出端。

(3) 灭零输入端$\overline{RBI}$。当$\overline{LT}=1$,$\overline{BI}/\overline{RBO}\neq 0$,$\overline{RBI}=0$ 时,且 $DCBA=0000$,数码管 7 段全灭,不显示字符"0",但如果 $DCBA\neq 0000$,数码管仍正常显示。当$\overline{BI}/\overline{RBO}=\overline{LT}=1$,

$\overline{RBI}=1$ 时，$DCBA$ 为任何状态，译码器正常输出，数码管正常显示字符。因此，当 $DCBA$ 不为“0000”时，无论$\overline{RBI}=0$ 还是$\overline{RBI}=1$，译码器均正常输出。该输入端常用来消除无效零，图 6.5.16 中表示 6 位显示器最大可以显示 999.999。例如当需要显示 9.97 时，若无灭零控制，6 位显示器会出现 009.970，图中接法只会出现 9.97。

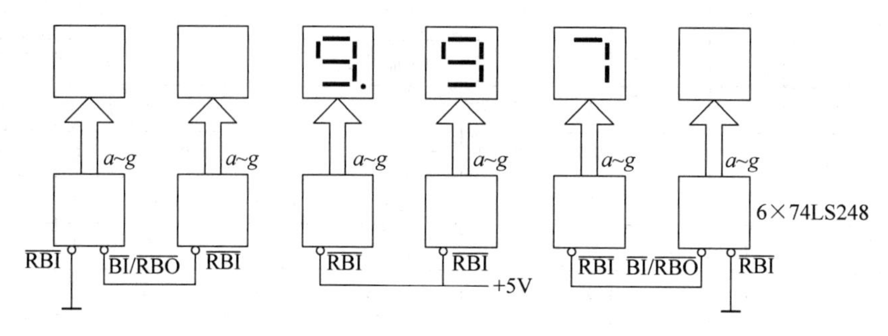

图 6.5.16 六位显示器电路图

6.5.4 数据选择器和数据分配器

1. 数据选择器

数据选择器(data selector)或称多路调制器(multiplexer)、多路开关。它在选择控制信号(或称地址码)作用下，能从多个输入端中选择一个送至输出端。数据选择器的用途很多，例如多通道传输、数码比较、并行码变串行码以及实现逻辑函数等。数据选择器目前常用的有 2 选 1、4 选 1、8 选 1 和 16 选 1 等类别。图 6.5.17 是 4 选 1 的示意图。

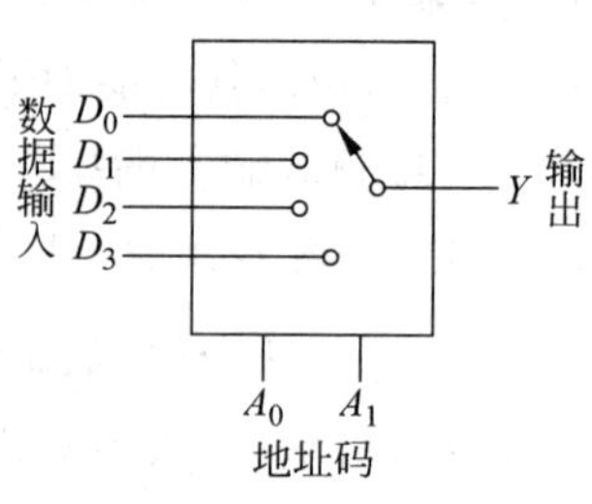

图 6.5.17 4 选 1 数据选择器示意图

74LS153 是双 4 选 1 数据选择器。所谓双 4 选 1 数据选择器就是在一块集成芯片上有两个 4 选 1 数据选择器。图 6.5.18(a)、(b)分别是 74LS153 的逻辑电路图和引脚排列图。图(a)中，$D_3 \sim D_0$ 是 4 个数据输入端；A_1 和 A_0 是选择控制端；$\overline{S}$ 是选通端或称使能端，低电平有效；Y 是输出端。其

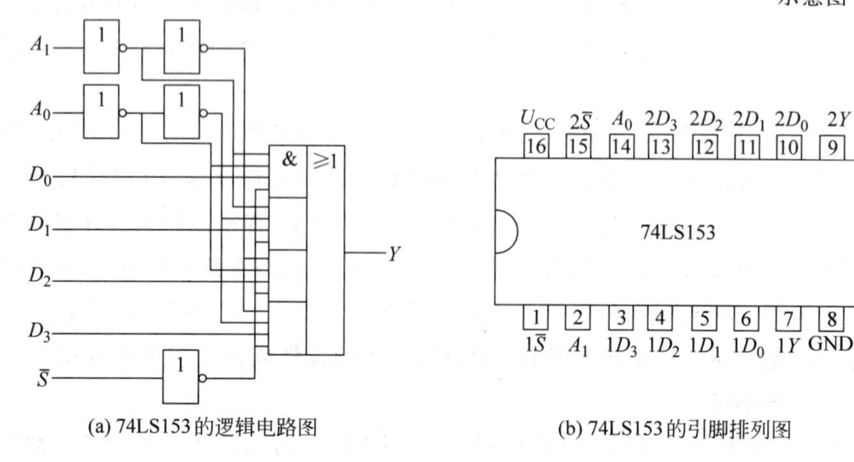

(a) 74LS153的逻辑电路图

(b) 74LS153的引脚排列图

图 6.5.18 74LS153 的逻辑电路图和引脚图

真值表见表 6.5.8。由逻辑电路图可写出逻辑表达式为

$$Y = D_0 \cdot \overline{A_1} \cdot \overline{A_0} \cdot S + D_1 \overline{A_1} A_0 S + D_2 A_1 \overline{A_0} S + D_3 A_1 A_0 S = \sum_{i=0}^{3} m_i D_i S \quad (6.5.1)$$

式中，m_i 为地址输入端 A_1A_0 的最小项编码。例如，$A_1A_0=10$ 时，其最小项编号为 m_2 为 1，其余最小项为 0，此时 $Y=D_2$，即只有数据 D_2 传送到输出端。

表 6.5.8　4 选 1 数据选择器的真值表

输　　入			输　　出
$\overline{S}$	A_1	A_0	Y
1	×	×	0
0	0	0	D_0
0	0	1	D_1
0	1	0	D_2
0	1	1	D_3

例 6.5.4　用 4 选 1 数据选择器 74LS153 实现函数：

$$Y = \overline{A}BC + A\overline{B}C + AB\overline{C} + ABC$$

解：函数 Y 有三个输入变量 A、B、C，而数据选择器有两个地址端 A_1 和 A_0，少于函数输入变量个数，在设计时可选 A 接 A_1，B 接 A_0，即 $A=A_1$，$B=A_0$，代入 4 选 1 的逻辑表达式(6.5.1)中，有

$$\begin{aligned} Y &= \overline{A}BC + A\overline{B}C + AB\overline{C} + ABC \\ &= C \cdot \overline{A_1} A_0 + C \cdot A_1 \overline{A_0} + \overline{C} \cdot A_1 A_0 + C \cdot A_1 A_0 \end{aligned} \quad (6.5.2)$$

将式(6.5.1)中的 S 取 1，即 $\overline{S}=0$，并与上式(6.5.2)联立有

$$\begin{aligned} Y &= C \cdot \overline{A_1} A_0 + C \cdot A_1 \overline{A_0} + \overline{C} \cdot A_1 A_0 + C \cdot A_1 A_0 \\ &= D_0 \cdot \overline{A_1} \cdot \overline{A_0} + D_1 \overline{A_1} A_0 + D_2 A_1 \overline{A_0} + D_3 A_1 A_0 \end{aligned}$$

可得 $D_0=0$，$D_1=D_2=C$，$D_3=C+\overline{C}=1$。

则用 4 选 1 数据选择器的实现了函数 Y 的接线图如图 6.5.19 所示。

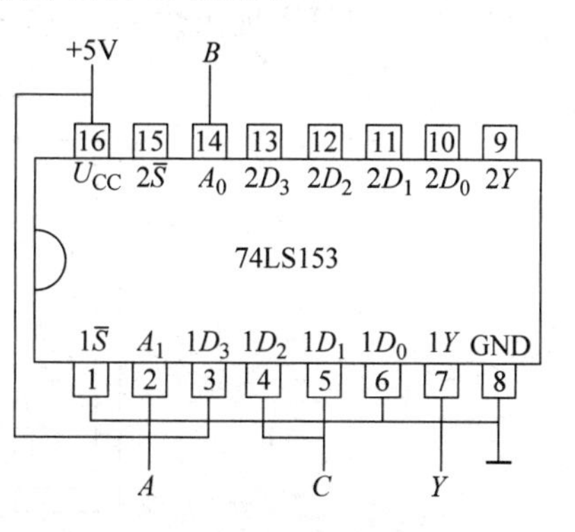

图 6.5.19　用 74LS153 实现逻辑函数 Y 的接线图

74LS151 是 8 选 1 多路选择器，它有 3 个地址输入端 $A_2A_1A_0$，可选择 $D_0 \sim D_7$ 共 8 路数据，具有两个互补输出端 Y 和 $\overline{Y}$，输入使能端 $\overline{S}$，低电平有效。输出 Y 的逻辑表达式为

$$Y = \sum_{i=0}^{7} m_i D_i S \quad (6.5.3)$$

式中，m_i 为地址输入端 $A_2A_1A_0$ 的最小项编码。例如，$A_2A_1A_0=101$ 时，其最小项编号为 m_5 为 1，其余最小项为 0，此时 $Y=D_5$，即只有数据 D_5 传送到输出端。

图 6.5.20 给出了 74LS151 的引脚排列图和图形符号，其输入和输出之间逻辑关系的真值表如表 6.5.9 所示。

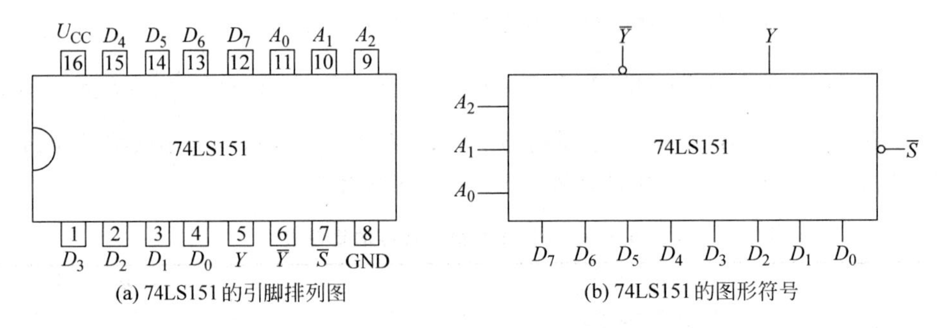

图 6.5.20 74LS151 的引脚排列图和图形符号

表 6.5.9 8 选 1 数据选择器 74LS151 的真值表

使能端	输 入			输 出	
$\overline{S}$	A_2	A_1	A_0	Y	$\overline{Y}$
1	×	×	×	0	1
0	0	0	0	D_0	$\overline{D_0}$
0	0	0	1	D_1	$\overline{D_1}$
0	0	1	0	D_2	$\overline{D_2}$
0	0	1	1	D_3	$\overline{D_3}$
0	1	0	0	D_4	$\overline{D_4}$
0	1	0	1	D_5	$\overline{D_5}$
0	1	1	0	D_6	$\overline{D_6}$
0	1	1	1	D_7	$\overline{D_7}$

例 6.5.5 用 8 选 1 数据选择器 74LS151 实现函数：

$$Y=\overline{A}BC+A\overline{B}C+AB\overline{C}+ABC$$

解：将输入变量 A、B 和 C 分别接到选择端 A_2、A_1 和 A_0，即 $A=A_2$，$B=A_1$，$C=A_0$。由 74LS151 输出表达式(6.5.3)可知，当 $S=1$，即 $\overline{S}=0$，而 $D_3=D_5=D_6=D_7=1$，$D_0=D_1=D_2=D_4=0$，即可实现函数 Y，其接线图如图 6.5.21 所示。

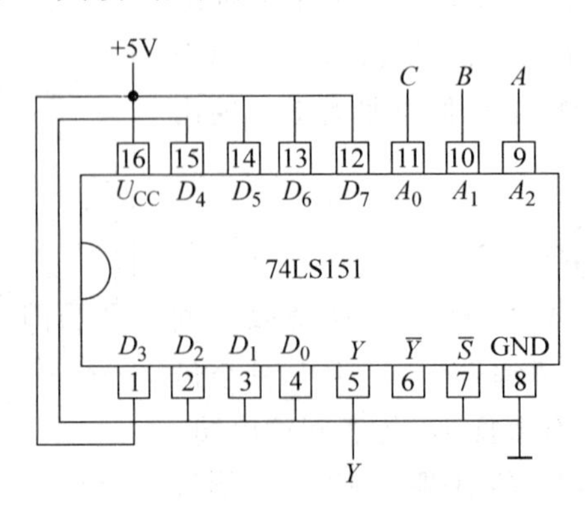

图 6.5.21 用 74LS151 实现逻辑函数 Y 的接线图

2. 数据分配器

数据分配器或称为多路解调器(demultiplexer)。它的功能是在数据传输过程中,根据选择控制信号(或称地址码),将一个输入端的信号送至多个输出端中的某一个。图 6.5.22 是 1-4 数据分配器的示意图。可见,它的功能和数据选择器相反。

图 6.5.23 是一个 4 路输出数据分配器的逻辑电路图。在图中,D 是数据输入端;A_1 和 A_0 是选择控制端;$Y_3 \sim Y_0$ 是 4 个数据输出端。由逻辑电路图可得其输出端的逻辑表达式:

$$Y_0 = \overline{A_1} \cdot \overline{A_0} D;\quad Y_1 = \overline{A_1} A_0 D;\quad Y_2 = A_1 \overline{A_0} D;\quad Y_3 = A_1 A_0 D$$

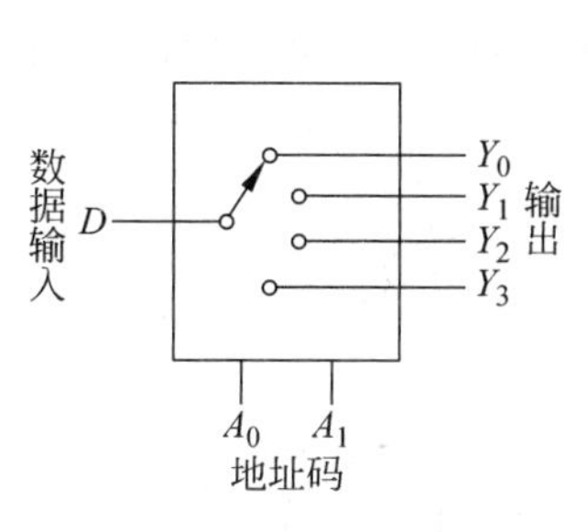

图 6.5.22 1-4 数据分配器的示意图

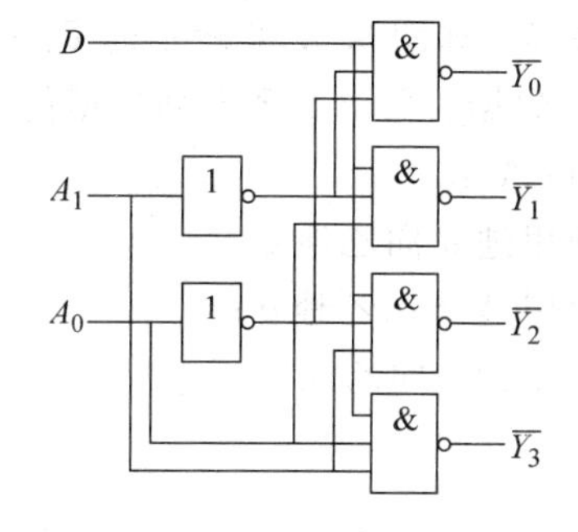

图 6.5.23 4 路输出的分配器的逻辑电路图

由逻辑式可列出其输入和输出的真值表如表 6.5.10 所示。选择控制端 A_1 和 A_0 有 4 种组合,分别将数据 D 分配给 4 个输出端,构成 2/4 线分配器。

表 6.5.10 2/4 线分配器的真值表

输入		输出			
A_1	A_0	Y_3	Y_2	Y_1	Y_0
0	0	0	0	0	D
0	1	0	0	D	0
1	0	0	D	0	0
1	1	D	0	0	0

若有 3 个控制端,则可控制 8 路输出,构成 3/8 线分配器。数据分配器可由译码器直接构成。图 6.5.24 是由 3/8 线译码器 74LS138 构成 8 路数据分配器。读者可自行分析出其输入和输出的真值表。

在实际应用中,选择器和分配器往往需要配合使用。在数字系统中远距离多路数据传送时,为了减少传输线的数量,发送端通过一条公共传输线用多路数据选择器分时发送数据到接收端,而接收端利用多路数据分配器分时将数据分配给各路接收端,其原理如图 6.5.25 所示。

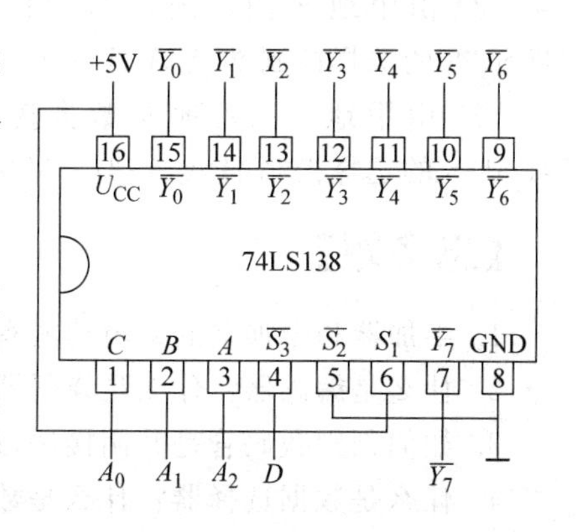

图 6.5.24 74LS138 型译码器构成 8 路数据分配器接线图

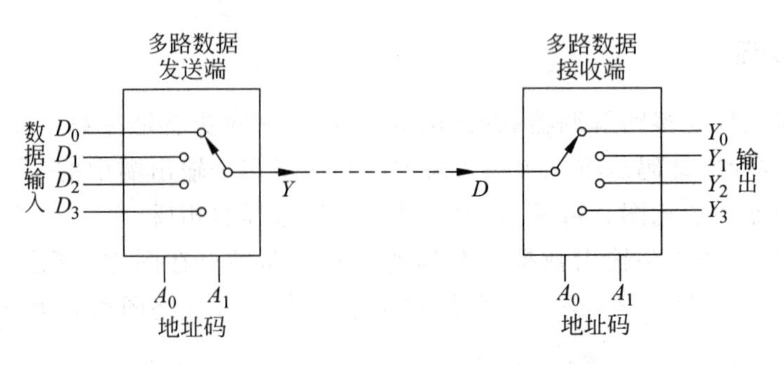

图 6.5.25　多路数据的分时发送与接收

例 6.5.6　如图 6.5.26 所示的多路数据传输系统，用 74LS151 和 74LS138 实现从甲地向乙地传送数据。要求实现下列数据传送，则该如何设置 74LS151 和 74LS138 的选择控制端 A_2、A_1 和 A_0：

(1) 由甲地 a 向乙地 g；

(2) 由甲地 f 向乙地 d；

(3) 由甲地 c 向乙地 h。

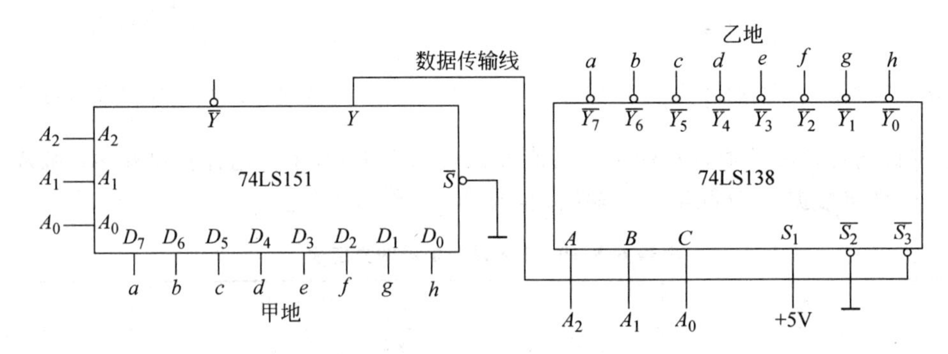

图 6.5.26　例 6.5.6 的多路数据传输系统

解：(1) 当要求实现由甲地 a 向乙地 g 数据传输，则设置 74LS151 的选择控制端 $A_2A_1A_0=111$，74LS138 的选择控制端 $A_2A_1A_0=001$；

(2) 由甲地 f 向乙地 d 数据传输，则设置 74LS151 的选择控制端 $A_2A_1A_0=010$，74LS138 的选择控制端 $A_2A_1A_0=100$；

(3) 由甲地 c 向乙地 h 数据传输，则设置 74LS151 的选择控制端 $A_2A_1A_0=101$，74LS138 的选择控制端 $A_2A_1A_0=000$。

【思考题】

1. 半加器和全加器的逻辑功能有何不同？
2. 什么是编码器？什么是译码器？
3. 如何判别数码管是共阴接法，还是共阳接法？
4. 什么是数据选择器？什么是数据分配器？

6.6 案例解析

1. 三地控制一灯逻辑电路的解析

图 6.6.1 是在 A、B、C 三地控制一个照明灯 L 的电路。当输出量 $Y=1$ 时，灯 L 亮；反之则灭。

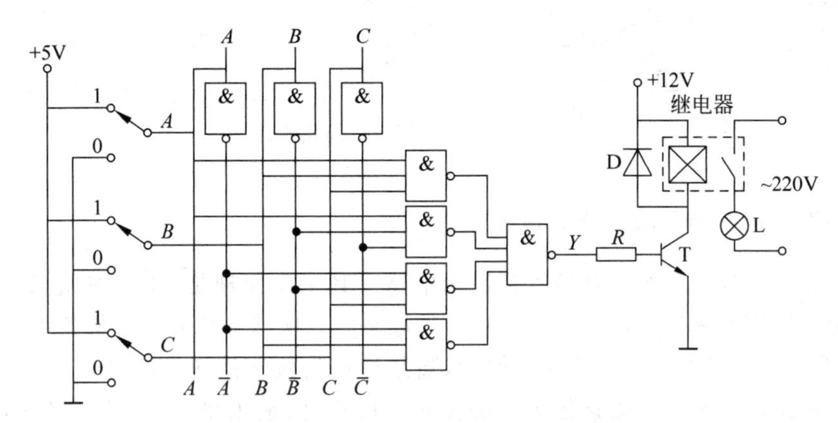

图 6.6.1 三地控制一灯逻辑电路

由图 6.6.1 可写出 Y 的逻辑表达式：

$$Y=\overline{\overline{ABC}\cdot\overline{A\cdot\overline{B}\cdot\overline{C}}\cdot\overline{\overline{A}\cdot\overline{B}\cdot C}\cdot\overline{\overline{A}B\overline{C}}}$$

由逻辑表达式列出逻辑状态表(见表 6.6.1)。

表 6.6.1 三地控制一灯的逻辑状态表

开　关			输　出	灯
A	B	C	Y	L
0	0	0	0	灭
0	0	1	1	亮
0	1	0	1	亮
0	1	1	0	灭
1	0	0	1	亮
1	0	1	0	灭
1	1	0	0	灭
1	1	1	1	亮

由逻辑状态表，可知当开关量中的“1”个数为奇数时，输出量 $Y=1$，灯亮；为偶数时，输出量 $Y=0$，灯灭。若将逻辑函数 Y 转化为

$$Y=ABC+A\cdot\overline{B}\cdot\overline{C}+\overline{A}\cdot\overline{B}\cdot C+\overline{A}B\overline{C}=A\oplus B\oplus C$$

则用异或门实现，电路就简化了，电路如图 6.6.2 所示。

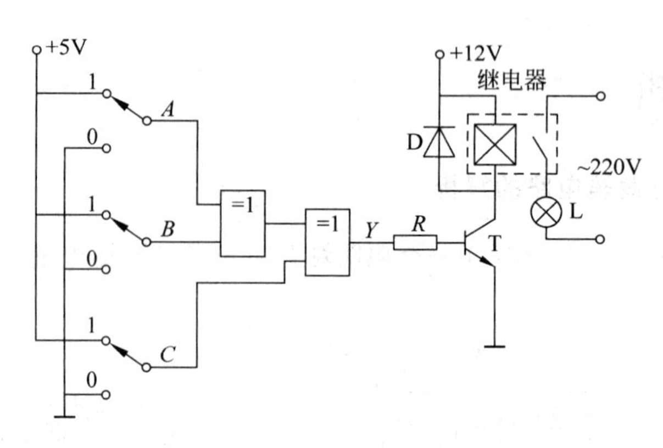

图 6.6.2 三地控制一灯简化电路

2. 4 组竞赛抢答器逻辑电路的解析

图 6.6.3 所示为某 4 组竞赛抢答器逻辑电路。其工作原理是：4 组按钮 A、B、C、D 抢答前初态为"0"，则此时与非门 G1～G4 输出高电平"1"，所以 4 个发光二极管 D1～D4 都不亮，输出量 $Y=0$，蜂鸣器不响。竞赛开始后，当某组最先按下按钮，变为"1"后，与其按钮连接的与非门输出低电平"0"，则该组对应的发光二极管亮，输出量 $Y=1$，同时蜂鸣器响。而其他后按下按钮的组，他们对应的发光二极管不发光，因为与其按钮连接的与非门输出高电平。我们根据发光二极管的亮灭，可知抢答成功的组号。

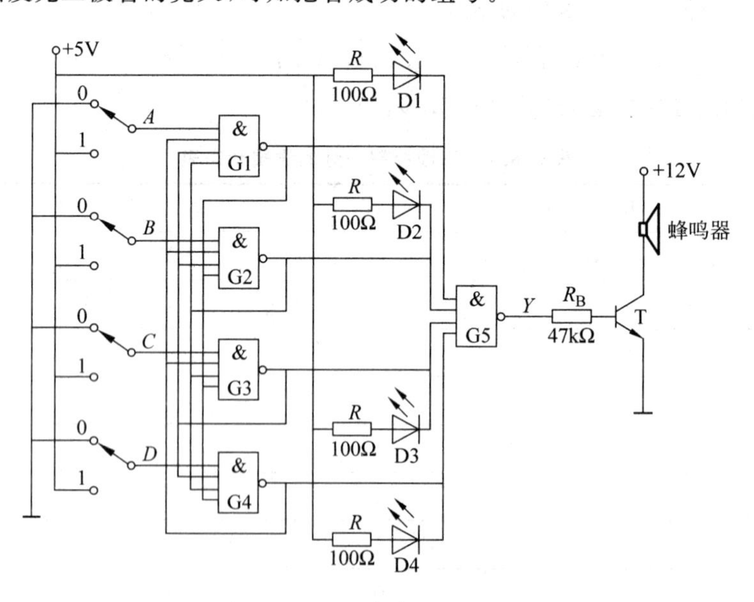

图 6.6.3 4 组竞赛抢答器电路

【思考题】

1. 四地控制一灯的逻辑电路如何实现？
2. 图 6.6.3 中为什么最先抢答的组能亮灯，后抢答的即使按下按钮也不能亮灯呢？

小结

1. 数字系统中常用二进制和十六进制数表示输入、输出信号。将十进制数转换成二进制数时，采用“除二取余”的方法。而将二进制数按权展开后相加，即可得相应的十进制数。

2. 门电路的输入和输出之间存在着一定的逻辑关系，基本的逻辑关系有“与”、“或”、“非”。常用的逻辑门电路有：与门、或门、非门、与非门、或非门、异或门等。

3. 集成电路有 TTL 门电路和 MOS 门电路两大类，它们除了可以集成上述各种逻辑门电路以外，还有三态逻辑门（“0”、“1”、“高阻”）。MOS 门电路具有集成度高、功耗小等优点，而 TTL 门电路的突出优点是工作速度快。

4. 逻辑函数描述逻辑电路输出和输入之间的逻辑关系，可以用真值表、逻辑表达式、卡诺图和逻辑电路图 4 种方法表示。用逻辑代数的基本运算法则和定律可以对逻辑函数进行公式法化简，当逻辑变量≤4 时，用卡诺图法进行化简最为有效、简便。

5. 组合逻辑电路的分析，是根据已知的逻辑电路图写出逻辑表达式，进行化简和变换，列出最简表达式的真值表，判断电路的逻辑功能；而组合逻辑电路的设计，是根据提出的逻辑功能要求，列出真值表，写出逻辑表达式，进行化简，画出逻辑电路图。组合逻辑电路的分析和设计是本章重点，要求熟练掌握。

6. 具有某种逻辑功能的组合逻辑电路称为组合逻辑部件。经常使用的有加法器、编码器、译码器、选择器和分配器等。重点要了解它们的输入输出逻辑关系，做到合理运用。

习题

一、选择题（请将唯一正确选项的字母填入对应的括号内）

6.1 （　　）A、B、C 为逻辑变量，以下 4 个选项中判断不正确的是？

(A) 若 $1+A=B$，则 $1+A+BA=B$　　(B) 若 $A=B$，则 $AB=A$

(C) 若 $AB=AC$，则 $B=C$　　(D) 若 $A+B=A+C$ 且 $AB=AC$，则 $B=C$

6.2 （　　）下面哪个电路不能实现功能 $Y=\overline{A}$？

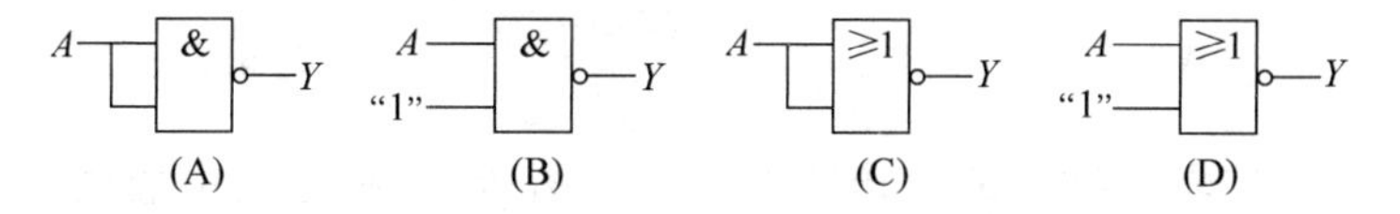

6.3 （　　）如题 6.3 图所示为某逻辑门电路的输入量 A 和 B，输出量 Y 的波形图，则该逻辑门是什么？

(A) 与门　　(B) 或非门

(C) 与非门　　(D) 异或门

6.4 （　　）如题 6.4 图所示的电路中，由开关 A、B、C，直流电压源 U，限流电阻 R 和指示灯 Y 组成，则指示灯 Y 和开关 A、B、C 实现了什么逻辑关系？（注：开关 A、B、C 闭合为“1”，断开为“0”；指示灯 Y 亮为“1”，灭为“0”）

(A) $Y=\overline{A+B}\cdot C$　　(B) $Y=AB+C$

(C) $Y=(A+B)\cdot C$　　(D) $Y=\overline{AB}\cdot C$

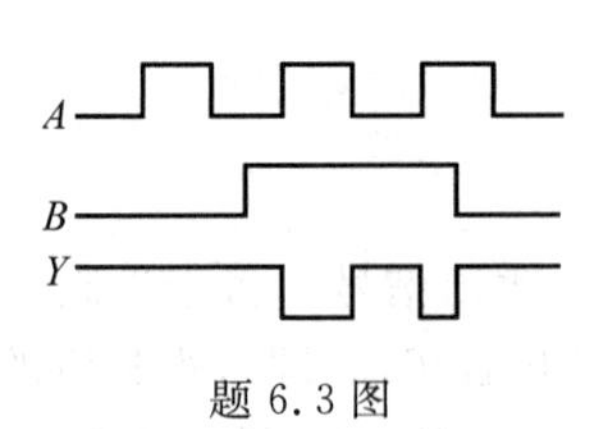

题 6.3 图

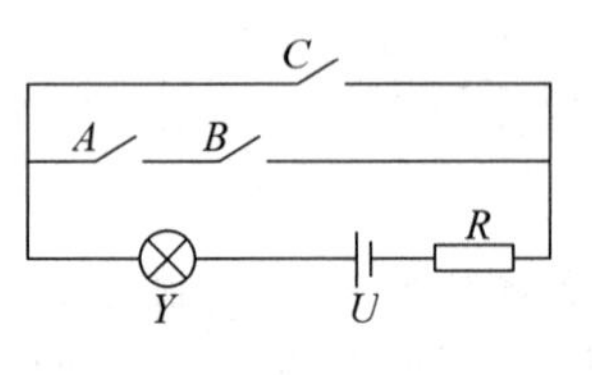

题 6.4 图

6.5 (　　)已知逻辑函数 $Y_1=(A+A)\oplus A$，$Y_2=A+(A\oplus A)$，则关于 Y_1 和 Y_2 的判断正确的是？

(A) $Y_1=0, Y_2=1$　　(B) $Y_1=1, Y_2=0$

(C) $Y_1=A, Y_2=0$　　(D) $Y_1=0, Y_2=A$

6.6 (　　)已知逻辑变量 A、B 和 C，下面 4 个选项中哪个逻辑推导是正确的？

(A) 如果 $AB=AC$，那么有 $B=C$ 成立

(B) 如果 $A+B=A+C$，那么有 $B=C$ 成立

(C) 如果 $A+AB=A+AC$，那么有 $B=C$ 成立

(D) 如果 $A\oplus B=A\oplus C$，那么有 $B=C$ 成立

6.7 (　　)如题 6.7 图所示为某组合逻辑电路，则下列选项中输出量 Y 的表达式不正确是？

(A) $Y=\overline{\overline{A}B+\overline{B+C}}$　　(B) $Y=A\cdot\overline{B}+\overline{B+C}$

(C) $Y=\overline{B}(A+\overline{C})$　　(D) $Y=\overline{B+\overline{A+\overline{C}}}$

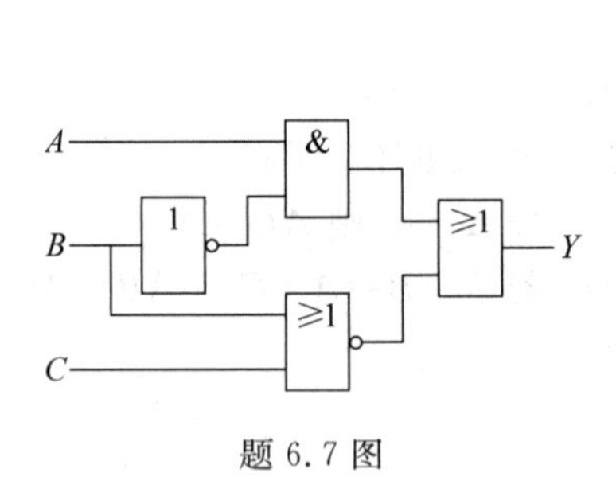

题 6.7 图

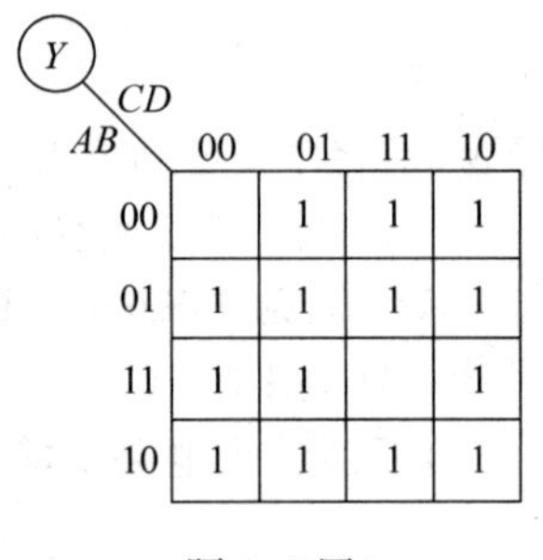

题 6.8 图

6.8 (　　)某逻辑函数 Y 的卡诺图如题 6.8 图所示，则选项中的逻辑表达式与之不能对应相等的是？

(A) $Y=\overline{\overline{A}\cdot\overline{B}\cdot\overline{C}\cdot\overline{D}+A\cdot B\cdot C\cdot D}$　　(B) $Y=A\cdot\overline{B}+B\cdot\overline{C}+C\cdot\overline{D}+D\cdot\overline{A}$

(C) $Y=\overline{A}\cdot B+\overline{B}\cdot C+\overline{C}\cdot D+\overline{D}\cdot A$　　(D) $Y=\overline{A}\cdot B+A\cdot\overline{B}+\overline{C}\cdot D+C\cdot\overline{D}$

6.9 (　　)某逻辑函数 $Y=A+(B\oplus C)$，下面哪个卡诺图与之对应相等？

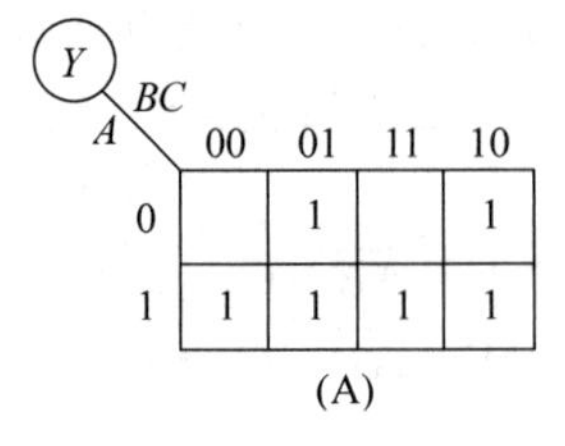

(A)

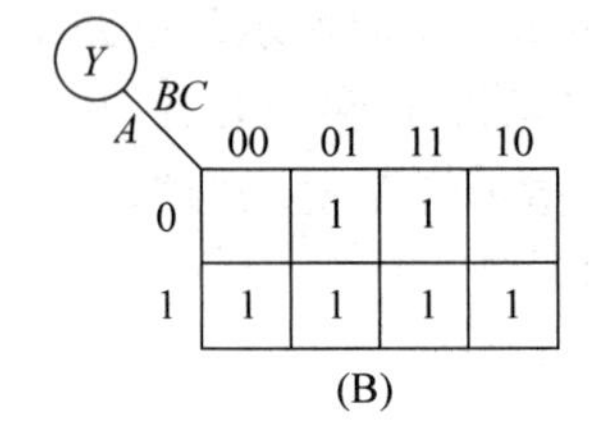

(B)

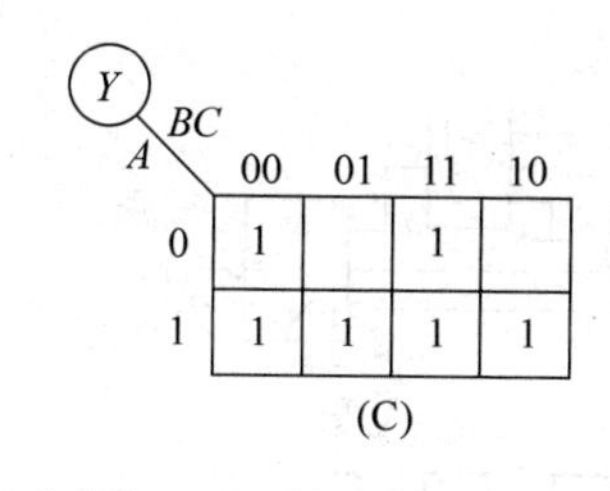

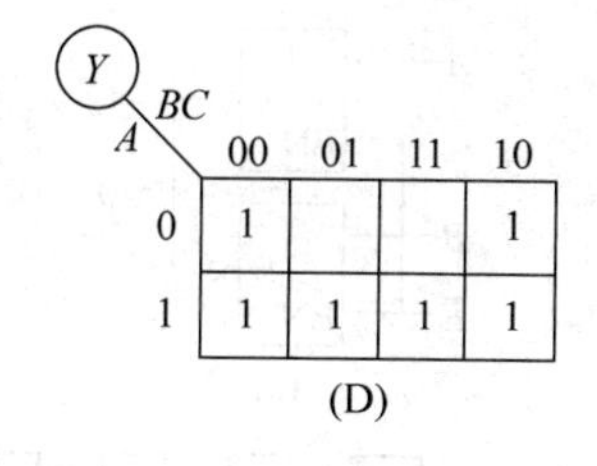

6.10　(　　)如题6.10图所示，其中哪个电路不能实现逻辑非(即 $Y=\overline{A}$)?

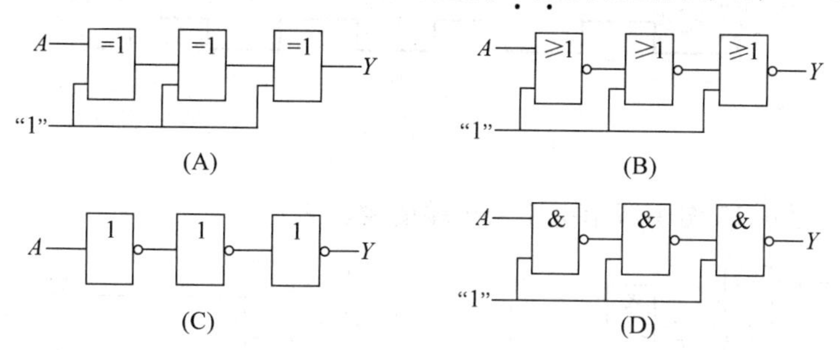

题6.10图

6.11　(　　)已知逻辑变量 A、B 和 C，下面4个选项中哪个逻辑等式是正确的?

(A) $(A\cdot B)\oplus C=(A\oplus C)\cdot(B\oplus C)$　　(B) $(A\oplus B)+C=(A+C)\oplus(B+C)$

(C) $(A+B)\cdot C=(A\cdot C)+(B\cdot C)$　　(D) $(A+B)\oplus C=(A\oplus C)+(B\oplus C)$

二、解答题

6.12　将十进制数$(18.625)_{10}$转换成二进制数、八进制数和十六进制数。

6.13　将十六进制数$(\mathrm{AF2.B7})_{16}$转换成十进制数。

6.14　将二进制数$(01101011.010101)_2$转换成八进制数和十六进制数。

6.15　如题6.15图所示电路均为TTL电路，试问各电路能否实现给定逻辑功能，如有错误，请加以改正。

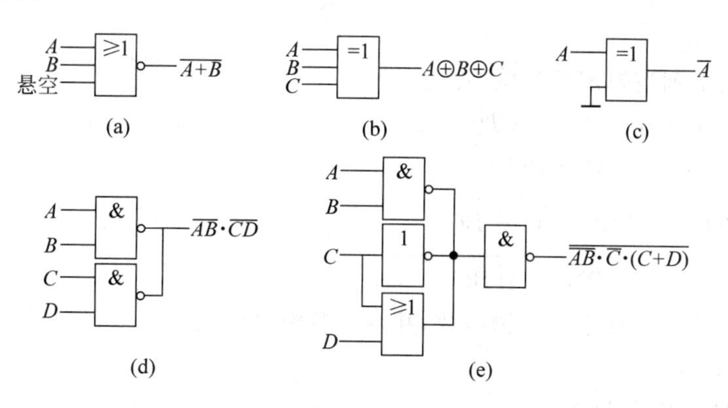

题6.15图

6.16　在题6.16图(a)、(b)所示两个电路中，当控制端 $\overline{E}=1$ 和 $\overline{E}=0$ 两种情况时，试求输出 Y 的波形，输入 A 和 B 的波形如图(c)所示。

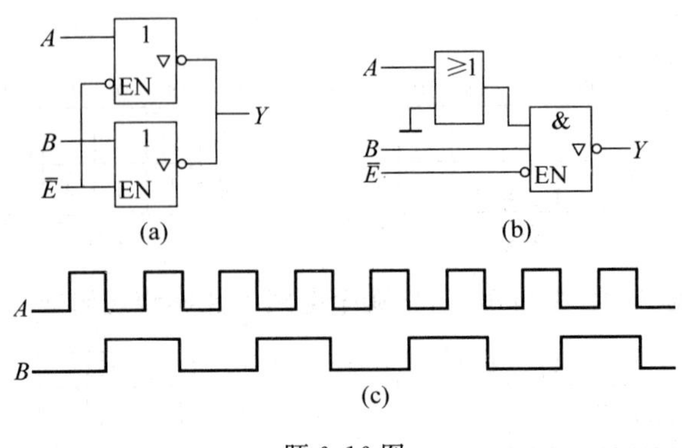

题 6.16 图

6.17　写出题 6.17 图中所示电路输出端的逻辑表达式。

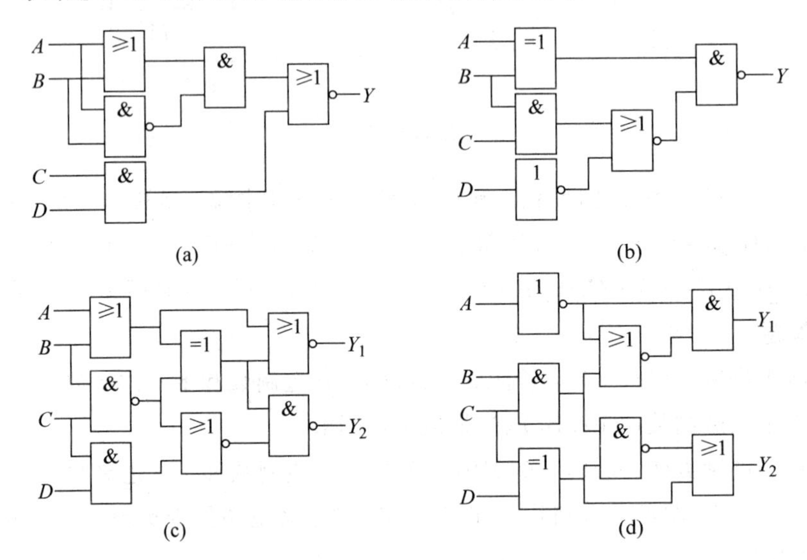

题 6.17 图

6.18　画出下列逻辑函数的电路图。

(1) $Y=AB(C+\overline{A})+\overline{B}\cdot\overline{C}\cdot D+\overline{A}C$

(2) $Y=\overline{(A+B)\overline{C}}\oplus\overline{A}C+BCD+\overline{A}C$

(3) $Y=AB\overline{CD}+\overline{A}BC+\overline{\overline{AD}+B\overline{C}}$

(4) $Y=\overline{\overline{A\overline{B}C+(A\oplus B)C}+A(\overline{B}C+A\overline{D})}$

6.19　用与非门实现下列逻辑函数,并画出逻辑电路图。

(1) $Y=AB+\overline{B}C$

(2) $Y=AC+B\overline{C}+\overline{A}CD$

(3) $Y=AB\overline{C}+\overline{B}C+BC\overline{D}$

(4) $Y=AB+BC+CD+DA$

6.20　证明下列等式:

(1) $A\overline{B}+B\overline{C}+C\overline{A}=\overline{A}B+\overline{B}C+\overline{C}A$

(2) $A\oplus\bar{B}=\bar{A}\oplus B=\overline{A\oplus B}$

6.21　用逻辑代数法化简下列逻辑函数：

(1) $Y=\overline{\overline{A\bar{B}+ABC}+A(B+A\bar{B})}$

(2) $Y=A\bar{B}(C+D)+B\bar{C}+\bar{A}\bar{B}+\bar{A}C+BC+\bar{B}\bar{C}D$

(3) $Y=ABC+\bar{A}B+AB\bar{C}$

(4) $Y=ABC+\bar{A}+\bar{B}+\bar{C}+D$

6.22　用卡诺图化简下列函数：

(1) $Y=A+\bar{A}\cdot B+\bar{A}\cdot\bar{B}\cdot C+\bar{A}\cdot\bar{B}\cdot\bar{C}\cdot D$

(2) $Y=AB+\bar{A}BC+\bar{A}B\bar{C}$

(3) $Y=AD+B\cdot\bar{C}\cdot\bar{D}+(\bar{A}+\bar{B})\bar{C}$

(4) $Y=A\bar{B}C+(\bar{B}+\bar{C})(\bar{B}+\bar{D})+\overline{A+C+D}$

6.23　用卡诺图化简下列函数：

(1) $Y(A,B,C,D)=\sum m(1,3,6,7)+\sum d(4,9,11)$

(2) $Y(A,B,C,D)=\sum m(0,2,9,10,13)+\sum d(1,3,8)$

(3) $Y(A,B,C,D)=\sum m(1,4,7,10,13)+\sum d(5,14,15)$

(4) $Y(A,B,C,D)=\sum m(3,4,6,7,8,9)+\sum d(2,5,10,13)$

6.24　试写出下列带有未知量卡诺图的最简逻辑表达式，其中 P 和 Q 为未知量。

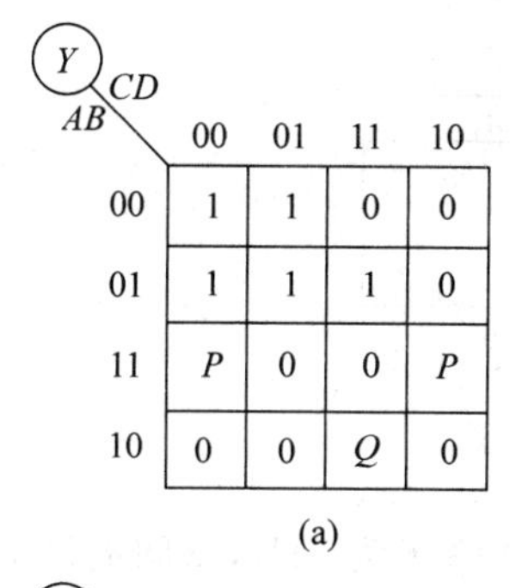

Y AB\CD	00	01	11	10
00	1	1	0	0
01	1	1	1	0
11	P	0	0	P
10	0	0	Q	0

(a)

Y AB\CD	00	01	11	10
00	0	1	1	0
01	Q	0	0	0
11	0	0	P	0
10	1	1	P	0

(b)

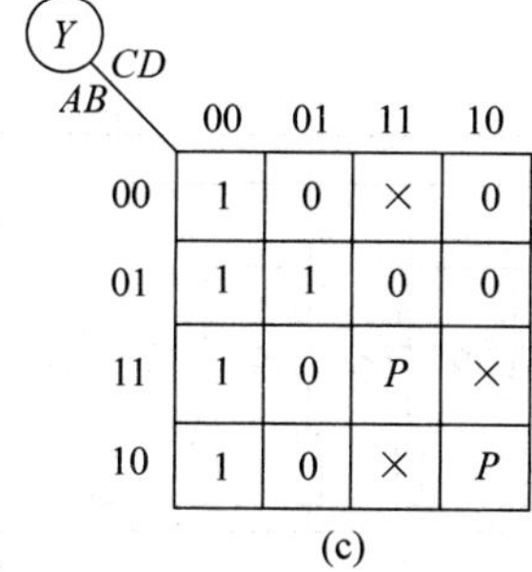

Y AB\CD	00	01	11	10
00	1	0	×	0
01	1	1	0	0
11	1	0	P	×
10	1	0	×	P

(c)

Y AB\CD	00	01	11	10
00	0	0	Q	Q
01	×	1	0	0
11	1	×	0	0
10	1	0	×	Q

(d)

6.25　组合逻辑电路如题 6.25 图所示，要求：

(1) 试分析该电路的逻辑功能；

(2) 设计出用与非门实现该逻辑功能的电路。

6.26　题 6.26 图为一密码锁控制电路。开锁条件是：拨对密码；钥匙插入锁眼将开关

S 闭合，当两个条件同时满足时，开锁信号 Y_0 为 1，将锁打开。否则，报警信号 Y_1 为 1，接通警铃。要求：

(1) 写出开锁信号 Y_0 和报警信号 Y_1 的逻辑表达式；

(2) 试分析出开锁密码 $ABCD$。

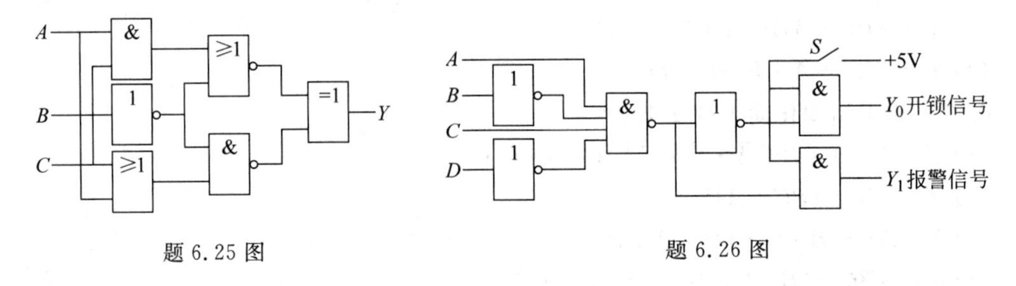

题 6.25 图　　　　　　　　　　题 6.26 图

6.27　某一组合逻辑电路题 6.27 图所示，要求：

(1) 写出输出量 Y 的逻辑表达式；

(2) 试分析该逻辑电路的逻辑功能。

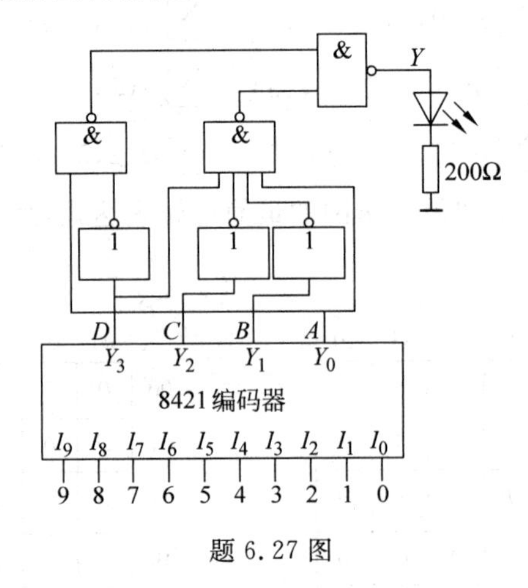

题 6.27 图

6.28　在图 6.28 中，若 u_i 为正弦电压，其频率 f 为 1Hz，试问七段 LED 数码管显示什么字符？

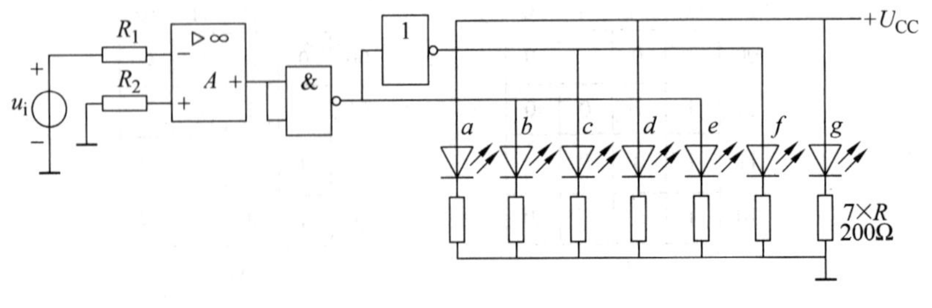

题 6.28 图

6.29　人类有 4 种血型：A、B、AB 及 O 型。输血时，输血者与受血者必须遵守规定，否则会有生命危险。其规定如题 6.29 表所示。假设变量 S_1、S_0 的不同组合表示输血者的血型，其中$\overline{S_1}\cdot\overline{S_0}$为 A 型，$\overline{S_1}\cdot S_0$ 为 B 型，$S_1\cdot S_0$ 为 AB 型，$S_1\cdot\overline{S_0}$为 O 型，而 T_1、T_0 的不同组合表示受血者的血型，其中$\overline{T_1}\cdot\overline{T_0}$为 A 型，$\overline{T_1}\cdot T_0$ 为 B 型，$T_1\cdot T_0$ 为 AB 型，$T_1\cdot\overline{T_0}$为 O 型。输出量 Y 表示是否符合规定，符合时，$Y=1$，否则 $Y=0$。要求：

(1) 写出逻辑函数 Y 的卡诺图，如题 6.29 图所示；

(2) 化简逻辑函数 Y；

(3) 用与非门实现化简后的逻辑函数 Y。

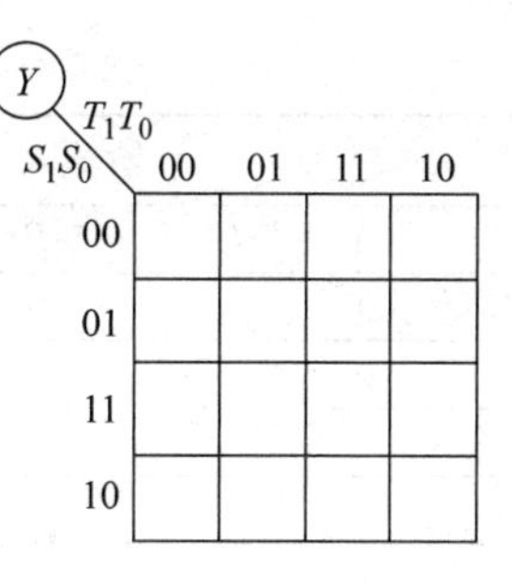

题 6.29 图

题 6.29 表　受血者血型接受输血者血型的规定

输血者血型	受血者血型				说　　明
A	A		AB		A 型血可输给 A 及 AB 血型者接受
B		B	AB		B 型血可输给 B 及 AB 血型者接受
AB			AB		AB 型血可输给 AB 血型者接受
O	A	B	AB	O	O 型血可输给 A、B、AB 及 O 血型者接受

6.30　某同学参加 4 门课程考试，规定如下：

(1) 课程 A 及格得 1 分，不及格得 0 分。

(2) 课程 B 及格得 2 分，不及格得 0 分。

(3) 课程 C 及格得 4 分，不及格得 0 分。

(4) 课程 D 及格得 5 分，不及格得 0 分。

若总得分大于 8 分(含 8 分)，就可结业。试用“与非”门画出实现上述要求的逻辑电路。

6.31　在某组合逻辑电路的设计中，经过分析，技术员得到反映输入量 A、B、C、D 和输出量 Y 之间逻辑关系的真值表，如题 6.31 表所示，但对于那些在工作过程中不会出现的输入变量组合，没有列入真值表中。试设计一个能够实现该真值表的逻辑电路，要求用最少的与非门实现。

题 6.31 表　输入和输出之间逻辑关系真值表

输　　入				输　　出
A	B	C	D	Y
0	1	0	1	0
0	1	1	0	0
0	1	1	1	1
1	0	0	1	0
1	0	1	0	0
1	0	1	1	1
1	1	0	1	1
1	1	1	0	1
1	1	1	1	1

6.32　设计一个组合逻辑电路，要求实现两种无符号的三位二进制码之间的转换。第一种三位二进制记作 ABC，第二种三位二进制记作 XYZ，它们之间的转换表，如题 6.32 表所示。要求：ABC 是输入码，XYZ 是输出码。要求用门电路实现该最简的转换电路。

题 6.32 表　数码转换表

输入码			输出码		
A	B	C	X	Y	Z
0	0	0	0	0	0
0	0	1	0	1	1
0	1	0	0	1	0
0	1	1	0	0	1
1	0	0	1	0	0
1	0	1	1	0	1
1	1	0	1	1	1
1	1	1	1	0	1

6.33　设计一个组合逻辑电路，要求对两个两位无符号的二进制数 AB 和 CD，进行大小比较。如果 AB 不小于(即大于或等于)CD，则输出端 Y 为“1”；否则为“0”。试用与非门实现该逻辑电路。

6.34　试设计一个用 74LS138 型译码器监测信号灯工作状态的电路。信号灯有红(A)、黄(B)、绿(C)三种。正常工作时，只能是红，或绿，红黄或黄绿灯亮，电路不报警，即报警输出 $Y=0$，其他情况视为故障，电路报警，报警输出 $Y=1$。试画出接线图。

6.35　试用一片双 2-4 译码器 74LS139 构成一个 3-8 译码器 74LS138，并画出接线图。

6.36　试用一片 4 选 1 数据选择器 74LS153 实现函数：$Y=A+BC+\overline{A}B\overline{C}$，并画出接线图。

6.37　试用一片 4 选 1 数据选择器 74LS153 构成一个全加器，并画出接线图。

第7章

触发器和时序逻辑电路

在数字系统中，除了能够实现各种逻辑关系的逻辑门电路外，还需要有“记忆”功能的触发器(flip-flop)。触发器是构成时序逻辑电路的基本单元。由逻辑门电路构成的组合逻辑电路，其输出只取决于输入状态，且符合一定的逻辑关系。而时序逻辑电路，其输出不仅取决于输入状态，还取决于输出端原来的状态，一般由触发器和逻辑门电路构成。本章首先介绍触发器的结构、工作原理和逻辑功能，然后介绍时序逻辑电路的分析和设计，最后介绍常见的时序逻辑器件及其应用。

7.1 双稳态触发器

触发器和门电路一样，是构成数字系统的一种基本部件。触发器有不同种类，根据能否保持稳定状态，触发器可分为双稳态触发器、单稳态触发器和无稳态触发器。双稳态触发器根据其逻辑功能可分为基本 RS 触发器、可控 RS 触发器、JK 触发器和 D 触发器等。双稳态触发器具有置位(或称置 1)、复位(或称置 0)、计数(或称翻转)、保持(或称记忆)等多种逻辑功能，它是构成各种时序电路的基本部件。而无稳态和单稳态触发器主要用于脉冲的产生和整形。

7.1.1 基本 *RS* 触发器

1. 电路构成

基本 RS 触发器，它可由两个与非门交叉耦合而成，如图 7.1.1(a)所示。电路中 $\overline{R}_D$ 为直接复位(或置 0)输入端，$\overline{S}_D$ 为直接置位(或置 1)输入端，Q 及 $\overline{Q}$ 为两个互补输出端。一般规定用 Q 的状态表示触发器的状态。而触发器有两个稳定状态：一个是 $Q=0$，$\overline{Q}=1$ 时，称为触发器的“0”态，或称复位状态；另一个是 $Q=1$，$\overline{Q}=0$ 时，称为触发器的“1”态，或称置位状态。触发器的状态由 $\overline{R}_D$ 和 $\overline{S}_D$ 的状态决定。$\overline{R}_D$ 和 $\overline{S}_D$ 上的横线表示低电平有效，如图 7.1.1(b)所示的图形符号中，输入端引线和方框交接处加一个小圆圈也表示低电平有效。

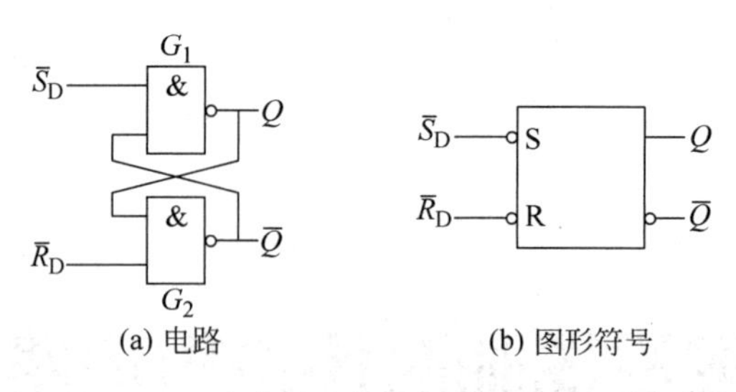

图 7.1.1　由与非门构成的基本 RS 触发器

2. 逻辑功能

在分析基本 RS 触发器的逻辑功能时，我们假设加在 $\overline{R}_D$ 和 $\overline{S}_D$ 端的低电平信号有效时间大于两个门的延迟时间之和，这是为了保证触发器可靠的翻转，输入信号宽度 t_w 应满足 $t_w \geqslant 2t_{pd}$，以使与非门翻转且对另一门形成反馈。

(1) 当 $\overline{S}_D=\overline{R}_D=1$ 时，触发器输出端 $Q(\overline{Q})$ 保持不变。

假设触发器的初始状态为 $Q=0,\overline{Q}=1$，即 0 态。在图 7.1.1(a) 中的与非门 G_1 的输入为 $\overline{S}_D$ 和 $\overline{Q}$，此时 $\overline{S}_D=1,\overline{Q}=1$，故 G_1 的输出 $Q=0$。对与非门 G_2 而言，它的输入为 $\overline{R}_D$ 和 Q，此时 $\overline{R}_D=1$ 和 $Q=0$，故 G_2 的输出 $\overline{Q}=1$。可见，触发器输出端 $Q(\overline{Q})$ 保持不变。

同理，假设触发器初始状态为 $Q=1,\overline{Q}=0$，即 1 态，当输入 $\overline{R}_D=\overline{S}_D=1$ 时，触发器输出端 $Q(\overline{Q})$ 也保持不变。

(2) 当 $\overline{S}_D=1,\overline{R}_D=0$ 时，则 $\overline{Q}=1,Q=0$。此时触发器处于稳定的 0 态，称为置 0。

(3) 当 $\overline{S}_D=0,\overline{R}_D=1$ 时，则 $\overline{Q}=0,Q=1$。此时触发器处于稳定的 1 态，称为置 1。

(4) 当 $\overline{S}_D=\overline{R}_D=0$ 时，则 $Q=\overline{Q}=1$。此时违背了触发器输出端 Q 和 $\overline{Q}$ 是互补关系的规定。在这种情况下，如果 $\overline{S}_D$ 和 $\overline{R}_D$ 继续由 0 同时跳变为 1，即 $\overline{S}_D=\overline{R}_D=1$ 时，触发器输出端 Q 的新状态将无法判定。这是因为当 $\overline{S}_D$ 和 $\overline{R}_D$ 同时由 0 跳变为 1 时，如果与非门 G_1 的传输延迟 t_{pd1} 大于与非门 G_2 的传输延迟 t_{pd2}，则 G_2 的输出抢先变为 0，结果变成了 $Q=1,\overline{Q}=0$；反之，则变成了 $Q=0,\overline{Q}=1$。我们对两个门的传输延迟的大小关系不清楚，因此无法判定触发器的新状态。我们把这种无法判定新状态的情况称为状态不确定。不确定状态是禁止使用的。

设 Q_n 为基本 RS 触发器原来的状态，称为原态或现态；Q_{n+1} 为其后一个新状态，称为次态或新态。上述 4 种情况可用表 7.1.1 所示的逻辑状态表来说明。

表 7.1.1　由两个与非门构成的基本 *RS* 触发器的逻辑状态表

$\overline{S}_D$	$\overline{R}_D$	Q_n	$Q_{n+1}(\overline{Q}_{n+1})$	功　能
0	0	0	1(1)	禁用
		1	1(1)	
0	1	0	1(0)	置位
		1	1(0)	
1	0	0	0(1)	复位
		1	0(1)	
1	1	0	0(1)	保持
		1	1(0)	

同样，也可用图 7.1.2 所示的波形图来说明由两个与非门组成的基本 RS 触发器的逻辑功能，其中基本 RS 触发器输出端 Q 的初态为 0。

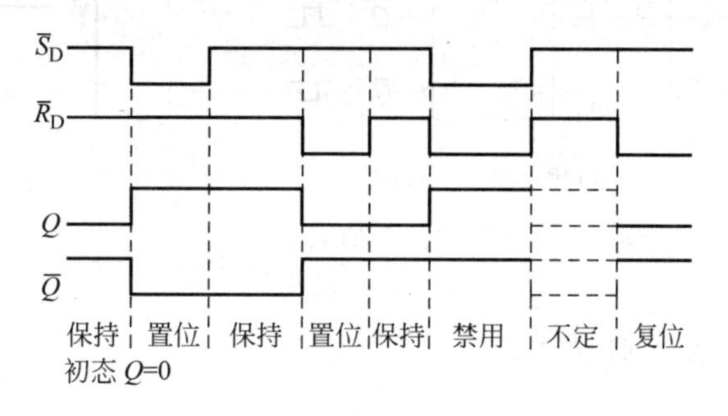

图 7.1.2　基本 RS 触发器的波形图

基本 RS 触发器也可用或非门构成，如图 7.1.3(a)所示，其中 R_D 和 S_D 为直接复位、直接置位输入端，是高电平有效，故其符号上无横线，图形符号如图 7.1.3(b)所示。根据其电路的结构，可参考与非门构成的基本 RS 触发器的分析方法，可得其逻辑功能，见表 7.1.2。

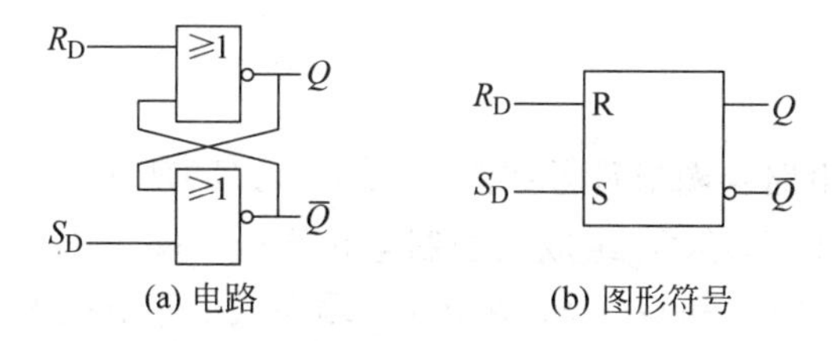

图 7.1.3　由或非门构成的基本 RS 触发器

表 7.1.2　由两个或非门构成的基本 *RS* 触发器的逻辑状态表

S_D	R_D	Q_n	$Q_{n+1}(\overline{Q}_{n+1})$	功　能
0	0	0	0(1)	保持
		1	1(0)	
0	1	0	0(1)	复位
		1	0(1)	
1	0	0	1(0)	置位
		1	1(0)	
1	1	0	0(0)	禁用
		1	0(0)	

例 7.1.1　用基本 RS 触发器组成单脉冲发生器。

在图 7.1.4(a)中，按键 S 在原始位置时，$\overline{R}_D=0$，$\overline{S}_D=1$，且 $Q=0$，$\overline{Q}=1$。当按下按键 S，$\overline{R}_D=1$，$\overline{S}_D=0$，使 $Q=1$，$\overline{Q}=0$；松开按键 S 又恢复原来位置，又使 $Q=0$，$\overline{Q}=1$，这样在 Q 端和 $\overline{Q}$ 端分别产生一个正脉冲和负脉冲。用上述电路产生的单脉冲，与机械按键开关直接产生单脉冲相比，由于 $\overline{R}_D$ 和 $\overline{S}_D$ 在按键发生抖动时同时处在高电平，使 Q 端和 $\overline{Q}$ 的状态保持不变，因而可以有效地消除由于按键抖动而在单脉冲波形上出现如图 7.1.4(b)所示的“毛刺”现象。该电路作为理想的单脉冲发生器得到广泛的应用。

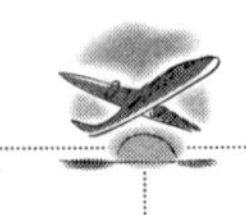

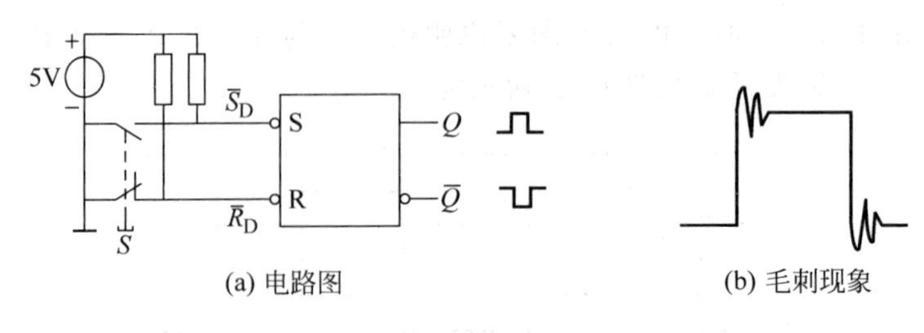

图 7.1.4　例 7.1.1 图

7.1.2　可控 *RS* 触发器

在逻辑系统中，常要求很多触发器和其他逻辑部件同步工作，这就需要用一个时钟脉冲(clock pulse，简写为 CP)控制，使系统中的触发器状态改变能与时钟同步，以便和系统中其他电路同步操作。可控 *RS* 触发器就是受一个 CP 信号控制，状态的改变与 CP 脉冲同步的触发器，触发器的次态由 *R*、*S* 输入端的信号状态决定，状态改变的时间由 CP 脉冲信号控制。

1. 电路构成

可控 *RS* 触发器的电路及图形符号如图 7.1.5(a)、(b)所示，由与非门 G_1、G_2 组成的基本 *RS* 触发器和两个与非门 G_3、G_4 组成的控制电路构成。除了 *R*、*S* 两个输入端外，还有时钟信号输入端 *CP*，以控制 G_3 和 G_4。$\bar{S}_D$ 端和 $\bar{R}_D$ 端为低电平有效的**直接置位端**和**直接复位端**，它们一般在工作之初，用来预置触发器的初始状态，而在工作过程中一般不用。不用时，让它们处于“1”态(高电平)。使用 $\bar{S}_D$ 和 $\bar{R}_D$ 进行置位或复位时，不受 CP、*R* 和 *S* 的影响，具有最优先权。

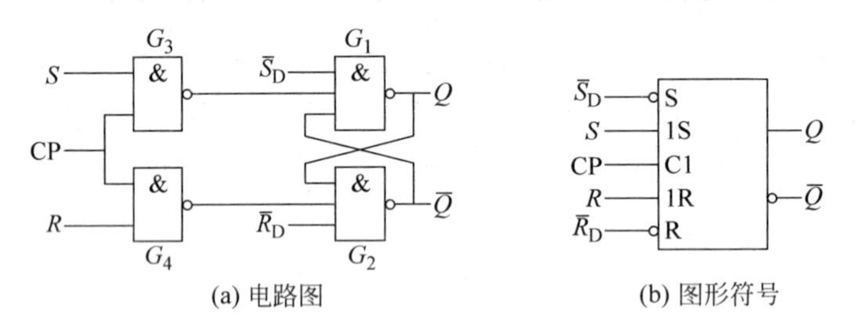

图 7.1.5　可控 *RS* 触发器

2. 逻辑功能

在 CP 施加的时钟脉冲为正脉冲，当 CP=0 时，封锁控制电路的与非门 G_3 和 G_4，不管 *R*、*S* 信号如何，G_3 和 G_4 的输出均为“1”。根据基本 *RS* 触发器的逻辑关系，触发器输出端 *Q* 的状态不会变化。

当 CP=1 即出现正脉冲时，打开与非门 G_3 和 G_4，输入 *R*、*S* 的状态通过控制电路可以影响 *Q* 的状态。所谓可控 *RS* 触发器，就是它的状态(*Q* 端)只有在时钟脉冲出现(CP=1)时才随着输入 *R* 和 *S* 的状态而变化，从而系统可以通过时钟脉冲实现对触发器状态变化时刻的控制。由于它的状态变化时刻与 CP 脉冲同步，因而又称为同步 *RS* 触发器。

下面分析 CP=1 即出现正脉冲时输入 R 和 S 如何影响输出 Q 的状态的，假定用 Q_n 和 Q_{n+1} 分别表示 CP 时钟脉冲出现前后 Q 的状态：

当 CP=1 时，门 G_3 和 G_4 打开，R、S 输入信号经 G_3 和 G_4 后作用于由门 G_1 和 G_2 组成的基本 RS 触发器。

(1) 当 $R=S=0$ 时，G_3 和 G_4 的输出均为“1”，根据基本 RS 触发器的逻辑关系，输出端 Q 的状态保持不变，即 $Q_{n+1}=Q_n$；

(2) 当 $S=1$，$R=0$ 时，G_4 输出为“1”，G_3 输出为“0”，根据基本 RS 触发器的逻辑关系，输出端 Q 处于 1 态(置 1)，即 $Q_{n+1}=1$；

(3) 当 $S=0$，$R=1$ 时，G_4 输出为“0”，G_3 输出为“1”，根据基本 RS 触发器的逻辑关系，输出端 Q 处于 0 态(置 0)，即 $Q_{n+1}=0$；

(4) 当 $S=R=1$ 时，G_3 和 G_4 输出均为“0”，根据基本 RS 触发器的逻辑关系，输出端 Q 和 $\bar{Q}$ 不再满足互补关系，而是同为“1”。如果 CP 正脉冲过去或 R、S 同时恢复到“0”时，Q_{n+1} 的状态不确定，这种情况是禁止使用的。

可控 RS 触发器的逻辑功能见表 7.1.3。由此表可得可控 RS 触发器的卡诺图，如图 7.1.6 所示。

表 7.1.3 可控 *RS* 触发器的逻辑状态表

CP	S	R	Q_n	$Q_{n+1}(\bar{Q}_{n+1})$	功 能
0	X	X	0	0(1)	保持
			1	1(0)	
1	0	0	0	0(1)	保持
			1	1(0)	
	0	1	0	0(1)	复位
			1	0(1)	
	1	0	0	1(0)	置位
			1	1(0)	
	1	1	0	1(1)	禁用
			1	1(1)	

描述触发器次态 Q_{n+1} 和原态 Q_n 关系的方程称作触发器的**特性方程**，由卡诺图化简后可求得可控 RS 触发器的特性方程为

$$\begin{cases} Q_{n+1} = \bar{R} \cdot \bar{S} \cdot Q_n + S = S + \bar{R}Q_n & (\text{CP} = 1 \text{ 时有效}) \\ RS = 0 (\text{或 } RS \neq 1) & (\text{约束方程}) \end{cases}$$

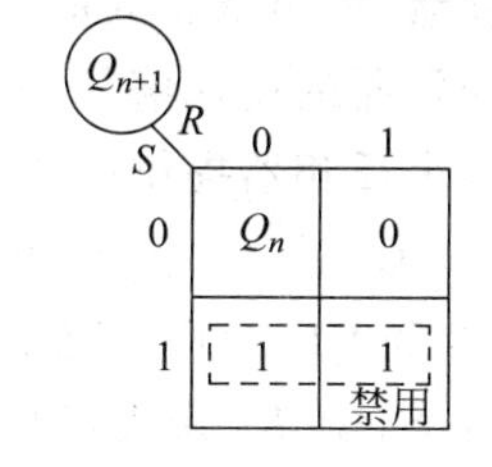

图 7.1.6 可控 RS 触发器次态的卡诺图

图 7.1.7 表示可控 RS 触发器在初态 $Q=0$ 时的波形图。

可控 RS 触发器增加了时钟脉冲，即在翻转时间上进行了控制，希望触发器在时钟脉冲到来时才翻转。但在 CP=1 期间，如 R、S 信号发生变化，则可能引起触发器翻转两次或两次以上，称为空翻。所以使用可控 RS 触发器一般要求在 CP=1 期间，R 和 S 信号不能发生变化。可控 RS 触发器产生空翻现象的例子见图 7.1.8。

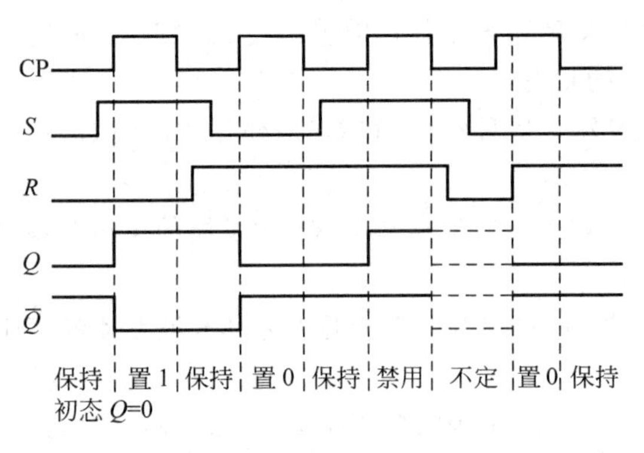

图 7.1.7　初态 Q 为 0 时的波形图

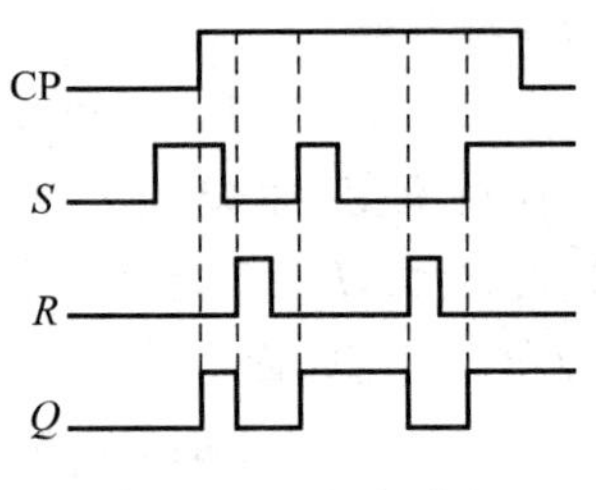

图 7.1.8　空翻现象

7.1.3　*JK* 触发器

基本 *RS* 触发器和可控 *RS* 触发器都存在禁用的情况，而可控 *RS* 触发器还可能产生空翻现象。而用两个可控 *RS* 触发器串联组成的 *JK* 触发器如图 7.1.9(a)所示，不但可以避免禁用情况的出现，而且可避免触发器在 CP=1 期间的空翻问题。

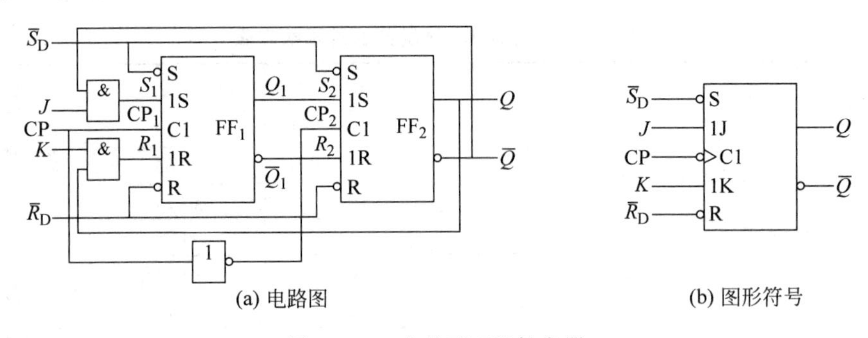

图 7.1.9　主从型 *JK* 触发器

1. 电路构成

图 7.1.9(a)所示的两个可控 *RS* 触发器中，输入信号的那个可控 *RS* 触发器 FF_1 称为**主触发器**，输出状态的那个可控 *RS* 触发器 FF_2 称为**从触发器**。主触发器的输出信号也就是从触发器的输入信号，从触发器的输出状态将由主触发器的状态来决定。CP 时钟脉冲通过一个反相器提供一个互补的时钟信号，当 CP=1 时，$CP_1=1$ 而 $CP_2=0$，先使主触发器的 Q_1 和 $\bar{Q}_1$ 由 S_1 和 R_1 的状态决定翻转，而从触发器的状态 Q 不会变化。当 CP=0 时，$CP_1=0$ 而 $CP_2=1$，情况正好与刚才的相反，主触发器的状态 Q_1 不会变化，而从触发器的状态 Q 由 S_2 和 R_2 来决定翻转。由于 S_2 和 R_2 直接与 Q_1 和 $\bar{Q}_1$ 相连接，因而 Q 的状态由 Q_1 和 $\bar{Q}_1$ 决定，根据可控 *RS* 触发器的状态表可知，Q 必等于 Q_1，也就是说，Q 随着 Q_1 变化。时钟先使主触发器翻转，而后使从触发器翻转，故这种结构的 *JK* 触发器叫主从型 *JK* 触发器。

J 和 K 是信号输入端，它们分别与 $\bar{Q}$ 和 Q 构成**与逻辑**关系，成为主触发器的 S、R 端，其逻辑关系式为：$S_1=J\cdot\bar{Q}$，$R_1=K\cdot Q$。

2. 逻辑功能

在工作时,先通过 $\bar{R}_D$ 负脉冲使 $Q=0,\bar{Q}_1=1$,当 CP=0 时,$CP_1=0$,Q_1 状态不变,而 $CP_2=1$,Q 的状态与 Q_1 的状态一致,即 Q 的初始值为"0",而 $\bar{Q}$ 为"1"。即预置触发器的初始状态为"0"。

(1) $J=1,K=1$。当出现第一个 CP 脉冲时,CP=1,此时 $S_1=J\cdot\bar{Q}=1,R_1=K\cdot Q=0$,使 $Q_1=1,\bar{Q}_1=0$,而 Q 和 $\bar{Q}$ 保持原来的"0"状态不变。当 CP 从 1 下跳为 0,$CP_1=0$,Q_1 和 $\bar{Q}_1$ 保持不变,$CP_2=1$,Q 随 Q_1 变化,即 $Q=Q_1=1,\bar{Q}=0$;当出现第二个 CP 时钟时,CP=1,Q_1 的状态要发生变化,由于此时,$S_1=J\cdot\bar{Q}=0,R_1=K\cdot Q=1$,则 $Q_1=0$,$\bar{Q}_1=1$,Q 和 $\bar{Q}$ 状态保持"1"状态不变。当 CP 第二次从 1 下跳到 0 时,Q_1 和 $\bar{Q}_1$ 不变,Q 随 Q_1 变化,即 $Q=Q_1=0$,$\bar{Q}_1=1$;当第三个 CP 时钟出现时,工作情况和出现第一个 CP 脉冲时完全一样。以后依次重复下去,其波形见图 7.1.10 所示。

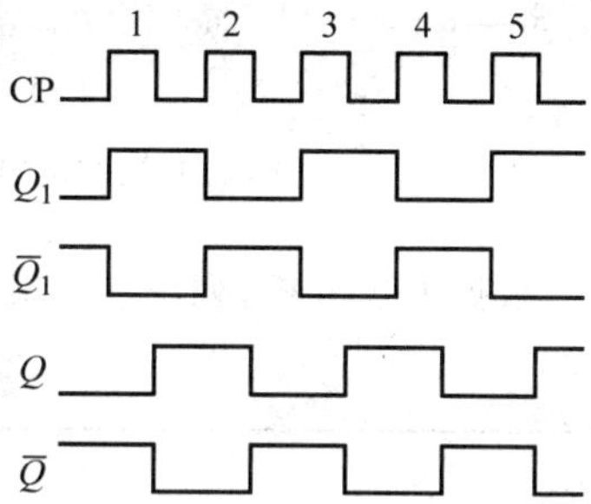

图 7.1.10 $J=1,K=1$ 时触发器的波形图

从波形可见 JK 触发器在 $J=K=1$ 的情况下,来一个时钟脉冲 CP,就使它翻转一次,而且其状态总与 CP 脉冲来之前的状态相反,即 $Q_{n+1}=\bar{Q}_n$。这表明,在这种情况下,Q 的翻转次数等于 CP 脉冲来的个数,因而 JK 触发器具有计数(即翻转)功能。从波形不难看出 JK 触发器是一个在 CP 脉冲下降沿翻转的触发器。

(2) $J=0,K=1$。由图 7.1.9(a)所示的电路图可知,不管 Q 原来是"0"还是"1",$S_1=J\cdot\bar{Q}$ 总为"0",而 $R_1=K\cdot Q$ 与 Q 的原来状态有关。当 $Q=Q_1=1,R_1=1$,出现 CP 脉冲时,$Q_1=0$,CP 脉冲出现过后,$Q=Q_1=0$;当 $Q=Q_1=0,R_1=0$,CP 脉冲出现时,Q_1 和 Q 的状态均不会变化,仍保持原来的"0"态。可见,在 $J=0,K=1$ 的情况下,触发器具有复位(即置 0)功能。

(3) $J=1,K=0$。与上面的情况相反,$R_1=K\cdot Q$ 总是为"0",而 $S_1=J\cdot\bar{Q}$,其值与 Q 的原状态有关。当 $Q=Q_1=0,\bar{Q}=1$ 时,$S_1=1$,CP=1 时,$Q_1=1$,CP 脉冲过后 CP=0,$Q=Q_1=1$;当 $Q=Q_1=1,\bar{Q}=0$ 时,$S_1=0$,出现 CP 脉冲时,Q_1 和 Q 的状态不会变化,保持原来的"1"态。可见,在 $J=1,K=0$ 的情况下,触发器具有置位(即置 1)功能。

(4) $J=0,K=0$。此时,不管原来的 Q 的状态如何,S_1 与 R_1 都为"0",故 CP=1 时,主触发器的 Q 状态不变,CP 脉冲过后,从触发器状态也不会发生改变,即 $Q_{n+1}=Q_n$,触发器具有保持(即记忆)功能。

由以上分析可知,主从型 JK 触发器分两步工作:第一步,在 CP=1 期间,输入信号 J 和 K 的状态被保存在主触发器 FF_1 中,从触发器 FF_2 由于被封锁而维持原来状态不变;第二步,当 CP 的下降沿到来时,主触发器 FF_1 的输出控制从触发器 FF_2 翻转后的状态,而主触发器 FF_1 被封锁,使输出状态稳定,免受输入信号的影响。值得注意的是,这种主从型 JK 触发器,在 CP=1 期间,主触发器 FF_1 需要保持 CP 上升沿作用后的状态不变。因此,在 CP=1 期间,J 和 K 的状态必须保持不变。此外,主从型触发器具有在 CP 从 1 下降到 0 时翻转的特点,因此在图 7.1.9(b)表示的图形符号中,CP 端处的小圆圈和三角表示 Q 端的状态在 CP 时钟脉冲的下降沿翻转。

为了满足实际的应用，也有上升沿翻转的 JK 触发器，如图 7.1.11(a)所示，而且还有多输入结构的 JK 触发器，如图 7.1.11(b)、(c)、(d)所示，各输入端之间是与逻辑关系，即 $J=J_1 \cdot J_2, K=K_1 \cdot K_2$。

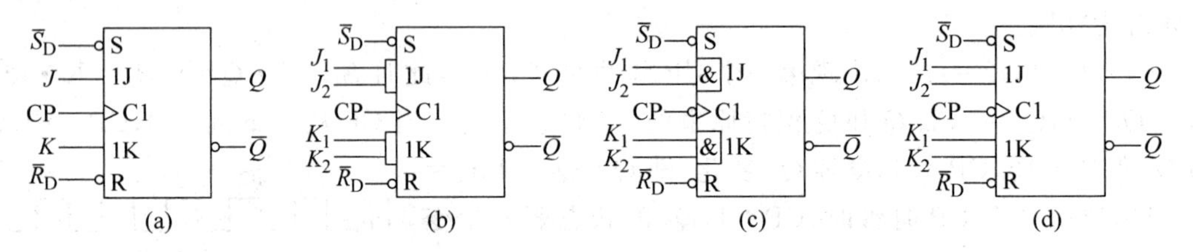

图 7.1.11 上升沿触发的 JK 触发器及多输入结构的 JK 触发器

根据上述分析，列出 JK 触发器的逻辑状态表如表 7.1.4 所示。

表 7.1.4 JK 触发器的逻辑状态表

J	K	Q_n	Q_{n+1}	功能
0	0	0 0	0 0 } Q_n	保持
0	1	0 1	0 0 } 0	复位
1	0	0 1	1 1 } 1	置位
1	1	0 1	1 0 } $\overline{Q}_n$	计数

由表 7.1.4 可得 JK 触发器的卡诺图，如图 7.1.12 所示。

由卡诺图可求得主从型 JK 触发器的特性方程为

$$\begin{aligned} Q_{n+1} &= \overline{J} \cdot \overline{K} \cdot Q_n + J \cdot \overline{K} \cdot 1 + JK\,\overline{Q_n} \\ &= \overline{J} \cdot \overline{K} \cdot Q_n + J \cdot \overline{K} \cdot (Q_n + \overline{Q_n}) + JK\,\overline{Q_n} \\ &= J \cdot \overline{Q_n} + \overline{K} \cdot Q_n \end{aligned}$$

图 7.1.13 为主从型 JK 触发器的波形图。

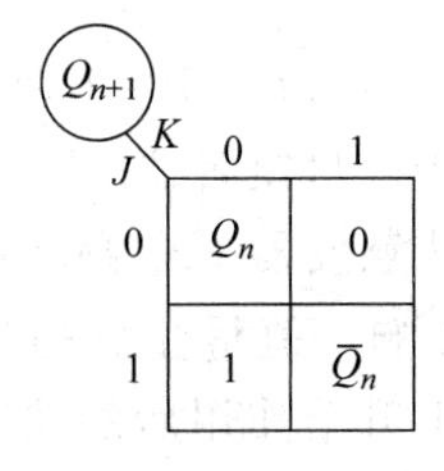

图 7.1.12 JK 触发器次态的卡诺图

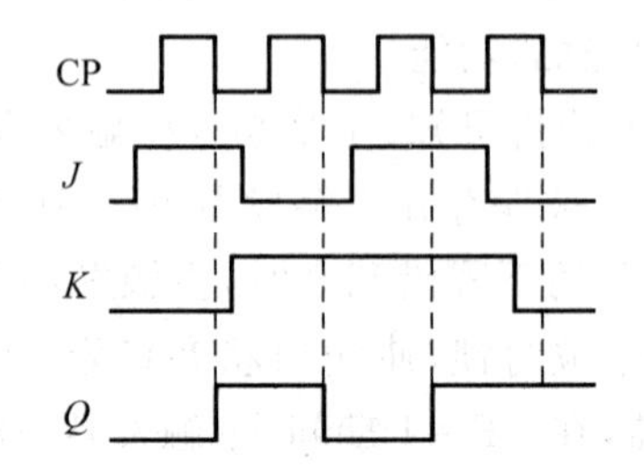

图 7.1.13 主从 JK 触发器的波形图

除了逻辑状态表、卡诺图、特性方程和波形图描述 JK 触发器的逻辑功能外，还常使用状态转移图来形象地描述其**状态转移**的规律。图 7.1.14 为 JK 触发器的状态转移图。图中圆圈代表触发器输出 Q 的状态，有向曲线的箭头表示触发器由原态转移到次态，状态转移的输入条件 J 和 K 标记在有向曲线旁。例如，在图 7.1.14 中，从状态 0 到状态 1 有一根有向曲线，曲线旁标记 1/0 或 1/1，它表示触发器的原态为 0 时，如果输入为 $J=1,K=0$ 或者 $J=1,K=1$，在时钟脉冲作用下，触发器的状态由 0 转移到 1。在状态图中，不但能看到状态转移规律，而且可以从图中了解到触发器从原态转移到规定的次态时对输入信号 J 和 K 的要求。例如，从现态为 1 转移到次态为 0 时，对输入信号的要求是 $J=0,K=1$ 或者 $J=1,K=1$。

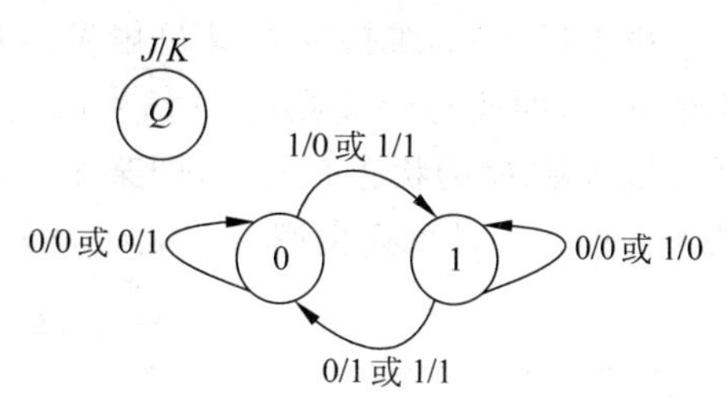

图 7.1.14　JK 触发器的状态转移图

7.1.4　*D* 触发器

D 触发器大多为边沿结构类型的触发器，它的次态仅取决于 CP 脉冲的边沿（上升沿或下降沿）到达时刻输入信号的状态，而与此边沿时刻以前或以后的输入状态无关，因而可以提高它的可靠性和抗干扰能力。本节只介绍常用的维持阻塞型 D 触发器。其电路图、图形符号和波形图如图 7.1.15 所示。

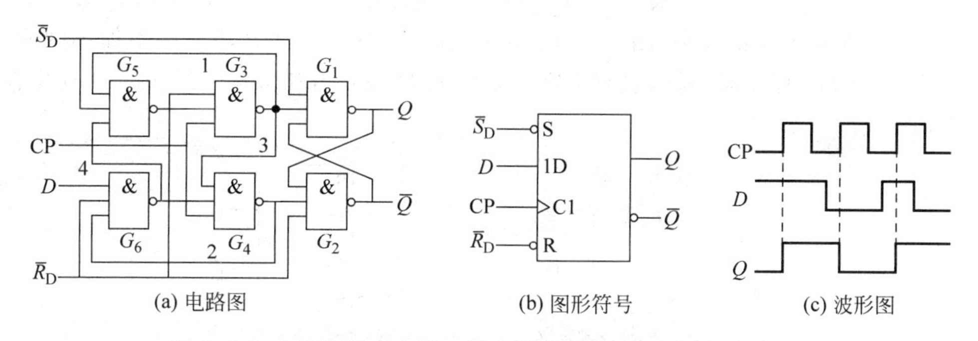

图 7.1.15　维持阻塞边沿 D 触发器电路图、图形符号和波形图

1. 电路结构

如图 7.1.15(a)所示，维持阻塞 D 触发器由 6 个与非门构成，G_1 和 G_2 组成基本 RS 触发器。G_3 和 G_4 组成 CP 时钟脉冲控制电路，G_5 和 G_6 组成数据输入电路，D 端为数据输入端。

2. 逻辑功能

(1) CP=0 时，G_3 和 G_4 门被封锁，两门输出均为“1”，G_1、G_2 组成的基本 RS 触发器保持原状态。此时，G_6 为开启状态允许信号输入。

(2) CP 从“0”上跳为“1”，即 CP=1 时，若 $D=1$，则 G_6 输出为“0”，G_4 被封锁；因 G_6 输出“0”而使 G_5 输出“1”，G_3 开启；CP 信号只能进 G_3，G_3 输出为“0”。G_3 输出的“0”，一是使 G_1 输出 $Q=1$，触发器置位；二是通过线 1 使 G_5 输出为“1”，维持 G_3 在 CP=1 期间始终开启；三是通过线 3 去阻塞 G_4，使 G_4 保持封锁。

若 CP 从“0”上跳为“1”时，$D=0$，则 G_6 输出为“1”，G_4 开启；因 G_6 输出“1”而使 G_5 输出“0”，G_3 被封锁；CP 信号只能进 G_4，G_4 输出为“0”。G_4 输出的“0”。一是使 G_2 输出“1”，从而 $Q=0$，触发器复位；二是通过线 2 使 G_6 输出为“1”，维持 G_4 在 CP=1 期间始终开启；三是 G_6 输出的“1”又通过线 4 使 G_5 输出“0”，以阻塞 G_3，使其继续被封锁。

由上述可知，维持阻塞型 D 触发器具有在 CP 脉冲上升沿触发的特点，这种维持阻塞作用建立后，即使 CP=1 期间 D 信号改变也不会影响输出。其逻辑功能为：输出端 Q 的状态随着输入端 D 的状态而变化，即某个时钟脉冲来到之后 Q 的状态和该脉冲来到之前 D 的状态一样。于是可列出逻辑功能如表 7.1.5 所示。

表 7.1.5　D 触发器的逻辑状态表

CP	D	Q_n	Q_{n+1}	功　能
↑	0	0	0 } 0	复位
		1	0	
↑	1	0	1 } 1	置位
		1	1	

由表 7.1.5 可知，当 CP 上升沿来时，如 $D=1$，则 $Q_{n+1}=1$，如 $D=0$，则 $Q_{n+1}=0$，所以其特性方程为

$$Q_{n+1}=D \quad (\text{CP 上升沿有效})$$

为了与下降沿触发相区别，图 7.1.15(b)所示图形符号中，CP 输入端不加小圆圈。在实际应用中，与 JK 触发器一样，也有下降沿触发的 D 触发器和多输入结构的 D 触发器，如图 7.1.16 所示。

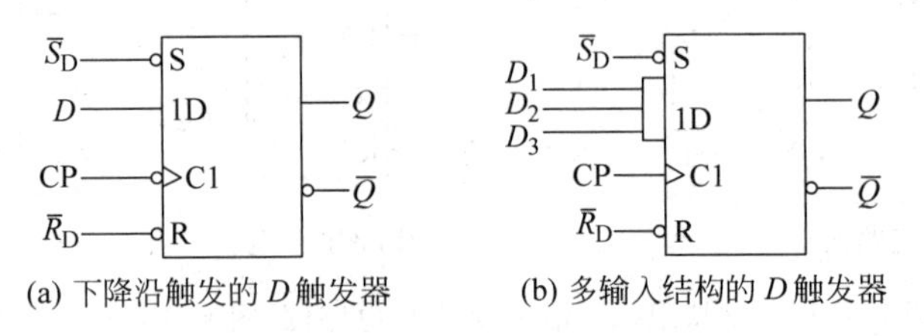

图 7.1.16　D 触发器的图形符号

例 7.1.2　在图 7.1.17(a)所示由 D 触发器和 JK 触发器组成的电路中，已知时钟脉冲 CP、直接复位端 $\bar{R}_D$ 和输入端 D 的波形，如图 7.1.17(b)，试画出输出端 Q_2 和 Q_1 的波形。设 Q_2Q_1 的初始状态为“00”。

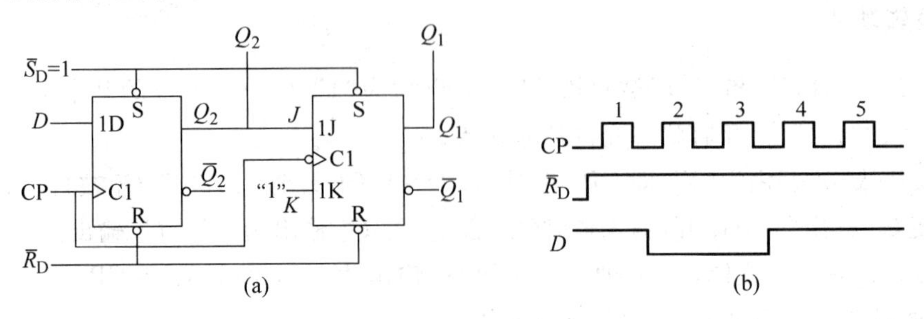

图 7.1.17　例 7.1.2 图

解：如图 7.1.17 所示，D 触发器是上升沿触发，而 JK 触发器是下降沿触发。两个触发器的直接置位端连在一起，且为高电平，即 $\bar{S}_D=1$，而直接复位端也连在一起作为 $\bar{R}_D$，其波形由图可知，设置好两个触发器的初始状态为“00”后也变为高电平。根据已知条件，首先画出 D 触发器的输出端 Q_2 的波形，如图 7.1.18 所示。而 JK 触发器的输入端 J 满足 $J=Q_2$，输入端 K 为 1，因此当时钟脉冲 CP 的下降沿到来时，若 $J=Q_2=1$ 时，JK 触发器处于计数（翻转）功能；若 $J=Q_2=0$ 时，JK 触发器处于复位（置 0）功能。因此，可画出 JK 触发器输出端 Q_1 的波形如图 7.1.18 所示。

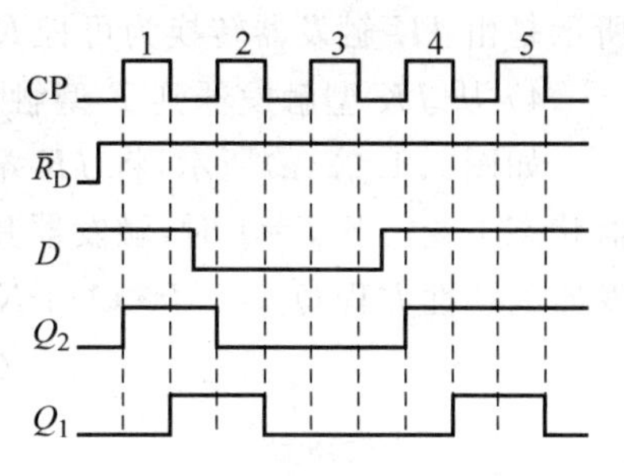

图 7.1.18　例 7.1.2 的波形图

7.1.5　触发器逻辑功能的转换与设计

1. 触发器逻辑功能的转换

每一种触发器有其自己的逻辑功能，有时我们手中只有某一种类型的触发器，而根据系统需要却是另一类型的触发器，这就需要将某种逻辑功能的触发器，经过改接和附加一些门电路后，转换成另一种类型的触发器。下面举例说明。

1）从 D 触发器到可控 RS 触发器的转换

D 触发器的特性方程为 $Q_{n+1}=D$，而可控 RS 触发器的特性方程为 $Q_{n+1}=S+\bar{R}\cdot Q_n$。因此，令 D 触发器的输入信号满足

$$D=S+\bar{R}\cdot Q_n=\overline{\bar{S}\cdot\overline{\bar{R}\cdot Q_n}}$$

就可得到可控 RS 触发器。图 7.1.19 就是由 D 触发器转换为可控 RS 触发器的电路图。

需要注意的是若原 D 触发器是 CP 上升沿触发，则转换后的 RS 触发器也是 CP 上升沿时触发。

2）从 D 触发器到 T' 触发器的转换

如将 D 触发器的 D 端和 $\bar{Q}$ 端相联，就得到了 T' 触发器，如图 7.1.20 所示。其特性方程为 $Q_{n+1}=\bar{Q}_n$，可见它的逻辑功能是每来一个时钟脉冲，触发器的状态翻转一次，具有计数功能。

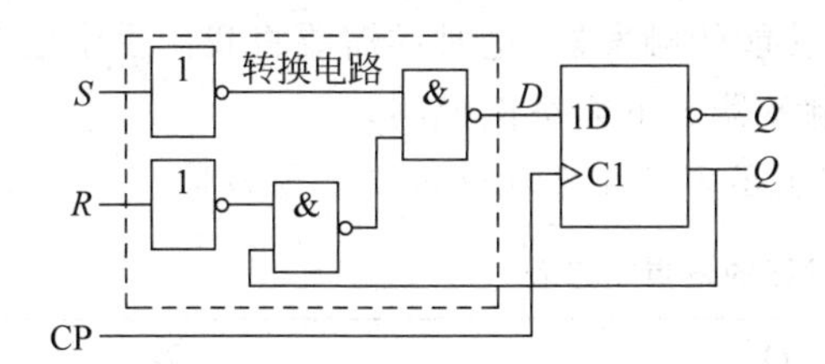

图 7.1.19　D 触发器转换为可控 RS 触发器

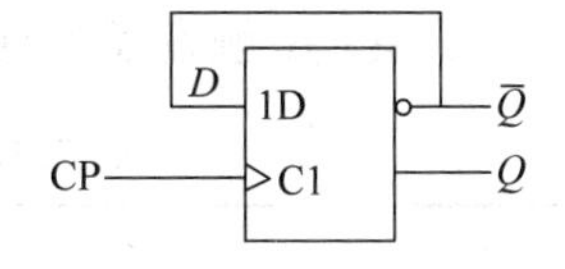

图 7.1.20　D 触发器转换为 T' 触发器

3）从 JK 触发器到可控 RS 触发器的转换

JK 型触发器的特性方程为 $Q_{n+1}=J\cdot\bar{Q}_n+\bar{K}\cdot Q_n$，而可控 RS 型触发器的特性方程为 $Q_{n+1}=S+\bar{R}\cdot Q_n$，联立两方程，有

$$J\cdot\bar{Q}_n+\bar{K}\cdot Q_n=S+\bar{R}\cdot Q_n=S(Q_n+\bar{Q}_n)+\bar{R}\cdot Q_n=S\cdot\bar{Q}_n+(S+\bar{R})\cdot Q_n$$

所以只要令 $J=S, K=\overline{S}\cdot R$，即实现了 JK 触发器转换为可控 RS 触发器。图 7.1.21 所示是由 JK 触发器转换为可控 RS 触发器的电路图。

4）从 JK 型触发器到 T 型触发器的转换

如图 7.1.22(a)所示，将 JK 端联在一起，称为 T 端。当 $T=0$ 时，时钟脉冲作用后触发器状态不变；当 $T=1$ 时，触发器具有计数逻辑功能，这类触发器称为 T 触发器。与 JK 触发器的特性方程 $Q_{n+1}=J\cdot\overline{Q}_n+\overline{K}\cdot Q_n$ 对照可知 $J=K=T$，所以其特性方程为

$$Q_{n+1}=T\cdot\overline{Q}_n+\overline{T}\cdot Q_n$$

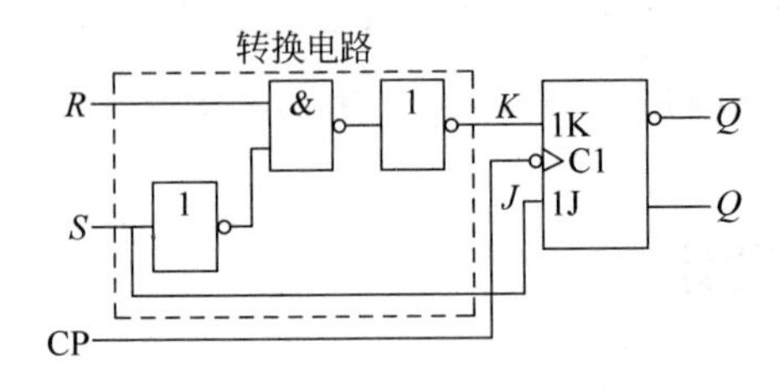

图 7.1.21 JK 触发器转换为可控 RS 触发器

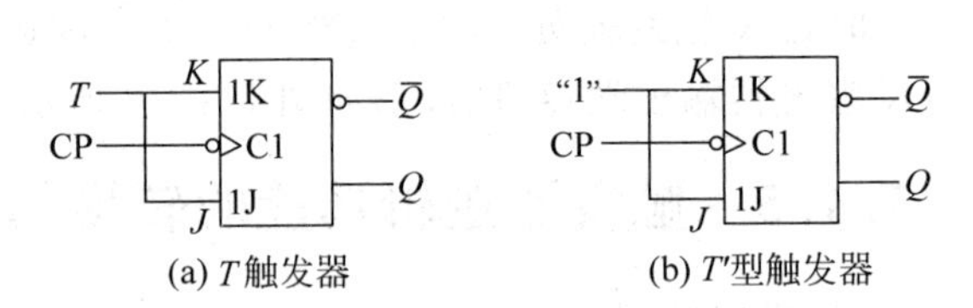

图 7.1.22 JK 触发器转换为 T 触发器和 T' 型触发器

其逻辑状态表如表 7.1.6 所示。

表 7.1.6 T 触发器的逻辑状态表

T	Q_n	Q_{n+1}	功 能
0	0	0 } Q_n	保持
	1	1	
1	0	1 } $\overline{Q}_n$	计数
	1	0	

对于 T' 触发器，其特性方程为 $Q_{n+1}=\overline{Q}_n$。因此只要使 $J=K=1$ 即可得由 JK 触发器转换为 T' 触发器，如图 7.1.22(b)所示。

2. 触发器逻辑功能的设计

有时根据实际应用的要求，需要具有独特功能的触发器，这时候需要将我们手中已有的某一类型的触发器设计具有这种特殊功能的触发器。下面举例说明。

例 7.1.3 试用 JK 触发器设计一个能够满足表 7.1.7 功能的 XY 触发器。

表 7.1.7 XY 触发器的逻辑状态表

X	Y	Q_{n+1}	功 能
0	0	0	复位
0	1	1	置位
1	0	Q_n	保持
1	1	$\overline{Q}_n$	计数

解：首先由逻辑状态表得到 XY 触发器的特性方程：

$$
\begin{aligned}
Q_{n+1} &= \overline{X}\cdot\overline{Y}\cdot 0+\overline{X}\cdot Y\cdot 1+X\cdot\overline{Y}\cdot Q_n+X\cdot Y\cdot\overline{Q}_n \\
&= \overline{X}\cdot Y\cdot(Q_n+\overline{Q}_n)+X\cdot\overline{Y}\cdot Q_n+X\cdot Y\cdot\overline{Q}_n \\
&= (\overline{X}\cdot Y+X\cdot\overline{Y})Q_n+Y\cdot\overline{Q}_n
\end{aligned}
$$

将 XY 触发器的特性方程与 JK 触发器的特性方程联立可得：

$$J\overline{Q}_n+\overline{K}Q_n=(\overline{X}\cdot Y+X\cdot\overline{Y})Q_n+Y\cdot\overline{Q}_n$$

由 Q_n 和 $\overline{Q}_n$ 的系数对应相等，则有

$$J=Y,\quad K=\overline{\overline{X}\cdot Y+X\cdot\overline{Y}}=\overline{X\oplus Y}$$

根据 J 和 K 的逻辑式画出设计的 XY 触发器电路图，如图 7.1.23 所示

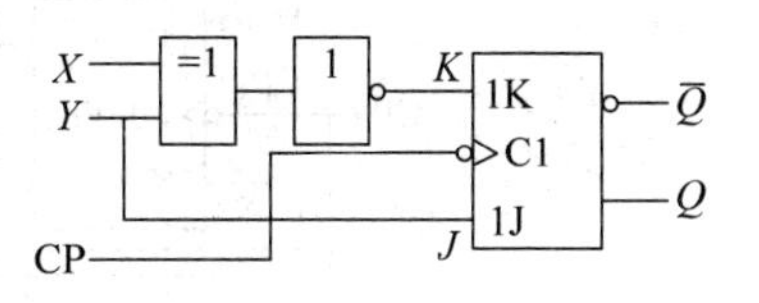

图 7.1.23　例 7.1.3 要求设计的 XY 触发器

【思考题】

1. 什么是低电平有效？什么是高电平有效？
2. 基本 RS 触发器和可控 RS 触发器有何区别？
3. 可控 RS 触发器的时钟脉冲 CP 有何作用？
4. 什么是“空翻”现象？
5. JK 触发器和可控 RS 触发器的时钟脉冲 CP 的作用有何不同？

7.2　时序逻辑电路的分析和设计

7.2.1　时序逻辑电路的分析

触发器具有记忆功能，因此，由触发器或触发器加组合逻辑电路组成的电路，它的输出不仅与当前时刻的输入状态有关，而且与电路原来的状态(即触发器的原状态)有关，这种电路就是时序电路。“时序”即电路的状态与时间顺序有密切的关系。

时序逻辑电路根据时钟脉冲加入方式的不同，分为同步时序逻辑电路和异步时序逻辑电路。同步逻辑时序电路中各触发器共用同一个时钟脉冲，因而各触发器的动作均与时钟脉冲同步。异步时序逻辑电路中的触发器不共用同一个时钟脉冲，因而有的触发器动作与时钟脉冲不再同步。

时序逻辑电路的分析就是根据已知的逻辑电路求其逻辑功能。由于时序电路的逻辑状态是按时间顺序随输入信号的变化而变化的，因此，分析时序逻辑电路的过程就是找出电路输出状态随时钟脉冲和输入变量作用下的变化规律的过程。其步骤如下：

(1) 了解时序逻辑电路的组成，写出各触发器输入端的逻辑表达式，该表达式也称为驱动方程；

(2) 根据脉冲信号的次序，确定触发器输入端的值，根据触发器的逻辑状态表，逐次推断触发器的次态，列出时序逻辑电路的逻辑状态表；

(3) 画出状态循环图或者波形图；

(4) 描述时序逻辑电路的功能。

上述步骤中的第(2)步，也可以通过将输入端表达式的代入触发器的特性方程中，得出

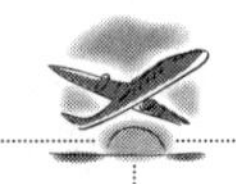

触发器的状态方程。根据状态方程的计算列出时序逻辑电路的逻辑状态表。

例 7.2.1 分析图 7.2.1 所示电路的逻辑功能，设输出端 $Q_3Q_2Q_1$ 的初始状态为"000"。

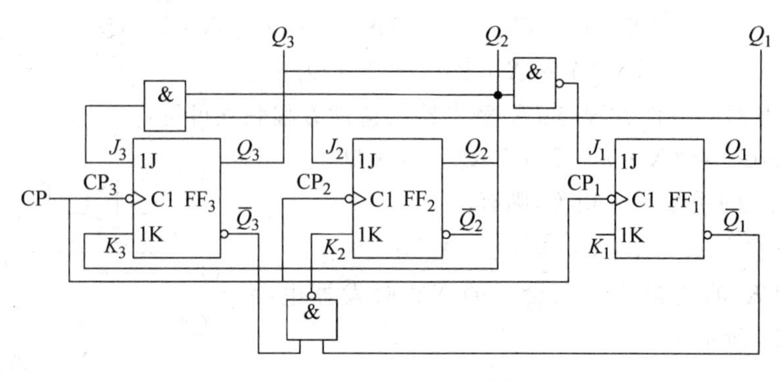

图 7.2.1 例 7.2.1 的图

解：(1) 分析电路的组成，写出各触发器输入端逻辑表达式。由图 7.2.1 所示时序逻辑电路由 3 个 JK 触发器 FF_3、FF_2、FF_1 和 3 个门组成，所有触发器的时钟脉冲输入端由同一个时钟脉冲 CP 控制，即 $CP_3=CP_2=CP_1=CP$，因此是同步时序电路。各触发器输入端 J 和 K 的逻辑表达式为

$$J_1=\overline{Q_3\cdot Q_2},K_1=1;\quad J_2=Q_1,K_2=\overline{\overline{Q}_3\cdot\overline{Q}_1};\quad J_3=Q_2\cdot Q_1,K_3=Q_2$$

(2) 列出时序逻辑电路的逻辑状态表。

首先将输出 $Q_3Q_2Q_1$ 初始状态填入逻辑状态表中，对应时钟脉冲 CP 为 0，即无脉冲的情况。然后写各触发器输入端 J 和 K 的值，根据 JK 触发器的逻辑状态表，依次写出下一个脉冲到来时，电路输出 $Q_3Q_2Q_1$ 的新状态，依次类推，直到电路的状态出现循环结束，如表 7.2.1 所示。

表 7.2.1 例 7.2.1 的逻辑状态表(一)

CP 顺序	Q_3	Q_2	Q_1	J_3	K_3	J_2	K_2	J_1	K_1
0	0	0	0	0	0	0	0	1	1
1	0	0	1	0	0	1	1	1	1
2	0	1	0	0	1	0	0	1	1
3	0	1	1	1	1	1	1	1	1
4	1	0	0	0	0	0	1	1	1
5	1	0	1	0	0	1	1	1	1
6	1	1	0	0	1	0	1	0	1
7	0	0	0						

(3) 讨论无效状态，画出状态循环图。

由表 7.2.1 可知，电路输出 $Q_3Q_2Q_1$ 共出现了 7 个状态，还有"111"状态没有出现。虽然它是无效状态，但仍须讨论如果电路输出的初始初态为"111"的情况。因此重复上一步的操作过程，得到表 7.2.2。

表 7.2.2 例 7.2.1 的逻辑状态表(二)

CP 顺序	Q_3	Q_2	Q_1	J_3	K_3	J_2	K_2	J_1	K_1
0	1	1	1	1	1	1	1	0	1
1	0	0	0	0	0	1	1	1	1

由表 7.2.2 可知,如果电路的初始状态为"111",下一个脉冲到来后,将变为"000",电路将重复表 7.2.1 所列的情况。因此,画出电路的状态循环图,如图 7.2.2 所示。电路中用了 3 个触发器,应有 8 种状态,其中 7 个状态进行有效循环,而"111"是无效状态,如果电路的初始状态为"111",则电路的次态为"000",说明电路在 CP 脉冲作用下可以从无效状态进入有效循环,称该电路具有自启动功能。

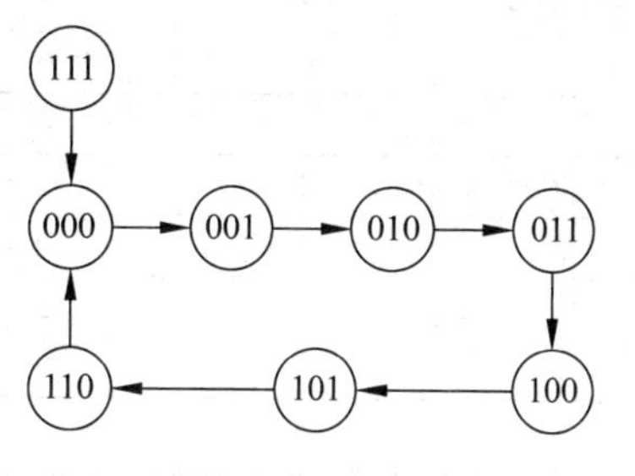

图 7.2.2 电路的状态循环图($Q_3Q_2Q_1$)

(4) 描述电路的逻辑功能。

此电路为同步七进制加法计数器,具有自启动功能。

例 7.2.2 分析图 7.2.3 所示电路的逻辑功能,设初始状态为"000"。

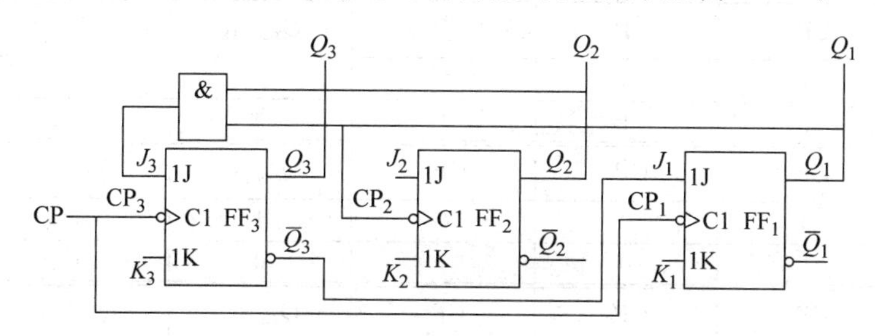

图 7.2.3 例 7.2.2 的图

解:(1) 分析电路的组成,写出各触发器输入端的驱动方程。由图 7.2.3 所示时序逻辑电路由 3 个 JK 触发器 FF_3、FF_2、FF_1 和一个与门组成,触发器 FF_3 和 FF_1 的时钟脉冲输入端由时钟脉冲 CP 控制,即 $CP_3=CP_1=CP$,而触发器 FF_2 的时钟脉冲输入端 CP_2 由触发器 FF_1 的输出 Q_1 控制,即 $CP_2=Q_1$,因此它是异步时序电路。各触发器的输入端 J 和 K 的驱动方程为

触发器 FF_1:$J_1 = \bar{Q}_3, K_1 = 1$;

触发器 FF_2:$J_2 = 1, K_2 = 1$;

触发器 FF_3:$J_3 = Q_2 \cdot Q_1, K_3 = 1$。

(2) 把驱动方程代入触发器的特性方程,得出各触发器的状态方程:

$$Q_{1(n+1)} = \bar{Q}_{3n} \cdot \bar{Q}_{1n} \cdot (CP_1 \downarrow) = \bar{Q}_{3n} \cdot \bar{Q}_{1n} \cdot (CP \downarrow)$$

$$Q_{2(n+1)} = \bar{Q}_{2n} \cdot (CP_2 \downarrow) = \bar{Q}_{2n} \cdot (Q_{1n} \downarrow)$$

$$Q_{3(n+1)} = Q_{2n} \cdot Q_{1n} \cdot \bar{Q}_{3n} \cdot (CP_3 \downarrow) = Q_{2n} \cdot Q_{1n} \cdot \bar{Q}_{3n} \cdot (CP \downarrow)$$

注意在这里我们把 CP 信号也作为逻辑变量写入状态方程式。因为在异步时序电路中,每次电路状态发生变化时,各个触发器不一定都有时钟脉冲信号,在没有时钟信号时,触发器的状态不会变化。状态方程所表示的逻辑功能只有在 CP 信号下降沿到来时才成立,

根据状态方程可列出状态表，此时把 CP 也列入表中，以便根据输入信号、电路现态及是否有 CP 来决定电路的次态。CP_3、CP_2 和 CP_1 如果是下降沿输入，就取 1，否则就取 0。由此可作电路的状态表，如表 7.2.3 所示。

表 7.2.3　例 7.2.2 的状态表(一)

CP 顺序	CP_3	CP_2	CP_1	$Q_{3(n+1)}$	$Q_{2(n+1)}$	$Q_{1(n+1)}$
0	0	0	0	0	0	0
1	1	0	1	0	0	1
2	1	1	1	0	1	0
3	1	0	1	0	1	1
4	1	1	1	1	0	0
5	1	0	1	0	0	0

(3) 讨论无效状态，画出波形图和状态循环图。

由表 7.2.3 可知，电路输出 $Q_3Q_2Q_1$ 共出现了 5 个状态，还有“111”、“110”和“101”状态没有出现。因此重复上一步的操作过程，可得到表 7.2.4。

表 7.2.4　例 7.2.2 的状态表(二)

CP 顺序	CP_3	CP_2	CP_1	$Q_{3(n+1)}$	$Q_{2(n+1)}$	$Q_{1(n+1)}$
0	0	0	0	1	1	1
1	1	1	1	0	0	0
CP 顺序	CP_3	CP_2	CP_1	$Q_{3(n+1)}$	$Q_{2(n+1)}$	$Q_{1(n+1)}$
0	0	0	0	1	1	0
1	1	0	1	0	1	0
CP 顺序	CP_3	CP_2	CP_1	$Q_{3(n+1)}$	$Q_{2(n+1)}$	$Q_{1(n+1)}$
0	0	0	0	1	0	1
1	1	1	1	0	1	0

由表 7.2.4 可知，电路输出 $Q_3Q_2Q_1$ 的初始状态如果分别为“111”、“110”和“101”，则下一个时钟脉冲后，状态分别变为“000”、“010”和“010”，即都进入有效循环，因此该电路具有自启动功能。

画出电路的波形图和状态循环图如图 7.2.4 所示。

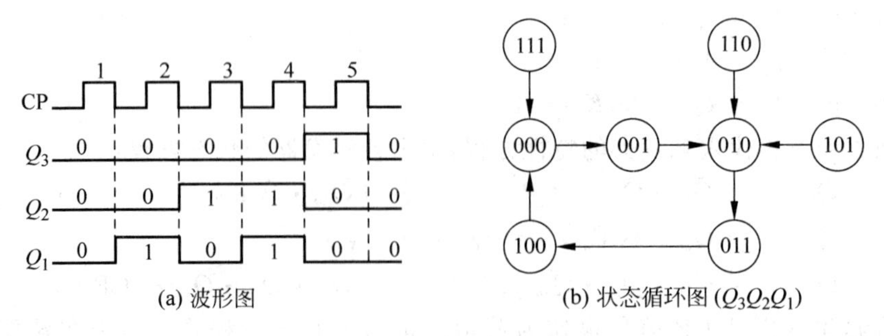

(a) 波形图　　(b) 状态循环图 ($Q_3Q_2Q_1$)

图 7.2.4　例 7.2.2 图

(4) 描述电路的逻辑功能。

此电路为异步五进制加法计数器，具有自启动功能。

7.2.2　时序逻辑电路的设计

设计一个同步时序逻辑电路的步骤一般为：

(1) 根据给定的时序电路功能(一般为状态循环图)，列出状态表；

(2) 选定触发器的类型及所需个数；

(3) 由状态表获得触发器输入端的状态表；

(4) 由卡诺图求出各触发器输入端的逻辑表达式，或驱动方程；

(5) 画出时序逻辑电路图。

如果在电路功能描述中，已告知了触发器的类型，则第 2 步可省略。

例 7.2.3　用 JK 触发器设计一个满足图 7.2.5 所示的状态循环图的同步时序逻辑电路。

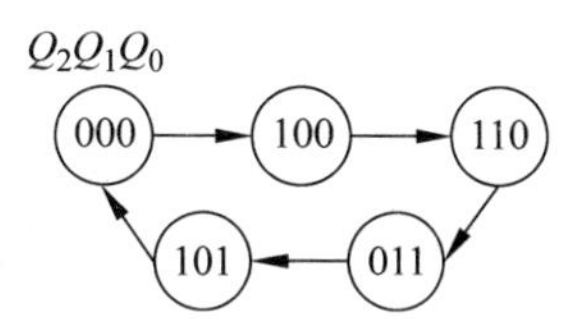

图 7.2.5　状态循环图

解：(1) 列出输出端逻辑状态表，如表 7.2.5 所示。注意写到有状态重复为止，如本例中“000”第一次重复出现。

表 7.2.5　输出端的状态表

CP 顺序	Q_2	Q_1	Q_0	J_2	K_2	J_1	K_1	J_0	K_0
0	0	0	0						
1	1	0	0						
2	1	1	0						
3	0	1	1						
4	1	0	1						
5	0	0	0						

(2) 填入满足 $Q_2Q_1Q_0$ 要求的状态转换的输入端 J 和 K 的值，要求尽量简单。

由 JK 触发器输出端 Q 的状态转换，可倒推出输入端 J 和 K 的取值，具体情况见图 7.1.14 所示。由此可知：当输出端 Q，由初态 0 转换成次态 0 时，$J=0, K=\times$；由初态 0 转换成次态 1 时，$J=1, K=\times$；由初态 1 转换成次态 0 时，$J=\times, K=1$；由初态 1 转换成次态 1 时，$J=\times, K=0$。因此，我们推出 J 和 K 的状态表如表 7.2.6 所示。

表 7.2.6　输入端 J 和 K 的状态表

CP 顺序	Q_2	Q_1	Q_0	J_2	K_2	J_1	K_1	J_0	K_0
0	0	0	0	1	×	0	×	0	×
1	1	0	0	×	0	1	×	0	×
2	1	1	0	×	1	×	0	1	×
3	0	1	1	1	×	×	1	×	0
4	1	0	1	×	1	0	×	×	1
5	0	0	0						

注：“×”表示任意态。

(3) 用卡诺图化简并确定各触发器的输入端 J 和 K 的逻辑表达式，如图 7.2.6 所示。注意：如果卡诺图方格中既有 1，又有×，则该方格应取 1。同样，如果既有 0，又有×，则该方格应取 0。

所以，

$$J_2=1, K_2=Q_0+Q_1=\overline{\overline{Q_0}\cdot\overline{Q_1}};\quad J_1=\overline{Q_0}Q_2, K_1=Q_0;\quad J_0=Q_1, K_0=Q_2。$$

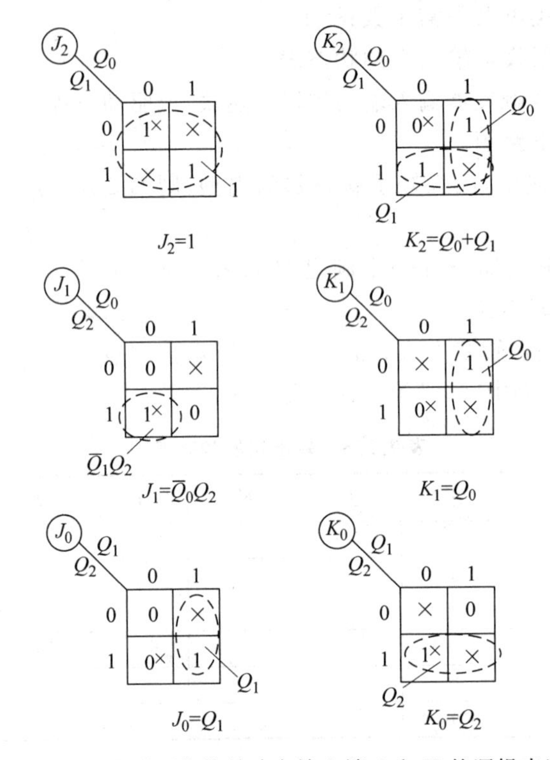

图 7.2.6　卡诺图化简并确定输入端 J 和 K 的逻辑表达式

(4) 画出满足要求的同步时序逻辑电路，见图 7.2.7。

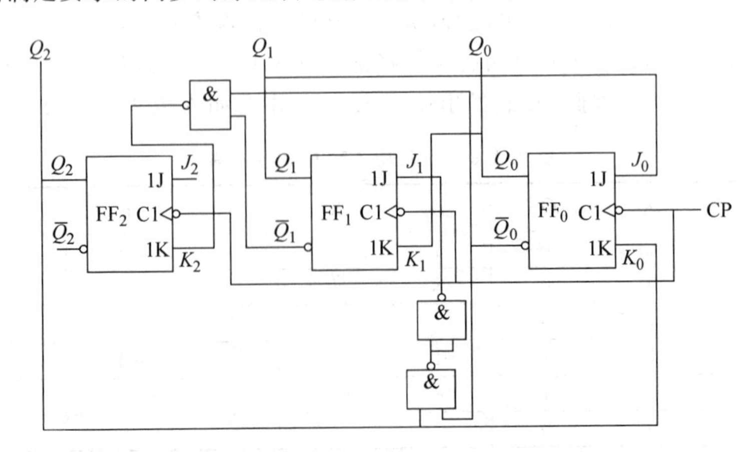

图 7.2.7　例 7.2.3 设计的时序逻辑电路图

7.2.3 时序逻辑电路的应用实例

在数字系统中，有时需要对一系列串行输入序列脉冲（或串行数据）中的某一序列进行检测。例如，把随机的一列串行脉冲信号 010111001110……中的 110 序列检测出来。能完成这一功能的时序逻辑电路称为序列脉冲检测器（也称数据检测器）。下面举一个序列脉冲检测器的例子。

例 7.2.4 图 7.2.8 是一个串行序列脉冲检测器，电路中输入 X 是一串行随机的脉冲信号，Y 是输出信号，试分析该电路能检测怎样的序列脉冲？

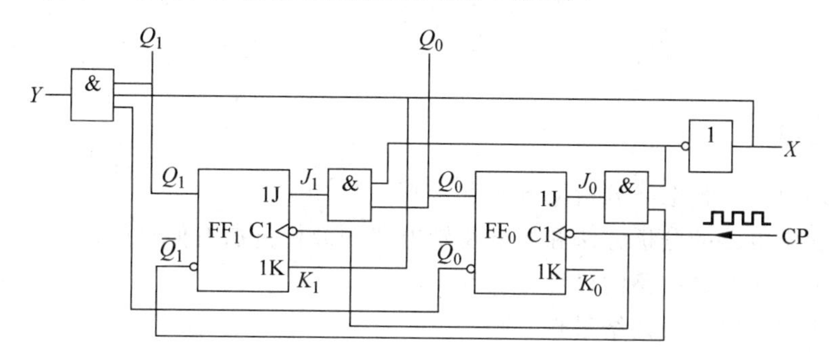

图 7.2.8 例 7.2.4 序列脉冲检测器

解：由电路可列出各触发器输入端 J 和 K 及输出信号 Y 的逻辑表达式：

$$J_1=\overline{X}\cdot Q_0,K_1=X;\quad J_0=\overline{X}\cdot\overline{Q_1},K_0=1;\quad Y=X\cdot Q_1\cdot\overline{Q_0}$$

列出该时序逻辑电路的状态表，如表 7.2.7 所示。

表 7.2.7 例 7.2.4 的状态表

输入	现态 Q_n		各触发器的输入端 JK				次态 Q_{n+1}		输出
X	Q_1	Q_0	J_1	K_1	J_0	K_0	Q_1	Q_0	Y
0	0	0	0	0	1	1	0	1	0
0	0	1	1	0	1	1	1	0	0
0	1	0	0	0	0	1	1	0	0
0	1	1	1	0	0	1	1	0	0
1	0	0	0	1	0	1	0	0	0
1	0	1	0	1	0	1	0	0	0
1	1	0	0	1	0	1	0	0	1
1	1	1	0	1	0	1	0	0	0

从 Y 的逻辑式可知，当 CP 脉冲下降沿作用下，Y 的状态取决于 Q_1Q_0 的某一初态和 X 的状态。因此，电路的状态转换图如图 7.2.9 所示。

当输入序列 X 为连续出现两个 0 时，随着 CP 脉冲到来，电路的状态先从 00 翻转到 01 状态，在第二个 CP 作用后又从 01 状态翻转到 10，如随后的输入 X 为 1，检测器的输出为 1。则在 CP 脉冲作用下，电路的状态又翻转到 00，除了上述情况以外，电路不管输入序列 X 的状态如何，在 CP 脉冲的作用下，其状态要么保持不变，要么都回到起始的状态 00，而且输出 Y 都为 0。可见，此检测器能检测随机信号 X 中的 001 序列。所以，该电路是一个 001 序列

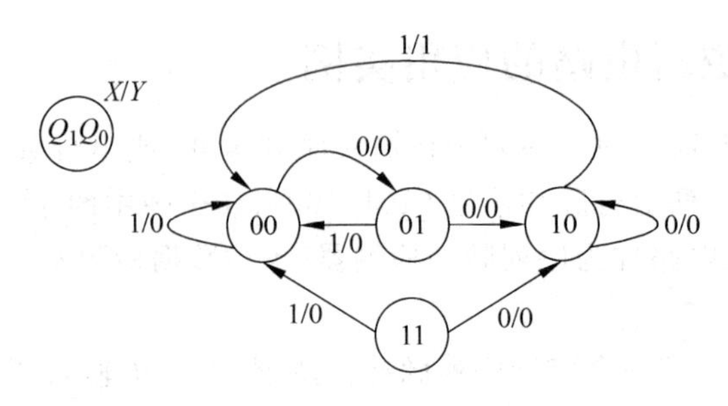

图 7.2.9　例 7.2.4 的状态转换图

脉冲检测器。

【思考题】

1. 试简述时序逻辑电路分析的方法和步骤。
2. 时序逻辑电路的分析方法和组合逻辑电路的分析方法有何异同?
3. 试简述时序逻辑电路的设计方法和步骤。
4. 时序逻辑电路的设计结果唯一吗?

7.3　寄存器

在数字电路中,能用来寄存二进制信息的电路称为寄存器。它主要用来暂时存放待运算的数据、代码或者中间结果。其特点是:由具有存储记忆功能的多个触发器和一些逻辑门电路组成,电路简单。只实现暂存数码和数据的功能,不对所存数码和数据进行处理。

一个触发器只能寄存 1 位二进制信息,如果要寄存 N 位二进制信息时,电路就要有 N 个触发器。常用的有 4 位、8 位、16 位等寄存器。

寄存器存取数码的方式有并行和串行两种。并行方式就是数码各位同时输入或输出寄存器;串行方式就是数码逐位输入或输出寄存器。

寄存器常分为两类:数码寄存器和移位寄存器,其区别在于有无移位的功能。

7.3.1　数码寄存器

数码寄存器,又称暂存器或锁存器,只具有存放二进制数码的功能,只能实现并行输入,或可带有并行输出,可由各种触发器组成。

图 7.3.1 所示为一个由 4 个 D 触发器和 4 个与门和 4 个三态非门组成的 4 位数码寄存器。4 位待存的数码 $d_3d_2d_1d_0$ 通过 4 个与门与 4 个 D 触发器的 D 端相接。它接收数码的工作程序是:

第一步,先用清零负脉冲(或叫复位脉冲)使所有的触发器都回到"0"状态。

第二步,加上寄存正脉冲于与门的输入控制端使 IE=1,它把输入端与门打开,$d_3 \sim d_0$ 便输入至各触发器的 D 端。

第三步,当时钟脉冲 CP=1 时,$d_3 \sim d_0$ 以反变量形式寄存在 4 个 D 触发器 $FF_3 \sim FF_0$ 的 $\overline{Q}$ 端,即寄存器接受了数码 $d_3 \sim d_0$ 的反变量。

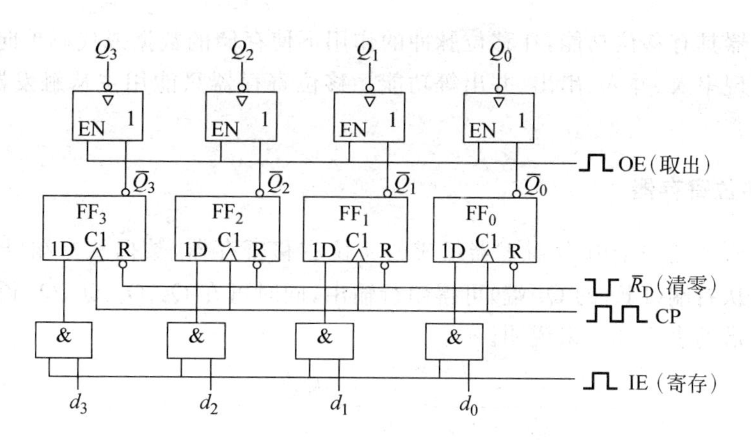

图 7.3.1 4 位数码寄存器

第四步，当输出端 4 个三态非门的控制信号 OE=1 时，三态非门接受取出信号打开，$d_3 \sim d_0$ 便从三态门的 $Q_3 \sim Q_0$ 端输出。

由于这种寄存器的输入 $d_3 \sim d_0$ 是同时送入的，而输出 $Q_3 \sim Q_0$ 也是同时输出，所以这种寄存器称为并行输入、并行输出式寄存器。只要不存入新的数码，原来的数码可重复取出，并一直保持下去。

例 7.3.1 画出用可控 *RS* 触发器组成的 4 位数码寄存器的电路图，并说明其工作过程。

解：4 位数码寄存器用 4 个可控 *RS* 触发器组成，如图 7.3.2 所示，待存数据 $d_3 \sim d_0$ 直接与触发器的 *S* 相连，并经非门与 *R* 连接，当 $d=1$ 时，$S=1, R=0$，触发器置位；若 $d=0$，则 $S=0, R=1$，触发器复位。当发生存数正脉冲到触发器的 CP 端，$d_3 \sim d_0$ 存入寄存器，当发出取数正脉冲到输出端与门，寄存器的数据从 4 个与门输出。清零负脉冲通过 $\overline{R}_D$ 端可以直接使寄存器清零。

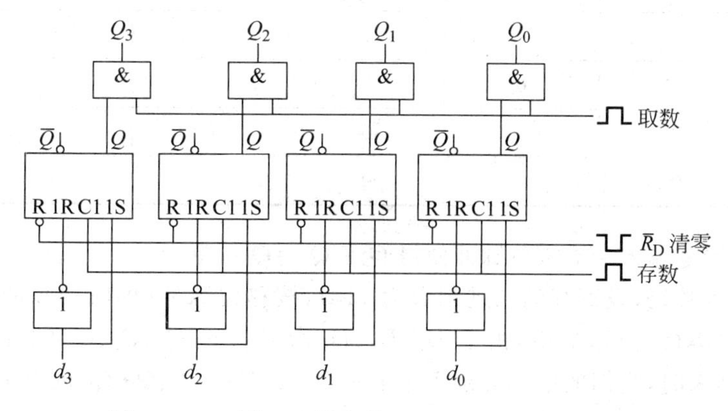

图 7.3.2 可控 *RS* 触发器组成的 4 位数码寄存器

7.3.2 移位寄存器

移位寄存器能在移位脉冲的作用下，实现串行、并行输入和串行、并行输出；灵活多样，用途广泛。移位寄存器又分单向移位寄存器和双向移位寄存器。

移位寄存器具有移位功能，在移位脉冲的作用下使存储的数据或代码单向或双向移位，可根据需要实现串入、并入、串出、并出等功能。移位寄存器只能用主从触发器或边沿触发器构成。

1. 单向移位寄存器

图 7.3.3 所示是一个由 D 触发器组成的 4 位右移寄存器，数据从左端（FF_0 的 D 输入端）串行输入，从右端（FF_3 的 Q_3 端）可得串行输出，同时可在 Q_3、Q_2、Q_1、Q_0 得到并行输出。其工作过程可借助表 7.3.1 来说明。

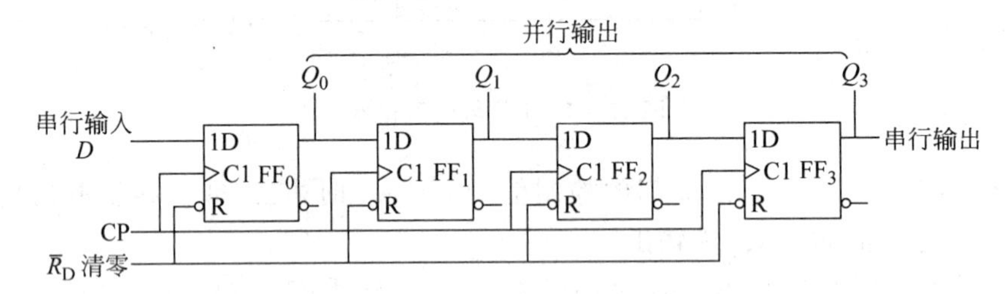

图 7.3.3　由 D 触发器组成的 4 位右移寄存器

表 7.3.1　移位寄存器状态表

CP 顺序	D_0	Q_0	Q_1	Q_2	Q_3	存取过程
0	0	0	0	0	0	清零
1	1	1	0	0	0	存入一位
2	1	1	1	0	0	存入二位
3	0	0	1	1	0	存入三位
4	1	1	0	1	1	存入四位
5	0	0	1	0	1	取出一位
6	0	0	0	1	0	取出二位
7	0	0	0	0	1	取出三位
8	0	0	0	0	0	取出四位

第一步，在清零输入端清零负脉冲使得 $Q_3=Q_2=Q_1=Q_0=0$。

第二步，存入数码，设寄存的二进制数为 1101，按移位脉冲（即时钟脉冲）CP 的节拍从高位到低位依次串行送到 D_0 端，由于 D_1、D_2、D_3 分别接至 Q_0、Q_1、Q_2 端，因此在每个 CP 脉冲的上升沿到来时，它们的电平分别等于上一个 CP 时的 Q_0、Q_1、Q_2 的电平。于是可知存入数码的过程如下：

首先令 $D_0=1$（第 1 位数），在第 1 个 CP 上升沿到来时，由于 $D_0=1$、$D_1=D_2=D_3=0$，所以 $Q_0=1$、$Q_1=0$、$Q_2=0$、$Q_3=0$，存入高位数“1”。继之令 $D_0=1$（第二位数），在第二个 CP 的上升沿到来时，由于 $D_0=1$、$D_1=1$、$D_2=0$、$D_3=0$，所以 $Q_0=1$、$Q_1=1$、$Q_2=0$、$Q_3=0$，又存入了高位的第 2 位数。然后令 $D_0=0$（第三位数），在第 3 个 CP 上升沿到来时，$Q_0=0$、$Q_1=1$、$Q_2=1$、$Q_3=0$，又存入了第 3 位。最后令 $D_0=1$（第四位数），在第 4 个 CP 上升沿到来时，

$Q_0=1$、$Q_1=0$、$Q_2=1$、$Q_3=1$，4 位二进制数全部存入，依 Q_3、Q_2、Q_1、Q_0 次序即为二进制数“1101”。

注意输入时应注意触发器的高低位，以确定数据输入的顺序和读出的次序。

第三步，取出数码。Q_3、Q_2、Q_1、Q_0 端即能得到串行输入、并行输出的移位寄存器。若令 $D_0=0$，再连续输入 4 个移位脉冲 CP，根据表 7.3.1 可知所存的 1101 将以高位到低位逐位从数码输出端 Q_3 输出。即得串行输入、串行输出的移位寄存器。

从以上的分析可以看到，右移寄存器的特点是：右边的触发器受左边触发器的控制。在移位脉冲作用下，寄存器内存放的数码均从高位向低位移一位。如果反过来，将图中触发器的连接改为：Q_3 端连接 FF_2 的 D 端，Q_2 端连接 FF_1 的 D 端，Q_1 端连接 FF_0 的 D 端，且数码从右端 FF_3 的 D 端串行输入、从左端 FF_0 的 Q_0 端串行输出，则左边的触发器由右边的触发器控制，待存数码从低位数到高位数依次串行送到输入端，在移位脉冲作用下，寄存器内存放的数码均从低位向高位移一位，则这样的寄存器称为左移寄存器。

2. 双向移位寄存器

双向移位寄存器是通过增加控制电路使寄存器具有双向移位的功能。图 7.3.4 所示是 4 位双向通用移位寄存器 74LS194 的引脚排列图和图形符号。

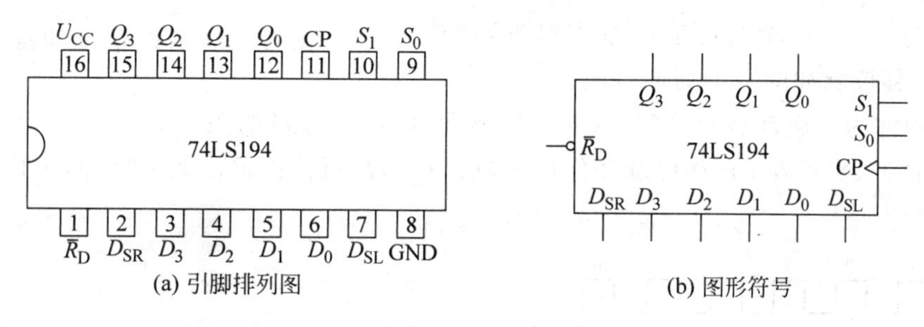

(a) 引脚排列图　　(b) 图形符号

图 7.3.4　74LS194 型双向移位寄存器

各引脚的功能是：

1 脚为数据清零端 $\overline{R}_D$，低电平有效；

3～6 脚为并行数据输入端 $D_3 \sim D_0$；

12～15 脚为数据输出端 $Q_0 \sim Q_3$；

2 脚为右移串行数据输入端 D_{SR}；

7 脚为左移串行数据输入端 D_{SL}；

8 为接地端 GND，一般接入电压源负极；

9、10 脚为工作方式控制端 S_0，S_1；当 $S_1=S_0=1$ 时，数据并行输入；$S_1=0$，$S_0=1$ 时，右移数据输入；$S_1=1$，$S_0=0$ 时，左移数据输入；$S_1=S_0=0$ 时，寄存器处于保持状态。

11 脚为时钟脉冲输入端 CP，上升沿有效。

16 为电压源正极接入端 U_{CC}。

74LS194 型移位寄存器具有清零、并行输入、串行输入、数据右移和左移等功能，其功能表如表 7.3.2 所示。

表 7.3.2　74LS194 的功能表

输入										输出				功能
$\bar{R}_D$	CP	S_1	S_0	D_{SL}	D_{SR}	D_3	D_2	D_1	D_0	Q_3	Q_2	Q_1	Q_0	
0	×	×	×	×	×	×				0	0	0	0	清零
1	0	×	×	×	×	×				Q_{3n}	Q_{2n}	Q_{1n}	Q_{0n}	保持
1	↑	1	1	×	×	d_3	d_2	d_1	d_0	d_3	d_2	d_1	d_0	并入
1	↑	0	1	×	d	×				d	Q_{3n}	Q_{2n}	Q_{1n}	右移
1	↑	1	0	d	×	×				Q_{2n}	Q_{1n}	Q_{0n}	d	左移
1	×	0	0	×	×	×				Q_{3n}	Q_{2n}	Q_{1n}	Q_{0n}	保持

例 7.3.2　用 74LS194 构成的四位脉冲分配器(又称环形计数器)如图 7.3.5 所示，试分析工作原理，并画出 $Q_3 \sim Q_0$ 的工作波形。

解：工作前首先在 S_1 端加上预置正脉冲，使 $S_1S_0=11$，寄存器处在并入状态，$D_3D_2D_1D_0$ 的数码 1000 在 CP 移位脉冲(第 1 个脉冲)作用下并行存入 $Q_3Q_2Q_1Q_0$。预置脉冲过后，$S_1S_0=01$，寄存器处在右移状态，然后每来一个移位脉冲，$Q_3 \sim Q_0$ 循环右移一位，右移工作波形如图 7.3.6 所示。从 $Q_3 \sim Q_0$ 每端均可输出系列脉冲，但彼此相隔 CP 移位脉冲的一个周期时间。

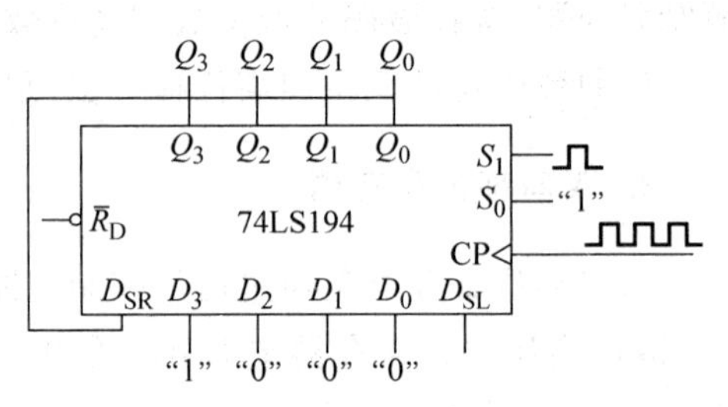

图 7.3.5　例 7.3.2 的电路图

另一种称为自启动脉冲分配器(即扭环形计数器)的电路如图 7.3.7 所示，工作时首先用 $\bar{R}_D$ 端清“0”，然后在 CP 移位脉冲作用下，从 $Q_3 \sim Q_0$ 可依次输出系列脉冲，工作波形图见图 7.3.8。

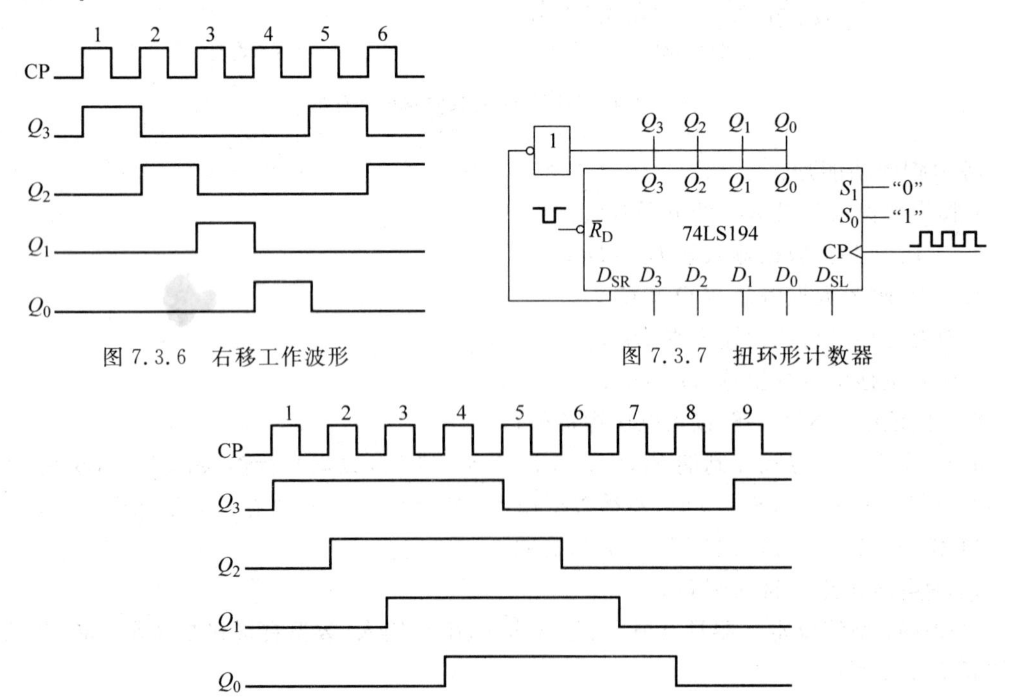

图 7.3.6　右移工作波形

图 7.3.7　扭环形计数器

图 7.3.8　扭环形计数器工作波形

【思考题】

1. 寄存器如何分类?
2. 在寄存器电路中,时钟脉冲 CP 有何作用?
3. 用基本 RS 触发器可否组成数码寄存器?

7.4 计数器

在数字系统中,计数器是一种应用极为广泛的时序逻辑电路,其主要用途是对脉冲进行计数,也可以用来作为分频器或脉冲分配器等。计数器具有多种分类方式。按对输入脉冲的累计方式,可分为加法计数器、减法计数器和可逆计数器(可加、可减);按各位触发器状态翻转的次序,可分为异步计数器和同步计数器;按计数进位制(即经过几个脉冲计数循环一次)可分为二进制计数器、十进制(BCD)计数器和任意进制计数器等多种。

计数器可以用 JK 触发器或 D 触发器与一些门电路组成。目前集成电路计数器已得到广泛应用,本节主要介绍计数器的基本工作原理、分析方法和一些常见电路的使用方法。

7.4.1 二进制计数器

计数器在计数过程中的循环长度(即在计数过程中的循环状态的个数),称为计数器的模,用 M 表示。计数器由触发器组成,每个触发器有两个状态,表示一位二进制数,n 个触发器组成计数器,就有 2^n 个状态,表示 n 位二进制数。计数时,计数器按照 8421 代码的变化规律递增或递减,若这 2^n 个状态全部出现,即模 $M=2^n$ 计数器,称 n 位二进制计数器,作为整体也可以称为 2^n 进制计数器。

1. 异步二进制计数器

图 7.4.1 是由 4 个 JK 触发器组成的异步四位二进制加法计数器。所有触发器的 $J=K=1$,均处在计数工作状态,由图可知,每个 CP 下降沿作用 Q_0 翻转;每个 Q_0 下降沿作用,Q_1 翻转,每个 Q_1 下降沿作用,Q_2 翻转;每个 Q_2 下降沿作用,Q_3 翻转。由于计数脉冲不是同时加到各位触发器的 CP 端,而是加到最低位触发器,其他各位触发器则由相邻低位触发器输出的进位脉冲来触发,因此它们的状态变换有先有后,是异步的,称为异步加法计数器,其状态表如表 7.4.1 所示,图 7.4.2 是它们的波形图。

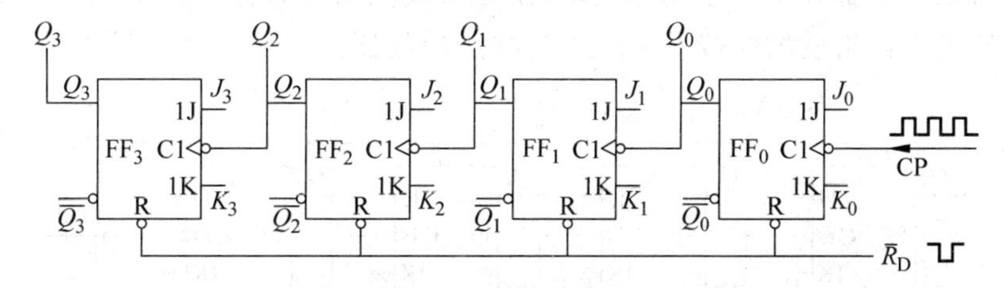

图 7.4.1 异步四位二进制加法计数器

表 7.4.1　四位二进制加法计数器的状态表

CP 顺序	二进制数				十进制数
	Q_3	Q_2	Q_1	Q_0	
0	0	0	0	0	0
1	0	0	0	1	1
2	0	0	1	0	2
3	0	0	1	1	3
4	0	1	0	0	4
5	0	1	0	1	5
6	0	1	1	0	6
7	0	1	1	1	7
8	1	0	0	0	8
9	1	0	0	1	9
10	1	0	1	0	10
11	1	0	1	1	11
12	1	1	0	0	12
13	1	1	0	1	13
14	1	1	1	0	14
15	1	1	1	1	15
16	0	0	0	0	0

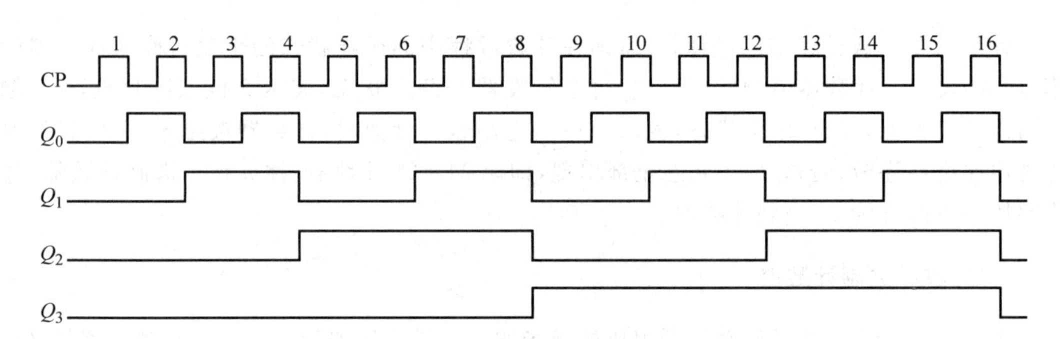

图 7.4.2　四位二进制加法计数器波形图

观察 $Q_0 \sim Q_3$ 波形的频率，不难发现，每出现两个 CP 计数脉冲，Q_0 输出一个脉冲，即频率减半，称为对 CP 计数脉冲二分频。同理 Q_1 为四分频，Q_2 为八分频，Q_3 为十六分频。因此，在许多场合，计数器也可作为分频器使用，以得到不同频率的脉冲。

二进制加法计数器在电路上稍作变动，便可组成减法计数器。图 7.4.3 所示为由下降沿触发的 JK 触发器组成的四位异步二进制减法计数器。因 4 个触发器不是由同一个 CP

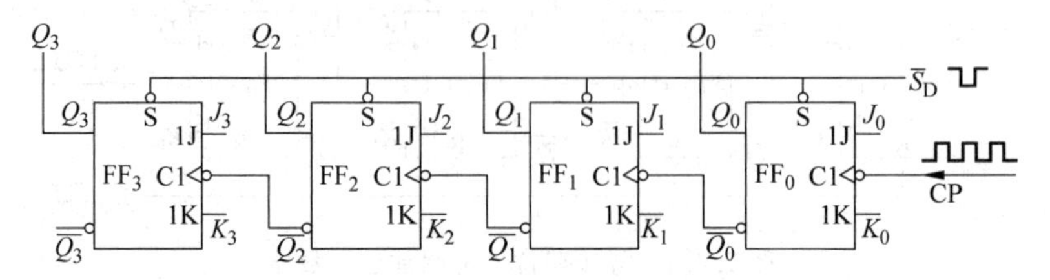

图 7.4.3　四位异步二进制减法计数器

脉冲驱动的，各触发器动作不同步，所以是异步计数器。因为触发器的 J、K 输入端悬空，即 $J=K=1$，代入 JK 触发器特性方程 $Q_{n+1}=J\overline{Q}_n+\overline{K}Q_n=1\cdot\overline{Q}_n+\overline{1}\cdot Q_n=\overline{Q}_n$，说明所有触发器处于计数状态。工作前在 $\overline{S}_D$ 端用负脉冲对各触发器置"1"。然后，最低位触发器 FF_0 由 CP 脉冲信号触发，随着 CP 的下降沿到来进行翻转。FF_1、FF_2、FF_3 触发器则是由前一级触发器的反相输出作为触发信号，即由前一级触发器 $\overline{Q}$ 的下降沿（与 Q 的上升沿同时到来）触发。四位二进制减法计数器的状态表如表 7.4.2 所示。由于该计数器由 4 个触发器组成（$n=4$），由波形可知，计数器随 CP 脉冲信号的作用，4 个触发器的输出 $Q_3Q_2Q_1Q_0$ 的状态由 1111 开始，逐步为 1110、1101、…、0000，共有 $2^4=16$ 个状态，是典型的模 16 二进制计数器。相邻的两位触发器，当低位触发器的状态由"0"变为"1"时，相邻高位触发器在 $\overline{Q}$ 由"1"变为"0"的下降沿的触发下进行翻转，使 $Q_3Q_2Q_1Q_0$ 所表示的二进制数呈递减变化，为减法计数，所以称之为四位异步二进制减法计数器，其波形如图 7.4.4 所示。

表 7.4.2　四位二进制减法计数器的状态表

CP 顺序	Q_3	Q_2	Q_1	Q_0
0	1	1	1	1
1	1	1	1	0
2	1	1	0	1
3	1	1	0	0
4	1	0	1	1
5	1	0	1	0
6	1	0	0	1
7	1	0	0	0
8	0	1	1	1
9	0	1	1	0
10	0	1	0	1
11	0	1	0	0
12	0	0	1	1
13	0	0	1	0
14	0	0	0	1
15	0	0	0	0
16	1	1	1	1

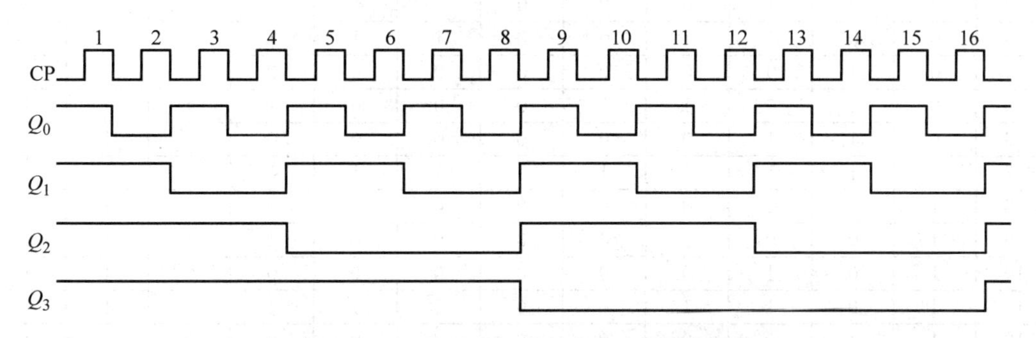

图 7.4.4　四位异步二进制减法计数器波形图

异步计数器的优点是结构简单，缺点是各触发信号逐级传递，需要一定的传输延迟时间，所以计数速度较慢。为此常采用同步计数器。

2. 同步二进制计数器

将各个触发器的时钟脉冲输入端连在一起，然后输入计数脉冲 CP，这种结构的计数器称为同步计数器。图 7.4.5 所示为 JK 触发器构成的同步四位二进制加法计数器。

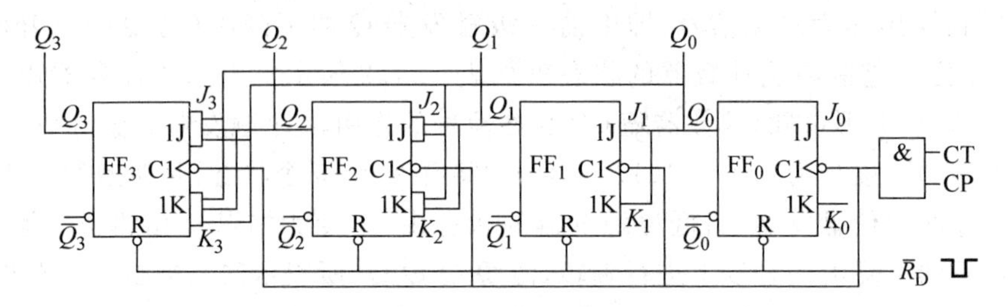

图 7.4.5 同步四位二进制加法计数器

(1) 对于触发器 FF_0，其驱动方程为 $J_0=K_0=1$，因此每来一个 CP 计数脉冲，Q_0 翻转一次；

(2) 对于触发器 FF_1，其驱动方程为 $J_1=K_1=Q_0$，只有 $Q_0=1$ 的情况下，来一个 CP 计数脉冲，Q_1 才翻转；

(3) 对于触发器 FF_2，其驱动方程为 $J_2=K_2=Q_1Q_0$，只有 $Q_1Q_0=1$ 的情况下，来一个 CP 计数脉冲，Q_2 才翻转；同理，对于触发器 FF_3，其驱动方程为 $J_3=K_3=Q_2Q_1Q_0$，只有 $Q_2Q_1Q_0=1$ 的情况下，来一个 CP 计数脉冲，Q_3 才翻转。

根据时序逻辑电路的分析方法，可得其逻辑状态，如表 7.4.3 所示。其工作波形图与异步计数器相同，读者可自行画出。图中的与门是用来实现可控计数的，当计数允许 CT=1 时；计数器对 CP 脉冲计数。若 CT=0，则停止计数。

表 7.4.3 同步四位二进制加法计数器的逻辑状态表

CP 顺序	Q_3	Q_2	Q_1	Q_0	J_3	K_3	J_2	K_2	J_1	K_1	J_0	K_0
					$Q_2Q_1Q_0$	$Q_2Q_1Q_0$	Q_1Q_0	Q_1Q_0	Q_0	Q_0	1	1
0	0	0	0	0	0	0	0	0	0	0	1	1
1	0	0	0	1	0	0	0	0	1	1	1	1
2	0	0	1	0	0	0	0	0	0	0	1	1
3	0	0	1	1	0	0	1	1	1	1	1	1
4	0	1	0	0	0	0	0	0	0	0	1	1
5	0	1	0	1	0	0	0	0	1	1	1	1
6	0	1	1	0	0	0	0	0	0	0	1	1
7	0	1	1	1	1	1	1	1	1	1	1	1
8	1	0	0	0	0	0	0	0	0	0	1	1
9	1	0	0	1	0	0	0	0	1	1	1	1
10	1	0	1	0	0	0	0	0	0	0	1	1
11	1	0	1	1	0	0	1	1	1	1	1	1
12	1	1	0	0	0	0	0	0	0	0	1	1
13	1	1	0	1	0	0	0	0	1	1	1	1
14	1	1	1	0	0	0	0	0	0	0	1	1
15	1	1	1	1	1	1	1	1	1	1	1	1
16	0	0	0	0	0	0	0	0	0	0	1	1

图 7.4.6 所示是 74LS161 型四位同步二进制计数器的引脚排列图和图形符号。

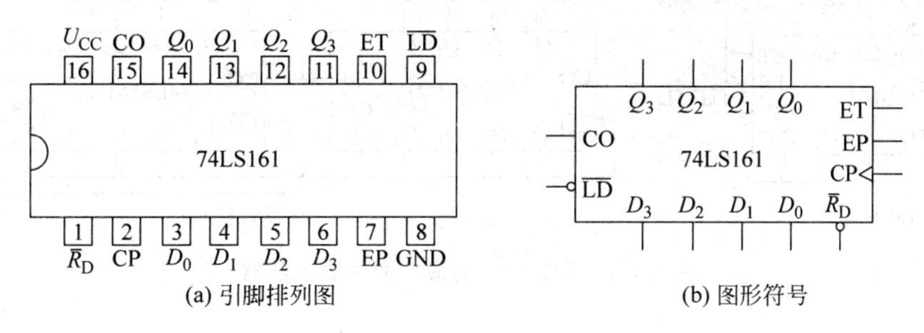

(a) 引脚排列图　　(b) 图形符号

图 7.4.6　74LS161 型四位同步二进制计数器的引脚排列图和图形符号

各引脚的功能是：

1 为异步清零端 $\overline{R}_D$，低电平有效。

2 为时钟脉冲输入端 CP，上升沿有效。

3～6 为数据输入端 D_0～D_3，是预置数，可预置任何一个四位二进制数。

7，10 为计数控制端 EP，ET，当两者或其中一个为低电平时，计数器保持原态；当两者均为高电平时，计数。

8 为接地端 GND。

9 为同步并行置数控制端$\overline{LD}$，低电平有效。

11～14 为数据输出端 Q_3～Q_0。

15 为进位输出端 CO，且 $CO=ET\cdot Q_3Q_2Q_1Q_0$。

16 为电压源端 U_{CC}。

表 7.4.4 是 74LS161 型四位同步二进制计数器的功能表。

表 7.4.4　74LS161 型四位同步二进制计数器的功能表

<table>
<tr><th colspan="9">输　　入</th><th colspan="4">输　　出</th><th rowspan="2">功能</th></tr>
<tr><th>$\overline{R}_D$</th><th>$\overline{LD}$</th><th>CP</th><th>EP</th><th>ET</th><th>D_3</th><th>D_2</th><th>D_1</th><th>D_0</th><th>Q_3</th><th>Q_2</th><th>Q_1</th><th>Q_0</th></tr>
<tr><td>0</td><td>×</td><td>×</td><td>×</td><td>×</td><td>×</td><td>×</td><td>×</td><td>×</td><td>0</td><td>0</td><td>0</td><td>0</td><td>清零</td></tr>
<tr><td>1</td><td>0</td><td>↑</td><td>×</td><td>×</td><td>d_3</td><td>d_2</td><td>d_1</td><td>d_0</td><td>d_3</td><td>d_2</td><td>d_1</td><td>d_0</td><td>置数</td></tr>
<tr><td>1</td><td>1</td><td>↑</td><td>1</td><td>1</td><td>×</td><td>×</td><td>×</td><td>×</td><td colspan="4">计数</td><td>计数</td></tr>
<tr><td rowspan="2">1</td><td rowspan="2">1</td><td rowspan="2">×</td><td>0</td><td>×</td><td rowspan="2">×</td><td rowspan="2">×</td><td rowspan="2">×</td><td rowspan="2">×</td><td colspan="4" rowspan="2">保持</td><td rowspan="2">保持</td></tr>
<tr><td>×</td><td>0</td></tr>
</table>

74LS161 可以直接用来作为十六进制计数器，如图 7.4.7(a)所示，工作前用 $\overline{R}_D$ 直接清零，也可以将数据输入端 D_0～D_3 接地，用同步并行置数控制端$\overline{LD}$同步置 0，然后对 CP 脉冲进行计数，当 $Q_3Q_2Q_1Q_0=1111$ 时，CO 端输出 1。

1 片 74LS161 通过 $\overline{R}_D$ 和$\overline{LD}$可以方便构成小于 16 的任意进制计数器，如果要大于十六进制的计数器，就需要多片级联使用。图 7.4.7(b)是用两片 74LS161 构成 256 进制计数器。计数脉冲同时送入两片的 CP 端，但只有当 74LS161(1)片有进位输出(即 CO=1)时，74LS161(2)才能计数。同理，用 N 片级联可组成 $2^{4\times N}$ 进制计数器。

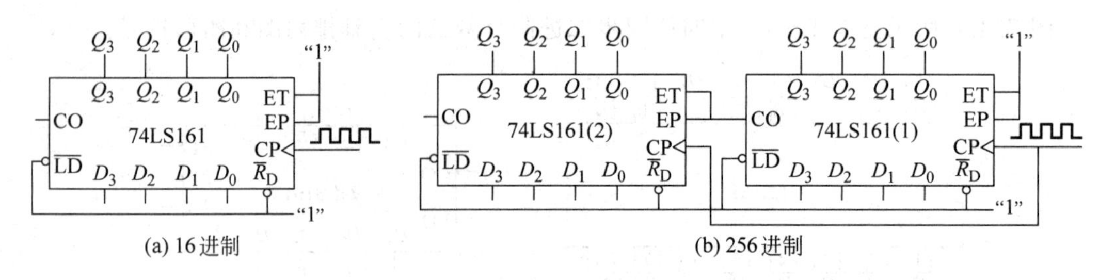

图 7.4.7　74LS161 构成任意进制计数器

7.4.2　十进制计数器

二进制计数器结构简单，但是读数不习惯。通常人们更习惯于十进制计数，即逢十进一，这种计数必须用 10 个状态表示 0～9 十个数。

十进制的编码方式较多，用 4 位二进制数来代表十进制的每一位数。这种编码方式称 8421BCD 码进行计数，所以十进制计数器也称二-十进制计数器。表 7.4.5 是 8421 编码表，即用 8421 编码的四位二进制数表示一位十进制数。

表 7.4.5　8421 码十进制加法计数器状态表

计数脉冲	BCD 编码				十进制数
	Q_3	Q_2	Q_1	Q_0	
0	0	0	0	0	0
1	0	0	0	1	1
2	0	0	1	0	2
3	0	0	1	1	3
4	0	1	0	0	4
5	0	1	0	1	5
6	0	1	1	0	6
7	0	1	1	1	7
8	1	0	0	0	8
9	1	0	0	1	9
10	0	0	0	0	进位

1. 同步十进制计数器

比较二进制加法器的状态表和十进制计数器的编码表可见，十进制计数时，来第 10 个脉冲不是由 1001 变为 1010，而是恢复 0000，即要求第二位触发器 FF_1 不得翻转，保持"0"状态，第四位触发器 FF_3 应翻转为"0"。如果仍用 4 个 JK 触发器组成同步十进制计数器，JK 端的驱动方程应为：

（1）触发器 FF_0 的驱动方程为 $J_0=K_0=1$，即每来一个 CP 脉冲，Q_0 翻转一次。

（2）触发器 FF_1 的驱动方程为 $J_1=Q_0\overline{Q}_3$，$K_1=Q_0$，方程中引入 $\overline{Q}_3$ 是因为 0～7 个计数

脉冲期间，$\bar{Q}_3=1$，这时只需满足 $Q_0=1$，则 $J_1=K_1=1$，正好来一个计数脉冲 Q_1 翻转一次。而在第8、9个计数脉冲时，$\bar{Q}_3=0$，使 $J_1=0$，在 $Q_0=1$ 时，$K_1=1$，从而使第10个计数脉冲出现时 Q_1 复位，而不像二进制计数器中又翻为"1"。

(3) 触发器 FF_2 的驱动方程为 $J_2=K_2=Q_1 \cdot Q_0$；在 $Q_1=Q_0=1$ 时，再来一个脉冲翻转一次。

(4) 触发器 FF_3 的驱动方程为 $J_3=Q_2 \cdot Q_1 \cdot Q_0$，$K_3=Q_0$ 在 $Q_2=Q_1=Q_0=1$ 时，再来一个脉冲就翻转一次，而在第8、9个脉冲时，使 $J_3=0$，在 $Q_0=1$ 时 $K=1$，正好使第10个计数脉冲出现时 Q_3 复位，以致 $Q_3 \sim Q_0$ 全部复位。

由上述驱动方程可得出图7.4.8所示的同步十进制加法计数器。图中CO为该位（十进制数）的进位输出，其工作波形如图7.4.9所示。

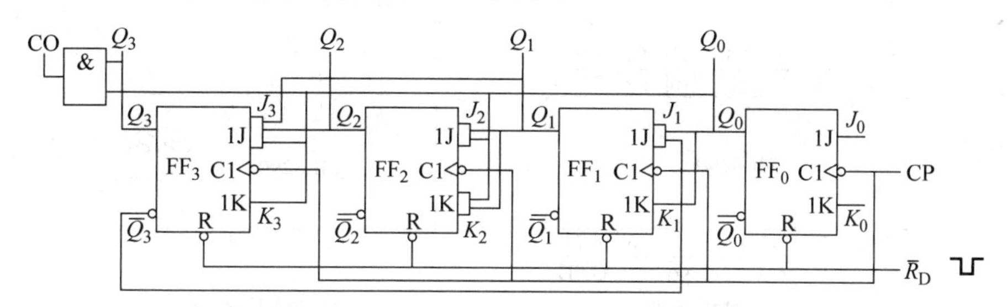

图7.4.8 同步十进制加法计数器

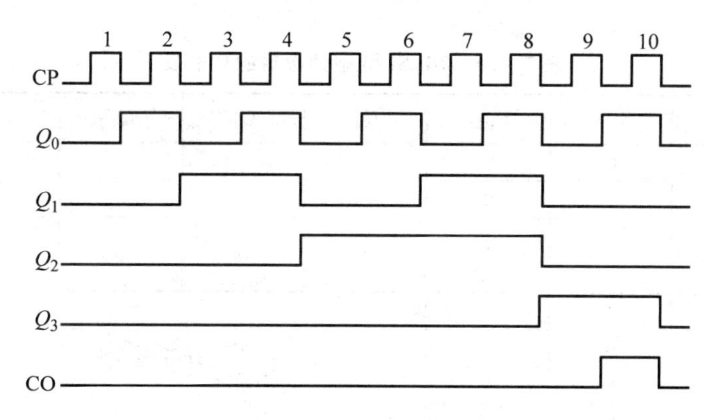

图7.4.9 同步十进制加法计数器的工作波形

2. 异步十进制计数器

图7.4.10是74LS290型异步二-五-十进制计数器的电路图、引脚排列图和图形符号。$R_{0(1)}$ 和 $R_{0(2)}$ 是清零输入端，由表7.4.6的功能表可见，当两端全为"1"时，将4个触发器清零，$S_{9(1)}$ 和 $S_{9(2)}$ 是置"9"输入端，同样由功能表可见，当两端全为"1"时，$Q_3Q_2Q_1Q_0=1001$，即表示置成十进制数"9"。清零时，$S_{9(1)}$ 和 $S_{9(2)}$ 中至少有一端为"0"，不使触发器置"1"以保证可靠清零。它有两个时钟脉冲输入端 CP_0 和 CP_1。CP_0 是 FF_0 组成的一位二进制计数器的计数脉冲输入，Q_0 为输出，CP_1 是由 FF_1、FF_2、FF_3 组成的五进制异步计数的计数脉冲输入，Q_1、Q_2、Q_3 为输出。现按二、五、十进制情况分析。

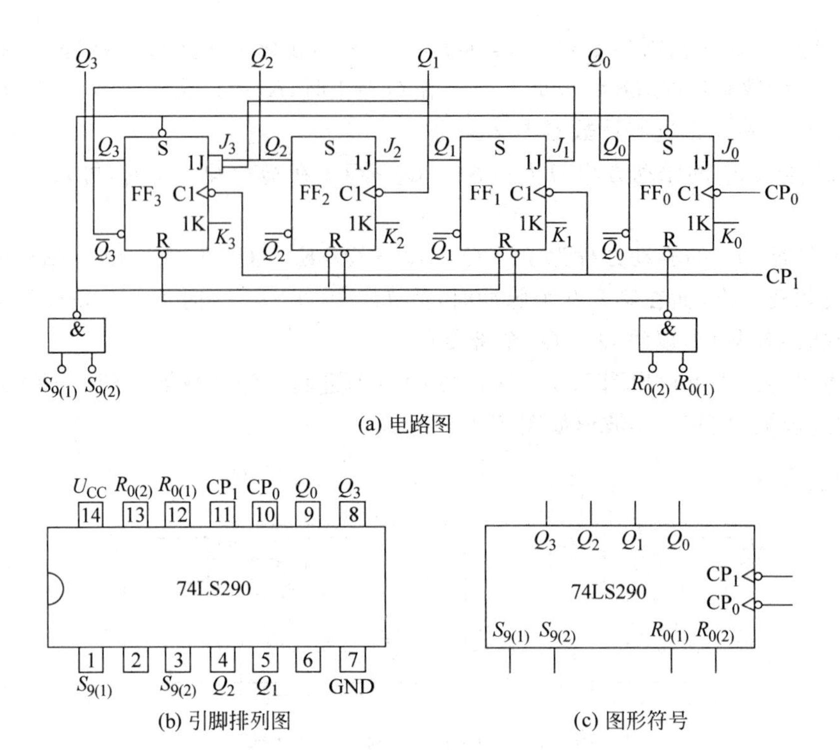

(a) 电路图

(b) 引脚排列图

(c) 图形符号

图 7.4.10 74LS290 型计数器的电路图、引脚排列图和图形符号

表 7.4.6 74LS290 型计数器的功能表

<table>
<tr><th>$R_{0(1)}$</th><th>$R_{0(2)}$</th><th>$S_{9(1)}$</th><th>$S_{9(2)}$</th><th>Q_3</th><th>Q_2</th><th>Q_1</th><th>Q_0</th><th>功能</th></tr>
<tr><td rowspan="2">1</td><td rowspan="2">1</td><td>0</td><td>×</td><td rowspan="2">0</td><td rowspan="2">0</td><td rowspan="2">0</td><td rowspan="2">0</td><td rowspan="2">清零</td></tr>
<tr><td>×</td><td>0</td></tr>
<tr><td>0</td><td>×</td><td rowspan="2">1</td><td rowspan="2">1</td><td rowspan="2">1</td><td rowspan="2">0</td><td rowspan="2">0</td><td rowspan="2">1</td><td rowspan="2">置 9</td></tr>
<tr><td>×</td><td>0</td></tr>
<tr><td>0</td><td>×</td><td>×</td><td>0</td><td colspan="4" rowspan="4">计数</td><td rowspan="4">计数</td></tr>
<tr><td>0</td><td>×</td><td>0</td><td>×</td></tr>
<tr><td>×</td><td>0</td><td>×</td><td>0</td></tr>
<tr><td>×</td><td>0</td><td>0</td><td>×</td></tr>
</table>

(1) 只输入计数脉冲 CP_0，由 Q_0 输出，$FF_1 \sim FF_3$ 不用，为一位的二进制计数器，见图 7.4.11(a)。

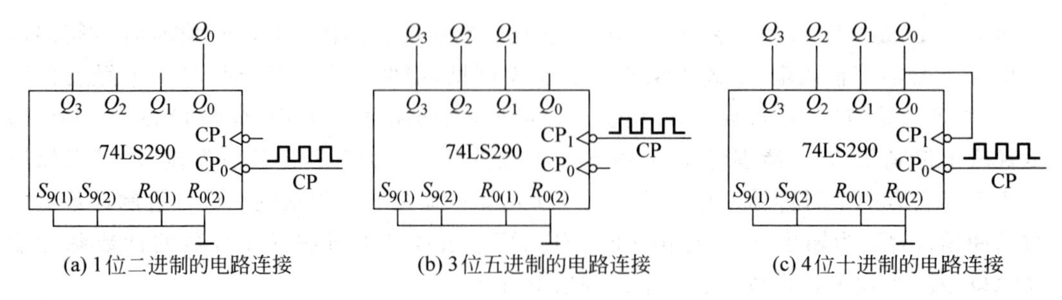

(a) 1位二进制的电路连接

(b) 3位五进制的电路连接

(c) 4位十进制的电路连接

图 7.4.11 74LS290 的二-五-十进制的电路连接

(2) 只输入计数脉冲 CP_1，由 Q_3、Q_2、Q_1 输出，FF_0 不用，为三位的五进制计数器，见图 7.4.11(b)，现分析如下。

$FF_1 \sim FF_3$ 三个触发器的状态取决于：一是输入端 J 和 K 的状态，二是触发脉冲是否出现。图中 FF_2 触发器 $J_2=K_2=1$ 处在计数状态，只要 Q_1 的下降沿出现，Q_2 必定翻转，而 FF_1 和 FF_3 只有当 JK 端的状态均为"1"时，且 CP_1 计数脉冲出现时，Q_1 和 Q_3 才翻转。因此首先由图 7.4.10(a)所示电路，列出三个触发器的驱动方程和触发脉冲为：

触发器 FF_1：$J_1=\overline{Q}_3$，$K_1=1$，CP_1 触发；

触发器 FF_2：$J_2=1$，$K_2=1$，Q_1 下降沿触发；

触发器 FF_3：$J_3=Q_1Q_2$，$K_3=1$，CP_1 触发。

先清零使电路的初始状态 $Q_3Q_2Q_1=000$，然后根据驱动方程代入 JK 触发器的特性方程得电路的次态方程，逐次分析可得表 7.4.7。

表 7.4.7　计数器的状态分析表

CP 顺序	Q_3	Q_2	Q_1	$J_3=Q_1Q_2$	$K_3=1$	$J_2=1$	$K_2=1$	$J_1=\overline{Q}_3$	$K_1=1$
0	0	0	0	0	1	1	1	1	1
1	0	0	1	0	1	1	1	1	1
2	0	1	0	0	1	1	1	1	1
3	0	1	1	1	1	1	1	1	1
4	1	0	0	0	1	1	1	0	1
5	0	0	0	0	1	1	1	1	1

由表 7.4.7 可见，经过 5 个脉冲，计数器的状态循环一次，故为异步五进制计数器。特别注意 FF_2 只有在 Q_1 从"1"变为"0"时才翻转。各触发器的状态变化与 CP_1 不同步故称异步计数器。填写异步计数器的状态表与同步计数器不同之处在于，决定触发器的状态，除了要看 J、K 值，还要看它的时钟输入端是否出现触发脉冲下降沿。

(3) 若将 Q_0 端与 FF_1 的 CP_1 端连接，计数脉冲输入 CP_0 端，如图 7.4.11(c)所示。按照上述的分析方法，可知为 8421 码异步十进制计数器，即从初始状态 0000 开始计数，经过 10 个脉冲后恢复 0000。

7.4.3　任意进制计数器

任意进制计数器就是指 N 进制计数器，即每来 N 个计数脉冲，计数器状态重复一次。一般使用的任意进制计数器均使用现有的计数器改接而成，如二-五-十进制计数器就能构成小于十进制的任意进制计数器。下面介绍分别基于 74LS290 型和 74LS161 型两种计数器的改接方法。

1. 清零法

图 7.4.12(a)、(b)基于 74LS290 型和 74LS161 型计数器，利用反馈清零法构成的六进制计数器。在图 7.4.12(a)中，从 0000 开始计数，CP_0 来 5 个脉冲后，计数器的状态为 0101，当第 6 个脉冲来到后，出现 0110 的状态，由于 Q_2 和 Q_1 端分别接到 $R_{0(2)}$ 和 $R_{0(1)}$ 清零

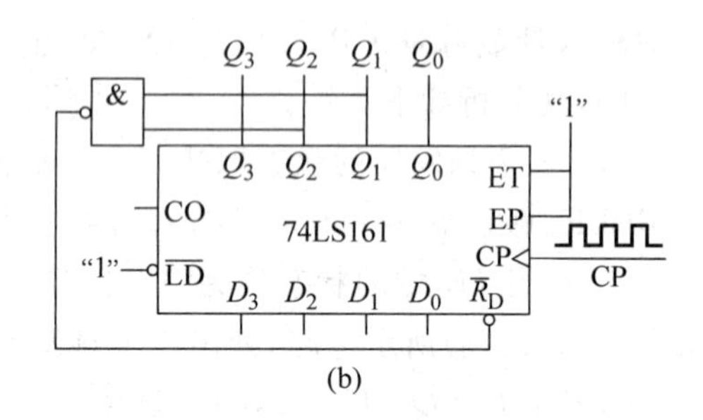

图 7.4.12　74LS290 型和 74LS161 型计数器的清零法构成六进制

端，强迫清零，使 0110 这一状态**转瞬即逝**，显示不出来，立即显示 0000。这样经过 6 个脉冲循环计数器又回到初态 0000，故为六进制计数器。其状态循环如下：

$$0000\rightarrow0001\rightarrow0010\rightarrow0011\rightarrow0100\rightarrow0101\rightarrow0110\rightarrow R_0(\text{清零})$$

在图 7.4.12(b)中，由 74LS161 型计数器构成的六进制，其工作过程与 74LS290 型计数器构成的六进制电路类似，读者可自行分析。值得注意的是前者是上升沿触发，后者是下降沿触发。

例 7.4.1　试分别用 74LS290 型和 74LS161 型计数器构成二十七进制电路。

解：(1) 用 74LS290 型计数器构成二十七进制：

将两片 74LS290 首先级联，将个位(1)的最高位 Q_3 连到十位(2)的 CP_0 端，然后用一个与门构成反馈清零环节，将个位(1)的 $Q_2Q_1Q_0$ 和十位(2)的 Q_1 作为与门的输入，其输出同时控制个位(1)和十位(2)的清零端。电路连接如图 7.4.10 所示。当个位(1)的计数器和十位(2)的计数器状态分别运行至"0111"和"0010"时，个位(1)的 $Q_2Q_1Q_0=111$ 和十位(2)的 $Q_1=1$，4 个"1"通过与门，得到一个高电平，将个位(1)和十位(2)同时清零。

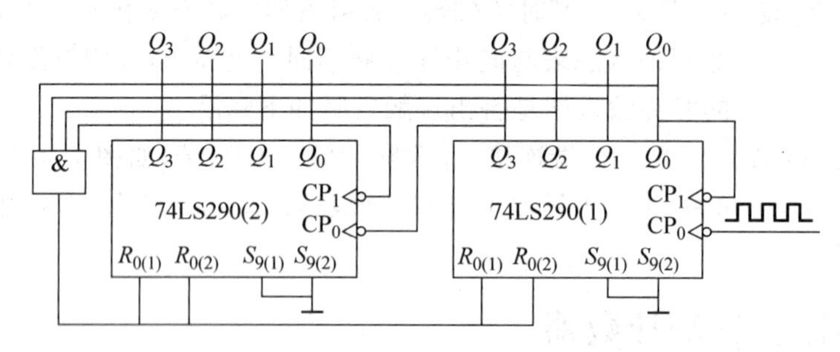

图 7.4.13　由 74LS290 型计数器构成二十七进制电路

(2) 用 74LS161 型计数器构成二十七进制：

将两片 74LS161 首先级联构成 256 进制，即将个位(1)进位端 CO 连到十位(2)的 EP 和 ET 上，然后将个位(1)和十位(2)的时钟脉冲输入端连在一起。电路连接如图 7.4.11 所示。其工作过程如下：个位(1)的计数器第一次经过 16 个脉冲，十位(2)计数器计数值为 0001；再经过 11 个脉冲，即计数值为 1011 时，个位(1)的 $Q_3=Q_1=Q_0=1$，且十位(2)的 $Q_0=1$，这 4 个输出端送入一个与非门，产生一个低电平，使得个位(1)和十位(2)同时清零，都恢复为 0000 状态。

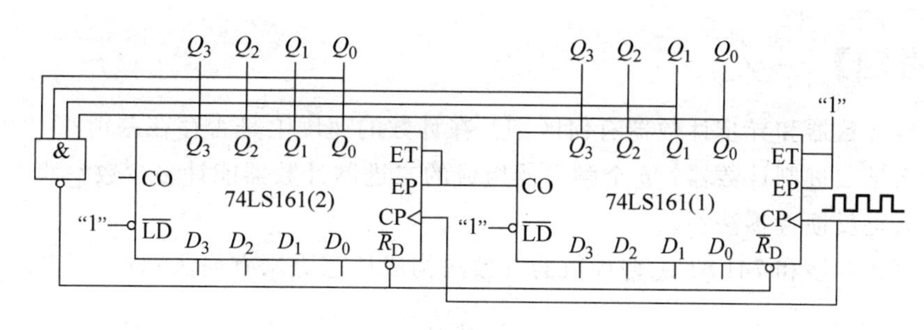

图 7.4.14　由 74LS161 型计数器构成二十七进制电路

2. 置数法

此法适用于某些有并行预置数的计数器。图 7.4.15 为 74LS290 构成的 8421 编码接法的六进制计数器。表 7.4.8 为其状态表。当计数到第 5 个脉冲时，出现 0101 状态，$Q_2=Q_0=1$，但由于 Q_2 和 Q_0 端被接到 $S_{9(1)}$、$S_{9(2)}$，置"9"端，强迫计数器置"9"，使 0101 这一状态转瞬即逝，显示不出来，立即显示 1001，再来一个计数脉冲计数器输出端 $Q_3Q_2Q_1Q_0$ 复位，所以该计数器为六进制计数器。其状态循环图如下所示：

$$0000\to0001\to0010\to0011\to0100\to0101\to S_9(\text{置 }9)\to1001\to0000$$

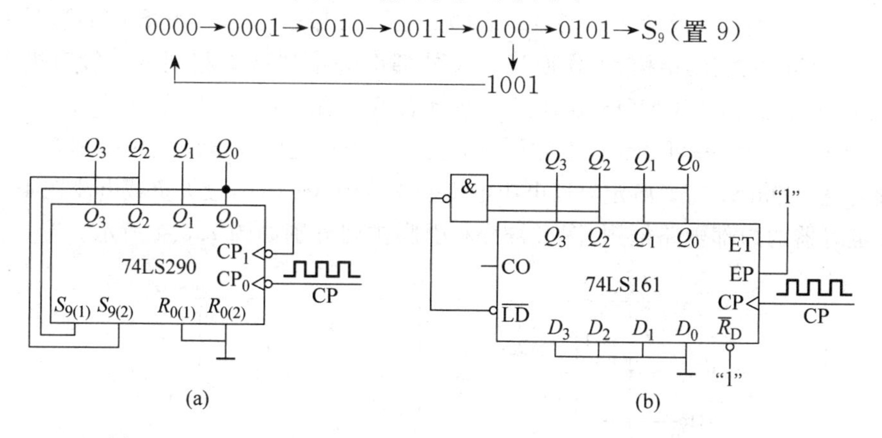

图 7.4.15　74LS290 型和 74LS161 型计数器的置数法构成六进制

表 7.4.8　五进制计数器逻辑状态表

CP 顺序	74LS290 输出				74LS161 输出			
	Q_3	Q_2	Q_1	Q_0	Q_3	Q_2	Q_1	Q_0
0	0	0	0	0	0	0	0	0
1	0	0	0	1	0	0	0	1
2	0	0	1	0	0	0	1	0
3	0	0	1	1	0	0	1	1
4	0	1	0	0	0	1	0	0
5	1	0	0	1	0	1	0	1
6	0	0	0	0	0	0	0	0

【思考题】

1. 同步计数器和异步计数器有何区别？在计数的速度上是否存在差别？
2. 什么是二进制计数器？n 个触发器组成的二进制计数器能计多少数？
3. 什么是反馈置零法？
4. 74LS290 型和 74LS161 型计数器置数法构成任意进制有何区别？

7.5 由 555 定时器组成的单稳态触发器和无稳态触发器

555 定时器是一种多用途的单片中规模集成电路。该电路使用灵活方便，只需外接少量的阻容元件就可以构成单稳态触发器和无稳态触发器。因而在波形的产生与变换、测量与控制、家用电器和电子玩具等许多领域中都得到了广泛的应用。

7.5.1 555 定时器

目前，生产的定时器有双极型和 CMOS 两种类型，其型号分别有 NE555（或 5G555）和 C7555 等多种。通常，双极型产品型号最后的三位数码都是 555，CMOS 产品型号的最后四位数码都是 7555，它们的结构、工作原理以及外部引脚排列基本相同。一般双极型定时器具有较大的驱动能力，而 CMOS 定时器电路具有低功耗/输入阻抗高等优点。555 定时器工作的电源电压很宽，并可承受较大的负载电流。双极型定时器电源电压范围 5～16V，最大负载电流可达 200mA；CMOS 定时器电源电压变化范围 3～18V，最大负载电流在 4mA 以下。

555 定时器的内部电路框图、图形符号和引脚排列分别如图 7.5.1 所示。

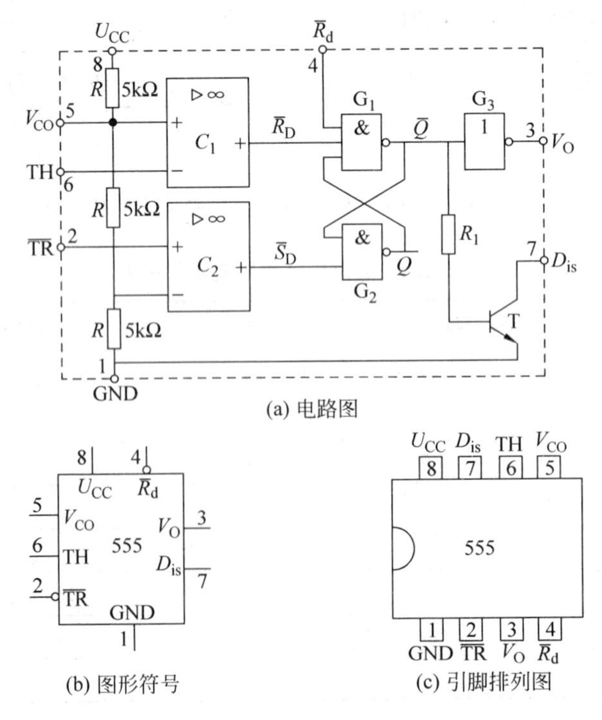

图 7.5.1 555 定时器内部电路结构、图形符号和引脚排列图

各引脚功能：

1 为接地端 GND。

2 为低电平触发端$\overline{TR}$，简称低触发端。

3 为输出端 V_O。输出电流可达 200mA，由此可直接驱动继电器、发光二极管、扬声器、指示灯等。输出高电压时，其大小低于电压源 U_{CC} 1～3V。

4 为复位端 $\bar{R}_d$，由此输入负脉冲而使触发器直接复位（置 0）。

5 为电压控制端 V_{CO}，可外加电压改变比较器的参考电压。不用时，可用 0.01μF 的电容接“地”，以消除高频干扰，保证该点电压为稳定值。

6 为高电平触发端 TH，简称高触发端，又称阈值端。

7 为放电端 D_{is}，其作用是提高定时电路的负载能力，并隔离负载对定时电路的影响。

8 为电源端 U_{CC}，可接 5～18V 的电压。

555 定时器内含一个由三个阻值相同的电阻 R 组成的分压网络，产生$\frac{1}{3}U_{CC}$和$\frac{2}{3}U_{CC}$两个基准电压；两个电压比较器 C_1、C_2；一个由与非门 G_1、G_2 组成的基本 RS 触发器（低电平触发）；放电晶体管 T 和输出反相缓冲器 G_3。$\bar{R}_d$ 是复位端，低电平有效。复位后，基本 RS 触发器的 $\bar{Q}$ 端为 1（高电平），经反相缓冲器后，输出为 0（低电平）。

分析图 7.5.1 的电路：在 555 定时器的 U_{CC}端和地之间加上电压，并让 V_{CO}悬空，则比较器 C_1 的同相输入端接参考电压$\frac{2}{3}U_{CC}$，比较器 C_2 反相输入端接参考电压$\frac{1}{3}U_{CC}$，为了方便，我们规定：

当 TH 端的电压大于$\frac{2}{3}U_{CC}$时，记为 $V_{TH}=1$；当 TH 端的电压小于$\frac{2}{3}U_{CC}$时，记为 $V_{TH}=0$。

当$\overline{TR}$端的电压大于$\frac{1}{3}U_{CC}$时，记为 $V_{TR}=1$；当$\overline{TR}$端的电压小于$\frac{1}{3}U_{CC}$时，记为 $V_{TR}=0$。

1. 低触发

当 $V_{TR}=0$，$V_{TH}=0$，比较器 C_2 输出为低电平，C_1 输出为高电平，即 $\bar{S}_D=0$，$\bar{R}_D=1$，基本 RS 触发器置位（置 1），即 $Q=1$，$\bar{Q}=0$，经输出反相缓冲器后，输出端 $V_O=1$，放电晶体管 T 截止，这时称 555 定时器“**低触发**”。

2. 保持

当 $V_{TR}=1$，$V_{TH}=0$，比较器 C_2 和 C_1 输出都为高电平，即 $\bar{R}_D=\bar{S}_D=1$，基本 RS 触发器保持，因此输出端 V_O 和放电晶体管 T 状态也保持不变，这时称 555 定时器“**保持**”。

3. 高触发

当 $V_{TH}=1$，比较器 C_1 输出为低电平，即 $\bar{R}_D=0$，无论比较器 C_2 输出何种电平，基本 RS 触发器的输出端 $\bar{Q}=1$，经输出反相缓冲器后，输出端 $V_O=0$，放电晶体管 T 导通，这时称 555 定时器“**高触发**”。

V_{CO}为控制电压端，在V_{CO}端加入电压，可改变两比较器C_1、C_2的参考电压。正常工作时，要在V_{CO}和地之间接0.01μF的电容。放电晶体管T的输出端D_{is}为集电极开路输出。555定时器的控制功能见表7.5.1。根据555定时器的控制功能，可以制成各种不同的脉冲信号产生与处理电路，如单稳态触发器和多谐振荡器等。

表7.5.1　555定时器的控制功能表

$\overline{R}_d$	TH端的输入电压	$\overline{TR}$端的输入电压	$\overline{R}_D$	$\overline{S}_D$	$\overline{Q}$	V_O	T
0	×	×	×	×	1	低电平电压(0)	导通
1	$>\frac{2}{3}U_{CC}$	×	0	×	1	低电平电压(0)	导通
1	$<\frac{2}{3}U_{CC}$	$<\frac{1}{3}U_{CC}$	1	0	0	高电平电压(1)	截止
1	$<\frac{2}{3}U_{CC}$	$>\frac{1}{3}U_{CC}$	1	1	保持	保持	保持

7.5.2　由555定时器组成的单稳态触发器

单稳态触发器采用电阻、电容组成RC定时电路，用于调节输出信号的脉冲宽度t_w。在图7.5.2(a)的电路中，u_I接555定时器的$\overline{TR}$端，结合图7.5.2(b)波形图分析其工作原理如下。

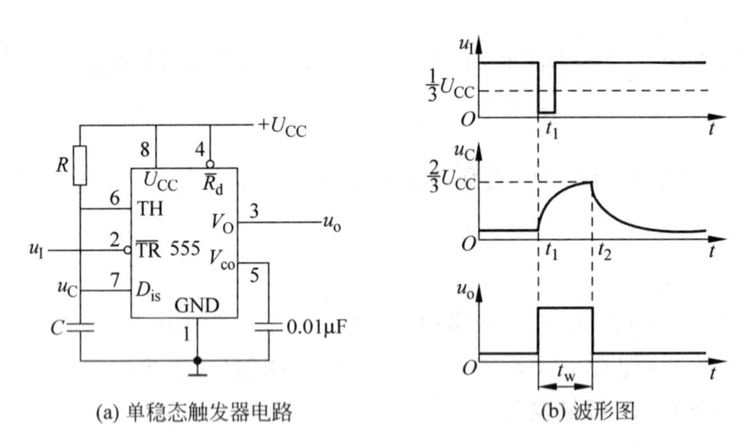

(a) 单稳态触发器电路　　(b) 波形图

图7.5.2　555定时器构成单稳态触发器电路及波形图

1. 稳定状态(0～t_1)

在t_1以前，u_I为高电平时，其值大于$\frac{1}{3}U_{CC}$，即$V_{TR}=1$，故比较器C_2的输出$\overline{S}_D=1$。如果基本RS触发器的输出端初始状态为$Q=0,\overline{Q}=1$，则放电晶体管T处于饱和状态，即$u_C\approx0.3V$，显然高电平触发端TH的电压小于$\frac{2}{3}U_{CC}$，故比较器C_1输出高电平，即$\overline{R}_D=1$，基本RS触发器保持不变。如果基本RS触发器的输出端初始状态为$Q=1,\overline{Q}=0$，则放电

晶体管 T 处于截止状态，电源 U_{CC} 通过电阻 R 对电容 C 充电，当电容 C 上的电压 u_C 上升略高于 $\frac{2}{3}U_{CC}$ 时，比较器 C_1 输出为低电平，即 $\bar{R}_D=0$，使得基本 RS 触发器的输出端状态变为 $Q=0$，$\bar{Q}=1$。因此，无论基本 RS 触发器的输出端初始状态如何，在稳定状态（$0\sim t_1$）期间，基本 RS 触发器的输出端 $Q=0$，$\bar{Q}=1$，则经过输出反相缓冲器后，输出电压 u_O 为低电平，放电晶体管 T 饱和导通，定时电容器 C 上的电压（6、7 脚电压）$u_C=V_{TH}\approx 0.3V$，555 定时器工作在“保持”态。

2. 暂稳状态（$t_1\sim t_2$）

在 t_1 时刻，u_I 为低电平，555 定时器的 $\overline{TR}$ 端电压小于 $\frac{1}{3}U_{CC}$，即 $V_{TR}=0$，故比较器 C_2 输出为低电平，即 $\bar{S}_D=0$，而比较器 C_1 由上述稳定状态的分析可知输出高电平，即 $\bar{R}_D=1$，所以基本 RS 触发器置位（置 1），即 $Q=1$，$\bar{Q}=0$，则经过输出反相缓冲器后，输出电压 u_O 由低电平变为高电平，电路进入暂稳状态。这时放电晶体管 T 截止，电源 U_{CC} 通过电阻 R 对电容 C 充电，当电容 C 上的电压 u_C 上升略高于 $\frac{2}{3}U_{CC}$ 时（即 t_2 时刻），比较器 C_1 输出为低电平，即 $\bar{R}_D=0$，从而使得基本 RS 触发器的输出端 $\bar{Q}=1$，则输出电压 u_O 由高电平恢复为低电平，这个过程为暂稳状态。

3. 恢复过程（t_2 以后）

在 t_2 时刻，基本 RS 触发器的输出端 $Q=0$，$\bar{Q}=1$，则放电晶体管 T 饱和导通，电容 C 迅速放电，使得 u_C 小于 $\frac{2}{3}U_{CC}$，而此时 u_I 为高电平，即 u_I 大于 $\frac{1}{3}U_{CC}$，于是比较器 C_1 和 C_2 都输出高电平，即 $\bar{R}_D=\bar{S}_D=1$，则基本 RS 触发器保持 $Q=0$，$\bar{Q}=1$ 不变，则输出电压 u_O 也保持低电平不变。

输出电压 u_O 产生的高电平脉冲的脉宽 t_w 由充电电路的电阻 R 和电容 C 决定，其计算公式为

$$t_w = RC\ln 3 \approx 1.1RC$$

单稳态触发器在数字电路中常用于脉冲整形和定时控制。

（1）脉冲整形。某不规则的脉冲波形 u_I（例如由光电转换电路产生的脉冲信号），边沿不陡、幅度不齐，不能直接输入数字电路中，此时需要经单稳态触发器进行整形，得到幅度和宽度一定的矩形脉冲信号 u_O，如图 7.5.3 所示。

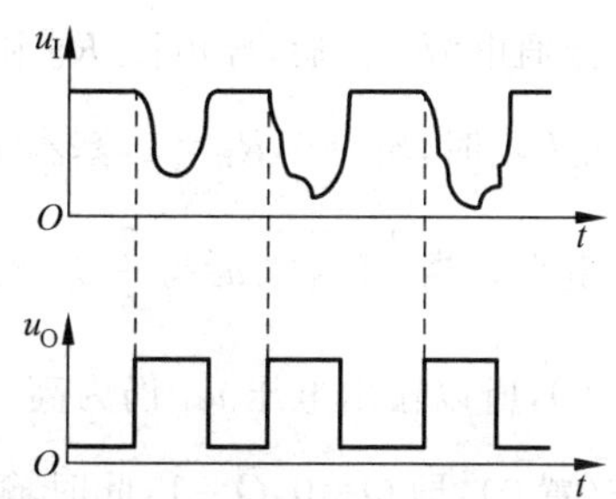

图 7.5.3 单稳态触发器的脉冲整形

（2）定时控制。由脉宽 t_w 的公式可知，调整 RC 的值可以进行定时控制。例如在图 7.5.4(a)中，单稳态触发器输出 u_O 与被控信号 CP 作为与门的输入，在给单稳态触发器一个低电平信号后，被控信号 CP 只有在 t_w 时间内才能通过与门，输出到 Y，如图 7.5.4(b)所示。

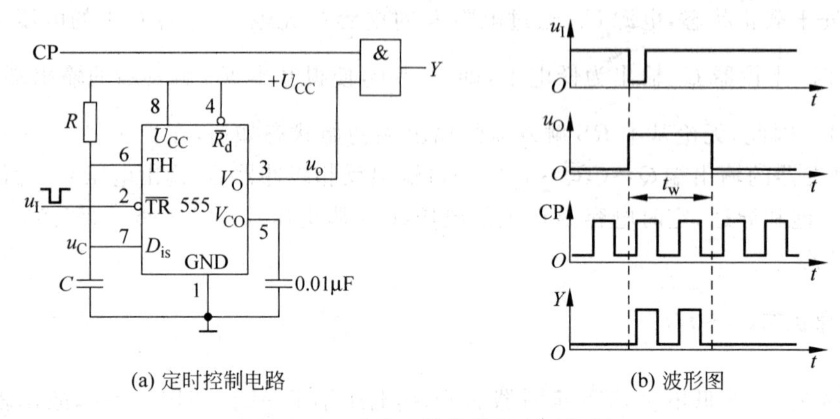

(a) 定时控制电路　　(b) 波形图

图 7.5.4　单稳态触发器的定时控制

7.5.3　由 555 定时器组成的无稳态触发器

无稳态触发器，它无稳定状态，且无须外加触发脉冲，就能输出一定频率的矩形脉冲信号。由于矩形波含丰富的谐波，故无稳态触发器也称多谐振荡器。无稳态触发器是常用的一种矩形波发生器。触发器和时序电路中的时钟脉冲 CP 一般是由无稳态触发器产生的。图 7.5.5 所示为无稳态触发器电路和波形图。电路采用电阻 R_1、R_2 和电容 C 组成 RC 定时电路，用于设定脉冲的周期和宽度。

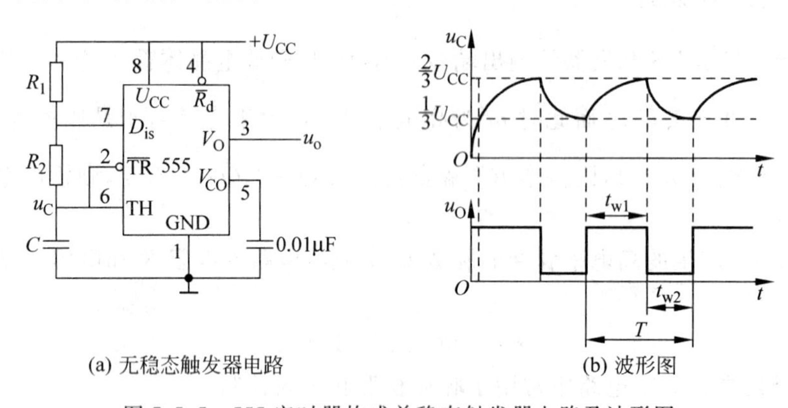

(a) 无稳态触发器电路　　(b) 波形图

图 7.5.5　555 定时器构成单稳态触发器电路及波形图

接通电源 U_{CC} 后，经电阻 R_1 和 R_2 对电容 C 充电，电容上的电压 u_C 不断上升。当 $0<u_C<\frac{1}{3}U_{CC}$ 时，$\overline{S}_D=0$，$\overline{R}_D=1$，基本 RS 触发器置位（置 1），即 $Q=1$，$\overline{Q}=0$，所以输出电压 u_O 为高电平。当 $\frac{1}{3}U_{CC}<u_C<\frac{2}{3}U_{CC}$ 时，$\overline{S}_D=1$，$\overline{R}_D=1$，基本 RS 触发器保持状态不变，即 $Q=1$，$\overline{Q}=0$，所以输出电压 u_O 仍为高电平。当 u_C 上升略高于 $\frac{2}{3}U_{CC}$ 时，$\overline{R}_D=0$，基本 RS 触发器复位（置 0），即 $Q=0$，$\overline{Q}=1$，此时输出电压 u_O 由高电平变为低电平。此时，放电晶体管 T 饱和导通，电容 C 通过 R_2 和 T 放电，电容上的电压 u_C 下降。当 u_C 下降略低于 $\frac{1}{3}U_{CC}$ 时，$\overline{S}_D=0$，基本 RS 触发器置位（置 1），即 $Q=1$，$\overline{Q}=0$，此时输出电压 u_O 由低电平变为高电平。同

时，放电晶体管T截止，电源U_{CC}又一次经电阻R_1和R_2对电容C充电。如此周而复始，循环不止，输出电压u_O为连续的矩形波，如图7.5.5(b)所示。

输出电压u_O产生的脉宽t_{w1}是电容C充电的时间，由电阻R_1、R_2和电容C决定，其计算公式为

$$t_{w1}=(R_1+R_2)C\ln 2\approx 0.7(R_1+R_2)C$$

脉宽t_{w2}是电容C放电实现的，由电阻R_2和电容C决定，其计算公式为

$$t_{w2}=R_2C\ln 2\approx 0.7R_2C$$

输出电压u_O的占空比δ为

$$\delta=\frac{t_{w1}}{t_{w1}+t_{w2}}\times 100\%=\frac{R_1+R_2}{R_1+2R_2}\times 100\%$$

输出电压u_O的振荡周期为

$$T=t_{w1}+t_{w2}=(R_1+2R_2)C\ln 2\approx 0.7(R_1+2R_2)C$$

输出电压u_O的振荡频率为

$$f=\frac{1}{T}=\frac{1}{(R_1+2R_2)C\ln 2}\approx\frac{1.43}{(R_1+2R_2)C}$$

由555定时器构成的振荡电路，其振荡频率最高可达300kHz。

【思考题】

1. 试简述555定时器的内部结构。
2. 由555定时器构成单稳触发器时，触发信号作用在哪个管脚？输出脉冲的宽度由什么决定？
3. 由555定时器构成无稳态触发器时，振荡周期由什么决定？
4. 555定时器输出端(3脚)的电平由什么决定？

7.6　案例解析

生活中，数码显示的电子钟随处可见，能够显示秒、分和时，能够自动计时和校正、对时等功能。图7.6.1为其原理电路图，其中秒、分、时计数器均采用74LS161，分别接成六十进制、六十进制和二十四进制。译码和显示均采用74LS248和LC5011-11。利用两个校对开关SB_1和SB_2，可分别秒、分进行校正对时。秒脉冲一般用振荡频率为1MHz(即10^6Hz)的石英晶体振荡器产生，然后进过6个十分频器串联，输出1Hz的秒脉冲。

1. 秒、分和时的计数器电路

秒、分、时计数器电路分别采用两片74LS161串联使用。秒和分接成如图7.6.2所示的六十进制计数器电路，时接成如图7.6.3所示的二十进制计数器电路。

2. 译码显示电路

译码器采用74LS248，由于其输出$a\sim f$高电平有效，所以七段数码管LC5011-11采用

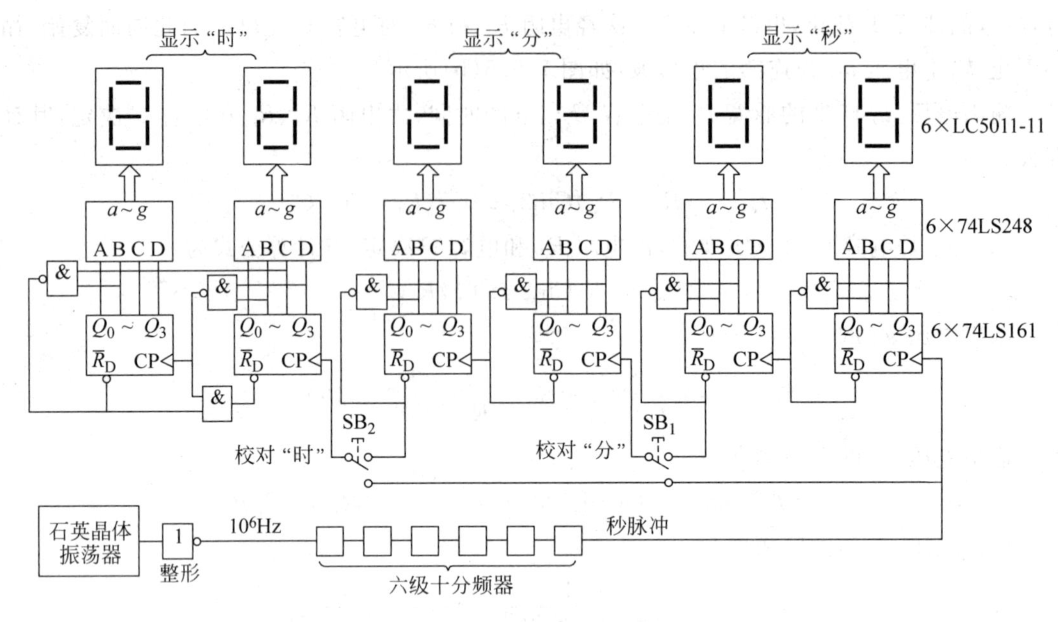

图 7.6.1 数码显示电子钟

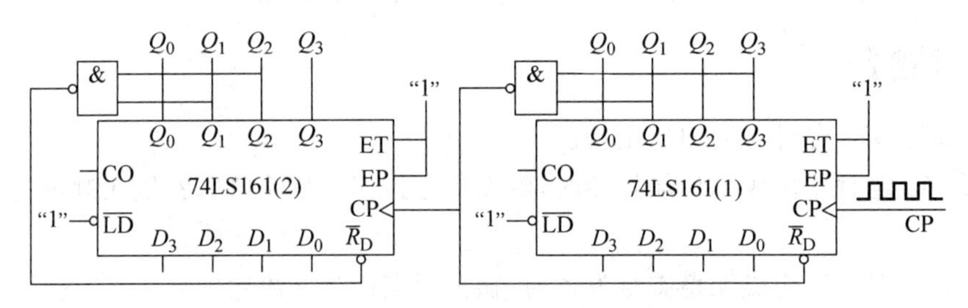

图 7.6.2 秒和分的六十进制计数器电路

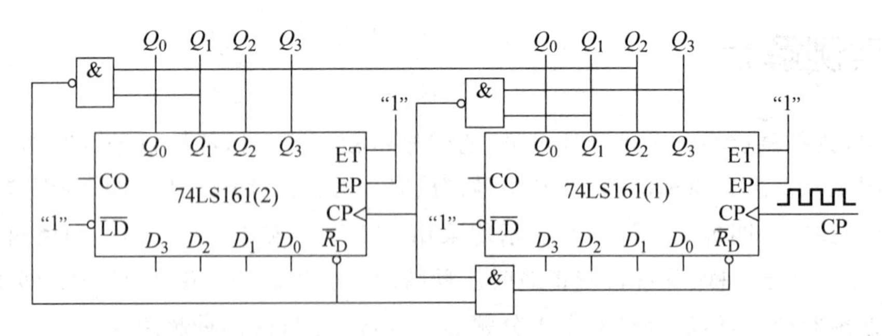

图 7.6.3 时的二十四进制计数器电路

共阴极接法，如图 7.6.4 所示。通常在数码管和译码器间串接 7 只 100Ω 的小电阻，以起到限流保护的作用。

3. 时和分校正对时电路

通常，先对“时”进行校正，按下按钮 SB_2，接入秒脉冲，让“时”校正，然后对“分”进行校

正，按下按钮 SB_1，接入秒脉冲，对"分"校正对时。

4. 标准秒脉冲发生电路

该电路由石英晶体振荡器、非门整形和六级十分频器构成。石英晶体的振荡频率极为稳定，由它构成的多谐振荡器产生的矩形脉冲的稳定性很好。在其输出串接的"非"门，可改善输出波形，起整形作用。十分频器，实际上就是十进制计数器电路，它可将输出脉冲信号频率减少为输入脉冲信号频率的十分之一，即每输入 10 个计数脉冲，十分频器就输出 1 个脉冲。6 个十分频器串接，可获得输入脉冲信号频率的 10^6 分之一的脉冲信号。所以，石英晶体振荡器的频率为 1MHz(即 10^6 Hz)时，经过 6 级十分频器后，可获得标准秒脉冲。

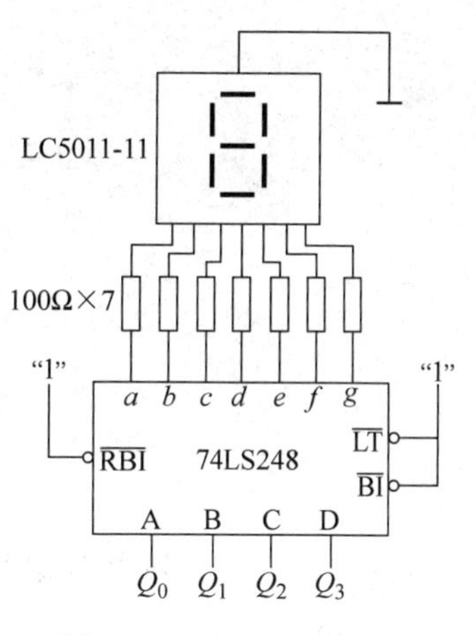

图 7.6.4　译码显示电路

小结

1. 双稳态触发器具有多种逻辑功能，几种主要触发器的图形符号和逻辑功能见其图表。

2. 寄存器由触发器和门电路组成，根据存入或取出的方式不同，可分为数码寄存器和移位寄存器。数码寄存器在一个 CP 脉冲作用下，各位数码可同时存入或取出。而移位寄存器在一个 CP 脉冲作用下，只能存入或取出一位数码，n 位数码必须用 n 个 CP 脉冲作用才能全部存入或取出。集成电路寄存器具有左移、右移、清"0"，数据并入、并出、串入、串出等多种逻辑功能。

3. 计数器由触发器和门电路组成，用来对脉冲进行计数。按照不同的分类方式，有多种类型的计数器。n 个触发器可以组成 n 位二进制计数器，可以计 2^n 个脉冲。4 个触发器组成一位十进制计数器，n 位十进制计数器需 $4n$ 个触发器组成。计数脉冲同时作用在所有触发器的 CP 端为同步计数器，否则，为异步计数器。集成电路计数器具有清"0"、置数、二进制计数等多种逻辑功能。用同步置数、异步清"0"及反馈置数或反馈清"0"等方法，可以方便地实现十进制计数或任意进制计数。

4. 掌握时序逻辑电路的分析方法。其分析方法是：①写出各触发器的驱动方程；②根据置位、复位信号输入端的状态确定各触发器的原始状态值(即为初态值)；③将各触发器的驱动方程代入所用触发器的特性方程，得到时序电路的状态方程式；④用状态方程依次求出相应的次态值，列出状态转换表；⑤由状态转换表判断电路的逻辑功能，画出波形图。在异步时序电路分析中要注意 CP 端的状态值。

习题

一、选择题(请将唯一正确选项的字母填入对应的括号内)

7.1　(　　)某可控 RS 触发器的输入端 CP、S 和 R 的波形如题 7.1 图所示，则输出端 Q 波形正确的是？

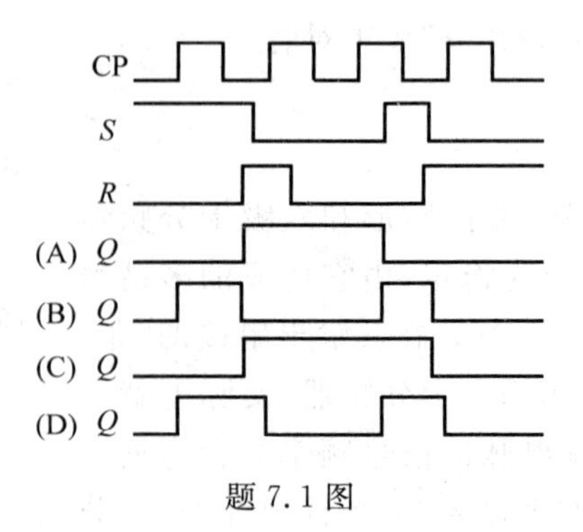

题 7.1 图

7.2 (　　)下列由 D 触发器构成的电路中，具有计数功能的是？

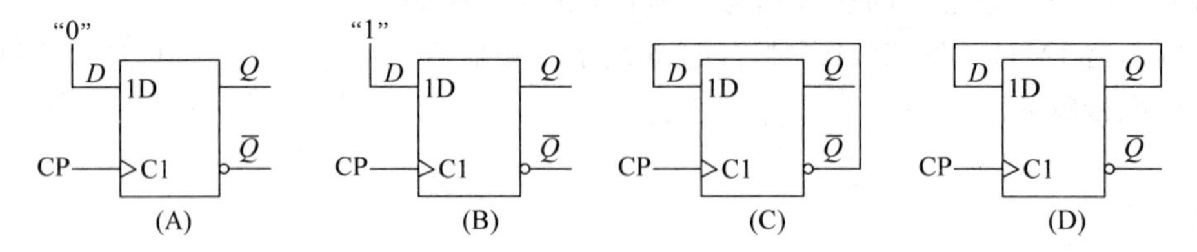

7.3 (　　)在下列由 D 触发器构成的时序电路中，具有保持(记忆)功能的是？

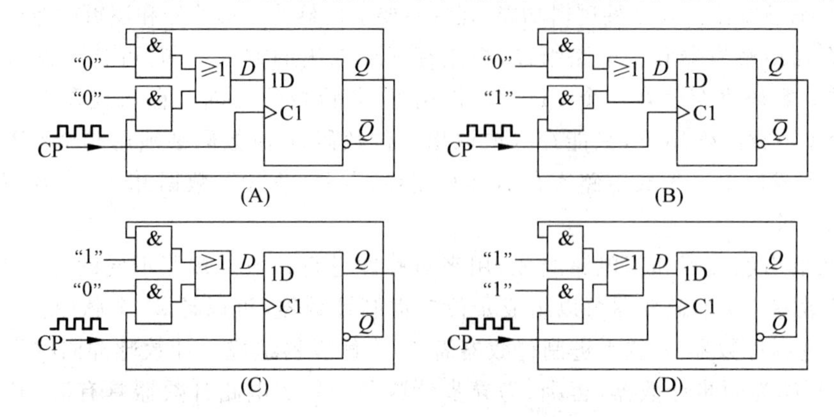

7.4 (　　)下列由 JK 触发器构成的电路中，能实现 $Q_{n+1}=\overline{Q_n}$ 功能的是？

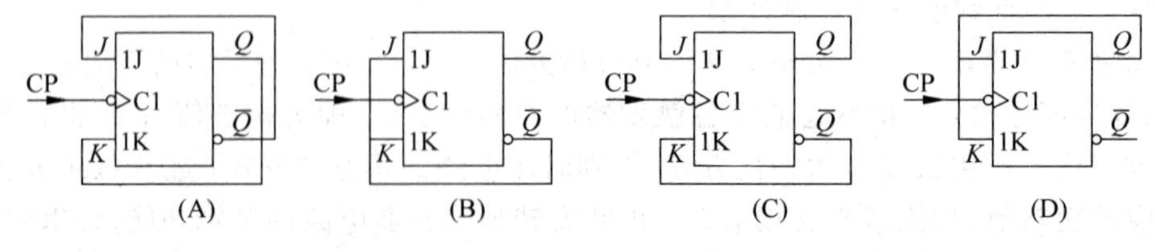

7.5 (　　)如题 7.5 图所示，是某 JK 触发器构成的时序逻辑电路，已知 CP 为连续的时钟脉冲，那么当 $X=1,Y=0$ 时，该时序逻辑电路实现了什么功能？

(A) 保持(记忆)　　(B) 复位(置"0")　　(C) 置位(置"1")　　(D) 计数(翻转)

7.6 (　　)由 JK 触发器构成的时序电路如题 7.6 图所示，如果 Q_2Q_1 的初始状态为"00"，则当时钟脉冲 CP 的下一个脉冲到来之后，Q_2Q_1 将出现什么状态？

(A) 11　　(B) 01　　(C) 10　　(D) 00

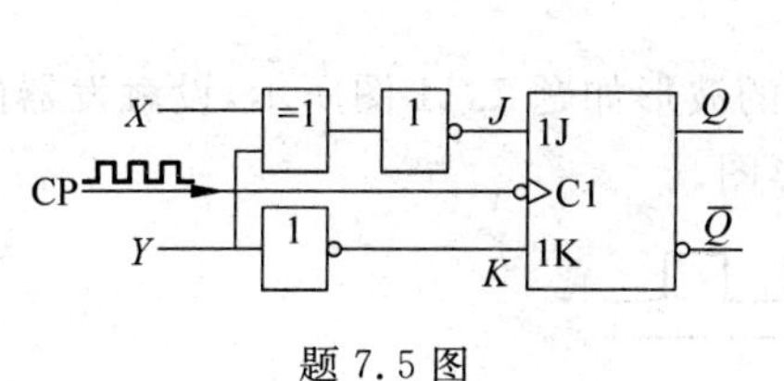

题 7.5 图

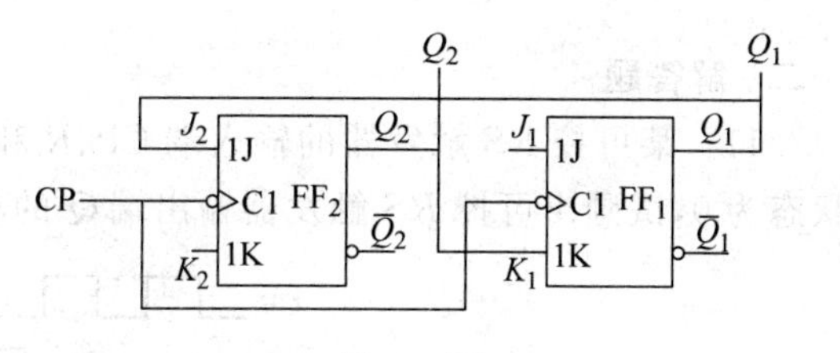

题 7.6 图

7.7　(　　)如题 7.7 图所示用 74LS161 构成的计数器电路是几进制？

(A) 四进制　　(B) 五进制　　(C) 六进制　　(D) 七进制

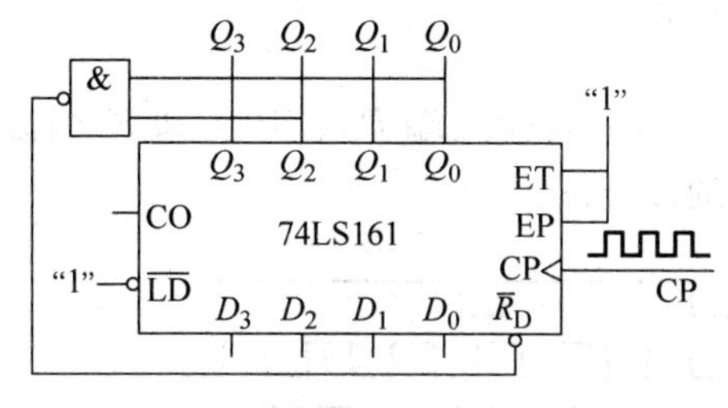

题 7.7 图

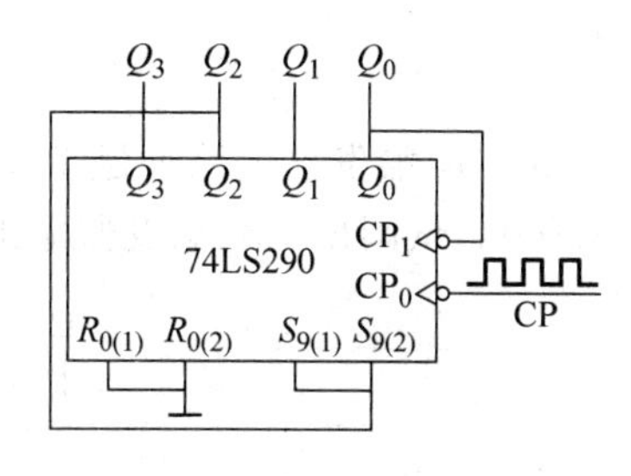

题 7.8 图

7.8　(　　)如题 7.8 图所示用 74LS290 构成的计数器电路是几进制？

(A) 四进制　　(B) 五进制　　(C) 六进制　　(D) 七进制

7.9　(　　)如题 7.9 图所示是由芯片 74LS161 构成的时序电路，则该电路构成的是几进制计数器？

(A) 十八进制　　(B) 十九进制　　(C) 二十八进制　　(D) 二十九进制

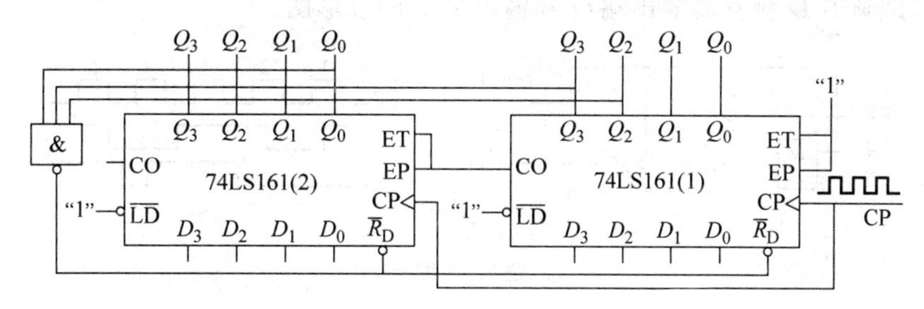

题 7.9 图

7.10　(　　)如题 7.10 图所示是由芯片 74LS290 构成的时序电路，则该电路构成的是几进制计数器？

(A) 五十四进制　　(B) 五十三进制　　(C) 四十三进制　　(D) 四十四进制

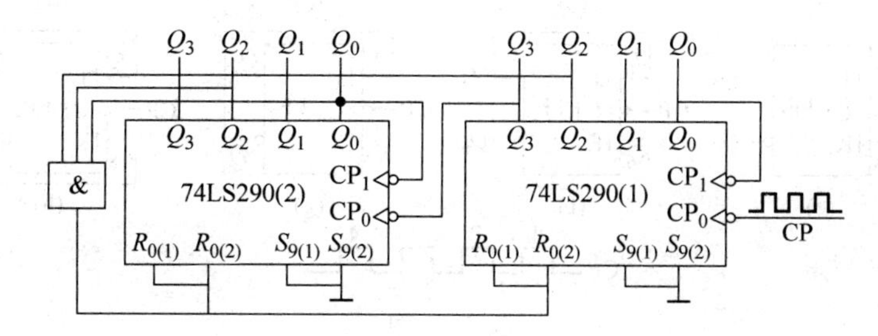

题 7.10 图

二、解答题

7.11　某可控 RS 触发器的输入端 CP、R 和 S 的波形如题 7.11 图所示，设触发器的初始状态为 0，试画出可控 RS 触发器输出端 Q 的波形图。

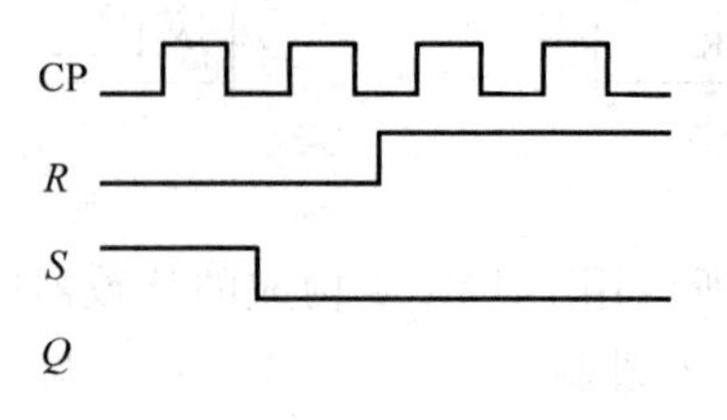

题 7.11 图

7.12　某 JK 触发器电路如题 7.12 图(a)所示，其输入端 $\bar{R}_D$、CP、J 和 K 的波形如题 7.12 图(b)所示，试画出 JK 触发器输出端 Q 的波形图。

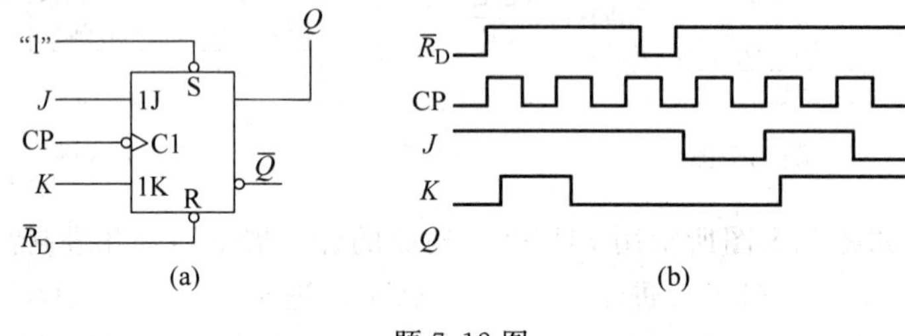

题 7.12 图

7.13　某 D 触发器电路如题 7.13 图(a)所示，其输入端 CP、A 和 B 的波形如题 7.13 图(b)所示，试画出 D 触发器输出端 Q 和输出量 Y 的波形图。

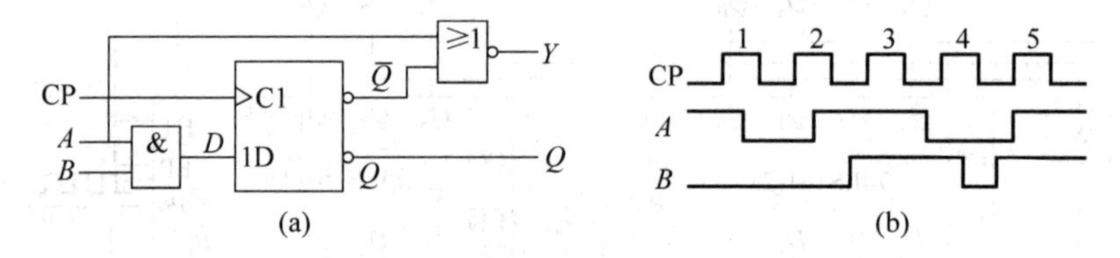

题 7.13 图

7.14　已知时钟脉冲 CP 的波形如题 7.14 图所示，设它们初始状态均为"0"。要求：

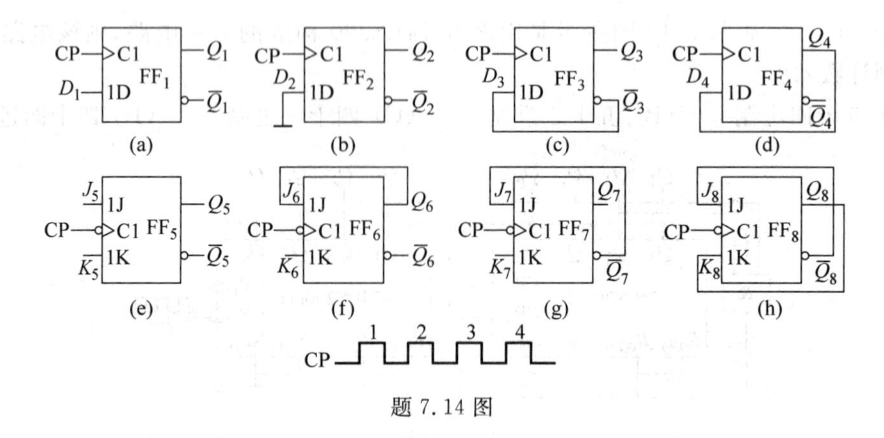

题 7.14 图

(1) 试分别画出图中各触发器输出端 Q 的波形。

(2) 指出哪些触发器电路具有计数功能。

7.15 由 D 触发器和 JK 触发器构成的时序电路如题 7.15 图(a)所示,已知两个触发器的初始状态均为"00",时钟脉冲 CP 的波形如题 7.15 图(b)所示,试画出 D 触发器和 JK 触发器输出端 Q_2 和 Q_1 的波形图。

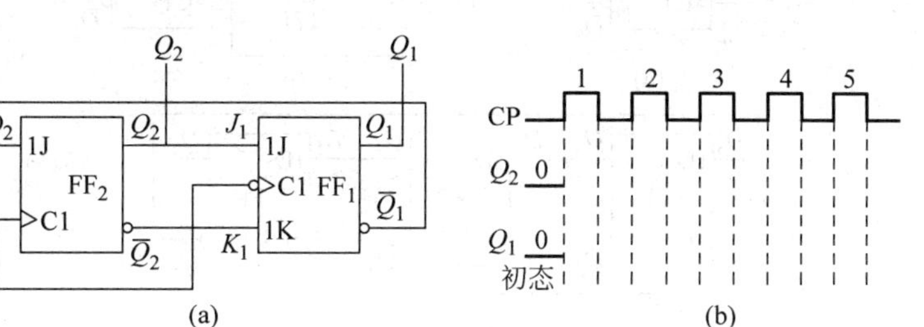

题 7.15 图

7.16 由 JK 触发器构成的时序逻辑电路如题 7.16 图所示,已知时钟脉冲 CP 和输入变量 A 的波形,试画出各触发器输出端 $Q_3 \sim Q_1$ 的波形。设各触发器的初始状态为"000"。

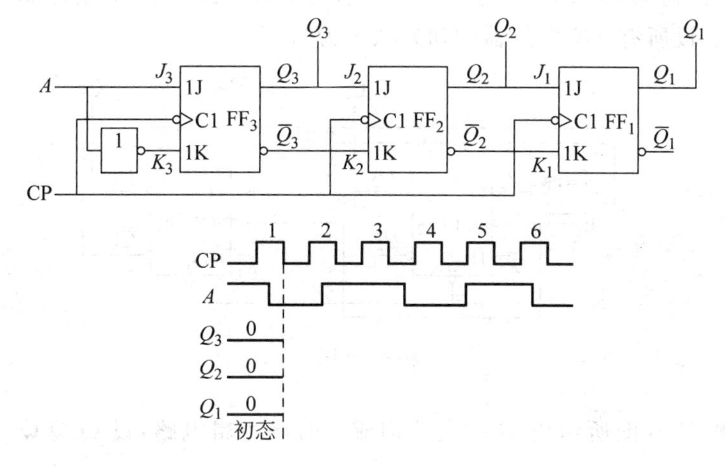

题 7.16 图

7.17 如题 7.17 图所示的电路中,已知时钟脉冲 CP 的频率 $f_{CP}=1\text{kHz}$,试求 Q_3、Q_2 和 Q_1 波形的频率。

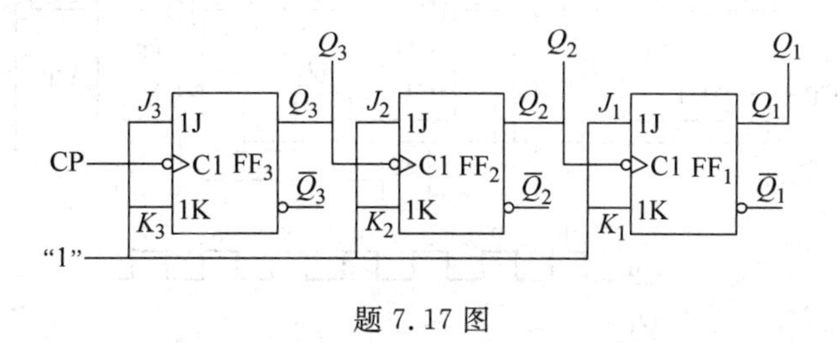

题 7.17 图

7.18 已知时钟脉冲 CP 的波形如题 7.18 图所示,在(a)、(b)、(c)三个电路图中,假设所有 D 触发器的初始状态均为"0"。要求:

(1) 试分别画出图(a)、(b)、(c)中各触发器输出端 $Q_0 \sim Q_5$ 的波形。

(2) 分析图(c)所示时序电路实现何逻辑功能,是否具有自启动功能。

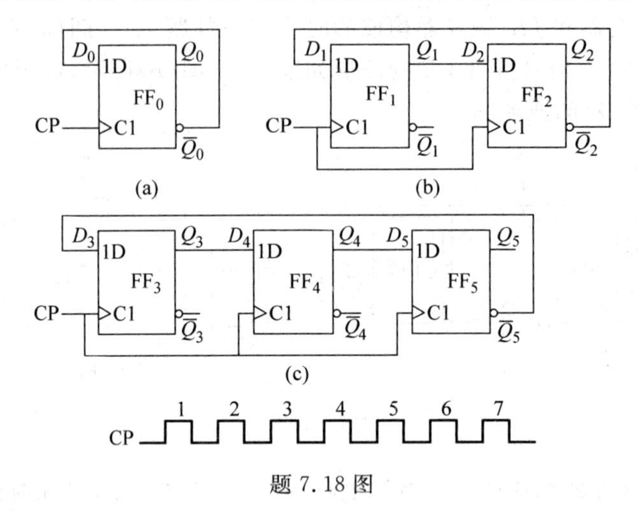

题 7.18 图

7.19　试分析题 7.19 图所示电路实现何种逻辑功能,其中 X 是控制端,对 $X=0$ 和 $X=1$ 分别分析。设所有 JK 触发器的初始状态为"11"。

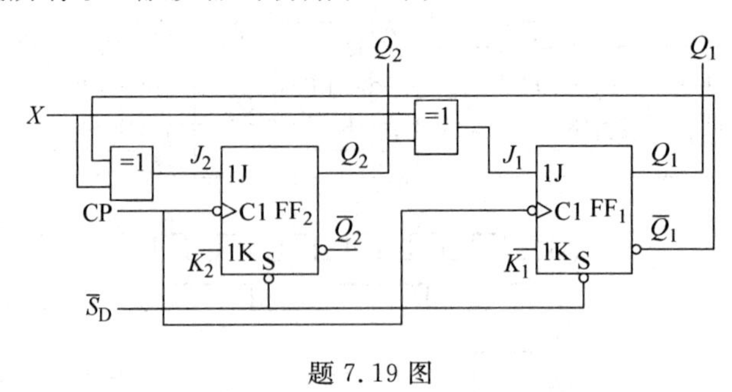

题 7.19 图

7.20　如题 7.20 图所示由 D 触发器构成的时序逻辑电路,设 $Q_3Q_2Q_1$ 的初始状态为"000"。要求:

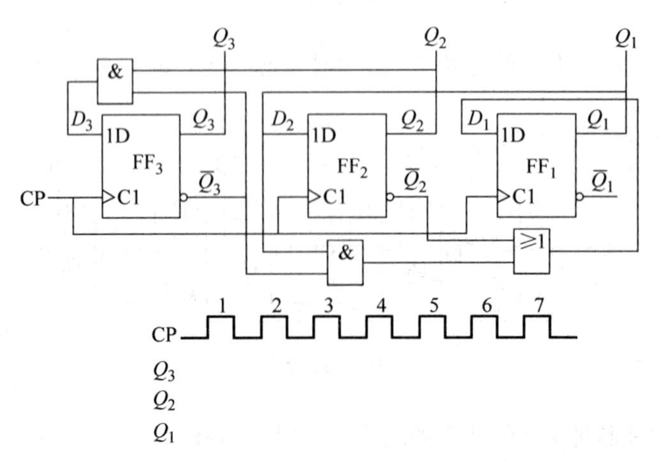

题 7.20 图

(1) 各触发器输入端 D 的逻辑关系式；

(2) 画出该电路的 $Q_3Q_2Q_1$ 的波形图；

(3) 根据所得的波形图，试判断该电路是几进制的计数器？

(4) 判断该电路是同步计数器还是异步计数器？

7.21 分析如题 7.21 图所示的时序逻辑电路，设 $Q_3Q_2Q_1$ 的初始状态为“000”。要求：

(1) 写出各触发器输入端 J 和 K 的逻辑关系式；

(2) 填写该电路的逻辑状态表(见题 7.21 表)(注：不必填满，出现状态重复即可)；

(3) 根据所得的状态表，试判断该电路是几进制的计数器？

(4) 判断该电路是同步计数器还是异步计数器？

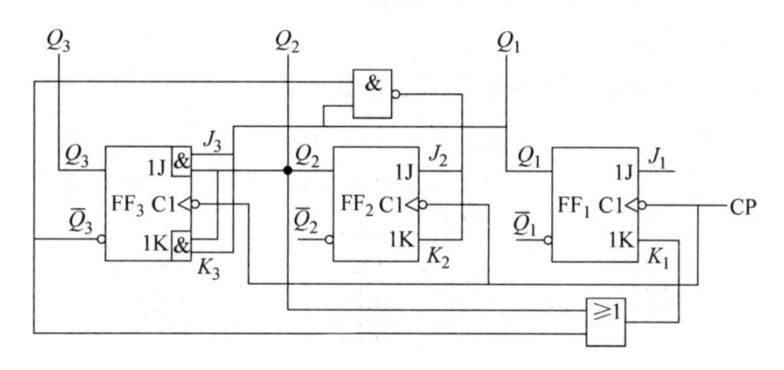

题 7.21 图

题 7.21 状态表

CP 顺序	Q_3	Q_2	Q_1	J_3	K_3	J_2	K_2	J_1	K_1
0	0	0	0						

7.22 由三个 JK 触发器 FF_3、FF_2 和 FF_1 构成的计数器电路如题 7.22 图所示，假设触发器的输出端 Q_1、Q_2 和 Q_3 的初始状态为“000”。要求：

(1) 写出各触发器输入端 J 和 K 的逻辑关系式；

(2) 列出该计数器的状态表；

(3) 该计数器是几进制计数器？

(4) 该计数器是否具有自启动功能？

7.23 题 7.23 图所示为某一计数器电路，设各触发器的初始状态为“000”。要求：

(1) 判断此电路是同步计数器还是异步计数器；

(2) 写出各触发器输入端的逻辑关系式；

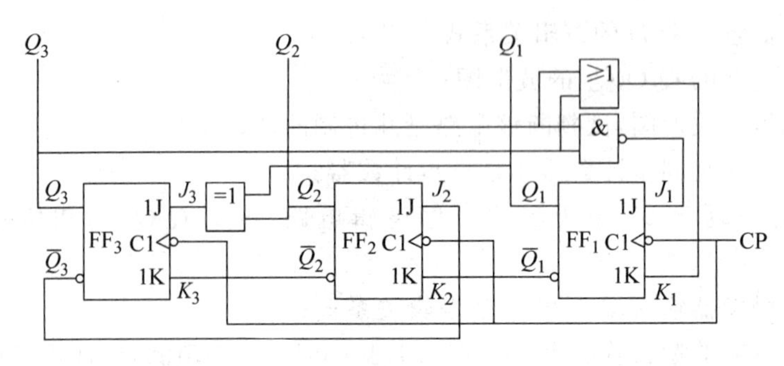

题 7.22 图

(3) 写出该计数器输出端 $Q_2Q_1Q_0$ 的状态表；

(4) 判断该计数器为几进制计数器；

(5) 判断该计数器是加法计数器还是减法计数器。

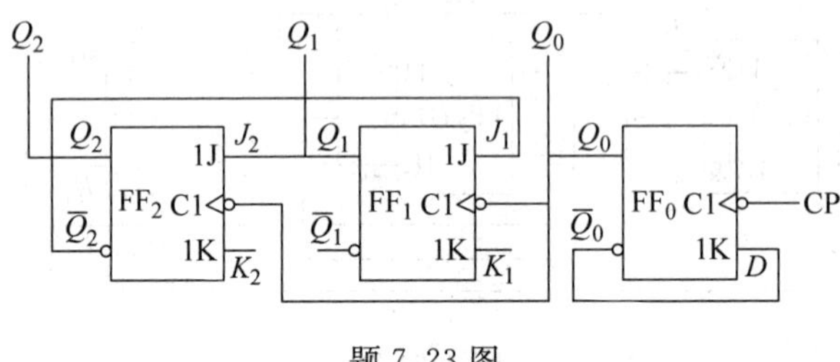

题 7.23 图

7.24　分析如题 7.24 图所示的时序逻辑电路，设 $Q_3Q_2Q_1$ 的初始状态为"000"。试求：

(1) 各 JK 触发器输入端 J 和 K 的逻辑关系式；

(2) 根据M的取值，完成该电路的逻辑状态表(见题 7.24 表)；

(3) 根据所得的状态表试判断该电路当 $M=0$ 和 $M=1$ 分别是几进制的计数器？

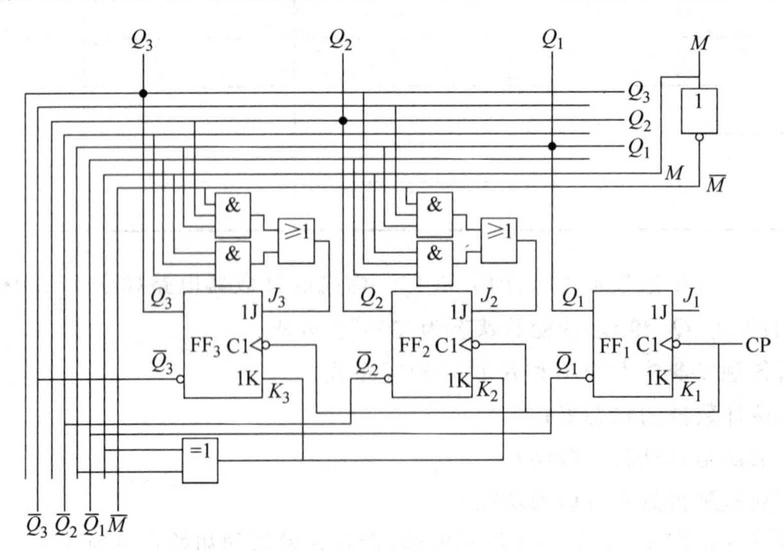

题 7.24 图

题 7.24 状态表

M=0										M=1									
CP顺序	Q_3	Q_2	Q_1	J_3	K_3	J_2	K_2	J_1	K_1	CP顺序	Q_3	Q_2	Q_1	J_3	K_3	J_2	K_2	J_1	K_1
0	0	0	0							0	0	0	0						

7.25 分析如题 7.25 图所示的时序逻辑电路，该电路通过直接置位端 $\overline{S}_D$ 和直接复位端 $\overline{R}_D$ 可以设 $Q_3Q_2Q_1$ 的初始状态。试求：

（1）当设置 $Q_3Q_2Q_1$ 的初始状态为“111”时，试写出该时序电路的逻辑状态表；

（2）当设置 $Q_3Q_2Q_1$ 的初始状态为“000”时，试写出该时序电路的逻辑状态表。

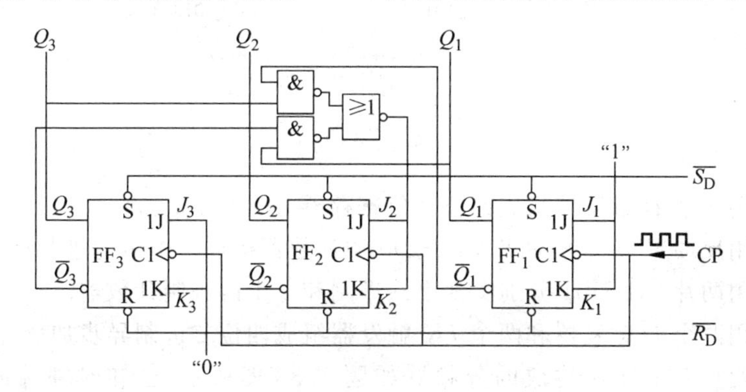

题 7.25 图

7.26 试用 JK 触发器设计一个满足如题 7.26 图所示的状态循环图的同步时序逻辑电路。

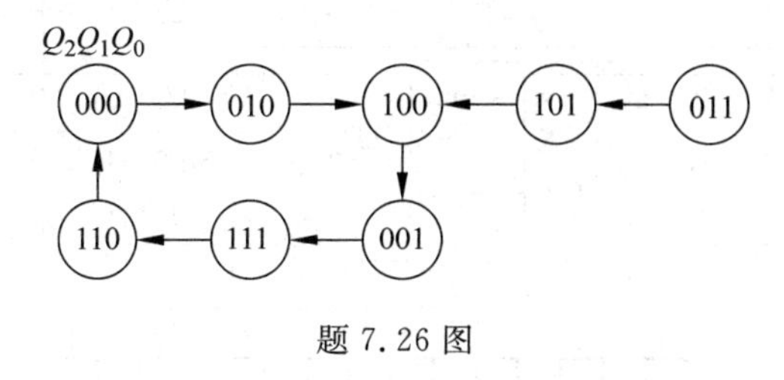

题 7.26 图

7.27 试用 JK 触发器设计一个满足如题 7.27 图所示的双状态循环图的同步时序逻辑电路。

7.28 试用 JK 触发器设计一个控制步进电动机三相六状态工作的逻辑电路。如果用“1”表示电机绕组导通，“0”表示电机绕组截止，则三个绕组 ABC 的状态转换图如题 7.28 图所示。M 为输入控制变量，当 M=1 时，步进电机正转；当 M=0 时，步进电机反转，如题 7.28 图所示。

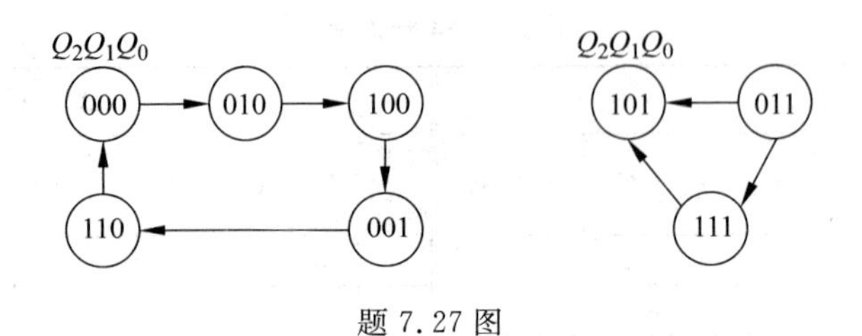

题 7.27 图

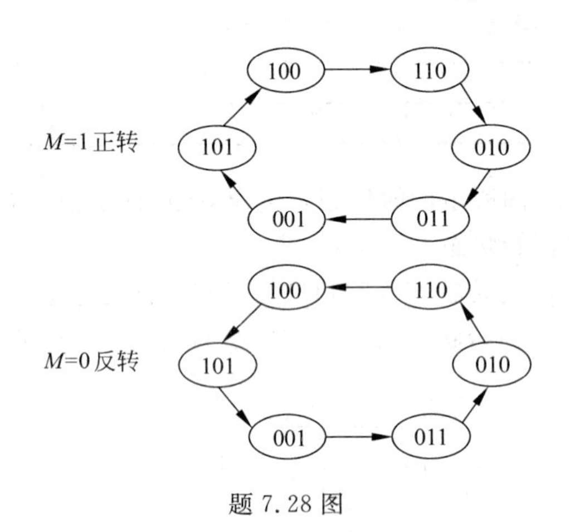

题 7.28 图

7.29　试用 4 个 D 触发器组成四位移位寄存器。

7.30　试用反馈置"9"法将两片 74LS290 型计数器构成一个十七进制计数器。

7.31　试用两片 74LS161 分别实现十八进制和二十四进制计数器。

7.32　试用两个 D 触发器和两个 JK 触发器组成四位二进制异步加法计数器。

7.33　由两片 74LS194 构成的分频器如题 7.33 图所示，已知时钟脉冲 CP 的波形，要求：

(1) 试画出输出端 Q_2 的波形；

(2) 该电路的输出端 Q_2 构成了几分频电路。

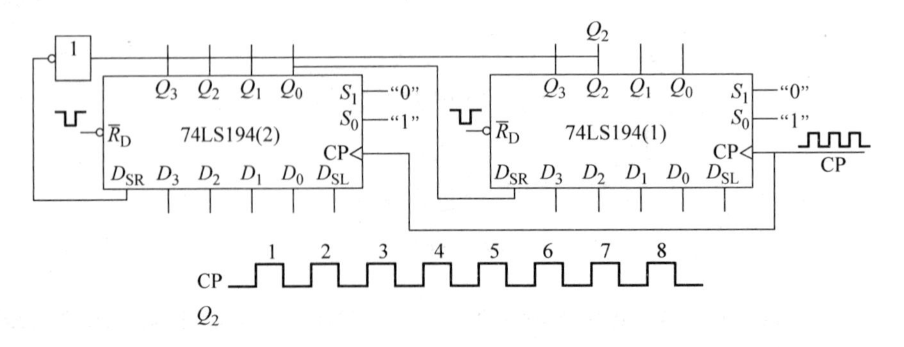

题 7.33 图

7.34　某同学设计了一个如题 7.34 图所示的序列脉冲检测器，试分析一下，该电路能检测怎样的序列脉冲？试画出状态转换图。

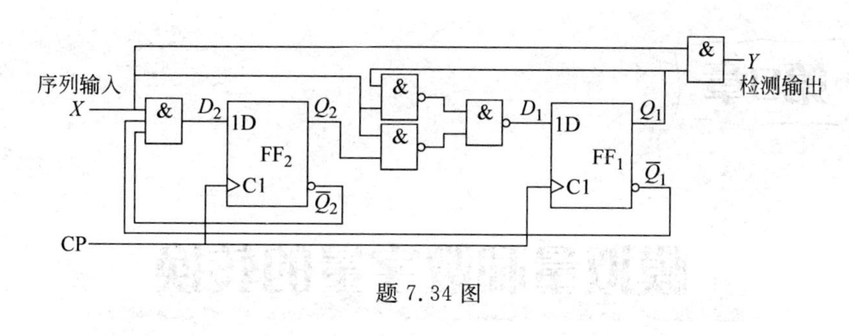

题 7.34 图

7.35 用 555 定时器构成单稳态触发器，如题 7.35 图所示。输入电压 u_I 为 1kHz 的方波信号，幅度为 5V。

(1) 试画出 u_I、u_2、u_C 和 u_O 的波形。

(2) 估算输出脉冲 t_W 的宽度。

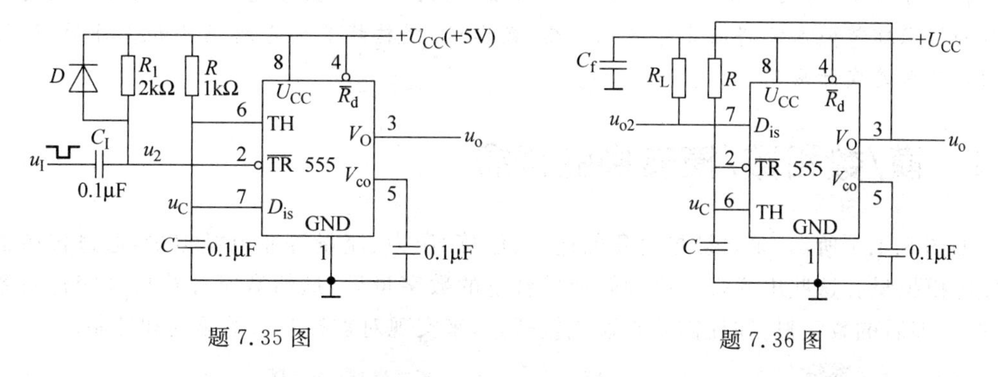

题 7.35 图　　　　题 7.36 图

7.36 由 555 定时器构成的多谐振荡器，如题 7.36 图所示。

(1) 试画出电容 C 两端电压 u_C 和输出 u_{O2} 的波形。

(2) 当电阻 R 的阻值远大于输出 u_{O2} 的输出电阻时，试求其振荡周期 T 的关系式。

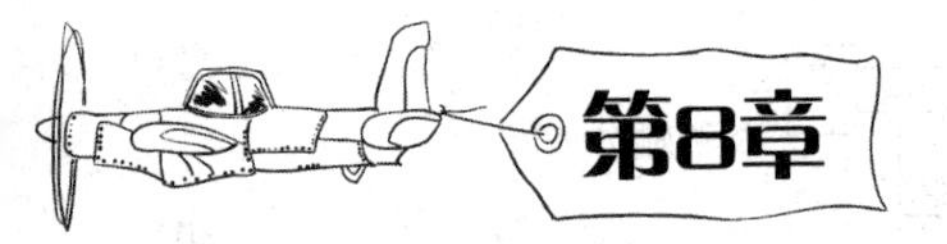

第8章

模拟量和数字量的转换

在信号检测、自动控制、数据处理等应用领域,模拟量和数字量之间的相互转换是一个重要的技术环节。本章将简要介绍几种模/数和数/模转换器的电路结构和工作原理,使读者初步了解其实际应用。

8.1 模/数和数/模转换的概念

如图 8.1.1 所示,来自被控对象的速度、位移、压力、流量等非电模拟量,通过传感器转换成电模拟量。这些电模拟量必须转换成合适的数字量后,送给数字计算机系统进行数据处理,处理后的数字量,往往需要转换成模拟量,来实现对被控对象的驱动和控制。

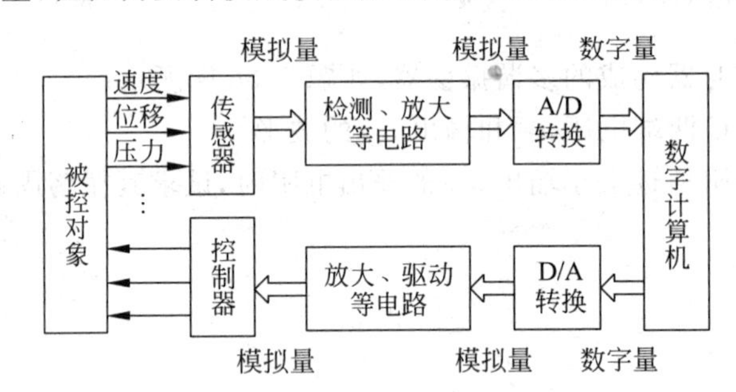

图 8.1.1 包含模/数转换和数/模转换接口的控制系统方框图

能将数字量转换成模拟量的器件,称为**数/模转换器**,简称 D/A **转换器**或 DAC(digital to analog converter)。能将模拟量转换成数字量的器件,称为**模/数转换器**,简称 A/D **转换器**或 ADC(digital to analog converter)。DAC 和 ADC 是联系数字系统和模拟系统之间不可缺少的接口器件。

【思考题】

1. 在现实中,你知道哪些物理量是模拟量,哪些量是数字量?
2. D/A 转换器和 A/D 转换器各用在什么场合?
3. 在数字系统中,为什么既需要 D/A 转换,又需要 A/D 转换?

8.2 D/A 转换器

8.2.1 D/A 转换器的基本原理

数字量是用代码按数位组合起来表示的，对于有权码，每位代码都有一定的权。为了将数字量转换成模拟量，必须将每位的代码按其权的大小转换成相应的模拟量，然后将这些模拟量相加，即可得到与数字量成正比的总模拟量，从而实现了数字-模拟转换。这就是构成 D/A 转换器的基本思路。

图 8.2.1 所示是 D/A 转换器框图，输入为 n 位二进制数字信息 $D=(X_{n-1}X_{n-2}\cdots X_1X_0)_2$，假设从最高位(MSB)$X_{n-1}$到最低位(LSB)$X_0$ 的权，依次为 2^{n-1}、$2^{n-2}\cdots 2^1$ 和 2^0。D/A 转换器先将数字量转换成与其成正比的电流量 I，然后再将电流量 I 转换成相应的模拟电压 U_O。模拟电压 U_O 和数字量 D 之间满足如下关系：

$$I = K_1 D = K_1(X_{n-1}\cdot 2^{n-1} + X_{n-2}\cdot 2^{n-2} + \cdots + X_1\cdot 2^1 + X_0\cdot 2^0) = K_1\sum_{i=0}^{n-1}X_i\cdot 2^i \tag{8.2.1}$$

$$U_O = -IR_F = -K_1R_F\sum_{i=0}^{n-1}X_i\cdot 2^i \tag{8.2.2}$$

式(8.2.2)中，K_1 和 R_F 都是常量，因此输出的模拟电压 U_O 和输入的数字量 D 之间的转换呈线性关系。

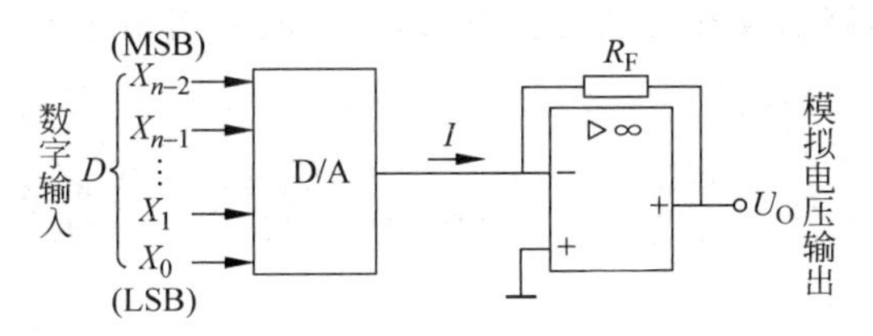

图 8.2.1 D/A 转换器框图

图 8.2.2 表示一个三位二进制数字信息输入 D/A 转换器的转换特性。图中最小输出电压增量 ΔU_{LSB}表示输入数字量 D 中的最低有效位(LSB)X_0 变化所引起的输出电压变化值。U_M 表示最大输出电压，它们之间的比值称为 D/A 转换器的分辨率，即

$$分辨率 = \frac{\Delta U_{LSB}}{U_M} = \frac{1}{2^n - 1} \tag{8.2.3}$$

由式(8.2.3)，可得图 8.2.2 所示 D/A 转换器的分辨率为

$$分辨率 = \frac{\Delta U_{LSB}}{U_M} = \frac{1-0}{7} = \frac{1}{2^3-1} \approx 14.3\%$$

分辨率是 D/A 转换器的一个重要参数。例如，$n=10$ 位的 D/A 转换器，其分辨率 $=\frac{1}{2^{10}-1}\approx 0.1\%$，称分辨率为千分之一，其分辨

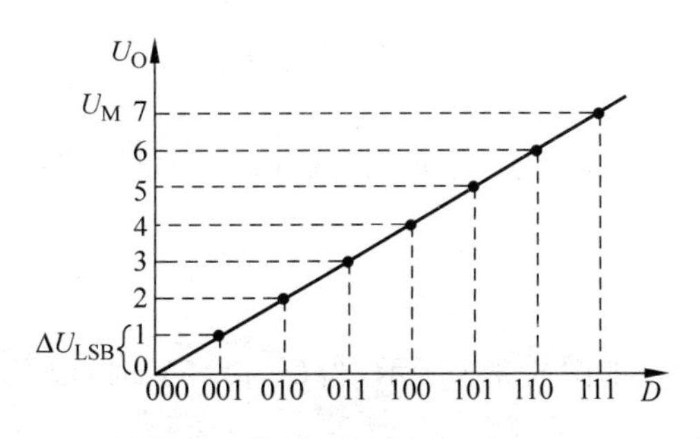

图 8.2.2 三位二进制数字信息输入 D/A 转换器的转换特性

能力远高于 $n=3$ 的 D/A 转换器。因此，D/A 转换器的分辨率大小仅决定于输入数字量的位数 n，所以位数越多，在最大输出电压 U_M 一定的情况下，其分辨能力越高。所以，有时也用位数表示分辨率，比如 10 位分辨率。

8.2.2 权电阻网络 D/A 转换器

1. 电路组成

图 8.2.3 为权电阻网络 D/A 转换器。它由权电阻求和网络、基准电压 U_{REF}、电子模拟开关 S_i 和运算放大器组成。其中的电子模拟开关 S_i 受输入的二进制数码 X_i 控制。当 $X_i=1$ 时，S_i 接通基准电压 U_{REF}；当 $X_i=0$ 时，S_i 接地。

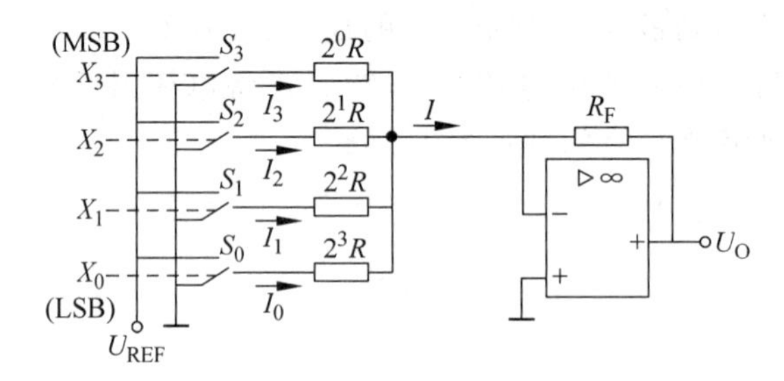

图 8.2.3 四位权电阻网络 D/A 转换器

2. 工作原理

由图 8.2.3 所示电路为反相加法运算电路，其运放的同相输入端接地，即 $u_+=0$，可得 $U_O=-IR_F$，而

$$I=I_3+I_2+I_1+I_0=\frac{U_{REF}}{2^0R}X_3+\frac{U_{REF}}{2^1R}X_2+\frac{U_{REF}}{2^2R}X_1+\frac{U_{REF}}{2^3R}X_0=\frac{U_{REF}}{2^3R}\sum_{i=0}^{3}X_i2^i$$

则输出电压为

$$U_O=-IR_F=-\frac{U_{REF}R_F}{2^3R}\sum_{i=0}^{3}X_i\cdot 2^i \tag{8.2.4}$$

显然，输出电压 U_O 与输入的数字量 $(X_3X_2X_1X_0)_2$ 成正比，实现了从数字量到模拟量的转换。

当输入的数字量为 n 位时，则输出电压 U_O 可写成：

$$U_O=-IR_F=-\frac{U_{REF}R_F}{2^{n-1}R}\sum_{i=0}^{n-1}X_i\cdot 2^i \tag{8.2.5}$$

当取 $R_F=\frac{1}{2}R$ 时，式(8.2.5)可写成：

$$U_O=-IR_F=-\frac{U_{REF}}{2^n}\sum_{i=0}^{n-1}X_i\cdot 2^i \tag{8.2.6}$$

如图 8.2.3 所示，当 $U_{REF}=5V$ 时，取 $R_F=\frac{1}{2}R$，则当输入二进制码 $X_3X_2X_1X_0=0000$ 时，输出电压为 $U_O=0V$；当输入二进制码 $X_3X_2X_1X_0=0001$ 时，输出电压为 $U_O=-0.3125V$；当输入二进制码 $X_3X_2X_1X_0=1111$ 时，输出电压为 $U_O=-4.6875V$。因此，该 D/A 转换器的

最小输出电压增量 $\Delta U_{LSB}=0.3125V$，即数字量$(X_3X_2X_1X_0)_2$ 每增加一个单位，输出电压 U_O 就增加$-0.3125V$。

从图 8.2.3 不难看出，如果要提高输出电压 U_O 的精度，只要增加数字量的位数以及权电阻网络的电阻就可以。但这样需要的电阻太多，且各电阻阻值相差很大。如 8 位的 D/A 转换器需要 8 个电阻，阻值范围从 R 到 2^7R，要保证这么大范围的阻值精度非常困难，特别是在大规模生产中。

8.2.3　R/2R 倒 T 型电阻网络 D/A 转换器

1. 电路组成

图 8.2.4 是一个 4 位 R/2R 倒 T 型电阻网络 D/A 转换电路，由 R/2R 倒 T 型电阻网络和电子模拟开关 S_i 以及运算放大器组成，U_{REF} 为基准电压。电路中只存在 R、2R 两种阻值的电阻，克服了权电阻网络 D/A 转换器中电阻值多的缺点。

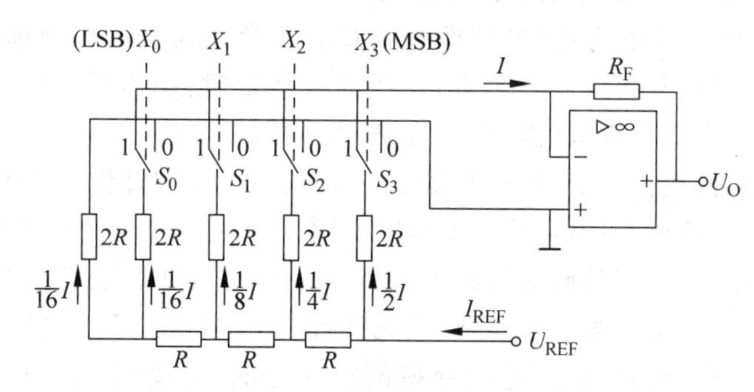

图 8.2.4　R/2R 倒 T 型电阻网络 D/A 转换器

2. 工作原理

输入的二进制数码 X_i 控制相应的电子模拟开关 S_i。当 $X_i=1$ 时，S_i 接到运算放大器的反相输入端($u_-=0$)；当 $X_i=0$ 时，S_i 接地。因此，无论 X_i 为何值，S_i 都接地。这样，从 2R 电阻流过的电流就与 S_i 的位置无关，是恒定不变的。因此，很容易求出倒 T 形网络的输入电阻为 R，则从基准电压 U_{REF} 输出的总电流 I_{REF} 也是恒定不变的，其大小为

$$I_{REF}=\frac{U_{REF}}{R}$$

电流 I_{REF} 每经过一个节点，就等分为两路输出，流过 X_i 所控制的支路 2R 电阻的电流从最高位到最低位依次为$\frac{1}{2}I$、$\frac{1}{4}I$、$\frac{1}{8}I$ 和$\frac{1}{16}I$。当 $X_i=1$ 时，则该支路 2R 电阻中的电流流入运算放大器的反相输入端，当 $X_i=0$ 时，电流流入地。因此电流 I 的大小为

$$I=\frac{I}{2}X_3+\frac{I}{4}X_2+\frac{I}{8}X_1+\frac{I}{16}X_0=\frac{U_{REF}}{2^4R}\sum_{i=0}^{3}X_i2^i$$

则输出电压为

$$U_O=-IR_F=-\frac{U_{REF}R_F}{2^4R}\sum_{i=0}^{3}X_i2^i \tag{8.2.7}$$

由式(8.2.7)可知，输出电压 U_O 与输入的数字量$(X_3X_2X_1X_0)_2$ 成正比，实现了 D/A

转换。当输入的数字量为 n 位时，则输出电压 U_O 可写成：

$$U_O = -IR_F = -\frac{U_{REF}R_F}{2^n R}\sum_{i=0}^{n-1} X_i 2^i \tag{8.2.8}$$

当取 $R_F = R$ 时，式(8.2.8)可写成：

$$U_O = -IR_F = -\frac{U_{REF}}{2^n}\sum_{i=0}^{n-1} X_i 2^i \tag{8.2.9}$$

R/2R 倒 T 型电阻网络 D/A 转换器的特点：电子模拟开关 S_i 不管是接地还是接到运放反相输入端，流过各支路 2R 电阻中的电流总是近似恒定值。因此，在输入数字量变化时，倒 T 电阻网络中的寄生电容和电感所引起的瞬态过程极短，所以其转换速度快，因此它的应用也最多。

8.2.4 双极性输出 D/A 转换器

前面讨论的 D/A 转换器，它们输出模拟电压 U_O 的极性单一，要么只能为负（当基准电压 U_{REF} 为正值时），要么只能为正（当基准电压 U_{REF} 为负值时），故称为**单极性输出**的 D/A 转换器。如果 D/A 转换器的输入是带有正、负的数字量时，输出模拟电压也具有正、负极性，则称这类 D/A 转换器为**双极性输出**的 D/A 转换器。

当前在集成化或模块化的 D/A 转换器中，一般均考虑了器件作为单极性使用和双极性使用的情况，两种使用情况，只是在接线上有所不同。

在二进制数码中，一般用补码的形式表示负值。因此，这里需要解决的问题是如何将以补码形式出现的带有正、负的数字信号，转换成具有正、负极性的模拟电压。

现在以输入数字信号为三位二进制**补码**的情况为例，来说明双极性输出的转换原理。三位二进制补码可以表示从+3 倒−4 之间的任何一个整数，与之对应的十进制数及要求得到的输出模拟电压如表 8.2.1 所示。

表 8.2.1　补码输入时的偏移码和 D/A 转换器的输出

十进制数	补码输入			偏移码输入			接入偏移电路后的输出电压 U_O/V
	X_2	X_1	X_0	$\overline{X_2}$	X_1	X_0	
+3	0	1	1	1	1	1	+3
+2	0	1	0	1	1	0	+2
+1	0	0	1	1	0	1	+1
0	0	0	0	1	0	0	0
−1	1	1	1	0	1	1	−1
−2	1	1	0	0	1	0	−2
−3	1	0	1	0	0	1	−3
−4	1	0	0	0	0	0	−4

因为在二进制算术运算中通常都把带符号的数值表示为补码的形式，所以，希望 D/A 转换器能够把以补码形式输入的正、负极性数分别转换成正、负极极性的模拟电压。

现以输入为 3 位的二进制补码的情况为例，说明转换的原理。3 位二进制补码 $(X_2X_1X_0)_2$ 可以表示从+3 到−4 之间的任何整数，它们与十进制的对应关系以及希望得到的输出模拟电压 U_O 见表 8.2.1。

为了得到双极性的输出模拟电压U_O，可采用如图8.2.5所示电路，即在原来的D/A转换器中，将**补码**输入的符号位(一般是最高位MSB)送入反相器G取反变成**偏移码**，并增设一个由可调电阻R_B和电压源$-U_{BB}$组成的偏移电路。当输入偏移码为$\overline{X_2}X_1X_0=100$时，调节R_B的阻值，使流过R_B的偏移电流I_B满足下式要求

$$I_B=\frac{u_- -(-U_{BB})}{R_B}=\frac{U_{BB}}{R_B}=I_{MSB}=\frac{U_{REF}}{2^0R} \tag{8.2.10}$$

式中，I_{MSB}为最高位(MSB)的输出电流。此时，对运放有

$$I_O=I-I_B=I_{MSB}-I_B=0$$

$$U_O=-I_OR_F=0$$

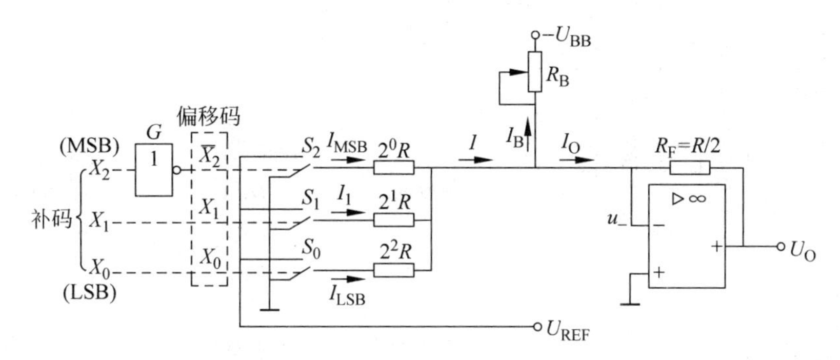

图8.2.5 具有双极性输出电压的D/A转换器

即偏移码$\overline{X_2}X_1X_0=100$(即补码$X_2X_1X_0=000$)输入D/A转换电路时，其输出模拟电压U_O为0伏。

当输入偏移码为任何状态时，其相应的输出模拟电压为

$$U_O=-I_OR_F=-(I-I_B)R_F=-(I-I_{MSB})R_F \tag{8.2.11}$$

对于n位的双极性D/A转换器，则其关系式为

$$I_B=\frac{U_{BB}}{R_B}=I_{MSB}=2^{n-1}I_{LSB}=\frac{2^{n-1}}{2^n-1}I_M \tag{8.2.12}$$

$$I_O=I-I_B=I-\frac{2^{n-1}}{2^n-1}I_M \tag{8.2.13}$$

$$U_O=-I_OR_F=-\left(I-\frac{2^{n-1}}{2^n-1}I_M\right)R_F \tag{8.2.14}$$

式中I_M为输入偏移码全1时，即$\overline{X_{n-1}}X_{n-2}\cdots X_1X_0=11\cdots11$时，网络输出的总电流$I$的大小。

通过上面的例子不难总结出将单极性输出D/A转换器改接成双极性输出D/A转换器的两个步骤：

第一步，在单极性输出D/A转换器的求和放大器输入端接入一个偏移电流I_B，调节电阻R_B，使输入$(X_{n-1}X_{n-2}\cdots X_1X_0)_2$的最高位(MSB)为1而其他各位输入为0时(即$X_{n-1}X_{n-2}\cdots X_1X_0=10\cdots00$)，输出模拟电压$U_O=0V$；

第二步，将输入$(X_{n-1}X_{n-2}\cdots X_1X_0)_2$的**符号位**(一般是最高位MSB)反相后接到单极性输出的D/A转换器的输入端，就得到了双极性输出的D/A转换器。

8.2.5 集成 D/A 转换器

集成 D/A 转换器种类很多，按输入的二进制数字量的位数分为：8 位、10 位、12 位和 16 位等，也有速度可达 100MHz 的高速产品。下面介绍 8 位的 DAC0832。

DAC0832 的结构框图如图 8.2.6(a)所示。它是一个倒 T 型电阻网络，具有双缓冲输入数据寄存器，可以使 D/A 在转换电路进行转换和输出的同时，采集下一个数据，因而提高了转换速度，可实现与微机总线直接相接，并可与 TTL 兼容，是目前应用广泛的一种 D/A 转换器。图 8.2.6(b)为 DAC0832 的引脚排列图。

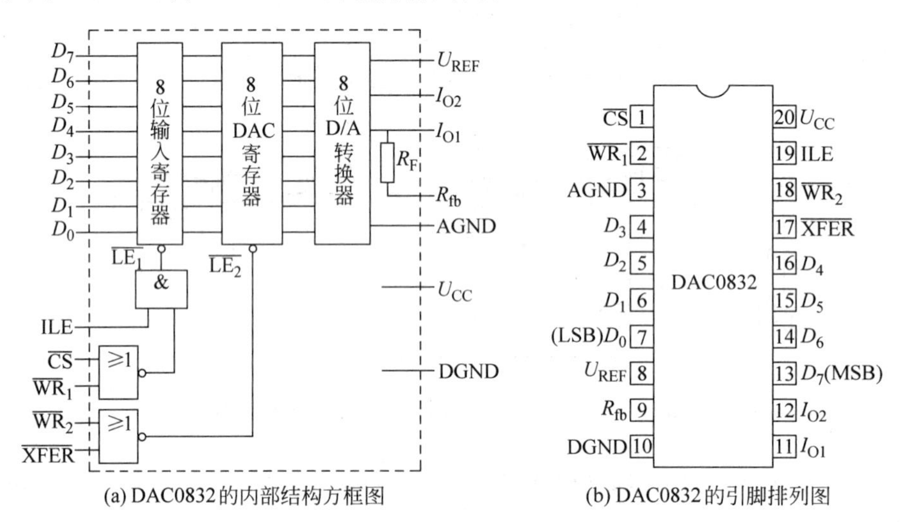

(a) DAC0832的内部结构方框图　　(b) DAC0832的引脚排列图

图 8.2.6　DAC0832 的内部结构方框图和引脚排列图

DAC0832 的各引脚功能说明如下：

$D_0 \sim D_7$：8 位数据输入端；

ILE：输入锁存选通，高电平有效；

$\overline{CS}$：输入寄存器选择信号，与 ILE 组合可选通$\overline{WR_1}$，低电平有效；

$\overline{WR_1}$：输入寄存器的写选通信号。从原理图看出，输入寄存器的锁存信号$\overline{LE_1}$是由 ILE、$\overline{CS}$、$\overline{WR_1}$的逻辑组合产生。当$\overline{LE_1}$为高电平时，输入寄存器的状态随输入数据而变化；当$\overline{LE_1}$为低电平时，将输入的数据 $D_0 \sim D_7$ 锁存；

$\overline{XFER}$：数据传送信号，可选通$\overline{WR_2}$，低电平有效；

$\overline{WR_2}$：DAC 寄存器的写选通信号。DAC 寄存器的锁存信号$\overline{LE_2}$由$\overline{XFER}$和$\overline{WR_2}$的逻辑组合产生。当$\overline{LE_2}$为高电平时，DAC 寄存器的输出随寄存器的输入而变化；当$\overline{LE_2}$为低电平时，将输入寄存器的内容送入 DAC 寄存器并开始转换；

U_{CC}：电压源端，输入电压的范围＋5～＋15V；

U_{REF}：由外电路提供的基准电源输入端，电压范围为－10～＋10V；

R_{fb}：为外部运算放大器提供的片内反馈电阻 R_F，用以提供适当的输出电压，该端又称为反馈信号输入端，而片内反馈电阻 R_F 的另一端在内部接在 I_{O1} 端；

I_{O1}：电流输出端 1，为 D/A 转换后的模拟电流输出端，接外部运放的反相输入端；

I_{O2}：电流输出端 2，为 D/A 转换后的模拟电流输出端，接外部运放的同相输入端，其中 $I_{O1}+I_{O2}$ 为某一常数；

AGND：模拟地；

DGND：数字地。

DAC0832 为电流输出型 D/A 转换器，可提供单极性和双极性两种输出方式。图 8.2.7 所示为利用 DAC0832 和两个运算放大器组成的 D/A 转换电路的原理图。其中运算放大器 A_1 和 A_2 组成的是模拟电压输出电路，运算放大器 A_1 输出的是单极性模拟电压，运算放大器 A_2 输出的是双极性模拟电压。

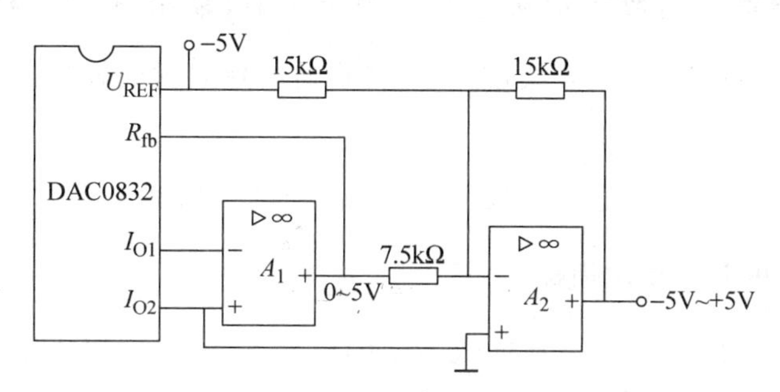

图 8.2.7　DAC0832 的应用电路

8.2.6　D/A 转换器的主要技术指标

1. D/A 转换器的转换精度

D/A 转换器的转换精度通常用分辨率和转换误差来描述。

1) 分辨率——D/A 转换器模拟输出电压可能被分离的等级数

输入数字量位数越多，输出电压可分离的等级越多，即分辨率越高。在实际应用中，往往用输入数字量的位数表示 D/A 转换器的分辨率。此外，D/A 转换器也可以用能分辨的最小输出电压(此时输入的数字量只有最低位为 1，其余各位都是 0)与最大输出电压(此时输入的数字量所有位全为 1)之比给出。n 位 D/A 转换器的分辨率可表示为 $\frac{1}{2^n-1}$。它表示 D/A 转换器在理论上可以达到的精度。

2) 转换误差

转换误差的来源很多，转换器中各元件参数值的误差，基准电源不够稳定和运算放大器的零漂的影响等。

D/A 转换器的绝对误差(或绝对精度)是指输入端加入最大数字量，即 $(X_{n-1}X_{n-2}\cdots X_1X_0)_2=(11\cdots11)_2$ 时，D/A 转换器的最大输出电压的理想值与实际值之差。假设当 D/A 转换器的输入端加入数字量为 $(X_{n-1}X_{n-2}\cdots X_1X_0)_2=(0\cdots01)_2$ 时，其最小输出电压的理想值为 U_{LSB}，则 D/A 转换器的绝对误差值应低于 $\pm\frac{1}{2}U_{LSB}$。例如，某 8 位的 D/A 转换器，其对应数字量 $(11111111)_2$ 的最大电压输出的理想值为 $U_{OM}=\frac{2^8-1}{2^8}U_{REF}=\frac{255}{256}U_{REF}$，

而对应数字量$(00000001)_2$的最小输出电压的理想值为$U_{LSB}=\frac{1}{2^8}U_{REF}=\frac{1}{256}U_{REF}$，则实际的最大输出电压$U_{OM}$应满足下列关系不等式：

$$\left(\frac{255}{256}-\frac{1}{2}\times\frac{1}{256}\right)U_{REF}=\frac{509}{512}U_{REF}\leqslant U_{OM}\leqslant\frac{511}{512}U_{REF}=\left(\frac{255}{256}+\frac{1}{2}\times\frac{1}{256}\right)U_{REF}$$

2. D/A 转换器的转换速度

(1) 建立时间(t_{set})：输入数字量变化时，输出电压变化到相应稳定电压值所需时间。一般用 D/A 转换器输入的数字量从全 0 变为全 1 时，输出电压达到规定的误差范围$\left(\pm\frac{1}{2}U_{LSB}\right)$时所需时间表示。通常集成 D/A 转换器的建立时间较快，单片集成 D/A 转换器建立时间最短可达 0.1μs 以内。

(2) 转换速率(SR)：大信号工作状态下模拟电压的变化率。

3. D/A 转换器的其他技术指标

(1) D/A 转换器的温度系数：在输入不变的情况下，输出模拟电压随温度变化产生的变化量。一般用满刻度输出条件下温度每升高 1℃，输出电压变化的百分数作为温度系数。

(2) D/A 转换器的线性度：模拟输出与理想输出直线之间的偏差为线性度误差。

(3) D/A 转换器的电源抑制比：在高质量的 D/A 转换器中，要求模拟开关电路和运算放大器的电源电压发生变化时，对输出电压的影响非常小。输出电压的变化与相对应的电源电压变化之比，称为电源抑制比。

【思考题】

1. D/A 转换器由哪几部分组成？D/A 转换器转换精度的主要技术指标是什么？
2. 简述双极性输出 D/A 转换器的工作原理。
3. 某 8 位 D/A 转换器的满刻度输出电压值为 5V，则其能分辨的最小输出电压增量为多少？

8.3 A/D 转换器

A/D 转换器将模拟量转换为数字量。A/D 转换器种类也很多，常用的 A/D 转换器有三类：并行比较型、逐次逼近型和双积分型。

8.3.1 A/D 转换的基本原理

在 A/D 转换器中，因为输入的模拟信号在时间上是连续量，而输出的数字信号代码是离散量，所以进行转换时必须对输入模拟信号进行周期性地采样，然后再把这些采样的模拟信号转换为输出的数字量。因此，一般的 A/D 转换过程包括**采样**、**保持**、**量化**和**编码**这 4 个步骤，即首先对输入的模拟电压信号**采样**，采样结束后进入**保持**时间，在这段时间内将采样的电压**量化**为数字量，并按一定的**编码**形式给出转换结果，然后开始下一次采样。下面分别予以介绍。

1. 采样定理和采样-保持电路

设 u_I 表示输入的模拟信号，采样-保持电路主要由受控的理想模拟开关 S 和保持电容 C_H 构成，如图 8.3.1(a)所示。模拟开关 S 在采样脉冲 u_S 控制下，对输入模拟信号 u_I 进行周期性的采样，并将此采样值 u_I' 暂时存储在电容 C_H 上，其波形如图 8.3.1(b)所示。

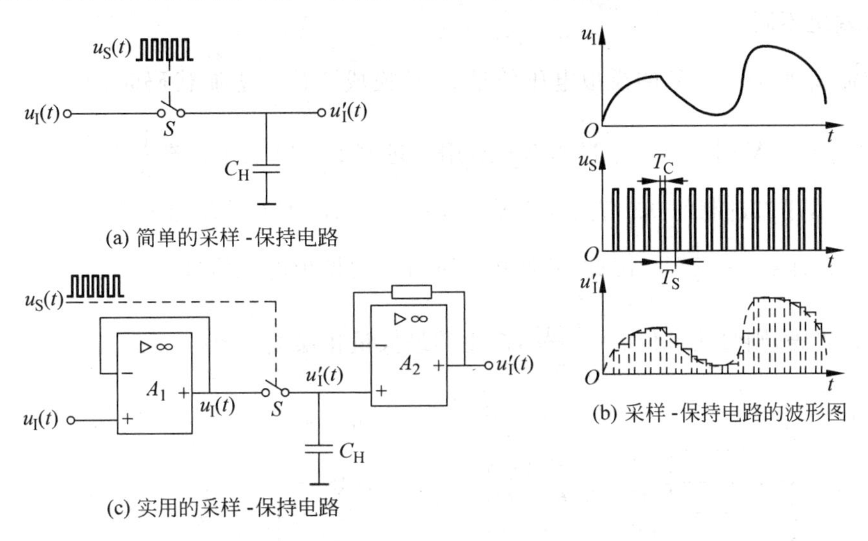

图 8.3.1　采用-保持电路及其波形图

为了能使采样后的信号不失真地恢复成原始的输入信号，对采样脉冲信号 u_S 的频率 $f_S\left(\text{即 } f_S=\frac{1}{T_S}\right)$有一定要求。根据采样定理，$f_S$ 必须满足以下关系：

$$f_S \geqslant 2f_{I\max}$$

式中，$f_{I\max}$为输入模拟信号 u_I 的频谱中最高频率分量的频率，因此采样周期 T_S 很小，但也不能无限制的小，因为采样周期 T_S 越小(即采样频率 f_S 越大)，相应的采样时间 T_C 也越小，且每次留给转换电路进行转换的时间也相应的缩短，这就要求转换电路必须具备更快的工作速度。因此，采样频率 f_S 必须根据实际合理取值。在实践中，常取

$$f_S = (2.5 \sim 3)f_{I\max}$$

图 8.3.1(c)所示是一种较为实用的采样-保持电路，两只运算放大器 A_1、A_2 都接成电压跟随器。运放 A_1 对输入模拟信号 u_I 和保持电容 C_H 起缓冲隔离作用，它对输入信号 u_I 来说是高阻，而对电容 C_H 为低阻充放电，其时间常数远小于采样时间 T_C，故可快速“采样”。又由于运放 A_2 在电容 C_H 和输出端之间起缓冲隔离作用，故电路的“保持”性能也较好。显然，电容 C_H 的泄漏电阻越大，运放 A_2 的输入阻抗越高，则电容 C_H 上的采样电压 u_I' 保持的时间也越长。

2. 量化和编码

数字信号不仅在时间上是离散的，而且在数值上的变化也不是连续的。也就是说，任何一个数字量的大小，都是以某个最小数量单位的整倍数来表示的。因此，在用数字量表示采样电压时，也必须把它化成这个最小数量单位的整倍数，这个转化过程就叫做**量化**。所规定

的最小数量单位叫做量化单位，用 Δ 表示。显然，数字信号最低有效位中的 1 表示的数量大小，就等于 Δ。把量化的数值用二进制代码表示，称为**编码**。这个二进制代码就是 A/D 转换器输出的数字信号。

既然模拟电压是连续的，那么它就不一定能被 Δ 整除，因而不可避免的会引入误差，我们把这种误差称为**量化误差** ε。把模拟信号划分为不同的量化等级时，划分方法不同，得到的量化误差也不同。

假定需要把 0～+1V 的模拟电压信号 u_I 转换成 3 位二进制代码时，取 $\Delta=\frac{1}{8}$V，并规定：若 $0\leqslant u_I<\frac{1}{8}$V 时，就将 u_I 当作 $0\times\Delta$，用二进制的 000 表示；若 $\frac{1}{8}\leqslant u_I<\frac{2}{8}$V 时，就将 u_I 当作 $1\times\Delta$，用二进制的 001 表示，等等，如图 8.3.2(a)所示。不难看出，最大的量化误差可达 $\varepsilon_{max}=\Delta$，即 $\varepsilon_{max}=\frac{1}{8}$V。因此，若使用这种方法将模拟电压信号 $u_I(0\leqslant u_I\leqslant U_{REF})$ 转换成 n 位二进制代码，则量化单位 $\Delta=\frac{U_{REF}}{2^n}$，产生的最大量化误差为 $\varepsilon_{max}=\frac{U_{REF}}{2^n}$。

模拟电压 u_I	三位二进制代码	对应的量化模拟电压
1 ~ 7/8	111	7×Δ=7/8
7/8 ~ 6/8	110	6×Δ=6/8
6/8 ~ 5/8	101	5×Δ=5/8
5/8 ~ 4/8	100	4×Δ=4/8
4/8 ~ 3/8	011	3×Δ=3/8
3/8 ~ 2/8	010	2×Δ=2/8
2/8 ~ 1/8	001	1×Δ=1/8
1/8 ~ 0	000	0×Δ=0/8

其中：$0\leqslant u_I\leqslant 1$V　其中：$\Delta=\frac{1}{8}$V

(a)

模拟电压 u_I	三位二进制代码	对应的量化模拟电压
1 ~ 13/15	111	7×Δ=14/15
13/15 ~ 11/15	110	6×Δ=12/15
11/15 ~ 9/15	101	5×Δ=10/15
9/15 ~ 7/15	100	4×Δ=8/15
7/15 ~ 5/15	011	3×Δ=6/15
5/15 ~ 3/15	010	2×Δ=4/15
3/15 ~ 1/15	001	1×Δ=2/15
1/15 ~ 0	000	0×Δ=0/15

其中：$0\leqslant u_I\leqslant 1$V　其中：$\Delta=\frac{2}{15}$V

(b)

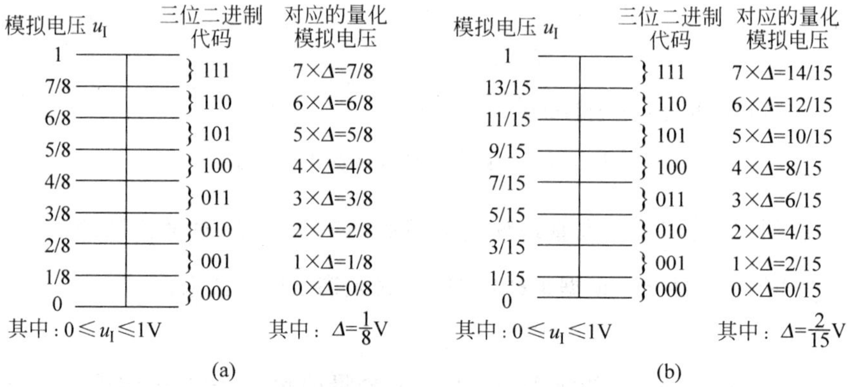

图 8.3.2　量化模拟电压的两种划分方法

为了减少量化误差，通常采用图 8.3.2(b)所示的划分方法，取 $\Delta=\frac{2}{15}$V，并规定：代码 000 所对应的模拟电压 u_I 满足 $0\leqslant u_I<\frac{1}{15}$V，即 $0\leqslant u_I<\frac{1}{2}\Delta$。代码 001 所对应的模拟电压 u_I 满足$\frac{1}{15}\leqslant u_I<\frac{3}{15}$V，即$\frac{1}{2}\Delta\leqslant u_I<\frac{3}{2}\Delta$，…，依次类推。此时，最大量化误差为 $\varepsilon_{max}=\frac{1}{2}\Delta=\frac{1}{15}$V。这是因为现在把每个二进制代码所代表的模拟电压值规定为它所对应的模拟电压范围的中点，所以最大的量化误差自然就缩小为 $\varepsilon_{max}=\frac{1}{2}\Delta$ 了。因此，若使用这种方法将模拟电压信号 $u_I(0\leqslant u_I\leqslant U_{REF})$ 转换成 n 位二进制代码，则量化单位 $\Delta=\frac{2U_{REF}}{2^{n+1}-1}$，产生的最大量化误差为 $\varepsilon_{max}=\frac{U_{REF}}{2^{n+1}-1}$。在实际应用中，大多数集成 A/D 转换器都采用这种方法。

8.3.2　并行比较型 A/D 转换器

图 8.3.3 所示电路为二位二进制数码输出的并行比较型 A/D 转换器。整个电路由电阻分压器(量化标尺)、电压比较器、寄存器和编码电路 4 个部分组成。

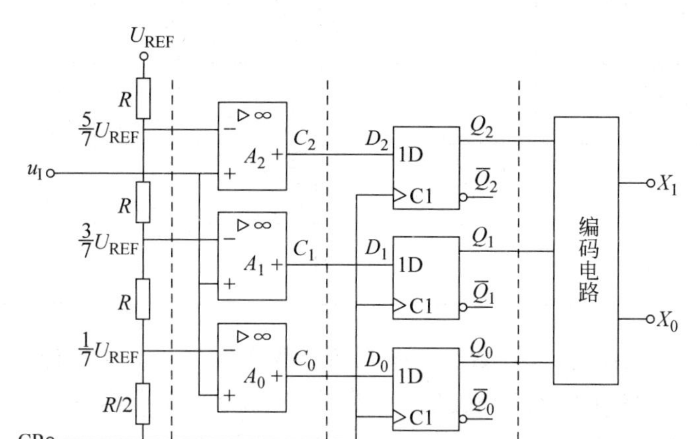

图 8.3.3　并行比较型 A/D 转换器

电路输出 X_1X_0 为二位二进制数码,可等效地表示 4 个不同的电压值,故电阻分压器需将基准电压 U_{REF} 分为 $2^2=4$ 个范围。由量化单位 $\Delta=\frac{2U_{REF}}{2^{n+1}-1}$,从而可以得 3 个基准电平:$\frac{1}{2}\Delta$、$\frac{3}{2}\Delta$ 和 $\frac{5}{2}\Delta$,即 $\frac{1}{7}U_{REF}$、$\frac{3}{7}U_{REF}$ 和 $\frac{5}{7}U_{REF}$,如图 8.3.3 所示。这三个基准电平分别送入三个电压比较器 A_0、A_1 和 A_2 的反相输入端。同时将输入模拟电压 u_I 同时送入三个电压比较器的同相输入端。规定 u_I 的取值范围满足 $0\leqslant u_I\leqslant U_{REF}$。当输入模拟电压 u_I 小于某一基准电平时,则相应比较器的输出为 0,否则输出为 1。若输入模拟电压 u_I 满足 $0\leqslant u_I<\frac{1}{7}U_{REF}$ 时,则所有比较器输出均为 0,即 $C_2C_1C_0=000$。若 $\frac{1}{7}U_{REF}\leqslant u_I<\frac{3}{7}U_{REF}$ 时,则 $C_2C_1C_0=001$。其余类推。

电压比较器 A_0、A_1 和 A_2 的输出 C_0、C_1、C_2 分别送入三个寄存器的输入端 D_0、D_1、D_2。在时钟脉冲 CP 的作用下,将 C_0、C_1、C_2 转移到寄存器的输出端 Q_0、Q_1、Q_2,再经过编码电路转换成所需的二位二进制代码 X_1X_0 输出。表 8.3.1 列出输出二进制代码和输入模拟电压之间的对应关系。

单片集成并行比较型 A/D 转换器的产品较多,如 AD 公司的 AD9012(TTL 工艺,8 位)、AD9002(ECL 工艺,8 位)AD9020(TTL 工艺,10 位)等。

并行 A/D 转换器具有如下特点:

(1) 由于转换是并行的,其转换时间只受比较器、触发器和编码电路延迟时间限制,因此转换速度最快。

表 8.3.1　二位并行比较型 A/D 转换器的输入模拟电压和输出数码之间的关系

模拟电压输入	比较器输出			数字输出	
u_I	C_2	C_1	C_0	X_1	X_0
$0 \leqslant u_I < \frac{1}{7}U_{REF}$	0	0	0	0	0
$\frac{1}{7}U_{REF} \leqslant u_I < \frac{3}{7}U_{REF}$	0	0	1	0	1
$\frac{3}{7}U_{REF} \leqslant u_I < \frac{5}{7}U_{REF}$	0	1	1	1	0
$\frac{5}{7}U_{REF} \leqslant u_I < U_{REF}$	1	1	1	1	1

(2) 随着分辨率的提高，元件数目要按几何级数增加。一个 n 位转换器，所用的比较器个数为 2^n-1，如 8 位的并行 A/D 转换器就需要 $2^8-1=255$ 个比较器。由于位数越多，电路越复杂，因此制成分辨率较高的集成并行 A/D 转换器是比较困难的。

(3) 使用这种含有寄存器的并行 A/D 转换电路时，可以不用附加采样-保持电路，因为比较器和寄存器这两部分也兼有采样-保持功能。这也是该电路的一个优点。

并行比较型 A/D 转换的缺点是需要用很多的电压比较器和触发器。从图 8.3.3 可推知，输出为 n 位二进制代码的转换器中应当有 2^n-1 个电压比较器和 2^n-1 个触发器。电路的规模随着输出代码位数的增加而急剧增加。如果输出为 10 位二进制代码，则需要用 $2^{10}-1=1023$ 个比较器和 1023 个触发器以及一个规模相当大的编码电路。因此，一般并行 A/D 转换器用于输出位数 $n \leqslant 4$ 的情况。当要求输出位数较多时，可采用并/串行 A/D 转换，比如采用两个三位并行比较型 A/D 转换器适当串接，可提供 6 位输出，读者有兴趣可参阅有关资料。

8.3.3　逐次逼近型 A/D 转换器

逐次逼近型 A/D 转换器的转换过程与用天平称物重非常相似。假设物体重 4.75g，而砝码重量依次有：8g、4g、2g、1g、0.5g、0.25g。则称重的过程如下：

(1) 先在天平上放入 8g 砝码，经过天平比较，8g 砝码重，舍弃 8g 砝码；

(2) 再放入 4g 砝码，经过天平比较，物体重，保留 4g 砝码；

(3) 再放入 2g 砝码，经过天平比较，物体轻，舍弃 2g 砝码；

(4) 再放入 1g 砝码，经过天平比较，物体轻，舍弃 1g 砝码；

(5) 再放入 0.5g 砝码，经过天平比较，物体重，保留 0.5g 砝码；

(6) 再放入 0.25g 砝码，经过天平比较，天平平衡，保留 0.25g 砝码，称重完成。

由上述例子可知天平称重的基本思路：先拿最重砝码放入天平一端，与物体比较，若物体重，则保留此砝码再加次重砝码；若物体轻，则舍弃此最重砝码，然后取次重砝码放入天平与物体比较，依此类推，反复操作，直到砝码重量与物体重量相等或相近为止。逐次逼近型 A/D 转换器，就是将输入模拟信号与不同的反馈电压做多次比较，使转换所得的数字量在数值上逐次逼近输入模拟量的对应值。

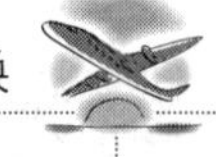

三位逐次逼近型 A/D 转换器的原理电路如图 8.3.4 所示。它由数码寄存器、三位 D/A 转换器、电压比较器和顺序脉冲发生器等部分组成。三个触发器 FF_2、FF_1、FF_0 组成三位数码寄存器。触发器 FF_A～FF_E 接成模为 5 的环形计数器，以构成顺序脉冲发生器，各触发器输出端的相应波形及数码寄存器的输出状态如图 8.3.5 所示。图中偏移电压 $\frac{1}{2}\Delta$ 是为了减小量化误差而设置的。

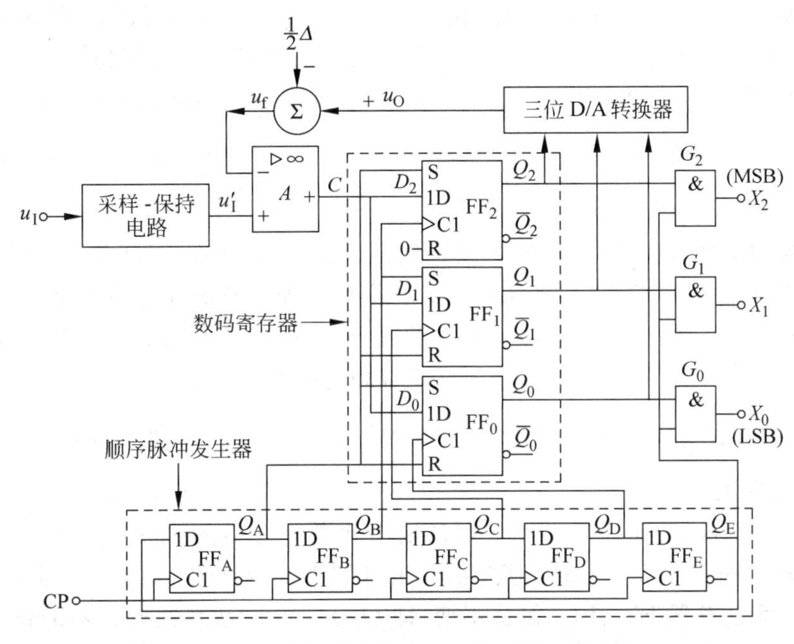

图 8.3.4　三位逐次逼近型 A/D 转换器的原理电路

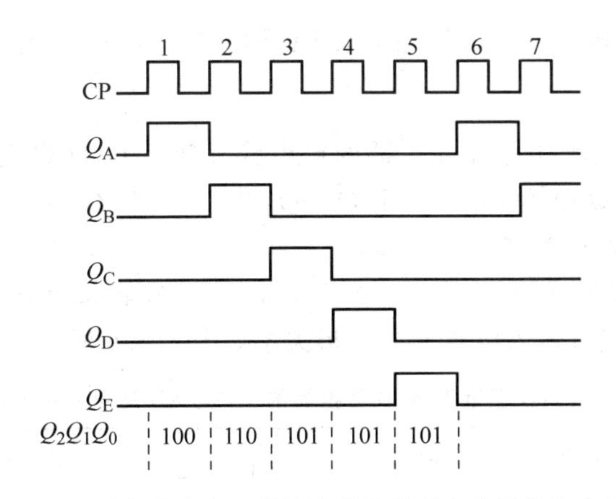

图 8.3.5　顺序脉冲发生器的波形及数码寄存器的输出状态

下面分析其工作原理：转换开始前，先使 $Q_E=1$，而 $Q_A=Q_B=Q_C=Q_D=0$。设输入模拟电压 $u_I=4.6V$，量化单位 $\Delta=1V$。

第 1 个时钟脉冲，使顺序脉冲发生器的输出状态变为 $Q_AQ_BQ_CQ_DQ_E=10000$。由于 $Q_A=1$，将高位(MSB)对应的触发器 FF_2 直接置 1，即 $Q_2=1$。同时，触发器 FF_1、FF_0 被直接置 0，即 $Q_1Q_0=00$。这时加到三位 D/A 转换器输入端的代码为 $Q_2Q_1Q_0=100$。在三位

D/A 转换器的输出端得到相应的模拟电压 $u_O=(1\times2^2+0\times2^1+0\times2^0)\times\Delta=4\Delta$，再减去偏移电压$\frac{1}{2}\Delta$，得到反馈电压 u_f。则 $u_f=u_O-\frac{1}{2}\Delta=4\Delta-\frac{1}{2}\Delta=3.5\Delta=3.5V$。$u_f$ 和采样保持后的输出电压 u_I'通过电压比较器 A 相比较。若 $u_I'>u_f$，则电压比较器输出 $C=1$，否则输出 $C=0$。由于 $u_I=4.6V$，所以 $u_I'=4.6V>u_f=3.5V$，故 $C=1$。

第 2 个时钟脉冲，使顺序脉冲发生器的输出状态变为 $Q_AQ_BQ_CQ_DQ_E=01000$。由于触发器 FF_2 的输入端 $D_2=C=1$，故当 Q_B 由 0 上升到 1(即上升沿)时，FF_2 仍保持输出 $Q_2=1$，而触发器 FF_1 被直接置 1，即输出 $Q_1=1$，触发器 FF_0 的输出状态保持不变。故数码寄存器的输出端代码为 $Q_2Q_1Q_0=110$。经三位 D/A 转换器转换成相应的模拟电压 $u_O=(1\times2^2+1\times2^1+0\times2^0)\times\Delta=6\Delta$，再减去$\frac{1}{2}\Delta$，得到 $u_f=6\Delta-\frac{1}{2}\Delta=5.5\Delta=5.5V$。$u_f$ 和 u_I'相比较，$u_I'=4.6V<u_f=5.5V$，故 $C=0$。

第 3 个时钟脉冲，使顺序脉冲发生器的输出状态变为 $Q_AQ_BQ_CQ_DQ_E=00100$。由于触发器 FF_1 的输入端 $D_1=C=0$，故当 Q_C 由 0 上升到 1(即上升沿)时，FF_1 置 0，即 $Q_1=0$，而触发器 FF_0 直接置 1，即 $Q_0=1$，触发器 FF_2 保持不变，即 $Q_2=1$。故数码寄存器的输出端代码为 $Q_2Q_1Q_0=101$。经三位 D/A 转换器转换成相应的模拟电压 $u_O=(1\times2^2+0\times2^1+1\times2^0)\times\Delta=5\Delta$，再减去$\frac{1}{2}\Delta$，得到 $u_f=5\Delta-\frac{1}{2}\Delta=4.5\Delta=4.5V$。$u_f$ 和 u_I'相比较，$u_I'=4.6V>u_f=4.5V$，故 $C=1$。

第 4 个时钟脉冲，使顺序脉冲发生器的输出状态变为 $Q_AQ_BQ_CQ_DQ_E=00010$。由于触发器 FF_0 的输入端 $D_0=C=1$，故当 Q_D 由 0 上升到 1(即上升沿)时，触发器 FF_0 仍保持 1 态，即 $Q_0=1$，而触发器 FF_1、FF_2 保持不变，即 $Q_2Q_1=10$。故数码寄存器的输出端代码为 $Q_2Q_1Q_0=101$。经三位 D/A 转换器转换成相应的模拟电压 $u_O=(1\times2^2+0\times2^1+1\times2^0)\times\Delta=5\Delta$，再减去$\frac{1}{2}\Delta$，得到 $u_f=5\Delta-\frac{1}{2}\Delta=4.5\Delta=4.5V$。$u_f$ 和 u_I'相比较，$u_I'=4.6V>u_f=4.5V$，故 $C=1$。

第 5 个时钟脉冲，使顺序脉冲发生器的输出状态变为 $Q_AQ_BQ_CQ_DQ_E=00001$。数码寄存器的状态不变，即 $Q_2Q_1Q_0=101$。由于 $Q_E=1$，故与门 G_2、G_1、G_0 同时被选通，即可读取 A/D 转换器的输出数字量 $X_2X_1X_0=101$。

以上分析的工作过程，可简单的用表 8.3.2 来表示，在转换过程中，反馈到电压比较器反相输入端的电压 u_f 逼近输入电压 u_I'的波形关系如图 8.3.6 所示。

表 8.3.2　三位逐次逼近型 A/D 转换器的工作过程(其中 $u_I'=4.6V$，$\Delta=1V$)

CP 顺序	寄存器输出	反馈电压	u_I'和 u_f 之间关系	比较器输出	数码的保留或舍弃
	$Q_2Q_1Q_0$	$u_f=u_O-\frac{1}{2}\Delta$		C	
1	100	3.5V	$u_I'>u_f$	1	$Q_2=1$ 保留
2	110	5.5V	$u_I'<u_f$	0	$Q_1=1$ 舍弃
3	101	4.5V	$u_I'>u_f$	1	$Q_0=1$ 保留
4	101	4.5V	$u_I'>u_f$	1	$Q_2Q_1Q_0=101$
5	101	4.5V	$u_I'>u_f$	1	$X_2X_1X_0=101$

图 8.3.4 中的采样-保持电路，应与 A/D 转换器同步工作，即 $Q_E=1$ 读取 $X_2X_1X_0$ 期间，应同时进行采样，而在 $Q_A=1$ 到 $Q_D=1$（即 $Q_E=0$）期间为保持时间，也就是 A/D 转换的量化和编码时间。

逐次逼近型 A/D 转换器，具有较高的转换速度。对于图 8.3.4 所示的 n 为 A/D 转换器，转换一次需要（$n+2$）个时钟周期（包括读出周期），位数越多，转换时间也就相应增长。与并行比较型相比，速度要低一些，但所需硬件则较少。因而对速度要求不是特别高的场合，逐次逼近型 A/D 转换器应用最为广泛。

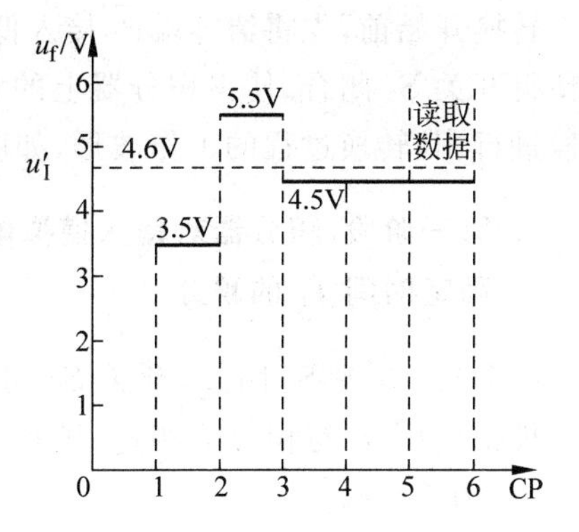

图 8.3.6　三位逐次逼近型 A/D 转换器 u_f 逼近输入电压 u_I' 的波形图

逐次逼近型 A/D 转换器的精度，主要取决于其中 D/A 转换器的位数和线性度、反馈电压的稳定性和电压比较器的灵敏度。由于高精度的 D/A 转换器已能实现，故逐次逼近型 A/D 转换器可达到很高的精度，其相对误差可做到不大于±0.005%。

8.3.4　双积分型 A/D 转换器

前面讲的两种 A/D 转换器，都是将模拟电压直接转换成数字代码。因此，这类转换器又称为直接 A/D 转换器。而双积分型 A/D 转换器，是先将模拟电压变换成某种形式的中间信号——时间，然后再将这个信号变换为数字代码输出，故双积分型 A/D 转换器又称为间接 A/D 转换器。

双积分型 A/D 转换器的原理电路，如图 8.3.7 所示。它由积分器 A_1、过零比较器 A_2、n 位加法计数器、附加触发器 FF_n、控制逻辑电路和时钟脉冲源 CP 等部分组成。图中 $-U_{REF}$ 为基准电压、u_I 为输入模拟电压。

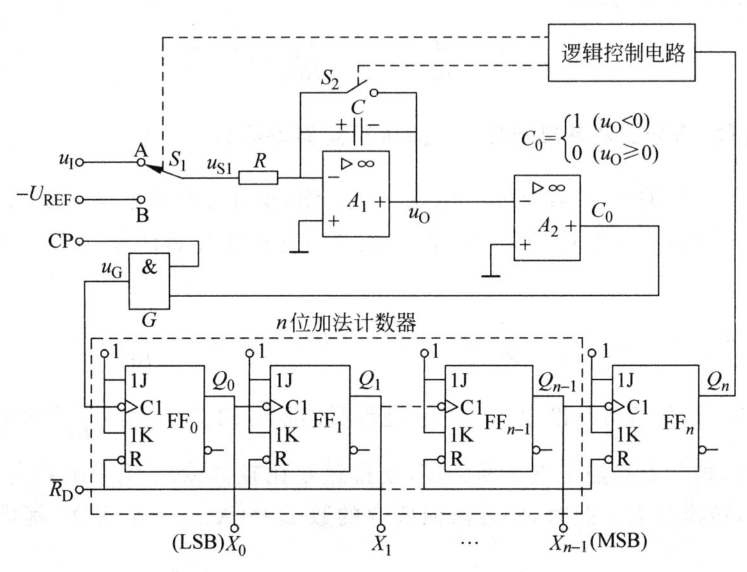

图 8.3.7　双积分型 A/D 转换器的原理电路

转换开始前，先将清零端$\overline{R_D}$接入低电平，使得 n 位加法计数器和附加触发器 FF_n 清零，并使得开关 S_2 闭合，使得积分器上的积分电容 C 完全放电。每一次的转换器操作可分两阶段进行，其转换过程的工作波形，如图 8.3.8 所示。

1. 第一阶段，积分器对输入模拟电压 u_I 进行固定时间 T_1 的积分

$t=0$ 时，开关 S_2 断开，开关 S_1 闭合到 A 侧，输入模拟电压 u_I 与积分器相连，则积分器的输出电压 u_O 为

$$u_O(t) = -\frac{1}{RC}\int_0^{T_1} u_I \mathrm{d}t = -\frac{u_I}{RC}T_1 \qquad (8.3.1)$$

由式(8.3.1)可见，当输入模拟电压 $u_I > 0$ 时，$u_O(t)$ 是一个以斜率 $k_1 = -\frac{u_I}{RC}$ 负方向变化的电压，即 $u_O(t) < 0$，所以过零比较器输出 $C_0 = 1$，与门 G 打开，周期为 T_{CP} 的时钟脉冲经与门 G 使得 n 位加法计数器从零开始计数。当计满 2^n 个时钟脉冲时，计数器回到全零状态，而附加触发器 FF_n 输出 Q_n 则由 0 变为 1，从而使逻辑控制电路将开关 S_1 由 A 侧改接到 B 侧，即接到基准电压 $-U_{REF}$ 上。至此，定时积分结束，并开始对基准电压 $-U_{REF}$ 进行反向积分。由上分析，不难看出，第一阶段的积分时间为一常数，用 T_1 表示，且满足

$$T_1 = 2^n T_{CP} \qquad (8.3.2)$$

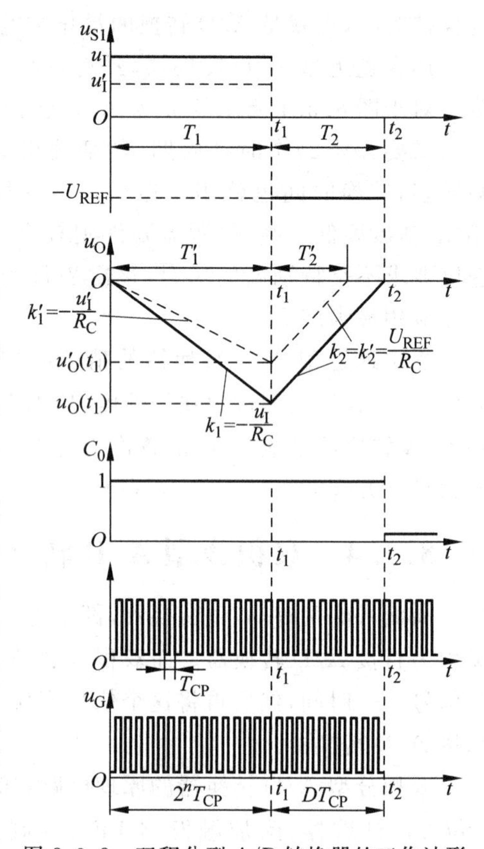

图 8.3.8 双积分型 A/D 转换器的工作波形

在 $t=t_1$ 时，积分器的输出电压 u_O 为

$$u_O(t_1) = -\frac{u_I}{RC}T_1 = -\frac{u_I}{RC}\cdot 2^n \cdot T_{CP} \qquad (8.3.3)$$

2. 第二阶段，积分器对基准电压 $-U_{REF}$ 进行定斜率积分

从 $t=t_1$ 开始，开关 S_1 改接到基准电压 $-U_{REF}$ 侧，积分器对基准电压 $-U_{REF}$ 进行反向积分。由于过零比较器的输出 $C_0=1$。因此，计数器重新由零开始计数。此时，积分器的输出电压 u_O 为

$$u_O(t) = u_O(t_1) - \frac{1}{RC}\int_{t_1}^{t}(-U_{REF})\mathrm{d}t = u_O(t_1) + \frac{U_{REF}}{RC}(t - t_1)$$

由上式可知，积分器对基准电压 $-U_{REF}$ 进行反向积分的斜率 $k_2 = \frac{U_{REF}}{RC}$ 恒定不变。

当 $t=t_2$ 时，积分器的输出电压回到零，使得过零比较器输出 $C_0=0$，将与门 G 关闭，计数器停止计数，转换结束。此时，计数器内所存的数 $D=(X_{n-1}\cdots X_1 X_0)_2$ 就是 A/D 转换的结果，显然

$$u_O(t_2)=u_O(t_1)+\frac{U_{REF}}{RC}(t_2-t_1)=0$$

$$-\frac{u_I}{RC}\cdot T_1+\frac{U_{REF}}{RC}(t_2-t_1)=0$$

因此，对基准电压$-U_{REF}$进行定斜率积分的时间T_2满足

$$T_2=t_2-t_1=\frac{T_1}{U_{REF}}\cdot u_I \tag{8.3.4}$$

式(8.3.4)中，U_{REF}和T_1均为常量。所以，T_2与输入模拟电压u_I成正比。而T_2就是双积分型A/D转换器的中间转换变量。

由于$T_2=D\cdot T_{CP}$，代入式(8.3.4)中，可得

$$D=\frac{T_2}{T_{CP}}=\frac{T_1\cdot u_I}{T_{CP}\cdot U_{REF}}=\frac{2^n\cdot T_{CP}\cdot u_I}{T_{CP}\cdot U_{REF}}=\frac{2^n}{U_{REF}}\cdot u_I \tag{8.3.5}$$

此式表明，计数器在第二次积分时的计数值$D=(X_{n-1}\cdots X_1X_0)_2$与输入模拟电压$u_I$成正比，从而实现了间接的A/D转换。由于$D=(X_{n-1}\cdots X_1X_0)_2\leqslant(1\cdots11)_2=(2^n-1)_{10}$，故需$u_I<U_{REF}$。若$U_{REF}=2^n$V，则$D=u_I$，在此情况下，计数器内所计的数在数值上就等于输入模拟电压的值。

双积分型A/D转换器若与逐次逼近型A/D转换器相比较，因有积分器的存在，积分器的输出只对输入信号的平均值有所响应，所以，它的突出优点是工作性能比较稳定且抗干扰能力强。由式(8.3.5)可知，只要两次积分过程中积分器的时间常数相等，计数器的计数结果与RC无关，所以，该电路对电阻R和电容C的精度的要求不高，而且电路的结构也比较简单。双积分型A/D转换器属于低速型A/D转换器，一次转换时间在1～2ms，而逐次逼近型A/D转换器可达到1ms。不过在工业控制系统中的许多场合，毫秒级的转换时间已经能够满足大多应用要求，因此，双积分型A/D转换器也应用较高。

8.3.5　集成A/D转换器

目前一般用的多数是单片集成A/D转换器，其种类很多，比如AD571，ADC0801，ADC0804，ADC0809等。下面简单介绍ADC0809的结构及其引脚功能。

ADC0809是逐次逼近型A/D转换器，它的结构方框图和引脚排列图如图8.3.9所示。它内部包含8路模拟输入通道，为了实现8路信号的分时采集，在片内设置了8路模拟开关以及相应的通道地址锁存器和译码电路，具有三态缓冲能力，能与微机总线直接相连。

ADC0809采用标准的28脚双列直插式封装，具有功耗低(15mW)、输入阻抗高等优点。输入模拟电压为0～5V，输出为8位数字信号，转换一次的时间为100μs，精度为$\pm\frac{1}{2}$LSB，无需调零和满量程调整。其各引脚功能如下：

$IN_0\sim IN_7$：8路模拟量输入通道。由8选1选择器选择其中某一通道送往A/D转换器的电压比较器进行转换。

A,B,C：8选1模拟量选择器的地址选择输入端。输入的3个地址代码共有8种组合，以便选中对应的模拟量输入通道，见表8.3.3。

ALE：地址锁存信号输入端，高电平有效。在该信号的上升沿时将A,B,C三地址选择端的状态锁存，8选1选择器开始工作。

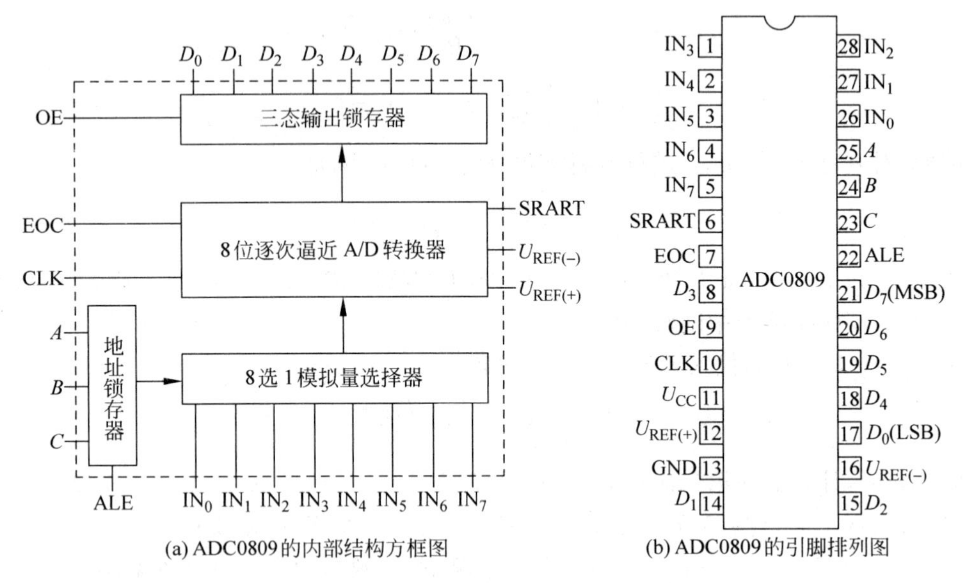

(a) ADC0809的内部结构方框图 (b) ADC0809的引脚排列图

图 8.3.9 ADC0809 的内部结构方框图和引脚排列图

$D_0 \sim D_7$：8 位数字量输出端。

U_{CC}：电源端，电压为+5V。

GND：接地端。

$U_{REF(+)}$：正参考电压端，一般接 U_{CC}。

$U_{REF(-)}$：负参考电压端，一般接 GND。当 U_{CC} 为+5V，$U_{REF(+)}$ 接 U_{CC}，$U_{REF(-)}$ 接 GND 时，模拟量的电压范围为 0～+5V。

START：启动信号输入端。在该信号的上升沿将内部所有寄存器清零，而在其下降沿使 A/D 转换器开始工作，脉冲宽度要求大于 100ns。

OE：输出允许端，高电平有效。

EOC：转换结束信号端，高电平有效。当转换结束时，EOC 从低电平转为高电平。

表 8.3.3 ADC0809 选中通道与地址码的对应表

地址选择			选中的模拟量输入通道
C	B	A	
0	0	0	IN_0
0	0	1	IN_1
0	1	0	IN_2
0	1	1	IN_3
1	0	0	IN_4
1	0	1	IN_5
1	1	0	IN_6
1	1	1	IN_7

8.3.6　A/D 转换器的主要技术指标

A/D 转换器的主要技术指标有转换精度和转换时间。

1. 转换精度

单片集成 A/D 转换器的转换精度是用分辨率和转换误差来描述的。

(1) 分辨率：说明 A/D 转换器对输入信号的分辨能力。

A/D 转换器的分辨率以输出二进制(或十进制)数的位数表示。理论上讲，n 位输出的 A/D 转换器能区分 2^n 个不同等级的输入模拟电压，能区分输入电压的最小值为满量程输入的$\frac{1}{2^n}$。在最大输入电压一定时，输出位数越多，量化单位越小，分辨率越高。例如 A/D 转换器输出为 8 位二进制数，输入信号最大值为 5V，那么这个转换器应能区分输入信号的最小电压为$\frac{5}{2^8}$V。

(2) 转换误差：表示 A/D 转换器实际输出的数字量和理论上的输出数字量之间的差别，常用最低有效位的倍数表示。例如给出相对误差$\leqslant\pm\frac{1}{2}$LSB，这就表明实际输出的数字量和理论上应得到的输出数字量之间的误差小于最低位的一半。

2. 转换时间

转换时间是指 A/D 转换器从转换控制信号到来开始，到输出端得到稳定的数字信号所经过的时间。

不同类型的转换器转换速度相差甚远。其中并行比较 A/D 转换器转换速度最高，8 位二进制输出的单片集成 A/D 转换器转换时间可达 50ns 以内。逐次比较型 A/D 转换器次之，它们多数转换时间在 10～50μs 之间，也有达几百纳秒的。间接 A/D 转换器的速度最慢，如双积分 A/D 转换器的转换时间大都在几十毫秒至几百毫秒之间。在实际应用中，应从系统数据总的位数、精度要求、输入模拟信号的范围及输入信号极性等方面综合考虑 A/D 转换器的选用。

例 8.3.1　某信号采集系统要求用一片 A/D 转换集成芯片在 1s 内对 16 个热电偶的输出电压分时进行 A/D 转换。已知热电偶输出电压范围为 0～0.025V(对应于 0～450℃温度范围)，需要分辨的温度为 0.1℃，试问应选择多少位的 A/D 转换器，其转换时间为多少？

解：对于从 0～450℃温度范围，信号电压范围为 0～0.025V，分辨的温度为 0.1℃，这相当于$\frac{0.1}{450}=\frac{1}{4500}$的分辨率。12 位 A/D 转换器的分辨率为$\frac{1}{2^{12}}=\frac{1}{4096}$，所以必须选用 13 位的 A/D 转换器。

系统的采样速率为每秒 16 次，采样时间为 62.5ms。对于这样慢的采样，任何一个 A/D 转换器都可以满足。可选用带有采样-保持的逐次逼近型 A/D 转换器或不带采样-保持的双积分型 A/D 转换器均可。

【思考题】

1. 逐次逼近型 A/D 转换器由哪几部分组成？试简述它的工作原理。
2. 双积分型 A/D 转换器由哪几部分组成？试简单说明它是怎样工作的？

3. 某 A/D 转换器输出为 8 位二进制数，最大输入电压为 10V，则它能分辨的最小输入电压是多少？

8.4 案例解析

如图 8.4.1 所示，是基于数模转换芯片 DAC0832 的简易键控直流稳压电源。该电路通过按键 KM1 和 KM2 可以实现输出直流电压 U_O 的可控，其主要由三个电路单元组成：由递加按键 KM1、递减按键 KM2 和双稳态触发器芯片 CC4538 组成的稳定脉冲发生电路单元；由两个 74LS193 级联构成的八位二进制同步加减可逆的计数电路单元，其中 CPU 是加法计数脉冲输入端，CPD 是减法计数脉冲输入端，它们都是上升沿有效。

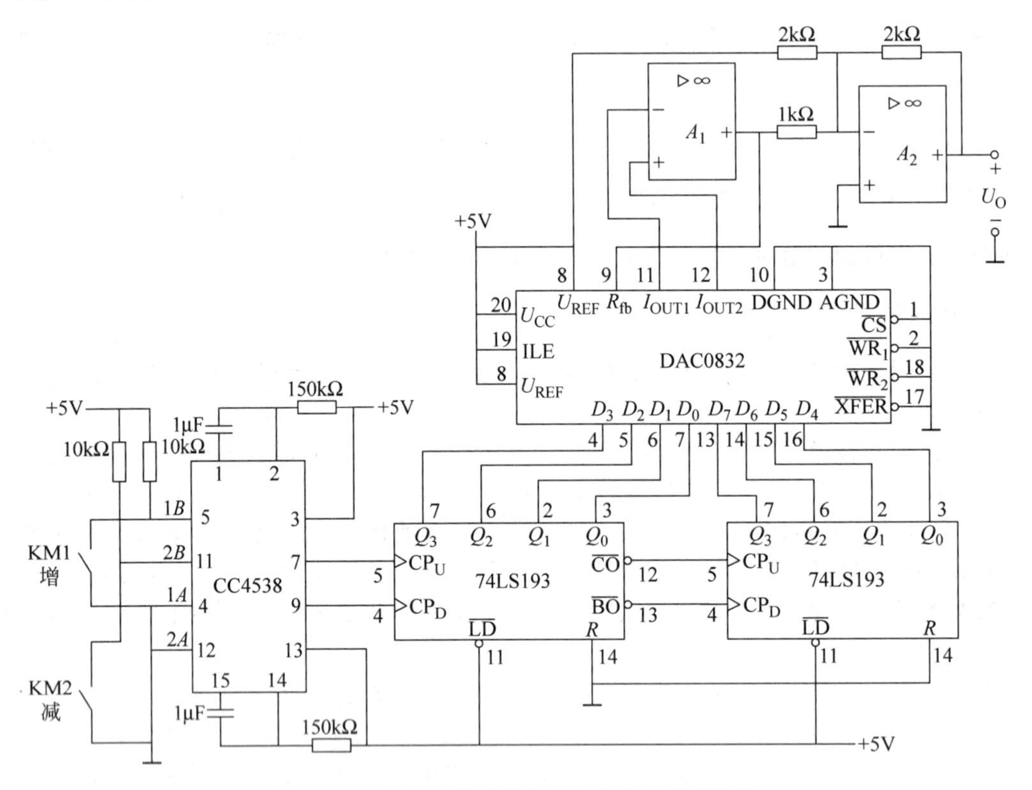

图 8.4.1　简易键控直流稳压电源的电路原理图

由数模转换 DAC0832 构成的数模转换电路单元，其作用是根据输入 8 位二进制数码，产生相应的电压输出。其工作原理是：当连续按键 KM1 时，双稳态触发器芯片 CC4538 第 7 脚就输出负脉冲，使得级联计数器 74LS193 连续递加 1，产生相应的 8 位二进制数码 D7～D0，这个 8 位二进制码送入数模转换电路，进行相应的数码转换，输出对应的直流电压 U_O。根据该电路的设计要求，稳压电源的输出电压从 −5V 到 +5V 变化。而步进值为：$\frac{10}{2^8}=\frac{10}{256}\approx 0.039$V。在这个电路中为了消除按键抖动引起的误动作，使用芯片 CC4538 能产生稳定的脉冲。

小结

1. D/A 转换器将数字量转换为模拟量，A/D 转换器将模拟量转换为数字量。

2. 权电阻网络 D/A 转换电路和 R/2R 倒 T 型电阻网路 D/A 转换电路都是利用线性网络来分配数字量各位的权，使得输出电压与数字量成正比，它们都是单极性 D/A 转换电路。双极性 D/A 转换电路，是在单极性 D/A 转换电路的基础上，稍做改接，具体是在求和放大器的输入端接入一个偏移电流，使输入最高位(MSB)为 1 而其他各位输入为 0 时，模拟电压输出 u_O 为零，同时将输入的符号位反相后接到单极性的 D/A 转换器的输入，就得到了双极性输出的 D/A 转换器。

3. 不同的 A/D 转换方式具有各自的特点，在要求转换速度高的场合，选用并行 A/D 转换器；在要求精度高的情况下，可采用双积分 A/D 转换器，当然也可选高分辨率的其他形式 A/D 转换器，但会增加成本。由于逐次逼近型 A/D 转换器在一定程度上兼有以上两种转换器的优点，因此得到普遍应用。

4. 选用 D/A 转换器和 A/D 转换器时，依据的主要技术参数是转换精度和转换速度，因为在接入系统后，转换器的这两项指标决定了系统的精度与速度。

5. D/A 转换器和 A/D 转换器的种类很多，现在常采用集成的 D/A 转换器和 A/D 转换器。

习题

一、选择题(请将唯一正确选项的字母填入对应的括号内)

8.1 (　　)某 8 位 D/A 转换电路的基准电压 $U_{REF}=-5V$，输入数字量 $X_7 \sim X_0$ 为 11001001 时的输出电压 U_O 为多少？

(A) 3.94V　　(B) 3.92V　　(C) 3.90V　　(D) 3.88V

8.2 (　　)某 8 位 D/A 转换电路的输入数字量为 00000001 时，输出电压 U_O 为 0.03V，则输入数字量为 11001000 时的输出电压 U_O 为多少？

(A) 6V　　(B) 4.32V　　(C) 3V　　(D) 2.16V

8.3 (　　)已知 D/A 转换电路的输入数字量最低位是 1 时，输出电压为 5mV，最大输出电压为 10V，该 D/A 转换电路的位数是多少？

(A) 10 位　　(B) 11 位　　(C) 12 位　　(D) 14 位

8.4 (　　)已知某个 8 位 A/D 转换器输入模拟电压的范围是 0～5V，则输入模拟电压 u_I 为 3V 时的转换结果是多少？

(A) 01100110　　(B) 10011001　　(C) 10011010　　(D) 11000010

8.5 (　　)已知 8 位 A/D 转换器的基准电压 $U_{REF}=5V$，输入模拟电压 u_I 为 3.91V，则转换的数字量是多少？

(A) 11001000　　(B) 11001001　　(C) 11000111　　(D) 11110001

二、解答题

8.6　10位DAC的分辨率是多少?

8.7　某10位D/A转换器的输出电压范围为0～10V,试问输入数字量的最低位代表多少毫伏?

8.8　在图8.2.4中,当$X_3X_2X_1X_0=1010$时,试计算输出电压U_O。设$U_{REF}=10V$,$R_F=R$。

8.9　设ADC0809A/D转换器的输入电压范围为0～5V,试求输入电压为2V,3V,4V时对应的输出二进制数是多少?

8.10　某10位逐次逼近型ADC,设其中DAC的基准电压$U_{REF}=5V$,如果输入模拟电压u_I为4.882V,试求ADC的转换结果。

8.11　已知某8位A/D转换器输入模拟电压u_I的范围是0～5V,求输入模拟电压u_I为2V时的转换结果。

8.12　某8位DAC电路的输入数字量位00000001时,输出电压U_O为－0.04V,试求输入数字量为10000000和01101001时的输出电压U_O。

8.13　要求D/A转换电路的最小分辨电压为5mV,最大输出电压为10.235V,试求该D/A转换电路的分辨率。

8.14　已知某10位的A/D转换电路的基准电压$U_{REF}=5V$,求输入模拟电压u_I为9.25mV,92.55mV和925.55mV的结果。

8.15　4位逐次逼近型A/D转换电路,设基准电压$U_{REF}=5V$,输入模拟电压u_I为3.49V,试计算转换结果。如果是8位逐次逼近型A/D转换电路,则转换结果又是多少?

8.16　已知某D/A转换电路,其最小分辨电压ΔU_{LSB}为2.45mV,最大满刻度输出电压U_M约为10V,试求该电路输入数字量的位数n为多少?其基准电压U_{REF}为多少?

8.17　某倒T型电阻D/A转换器,其输入数字信号为8位二进制数码10110101,$U_{REF}=-10V$,试求:

(1) 若$R_F=\frac{1}{3}R$时,输出模拟电压U_O;

(2) 若$R_F=R$时,输出模拟电压U_O。

8.18　在图8.3.7所示的双积分型ADC电路中的计数器输出数字量$D=(X_{n-1}\cdots X_1X_0)_2$若转换为十进制时,其最大计数值为$N=(3000)_{10}$,时钟频率$f_{CP}$为20kHz,基准电压$U_{REF}=-10V$,试求:

(1) 完成一次转换最长需要多少时间?

(2) 当计数器的计数值$D=(X_{n-1}\cdots X_1X_0)_2=(750)_{10}$,输入模拟电压$u_I$为多少?

8.19　某双积分型ADC电路,其计数器输出数字量的最大计数值转化为十进制为$N=(6000)_{10}$,计数脉冲的频率f_{CP}为30kHz,积分电容$C=1\mu F$,基准电压$U_{REF}=-5V$,积分器的最大输出电压$u_{Omax}=-10V$,试求:

(1) 积分器电阻R的大小?

(2) 若计数器的计数值$D=(X_{n-1}\cdots X_1X_0)_2=(2345)_{10}$时,其输入模拟电压$u_I$为多少?

8.20　题8.20图所示为某并/串行比较型ADC电路,它是将两个$n=4$位的并行比较

型 ADC 串接实现 8 位转换。图中 4 位并行 ADC 与 DAC 所用的基准电压 $U_{REF}=4V$，若输入模拟电压 u_I 为 2.7V，试求其输出的数字量。

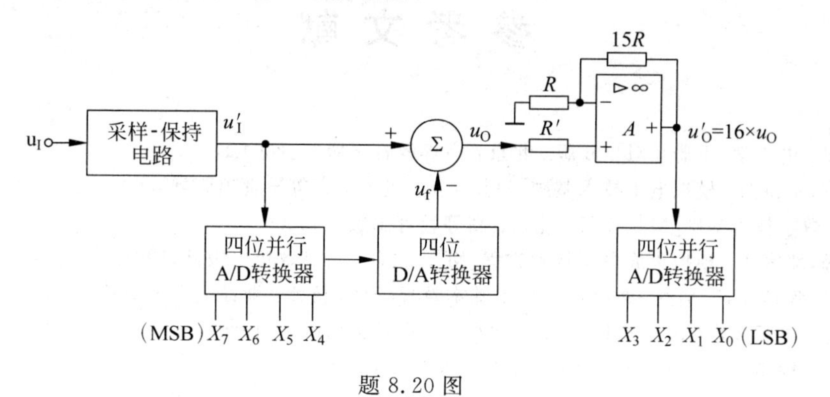

题 8.20 图

参考文献

[1] 秦曾煌. 电工学(下册)[M]. 6版. 北京:高等教育出版社,2004.
[2] 华成英,童诗白. 模拟电子技术基础[M]. 4版. 北京:高等教育出版社,2006.
[3] 阎石. 数字技术基础[M]. 5版. 北京:高等教育出版社,2006.
[4] 邓汉馨,邓家龙. 模拟集成电子技术教程[M]. 北京:高等教育出版社,1994.
[5] 宋樟林,陈道铎,王小海. 数字电子技术基本教程[M]. 杭州:浙江大学出版社,1995.
[6] 康华光. 电子技术(电工学Ⅱ.)[M]. 北京:高等教育出版社,1989.
[7] 罗振中. 模拟电子技术[M]. 北京:清华大学出版社,2005.
[8] 刘全忠,刘艳莉. 电子技术(电工学Ⅱ)[M]. 3版. 北京:高等教育出版社,2008.
[9] 叶挺秀,张伯尧. 电工电子学[M]. 3版. 北京:高等教育出版社,2008.
[10] 王远. 模拟电子技术[M]. 2版. 北京:机械工业出版社,2006.
[11] 陈国联,王建华,夏建生. 电子技术[M]. 西安:西安交通大学出版社,2002.
[12] 王居荣. 电子技术(电工学Ⅱ.)[M]. 3版. 哈尔滨:哈尔滨工业大学出版社,2004.
[13] 范小兰. 电工电子技术——电子技术与计算机仿真[M]. 上海:上海交通大学出版社,2007.
[14] 王艳新. 电工电子技术——实验与实习教程[M]. 上海:上海交通大学出版社,2009.
[15] 史仪凯. 电子技术(电工学Ⅱ.)[M]. 2版. 北京:科学出版社,2008.
[16] 华成英. 模拟电子技术基本教程[M]. 北京:清华大学出版社,2006.
[17] 陈大钦. 电子技术基础(模拟部分)重点难点解题指导考研指南[M]. 北京:高等教育出版社,2006.
[18] 聂典,肖红军,等. 电子技术基础(模拟部分)辅导及习题精解[M]. 西安:陕西师范大学出版社,2004.
[19] 夏应清,陈小宇,吴建斌. 模拟电子技术基础[M]. 北京:科学出版社,2006.